高等学校专业教材

饮料工艺学

主编　阮美娟　徐怀德

中国轻工业出版社

图书在版编目（CIP）数据

饮料工艺学／阮美娟，徐怀德主编. —北京：中国轻工业出版社，2025.2

普通高等教育"十二五"规划教材

ISBN 978-7-5019-9004-7

Ⅰ.①饮… Ⅱ.①阮…②徐… Ⅲ.①饮料－生产工艺－高等学校－教材 Ⅳ.①TS27

中国版本图书馆 CIP 数据核字（2012）第 226809 号

责任编辑：张　靓　　责任终审：张乃柬　　封面设计：锋尚设计
版式设计：宋振全　　责任校对：晋　洁　　责任监印：张京华

出版发行：中国轻工业出版社（北京鲁谷东街 5 号，邮编：100040）

印　　刷：三河市万龙印装有限公司

经　　销：各地新华书店

版　　次：2025 年 2 月第 1 版第 8 次印刷

开　　本：787×1092　1/16　印张：28

字　　数：649 千字

书　　号：ISBN 978-7-5019-9004-7　定价：56.00 元

邮购电话：010－85119873

发行电话：010－85119832　010－85119912

网　　址：http://www.chlip.com.cn

Email：club@chlip.com.cn

前　言

　　饮食维持着人的生命，饮是人体对水需要的补充，是不可缺少的饮食之一。饮料都具有一定的滋味和口感，而且十分强调色、香、味、质。饮料的口味出现多样化、综合化，饮料的新产品、新品牌层出不穷，包装形式也是五彩缤纷，天然、营养、安全、绿色、环保成为我国饮料工业的发展方向。新技术、新工艺、新设备被大量采用，新法规、新标准不断颁布和实施，迫切需要新的饮料专业教科书指导教学和生产。

　　由赵晋府主编的《软饮料工艺学》是我国饮料专业第一部权威专业书，自中国轻工业出版社出版后被国内相关大专院校、饮料企业广泛使用，多次重印，对饮料行业的技术进步做出了贡献。本书是在《软饮料工艺学》的基础上，根据我国饮料工业和学科发展的现状和趋势，针对高等人才培养理论和实践并重的需要进行编写的，融入了安全、绿色、环保等理念，增加了饮料安全生产管理、清洁化生产等内容，并根据《饮料通则》（GB 10789—2007）将书名定为《饮料工艺学》。

　　本书由阮美娟、徐怀德主编，李文钊、邓放明、余小领副主编，赵晋府主审。编写人员和分工如下：第一章由阮美娟编写；第二章、第四章第一节由于有伟编写；第四章第三节、第十二章由张民编写；第三章、第十章由李文钊编写；第四章第二、四、五、六节由徐怀德编写；第五章由邓放明编写；第六章由余小领编写；第七章由黄红霞、汪超编写；第八章由汪建明编写；第九章由祝霞编写；第十一章由田洪磊编写；第十三章由刘骞编写。

　　本书可作为相关高等院校食品科学与工程专业的教材，也是饮料行业技术人员的参考书。

　　在本书编写过程中，得到了中国饮料工业协会马泽生等的帮助以及各位编者所在单位的大力支持，在此一并表示衷心的感谢。

　　本书涉及学科多、知识面广，参阅了大量同行专家的科研成果和资料。由于作者水平有限，不妥之处在所难免，敬请同行专家和读者批评指正。

编　者

目　录

第一章 绪 论

学习目标

1. 明确饮料工艺学的概念与研究内容，了解饮料工艺学课程的特点。
2. 了解饮料的概念与分类。
3. 了解我国饮料工业概况，熟悉高新技术在饮料工业中的应用现状。

一、饮料工艺学的研究对象与内容

饮料工艺学是食品工艺学的一个分支，和食品工艺学一样，饮料工艺学是根据技术上先进、经济上合理的原则，研究饮料生产用原材料、半成品和成品的加工过程与方法的一门应用科学。

在饮料加工中，技术上的先进必须由工艺和设备两方面来体现。在工艺方面，要体现先进，就需要了解和掌握工艺技术参数对加工制品品质的影响。实际上就是要掌握外界条件和饮料生产中的物理、化学、生物学之间的变化关系，这就需要切实掌握物理学、化学和生物学方面的基础知识，特别是食品生物化学和食品微生物学的基础知识。在此基础上，将过程发生的变化和工艺技术参数的控制联系到一起，并寻找到工艺控制上的最佳水准。设备先进包括设备自身的先进性和对工艺水平适应的程度。一般地说，工艺技术的研究应该考虑到设备对工艺水平适应的可能性，因此需要了解有关单元操作过程的一般原理，掌握食品工程原理这门学科。总之，达到技术先进需要有多学科的知识，这是饮料工艺学进行研究所需要的基础条件。而经济上合理，就是要求投入和产出之间有一个合理的比例关系。任何一个企业的生产，一项科学研究的确定，都必须考虑这个问题。这需要有社会科学中有关的管理学科的知识作指导，使生产和科研能在权衡经济利益的前提下决定取舍或如何进行。因此，它是饮料工艺学进行研究时的必要条件。

饮料工艺学所研究的对象是从加工用原材料到制成的成品饮料。对它们的品质规格要求、性质和加工中的变化必须能够充分地把握，才能正确地制定合理的工艺技术要求。这就需要具有食品化学分析品质评价的本领。因而食品化学分析和食品品质评价也是重要的学科，只有获得了准确的数据依据，才能正确地确定工艺技术参数。

饮料工艺学所研究的内容主要包括加工过程和方法。加工过程是指从原料到成品的必要工序，也可以说是工艺流程，一种饮料的加工可能有多种途径，采用哪个途径就需要遵循技术上先进、经济上合理的原则进行研究，研究各个加工过程的特点，在此基础上才能做出合理的选择。而对于每一个确定的过程，具体的方法与条件及相应的设备等同样需要进行研究与选择。工艺参数的科学性就表明了该产品生产技术水平的高低和先进程度。这都需要有扎实的相关多学科基础知识，只有具有较全面的知识，在生产实践和科学研究中不断地创新和提高，才能使这门学科不断地进步。

二、饮料的概念与分类

（一）饮料的概念

1. 饮料的定义

饮料是经过原料处理、配料、灌装、灭菌、包装等加工制作，供人饮用的食品，它以提供人类生活必需的水分和营养成分，达到生津止渴和增进身体健康为目的。饮料的种类繁多，各具其独特的风味，有的可使人提神兴奋、消除疲劳，有的具有一定的营养价值和疗效，有的是嗜好品，但都很强调其色、香、味及口感。

饮料按酒精含量可以分为酒精饮料和非酒精饮料两大类，酒精饮料包括各种酒类如啤酒、白酒、黄酒、葡萄酒等；非酒精饮料指酒精含量低于 0.5%（质量分数）的饮品，在我国也称其为软饮料，与其相对应的酒精饮料也称为硬饮料。

饮料按其组织形态可分为液态饮料、固态饮料和共态饮料三大类。液态饮料是指固形物含量在 5% ~ 8%（浓缩者达到 30% ~ 50%），没有一定形态，容易流动的饮料；固态饮料是指以糖（或不加糖）、果汁（或不加果汁）、植物提取物及其他配料为原料，经混合、成型、干燥等加工而制成的颗粒状、粉末状或块状等需经冲溶后饮用的制品，该制品水分含量一般控制在 5% 以内；共态饮料是指组成成分中既有固态成分，又有液态成分，形态上处于过渡状态的饮料如冰淇淋、冰棍、冰砖、雪糕等。

2. 软饮料的定义

软饮料的概念众说纷纭，至今没有一个确切的定义，一般认为不含酒精的饮料即为软饮料（soft drinks），各国规定有所不同。如美国《软饮料法》把软饮料定义为：人工配制的、酒精（用作香精等配料的溶剂）含量不超过 0.5% 的饮料，但不包括纯果汁、纯蔬菜汁、乳制品、大豆制品、茶叶、咖啡、可可等以植物性原料为基础的饮料，它可以充碳酸气，也可以不充碳酸气，还可以浓缩加工成固体粉末。日本将软饮料称为清凉饮料，包括碳酸饮料、水果饮料、固体饮料，但不包括天然蔬菜汁。英国法规把软饮料定义为：任何供人类饮用而出售的需要稀释或不需要稀释的液态产品，包括各种果汁果肉饮料、汽水（苏打水、奎宁汽水、甜化汽水）、姜啤以及加药或植物的饮料，不包括水、天然矿泉水（包括强化矿物质的）、果汁（包括加糖和不加糖的、浓缩的）、乳及乳制品、茶、咖啡、可可或巧克力、蛋制品、粮食制品（包括加麦芽汁含酒精的，但不能醉人的除外）、肉类、酵母或蔬菜等制品（包括番茄汁）、汤料、能醉人的饮料以及除苏打水外的任何不甜的饮料。欧盟其他国家的规定基本与英国相似。

我国新标准《饮料通则》（GB 10789—2007）直接用饮料代替原软饮料一词，并作了新的概述。《饮料通则》（GB 10789—2007）中规定：饮料是指经过定量包装的，供直接饮用或用水冲调饮用的，乙醇含量不超过质量分数 0.5% 的制品，不包括饮用药品。

（二）饮料的分类

1. 按国家标准分类

根据《饮料通则》（GB 10789—2007）规定，按照原辅料或产品形式的不同，可以将饮料分为以下 11 个类别及相应的品种。

（1）碳酸饮料（汽水）类　碳酸饮料类是指在一定条件下充入二氧化碳气的饮料，

不包括由发酵法自身产生的二氧化碳气的饮料。碳酸饮料又分为果汁型、果味型、可乐型及其他型四种类型。

（2）果汁和蔬菜汁类 果汁和蔬菜汁类是指用水果和（或）蔬菜（包括可食的根、茎、叶、花、果实）为原料，经加工或发酵制成的饮料。该类可分为果汁（浆）和蔬菜（浆）、浓缩果汁（浆）和蔬菜（浆）、果汁饮料和蔬菜饮料、果汁饮料浓浆和蔬菜饮料浓浆、复合果蔬汁（浆）及饮料、果肉饮料、发酵型果蔬汁饮料、水果饮料、其他果蔬汁饮料九种类型。

（3）蛋白饮料类 蛋白饮料类以乳或乳制品为原料，或以有一定蛋白质含量的植物的果实、种子或种仁等为原料，经加工或发酵制成的饮料。蛋白饮料类可分为含乳饮料、植物蛋白饮料、复合蛋白饮料三种类型。

（4）包装饮用水类 包装饮用水类是指密封于容器中可直接饮用的水。包装饮用水类包括天然矿泉水、饮用天然泉水、其他天然饮用水、饮用纯净水、饮用矿物质水、其他包装饮用水六类。

（5）茶饮料类 茶饮料类是以茶叶的水抽提液或浓缩液、茶粉等为原料，经加工制成的饮料。茶饮料包括茶饮料（茶汤）、茶浓缩液、调味茶饮料、复（混）合茶饮料四种类型。

（6）咖啡饮料类 咖啡饮料是以咖啡的提取液或速溶咖啡粉为原料，经加工制成的饮料。咖啡饮料类可分为浓咖啡饮料、咖啡饮料、低咖啡因饮料三种类型。

（7）植物饮料类 植物饮料类是以植物或植物抽提物（水果、蔬菜、茶、咖啡除外）为原料，加工制成的饮料。植物饮料类可分为食用菌饮料、藻类饮料、可可饮料、谷物饮料、其他植物饮料五种类型。

（8）风味饮料类 风味饮料类是以实用香精（料）、食糖和（或）甜味剂、酸味剂等作为调整风味主要手段，经加工制成的饮料。风味饮料类包括果味饮料、乳味饮料、茶味饮料、咖啡味饮料和其他风味饮料五种类型。

（9）特殊用途饮料类 特殊用途饮料类是通过调整饮料中营养素的成分和含量，或加入具有特定功能成分的适应某些特殊人群需要用的饮料。包括运动饮料、营养素饮料和其他特殊用途饮料三种类型。

（10）固体饮料类 固体饮料类是用食品原料、食品添加剂等加工制成粉末状、颗粒状或块状等固态料的供冲调饮用的制品。如果汁粉、豆粉、茶粉、咖啡粉、果味型固体饮料、固态汽水（泡腾片）、姜汁粉。

（11）其他饮料类 以上分类中未能包括的饮料。

2. 按作用分类

（1）单纯以补充水分为主的或作稀释用的饮料 如饮用纯净水、苏打水。

（2）带有滋味或仅以滋味为主的饮料 如碳酸饮料、茶饮料、咖啡饮料。

（3）带有营养的饮料 营养指热能、蛋白质、无机盐、维生素等。

热能饮料：高热能饮料（如高糖葡萄汁）、低热能饮料（如无糖可乐汽水）。

蛋白质饮料：植物蛋白饮料、乳饮料、蛋白型固体饮料。

无机盐饮料：饮用天然矿泉水、盐汽水。

维生素饮料：果汁、蔬菜汁。

（4）其他作用的饮料　运动饮料、营养素饮料。

3. 按工艺分类

（1）采集型　采集天然资源，不加工或只经过简单的过滤、杀菌等处理制成的产品，如瓶装饮用水。

（2）提取型　天然植物经破碎、压榨或浸取、提取等工艺制成的饮料，如果汁、蔬菜汁、植物蛋白饮料、茶饮料。

（3）配制型　以天然原料和添加剂配制而成的饮料，包括充二氧化碳的汽水，如碳酸饮料、运动饮料。

（4）发酵型　由酵母或乳酸菌等发酵制成的饮料，包括灭菌和不灭菌的，如发酵蔬菜汁、乳酸菌饮料。

三、饮料工业的发展现状和趋势

饮料作为一种独具特色的食品，深受广大消费者的喜爱，是人们日常生活必不可少的一部分。在我国食品工业中，饮料工业起步较晚，但改革开放以后我国饮料工业迅速发展，已成为我国食品工业的重要组成部分。近30年来全国的饮料业在产量、品种及其结构、生产规模上都有长足进展。

改革开放初期的1980年全国饮料年总产量为28.8万吨，1985年增至100万吨，1997年达到1069万吨，比1980年增长36倍，年均增幅为23.7%，提前三年实现2000年规划目标产量1000万吨。

2000年全国饮料产量近1500万吨，其中瓶装饮料产量第一，达到554万吨；碳酸饮料为420万吨；茶饮料为185万吨。2005年饮料产量3380万吨，年均增幅17.8%，其中瓶装饮料产量仍居榜首，达到1385.8万吨，所占比重为41%；碳酸饮料为804.45万吨（占23.8%）；果汁及果汁饮料643.56万吨（占18.8%）；茶饮料约300万吨（占8.9%）。2008年饮料产量达到6501万吨，是1980年的210倍，年均增幅21%，我国成为世界第二大饮料生产国，其中瓶装饮料产量2538.39万吨，所占比重为39%，碳酸饮料为1105.17万吨（占17%）；果汁及果汁饮料1170.18万吨（占18%）；茶饮料354万吨（占6%）。2009年全国饮料总产量为8130万吨，是2005年的2.4倍。其中瓶装饮料产量为3159万吨，所占比重为38.8%，碳酸饮料1254.2万吨（占15.4%）；果汁及果汁饮料1447.6万吨（比重17.8%）；茶饮料约700万吨（比重8.6%）。2010年饮料产量为9983.6万吨，其中瓶装饮料产量为4249.61万吨，所占比重为42%，碳酸饮料为1265.24万吨（占13%）；果汁及果汁饮料1762.17万吨（占18%）。

我国近30年饮料工业总产量增长情况见图1-1。

如图1-1所示，我国饮料产量增长的速度之快，预计在未来的五年中我国饮料总产量将保持12%~15%的年均增速。我国饮料产量增长的同时，规模以上的饮料生产企业的发展，使原有饮料企业数量少、产量低的局面急速改变。1983年时多数汽水厂的年产量在几百吨到几千吨之间，只有广州亚洲汽水厂和上海汽水厂的年产量超过5万吨；1992年我国前20名饮料企业的年产量合计刚超100万吨，随着我国饮料工业规模逐渐扩大，至2007年，前20名企业的平均年产量达到141万吨，年产量达到100万吨以上的企业共

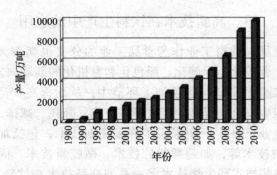

图 1-1　近 30 年我国饮料总产量

7 家。据不完全统计，2007 年规模以上企业达到 1226 家、2009 达到 1672 家。规模以上企业的从业人员数量也不断增加，2009 年达到 32.54 万人。1999 年产生"中国饮料十强"企业，2008 年产生"中国饮料二十强"企业。

从饮料品种看，改革开放初期的 20 世纪 80 年代初，我国饮料品种单一，汽水就是饮料的代名词，经过近三十年的努力，饮料品种不断丰富，目前已发展为包括碳酸饮料、果蔬汁饮料、蛋白饮料、包装饮用水、茶饮料、咖啡饮料、植物饮料、风味饮料、特殊用途饮料和固体饮料在内的 11 大类和 48 个小类，饮料的名称也由"软饮料"（Soft drinks，以碳酸饮料为主）改变为"饮料"（Beverage）。随着科学的发展，人们健康意识的增强，饮料新品种将不断涌现以满足现代消费者的不同需要，产品趋向更安全健康营养，在果蔬汁饮料、蛋白饮料、茶饮料等将继续发展的同时，各种谷物饮料的"跨界"和"混搭"饮料将成为近两年新产品开发的主要趋势，成分互补、口味互补、颜色互补、概念互补和成本互补的混搭互补及"补水解渴、营养补餐、健康诉求和功能诉求的功能四清晰"理念将会更充分地体现在饮料品种设计上。

从饮料的消费情况看，我国饮料的人均消费量在不断增长，2001 年约为 13kg，2005 年为 26kg，2008 年为 43kg，2009 年全国人均饮料年消费量达到 60kg，是 2005 年的 2.3 倍。然而与世界消费水平相比，尤其是发达国家（如美国 357kg/人、英国 230kg/人），我国还有不小的差距。这从另一个角度说明我国饮料市场还有很大的发展空间。

近三十多年来我国饮料行业取得的成就可以归纳为产量高速增长、质量稳步提高、品种丰富多彩且结构日趋合理、包装不断更新，饮料"主剂化生产"的产业政策开始实施，饮料企业的加工技术与装备水平、管理水平不断提升，环保、节能降耗意识不断提高并初见成效，各类质量安全标准逐渐完善，发展形成了一批集团化企业和知名品牌。与此同时随着安全生产意识不断提高，安全管理体系、相关标准规范日趋完善。我国饮料工业的发展前景广阔。

在我国饮料工业发展过程中有待改善的主要问题有：我国目前还存在大量规模较小的中小型企业，专业化程度较低，技术装备水平及经营管理水平比较落后；产品品种、口味、包装相对较薄弱，需要开发更多新技术、新产品、新包装；产品质量稳定性需要进一步提升，除了加强加工用原料源头的关注与加工管理外，产业工人素质、技能的提升与"主剂化生产"模式应用进一步实施将有助于产品质量稳定性的提高。

四、高新技术在饮料生产中的应用

随着科学技术的发展，饮料工业作为食品工业的分支也朝着大型化，产业化、系列化，科技化、知识化，营养化、保健化、绿色化和有机化的新动向发展。积极地将高新技术应用于本（饮料）工业的科研与各项加工环节中，从而提高产品质量，改善产品品质与风味，保证营养与卫生安全，提高生产效率并节能、降耗、减排，进行环保加工。

目前国内外先进企业已在生产中采用了许多高新技术，包括加工新技术、包装新技术、杀菌新技术及生物技术等，如超微粉碎技术、微胶囊技术、固膜分离技术、超临界 CO_2 萃取技术、无菌包装技术和生物技术等一系列高新技术在饮料行业得到了应用推广，有力地促进了饮料行业的发展。

（一）生物技术的应用

生物技术一般包括基因工程、细胞工程、酶工程和发酵工程等新技术。在饮料生产中主要用于资源利用、产品开发、工艺改进和质量改善。应用较多的是酶工程和发酵工程。

酶工程在饮料生产中用于改善饮料风味，如消除橘汁苦味（柚苷酶－黄酮化合物糖苷酶）、消除橘子汁柠碱（柠碱酶）、消除大豆腥臭（醛脱氢酶－醛氧化酶）等；用于澄清果汁、提高出汁率，提升果汁加工技术，如大家熟知的苹果清汁生产中用果胶酶或果胶复合酶（纤维素酶、半纤维素酶、淀粉酶、蛋白酶）澄清果汁等；在茶饮料生产中应用酶技术可以实现茶汁的低温浸提，促进茶汁的澄清，从而改善茶饮料的感官品质。目前已开发可应用于茶饮料的酶制剂有单宁酶、果胶酶、纤维素酶、半纤维素酶、葡萄糖氧化酶、蛋白酶、淀粉酶等。用单宁酶处理茶提取液可以降低浑浊度，增加可溶性固形物含量，提高风味强度，因为单宁酶能切断儿茶素上没食子酸的酯键，释放没食子酸。游离的没食子酸又能同茶黄素、茶红素竞争咖啡碱，形成相对分子质量较小的水溶物。早在1993年，日本就有添加单宁酶和 β － 环状糊精（β － CD）改善茶提取物品质的报道；用细胞降解酶处理提高茶汁浸提率，因为茶汁浸提时细胞降解酶（包括果胶酶、纤维素酶、半纤维素酶等）破坏了细胞壁的结构，有利于茶叶有效成分的扩散、浸出，这不仅增加了可溶性固形物含量，还使茶汤色泽明亮透明，同时由于低温酶法提取使茶叶香气成分在提取过程中散失较少，大部分香气成分得到保留，从而明显改善速溶茶香气；在红茶饮料加工中应用多酚氧化酶可减轻速溶红茶苦涩味，增加香气，改善滋味；用 α － 淀粉酶和葡萄糖淀粉酶处理乌龙茶茶汤，可以防止成品中沉淀产生。

发酵工程在饮料中的应用主要是通过对微生物的选择与培育，以及对发酵条件的优化控制，开发生产出许多含有对人体极为有利物质，又能提升饮料的营养、风味及功能性的产品。在发酵型乳饮料生产中利用乳酸菌等微生物对乳的乳酸发酵作用既能生产含有益生菌的饮料，也能制得含有半乳糖、SOD 等许多有利于健康的饮料，丰富产品的营养，增强饮料的功能性，如利用瑞士乳杆菌作为发酵菌种之一生产的发酵复合大豆乳饮料含有抑制血管紧张素转化酶的短肽，具有辅助降血压功能，而且瑞士乳杆菌在发酵过程中产生胞外多糖，赋予产品黏稠滑润的质构，可改善发酵豆乳质地脆弱，连续性不强的不足。

在发酵植物蛋白饮料和发酵果蔬汁饮料生产中选用适宜的菌种进行合理发酵控制不仅能保证和丰富饮料的营养成分、赋予发酵产品特有的香味与口味，而且能除去某些植物蛋白原料的特殊异味。

在饮料生产中还可以通过生物技术这一手段，研制出适合饮料生产特点的生理活性成分，并将其用于饮料而制成产品，如保健饮料的生产。

基因工程和细胞工程主要用于饮料新资源的开发和保健饮料功能性物质的生产，如通过动物或植物细胞大量培养，生产免疫球蛋白、促细胞生产素、生物酸、类黄酮、辣椒素、香豆素和甜叶菊苷等各种保健饮料的有效成分及天然食用添加剂，用于保健饮料的生产；利用基因工程生产乳酸菌类（乳酸杆菌、双歧杆菌和德氏乳杆菌等），亦可采用转基因手段，制造有益于人类健康的保健因子或有效因子。如将一种有助于溶解血栓作用的酶基因克隆到牛或羊体内，便可以在牛乳或羊乳中得到这种酶，用以制作具有溶栓作用的功能性饮料，为心血管疾病患者造福。冰核活性细菌可应用于果汁的冷冻浓缩。

生物技术还应用于饮料加工废水的处理。饮料加工废水常有残存的糖、蛋白质、有机酸、悬浮物、菌体等，废水中BOD、COD很高，不能直接排放到江河湖海中，必须进行处理。通常，可以采用生物转盘、生物塔式滤池、活性污泥法、厌氧发酵法处理，或用活性污泥法和厌氧发酵法结合处理，使BOD、COD大大降低，达到排放标准。

（二）膜分离技术

膜分离技术是以选择性透过膜为分离介质，当膜两侧存在某种推动力（如压力差、浓度差、电位差、温度差等）时，原料一侧组分选择性地透过膜，以达到分离、提纯的目的。按照膜孔径的大小，膜分离技术可以进一步细分为微滤、超滤、纳滤、反渗透技术等。目前已经工业化应用的膜分离技术有微滤（MF）、超滤（UF）、反渗透（RO）、渗析（D）、电渗析（ED）、气体分离（GS）、渗透汽化（PV）、乳化液膜（ELM）等。

膜分离技术是一项新型高效分离技术，具有以下优点：① 节约能源；② 在常温下进行，特别适用于热敏性物质的处理，能够防止食品品质的恶化和营养成分及香味物质的损失；③ 食品的色泽变化小，能保持食品的自然状态；④ 设备体积小且构造简单，费用较低，效率较高；⑤ 适用范围广，有机物和无机物都可浓缩，可用于分离、浓缩、纯化、澄清等工艺。正由于膜分离技术的上述特点，特别是不需要加热，可防止热敏物质失活和杂菌污染，特别适合在饮料生产中应用。目前，在饮料生产中膜技术已经得到广泛应用，主要用于饮料的澄清过滤、浓缩和除菌以及饮用水的净化。

如在果蔬汁生产中，采用微滤、超滤技术进行澄清过滤，超滤法澄清时，果汁中的蛋白质、淀粉、果胶及一些悬浮颗粒可全部去除，而风味物质、糖、维生素得以保留，同时还可去除果蔬汁中的杂菌，从而获得保存性良好的无菌态的高品质果蔬清汁；采用纳滤、反渗透技术进行果蔬汁浓缩，用反渗透技术浓缩的果汁，不仅使果汁成分的稳定性提高，还能除去不良物质，改善果蔬汁风味，比如说果蔬汁中的芳香成分，其在蒸发浓缩过程中几乎全部失去，冷冻脱水法也只能保留大约8%，而用反渗透技术则能保留30%~60%。

在茶饮料生产膜分离技术也得到比较广泛的应用，目前也主要用于膜澄清过滤和浓缩。膜澄清过滤主要有超滤膜过滤、陶瓷膜过滤、生物膜过滤等技术，其中超滤技术应用最为普遍，可以明显提高茶饮料的澄清率。因为茶提取液中含有蛋白质、果胶、淀粉等大分子物质，其中的茶多酚类及其氧化产物易与咖啡碱等物质形成络合物，使茶汁产生浑浊及沉淀，这也是茶饮料生产中的关键技术之一。传统的澄清方法易使茶汁中许多有效成分去除，造成风味严重损失。如用超滤膜处理绿茶汁和红茶汁可有效去除茶汁中的大部分蛋白质、果胶、淀粉等大分子物质，而茶多酚、氨基酸、咖啡碱等特色成分含量损失很少。使茶汤固有的纯正香气和醇厚滋味品质得到保持，茶汁清澈透明，而且清茶汁不易二次浑浊和变质。膜浓缩多采用反渗透 RO 膜分离技术，用于茶浓缩汁加工工艺中。传统的茶浓缩汁生产均采用蒸发浓缩技术，如降膜蒸发器、离心蒸发器等。蒸发浓缩工艺有蒸发效率高的优点，但产品香味损失、香气缺乏、滋味迟钝、茶叶特征成分也有损失，稀释配制成茶饮料后易产生浑浊和沉淀。采用反渗透技术浓缩的产品不仅能较好地保持风味和营养成分，还有能耗低，操作简单的优点。

膜技术在饮料生产中的另一个典型应用是饮料生产用水的处理。在我国目前水处理多应用膜分离技术，根据原水的水质结合本企业的实际采用电渗析（ED）、反渗透（RO）等膜分离技术进行饮料用水处理；应用膜分离过程制备饮用水和超纯水已实现工业化，尤其是某些需保持特殊成分或风味的饮料采用微孔膜过滤后除去的是饮料中的杂质、悬浮物及生物菌体等，而水中的微量元素和营养物质却能最大限度地保存，如天然饮用矿泉水。

膜技术还可应用于饮料生产废水的处理。如 Kloyuncu 等人分别采用低压纳滤及二级反渗透系统对牛乳工业废水进行处理。纳滤的 COD 去除率达 98%，电导率可削减 98% 以上，Cr、Pb、Ni、Cd 等有毒重金属离子的去除率均达 100%；而二级反渗透系统对 COD、电导率和悬浮固体的去除率均在 99% 以上。

陶瓷膜分离技术在饮料生产中应用也开始研究，如用陶瓷膜过滤浓缩果汁、除去茶饮料中的大分子物质，使茶饮料保持澄清的外观并且可以有效改善茶饮料沉淀现象。因为陶瓷膜是以性能稳定的 TiO_2 和 Al_2O_3 为无机膜材料，这些材料通过溶胶凝胶法镀在陶瓷的载体上，实为无机膜，与有机膜材相比较，其具有耐高温、耐腐蚀，清洗方便，膜易消毒处理，机械性能良好，膜的使用寿命长等特点，故其应用受到高度关注，不远的将来将会向超滤一样广泛应用于饮料生产中。

生物膜过滤是指将相关的酶固定化在超滤膜上，茶汤滤过时利用酶的活力分解大分子，从而起到保持茶汤原有的品质之作用。如将果胶酶和纤维素酶固定化于超滤膜或反渗透膜上，可大大提高茶汤的渗透率，也可提高茶汤的澄清度。据日本专利介绍，将单宁酶固定于中空纤维超滤膜上，当茶叶提取物通过膜表面时，单宁酶即分解茶汤中的茶乳酪，超滤膜截留大分子物质，由此得到澄清的茶饮料。目前，由于生物膜的成本较高，应用还不太广，在生产中应用得较多的是超滤膜技术。

此外，膜分离技术还应用于保健饮料的生产，如在大豆蛋白肽的功能饮料生产中采用膜分离技术提纯酶解大豆蛋白粗品后，再制造出具有特定功能性和营养性的富含大豆蛋白肽的功能饮料；又如在芦荟保健饮料的生产中采用超滤膜（料液浓度为 0.2% ±0.05%），循环速度 $0.75m^3/h$，操作压力 0.2～0.35MPa，在常温下处理芦荟凝胶汁，有效去除了产品中微生物和部分褐变色素及苦味前体，基本保留了芦荟凝胶汁中的营养成分，大大改善了产品的品质和口感。

膜联合技术在饮料生产中也得到了应用。如超滤和反渗透两种膜技术联合对果汁进行浓缩，克服了单一膜分离过程的缺点，不仅能提高果汁的浓缩程度，而且能提高膜的利用率。因为一般果汁中除含有糖、酸等可溶性成分外，还含有果胶、蛋白质、纤维素及半纤维素等悬浮物，所以果汁的黏度较大。如直接用反渗透浓缩，因膜污染严重和高渗透压而造成较低的透水速率，很难以一级方式把果汁浓缩到蒸发法所达到的浓度。而超滤适用于如蛋白质、胶体、多糖等分子与无机盐和低分子有机物等小分子溶液的分离，微滤同样适用于细菌、微粒等的分离。如果在反渗透以前，用超滤或微滤除去果汁中的果胶等悬浮性固形物，就可有效降低黏度，减少膜污染程度，从而显著提高反渗透的透水速率。据报道，FMC 公司和杜邦公司的合资企业 SeparasystemLP 研制出一套联合的膜分离装置，称为 Freshnote 系统，生产能力达每小时处理 $7.5m^3$ 的蜜橘原汁，每小时可得到 $2m^3$ 的浓缩汁，浓缩橙汁浓度达到 $60°Bx$ 以上，而且几乎完全保留了鲜果汁的风味芳香成分。

膜分离技术在饮料中的应用日益广泛的同时也看到了它存在的不足，如用于果汁浓缩时浓缩的程度仍有所限制；膜的反冲洗较为繁琐；膜的通透性、选择性和适用性（有时其适用范围受到限制，因加工温度、食品成分、pH、膜的耐药性、膜的耐溶剂性等的不同，有时不能使用分离膜）不能满足饮料工艺要求。所以希望膜性能在透过率、选择性、不易污染性、清洗和杀菌简单、膜装置便捷等方面得到改善，开发出透过率高、选择性强、不易发生污染的膜；用简单的清洗方法即可清除污染的膜和膜装置以及具有全自动反冲洗装置的膜分离系统；用简单的热蒸汽杀菌即可杀菌的膜和膜装置以及膜清洗和保护技术，以更充分展现膜分离技术的优势，进一步扩大其在饮料生产中的应用。

（三）超微粉碎技术

超微粉碎技术起源于 20 世纪 70 年代，是指利用机械或流体动力的方法克服固体内部凝聚力使之破碎，将 3mm 以上的物料颗粒粉碎至 $10 \sim 25\mu m$ 的操作技术。超微细粉末是超微粉碎的最终产品，具有一般颗粒所没有的特殊理化性质，如良好的溶解性、分散性、吸附性、化学反应活性等。

目前，超微粉碎技术在饮料生产中的应用主要是生产各种固体饮料，利用气流微粉碎技术已开发出的饮料有茶粉、豆类固体饮料和超微骨粉配制的富钙饮料等。

将茶叶在常温、干燥状态下制成茶粉（粒径小于 $5\mu m$），可提高人体对其营养成分的吸收率。将茶粉加到其他食品中，还可开发出其他的茶制品。

植物蛋白饮料是以富含蛋白质的植物种子和各种果实为原料，经浸泡、磨浆、均质等操作单元制成的乳状制品。磨浆时用胶体磨磨至粒径 $5 \sim 8\mu m$，再均质至 $1 \sim 2\mu m$。在这样的粒度下，可使蛋白质固体颗粒、脂肪颗粒变小，从而防止蛋白质下沉和脂肪上浮。

（四）微胶囊技术

微胶囊技术是把分散的固体物质颗粒、液滴或气体完全包埋在一层膜中形成球状微胶囊的一种技术。微胶囊形成的方法很多，如喷雾干燥法、喷雾凝冻法、相分离法、粉末床法、囊心交换法、分子包囊法等。

微胶囊技术已经广泛地用于饮料生产中。在固体饮料生产中采用微胶囊技术生产的固体饮料为微颗粒状晶体，具有独特、浓郁的香味；在冷热水中均能迅速溶解，形成乳浊液。乳浊液中颗粒分布均匀，色泽与新鲜果汁相似，不易挥发，固体饮料能长期保存等特点。应用微胶囊技术同时也可根据人体不同需要，微胶囊中填充不同类型的营养素或保健成分，可加工成不同类型的饮料，满足不同人群的特殊需要。在液体饮料中添加部分可食性微胶囊，微胶囊中包覆着与液体部分相同或不同的液体。胶囊可以是同一颜色，也可以是多种不同颜色。这种色彩鲜艳、大小均一的微胶囊均匀地悬浮在液体中，可大大提高饮料的感官特性，如微胶囊复合果蔬饮料。同样可以在微胶囊中填充各种营养物质或保健食物，加工成儿童营养饮料、老人保健饮料等各种液体饮品。实际应用中，很多颗粒果肉都可以制成微胶囊饮料以达到仿真和回归自然的效果。

（五）超临界流体萃取技术

超临界流体萃取技术是利用压力和温度对超临界流体溶解能力的影响来分离和提取所需要的物质的一项新技术。在超临界条件下，使超临界流体与待分离的物质充分接触，该流体就能有选择地将极性大小不同、沸点高低不同以及分子质量大小不同的成分，先后依次萃取出来。超临界的 CO_2 常被用作萃取剂。

超临界流体萃取技术工艺流程简单，萃取温度低，对营养成分破坏极少，目前已经在食品工业中得到广泛应用。

在饮料生产中，超临界 CO_2 萃取技术主要用于保健饮料的生产，从原料中提取功能性物质、活性物质，用于保健饮料的生产，比起传统的提取方法，可以明显提高产品的产率、纯度和质量。

（六）非热杀菌技术

"非热杀菌"是一种新兴的食品加工技术，包括超高压、高压脉冲电场、高压二氧化碳、电离辐射和脉冲磁场等技术。与传统的"热杀菌"相比，"非热杀菌"具有杀菌温度低、更好保持食品原有的色香味品质等特点，特别是对热敏性食品的功能性及营养成分具有很好的保护作用，同时，非热加工还对环境污染小、加工能耗与污染排放少。

目前研究最多、商业化程度最高的非热杀菌技术是超高压杀菌。超高压杀菌是将密封在柔软包装中的食品物料置于高压装置中用 200MPa 以上的压力（200～1000MPa）进行一定时间的高压处理，由于高压作用导致微生物的形态结构、生物化学反应、基因机制以及细胞壁、细胞膜发生多方面的变化，从而影响微生物原有的生存技能，甚至使原有功能被破坏或发生不可逆变化，导致微生物死亡而达到杀菌、灭酶的目的。超高压杀菌技术在饮料生产中也得到很好的应用，日本采用超高压杀菌的果汁早已进入市场。超高压杀菌的果汁口味极像新鲜水果，说明了该技术能最大限度地保留饮料固有的色、香、味、形和营养的特点，证明了非热杀菌技术能克服热杀菌给饮料带来的不足，能有效改善和提高饮料的品质。

高压脉冲电场杀菌技术是通过高压电脉冲电场所产生的强脉冲对食品中的有害细菌产生膜穿孔效应而实现食品的非加热灭菌。高压脉冲电场杀菌不仅具有良好的杀菌效果，而且能较好地保留食品的营养成分、色泽、风味和质地，并具有广泛的适用范围，几乎可适用于所有的可以流动的食品物料的杀菌；与高温杀菌相比还具有能耗小、成本低、设备投资少的优点。杀菌是饮料生产中的关键技术环节，高压脉冲电场杀菌的特点正是饮料生产所要寻找的杀菌技术。食品人正在积极展开高压脉冲电场杀菌在饮料生产中的应用研究。

Qin 等人对脉冲电场杀菌技术对果汁产品的品质影响作了研究，结果表明：经脉冲电场处理的浓缩苹果汁，在 22～25℃贮藏，货架寿命可到达 4 周，感官特征与非脉冲电场处理的苹果相比没有明显的变化；新鲜苹果汁经脉冲电场处理后，在 4～6℃冷藏 3 周以后，新鲜苹果汁与用脉冲处理后的苹果汁相比没有明显差别。Simpson 等人用脉冲电场强度为 50kV/cm、脉冲数为 10 次、脉宽为 2s、在温度 45℃下处理苹果汁，产品的货架期为 28d，处理前、后维生素 C、糖分及感官质量没有变化，而没有经过处理的鲜榨苹果汁货架期只有 7d。

Mingyu Jia 在 1999 年通过 SPME－GC 连用分析了脉冲处理后的香蕉汁中所含的五种

典型香味成分。结果表明：高压脉冲处理后的香蕉汁中，五种典型香味成分的含量明显高于热处理后的香蕉汁。Yeomhye Won 在 2000 年不仅通过 SPME – GC 分析了被脉冲处理香蕉汁中五种典型香味成分，还进一步分析了维生素 C 含量、颜色和品质，以及处理后香蕉汁中颗粒大小等，结果表明：脉冲处理后的香蕉汁各项指标均优于热处理后的香蕉汁。

Vega Mrcado 等人用脉冲电场处理鲜果蔬汁后，可使产品的货架期在 22 ~ 25℃ 下提高到 56d，而且感官品质和理化性质没有变化。Sitzmann 用 15kV/cm 处理鲜榨橙汁，微生物数量降低 3 个对数值，而不影响品质。Zhang 等人用三种脉冲波形处理，证明方波最有效。用电场强度为 32kV/cm 脉冲处理，总好氧菌数量减少 3 ~ 4 个对数值，在 4℃ 贮藏货架期均超过 5 个月，脉冲处理后的果蔬汁维生素 C 含量和色泽变化比热处理的要好得多。

脉冲电场杀菌对未过滤的苹果汁、果肉含量高的橘子汁、菠萝汁的感官特性没有影响，橘子汁中维生素 C 的含量也没改变，脉冲处理过的苹果汁比新鲜苹果汁味道更好。经脉冲电场杀菌的橘子汁，易挥发物质损失为 13%，其中萜二烯和丁酸乙酯的损失分别为 15% 和 26%，而热杀菌的橘子汁，萜二烯和丁酸乙酯的损失分别为 60% 和 82%。脉冲电场加工的橘子汁中风味物质的损失率为 3%，而热杀菌的损失率为 22%。

脉冲磁场杀菌是利用高强度脉冲磁场发生器向螺旋线圈发出强脉冲磁场，将待杀菌食品放置于螺旋线圈内部的磁场中，微生物受到强脉冲磁场的作用后导致死亡。

脉冲磁场杀菌作为一种冷杀菌技术具有其独特的特点，主要表现为：灭菌过程中产热少，杀菌物料升温小，温度的升高一般不超过 5℃，所以能很好地保持物料的组织结构、营养成分、颜色和风味；安全性好，因为在距离线圈 2m 左右处，磁场强度衰减为相当于地磁强度，因此无漏磁问题；与连续波和恒定磁场比较，脉冲磁场杀菌设备功率消耗低、杀菌时间短、对微生物杀灭力强、效率高；磁场的产生和中止迅速，便于控制；由于脉冲磁场对食品具有较强的穿透能力，能深入食品的内部，所以杀菌彻底。脉冲磁场杀菌尤其适合于热敏性物料的杀菌。

马海乐等人用高强度脉冲磁场对热敏性西瓜汁的杀菌进行试验研究，并且分析了脉冲磁场的杀菌机理。研究结果表明脉冲磁场对西瓜汁有很好的灭菌效果，并且风味好、营养全，克服了传统热杀菌使西瓜汁产生加热煮熟味而失去西瓜原有天然风味的不足。

膜冷除菌技术也是一种新型的除菌技术。研究表明现代膜分离技术不仅可以去除不同大小的悬浮颗粒，部分胶体，对不同大小分子质量的分子进行有效分离，而且可以截留微生物，起到除菌的目的。一般认为，膜孔径 3μm 能截留霉菌孢子，1.2μm 能截留酵母孢子，0.45μm 能截留大肠杆菌等各类细菌。2005 年云南省澜沧江啤酒企业集团公司采用中国农业科学院茶叶研究所的最新工艺，引进美国和德国先进技术，在国际上首次建立了一条膜冷除菌/无菌灌装茶饮料工业化生产线，产品质量获得显著提高，除菌前后产品风味品质基本无变化，茶多酚、氨基酸、咖啡碱、pH 和色差等变化极小。

（七）微波技术

微波技术在食品工业中的应用主要为微波真空干燥和微波杀菌技术。

微波加热是靠电磁波把能量传播到被加热物体的内部。微波真空干燥就是以微波加热为加热方式的真空干燥。

微波加热干燥在果汁干燥中的应用很广泛。已经采用微波干燥的果汁有：橙汁、柠檬汁、草莓汁、木莓汁等。另外还有茶汁和香草提取液。法国饮料工厂用 48kW、2450MHz

的微波真空干燥设备干燥速溶橘子粉和葡萄粉。在进行木莓和草莓的微波真空干燥时，其维生素 C 的保存率高于 90%。微波加热干燥具有省时、节能、改善产品质量等优点。

微波杀菌是微波的热效应和生物效应共同作用的结果。热效应是指微波作用于食品，食品吸收微波能，温度升高，食品中的微生物细胞在微波场的作用下，产生的热效应使蛋白质变性，导致微生物死亡；生化效应是指微波的作用改变了微生物细胞膜断面的电径分布，影响了细胞膜周围电子和离子的浓度，从而改变了细胞膜的通透性能，使微生物生长发育受到抑制而死亡。此外，足够强的微波电场可以导致微生物的 DNA、RNA 中的氢键松弛、断裂和重组，从而诱发遗传基因突变。

目前，微波杀菌技术在饮料生产中的应用主要是乳、乳制品及部分饮料等。采用微波杀菌的茶饮料其香气保存比较好，这是因为微波杀菌利用了热效应和非热效应对微生物的破坏作用，因此，其杀菌温度低于常规的热杀菌方法，这有利于茶叶饮料香气的保持。

（八）无菌包装技术

无菌包装技术是现代高科技综合技术，是指把被包装的食品、包装材料容器分别杀菌，并在无菌环境条件下完成填充、密封的一种包装技术。

无菌包装技术的应用始于牛乳，目前，在各国食品业中呈现蓬勃发展的美好前景。无菌包装技术在我国的饮料生产中也得到了应用，目前无菌小包装产品主要是果汁及果汁饮料、乳和含乳饮料。大袋包装产品主要是番茄酱和浓缩果汁，如浓缩苹果汁等。含颗粒状饮料的无菌处理和包装技术还处于研发和小规模推广阶段。

除了上面介绍的新技术以外，在饮料生产中还可以用到许多新技术，如自冷自热技术、香气回收技术、冷冻粉碎技术、绿色包装技术和膜乳化技术等。随着社会的进步和科技的发展，必将有越来越多的新技术用于饮料行业中，促进饮料行业的高速发展，以适应人们对营养、安全、卫生、方便、快捷、风味多样的要求。

五、饮料工艺学的学习方法

饮料工艺学是一门应用科学，涉及的知识比较多，需要生物学、化学、物理学、食品微生物学、食品工程原理、食品机械与设备、食品品质评价等诸多学科相关知识的融会贯通和灵活应用。

饮料种类品种多，其加工用原料多为动植物原料，具有复杂性和多变性；各类饮料的加工的过程方法具有差异性。在学习本课程的过程中一方面需要及时提取和运用所学过的相关知识，同时要着重学习其过程的理论，并及时总结各类饮料产品加工的异同点，在掌握共性知识与技能基础上学会各类产品的关键技术，以便学习后能举一反三。在本门课程的学习中还需要拓展学习，不断丰富新知识，可以通过参观和实验进行进一步的自学，加深对所学原理的理解，发挥自主学习的主动性。在此基础上结合学校的相关实践平台进行饮料新产品设计与实施，以开拓学生思维，提高创新能力和动手能力。只有这样才能学好本门课程，真正地掌握饮料工艺学的知识。

本章小结

本章首先介绍了饮料工艺学的概念，在此基础上介绍了饮料工艺学的研究对象及研究内容，还介绍了饮料的概念和分类、我国饮料工业概况、高新技术在饮料工业中的应用；

最后在介绍了饮料工艺学特点的基础上提出了学习饮料工艺学课程的建议。

拓展阅读资料

1. 中国食品科技发展报告编委会. 中国食品科技发展报告［R］. 北京：化学工业出版社，2009.

2. 中国饮料学会. 2010 中国饮料行业可持续发展报告［R］.

3. 邱毅军，李昌辉. 气浮＋生物接触氧化法处理饮料废水的技术研究［J］. 能源环境保护，2010.

第二章 饮料用原辅材料

学习目标

1. 了解饮料所用原料的类别和常用辅料的主要性质。
2. 熟悉饮料常用原料的加工性状及要求。
3. 掌握饮料中常用辅料的科学使用方法。

第一节 饮料用原料

一、植 物 原 料

（一）水果原料

我国水果品种繁多，分类方法也不同。通用的分类方法主要是依据果实形态和生理特征，一般分为仁果类、亚热带及热带果类、柑橘类、核果类和浆果类 5 大类水果。

水果原料的主要特征：① 多汁且酸甜兼具，一般水分含量在 90% 以上；碳水化合物，特别是葡萄糖、果糖、蔗糖等糖分含量平均在 10% 左右，最多可达 20%；另外含有有机酸，如柠檬酸、苹果酸、酒石酸等。② 色彩艳丽且有芳香味，色素有花色素系、类胡萝卜素系、类黄酮系、叶绿素系等；芳香成分有酯类、醛类、萜类、醇类、酮类和挥发性酸。③ 富含维生素和碱性无机盐。维生素主要有 B 族维生素、维生素 C，所含的 α - 胡萝卜素和 β - 胡萝卜素还具有维生素 A 的功效，此外还含烟酸等。④ 富含果胶和纤维。

1. 仁果类水果

仁果类水果有苹果、梨和山楂等。果实是由子房、花托、花被共同发育而成的，基本肉质部分是强烈增大的花托。用于饮料加工的仁果类品种主要有以下几种：

（1）苹果 苹果是世界各国目前主要的栽培果树种之一。我国苹果属植物有 23 种之多，主产区在山东、辽宁、陕西、河北、山西、河南、甘肃等省。除了早熟的伏苹果外，大多数中熟和晚熟品种都可用来制汁，但通常需要用几个品种搭配加工才能制得优良的果汁。

制汁用苹果要求：① 富有苹果香味；② 糖分高；③ 酸味和涩味适当；④ 果汁丰富；⑤ 不易酶促褐变；⑥ 果实以成熟为适宜，未熟果有生果味，过熟果缺少果味，果汁品质差，出汁率低。

世界苹果汁贸易的主要形式是浓缩汁，生产苹果浓缩汁的原料应是酸度较高的品种，该类苹果生产出的浓缩汁风味为消费者所喜爱。目前在世界上生产苹果浓缩汁的主要苹果品种是金冠，占到世界苹果总量的 40%，但我国金冠苹果栽培面积较小，制汁用的品种是小国光、秦冠、富士等。前些年由于过多发展富士品种，许多小国光被富士所取代，而富士品种由于含酸量较低，不适于制汁。近年来，高酸品种澳洲青苹在我国也有一定的发展，为中国的浓缩苹果汁原料增添了新的希望。

（2）梨 梨的果实营养价值很高，除含有 80% 以上的水分外，糖含量一般在 8% 以上，最高可达 17%。此外，还含有游离酸、果胶物质、蛋白质、脂肪，以及钙、铁、磷等矿物质和维生素等。梨的果肉脆嫩多汁，甜酸可口，芳香浓郁，风味好，是其他水果所不及的。梨与其他水果不同的是果肉含有石细胞，它不仅不利于消化，而且影响产品色泽和口感，有时对均质机也会产生不利影响。

梨可以加工成梨汁，但更多的是用于制造果肉型饮料。梨较少用来加工梨汁，是因为梨缺少必要的呈酸味的有机酸，更主要是梨含有游离氨基酸，加工中极易发生非酶褐变。梨汁可以与苹果汁混合，例如在苹果汁中混合 5% 的梨汁，可以使苹果汁更加澄清。梨的香味主要在皮上，加工梨汁宜选用小而多汁的硬质品种梨；软质品种梨质软，风味欠佳，含酸量少，难于加工。

（3）山楂 山楂属蔷薇科山楂属植物。山楂果实中的营养物质丰富，其中水溶性的物质有糖、有机酸、花色素、果胶、单宁、矿物质、维生素、含氮物质和风味物质，非水溶性物质有淀粉、原果胶、纤维素、脂肪、叶绿素、含氮物质和风味物质。山楂果中的总糖为 6%～15%，其中葡萄糖 2.44%～5.55%，果糖 3.24%～6.30%。有机酸含量 3%～5%，主要有酒石酸、柠檬酸、山楂酸、苹果酸和丁二酸。山楂中的维生素 C 的含量 60mg/100g 左右，高者可达 90mg/100g，在果品中仅次于枣和猕猴桃。

山楂中的花色素存在于果皮和果肉中，表现为红色至紫色的色调。花色素在不同 pH 条件下呈现不同的颜色。例如在酸性下呈红色，中性下为黄色，碱性下又呈蓝色。山楂果成熟时由于含酸量高，表现为鲜艳的红色。花色素稳定性较差，一方面如上所述 pH 会影响花色素的色调，光线、温度、酚酶也会使花色素变色或褪色；另一方面，花色素与铁、铜、锡等金属接触时也会变色，因此在山楂提汁过程中，加工设备和器具与山楂果直接接触的部位禁止使用铁、铜、锡等材料，以使提取的山楂汁保持鲜艳的红色调。

山楂果实中的单宁含量为 0.15%～0.58%，单宁含量高的山楂果具有强烈的涩味，对制品的风味影响较大。适量的单宁与相应的糖、酸相配，能产生清凉感，可以形成山楂饮料特有的爽口风味。山楂中的果胶含量高达 3%～4%，在各种水果中居首位。果胶的存在不利于澄清果汁生产，所以可采用果胶酶或加热等方法分解果胶；而果胶具有的稳定作用有助于改善浑浊型果汁饮料的稳定性。

2. 核果类水果

核果类水果有桃、杏、李、梅、樱桃和枣等。这些果实大小、形状差异很大，大都由外、中、内果皮构成，可食部分主要是肉质化的中果皮，而内果皮在成熟过程中发生木质化而成为坚硬的核，核中有仁，故称为核果。木质化的核不能食用，核中的仁在饮料加工时也要剔出（另作他用）；外果皮一般在加工时除去。

核果类中最为大宗的是桃，主要用作果肉饮料的原料。

（1）桃 我国桃资源丰富，分布极广，全国各省、市、地区均有栽培，其中以华北、华东和西北栽培较多。桃的品种按果肉颜色分白桃和黄桃两大系品。白肉桃的主要品种是大久保、云露等，黄肉桃有黄露、爱保太等。

桃营养成分丰富，总糖含量 7.0%～11.0%。糖的组成与品种和成熟度有关。含酸量（以游离酸计）为 0.5%～0.7%，主要是苹果酸和柠檬酸，两者含量基本相等。桃的独特风味除其甜味和酸味成分的组成及其酸甜平衡外，还因为桃中含有氨基酸、肽和有机酸盐等微量成分。桃中的果胶含量为 0.4% ~ 1.0%，果胶含量与其品种、成熟度有关。例如随着成熟度的增加，白桃中的水溶性果胶增加，而黄桃中的果胶变化较少。

桃果的色素有花色苷、黄酮类色素和单宁，这些色素是色变的因子。黄桃色素主要成分是来自紫黄质、β – 胡萝卜素和隐黄质等的类胡萝卜素；红色桃的色素是花色苷，即紫菀苷。为了防止紫菀苷引起的紫变现象，在加工过程中可以利用抗坏血酸、异抗坏血酸的还原脱色法和利用花色素酶的色素分解法，但这些方法的效果受到一定限制，最好的方法是将过度着色的红桃挑出。

桃中有很多特有的香气成分，在加工过程中，特别是由于加热，特有芳香气会减弱，新鲜感减少，而且出现加热臭；与此同时，非挥发性成分，包括酶、糖、蛋白质、氨基酸、有机酸、矿物质对化学反应也有较大影响。在杀菌和脱气等过程中应注意热和氧的影响，另外低温储藏也是保持芳香的重要条件。

（2）枣 枣营养丰富，含糖量鲜枣 25% ~ 35%、干枣 60% ~ 70%，枣含蛋白质 1.2% ~ 3.3%、脂肪 0.2% ~ 0.4%。此外还含铁、钙、磷等矿物质和维生素 A、B 族维生素、维生素 C、维生素 P、维生素 E，其中尤以维生素 C 含量突出，100g 鲜枣中的含量高达 400 ~ 600mg。此外枣还有药用价值，是药食两用品。枣可加工成枣汁饮料和果肉型枣饮料，也可和其他果蔬汁复配加工成复合饮料。

3. 浆果类水果

浆果类水果包括葡萄、草莓、猕猴桃、沙棘、树莓和柿等。浆果类水果其果实的特点是多浆汁，皮薄、种子小而量多且分散在各果肉中，是加工果汁的极好原料。

（1）葡萄 葡萄味美，营养价值高。成熟浆果中含有 15% ~ 25% 的葡萄糖和果糖；酸有酒石酸、柠檬酸、苹果酸和抗坏血酸等；钙和铁含量也高。葡萄加工成葡萄汁饮料时，葡萄梗所含的单宁会使果汁发苦发涩，必要时应采取适当处理以去除过量的单宁和刺鼻的味道。

生产葡萄汁用的原料应选择色、香、味俱佳的葡萄品种。未成熟的葡萄风味差、低糖、高酸，且单宁含量高，不适合加工果汁。一般在午前葡萄果温还未上升以前，将完整葡萄摘下，最好当日加工。必要时放入冷库内储藏，按原料新鲜度和成熟度分开储藏，库温（0 ±1）℃，相对湿度 80% ~ 85%，但应在 10d 内加工完毕。可以将不同品种的葡萄混合加工，以调节生产计划。我国主要的葡萄品种是玫瑰香和黑虎香。

（2）猕猴桃 别名藤梨、葡萄梨、奇异果等，是我国特产的珍贵水果之一。猕猴桃未熟果含淀粉 5% ~ 8%，成熟后变甜，果实含糖 80% 左右，其中 49% 葡萄糖、33% 果糖、17% 蔗糖。酸含量 1.3% 左右，以柠檬酸居多，果肉 pH 约 3.3。含蛋白质 1%、灰分 0.76%。维生素中以维生素 C 含量高，根据品种而不同，一般为 150 ~ 400mg/100g。果肉含叶绿素而呈淡绿色。

我国著名的两大猕猴桃品系中华猕猴桃（魁蜜、金丰等）和软枣猕猴桃（魁绿、丰绿）均适于加工果汁饮料。

（3）草莓 别名洋莓、红莓等。草莓酸甜多汁，颜色鲜艳，风味独特，适合加工果汁饮料。草莓果实的化学成分随产地和收获时期而有较大变化，一般可溶性固形物 6% ~ 9%，pH 3.1 ~ 3.8，有机酸 1% 左右，水溶性果胶约 0.2%，还原型维生素 C 50 ~ 80mg/100g。

草莓含有多种香气成分，主要集中在接近果皮的果肉层，在储藏、加工中容易挥发，使草莓失去独特的芳香。因此，加工时最好清晨采摘，并且尽快加工，以防止香气挥发、果实腐烂。同样，用浓缩汁稀释加工草莓饮料时，需要调香。草莓中的花色素在生长和成熟过程中果实变白以后，含量增加。鲜草莓中的花色素含量 17.4～43.5mg/100g，花色素容易被破坏，加工时应特别注意。

4. 柑橘类水果

柑橘类主要产区包括广东、福建、台湾三省大部分地区及云南部分地区。柑橘类水果的果实是由子房发育而成的柑果，果实的外果皮由子房的外壁发育而成。外果皮即色素层，布满油胞，油胞中含有多种芳香油。中果皮称为白皮层或海绵层，海绵层可食用或药用，由子房中壁发育而成。果实的食用部分由瓤囊、砂囊（又称汁胞）和果心组成，其中砂囊为主要的食用部分。瓤囊由心皮发育而成，汁胞由心室内壁细胞凸起后发育而成。柑橘类水果中的苦味物质存在于内表层、脉络组织和海绵层中，在加工中去除。外果皮还可以提取香味剂，萃取果胶。

柑橘类水果含有多种营养成分，其中总糖含量为 8%～12%，有机酸含量为 1%～2%，以柠檬酸为主，还有少量的苹果酸、酒石酸和草酸。维生素中维生素 C 的含量最为丰富，为 20～50mg/100g，比苹果、梨、葡萄要高几十倍。另外维生素 A 和维生素 B_1 的含量也较高。矿物质中钙的含量最高，为 30～40mg/100g。

我国果汁饮料生产用主要品种有甜橙、柑橘、柚、葡萄柚和柠檬五类。

（1）甜橙 我国甜橙主要有普通甜橙、脐橙和雪橙三类。我国根据 1978 年原轻工业部确认的制汁优良品种为先锋橙、锦橙、哈姆林橙、晚生橙等。2006 年，重庆市农业科学院推出了汁用新品种——渝红橙，该品种少核，出汁率 60%。

（2）柑橘 柑橘果皮松宽容易剥离，故又有宽皮橘、松皮橘之称。柑类果实一般比橘类大，皮色橙黄、白皮层一般较薄，果实比橘紧但可剥离，主要有一般柑类、蕉柑和温州蜜柑三类。

（3）柠檬 我国产地有广西、广东、台湾和四川等省区。柠檬果肉脆且多汁，酸味强，有佳香，主要芳香成分是萜类。柠檬果皮含有橙皮苷，维生素 C 含量高，为其他果品所不及。常用来制造柠檬酸、柠檬油和柠檬酒，也是果汁饮料的较佳原料。

此外，柑橘类水果中还有柚，如沙田柚、四季柚、桑麻柚等多种柚子。

5. 热带及亚热带类水果

典型的亚热带和热带水果有菠萝、香蕉、椰子、芒果、番石榴、西番莲、刺梨、杨梅及杨桃等。这类水果种类形态千差万别，但均有特有的美味和芳香。

（1）香蕉 香蕉树属芭蕉科芭蕉属，多年生草本。原产我国和东南亚，是我国南方的重要果树，也是世界著名果品之一。我国香蕉主产区为广东、广西、福建、台湾和云南五省区。

香蕉成熟时含水分 25% 左右，淀粉含量 1%～2%，糖分含量 15%～20%。糖分包括蔗糖（66%）、葡萄糖（20%）和果糖（14%），是果实中含热量较高的水果。纤维含量 0.3%，主要是纤维素和半纤维素。香蕉 pH 约 4.5，蛋白质含量 0.5%～1.6%、脂肪含量 0.4%～0.6%、灰分含量 0.9%。此外还含有钙、磷等矿物质和维生素。

香蕉的香气成分多达 200 种以上，主要是醋酸异戊酯、醋酸戊酯、丁酸戊酯和丙酸戊酯等。果肉涩味来自单宁，追熟后涩味减少，果皮含有特有的褐变色素。

香蕉质地柔软，清甜芳香，一般用于加工果肉型香蕉饮料。

（2）菠萝 别名凤梨，为凤梨科凤梨属多年生热带常绿草本。可食部分是肥厚的花托。果实形状有圆锥形、椭圆形或长圆桶形，形状、大小、颜色、香味及糖、酸含量会因品种不同而有差异。我国主要产地有广东、广西、福建、云南和台湾等省，菠萝栽培品种多达 70 种，主要分为皇后类、卡因类和西班牙类 3 个品种群。

（3）芒果 芒果果实为浆果状核果，长 8～15cm，果色淡绿色、淡黄色或有红色斑纹。芒果是热带著名的水果之一，我国芒果主产区除台湾外，还有海南、广东、广西、福建和云南。芒果果皮似皮革，含有大量萜烯，不可食用。当果皮颜色趋于黄绿色时，就是采摘加工的最佳成熟期，核果容易分离。完全成熟的芒果，果肉重为整果重的 60%～75%。由于芒果是一种很娇嫩的水果，容易腐败，除原料采取冷藏（7～8℃）外，加工时要求原料果实新鲜饱满，成熟适度（八成熟左右）。

芒果含糖 8%～16%，以蔗糖为主，其次为果糖和葡萄糖，也含淀粉。酸含量 0.2%～0.7%，除柠檬酸外，还含有苹果酸、琥珀酸、草酸等。芒果含有较多的维生素，成熟的果实含维生素 C 为 40～60mg/kg。芒果浆可以加工成果肉型芒果饮料。

除上述水果作为饮料加工用原料外，还有一些坚果类的果实也可作为饮料生产用原料。坚果特点是果皮坚硬，全部变为木质或革质，成熟时干燥不裂开，水分含量少。坚果的外果皮和中果皮都不能食用，可食用部分为坚硬核内的种仁子叶和胚乳，其富含淀粉和油脂。坚果常见的有核桃、板栗、银杏、松子等。

（二）蔬菜原料

蔬菜类原料品种繁多，成分、特性不一，下列为几种常用于加工饮料的蔬菜。

（1）芹菜 别称旱芹、洋芹菜，是伞形科一年或两年生草本植物。原产亚洲西南部、非洲北部和欧洲，在我国各地均有栽培。我国栽培的芹菜称本芹，叶柄细长，依叶柄颜色可分为绿色和白色两种类型。绿色种叶片大，叶柄粗，绿色，味浓。白色种叶片较小，淡绿色，叶柄较细，植株短小。芹菜的根、茎、叶都可作药用，故有"药芹"之称。

芹菜的茎和叶中都含有丰富的营养物质，而且芹菜叶中的营养成分比茎丰富。每 100g 芹菜可食部分含水分 89%～94%、蛋白质 1.5%～2.2%、脂肪 0.1%～0.3%、碳水化合物 3.1%～6.6%。芹菜含有挥发性芳香成分，与醇类或内酯、有机酸作用时产生特有气味，与其他蔬菜汁混合时效果特别好。芹菜汁广泛用于汤类、调味料和蔬菜汁的制造。

（2）胡萝卜 别名金笋、红萝卜、丁香萝卜等，与芹菜同属伞形科植物。胡萝卜分布全国各地，主产区有安徽、江苏、浙江、江西、湖北以及山东、河北等北方省区，是我国大众化蔬菜之一。胡萝卜营养丰富，素有"小人参"的美誉，每 100g 可食鲜胡萝卜含水分 86～91g、蛋白质 0.7～1.4g、脂肪 0.3～0.4g、碳水化合物 5.6～10.3g、钙 15～47mg、磷 23～45mg、铁 0.3～3.2mg，此外还含硫胺素 0.02～0.06mg、核黄素 0.04～0.05mg、烟酸 0.4～0.7mg、抗坏血酸 8～32mg 和胡萝卜素 2.1～7.7mg，所含的胡萝卜素以 β - 胡萝卜素为主。近年来开发的胡萝卜汁或浆，是制造饮料，特别是果蔬菜复合汁饮料的重要原料。

（3）菠菜 菠菜是藜科雌雄异株的一年或两年生植物，生长期 60～90d，在生长期中，随时都可采收。菠菜的粗纤维含量低、质地柔软，滑嫩，营养价值也高。菠菜含水量90%左右，含蛋白质3.0%~3.5%，糖3.5%~3.7%（其中食物纤维2%），灰分1.3%~2.0%。菠菜中的维生素也很丰富，胡萝卜素含量是绿色蔬菜中最多的，此外还含维生素 B_1、维生素 B_2。有机酸有草酸、苹果酸和柠檬酸，多以钾、钙、镁的盐的形式存在。菠菜可以加工成菠菜汁，并与其他蔬菜调和成蔬菜汁。

（4）番茄　别名西红柿、洋柿子，是茄科一年生草本植物。浆果呈扁圆形或小球形、洋梨形等。番茄营养丰富，可溶性固形物含量4.0%~6.0%，其中65%为还原糖。番茄有机酸含量0.4%~0.6%，主要是柠檬酸和苹果酸。番茄色素是类胡萝卜素，主体是番茄红素，其次是 β - 胡萝卜素和 γ - 胡萝卜素以及叶黄素类。番茄是蔬菜汁和复合蔬菜汁的主要原料之一。

（5）西瓜　西瓜为葫芦科西瓜属一年生蔓性草本植物。在我国栽培历史悠久，全国均有种植。西瓜果实脆嫩多汁，味甜而营养丰富，可溶性固形物7%~9%，大部分是游离的糖分，以果糖最多，其次为葡萄糖、蔗糖和糊精。水分含量通常89%以上；灰分0.4%，大部分是钾；氨基酸以有利尿作用的瓜氨酸较多。红肉瓜的色素为类胡萝卜素，含2~8mg/100g，其中4%~10%为 β - 胡萝卜素。西瓜除鲜食外，还可制作西瓜汁和西瓜酱。

（6）甜瓜　别名香瓜，为葫芦科甜瓜属一年生草本植物。甜瓜原产亚洲南部，我国各地多有栽培，其中以华北、西北最多。主要可分为普通甜瓜、哈密瓜和兰州瓜。果皮有黄、白、绿等色，带条纹。果肉分黄白、淡绿、橙黄等色，肉质甘甜芳香。

甜瓜可以加工成果汁和浓缩汁。由于甜瓜汁 pH 高，取汁前必须将甜瓜充分洗净，同时瓜汁要及时杀菌，但杀菌容易使甜瓜汁风味发生变化，加工时必须严格控制杀菌条件，杀菌后要尽快灌装和冷却。

（7）荸荠　荸荠属沙草科多年生草本，在南方称马蹄、地栗，呈扁圆形、皮薄、肉厚、汁液多、味清甜。荸荠主要分布在淮河以南及东南沿海一带，主产区有浙江、江苏、福建、广东、广西等。荸荠可制作荸荠汁、果肉饮料或与其他水果汁调配饮料。

（三）植物蛋白原料

（1）大豆　大豆种子由种皮和胚两部分组成，胚包括胚芽、子叶等。子叶、胚轴和种皮的质量比平均为90:2:8。利用价值高的成分都在子叶和胚轴中。大豆的营养化学成分主要有蛋白质、油脂、碳水化合物以及矿物质和维生素，其中蛋白质40%左右、油脂20%左右、碳水化合物为25%~30%、矿物质为4.0%~4.5%，此外大豆还含有大豆异黄酮、大豆皂苷等重要的微量成分。

大豆的蛋白质含量非常丰富，个别品种可高达52%，其中约有90%的蛋白质可以用水简单抽提出来，因此被誉为"植物肉"。据分析，大豆的蛋白质主要是大豆球蛋白，也含有少量的清蛋白。大豆球蛋白在水中呈乳状溶液，煮沸时不凝固，等电点为pH5.0。大豆球蛋白的氨基酸组成相当完全，尤其赖氨酸含量特别丰富，但是蛋氨酸和半胱氨酸含量稍低。这点可以与其他粮食作为配合，达到营养互补。

大豆含油量17%~20%。大豆油为淡黄色液体，有豆腥味，相对密度0.916~0.922，酸值在0.3mgKOH/g以下，皂化值188~195mgKOH/g，碘值130~140gI/100g。大豆油中的脂肪酸主要是不饱和脂肪酸，包括30%~35%的油酸、50%的亚油酸和少量的亚麻酸。此外大豆中还含有2%的磷脂，主要是卵磷脂，其对豆乳的稳定性和口感起了相当重要的作用。

生大豆及其制品中含有胰蛋白酶抑制因子、凝血素、肠胃产气因子等抗营养物质。这些抗营养物质有的能抑制人或动物体内胰蛋白酶的活力，使人或动物不能正常地消化吸收蛋白质，有的能造成人畜轻度中毒。所以，吃了未充分煮熟的大豆或喝了没有煮开的豆浆，会引起腹胀、腹泻、呕吐、胃肠胀气，严重的还会导致全身虚弱、呼吸急促。不过大豆中的抗营养物质在100℃高温下即丧失活力，只要把大豆或豆制品充分煮熟，即可消除抗营养物质对人体的不良影响。

大豆是植物蛋白饮料的主要原料之一，可加工成多种大豆蛋白饮料及复合蛋白饮料。

（2）花生　别称落花生、长生果，为豆科一年生草本植物，既是油料作物，也是良好的植物蛋白来源。花生是高蛋白食品，蛋白质含量达25%～37%，其主要是球蛋白和伴球蛋白，蛋白质的等电点在pH4.5左右。花生作为油料作物脂肪含量达40%～55%，主要是不饱和脂肪酸占80%，其中油酸占50%～70%，亚油酸占13%～29%。花生仁中维生素含量较丰富，另外还含有钙、铁、磷等矿物质。花生是植物蛋白饮料的主要原料之一，可加工成花生蛋白饮料及复合蛋白饮料。

（3）杏仁　杏仁是杏的种子，有苦杏仁和甜杏仁两种。杏仁中的营养成分丰富，蛋白质含量为25%左右，主要是杏仁球蛋白和酪蛋白。杏仁中含脂肪30%～50%，主要是油酸；此外杏仁中还含有糖、丰富的矿物质和维生素。

杏仁中含有苦杏仁苷和苦杏仁酶。苦杏仁苷含量为0.15%～3.5%，苦杏仁苷在酸或酶及加热条件下能水解，最后生成葡萄糖、苯甲醛及氢氰酸。水解产物氢氰酸是剧毒物质，人摄入0.1～0.2g便会致死。氢氰酸极易挥发，稍微加热就可将其除去。水解另一生成物苯甲醛，具有杏仁特有香气，在空气中易氧化成苯甲酸，并能与蒸汽一起挥发，因此在去除氢氰酸时，苯甲醛同时挥发损失。苦杏仁在用于加工食品以前必须首先去毒。目前，去毒方法有浸泡、酸煮和烘干等。

（4）核桃　核桃是价值很高的干果。核桃仁含丰富的营养成分。每100g核桃仁含蛋白质13～18g、脂肪50～63g、碳水化合物8～10g。核桃中的氨基酸比较丰富，以谷氨酸（3549mg/100g）、精氨酸（2621mg/100g）、天冬氨酸（1656mg/100g）和亮氨酸（1268mg/100g）居多。矿物质除磷、钾、镁外，还含有钙、铁、硒等。维生素有维生素E和维生素P。此外，还含有肌醇、咖啡酸等。核桃中脂肪酸主要是亚油酸、花生酸和油酸。核桃仁可加工成核桃乳（蛋白）饮料。

（5）葵花籽　葵花又名草天葵、向阳花、太阳花、朝阳葵等，属菊科向日葵属，为一年生草本植物。葵花籽中含蛋白质21%～31%，其中球蛋白占55%～60%，清蛋白占17%～23%，谷蛋白占11%～17%，醇溶谷蛋白占1%～4%。葵花籽蛋白中氨基酸种类齐全，比例合理，除赖氨酸的含量较低外，其他各种氨基酸具有良好的平衡性。葵花籽仁也是钙、磷及烟酸、核黄素等维生素的重要来源。葵花籽仁中含有绿原酸、咖啡酸等抗营养物质，它们经氧化后生成绿色的产物，影响蛋白的颜色，且绿原酸可抑制胃蛋白酶，会引起人体消化不良及胃胀现象，需要在提取蛋白过程中将其除去，以保证产品质量。

（6）椰子　椰子多汁，油脂丰润，富含营养。椰肉含蛋白质3.4%～4.0%、油脂30%～40%，干椰肉含油量高达50%～70%。椰子油为白色或淡黄色，夏季常温下为液体，冬季常温下为固体，熔点为 20～28℃，易溶于口，是有特色的固体脂。椰子油有肉臭，相对密度为 0.907～0.917，皂化值为 246～264mgKOH/kg，碘值为 7～11gI/100g，主要成分为 50% 的月桂酸饱和脂肪酸，其余多为碳原子数 12 以下的低级脂肪酸。椰肉的其他营养成分还有碳水化合物、纤维素、矿物质（钾含量 475mg/100g）和维生素（维生素 C、维生素 B_2、烟酸）等。椰肉经过研磨、分离去椰蓉、调配制成的椰子汁是近年来开发的一种乳浊型蛋白质饮料。

（7）谷物 小麦约含有 13% 的蛋白质，构成面筋的麦胶蛋白和麦谷蛋白是小麦籽粒中的主要蛋白质。麦胶蛋白微溶于水，在稀的醇溶液和弱酸、弱碱溶液中都能溶解。麦胶蛋白的氨基酸组成相当完全，其中谷氨酸含量高达 38.87%。麦谷蛋白中也含有较完全的氨基酸。

普通玉米的蛋白质含量较低，一般只有 8% 左右，同时玉米蛋白中氨基酸构成不平衡，严重缺乏赖氨酸，色氨酸和蛋氨酸也较少。玉米籽粒的主要蛋白质是玉米胶蛋白和谷蛋白。

燕麦不仅蛋白质含量丰富，约为 15%，而且氨基酸构成比较平衡。燕麦粉蛋白质中，各种必需氨基酸的含量略高于或接近于世界卫生组织推荐值，营养价值较高。燕麦含有丰富的食物纤维，普通燕麦纤维为 64%～88%。因此，燕麦是制作高膳食纤维保健蛋白饮料的优良原料。

小麦、玉米、燕麦等谷物总体上来说蛋白质含量不高，但这些谷物的胚芽却含有较多的蛋白质，必需氨基酸比较齐全，营养价值较高。

（四）茶叶

茶是中国人极为熟悉的饮品，它的发展经历了传统冲泡、速溶茶、果汁茶、纯茶、保健茶这五个阶段。专家早就预言茶饮料是 21 世纪的主打饮料。在我国新发布的《饮料通则》中茶饮料为 11 大类中的第 5 类，其中茶浓缩液由茶叶水提取物脱水而成，其他茶饮料生产的原料则是茶叶或茶浓缩液。用于生产茶饮料的茶叶种类很多，红茶、绿茶等均可。

（1）绿茶 绿茶属于不发酵茶类。绿茶品质总的特点是外形色泽绿，汤色绿，叶底绿，香高味醇。但不同品种花色和品质上仍有各自特色，主要分四类，即炒青、烘青、晒青、蒸青。饮料用绿茶原料应符合以下基本标准：① 色泽需翠绿明亮，汤色绿而透明无浑浊，香气清鲜浓烈持久，滋味醇和爽口，不苦涩，无不良的杂味，具有纯正的绿茶品质特征。② 茶叶内含成分如茶多酚、氨基酸、咖啡碱、可溶性糖需有一定的含量，并且比例要协调，从而保证绿茶滋味的浓淡、厚薄、甘苦等风味能协调均衡。通常茶多酚含量以 15%～25%、氨基酸≥3.5%、咖啡碱≥2.0%、可溶性糖≥1.0% 为佳。③ 茶叶外形均匀一致，无非茶类夹杂物，茶叶品质新鲜无陈旧味，茶叶含水率≤5.0%。④ 绿茶的灰分、农药残留量、微生物含量、重金属含量等卫生指标须控制在一定范围以内。

（2）红茶 红茶属全发酵茶，红茶的鲜叶原料通过萎凋、揉捻、发酵、烘干等工艺过程，以茶多酚的酶促氧化为中心，发生了一系列的生化变化，最终形成了红茶独有的红汤红叶的品质特征。茶多酚在红茶制造过程中，由于酶促氧化和自动氧化的结果，很大一部分氧化形成了茶黄素、茶红素等可溶性红茶色素，另一部分与蛋白质结合后形成水不溶性物质固定在叶底中。一般茶饮料用红茶原料的品质要求是：具有各类红茶正常的色、香、味、形品质特征，无异物、异味及霉变现象，茶叶含水率≤6.0%，茶叶颗粒≥40目。

（3）乌龙茶 乌龙茶是典型的半发酵茶类。乌龙茶叶中的黄烷醇轻度或局部氧化，其制法综合了红茶和绿茶粗制工艺的优点，鲜叶经过萎凋、做青，使叶片部分发酵，形成"绿叶镶红边"，然后再经杀青、揉捻和干燥，形成了乌龙茶特有的外形和风味。乌龙茶饮料的原料要求为：① 茶叶色泽灰绿油润、新鲜；香气浓烈持久，有各茶树品种特有的品质特征；滋味浓厚爽口，汤色金黄明亮，清澈透明。② 茶叶内各成分要具有一定的含量，且比例协调。通常茶多酚含量≥20%，氨基酸含量≥2.0%，咖啡碱含量≤4.0%，含水率≤6%。③ 茶叶无异物、异味，理化卫生指标需控制在安全范围。

（五）花卉

（1）菊花 可食菊花为菊科植物的干燥头状花序。目前品种有亳菊花、贡菊花、杭菊花等。菊花一般栽培于气候温暖，阳光充足，排水良好的环境中。花中含挥发油约为0.13%，油中主要含龙脑、乙酸龙脑酯、菊油环酮、樟脑。菊花味甘苦、性凉，有散风、清热、平肝明目的功效。

（2）金银花 金银花为忍冬科植物忍冬的干燥花蕾，全国各地多有分布，资源丰富。金银花具有清热解毒、杀菌消炎功能，主要成分为绿原酸和挥发油。金银花含有总蛋白质约20%，还含有多种维生素和矿物元素。一般在5月中下旬采摘第一次花，6月中下旬采摘第二次花。当花蕾上部膨大，但未开放、呈青白色时采收最为适宜。花采下后，应立即晾干或烘干。

（3）花粉 花粉是显花植物雄蕊花药中的粉状物，含有人体需要的各种物质，是全价高能的完全营养源。花粉的化学成分因植物的种类不同而差异很大，一般为水分12%～20%，蛋白质20%，氨基酸13%，碳水化合物25%～48%，粗脂肪8.5%，灰分3%，纤维素5%，还有3%～4%的未知物。成熟的花粉有两层壁包裹着内容物，阻碍了人体吸收花粉中丰富的营养物质，所以在制作花粉饮料或口服液时，必须要去除花粉包壁。

二、动物原料

（一）乳与乳制品

（1）牛乳 牛乳含水约88%，乳脂肪3%～5%，乳糖4.6%，乳蛋白3.4%。后两者与维生素、矿物质等统称为非脂乳固体。这些成分中，乳糖与一部分可溶性盐类呈真正溶液状态，脂肪以脂肪球状态形成乳浊液，蛋白质以胶体状悬浮液分散其中，水分绝大多数以游离状态存在，成为乳的胶体体系的分散介质。

乳脂肪赋予了牛乳特有的香味和柔润的质地，但易受光线、高温、氧气、金属离子等作用而产生氧化臭味。牛乳去除乳脂肪后即为脱脂乳，脱脂乳脂肪含量0.1%左右。没有去除脂肪的乳称为全乳。

乳蛋白中约80%为酪蛋白。酪蛋白对pH变化十分敏感，当pH达到等电点4.6时，就会形成酪蛋白沉淀。在生产乳饮料时需特别注意此点，以避免饮料口感粗糙。脱脂乳中除去酪蛋白剩下的液体即是乳清，乳清中存在的蛋白质称为乳清蛋白，其热稳定性不如酪蛋白。牛乳加热时会产生加热臭，热处理时间越长，风味变化也就越显著。这与乳清蛋白中的乳球蛋白有关。

乳糖为双糖，水解时产生一分子葡萄糖和一分子半乳糖。在适宜状态下，很容易和酪蛋白发生褐变。另外为使乳饮料适宜乳糖不耐症人群饮用，在加工中可以利用乳糖酶将乳中的乳糖分解或者利用乳酸菌将乳糖发酵成乳酸。

牛乳沸点100.17℃，冰点 -0.540℃，相对密度1.02974 ~ 1.03089，比热容2177J/（kg·K），pH 6.5 ~ 6.7。酸度和 pH 是牛乳新鲜度和热稳定性的重要指标。收购的牛乳必须经过检验，新鲜度和主要成分含量符合标准后方能入厂。

（2）乳粉　乳粉是鲜乳除去乳中的水分，干燥后制成的粉末。它几乎保留了鲜乳全部的营养成分，营养价值极高。又因为水分含量低，故能长期保存，且储运也很方便。因此，成为生产酸乳、乳饮料的常用原料。

（3）炼乳　炼乳是将牛乳浓缩至原体积40% 左右的乳制品。按照成品是否加糖可分为加糖炼乳和无糖炼乳；按成品是否脱脂可分为全脂炼乳和脱脂炼乳。甜炼乳是原乳加入16% ~ 18% 的砂糖，再浓缩制成的，一般非脂乳固形物在 20% 以上，乳脂肪 8%，总糖55% ~ 60%，水分 27% 以下。淡炼乳含脂肪 8% ~ 9%，蛋白质 6.7% ~ 8.0%，乳糖9.5% ~ 12%，相对密度1.18。饮料用炼乳呈乳白色，有光泽，滋味纯正，组织细腻，质地均匀。

（二）其他动物性原料

（1）蛋制品　蛋类营养丰富，以鸡蛋为例，其蛋白质的消化率在牛乳、猪肉、牛肉和大米中也最高。鸡蛋中蛋氨酸含量特别丰富，将鸡蛋与谷类或豆类食品混合食用，能提高后两者的生物利用率。鸡蛋每100g 含脂肪 11.6g，大多集中在蛋黄中，以不饱和脂肪酸为多，脂肪呈乳融状，易被人体吸收。鸡蛋还有其他重要的营养素，如钾、钠、镁、磷，特别是蛋黄中的铁质达 7mg/100g。鸡蛋中维生素 A、维生素 B_2、维生素 B_6、维生素 D、维生素 E 及生物素的含量也很丰富。

（2）鱼类和肉类　目前徐怀德等人已经开展了甲鱼、鲤鱼、草鱼、牛肉等饮料的研究。鲤鱼的蛋白质不但含量高，而且质量也佳，人体消化吸收率可达96%，并能供给人体必需的氨基酸、矿物质、维生素 A 和维生素 D；鲤鱼的脂肪多为不饱和脂肪酸，能很好地降低胆固醇，可以防治动脉硬化、冠心病。牛肉富含蛋白质、铁、维生素 A、维生素 B_1、维生素 B_2、肉碱等，是一种高营养价值的饮料原料。

三、食用菌类、藻类和微生物类原料

（一）食用菌类

（1）香菇　香菇是我国传统的著名食用菌，营养丰富，味道鲜美，被视为"菇中之王"。干香菇中含蛋白质18.6%，脂肪4.8%，碳水化合物71%，香菇含有的十多种氨基酸中，有异亮氨酸、赖氨酸、苯丙氨酸、蛋氨酸、苏氨酸、缬氨酸等 7 种人体必需的氨基酸，还含有维生素 D、维生素 B_1、维生素 B_2、维生素 PP 及矿物盐和粗纤维等。香菇中的碳水化合物以半纤维素居多，主要成分是甘露糖醇、葡萄糖、戊聚糖、甲基戊聚糖等。香菇多糖具有抗病毒、抗肿瘤、调节免疫和刺激干扰素形成等功能，具有显著的抗癌活性。

（2）灵芝　别名瑞草。灵芝菌盖系木栓质，呈半圆形或近似肾形。灵芝的主要成分是有机锗（其含量是人参的 4 ~ 6 倍）和灵芝多糖。现今科研部门对灵芝进行了临床试验，证明灵芝有润肺、健脑、消炎、利尿、健胃和抗癌、保肝、降血糖等作用，还有解毒的功效，是一种贵重的中药材。

（3）金针菇　金针菇又名朴菇、冬菇，属低温型真菌。菌丝在 7~30℃生长，籽实体形成所需要的温度是 5~20℃。金针菇盖滑，柄脆，味鲜，其营养十分丰富，含有 18 种氨基酸，其中包括人体必需的 8 种氨基酸。金针菇含有朴菇素，具有一定的抗癌功能。此外，金针菇还能降低胆固醇，有预防高血压和心肌梗死的功能。

此外，茶树菇等食用菌均具有其独特的风味，可作为食用菌饮料及食用菌复合饮料的原料。

（二）藻类

海藻是生长在淡水或海水中的低等隐花植物，有叶绿素，在水中可以进行光合作用。草体，从单细胞到多细胞，没有根、茎和叶。海藻一般是能用肉眼可辨的海产种群的俗称，约有 1200 多种，一般能食用的仅十余种。食用海藻可以分为绿藻、褐藻、红藻和蓝藻。

海藻的蛋白质含量随藻种类的不同而不同。一般绿藻和红藻的含量高于棕色海藻，大部分用于工业化开发的棕色海藻的蛋白质含量低于 15%（干重），一些绿藻的蛋白质含量介于 10%~20%（干重）之间，更高蛋白质含量的藻类为红藻，红藻的有些种类的蛋白质含量可达到 47%，高于大豆的蛋白质含量。干燥海藻含碳水化合物 40%~60%，大部分海藻含糖 30%~50%，海藻种类不同，糖的组成和构造也不同。海藻中的糖类多为黏性多糖，其中绿藻以葡萄糖为主，褐藻主要是糠醛酸构成的褐藻糖和以岩藻糖为主体的岩藻多糖，红藻则以半乳糖为主体的半乳聚糖。海藻是富含灰分的碱性食品，也是维生素和矿物质的重要来源。

（三）微生物类

（1）**单细胞蛋白（SCP）**　又称微生物蛋白或菌体蛋白，一般指酵母、非病原细菌、真菌等单细胞生物体内所含的蛋白质。SCP 的突出特点：① 营养价值高。粗蛋白含量为 40%~80%，氨基酸种类齐全，B 族维生素及有机磷含量丰富。② 生长繁殖快。可在发酵罐中培养，不受季节变化及气候的影响，生产能力高。

（2）**活性菌类**　主要有乳酸菌，特别是双歧杆菌等。它们具有维持肠道菌群平衡、抗肿瘤、降低胆固醇、增强免疫功能等作用。

四、保健生物原料

（一）多糖类

（1）**膳食纤维**　不被人体消化吸收的多糖类和木质素称为膳食纤维，主要由纤维素、半纤维素、果胶类和木质素组成。膳食纤维是一种非常重要并为国际所一致公认的功能性食品基料。它的生理功能概括起来主要包括：① 调节胃肠功能；② 降低血清胆固醇，预防由冠状动脉硬化引起的心脏病；③ 改善末梢神经对胰岛素的感受性，从而达到调节糖尿病人的血糖水平；④ 减少胆汁酸的再吸收量，预防胆结石；⑤ 膳食纤维能增加饱腹感，因而可减少食物的摄入，防止热量摄入超标，可作为减肥饮料的基料。

（2）**活性多糖**　主要包括真菌多糖及一些天然植物多糖。存在于香菇、黑木耳、灵芝、茯苓和猴头菇等大型食用药用真菌中的某些多糖组分，具有通过活化巨噬细胞和刺激抗体的产生而达到提高人体免疫能力的生理功能。植物多糖中目前研究较多的是降血糖多糖，该物质经提取精制后可用来生产糖尿病患者专用功能性食品。

（二）功能性甜味剂

（1）低聚糖　低聚糖是指由 2～10 个单糖通过糖苷键聚合起来的糖类。生理功能主要包括：① 不易被消化吸收，能量值很低或根本没有，满足了那些喜爱甜味饮品又担心发胖者的要求；② 活化人体肠道内的双歧杆菌并促其生长；③ 由于低聚糖不被人体消化吸收，故具备膳食纤维的部分生理功能，诸如降低血清胆固醇和预防肠癌等。

（2）多元糖醇　多元糖醇是一类有特殊用途的甜味剂，用在供糖尿病人、心血管病人和高血压病人专用功能性食品及防龋齿食品上。其主要品种包括：① 一级糖醇，如赤藓糖醇、山梨糖醇、木糖醇和甘露糖醇等；② 二级糖醇，如麦芽糖醇、异麦芽糖醇、乳糖醇和氢化水解淀粉物等。多元糖醇的生理功能体现在：① 摄取后不会引起血液葡萄糖与胰岛素水平的波动，故可供糖尿病人食用；② 不是口腔微生物的适宜作用底物，长期摄取不会引起龋齿，有利于保持口腔卫生。

（三）功能性油脂

（1）多不饱和脂肪酸　主要包括亚油酸、亚麻酸和花生四烯酸，它们同时还是必需脂肪酸，对人体生长发育有重要作用。亚油酸广泛存在于植物油中，在动物脂肪中含量很少。γ – 亚麻酸是近些年国际流行的一种营养保健成分，对降低血清胆固醇效果特别显著。

（2）复合脂质　主要是磷脂，包括大豆磷脂和卵磷脂等品种。磷脂作为乳化剂和抗氧化剂应用在各种食品生产上，它同时对人体健康有重要作用，是生物膜的重要组成部分，也是血浆脂蛋白的必需组成部分。磷脂主要的生理功能体现在：① 降低血清胆固醇，改善动脉硬化与脂质代谢；② 促进脂肪和脂溶性维生素的吸收；③ 可作为一些生理活性物质的前体加以储存。

（四）自由基清除剂

自由基清除剂分为酶类清除剂（抗氧化酶）和非酶类清除剂（抗氧化剂）等。酶类清除剂主要有超氧化物歧化酶（SOD）、过氧化氢酶（CAT）和谷胱甘肽过氧化物酶（GSH – Px）等。非酶类清除剂主要有维生素 E、维生素 C、β – 胡萝卜素和还原型谷胱甘肽（GSH）。此外，生物类黄酮、银杏萜内酯、茶多酚、五味子素、黄芩苷及其铜锌络合物等，都是较好的天然抗氧化剂。

（五）维生素类

常用的维生素有维生素 C、维生素 E、维生素 A 等。所有的维生素均具重要的生理功能，其中与功能性食品关系最大的有维生素 A（β – 胡萝卜素）、生育酚（维生素 E）、抗坏血酸（维生素 C）三种。它们除了各自独特的生理功能外，还均具有抗氧化作用。

（六）活性肽和蛋白质类

活性肽和蛋白质类包括谷胱甘肽（GSH）、降血压肽、促进钙吸收的肽及免疫球蛋白、抑制胆固醇蛋白等。谷胱甘肽在面包酵母、小麦胚芽和动物肝脏中含量极高，可由此分离提取制得。降压肽有来自乳酪蛋白的 C_2、C_6 和 C_7 肽，来自鱼贝类的 C_2、C_8 和 C_{11} 肽，以及来自玉米、大豆蛋白的酶降解短肽。

第二节　饮料用辅料

一、甜　味　剂

甜味剂是饮料生产不可或缺的辅料，它赋予饮料甜味，并配合原料自身形成适合的口味以满足消费者的嗜好需求。此外，甜味剂可以给予饮料一定的质感，帮助香气的传递与保持。

甜味剂按营养价值分为营养型甜味剂和非营养型甜味剂两类。营养型甜味剂的特点是本身含有热量，主要是碳水化合物。甜度与蔗糖相同的甜味剂，其热值为蔗糖热值的 2% 以上时为营养型甜味剂，包括蔗糖、果糖、葡萄糖等。非营养型甜味剂的热值为蔗糖的 2% 以下，又称低热量或无热量甜味剂，几乎不提供热量，在食品中也几乎不占有体积，如阿斯巴甜、三氯蔗糖等。

按其来源，甜味剂可分为天然甜味剂和合成甜味剂。天然甜味剂包括糖和糖的衍生物以及非糖天然甜味剂两类。合成甜味剂是人工合成的非营养性甜味剂，有些虽是合成但也是天然存在的，例如 D – 山梨醇等，有些则是纯合成的，例如糖精钠等。

（一）蔗糖

蔗糖按照其晶粒外形和色泽可分为白砂糖、绵白糖、赤砂糖、红糖、冰糖和方糖等多种。饮料加工主要用白砂糖。白砂糖根据加工纯度的不同又可分为精制糖、优级、一级和二级，精制的蔗糖含量 ≥99.8%，色值（IU）≤25；其他级别的蔗糖含量分别为 ≥ 99.7%、99.6% 和 99.5%，色值（IU）分别为≤60、150 和 240。

1. 蔗糖的加工特性

（1）蔗糖的结晶与密度　蔗糖是白色或无色透明的单斜晶系的结晶，15℃时的密度为 1.5879g/mL。

（2）吸湿性　砂糖在贮藏过程中往往发生结块现象，其原因是吸湿的砂糖在重新失去水分时，其晶体相互黏结在一起。纯净的砂糖结晶也有一定的吸湿性，而不纯物会增大吸湿性。精制砂糖如果贮藏在相对湿度 60% 以下的条件下，则在流通和贮藏过程中就很少发生结块现象。

（3）溶解性　蔗糖易溶于水，1g 蔗糖能溶于 0.5mL 冷水、0.2mL 热水，温度上升，溶解度增大。在低温条件下，在水中也有较高的溶解度，如在 0℃ 时，蔗糖的溶解度为 179g。

（4）黏度　蔗糖溶液的黏度受温度和浓度的影响较大。低温下浓度增大，黏度显著升高。制备和使用糖浆时，通常 55% ~58% 的浓度是适宜的，这一浓度在低温下黏度也较低，容易操作，且在短时间内也不容易受微生物污染。

（5）渗透性与防腐效果　高浓度的蔗糖溶液其渗透压能阻止微生物生长，对浓度高的果汁饮料有较好的防腐作用。

（6）甜度　蔗糖具有独特的温和甜味，其甜度仅次于果糖，而且甜度不会因温度差和浓度差而产生变化。

（7）水解与褐变　蔗糖在酸性溶液中加热会发生水解，生成等量的葡萄糖和果糖，这一反应称为蔗糖的转化，生成物称为转化糖。果蔬饮料在室温下放置也会慢慢发生转化反应。蔗糖本身不参与美拉德反应，但生成转化糖后，则可同氨基类物质发生美拉德反应而褐变。

（8）蔗糖高温加热可使形状和色调发生变化 例如将蔗糖溶液加热至101～103℃时，就变为黏稠性糖液；继续加热至105℃时，就变为珍珠状的黏稠糖浆；加热至110.5℃以上时，由带丝状变至羽毛状；加热至115℃时，冷却成软玉状；119℃时呈硬玉状；160℃时成熔融状态，并着色，随温度的升高，色调由淡黄变黄至褐色；在200℃附近时，成黑褐色焦糖状。

2. 使用注意事项

（1）饮料的甜度可以根据成品饮料的种类和甜度要求在较大范围内进行调整，使饮料具有特种风味。通常含有10%蔗糖的饮料有快适感，20%的浓度则成为不易消散的甜感。在加糖的果汁饮料中，其浓度以控制在8%～14%为宜。

（2）蔗糖与葡萄糖混用有增效作用，在蔗糖中添加少许食盐可增加甜味感，柠檬酸、乳酸、苹果酸和酒石酸也具有增效作用，而在酸味和苦味较强的果蔬汁饮料中增加蔗糖用量，会出现酸味和苦味减弱的现象。

（3）糖对产品色泽产生的影响包括焦糖化作用和美拉德反应。焦糖化作用可产生焦糖香气，但温度过高时会产生焦臭味。美拉德反应不限于游离氨基酸，也包括蛋白质、肽和胺类物质，几乎所有食品都有发生美拉德反应的可能性，因此产品着色和产生褐变在所难免。

（二）葡萄糖

1. 性状

普通的葡萄糖为 α 型，溶于水后逐渐变为 β 型。

（1）熔点 α 型为146℃，β 型为148～150℃。

（2）溶解度 α 型溶解度比 β 型大。结晶葡萄糖1g可溶于1mL水中（25℃），无水葡萄糖1g可溶于1.1mL（25℃）的水中。在低温至常温的条件下，其溶解度比蔗糖低，因此对低温保藏的饮料最好将其与蔗糖混合使用，混合糖的溶解度高于单一糖。

（3）耐热性 葡萄糖的耐热性比蔗糖差，而且糖纯度越高，对加热的敏感性越强，这也是还原糖共同的基本特性。长时间或高温加热会使其吸湿性、结晶性、甜度和色调发生变化。

（4）甜度 葡萄糖的甜度与其葡萄糖值有关，其葡萄糖值接近100的结晶葡萄糖的甜度为蔗糖的63%～88%。一般使用条件下，葡萄糖的甜度为蔗糖的75%左右。

（5）pH和渗透压 葡萄糖水溶液pH为5.8左右。渗透压与其分子质量有关，葡萄糖渗透压约为蔗糖的2倍，水分活度低，可以抑制微生物生长，提高防腐效果。

（6）味质特性 葡萄糖能强化饮料的风味、色泽和香气。葡萄糖溶解于水时吸热，可使饮料产生清凉感。同时葡萄糖溶解于水后，由于部分 α 型变为甜度低的 β 型，随时间增加，甜度有所降低，但至一定时间后甜度不变。另外葡萄糖浓度高达20%时，也不会产生蔗糖那样的腻人甜味。

2. 使用注意事项

（1）葡萄糖具有清凉感和温和的甜味，但甜度和性状会因温度而变化，使用时应注意这一特性。在相同浓度下，一般低温时感觉甜度大。

（2）葡萄糖浓度高时甜度大。在蔗糖中混入 20% 左右的结晶葡萄糖，由于增效作用，其甜度高于计算值，这样有利于提高饮料的口感和质量。对于果蔬汁饮料，如用葡萄糖取代 12% ~13% 的蔗糖，其甜度并不比单独使用蔗糖时低。

（3）葡萄糖与氨基酸和蛋白质同时加热时发生美拉德反应，引起褐变。葡萄糖液加热时容易着色，对某些产品可在不损害产品风味情况下，获得适当的焦糖色。

（三）果糖

1. 性状

果糖通常难以结晶，其结晶为白色，吸湿性强。β 型（D – 果糖）熔点为 103 ~105℃。易溶于水，甜度为蔗糖的 1.4 ~1.7 倍。

2. 使用注意事项

果糖是上等甜味剂，具有清凉感，除作为各种食品甜味剂外，对食品还有较好的润湿作用，可防止蔗糖结晶。在制造同样甜度的饮料时，果糖用量比蔗糖少，因此可制造低热量饮料。缺点是价格高，容易吸湿和产生褐变。

（四）异构糖浆

异构糖浆又称果葡糖浆、淀粉糖浆、高果糖浆等，主要由果糖和葡萄糖组成。

1. 性状

异构糖浆是澄清透明、黏稠、无色、无臭的液体，其甜度随果糖含量而异，一般为蔗糖的 1.0 ~1.4 倍。异构糖浆除含果糖、葡萄糖外，还含有少量的麦芽糖等低聚糖。葡萄糖和果糖都是具有还原性的糖，因此异构糖浆化学稳定性差，受热易分解。饮料加工中常用的果葡糖浆为无色或淡黄色液体，其甜味柔和，具有果葡糖浆特有的香气，品质要求符合 GB/T 20880—2007 的要求。

异构糖浆的味质接近蔗糖，但比蔗糖更具清凉感。果糖含量越高，此倾向越强。异构糖浆的成分和风味类似蜂蜜，有"人造蜂蜜"之美名，因此异构糖浆用于清凉饮料效果较好。

2. 使用注意事项

（1）果葡糖浆色泽的热稳定性较差，可与氨基化合物发生美拉德反应，在饮料中应注意使用得当。

（2）在温度较低时，由于葡萄糖的溶解度相对较小，会有结晶析出。

（五）蜂蜜和糖醇

1. 蜂蜜

蜂蜜大部分为蔗糖，由于酶的作用转化为果糖和葡萄糖。蜂蜜因蜂种、蜜源（花种）等的不同，其风味特征和化学成分也有不同。完全蜂蜜相对密度为 1.43，波美度为 43.5°Bé 左右。蜂蜜中的矿物质主要是镁、钾、钙、硫、钠、磷以及微量元素铁、锰、铜等。有机酸有柠檬酸、苹果酸、琥珀酸和乙酸等。蜂蜜中含有微量维生素，如维生素 A、维生素 B_2、维生素 C、维生素 D 和维生素 K 等。此外，还含有氨基酸，各种酶类，包括淀粉酶、转化酶、过氧化氢酶及脂酶，以及促进人体生长和活动的生物活性物质。因此，蜂蜜不仅营养价值高，而且具有保健功能。

蜂蜜作为甜味剂，用于各种营养保健饮料的制造。在现代果蔬汁加工中，蜂蜜既可作为果蔬汁的澄清剂，又是抗氧化剂，可以防止果汁发生褐变。

2. 糖醇类

糖醇类甜味剂的口味好，化学性质稳定，不易引起龋齿，在人体中或不被消化，或不需胰岛素，可作为低热量饮料的甜味剂或糖尿病人的代糖品。

木糖醇是白色结晶粉末状物质，甜度与蔗糖相当，极易溶于水（160g/100mL 水），化学性质稳定，不发生非酶褐变。木糖醇可抑制酵母的生长及发酵活性。可按正常需要用于饮料，代替蔗糖。

山梨糖醇又称山梨醇，为白色吸湿性粉末或颗粒，甜度约为蔗糖的一半，易溶于水（25℃时，235g/100mL 水），热值与蔗糖相似，但不转化为葡萄糖，且血糖值不增加，可供糖尿病人、肝病、胆囊炎患者食用。其性质稳定，不发生非酶褐变反应。在饮料中参考用量为 1.3g/L。用于饮料生产的糖醇类还有麦芽糖醇、异麦芽酮糖醇、乳糖醇。

（六）其他天然甜味剂

天然甜味剂由于具有高安全性、低热量性或功能性，越来越受到消费者的欢迎。其大体上有两类，一类是从植物中提取出的甜味物质，另一类是将天然物质加工精制而成的。

甜菊苷是从甜叶菊中提取后精制而成的，白色或微黄色粉末，易溶于水、乙醇，味极甜，甜度约为蔗糖的 200 倍，口感类似蔗糖，但略带后味。其溶液对酸、热稳定，在通常酸性食品的杀菌条件下（80℃，30min 或 95℃，30s）无变化。甜菊苷与甘草苷、阿斯巴甜、甜蜜素混合使用可相互改善口感，协同增效。其热值仅为蔗糖的 1/300，可用于保健饮料。它也广泛用于碳酸饮料、乳饮料。

甘草苷是从甘草中提取的白色粉末，易溶于热水，甜味持续时间较长，甜度约是蔗糖的 500 倍，无不快后味，但很少单独使用。

各种低聚糖都具有甜度不同的甜味，都可作为功能性甜味剂使用。如大豆低聚糖，其甜味纯正，近似蔗糖，甜度为蔗糖的 75%，黏度高于蔗糖和高果糖浆，且酸性条件下较稳定，可用于碳酸饮料、麦芽饮料、果汁饮料、运动饮料及各种中草药饮料。低聚龙胆糖没有甜味反而具有苦味，可用于咖啡饮料。此外还有低聚木糖、低聚异麦芽糖。

（七）合成甜味剂

合成甜味剂具有甜味，但本身不是食品正常成分的化学物质。一般不具有任何营养价值，甜度是蔗糖的几十倍甚至几百倍。

（1）糖精钠　为白色结晶粉末，微有芳香，甜度为蔗糖的 300~500 倍，浓度高时有后苦味，易溶于水。摄入后不参与代谢，性质稳定。因价格便宜，饮料中曾广泛使用，但其安全性至今仍有争议，我国现已限制使用。

（2）甜蜜素　为白色结晶粉末，甜度是蔗糖的 50 倍，易溶于水，几乎不溶于乙醇，对酸、热稳定。甜蜜素的甜味持续时间长，风味良好，有一定遮掩糖精钠后苦味的作用，通常二者协同使用，配比为 10∶1，用于低热量饮料。在果汁（味）型饮料及碳酸饮料中使用，最大使用量为 0.65g/kg。

（3）安赛蜜　其甜度约为蔗糖的 200 倍，味质较好，没有不愉快的后味，易溶于水，难溶于乙醇，对热、酸均稳定。可用于果汁（味）饮料，使用量为 0.3g/kg。

（4）天冬酰苯丙氨酸甲酯　又称为阿斯巴甜、甜味素等。自 1983 年美国 FDA 批准允许配制软饮料后在全球 100 余个国家和地区被批准使用。其甜度为蔗糖的 200 倍，具有清爽、类似于蔗糖的甜味，味感纯正、长久，有增强风味的效果，特别是用于清凉饮料、果汁饮料效果尤佳。可溶于水（25℃时，1%），难溶于乙醇。热稳定性差，pH4.3 最为稳定，降低 pH，也易分解，在高酸性饮料中会分解而失去甜味。FDA/WHO 规定用于饮料：0.1%，并在商品包装上有"苯丙酮尿患者不宜使用"警示标志。

二、酸味剂

以赋予食品酸味为主要目的的食品添加剂统称为酸味剂，按其组成可分为有机酸与无机酸两类。在饮料调味中，或形成适口的糖酸比，或配合其他辅料给予产品清凉利口的快感，或促进香味、平衡风味，或刺激唾液分泌、增强解渴效果，起着举足轻重的作用。酸除能调节口味外，还对杀菌条件、色泽变化等造成影响，是与产品质量密切相关的一种成分。在饮料生产中使用的酸主要是有机酸，目前只有一种无机酸即磷酸应用在可乐型饮料中。

（一）柠檬酸

柠檬酸是饮料工业使用最多的一种酸，为无色半透明结晶或白色结晶粉末，无臭，在干燥空气中会失去结晶水而风化，潮湿空气中会缓慢发生潮解，极易溶于水，也易溶于乙醇。

柠檬酸呈味快，酸味柔和、爽口、有清凉感，与柠檬酸钠复配使用更加柔美。无水柠檬酸比结晶柠檬酸有较小的吸湿性，常用在固体饮料中。在饮料中可按正常生产需要加入，加入量可根据原料含酸量、浓缩倍数、成品酸度的不同加以确定。一般在汽水中为 1.2 ~ 1.5g/kg。

（二）苹果酸

苹果酸为白色结晶粉末或针状晶体，极易溶于水。酸感强度是柠檬酸的 1.2 倍左右，酸味是略带刺激性的收敛味，酸味刺激较柠檬酸缓慢，但保留时间长，酸味较爽口，稍有苦涩感。生产中常与柠檬酸合用，发挥味觉互补作用。苹果酸可按正常生产需要使用。

（三）酒石酸

D - 酒石酸为无色透明结晶或白色晶体粉末，易溶于水、乙醇，具有稍涩的收敛味，酸味较强，为柠檬酸的 1.2 ~ 1.3 倍，但吸湿性较柠檬酸弱。酒石酸带有较强的水果风味，一般不单独使用，多与柠檬酸、苹果酸合用，特别适用于葡萄汁饮料，可按正常生产需要使用。

（四）乳酸

乳酸为无色或微黄色液体，一般浓度为 85% ~ 92%，能与水、乙醇自由混合，酸味是柠檬酸的 1.2 倍，稍涩，具有收敛味，与水果中的酸味明显不同。在乳饮料生产中广泛使用，使用量 0.4 ~ 2g/kg，多与柠檬酸并用。

（五）磷酸

磷酸是无色透明稠厚的液体，能与水混溶，酸味强烈，呈味迅速，具有尖锐的收敛性酸感；主要用于可乐型饮料，能很好地与可乐香精配合，可按生产需要适量使用。因其酸味与植物根、茎或草的气味协同良好，故也用于植物提取物配制的饮料。

（六）其他

抗坏血酸、葡萄糖酸具有令人愉快、清凉感的酸味，可用于清凉饮料。己二酸酸味柔和、风味持久、良好，对于一些不适宜立即释放风味的产品可改善味感，常用于固体饮料。富马酸酸味强，持续时间久，有较强的涩味，可以与柠檬酸混用，又因其吸湿性小，难溶、故常用于固体发泡饮料和热饮。Na_2CO_3、$NaHCO_3$ 作为酸度调节剂可以调节饮料的 pH，但一般在固体饮料中作为发泡剂使用。

三、香 料 香 精

(一) 食用香料

1. 天然香料

天然香料是用蒸馏、压榨、萃取等方法，从芳香植物的不同部位提取制得的。按提取方法的不同，主要有精油、酊剂、浸膏、香树脂、净油等。在饮料中使用较多的是甜橙油、橘子油、柠檬油、留兰香油、薄荷油等。

甜橙油是以甜橙的果皮用蒸馏法或压榨法得到的精油，为黄色或橙色油状液体，有清甜的橙香。甜橙油稍溶于水，溶于乙醇。使用时，一般以 95% 乙醇溶解，过滤后添加到饮料中。甜橙油可以配制多种食用香精，是橘子、甜橙等果香型香精的主要原料。也可直接用于饮料，尤其是高档的橘子汁、柠檬汁等果汁。

橘子油是以柑橘的果皮经压榨和蒸馏制得的精油，为黄色的油状液体，有清甜的橘子香气，能溶于 7 ~ 10 倍容积的 90% 乙醇。橘子油是橘子型香精的主要原料，也可直接添加于饮料中，常用于浓缩柑橘汁。

柠檬油为鲜黄色的油状液体，具有清甜的柠檬果香气，味辛辣微涩，易溶于乙醇。它是柠檬型香精的主要原料，也可直接添加于饮料，尤其是高档的柠檬汁。

2. 合成香料

在合成香料中，一类是与天然香料成分化学结构完全相同的化合物，称为天然等同香料，主要有香兰素、香叶醇、薄荷脑、洋茉莉醛等；另一类是在天然产品中未发现的，人工化学合成的香料。饮料中常用的合成香料见表 2 - 1。

表 2 - 1　　　　　　　　　　饮料常用合成香料

名　称	性　状	使用范围
香兰素（香草醛）	白色至淡黄色针状结晶或结晶性粉末，有香兰子香气和味。有升华性。易溶于热水、醇、醚	单独或与其他香料配用，调和香草巧克力和水果类香料，适合含乳成分的饮料
苯甲醛	无色液体，有浓苦杏仁香气和烘烤味。可溶 200 倍量水，8 倍量 50% 乙醇，1 ~ 1.5 倍量 70% 乙醇，易溶于醇、醚。与空气接触易生成苯甲酸	调和樱桃、李、杏、桃、草莓等香料，用量 15mg/L 以下
乙基香兰素	白色至淡黄色结晶，香气与香兰素同系，强度是香兰素的 3 ~ 4 倍，可溶于 250 倍量水，5 倍量乙醇，遇光易变化，在空气中慢慢氧化	调和甜的花香和水果类香料，有保香效果，特别适合含乳饮料
柠檬醛	无色至淡黄色液体，有柠檬样的较强香气。不溶于水，溶于乙醇、醚。遇光、空气易氧化，与酸生成深色聚合物	主要调和柑橘类水果香料，用量 0.15 ~ 15mg/L

续表

名　称	性　状	使用范围
茉莉醛	无色至淡黄色透明液体，有茉莉花样香气。不溶于水，易溶于醇、醚。在空气中易氧化	调和水果，特别是草莓香料，也用于以茉莉香料为主的丁香花样精油的调配
麦芽酚	白色或略带黄色的针状结晶或结晶性粉末，有香兰子和焦糖样的香气。熔点 160～163℃，易溶于热水、醇，难溶于醚	调和巧克力、草莓、柑橘等香料，清凉饮料用量 25mg/L，果汁 15mg/L，可柔和酸味，减少 5%～15% 用糖量。与氨基酸加热时形成多种香味
薄荷醇（薄荷脑）	无色结晶或白色结晶粉末，有薄荷清凉感的香气。微溶于水，易溶于醇、醚	调和玫瑰、薰衣草等花精油，调和饮料香料，用量 35mg/L
乙酸乙酯	无色透明液体，有水果香气，沸点 77.1℃，25℃时溶于 10 倍量水中，与醇、醚可自由混溶	广泛用于水果类香料的调和，用量 0.1～100mg/L
乙酰乙酸乙酯	无色，有水果样芳香的液体，溶于乙醇及其他有机溶剂	调和清凉饮料等苹果香型的水果香料
丁酸环己酯	无色或稍有黄色的透明液体，有清鲜花的香气。不溶于水，溶于 5 倍量 70% 乙醇	调和清凉饮料用的菠萝等水果系香料，用量 1～10mg/L
己酸乙酯	无色透明液体，有典型的脂肪酸酯臭，稍有水果样香气。难溶于水，溶于 8 倍量 70% 乙醇	调和苹果、梨等水果类香料。用量一般 1～100mg/L，清凉饮料 5～10mg/L，乳酸菌饮料 25～30mg/L
乙酸异戊酯	无色透明液体，有香蕉样香气。沸点 142℃，难溶于水，溶于 2 倍量 70% 乙醇，易溶于醇等有机溶剂	广泛用于调和香蕉、杏等水果香型香料。别名香蕉油，是香蕉香料不可或缺的成分

（二）食用香精

在食品加香中，除了橘子油、香兰素等少数品种外，一般均不单独使用，通常是用多种香料调和起来应用。这种经配制而成的，香气独特、明显的香料称为香精。

1. 分类

食用香精按性能可分为：① 水溶性香精，具有轻快的头香，但对热敏感，适用于以水为介质的食品，是饮料工业应用最多的一类香精；② 油溶性香精，香气浓郁，香味浓度高，在饮料中很少便用；③ 乳化香精，外观呈乳浊液状，香气温和，有保香效果，在水中分散成浑浊状态，在饮料中常用于需要浑浊度的果汁、果味饮料；④ 粉末香精，多用于固体饮料；⑤ 微胶囊香精，是先将香基制成乳化香料后，再经喷雾干燥制成粉末；其稳定性、分散性好，常用于粉末状食品的加香，如固体饮料、果冻粉。

2. 使用注意事项

在加香时，要取得良好的加香效果除了选择好食用香精外，还需注意以下问题。

（1）用量　用量过多或不足，都不能取得良好的加香效果，只有通过反复的加香试验来调节和确定最适宜的用量。

（2）均匀性 香精在饮料中必须分散均匀，才能使产品香味一致。如加香不匀，会造成产品部分香味过强或过弱的严重质量问题。

（3）其他原料质量 其他原料质量若没有保证，对香味效果亦有一定影响，如水的处理不好、使用粗制糖等，都会抵消加香的效果。

（4）糖酸比 适度的糖酸比对香味效果可以起到很大的帮助作用，糖酸比配合一般以接近天然原料为好。

（5）温度 饮料用香精的溶剂和香料的沸点较低，易挥发，因此在加香于糖浆或成品中时，必须控制温度，一般控制不超过常温。

（6）添加时机 香精具有易挥发性，应在加热、脱臭或脱水工序之后再添加，此外，还需注意碱性条件、抗氧化剂等对香精香料的影响，在使用中要防止这类物质与香精香料直接接触，一定要分别添加。

香精应储存在避光、阴冷处，启封后应尽快用完。

四、色　素

色泽是人们评价食品质量的重要感官指标，同时也是判断食品质量是否新鲜的指标之一。对于透明包装的饮料来说，柔和、鲜艳的色泽能在第一时间抓住消费者的眼睛，增强购买欲，并给人良好风味的联想。这一点对于一种新开发的饮料更为重要。

来自天然植物原料自身的色素，在加工中由于受到热、光、酸、碱、氧等的影响而脱色、褪色或变色，为了保持其色泽，需要进行人工补色。通过补色或调色，还可以克服原料本身带来的参差不齐的天然色。用于饮料的色素按其来源不同分为食用合成色素和食用天然色素。

（一）天然色素

天然色素的安全性高，色泽自然，某些色素还具有营养作用，如 β - 胡萝卜素可转化为维生素 A，在崇尚天然、健康的今天正受到越来越多消费者的欢迎。

（1）焦糖色素 又称酱色，是目前世界上使用量最大的色素。它是糖类物质在高温下脱水、分解、聚合而成，是复杂的高分子混合物。商品外观呈黑色黏稠液体或固体粉末，有特殊的香甜气和愉快的苦味，易溶于水，具有胶体特性。由于焦糖在每升饮料中只会增加 4.18J 的热量，因此也成为减肥饮料的首选天然色素。

（2）β - 胡萝卜素 为紫红色或暗红色粉末，有轻微的异味，不溶于水、丙二醇、酸和碱，微溶于乙醇，溶于植物油。对光、热、氧不稳定，重金属离子尤其铁离子会使其褪色。可按生产需要适量用于各类食品，饮料工业中生产浑浊果汁时使用较多。

（3）甜菜红 甜菜红是从食用甜菜根中制取的红色素，为紫红色粉末，易溶于水或50% 乙醇，几乎不溶于无水乙醇、丙二醇。水溶液呈红色至紫红色，色泽鲜艳，染着性好，耐热性差，降解速度随温度上升而迅速增加，光和氧也可促进降解，抗坏血酸对其有一定的保护作用。在生产上可按需要适量加入。

（4）栀子黄 属胡萝卜素系列，为黄色至橙黄色晶体粉末，易溶于水，溶于乙醇和丙二醇，耐热性好，pH 对色调的影响很小。用于一般汽水、汽酒时用量为 0.2g/kg，在果汁（味）饮料中最大使用量为 0.3g/kg。

（5）其他色素 随着回归自然、健康营养理念的深入，近些年来天然色素的开发、应用研究进展迅速，可用于饮料生产的天然色素还有以下一些：诱惑红、红花黄、紫胶红、菊花黄浸膏、黑豆红、可可壳色、落葵红、栀子蓝、橡子壳棕、NP 红、桑葚红、天然苋菜红、酸枣色、花生衣红、葡萄皮红、蓝靛果红、藻蓝、紫草红。可按生产需要适量加入的有茶黄色素、茶绿色素、萝卜红、柑橘黄、姜黄、越橘红、黑加仑红、玫瑰茄红、密蒙黄。

（二）食用合成色素

一般食用合成色素较天然色素色彩鲜艳，坚牢度大，稳定性好，着色力强，并且可以任意调色，使用比较方便，成本也比较低廉。在饮料生产中还需使用人工合成色素，我国现在允许在饮料中使用的合成色素有苋菜红（最大使用量为 0.05g/kg）、胭脂红（果汁饮料、碳酸饮料 0.05g/kg，豆奶饮料 0.025g/kg）、赤藓红（0.05g/kg）、新红（0.05g/kg），柠檬黄（0.1g/kg）、日落黄（果汁饮料、碳酸饮料 0.10g/kg，风味酸乳 0.05g/kg）、亮蓝（0.25g/kg）、靛蓝（0.10g/kg）八种以及它们的铝色淀。所谓铝色淀是指色素沉淀在氧化铝上所制备的特殊着色剂，具有优良的稳定性。

（三）色素使用注意事项

1. 颜色的调配

食用合成色素可以红、黄、蓝为基本色，拼调成二次色和三次色，拼调方法为：

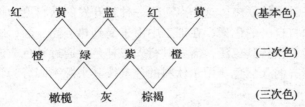

各种色素在不同的溶剂中，可能产生不同的色调和颜色强度，需在具体实践中灵活掌握。另外值得注意的是，用以拼色的不同色素在溶解度、渗透性等方面应相似，否则会引起色层分离或使得色素溶液色调与产品色调不一致。比如，靛蓝与赤藓红拼色时靛蓝会促使赤藓红很快褪色。

2. 色素的溶解性

我国允许使用的合成色素均溶于水，不易溶于油，而天然色素的油溶、水溶均有。色素的溶解度受温度、pH、含盐量、水质影响。一般合成色素的溶解度随温度升高而增大。

3. 色素溶液的配制

直接添加粉末色素不易分散均匀，很可能在饮料中形成着色不匀，故需要将色素溶解后使用。配制时色素的称量要准确，配制色素溶液时对水质的要求较高，因为色素易受金属离子的影响，水中含铁、锰较高时会使色调变暗，水中的余氯也会对色素产生影响。最好使用蒸馏水或离子交换水，也可以使用冷开水。配制溶液时应避免使用金属器具。色素溶液的浓度为 1%～10% 较适宜，过浓则难于调节色调。

4. 色素溶液的使用

色素溶液最好现用现配，若配制后久置易析出沉淀。胭脂红的水溶液长期放置会变成黑色。

5. 色素的坚牢性

色素的坚牢性是指其对周围环境（介质）的抵抗程度。饮料中使用的色素应主要从耐热性、耐酸性、耐氧化性、耐光（紫外线）性等几个方面进行评价。透明包装的果汁饮料应选择耐光性、耐酸性好的。几种常用合成色素的溶解度和坚牢度见表2－2。

表2－2　　　　　　　　　　　几种食品合成色素溶解度和坚牢度

色素名称	溶解度			坚牢度							
	水 / (g/100g水)	乙醇	植物油	耐细菌性	耐氧化性	耐还原性	耐碱性	耐酸性	耐热性	耐光性	耐盐性
苋菜红	20.8（21℃）	极微	不溶	3.0	4.0	4.2	1.6	1.6	1.4	2.0	1.5
胭脂红	29.9（20℃）	微溶	不溶	3.0	2.5	3.8	4.0	2.2	3.4	2.0	2.0
柠檬黄	13.4（20℃）	微溶	不溶	2.0	3.4	2.6	1.2	1.0	1.0	1.3	1.6
靛蓝	1.1（20℃）	不溶	不溶	4.0	5.0	3.7	3.6	2.6	3.0	2.5	3.4

五、防　腐　剂

防腐剂是指能防止由微生物所引起的食品腐败变质，延长保质期的食品添加剂。饮料生产过程中，会受来自原料、设备、操作人员、工具等带来的微生物的污染。虽然多数饮料必须经过加热杀菌工序，但若加入防腐剂，则能更好地起协同作用，且能减轻杀菌强度，减少饮料风味与营养的损失。

（一）饮料常用防腐剂

（1）苯甲酸与苯甲酸钠　苯甲酸又名安息香酸，为白色鳞片状或针状结晶，有吸湿性，在酸性下可随水蒸气挥发。常温难溶于水，可溶于热水（4.55g/100mL，90℃），也溶于乙醇、氯仿、丙酮。在碳酸饮料中最大使用量为0.2g/kg，果味饮料中为1.0g/kg，食品工业桶装浓缩果汁中为2g/kg。苯甲酸抑菌的最适pH为2.5~4.0。pH低时抑菌能力高，但酸性溶液中溶解度降低，故不能仅依靠提高酸性来提高其抑菌性。实际应用时，往往是先用适量乙醇溶解后再用，或加适量碳酸钠，用90℃以上热水溶解后使用。

苯甲酸钠为白色颗粒或结晶，有甜涩味，易溶于水（53.0g/100mL，25℃），可溶于乙醇。在汽水、果汁中使用时，应在配制糖浆时添加。需注意的是，苯甲酸钠与酸味剂应分开加入，否则可能会转化为难溶的苯甲酸而出现白色絮状沉淀。1g苯甲酸钠相当于0.847g苯甲酸。

（2）山梨酸与山梨酸钾　山梨酸又名花楸酸，为无色晶体粉末，具有特殊的气味和酸味，微溶于水（0.16g/100mL），溶于乙醇（10g/100mL）。对光、热稳定，在140℃加热3h无变化，但在空气中长期放置易氧化着色，应置于避光容器中密封保存。对霉菌、酵母菌和好气性细菌均有抑制作用，而对厌气性细菌几乎无效。山梨酸为酸性防腐剂，酸性下有良好的抑菌作用，随pH增大防腐效果下降，适用于pH5.5以下食品。碳酸饮料中最大使用量为0.2g/kg；果汁（味）饮料为0.6g/kg；乳酸饮料为1.0g/kg；食品工业桶装浓缩果汁为2g/kg。

山梨酸钾为无色至微黄色鳞片状结晶，有吸湿性，易溶于水及乙醇溶液，微溶于无水乙醇，由于在水中的溶解性好于山梨酸而被经常使用，使用时1g山梨酸钾相当于0.746g山梨酸。

山梨酸可参与体内正常的新陈代谢，安全性高。但需注意，若食品已被大量微生物污染，则不仅无效，而且山梨酸自身会成为微生物的营养源，故应在卫生条件下使用。

（3）对羟基苯甲酸酯类　又称尼泊金酯类，主要有甲酯、乙酯、丙酯、丁酯等，随着烷基的增大，防腐效果增强，水溶性减小。在 pH4～8 范围内有较好的抗菌效果。我国目前允许使用乙酯与丙酯，对霉菌、酵母菌、细菌有广谱抗菌作用，特别是对霉菌、酵母有较强的抑制作用，但对乳酸菌抑制作用较弱。其抗菌作用较苯甲酸与山梨酸要强。碳酸饮料中最大使用量为 0.2g/kg；果汁（味）饮料 0.25g/kg。

（4）乳酸链球菌素　乳酸链球菌素（nisin）是一种新型防腐剂。它是某些乳酸链球菌产生的一种多肽物质。其抗菌谱比较窄，只能有效地抑制革兰阳性菌，如肉毒杆菌、金黄色葡萄球菌、李斯特菌。其在酸性条件下最稳定，在 pH 小于 2.0 的稀盐酸中可经 115.6℃灭菌不失活；pH5.0 时，灭菌后丧失 40% 活力；pH6.8 时，灭菌后丧失 90% 活力。用于植物蛋白饮料，最大使用量为 0.2g/kg；用于消毒乳、风味牛乳时，一般用量为 1～10mg/kg。

（二）使用注意事项

（1）防腐剂的合理选用　各种防腐剂具有其抑菌对象和作用环境，尤其是 pH，使用时需要饮料的种类、所污染的微生物、饮料保质期等合理选择防腐剂品种、使用量和使用方法。同时注意协同作用，复配使用效果更佳。例如，苯甲酸在清凉饮料中与对羟基苯甲酸酯类一起使用效果更好。

（2）防腐剂的合理使用　防腐剂需先溶解后再使用，以保证其在饮料中能均匀分散，同时要注意添加顺序，避免防腐剂在添加过程中的再结晶析出。例如，苯甲酸在碳酸饮料加工中应先添加，充分搅拌后再加入柠檬酸溶液。

防腐剂可与其他防腐方法相结合，例如热处理、冷冻、辐射等。在实验中已证实，山梨酸或苯甲酸与加热方式相结合，可使酵母菌失活时间缩短 30%～80%。

六、抗氧化剂

抗氧化剂是为了阻止或推迟食品的氧化变质、提高食品稳定性和延长食品贮藏期而使用的食品添加剂。在饮料加工过程中微量氧气的混入以及原料中溶存的氧气不能完全去除，残留的氧会引起色素成分的变色或褪色（产生褐变、维生素 C 受破坏、油脂氧化、饮料风味变差等）。为了将氧化作用降至最低水平，饮料特别是果蔬汁饮料、蛋白质饮料在生产过程中需要使用适量的抗氧化剂。

（一）抗氧化剂种类

抗氧化剂有水溶及油溶之分，饮料生产中使用的是水溶性的抗氧化剂。抗氧化剂的增效剂则主要是使金属离子特别是铁离子和铜离子螯合，不再促进氧化作用的一些成分，如许多有机酸都具有一定程度的这种作用。饮料常用的抗氧化剂见表 2-3。

表2-3　　　　　　　　　　饮料常用抗氧化剂

名　称	性　状	使用范围
L-抗坏血酸（维生素 C）	白色至微黄白色结晶或粉末，有较强酸味，无臭，熔点 187～192℃，易溶于水，干燥时对空气和光相对稳定，吸湿时着色和氧化分解。水溶液也易氧化。对碱不稳定	抗氧化剂，用于保鲜、防褐变、保持风味和稳定色素。也是营养强化剂。用量：果汁饮料 0.02%～0.04%

续表

名 称	性 状	使用范围
L-抗坏血酸钠	白色至黄白色的颗粒或结晶性粉末，无臭。熔点218℃，水溶性比抗坏血酸好。干燥时稳定，成为水溶液易氧化分解	1g钠盐与0.894g维生素C相当，其用量为抗坏血酸的1.1倍
异抗坏血酸	白色至黄白色的结晶或粉末，无臭、有酸味。熔点166~172℃，纯度99%以上。易溶于水和乙醇。化学性质与抗坏血酸相似	抗氧化、防褐变。用量：果汁饮料0.01%~0.025%。抗氧化和耐热性优于L-抗坏血酸
异抗坏血酸钠	白色至带黄白色的颗粒或粉末，熔点200℃以上，无臭。极易溶于水，几乎不溶于乙醇。干燥状态下稳定	抗氧化、防褐变。用量：果汁饮料0.01%~0.025%。抗氧化和耐热性优于L-抗坏血酸
生育酚（维生素E）	淡黄色至黄褐色黏稠液体，不溶于水，但可与脂肪、油、乙醇、丙酮、乙醚等自由混合。在空气中易氧化成暗红色，对可见光稳定，紫外线可使其迅速分解	天然抗氧化剂，饮料中使用量：0.01%~0.03%。与蛋白质水解物和L-抗坏血酸有增效性
丁基羟基茴香醚（BHA）	无色至微黄色的结晶，稍有特异性气味，熔点57~65℃，沸点264~270℃。不溶于水，易溶于乙醇、丙酮等，能与植物油、猪油等自由混合。长期保存会成黄棕色	用于防止食用油脂、香料等的氧化，也用于果实油，如柠檬油和橘子油，防止色、香变劣
葡萄糖氧化酶	将葡萄糖特异性氧化为葡萄糖酸，同时消耗了氧	防止果汁饮料等着色，风味变化和防止金属罐中的铁、锡的腐蚀溶出
无水亚硫酸（二氧化硫）	无色、有刺激性的气体。易溶于水，也溶于乙醇。溶于水成亚硫酸，为酸性，有较强的还原能力	抗氧化和防腐，柑橘汁饮料添加10~90mg/L可防止色泽变暗。葡萄浓缩汁添加20mg/L可防止褐变。果汁饮料中SO_2残留量不超过0.03g/L
植酸	黄褐色黏稠液体，易溶于水、乙醇、甘油和丙酮，难溶于无水乙醇。水溶液为强酸性。易受热分解。与多价阳离子形成可溶性络合物。能显著抑制维生素C氧化，与维生素E有协同作用	对重金属离子有强大的整合作用，可清除饮料中的铜、铁、钙等离子，防止果汁和饮料褐色。用量：0.1%~0.2%

（二）抗氧化剂使用注意事项

（1）使用标准与标示　各种抗氧化剂均有使用标准，因此在使用时必须充分注意。除L-抗坏血酸、硬脂酸酯外，在用于包装食品时，必须在包装上明确标示所添加的抗氧化剂名称或标明使用抗氧化剂。

（2）添加时间　由油脂氧化过程可知，在生成过氧化物以前添加少量抗氧化剂就能防止食品氧化，而一旦氧化生成过氧化物以后，即使添加大量抗氧化剂也无效。

（3）光、热的影响　光（紫外光）和热会促进氧化反应，同时还会使抗氧化剂发生分解或挥发，因此饮料尽可能避光和低温保存，抗氧化剂的保藏也应如此。

（4）氧的影响　在氧的存在下，氧化反应会加速进行，因此如果隔绝空气流通或用惰性气体置换包装内的空气，减少食品与氧的接触机会，就可大大提高抗氧化剂的效果，光、热与氧是关系到抗氧化剂效果的重要因素。

（5）金属类的影响　微量的铁、铜等重金属离子是促进氧化反应的催化剂，必须尽力避免这些金属离子的混入。另一方面，螯合这些金属离子可以添加磷酸盐类和有机酸等金属螯合剂。

（6）抗氧化剂协同作用　两种以上抗氧化剂组合使用时的效果一般优于单一抗氧化剂，因此在选用抗氧化剂时要注意增效剂的配合使用。

（7）分散　抗氧化剂的用量很少，一般仅有 0.025% ~0.1%，只有与对象食品充分分散和混合才能较好地发挥作用，这一点必须加以注意。

七、增　稠　剂

增稠剂是一种能改善食品的物理特性，增加黏稠度，获得黏润口感的并能改善浑浊饮料稳定性的具有胶体特性的物质。此类物质分子中有许多亲水性基团，易产生水化作用形成相对稳定的体系。

（一）海藻酸钠

海藻酸钠别名海藻胶、褐藻酸钠，是从海带等深色海藻中提取的一种胶。海藻酸钠是白色或微黄色的粉末，几乎无臭无味，溶于水可形成黏稠的胶体溶液，不溶于乙醇。pH6 ~9 时黏度稳定，pH 小于 3 时不溶，因此不宜在酸性较大的果汁（味）饮料中使用。在饮料中起增稠、乳化和悬浮稳定作用。自身也是一种膳食纤维，可帮助消化，降低总胆固醇。豆奶、可可奶中参考用量 0.1% ~0.15%，酸乳中 0.25% ~1.5%，果蔬汁中参考用量 0.1% ~0.3%。

（二）羧甲基纤维素钠

羧甲基纤维素钠别名纤维素胶、CMC – Na。白色或微黄色粉末，无臭无味，易分散于水中形成胶体溶液，不溶于多数有机溶剂，如酸、醇、酮等。其溶液黏度与温度密切相关，从 20℃升至 70℃时黏度下降2/3 以上。pH 在 4 ~12 范围内黏度基本不变，现已生产出耐酸性 CMC – Na 能在 pH3.2 以上长久保持功效。食用 CMC – Na 具有增稠、悬浮、稳定、赋形作用，价格便宜，广泛用于各种液体饮料。

（三）果胶

天然果胶存在于果蔬及其他植物的组织中，商品果胶为白色或淡黄色的粉末，稍有香气，在 20 倍水中形成黏稠液体，不溶于乙醇和其他有机溶剂。商品果胶以 50% DE 值为界，DE 值小于 50%，甲氧基含量小于 7% 的称为低甲氧基果胶（LMP）；DE 值大于 50%，甲氧基含量大于 7% 的称为高甲氧基果胶（HMP）。甲氧基含量越高，凝胶能力越强。

果胶在饮料中作增稠剂、稳定剂、悬浮剂。在中性牛乳中加入果胶，再降低 pH，可制作稳定的酸化乳。溶解果胶时，切忌在高温下时间过长，且须强烈搅拌，以避免因溶解不完全而影响使用效果。果胶溶液应随配随用。

（四）β – 环状糊精

β – 环状糊精（β – CD）为白色结晶性粉末，无臭稍甜，溶于水，难溶于醇，可与多种化合物形成包络复合物，使被包裹物稳定、增溶、缓释、乳化、遮掩异味等作用。在饮料工业中可作为固体饮料的保香剂与增溶剂，如利用 β – CD 溶液萃取再干燥制得的速溶红茶，香气浓厚，即使以 20℃凉水冲溶，其溶解度仍可达到 99.4% 。β – CD 也可以改善饮料的气味和风味。柑橘汁的橘皮苷、柠檬苦素均有苦味且溶解度小，加入 β – CD 可减少苦味，消除沉淀，且甜味和酸味均无变化。它也具有一定乳化、掩盖异味的作用。

（五）黄原胶

黄原胶又名汉生胶，是由野油菜黄单胞杆菌以碳水化合物为主要原料（如玉米淀粉）经发酵工程生产的一种作用广泛的微生物胞外多糖。它具有独特的流变性，良好的水溶性，对热及酸、碱的稳定性，与多种盐类有很好的相容性，作为增稠剂、悬浮剂、乳化剂、稳定剂，可广泛应用于食品、石油、医药等 20 多个行业，是目前世界上生产规模最大且用途极为广泛的微生物多糖。

黄原胶在饮料中的应用有以下两个方面。一是作为耐酸、耐盐的增稠稳定剂，应用于各种果汁饮料、浓缩果汁、调味料（如酱油、蚝油、沙拉调味汁）的食品中。用量一般为 0.08% ~0.3% 。二是作为乳化剂用于各种蛋白质饮料、乳饮料等中，防止油水分层和提高蛋白质的稳定性，防止蛋白质沉淀，也可利用其乳化能力作为起泡剂和泡沫稳定剂，如用于啤酒制造等。在以豆类蛋白为主的乳化体系中加入 0.02% 的黄原胶后，乳化性明显提高，并使混合体系具有高的剪切率和热诱导的高黏特性。

八、乳 化 剂

饮料中，有一些种类包含着互不相溶的两相，如乳饮料中的乳脂肪，大豆蛋白饮料中的大豆油，都与水互不相溶，如果产品呈现出两相状态，则将使消费者难以接受。有些软饮料的均匀浑浊状态，也要由乳浊状态来支持。乳化剂是能减少乳化体系中各构成相之间的表面张力，同时具有亲水基和疏水基的表面活性物质。饮料中添加乳化剂可形成均匀、稳定的分散体系或乳化体系，从而改善了风味口感，延长了货架期。

（一）乳化剂的 HLB 值

乳化剂的乳化能力与其亲水、亲油能力有关，一般用亲水亲油平衡值（HLB 值）来表示。规定亲油性为 100% 的乳化剂其 HLB 值为 0，亲水性为 100% 的 HLB 值为 20，其间分为 20 等份，以此表示亲水、亲油的强弱和不同用途。HLB 值在 1.5 ~3 之间的乳化剂具有消泡作用；在 3.5 ~6 之间的乳化剂为油溶性乳化剂；在 7 ~9 之间的乳化剂具有湿润作用；在 8 ~18 的乳化剂为水溶性乳化剂；在 13 ~15 的乳化剂具有清洗作用；在 15 ~18 的具有助溶作用。

饮料种类众多，成分复杂，可按食品成分选择合适 HLB 值的乳化剂，取得最佳效果。不同 HLB 值的不同乳化剂有一定的加和性，实际应用中，常将几种乳化剂复合使用，效果比单一的乳化剂要好。值得注意的是，即使相同商品名称的乳化剂 HLB 值也可能不同。乳化剂在加入之前应在水或油中充分分散或溶解，制成浆液或乳状液。选择 O/W 型乳化剂时，乳化剂的亲油基与内相油的结构越相似越好。与增稠剂协同使用，效果更好。使用乳化剂的同时，可考虑采用工艺技术使得微细颗粒进一步细微化。

（二）常用乳化剂

单硬脂酸甘油酯简称单甘酯，白色片状固体，可分散于热水中，能溶于热的有机溶剂。它是食品工业中用量最大的乳化剂，属 O/W 型乳化剂，在含脂的蛋白饮料中起到防止脂肪上浮和蛋白质下降作用。

蔗糖脂肪酸酯为蔗糖与脂肪酸生成的单酯、双酯、三酯等，单酯含量越高亲水性越强。白色粉末，在乙醇、丙酮中溶解，亲水性强，适用于 O/W 型乳状液。适当复配后使用更佳。

山梨醇酐脂肪酸酯商品名司盘，可溶于热乙醇，不溶于水，但可分散于热水中。我国允许使用的有司盘（20、40、60、65、80），HLB 值为 $2.1 \sim 8.6$。

聚甘油单硬脂酸酯用于乳酸菌饮料和植物蛋白饮料；酪蛋白、大豆磷脂，可按正常生产需要加入。

九、澄 清 剂

（一）明胶

明胶是果汁加工中使用广泛的澄清剂，是从动物皮的骨胶原中提取的。明胶能够与果汁中的单宁、果胶和其他成分反应，形成明胶单宁酸盐络合物，随着络合物的凝聚并吸附果汁中其他悬浮颗料，最后沉降于容器底部，果汁得到澄清。果汁的 pH 和存在的电解质，特别是 Fe^{3+} 能影响明胶的凝聚能力，明胶本身的等电点也能影响明胶的沉淀性能。明胶用量一般为 $10 \sim 200g/100L$ 果汁，因果汁种类和明胶种类不同而异，生产上对每种果汁均需进行明胶澄清试验，以确定合理的添加量。

（二）硅溶胶

硅溶胶由胶体二氧化硅（SiO_2）构成，它可吸附果汁中的蛋白质。硅溶胶与蛋白质在可溶性溶液中形成浅色的凝乳状絮凝物。通常生产厂家供应的硅溶胶是液态悬浮液，含 30% 的固形物，粒子尺寸为 20nm。二氧化硅去除果汁中的蛋白质效果最好，但二氧化硅的粒子太小，难以将它们除去，所以，一般少量的明胶和硅溶胶同时使用。

（三）膨润土

膨润土是高岭石型矿土（$Al_2O_3 \cdot 4SiO_4 \cdot nH_2O$），它含有带负电荷的物质，和蛋白质有很强的亲和力，蛋白质在膨润土的带负电荷物质之间起桥梁作用，导致絮凝，这种絮凝物沉淀速度比膨润土本身快。絮凝物还可牵带果汁内微粒子及浑浊物沉淀下来。除了吸附作用，膨润土还能通过离子交换反应排除果汁中的蛋白质。

在果汁中，膨润土呈负电性，能消除过量明胶作用，还能吸附导致果汁发酵的成分以及酶类、多酚物质、残留农药、生物胺、气味物质和滋味物质等。一般来说，钠－膨润土的澄清性能优于钙－膨润土。最佳使用温度为 35℃ 左右，添加量为 $30 \sim 150g/100L$ 果汁，通常与明胶、硅溶胶结合使用，以硅溶胶（30% 溶液，$25 \sim 50mL/100L$）—明胶（$5 \sim 10g/100L$）—膨润土（$50 \sim 100g/100L$）添加顺序为佳。

（四）单宁

对于多酚物质含量很低的、难以澄清的果汁，可添加单宁，以平衡多酚物质含量。单宁通常先于明胶加入果汁中，添加量一般为 $5 \sim 15g/100L$ 果汁，处理温度 10℃，澄清效果最佳。

十、酶 制 剂

（一）果胶酶

果胶酶是用黑曲霉发酵法生产，经提纯制得。果胶酶的作用温度范围为 $10 \sim 60℃$，最适温度为 45 ~ 50℃；作用 pH 为 3.0 ~ 6.0。Fe^{3+}、Ca^{2+}、Zn^{2+} 等对果胶酶有抑制作用。

果胶酶用于果汁生产可提高出汁率，帮助澄清。酶的用量随底物所含果胶的多少及酶的活力而定。用果胶酶处理果汁时，其用量对澄清效果有很大影响。果胶酶用量低时，果胶分解不完全，澄清效果差；用量过高，酶蛋白又会使果汁产生浑浊。所以果胶酶的用量有一个最适范围。一般地，每吨苹果汁用量为 100 ~ 200g，葡萄汁用量为 60 ~ 100g。此外，果胶酶还能使植物细胞的胞间层破坏，从而使皮层脱落，可用于橘子脱囊衣，莲子脱内衣，蒜脱内膜等。

（二）葡萄糖氧化酶

葡萄糖氧化酶制剂为白色至浅棕色的粉末，或浅棕色液体。溶于水，不溶于乙醇、氯仿。最适 pH 为 5.6，在 pH3.5 ~ 6.5 间具有良好的热稳定性，固体酶制剂在 0℃ 下可保存至少 2 年。葡萄糖氧化酶可将 2 分子葡萄糖氧化成 2 分子葡萄糖酸，并消耗 1 分子氧，故具有抗氧化作用。其除氧效果好，速度快。在果汁饮料中添加可以有效防止褐变和风味劣变，防止金属罐中铁、锡的溶出。茶汤也是一个对氧十分敏感的体系，茶汤中含有一定量的葡萄糖，可作为葡萄糖氧化酶底物而消耗掉其中的游离氧，因而可延长产品的保质期，提高产品质量。使用时应在饮料灌装封盖时加入，并立即密封。

（三）单宁酶

单宁酶是一种水解酶，主要在饮料行业生产中用于防止浑浊。在液态茶、速溶茶的生产中，由于茶汤中多酚类、咖啡碱、蛋白质等通过分子间氢键与疏水作用形成络合物，在低温时沉淀即形成所谓的"冷后浑"，需要采取物理、化学或酶处理法消除或使之变成可溶物，在工艺上称之为"转溶"。单宁酶是酶法转溶茶乳酪的一种专一酶。单宁酶在茶饮料生产中除了可防止茶饮料浑浊和沉淀的产生外，还可以提高茶萃取的得率、保持茶汤色泽同时维持茶汤的保健效果。

酶制剂在饮料制品中的种类、作用方式多种多样，表 2 - 4 所示为饮料工业中一些酶的种类与用途。

表 2 - 4　　　　　　　　　　　　饮料工业中应用的酶类

酶	商品（或工序）	应用内容
淀粉酶	苹果汁/梨汁	刚成熟水果中的淀粉降解
纤维素酶	苹果汁/梨汁	水果的液化
酯酶	苹果汁	产香
β - 葡聚糖酶	啤酒/葡萄酒	提高过滤性能
葡萄糖氧化酶	各种饮料	瓶装饮料中的排氧
蔗糖转化酶	苹果汁	将蔗糖转化为葡萄糖和果糖
脂肪氧化酶	苹果汁/茶	产香
柚皮苷酶	柑橘汁	降低苦味
果胶酯酶	苹果酒/苹果汁/柑橘汁	果汁澄清
过氧化物酶	茶	颜色和风味
聚半乳糖醛酸酶	苹果汁/梨汁	分解果胶，澄清果汁
多酚氧化酶	茶/可可/苹果汁	颜色和风味
蛋白酶	可可/啤酒	颜色和风味，防止冷浑浊

续表

酶	商品（或工序）	应用内容
单宁酶	茶	提高速溶茶的溶解性能
萜烯糖苷酶	葡萄酒	改良风味
清洗酶（复合酶）	苹果汁/梨汁超滤工序	清洗超滤设备
果浆酶（复合酶）	苹果汁	提高出汁率

十一、营养强化剂

食品营养强化剂是指为增强营养成分而加入食品中天然的或人工合成的属于天然营养素范围的食品添加剂。一方面，天然食物中的营养素不均衡；另一方面，食品在加工、运输、储藏中难免有营养素的损失。因此，为了保证人体可以获得全面、合理的营养，维持和提高身体的健康水平，可以在食物中添加营养强化剂加以改善。

营养强化剂维生素类的有维生素 A、B 族维生素、维生素 C、维生素 D、维生素 PP 等。矿物质类有钙盐类，如乳酸钙、磷酸钙、葡萄糖酸钙等；铁盐类，如柠檬酸铁、乳酸亚铁等；锌盐类，如葡萄糖酸锌、硫酸锌等。氨基酸类有牛磺酸、赖氨酸。

市场上营养强化剂饮料大多将复合营养强化剂以溶液状或乳化状添加，有的是将强化剂以粉末状干式混合，有的将强化剂经微胶囊化后添加。还有一些是用生物方法添加的，如富硒茶饮料。生产营养强化饮料应考虑强化剂的稳定性，采用合理的加工方法与添加时机，尽可能提高营养强化剂的保留率。可以在加工中适当添加一些稳定剂，如 EDTA、卵磷脂等。营养强化饮料同样应具备良好的色、香、味，且价格适宜，否则很难经受消费者考验。

十二、二 氧 化 碳

二氧化碳在常温下是一种无色稍有刺激性气味的气体。当温度低于临界温度并且在高压的条件下，可变成易流动的无色液体，而将液体二氧化碳加压同时冷却，又会变成固体，称为"干冰"。干冰可在减压条件下变成液体，液体二氧化碳沸腾则变成二氧化碳气体。在常压下干冰可直接升华为气体。二氧化碳是碳酸饮料和汽酒的主要原料之一，主要用于饮料的碳酸化，在碳酸饮料中起着其他物质无法替代的作用。

（一）二氧化碳的物理性质

二氧化碳（CO_2）在常温下是一种无色无味的气体，密度比空气略大，微溶于水并生成碳酸。液态 CO_2 经加压冷却变成固体称为"干冰"，为半透明乳白色固体，可在减压条件下变为液体，在常压下可直接升华为气体。二氧化碳的物理性质见表 2-5。

表 2-5 二氧化碳的物理性质

项　　目	指　　标
化学式及相对分子质量	CO_2，44.10
密度/（g/L）	1.977
临界温度/℃	31.1

续表

项　目	指　标
临界压力/Pa	7.38×10^6
液态二氧化碳变固态条件	$-21.1℃$，415kPa
二氧化碳气体变液态条件	常温，7092.75kPa

（二）二氧化碳的质量标准

根据《食品添加剂　液体二氧化碳》（GB 10621—2006）和 FAO/WHO 的规定，饮料中的 CO_2 应符合表 2-6 所示要求。

表 2-6　　　　　　　　　　　　　　饮料中二氧化碳的标准要求

项　目	GB 10621—2006（液体）	FAO/WHO（1982）
二氧化碳的含量/%	≥99.9	—
气味	无异常臭味和杂味	—
酸度	水溶液呈微酸性	正常
含油量	符合规定	符合规定
蒸发残渣		符合规定
磷化氢、硫化氢和其他还原物质试验	—	阴性
一氧化碳含量/（μL/L）	—	≤10

（三）二氧化碳使用注意事项

1. 保证二氧化碳质量

二氧化碳来源较多，质量也各异，使用前要根据不同来源的二氧化碳的质量进行相应的净化处理，达到碳酸饮料生产用要求时方可使用。

2. 防止因减压而造成的影响

工厂为了提高饮料的质量，一般都将液态二氧化碳减压后再进行净化处理，以提高二氧化碳纯度；另外在使用时也需要减压。而液态二氧化碳在减压气化时会吸热，使得周围温度下降，会造成减压阀冻结、堵塞，因此，在减压阀前要加装气体加热器。

3. 必须注意二氧化碳对人体的影响

二氧化碳本身是无毒的，但是，当空气中的二氧化碳浓度过高时，就会使环境变成缺氧或无氧状态，使人觉得烦闷，严重时还会影响人的代谢，引起窒息甚至死亡。因此，在使用二氧化碳时，要设法防止二氧化碳钢瓶及系统的漏气和爆炸。

4. 二氧化碳对饮料风味的影响

饮料中二氧化碳的溶解量对饮料质量有一定的影响，尤其是对于风味复杂多样的饮料，二氧化碳含量对其甜酸呈味影响很大，甚至可完全改变风味、口感。例如，柑橘、橙类饮料含有易挥发的萜类物质，二氧化碳量过大时，会破坏香味而让人感觉出苦味；二氧化碳量过少时，又会失去碳酸饮料的特色，难以给消费者轻微的刺激，满足不了消费者的心理需求。

5. 防止二氧化碳钢瓶爆炸

导致钢瓶爆炸的原因主要是钢瓶内压力急剧升高。钢瓶属于高压容器，首次使用时应当试压，并按照要求定期试压检查。严格防止曝晒，严禁敲打、碰撞、烘烤，不得靠近电源。钢瓶应当立放，放稳，置于通风良好、干燥、温度在40℃以下的地方，不能被阳光直射。空瓶与充有气体的钢瓶应当分开放置。

本章小结

本章主要介绍了饮料常用果蔬原料、动植物蛋白原料、茶与花卉等的类别和加工性状及基本要求；同时还介绍了饮料中常用辅料及其主要性质，如甜味剂、酸味剂、香料香精、着色剂，抗氧化剂、防腐剂、乳化剂、增稠剂、澄清剂、酶制剂、营养强化剂和二氧化碳等，在此基础上介绍了常用辅料的使用方法及注意事项。

思考题

1. 仁果类和浆果类水果加工性状有哪些区别？
2. 植物蛋白与动物蛋白原料有哪些区别？
3. 茶叶按发酵方式分为哪几类？简要说明各类成分特点。
4. 举例说明常见功能性食品原料。
5. 举例说明营养型甜味剂和非营养型甜味剂的特点。
6. 饮料常用甜味剂和酸味剂种类在呈味上有什么特点？
7. 使用各种色素时应当注意哪些事项？
8. 常用增稠剂的特点有哪些？
9. 在蛋白饮料加工中，如何合理应用 HLB 值？
10. 饮料工业常用酶制剂有哪些？如何使用？
11. 加工含碳酸的饮料时，如何合理、安全使用二氧化碳？
12. 使用添加剂时，在食品安全方面需要考虑哪些事项？

拓展阅读文献

［1］杨桂馥. 软饮料工业手册［M］. 北京：中国轻工业出版社，2002.

［2］陈辉. 食品原料与资源学［M］. 北京：中国轻工业出版社，2007.

［3］高世年，张宏，程慧娟. 实用食品添加剂［M］. 天津：天津科学技术出版社，2001.

［4］GB 2760—2011. 食品添加剂使用标准［S］. 北京：中国标准出版社，2012.

第三章 饮料用水

学习目标

1. 了解水源的分类及特点。
2. 熟悉饮料用水的水质要求。
3. 掌握水处理各主要技术的原理和方法，并能根据水源特点及水质要求设计水处理工艺流程。

第一节 饮料用水概述

水是饮料生产中用量最大的原料，在日常饮用的各种饮料中，85% 以上的成分是水。在整个饮料生产过程中，生产饮料所用的水及清洗管道、容器所用的水将直接影响着饮料成品的品质。为此，必须首先学习水源分类及其特点，熟悉饮料用水水质要求，从而能根据水源特点及所需水质要求进行合理的水处理，为饮料加工提供合格的水。

一、水源分类及特点

（一）地表水

地表水是指地球表面所存积的天然水，包括江水、河水、湖水、水库水、池塘水和浅井水等。由于地表水是在地面流过，其特点是水量丰富，矿物质含量较少，硬度为 $1 \sim 8mmol/L$。但是地表水水质不稳定，受自然因素影响较大，所含杂质会随地理位置（如发源地、上游、下游）和季节的变化（如雨季、旱季）等而发生改变。需指出，江河水不一定全部是地表水，其中部分可能是地下水穿过土层或岩层而流至地表。所以江河水除含有泥沙、有机物外，还有多种可溶性盐类。我国江河水的含盐量通常为 $70 \sim 990mg/L$。随着工业的发展，大量含有害成分的废水排入江河，引起地表水污染，故必须经过严格的水处理方能饮用。

（二）地下水

地下水是指经过地层的渗透、过滤，进入地层并存积在地层中的天然水，主要包括深井水、泉水和自流井水等。由于它经过地层的渗透和过滤而溶入了各种可溶性矿物质，其特点是水质较澄清、水温较稳定，但矿物质含量较高。地质层是一个自然过滤层，可滤去大部分悬浮物、水草、藻类、微生物等，因此使水质较澄清。此外，地下水受气候影响较小，冬暖夏凉，其温度变化小。

（三）城市自来水

城市自来水主要是指地表水经过适当的水处理工艺，水质达到一定要求并贮存在水塔中的水。由于饮料厂多数设于城市，以自来水为水源，故在此也作为水源考虑。其特点为：水质好且稳定，符合生活饮用水标准；水处理设备简单，容易处理，一次性投资小；但水价高，经常使用费用大；使用时要注意控制 Cl^-、Fe^{3+} 含量及碱度、微生物量。

二、水源中杂质的分类及特征

天然水在自然界循环过程中不断地和外界接触，使空气中、陆地上和地下岩层中各种物质溶解或混入，因此，自然界里没有绝对纯净的水，它们都受到不同程度的污染。天然水中的杂质按其微粒分散的程度，大致可分为三类：悬浮物、胶体和溶解物。

（一）悬浮物

天然水中凡是粒度大于 200nm 的杂质统称为悬浮物，这类杂质使水质呈浑浊状态，大的肉眼可见，在静置时会自行沉降。悬浮杂质主要包括泥土、砂粒之类的无机物质，也有浮游生物（如蓝藻类、绿藻类、硅藻类）及微生物等。

这类杂质在成品饮料中能沉淀出来，生成瓶底积垢或絮状沉淀的蓬松性微粒，生产碳酸饮料时会影响 CO_2 的溶解，造成装瓶时冒沫或喷液，影响风味。有害微生物的存在还会导致饮料产品的变质。

（二）胶体

胶体的大小大致为 $1 \sim 200nm$，具有两个很重要的特性：一是光线照射上去，被散射而成浑浊的丁达尔现象；二是因吸附水中大量离子而带有电荷，使颗粒之间产生电性斥力而不能相互黏结，颗粒始终稳定在微粒状态而不能自行下沉，即具有胶体稳定性。

水中的胶体可分为无机胶体和有机胶体两种。无机胶体如硅酸胶体和黏土，是由许多离子和分子聚集而成，它们占水中胶体的大部分，是造成水浑浊的主要原因。有机胶体是一类分子质量很大的高分子物质，一般动、植物残骸经过腐蚀分解的腐殖质、腐植酸等，是造成水质带色的主要原因。

（三）溶解物

这类杂质的微粒在 1nm 以下，以分子或离子状态存在于水中。溶解物主要是溶解气体、溶解盐类和其他有机物。

（1）溶解气体　天然水源中的溶解气体主要是氧气（O_2）和二氧化碳（CO_2），此外，还有 N_2、Cl_2、H_2S 等，这些气体的存在会影响碳酸饮料中 CO_2 的溶解量并产生异味，影响其他饮料的风味和色泽。

（2）溶解盐类　天然水中常含的无机盐离子见表 3 - 1。所含溶解盐的种类和数量，因地区不同差异很大。这些无机盐包括碳酸盐、硝酸盐、氯化物等，它们构成水的硬度和碱度，能中和饮料中的酸味剂，使饮料的酸碱比失调，影响质量。

表 3 - 1　　　　　　　　　　　　　天然水中无机盐离子概况

阳离子		阴离子	
名称	化学符号	名称	化学符号
氢离子	H^+	氢氧根离子	OH^-
钠离子	Na^+	氯离子	Cl^-
钾离子	K^+	重碳酸根离子	HCO_3^-
铵离子	NH_4^+	碳酸根离子	CO_3^{2-}
钙离子	Ca^{2+}	硝酸根离子	NO_3^-

续表

阳离子		阴离子	
名称	化学符号	名称	化学符号
镁离子	Mg^{2+}	亚硝酸根离子	NO_2^-
正铁离子	Fe^{3+}	硫酸根离子	SO_4^{2-}
亚铁离子	Fe^{2+}	硅酸根离子	SiO_2^{2-}
锰离子	Mn^{2+}	酸式磷酸根离子	$H_2PO_4^-$
铝离子	Al^{3+}		

水的硬度是指水中离子沉淀肥皂的能力。水的硬度大小，通常指的是水中钙离子和镁离子盐类的含量。水的硬度分为总硬度、碳酸盐硬度（暂时硬度）和非碳酸盐硬度（永久硬度）。碳酸盐硬度的主要化学成分是钙、镁的重碳酸盐，其次是钙、镁的碳酸盐。由于这些盐类一经加热煮沸就分解成为溶解度很小的碳酸盐，硬度大部可除去，故又称暂时硬度。非碳酸盐硬度（又称永久硬度）表示水中钙、镁的氯化物、硫酸盐、硝酸盐等盐类的含量。这些盐类经加热煮沸不会产生沉淀，硬度不变化，故又称永久硬度。暂时硬度和永久硬度之和就是水的总硬度。

《饮料用水卫生标准》（GB 10790—89）要求总硬度小于100mg/L（以$CaCO_3$计），否则会产生碳酸钙沉淀和有机钙盐沉淀，影响产品口味及质量。使用高硬度的水还会使洗瓶机、浸瓶槽、杀菌槽等产生污垢，使包装容器发生污染，增加烧碱等清洁剂的用量。高硬度的水必须经过软化处理。

水的碱度取决于天然水中能与H^+结合的OH^-、CO_3^{2-}和HCO_3^-的含量，以mmol/L表示。水中的OH^-和HCO_3^-不可能同时并存。OH^-、CO_3^{2-}和HCO_3^-分别称为氢氧化物碱度、碳酸盐碱度和重碳酸盐碱度，三种碱度的总量为水的总碱度。天然水中通常不含OH^-，又由于钙、镁碳酸盐的溶解度很小，所以当水中无钠、钾存在时CO_3^{2-}的含量也很少。因此，天然水中仅有HCO_3^-存在。只有在含Na_2CO_3或K_2CO_3的碱性水中，才存在CO_3^{2-}离子。碱度过高时，会影响其溶解度；水中的碱性物质和金属离子反应形成水垢，会产生不良气味；碱性物质还和饮料中的有机酸反应，改变饮料的酸甜比而使饮料显得淡而无味，失去新鲜感；同时酸度下降，使微生物容易在饮料中生存。

总碱度和总硬度的关系有三种情况，见表3-2。

表3-2   总碱度和总硬度的关系

分析结果	硬度/（mmol/L）		
	$H_{非碳}$	$H_{碳}$	$H_{负}$
$H_总 > A_总$	$H_总 - A_总$	$A_总$	0
$H_总 = A_总$	0	$H_总 = A_总$	0
$H_总 < A_总$	0	$H_总$	$A_总 - H_总$

注：（1）H表示硬度；A表示碱度。

    （2）$H_负$：表示水的负硬度，主要含有CO_3^{2-}和HCO_3^-的钠钾盐。

三、饮料用水的水质要求

按用途，饮料工业用水可以分为以下几种类型，其要求有所不同。

（一）一般用水

一般用水用于饮料原料和包装容器（玻璃瓶、金属罐、塑料容器等）的清洗、一般饮料的调配、设备及附属器具的清洗等，用量最多。这种水必须符合饮用水的标准，要求清洁卫生、无色透明、无味无臭，不含有害离子，细菌数在允许范围内。

（二）饮料生产用水

饮料生产用水，不仅要符合饮用水标准，有时还要求用软化水，需要除去其中溶解的盐类。例如碳酸饮料，水中溶解的盐类会影响饮料的组织和风味，需要采用离子交换等方法去除。另外，果蔬中的花色素、单宁等物质受 Ca^{2+}、Mg^{2+} 等金属离子影响而带有颜色，故在清洗、热烫果蔬时要注意水质的影响。还有茶和咖啡浸提用水的水质对其浸提液的色泽和风味也会产生影响。因此，饮料生产用水除应符合我国《生活饮用水卫生标准》（GB 5749—2006）外，还应符合表3－3所列的指标。

表3－3　　　　　　　　　　饮用水与饮料生产用水在指标上的差异

项目	饮用水	饮料用水
浊度/度	<3	<2
色度/度	<15	<5
溶解性总固体/（mg/L）	<1000	<500
总硬度（以 $CaCO_3$ 计）/（mg/L）	<450	<100
铁（以 Fe 计）/（mg/L）	<0.3	<0.1
高锰酸钾消耗量/（mg/L）	—	<10
总碱度（以 $CaCO_3$ 计）/（mg/L）	—	<50
游离氯/（mg/L）	≥0.3	<0.1
致病菌	—	不得检出

（三）冷却用水

冷却用水的水质没有严格要求，冷却用水只要不混入饮料内，其水质就不需要达到饮用水的标准。硬水易结垢，可以考虑软化，但没有必要去除其色泽和气味等。

四、水质对饮料品质的影响

水中的空气、有害物质、变色物质、微生物的含量以及水的硬度等，直接关系到水的性质和应用价值。生产饮料必须预先分析水的质量，了解各组分的纯度等情况。然后确定处理水的方案，满足饮料用水的水质要求。不同项目对饮料的影响分述如下。

（一）浊度

原水中含有的悬浮物、胶体和铁、锰等物质会使水质浑浊，将直接影响饮料的感官质量和卫生质量。去除浑浊物有混凝沉淀法和过滤法，或者这两种方法并用。

（二）色

有色的水往往是受污染的水，对饮料的感官质量和卫生质量有影响。脱色方法有混凝沉淀法、用氯或臭氧的氧化处理法和活性炭吸附法等。

（三）臭气及异味

水中存在的臭气及异味多为腐植酸等植物分解生成的硫化氢、氨气等气体和工业污染物造成的，会影响饮料的香气和风味，往往也是发生沉淀物的原因。脱臭和脱味的方法有多种多样，由气体引起的用脱气处理，由还原物质引起的用氯或臭氧作氧化处理，如为微量的臭气和异味，可用活性炭吸附处理。

（四）碱度

水中碱度会引起饮料酸度、色度和香味变化，尤其是茶饮料，对饮料色泽的影响更为显著，当 pH > 8 就会引起茶中儿茶素的褐变。

（五）硬度

饮料用水硬度高会产生碳酸钙沉淀和有机酸钙盐沉淀，影响产品口味及质量，如当茶用水的总硬度 > 1.07mg/L 时有明显的沉淀生成，Ca^{2+} 含量 > 60mg/L 时，红茶茶汤明亮度和彩度下降，产生茶乳酪；洗瓶水的硬度大时会导致洗瓶机冲洗射口处和冲洗套袋处形成水垢而降低洗瓶效率，还会使瓶子蒙上一层水垢，既影响瓶子的外观也会造成灌装时起泡。

（六）余氯

氯是强氧化剂，会使制品的色和香味都发生变化，影响食味，所以饮料用水要绝对避免余氯存在。可用活性炭吸附除去。

（七）铁和锰

铁和锰的存在会使饮料着色、带异味、产生沉淀，如当 Fe^{3+} 含量达到 0.1mg/L 时，茶汤色泽变深，含量达到 5mg/L 时，茶汤色泽变黑；Fe^{3+} 不仅影响茶汤的汤色，而且对茶汤组分还有助氧化作用；水中过量的 Fe^{3+} 会使茶汤产生似黄铜的、粗涩的金属味。因此，饮料用水对铁、锰要求比较严格。

除去水中铁的方法是，把亚铁盐通过曝气或用氯氧化成为氧化铁盐后，用凝集沉淀和过滤方法处理除去。用石灰软化法可以除去水中的铁与锰。另外，当水中的铁、锰含量高时，可用专门除铁、锰的设备除去。

（八）微生物

微生物超过标准，会影响饮料的保质期，严重时会使饮料在几天之内变坏，致使饮料的外观和味道都受到影响。水中的微生物可用氯消毒法，紫外线、臭氧消毒法处理。

第二节　水 的 处 理

饮料用水处理是饮料加工中一个重要的组成部分，其目的是对所选取的水源水进行适当的处理，使水质得以改善，满足饮料加工工艺要求。

一、混凝与过滤

混凝与过滤工序主要用来去除水中细小悬浮物和胶体物质。

（一）混凝

1. 混凝原理

混凝包括凝聚和絮凝两种过程，能起凝聚和絮凝作用的药剂统称为混凝剂。胶体物质在水中具有保持悬浮分散不易沉降的稳定性，添加混凝剂后，胶体颗粒表面电荷被中和，破坏了胶体的稳定性，促使小颗粒变成大颗粒而沉降，从而达到澄清的目的。若不经过混凝处理而采用自然沉淀，则只能除去水中较大的悬浮颗粒。

2. 混凝剂

水处理中大量使用的混凝剂可分为铝盐和铁盐两类。铝盐混凝剂有明矾、硫酸铝、碱式氯化铝等；铁盐包括硫酸亚铁、硫酸铁及三氯化铁三种。它们的作用是自身先溶解形成胶体，再与水中杂质作用，以中和或吸附的形式使杂质凝聚成大颗粒而沉淀。

（1）明矾 明矾是硫酸钾铝 $[KAl(SO_4)_2 \cdot 12H_2O$ 或 $K_2SO_4 \cdot Al_2(SO_4)_3 \cdot 24H_2O]$，是一种复盐，在水中发生水解生成氢氧化铝。氢氧化铝是溶解度很小的化合物，聚合后以胶体状态从水中析出。在近乎中性的天然水中，氢氧化铝胶体带正电荷，而天然水中的胶体杂质大都带有负电荷，它们相互可起电性中和作用。同时氢氧化铝胶体又可吸附水中的自然胶体和悬浮物。使用明矾时要注意水的 pH、水温及搅拌情况。

$Al_2(SO_4)_3$ 的水解产物 $Al(OH)_3$ 是两性化合物，一般要求待处理水 pH 在 $6.5 \sim 7.5$（中性范围）。水的 pH 太高或太低都会促使 $Al(OH)_3$ 溶解，致使 Al^{3+} 残留量上升。另外，水的 pH 还会影响 $Al(OH)_3$ 胶粒所带的电荷。pH < 5 时，带负电；pH > 5 时，带正电；pH 在 8 左右时，以中性氢氧化物的形式存在。

一般要求水温 $25 \sim 35℃$。水温上升，混凝剂溶解速度上升，混凝作用加强，生成的絮凝物质量增加，有利于水中杂质的沉淀去除；水温下降，则相反。但当水温高于 40℃ 时，生成的絮凝物细小，不利于沉淀；水温高于 50℃ 时，则失去混凝作用。

刚加入混凝剂时，应快速搅拌，以利于 $Al(OH)_3$ 胶粒的形成，当絮凝物形成后，不宜快速搅拌，否则絮凝物被搅散不利于沉淀。

明矾的用量一般是 $0.001\% \sim 0.02\%$。

（2）硫酸铝 硫酸铝 $[Al_2(SO_4)_3]$ 的作用原理类似于明矾，它是强酸弱碱所成的盐，水解时会使水的酸度增加，而水解产物 $Al(OH)_3$ 是两性化合物，水中 pH 太高或过低都会促使其溶解，使水中残留的铝含量增加。故在使用硫酸铝为混凝剂时，往往要用石灰、氢氧化钠或酸调节原水的 pH 接近中性，一般取 $6.5 \sim 7.5$。

由于混凝过程不是单纯的化学反应，所需的药量不能单独根据计算来确定，应根据实验确定加药量。每投 1mg/L 的 $Al_2(SO_4)_3$ 需添加 0.5mg/L 的石灰。

（3）碱式氯化铝 碱式氯化铝（PAC）又称羟基氯化铝或聚合氯化铝，在水中由于羟基的架桥作用而和铝离子生成多核络合物，并带有大量正电荷，能有效吸附水中带有负电荷的胶粒，电荷彼此被中和，因而与吸附的污物在一起形成大的凝聚体而沉淀除去。此外，它还有较强的架桥吸附性能，不仅能除去水中的悬浮物，还能吸附微生物使之沉淀。

PAC 具有许多优点，如对污染严重或低浊度、高浊度、高色度的原水都可达到好的混凝效果；水温低时，其仍可以保持稳定的混凝效果，尤其适合我国北方地区；混凝颗粒大而重，沉淀性能好，投药量比硫酸铝低；适宜的 pH 在 $5 \sim 9$，范围较宽；当过量投加时也不会造成水浑浊的反效果。在相同的效果下，PAC 的用量仅为硫酸铝的 $1/4 \sim 1/2$，有代替明矾和硫酸铝的趋势。

（4）铁盐　常用的铁盐是硫酸亚铁、氯化铁和硫酸铁，国内用于水处理的是前两种。

铁盐在水中发生水解产生 $Fe(OH)_3$ 胶体，$Fe(OH)_3$ 的混凝作用及过程与铝盐相似。由于 $Fe(OH)_2$ 氧化产生 $Fe(OH)_3$ 的反应在 pH > 8.0 时才能完成，因此在水处理时需要加石灰去除水中的 CO_2。每投加 1mg/L 的 $FeSO_4$，需要添加 0.37mg/L 的 CaO。

当 pH > 6 时，铁离子与水中的腐植酸能生成不沉淀的有色化合物，所以对于含有有机物较多的水质进行处理时，铁盐是不合适的。

3. 助凝剂

混凝过程中，为促使形成较大的絮体，加速沉淀而需加入过量的混凝剂。但在某些水中，即使投加较高剂量的混凝剂，也不能形成令人满意的絮体，并且所使用的混凝剂在起作用的同时，往往会改变溶液 pH，使混凝效果不够完全。这就需要辅加一些辅助药剂，以使混凝剂达到最佳效果，这种辅加试剂称为助凝剂。

助凝剂本身不起凝聚作用，仅用来帮助凝絮的形成，如用来调节 pH 的酸、碱、石灰等。有时水中浑浊度不足，为了加速完成这一过程，还可以投入黏土。常用的助凝剂有活性硅酸、海藻酸钠、羧甲基纤维素（CMC）、黏土以及近年来发展的化学合成高分子助凝剂，包括聚丙烯胺、聚丙烯酰胺（PMA）、聚丙烯等。

使用助凝剂还可保证在较大的 pH 范围内获得良好的混凝效果。另外助凝剂的使用，还有助于消除沉淀池出水时携带的针絮状体，或有助于提高现有澄清设备的处理能力。在冷却石灰软化澄清过程中，已证明使用助凝剂提高沉降速度，降低澄清水的浊度是非常成功的。在凝聚时，还使用 pH 调节剂如消石灰、碳酸钠等。如用硫酸铝处理水，应由碳酸钠来调节水的 pH，使之在 5～7 之间；而硫酸亚铁可用在 pH 为 8～11 的水中，铁盐比硫酸铝有凝集速度较快的优点。

在确定混凝沉淀条件时，需要考虑的因素包括原水的性质、水的温度、pH 及其他物理化学性质、混凝剂的性状及添加量、助凝剂的性状及添加量、混凝沉淀的装置及混凝沉淀工艺（包括混凝剂、助凝剂等的添加顺序、搅拌强度及时间等）。总之，水处理时，应先通过试验来确定最佳的混凝沉淀条件。

（二）水的过滤

1. 过滤原理

原水通过滤料层时，其中一些悬浮物和胶体物被截留在孔隙中或介质表面上，这种通过滤料层分离不溶性杂质的方法称为过滤。过滤是改进水质的最为简单的方法。

过滤过程是一系列不同过程的综合，包括阻力截留（筛滤）、重力沉降和接触凝聚。

（1）阻力截留（筛滤）　单层滤料层中粒状滤料的特点是上细下粗，也就是上层孔隙小，下层孔隙大。当原水由上而向下流过滤层时，直径较大的悬浮物首先被截留在滤料层的孔隙间，从而使表面的滤料孔隙越来越小，拦截住更多的杂质，在滤层表面逐渐形成一层主要由截留的颗粒组成的薄膜，起到过滤作用。

（2）重力沉降　当原水通过滤层时，众多滤料颗粒提供了大量的沉降面积，例如 $1m^3$ 粒径为 5×10^{-2} cm 的球形砂粒，可提供悬浮物沉淀的有效面积约为 $400m^2$。当原水经过滤料层时，只要速度适宜，其中的悬浮物就会向这些沉淀面沉淀。

（3）接触凝聚　构成滤料的砂粒等物质，具有巨大的表面积，它和悬浮物的微小颗粒之间有着吸附作用，因此，砂粒在水中时带有负电荷，能吸附带正电荷的微粒（如铁、铝的胶体微粒及硅酸），形成带正电荷的薄膜，因而能使带负电的胶体（黏土及其他有机物）凝聚在砂粒上。

这三种作用在同一过滤系统中是同时产生的。一般来说，接触凝聚和重力沉降是发生在滤料深层的过滤作用，而阻力截留主要发生在滤料表层。

2．过滤的工艺过程

过滤基本上由两个过程组成，即过滤和冲洗。过滤为生产清水的过程，而冲洗是从滤料表面冲洗掉污物，使之恢复过滤能力的过程。处理过程中，微粒物质都在过滤器或过滤网上聚集，故过滤介质的前后压力降是过滤工艺监测的关键指标。

3．过滤的形式

（1）大容量介质过滤器　在水处理中应用非常普遍，最常用的有快速砂滤器、慢速砂滤器、压力式或重力式过滤器及硅藻土过滤器等。

饮料生产厂通常使用的是单流压力式过滤器，其主体是一个圆柱形罐体容器，器内配有进水系统、出水系统、压缩空气、滤料层和垫层等，如图3-1所示。其滤料的选择及滤料层结构的合理性与过滤效果密切相关。

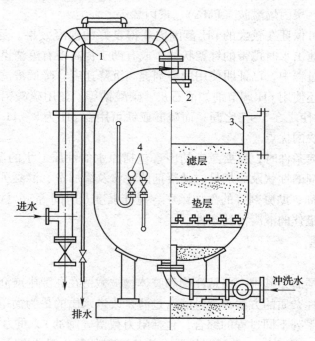

图3-1　压力式过滤器
1—排气管　2—挡板　3—人孔　4—压力表

① 滤料的选择：滤料是完成过滤作用的基本介质，良好的滤料应具有足够的化学稳定性，过滤时不溶于水，不产生有害和有毒物质；足够的机械强度；适宜的级配和足够的孔隙率。

所谓级配，就是滤料粒径范围及在此范围内各种粒径的数量比例。天然滤料的粒径大小很不一致，为了既满足工艺要求，又能充分利用原料，通常选用一定范围内的粒径。由于不同粒径的滤料要相互承托支撑，故相互间要有一定的数量比。

$$K = d_{80}/d_{10}$$ (3-1)

式中　K——不均匀系数

　　d_{80}——通过滤料质量的 80% 的筛孔直径

　　d_{10}——通过滤料质量的 10% 的筛孔直径

K 越大，则粗细颗粒差别越大。K 过大，各种粒径的滤料互相掺杂，会降低孔隙率，对过滤不利。同时反冲时，可能冲不动过大的颗粒，而过小的颗粒可能随水流失。我国规定，普通快滤池 $K = 2 \sim 2.2$。

所谓滤料层的孔隙率，是指滤料的孔隙体积和整个滤层体积的比例，石英砂滤料的孔隙率为 0.42 左右。

② 滤料层的结构：正确的滤料层结构应具有较大的含污能力（kg/m³）和产水能力（m³/h）以保证处理水的质量。

过滤时水流方向多从上到下，这样可以保持较大的过滤速度及较好的反冲效果。在向下流的条件下，有两种截然不同的滤料层结构，如图 3-2 所示。

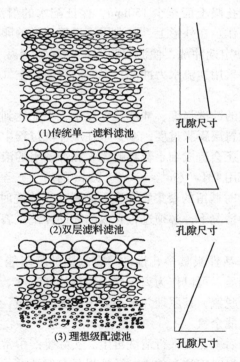

(1)传统单一滤料滤池

(2)双层滤料滤池

(3)理想级配滤池

图 3-2　滤料层结构图

一种是滤料粒径上细下粗 [图 3-2 (1)]，其结构特点是孔隙上小下大，悬浮物截留在表面，底层滤料未充分利用，滤层含污能力低，使用周期短；另一种是上粗下细 [图 3-2 (3)]，其特点与前一种相反。由此可见，理想的滤层结构是粒径沿水流方向逐渐减小。但是，要指出的是就单一滤料而言，要达到粒径上粗下细的结构，实际上是不可能的。因为，在反冲洗时，整个滤层处于悬浮状态，粒径大者重量大，悬浮于下层；粒径小者重量小，悬浮于上层。反冲洗停止后，滤料自然形成上细下粗的分层结构。为了改善滤料的性能，采用两种滤料或多种滤料可造成具有孔隙上大下小特征的滤料层。例如，砂滤层上铺一层相对密度小而粒径大的无烟煤滤层，这种结构称双层滤池［图3-2（2）］。双层滤池中，无烟煤相对密度为1.4~1.7，粒径选用0.8~1.8mm，石英砂的相对密度为2.55~2.65，粒径选用0.5~1.2mm，煤层厚0.3~0.4m，砂层厚0.4~0.5m。当无烟煤相对密度为1.5，砂粒的相对密度为2.65时，最大的煤粒和最小的砂粒直径之比不应大于3.2。

此外，还有一种混合滤料滤池，即在双层滤池下再加一层相对密度更大、粒径更小的其他滤料，如石榴石、磁铁矿等。

③ 垫层：为了防止过滤时滤料进入配水系统，以及冲洗时能均匀布水，在滤料层和配水系统之间设置垫层（承托层）。

垫层应能在高速水流反冲洗的情况下保持不被冲动；能形成均匀的孔隙以保证冲洗水的均匀分布；同时应材料坚固，不溶于水。

垫层一般采用天然卵石或碎石。目前砂粒的最大粒径为1~2mm，作垫层的最小粒径应选2mm。根据反冲洗可能产生的最大冲击力，确定最大粒径为32mm。垫层由上而下分为4层，最下一层要求在孔眼上面至少150mm，保证配水的射流直接在这一层扩散而不会冲动垫层，破坏滤池工作。在外形上，要选用接近于球形的卵石。

④ 反冲洗：滤池必须定期冲洗，使滤料吸附的悬浮物剥离下来，以恢复滤料的净化和产水能力。冲洗方法多采用逆流水力冲洗，有时兼用压缩空气反冲、水力表面冲洗，机械或超声波扰动等措施。

冲洗效果取决于适宜的冲洗强度，冲洗强度过小，不能达到从滤料表面剥离杂质所需要的力量；强度过大，滤料层膨胀过度，减少了在反冲洗过程中单位体积内滤料间互相碰撞的机会，对冲洗不利，还会造成细小粒料的流失和冲洗水的浪费等。

对于双层快滤池多采用13L/（m²·s）（0.6mm的砂子）至16L/（m²·s）（0.7mm的砂子）的冲洗强度。有时截留的聚集物和表面滤料在反冲洗时形成"泥球"，而且是有越滚越大的趋势，在这种情况下，必须进行有效的辅助冲洗：表面冲洗、空气冲洗和机械冲洗等。

（2）活性炭过滤器　活性炭具多孔性，具有很强的吸附能力，可吸附异味，去除有机物、细菌及铁、锰等杂质。可以作为离子交换的预处理工序。用氯处理过的水会损害饮料的风味，可选用活性炭脱氯，其原理并不是简单的吸附余氯，而是活性炭的"活性位"起催化反应，从而消除过滤余氯。

活性炭使用一段时间后就需要进行清洗再生。实际生产中常把活性炭过滤与砂滤器串联使用。另外，使用活性炭时需注意的是，活性炭具有腐蚀性，通常使用不锈钢容器，如果使用铁制容器装活性炭时要涂上防腐蚀涂料。

（3）砂滤棒过滤器　砂滤棒过滤器主要适用于处理水量较少、原水中只含有有机物、细菌及其他杂质的水处理。一般原水的压力控制在98~196kPa。

砂滤棒是用细微颗粒的硅藻土和骨灰等可燃性物质，在高温下焙烧，使其熔化，可燃性物质变为气体逸散，形成直径0.16~0.41μm的小孔，待处理水在外压作用下通过砂滤棒的这些微小孔隙，水中存在的少量有机物及微生物被微孔吸附截留在砂滤棒表面，滤出的水可达到基本无菌，符合国家饮用水标准。

砂滤棒过滤器的结构如图 3-3 所示。

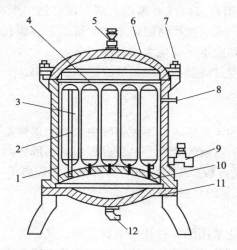

图 3-3　砂滤棒过滤器的结构

1—外壳　2—砂芯棒　3—固定螺杆　4—上隔板　5—放气阀　6—上盖　7—紧固螺钉
8—入水口　9—排污嘴　10—下隔板　11—下盖　12—净水出口

砂滤棒过滤器外壳分上下两层，中间以隔板隔开，隔板上（或下）为待滤水，隔板下（或上）为砂滤水，容器内安装一至数十根砂滤棒。外壳是用铝合金铸成或用不锈钢卷、焊、铆制而成，两端呈半球形的密封容器。一般由上、下封头盖、滤器身组成。盖与滤器身之间用橡胶垫通过螺栓连接成一体。隔板是过滤器的一个重要部件，它将过滤容器分成上、下两层，形成污水室和净水室（前者容纳未经过滤的水，后者容纳已经过滤的水）。

砂滤棒过滤器的过滤效果取决于操作压力、原水水质及砂滤棒的体积。出水量减少时，表明砂滤棒的外壁孔隙已大部分被杂质堵塞，应及时将砂滤棒卸下，用一个合适的胶塞堵住水嘴，避免污水浸入。然后将砂滤棒放在水盆内，用 150# 水砂纸轻轻摩擦砂滤棒外壁，当砂滤棒恢复原来的色泽时，即可再次使用，用到一定时间以后，可更换新棒。若使用洗涤剂，也可以作到封闭冲洗，不用卸出砂芯。

砂滤棒在使用前均需消毒处理，一般用 75% 浓度的酒精或 0.25% 新洁尔灭，或 10% 漂白粉，注入滤棒内，堵住出水口，使消毒液和内壁完全接触，浸泡 30min 后倒出。安装时，凡是与净水接触的部分均应涂到酒精，达到消毒目的。消毒时操作人员必须戴好胶皮手套。

（4）其他过滤器　要除去水中不同微粒或微生物成分，需使用不同类型的过滤器，常用的包括：

① 深度过滤器：特点是有纤维状或金属基质，常用的材料是聚丙烯、纤维素、玻璃纤维或烧结金属，主要在基质厚度范围内捕集颗粒，往往具有标称孔径特征，表明其能够过滤掉大部分（60% ~80%）等于或大于额定孔径的颗粒，基质中也能捕集（吸附）小于标准粒径的颗粒。

② 复合过滤器：由几层超细玻璃纤维或聚合物做成的过滤材料，兼有膜过滤与深度

过滤器特性，许多折叠层使过滤器有很高的停留能力，效果比深度过滤的好，且比膜过滤便宜。

③ 膜过滤器：颗粒截留在表面或者膜的上部，能够捕集所有大于孔隙的颗粒。常用绝对孔径表达它们的特征，表示在严格限定条件的试验下，膜孔径将以 100% 效率截留特定大小的目标有机物，但其成本比其他类型过滤器高。

为提高过滤效率，深度过滤器往往与膜过滤器结合使用。

二、软化与除盐

为满足饮料生产用水的水质要求，不仅要除去水中的悬浮杂质，还要采取物理或化学手段改善水质，降低水中的溶解性杂质。这一过程包括两部分内容：一是软化，即只降低水中的 Ca^{2+} 和 Mg^{2+} 的含量过程；二是除盐，即降低全部阳离子 Ca^{2+}、Mg^{2+}、Na^+ 和全部阴离子 HCO_3^-、SO_4^{2-}、Cl^- 等的含量的处理。

（一）石灰软化法

石灰软化法是饮料工业常用的一种软化水的方法，又分为单一的石灰软化法、石灰 – 纯碱软化法和石灰 – 纯碱 – 磷酸三钠软化法。石灰软化法适于碳酸盐硬度较高，非碳酸盐硬度较低，不要求高度软化的原水，也可以用于离子交换处理的预处理。软化方法主要有间歇法、涡流反应法和连续法三种。

（1）间歇法　需软化的水，注入圆柱形锥底容器内，加入所需的石灰乳溶液，同时用压缩空气充分搅拌 10～20min，静置沉淀 4～5h，在容器上部引出处理水，在锥底部排出沉淀。此法简单，石灰乳加量容易控制，但处理时间长。

（2）涡流反应法　涡流反应器外形类似涡流反应池，原水和石灰乳都从锥底沿切线方向进入反应器，两个进口方向要形成最大的力偶，使水和石灰乳混合后，水流以螺旋式上升，通过一层悬浮粉砂或大理石粉粒填料吸附软化后产生 $CaCO_3$，使水得到软化。当填料颗粒由于吸附逐渐长大到不能悬浮而下沉后，再补充新颗粒，同时排除沉淀颗粒。但反应产生的 $Mg(OH)_2$ 不能被吸附在砂粒上会使水变浑，故当原水中 Mg^{2+} 离子的含量超过 0.4mol/L 时不宜采用。

（3）连续法　此法处理效果好，水质清净，沉淀排除干净，但要求原水的水量及水质较稳定。

经石灰处理后，水中暂时硬度大部分被除掉，残余暂时硬度可降至 8～16mg/L（以 Ca 计），残余碱度降至 16～24mg/L（以 Ca 计）；有机物除去 25%；硅酸化合物降低 30%～35%，原水中铁残留量小于 0.1mg/L。

（二）电渗析

当水中的可溶性物质如 Na_2SO_4、NaCl 等含量较高，特别当原水中非碳酸盐硬度较高时，纯碱就不能降低原水中的可溶性物质含量。因此目前饮料水处理中常以电渗析法取代此法，特别是对含盐量较高的海水或苦咸水，电渗析法效果更佳。

电渗析属于膜分离技术，是在电场的作用下，使水中的离子分别透过阴离子和阳离子交换膜，达到降低水中溶解的固形物的目的。在使用这种方法时，原水必须先经过混凝、过滤等预处理才能保证设备的正常运转。

1. 电渗析软化水原理

电渗析技术常用于海水和咸水的淡化，或用自来水制备初级纯水。通过具有选择透过性和良好导电性的离子交换膜，在外加直流电场的作用下，根据异性相吸、同性相斥的原理，使原水中阴、阳离子分别通过阴离子交换膜和阳离子交换膜而达到净化作用。

电渗析工作原理如图 3 - 4 所示。

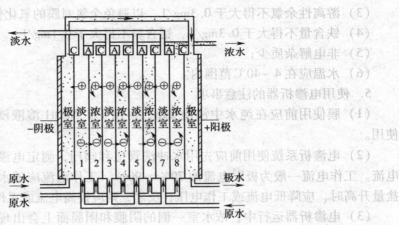

图 3 - 4 多层膜电渗析脱盐示意图

进入第 1、3、5、7 室的水中的离子，在直流电场作用下做定向移动。阳离子向阴极移动，透过阳膜进入极水室以及 2、4、6 室；阴离子向阳极移动，透过阴膜进入 2、4、6、8 室。因此，从第 1、3、5、7 室流出来的水中，阴、阳离子都会减少，成为含盐量较低的淡水。

进入第 2、4、6、8 室的水中离子，在直流电场作用下也要做定向移动，阳离子要移向阴极，但受阴膜的阻挡而留在室内；阴离子要向阳极移动，受阳膜阻挡也留在室内。第 2、4、6、8 室内原来的阴、阳离子均出不去，而第 1、3、5、7 室中的阴、阳离子都要穿过膜进入水中，所以从第 2、4、6、8 室流出来的水中，阴、阳离子数都比原水中的多，成为浓水。

靠近电极的隔室（极室）需要通入极水，以便不断排除电解过程的反应产物，保证电渗析器的正常安全运行。阴极室和阳极室的流出液（极水）中，分别含有碱或酸和气体，因为其浓度很高，一般废弃不用。

2. 电渗析器的结构

电渗析器有立式和卧式两种形式，其基本部件均是浓淡水室的隔板、离子交换膜、电极、极水隔板、锁紧装置等。

3. 电渗析器的组装方式

"级"的概念是，在电渗析器组装时，一对电极之间的膜堆部分称之为"级"；"段"的概念是，水流一致的膜堆部分称之为"段"。所谓"膜堆"就是指若干膜对（由一对膜及隔板构成）的叠加。

常见的电渗析器的组装方式有串联组装（一级一段和二级二段）、并联组装（一级一段、二级一段）和四级二段并、串联综合组装。

4. 电渗析器对原水的水质要求

根据电渗析器的工作特点，如果原水中悬浮物较多，会造成隔板中沉淀结垢，增加阻力，降低流量，所以原水水质控制应符合以下要求：

（1）浑浊度宜小于 2mg/L，以免杂质影响膜的寿命；

（2）化学耗氧量不得超过 3mg/L，以避免水中有机物对膜的污染；

（3）游离性余氯不得大于 0.3mg/L，以避免余氯对膜的氧化作用；

（4）铁含量不得大于 0.3mg/L，锰含量不得大于 0.1mg/L；

（5）非电解杂质少；

（6）水温应在 4~40℃ 范围内。

5. 使用电渗析器的注意事项

（1）膜使用前应在纯水中浸泡 24h，再用 1% NaOH 溶液浸泡 24h，用水冲净后再使用。

（2）电渗析系统使用前应先用水冲洗管道和阀门，测定电渗析器的极限电流、工作电流。工作电流一般为极限电流的 70%~90%。工作电流应随水质变化进行调整，当含盐量升高时，应降低电流或工作电压；反之，则应提高电流或工作电压。

（3）电渗析器运行中，浓水室一侧的阴膜和阳膜面上会出现结垢现象，此现象称沉淀结垢。它们的存在将减少离子交换膜的有效使用面积，增加膜的电阻，加大电能消耗及降低膜的使用寿命。为防止结垢，应倒转电极以改变淡水室的作用，使原浓水室膜表面上形成的沉淀溶解或脱落，随水冲走；或者加酸调节浓水 pH 至 4 左右，在这种情况下，浓水进行循环，部分排放并部分补充原水。

定期倒换电极的极性，即运行一定时间后把阴极改为阳极，阳极改为阴极。由于电场方向改变，可使已生成的沉淀消除。倒换时间一般采用 3~8h。倒换电极后一段时间（5~10min），淡水出口水质下降，需待水质合格后再继续使用。

（4）由于天然水中的有机物是阴离子（胶体粒子和细菌大多数带负电荷），故离子交换膜的污染主要发生在阴膜上。膜受污染将对膜电阻产生很大影响，从而影响极限电流。除控制进水水质外，膜受污染时可采用碱性食盐水、碱液、盐水或酸液进行清洗，严重污染时应拆卸清洗。

定期酸洗采用浓度不超过 3%（一般控制在 1%~2%）的盐酸，周期视结垢情况而定。酸洗操作时间为 2~3h，使 pH 达 3~4。

定期碱洗是当水中含有机杂质，在阴膜的淡水室一侧析出沉淀物，造成阴膜污染时。一般每隔几个月定期用 0.1mol/L NaOH 溶液清洗。

（5）电渗析器停止运行时间较短时，应充满水，使膜保持湿润，以免膜干燥收缩，并要更换新鲜水，防止膜发霉或冻结。停止运行时间较长时，应将电渗析器拆散，各种部件分类保存，特别应保管好膜。

（三）膜分离

膜分离技术是从 20 世纪 70 年代开始发展起来的水处理新技术，在 90 年代得到飞速发展，目前被认为是最有前途的水处理技术。膜分离技术是一种以压力为推动力、利用不同孔径的膜进行水与水中颗粒物质（广义上的颗粒，可以是离子、分子、病毒、细菌、黏土、沙粒等）筛除分离的技术。根据膜孔径从大到小排列，可以把膜过滤分为微滤（MF）、超滤（UF）、纳滤（NF）和反渗透（RO）四种。膜材料主要有醋酸纤维膜、芳香族聚酰胺膜、聚砜膜、聚丙烯膜、无机陶瓷膜等。膜组件的形式主要有板式、卷式、中空纤维、管式等。

微滤的孔径为零点几微米到几微米,配合混凝剂的使用,能够去除水源水中的悬浮颗粒、胶体物质和细菌,操作压力为 0.1~0.2MPa。微滤可以替代饮用水常规处理的混凝、沉淀、过滤,在一个设备中实现常规工艺多个处理构筑物才能完成的净水效果。

超滤膜的孔径在 5nm~0.1pm,可以去除相对分子质量在 300~300000 的大分子、细菌、病毒和胶体微粒,操作压力在 0.1~1.0MPa。超滤被广泛用于从工业废水中回收有用物质,如造纸废水中回收木质素,洗毛废水中回收羊毛脂,电泳涂漆废水中回收电泳漆,食品工业废水中回收蛋白、乳清等。在饮用水处理领域,大多数家用净水器(一般构成:粗滤 - 粒状活性炭 - 超滤)中,都设有中空纤维超滤膜来截留水中的杂质颗粒和细菌。

反渗透膜的孔径最小,在 3nm 以下。除了水分子外,其他所有杂质颗粒(包括离子)都不能通过反渗透膜,因此反渗透膜分离得到的水为纯水。反渗透技术已经广泛用于海水淡化、苦咸水脱盐、工业给水高纯水的制备(电子工业用水、锅炉给水等),近年来迅速发展起来的饮用纯净水、优质直饮水的核心技术就是反渗透。反渗透技术的操作压力较高,必须超过所处理水的渗透压。对于海水淡化,操作压力一般在 3MPa 以上。对于用自来水制备饮用纯净水,操作压力一般在 1MPa 以下(根据原水含盐量、纯水收率、膜特性而确定)。

纳滤膜的孔径略大于反渗透膜,为几个纳米,操作压力也低于反渗透。纳滤可以截留二价以上的离子和其他颗粒,所透过的只有水分子和一些一价的离子(如钠、钾、氯离子)。纳滤可以用于生产直饮水,出水中仍保留一定的离子,比纯水有益于健康,并可降低处理费用。

RO 是目前应用比较广、技术相对成熟的膜技术。其设备优点是:连续运行,产品水质稳定;无需用酸碱再生;不会因再生而停机;节省了反冲和清洗用水;以高产率产生超纯水(产率可以高达95%);运行及维修成本低;安装简单、费用低廉。

1. 反渗透原理

反渗透现象在自然界是常见的,其工作原理如图 3 - 5 所示。

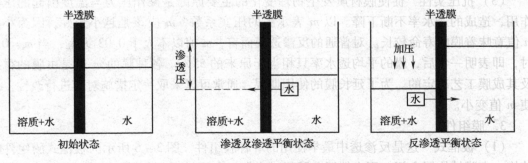

图 3 - 5 反渗透原理

如果用一个只有水分子才能透过的半透薄膜将一个水池隔断成两部分,在隔膜两边分别注入纯水和盐水到同一高度。过一段时间就可以发现纯水液面降低了,而盐水的液面升高了。我们把水分子透过这个隔膜迁移到盐水中的现象称为渗透现象。盐水液面升高不是无止境的，到了一定高度就会达到一个平衡点。这时隔膜两端液面差所代表的压力被称为渗透压。渗透压的大小与盐水的浓度直接相关。

在以上装置达到平衡后，如果在盐水端液面上施加一定压力，此时，水分子就会由盐水端向纯水端迁移。溶剂分子在压力作用下由浓溶液向稀溶液迁移的过程这一现象被称为反渗透现象。如果将盐水加入以上设施的一端，并在该端施加超过该盐水渗透压的压力，我们就可以在另一端得到纯水。这就是反渗透净水的原理。

反渗透设施生产纯水的关键有两个：一是有选择性的膜，我们称之为半透膜；二是一定的压力。简单地说，反渗透半透膜上有众多的孔，这些孔的大小与水分子的大小相当，由于细菌、病毒、大部分有机污染物和水合离子均比水分子大得多，因此不能透过反渗透半透膜而与透过反渗透膜的水相分离。在水中众多种杂质中，溶解性盐类是最难清除的。因此，经常根据除盐率的高低来确定反渗透的净水效果。

反渗透除盐率的高低主要决定于反渗透半透膜的选择性。目前，较高选择性的反渗透膜元件除盐率可以高达 99.7%。

反渗透分离的进行，必须先在膜－溶液界面形成优先吸附层，优先吸附的程度取决于溶液的化学性质和膜表面的化学性质，只要选择合适的膜材料，并简单地改变膜表面的微孔结构和操作条件，反渗透技术就可适用于任何分离度的溶质分离。

2. 反渗透膜（半透膜）主要参数

（1）透水率 透水率是单位时间通过单位膜面积的水的体积流量。对于一个特定的膜来说，水量的大小取决于膜的物理性质（如厚度、化学成分、孔隙度）和系统的条件（如温度、膜两侧压力差、接触膜的溶液的盐浓度及料液平行通过膜表面的速率）。

透水率单位为 $cm^3/(cm^2 \cdot s)$、$cm^3/(cm^2 \cdot h)$ 或 $m^3/(m^2 \cdot d)$。

（2）透盐率 盐通过膜的速率。盐的通过主要是由于膜两侧溶质浓度差作用的结果，和透水率不同，正常的透盐率几乎与压力无关，即如果增加反渗透系统的压力，溶质基本上仍将在一个恒定的速率下扩散透过膜，而水的透过量却增加。一般透盐率以小为好，这说明透过效率高。评价膜分离性最常用的指标是脱盐率（或称截留率、排除率、去除率），它的含义与透盐率相反，是溶质的截留百分率。

（3）抗压实性 促使膜材质发生物理变化的主要原因是操作压力与温度引起的压实作用，造成的透水率不断下降。以 m 表示膜的压实系数，m 应该是越小越好，因为小的 m 值意味着膜的寿命较长。对普通的反渗透膜而言，m 值以不大于 0.03 为宜，当 $m=0.1$ 时，即表明一年后，膜的平均透水率只相当于原来的 55%。各种膜的 m 值是由膜的材质及其成膜工艺决定的。为了延长膜的使用期限，通常可以采取一定措施对膜进行改性，以使 m 值变小。

3. 膜组件

（1）板框式 这是反渗透中最早使用的一种膜组件。图 3-6 所示为板框式膜组件的结构。在膜结构层之间，用支撑层分隔形成内空间，原料液在内空间流动，产品液透过膜向两侧迁移，进入由每对膜之间被隔板分隔成的空间，再经隔板外圈的孔道，向外流动而被收集。

（2）管式 管式反渗透组件分内压式、外压式、单管和管束式等几种。图3-7所示为内压式膜组件。管状膜装在多孔的不锈钢管或用玻璃纤维增强的塑料承压管内，加压下的料液从管内流过，透过膜的产品液收集于管外侧。外压式由于需要耐压的外壳，且进水流动状况差，一般很少用。

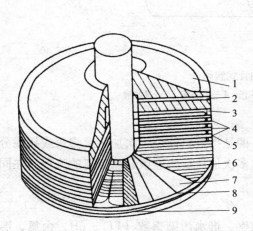

图3-6 板框式膜组件的结构
1—盖板 2—料液 3、9—隔板 4—过滤纸
5、8—膜支撑板 6—膜 7—滤纸

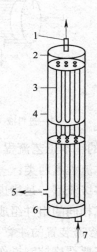

图3-7 内压式膜组件
1—浓盐水 2、6—耐压端盖 3—玻璃钢管
4—淡化水收集外壳 5—淡化水 7—盐水

（3）螺旋卷式 螺旋卷式结构就像卷压起来的板框，如图3-8所示，在两片反渗透膜中夹入一层多孔支撑材料，组成板膜，再铺上一层隔网，然后在钻有小孔的中心管上卷绕而成为一个单元的组件。将一组卷式膜组件串联起来，装在耐压容器中，便组成了螺旋卷式反渗透器。

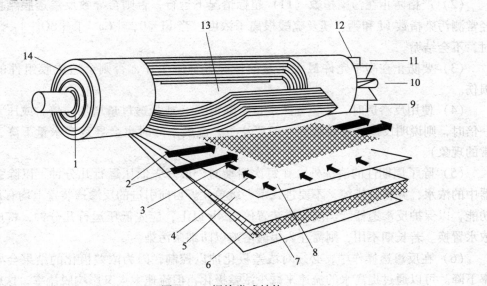

图3-8 螺旋卷式结构
1、14—进料 2—料液穿过流道隔离件流动 3、5—膜 4—透过液收集器材 6—料液流道隔离件 7—外套
8—透过液流动 9、11—浓缩液 10—透过液出口 12—防套筒伸缩装置 13—透过液收集孔

61

（4）毛细管式　如图 3-9 所示，毛细管式膜组件是由许多直径为 0.5~1.5mm 的毛细管组成，料液从毛细管内流过，透过液向管外迁移，收集于外壳中。

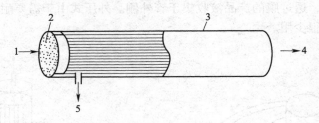

图 3-9　毛细管式膜组件
1—进料液　2—毛细管　3—外壳　4—浓缩液　5—过滤液

4. 反渗透的基本工艺流程

常见的基本流程有两类：一是一级流程，即是指进料液经一次加压反渗透或超滤分离的流程；二是多级流程，是指进料液必须经过多次加压反渗透或超滤分离的流程。在同一级中，排列方式相同的组件组成一段。

5. 使用反渗透装置的注意事项

反渗透操作要严格控制操作压力、水回收率、进水污染指数（FI）、pH、余氯、温度等运行条件，其中反渗透的脱盐率、产水量和装置的压力降是监视反渗透性能的三个主要参数。

（1）防止一味提高回收率和增加产水量，否则会导致膜结垢。水的回收率要取决于原水中 TDS（总溶解固体）的浓度，一般若原水中 TDS 为 100mg/L，则水的回收率可达到 90%；若原水中 TDS 大于 260mg/L，则对于同样数量的膜原件，水的回收率仅为 50%，当然水中含 Ca^{2+}、Mg^{2+}、SO_4^{2-}、SiO_2 高，也易生成沉淀，影响水的回收率。

（2）严格防止在污染指数（FI）超标情况下运行，否则会导致反渗透膜结垢。应该经常测污染指数 FI 和钙、镁及硫酸根离子浓度。当 FI < 0，$[Ca^{2+}]$ $[SO_4^{2-}]$ < 1×10^{-4} 时，不会结垢。

（3）要防止在高于允许最大压差的情况下继续工作，否则会造成膜组件的破坏性损伤。

（4）使用反渗透时，若装置产水量下降 10%，或盐透过量增加一倍，或压差降增加一倍时，则说明反渗透需要清洗（但要注意，温度下降时也会导致产水量下降，这是正常的现象）。

（5）除了周期性的清洗外，在每次启动时，最好先低压运行几分钟，以除去反渗透器中的浓水，并将其排掉，不要进入下一级单元。目前引进的反渗透装置上均有自动控制功能，以保护反渗透器。当反渗透装置停运 4h 以上，应先低压运行几分钟，将反渗透的浓水置换。若长期不用，则需注入甲醛溶液以防细菌污染。

（6）在反渗透操作中，必须对浓差极化加以控制，因为浓差极化的结果会导致透水率下降。可以通过提高水的流速来减少浓差极化，但流速太大又影响脱盐率，这就要求在设计时折中选择。提高水温，可增加溶质扩散系数，减少溶液黏度，对减少浓差极化也是有利的。

（7）使用中空纤维反渗透装置时，应严格按照反渗透进口水质要求规范操作，以延长膜组件的使用寿命，使之长期稳定地运行。长期不运行时，要以 pH 为 5~6 的 1% 甲醛水溶液灌注后密封保存，使用前再清洗。膜组件在碱性条件下易水解，某些有机溶剂如丙酮、三氯甲烷等对膜有溶解作用，应该避免接触带有此类成分的溶液。

（四）离子交换法

离子交换法即利用离子交换剂，把原水中不需要的离子暂时占有，然后再将它释放到再生液中，使水得到软化。

离子交换剂的种类很多，按来源的不同可分为矿物质离子交换剂，如泡沸石；碳质离子交换剂，如磺化煤；有机合成离子交换树脂三大类。前两类一般用于水质软化处理，如锅炉用水、冷却水及洗瓶水的水质软化。饮料生产用水的水处理都采用有机合成离子交换树脂。它是一种球形网状固体的高分子共聚物，不溶于酸、碱和水，但吸水膨胀。树脂分子含有极性基团和非极性基团两部分，膨胀后，极性基团上可扩散的离子与溶液中的离子起交换作用，而非极性基团则为离子交换树脂的骨架。

1. 离子交换树脂的分类

一般按离子交换树脂所带功能基团的性质进行分类，所带的化学基团能与水中阳离子进行交换的树脂称为阳离子交换树脂，能与阴离子进行交换的树脂称为阴离子交换树脂。按其交换基团酸、碱性强弱程度不同，又可将阳离子交换树脂分为强酸性、中酸性和弱酸性三类；可将阴离子交换树脂分为强碱性和弱碱性离子交换树脂。由于胺基上所结合甲基数不同，强碱性离子交换树脂又分为Ⅰ型和Ⅱ型。

2. 性能

离子交换树脂的主要性能有密度、含水率、溶胀性、机械强度、耐热性、酸性、碱性、选择性和交换容量。

（1）密度 树脂的密度有干真密度、湿真密度和湿视密度三种，干真密度除用于研究树脂性能外，实用意义不大。树脂的密度主要取决于其交联度和种类。对于同一种类交换基团的树脂，交联度高，密度就大；对于交联度相同的树脂，阳树脂的密度一般比阴树脂的要大。

湿真密度是树脂在水中充分膨胀后的颗粒密度（g/mL），即湿树脂重与湿树脂颗粒体积之比。湿树脂重包括颗粒微观孔隙中的溶胀水重，湿树脂颗粒体积包括颗粒微观孔隙及其所含溶胀水的体积，但不包括树脂颗粒之间的孔隙体积。树脂的湿真密度一般为 1.04 ~ 1.3g/mL。交换器的反洗强度、混合床树脂的类型等都要根据树脂的湿真密度确定。

湿视密度是树脂在水中充分膨胀后的堆积密度（g/mL），即湿树脂重与湿树脂堆积密度之比。湿树脂堆积体积包括树脂颗粒之间的孔隙体积。树脂的湿视密度一般为 0.6 ~ 0.85g/mL，在设计交换器时，常用它来计算树脂的用量。

（2）含水率 树脂的含水率是指在水中充分膨胀的湿树脂所含溶胀水重占湿树脂重的百分数，即溶胀水重与干树脂重和溶胀水重之和的比值。树脂的含水率主要取决于树脂的交联度、交换基团的类型和数量等。树脂的交联度低，则孔隙率大，含水率高；交换基团中可交换离子的水合力小，其含水率就低。树脂的含水率一般在 50% 左右。

（3）溶胀性 干树脂浸入水中体积变大的现象称为树脂的溶胀性。树脂的溶胀程度常用溶胀率表示。溶胀率的大小与树脂的交联度、交换基团的性质、周围溶液的电解质浓度等因素有关。交联度越小，交换基团越易离解，可交换离子水合半径越大，其溶胀率越大；树脂周围溶液电解质浓度越高，由于渗透压加大，双电层被压缩，其溶胀率就越小。

由于树脂具有溶胀性，因而在交换和再生过程中会发生胀缩现象。多次胀缩会使树脂颗粒碎裂。所以在生产中应尽量加长交换器的工作周期，减少再生次数，以延长树脂的使用寿命。

（4）机械强度 树脂颗粒在运行过程中，由于受到冲击、碰撞、摩擦等机械作用和涨缩影响，会产生破裂现象。因此，树脂颗粒应具有一定的机械强度，以保证每年树脂的耗损量不超过 3%～7%。树脂颗粒的机械强度主要取决于交联度，交联度大机械强度就高。一般的大孔型树脂的机械强度不如凝胶型，但使用寿命比凝胶型的长，主要原因是大孔型树脂在交联和再生过程中体积变化不大。

（5）耐热性 各种树脂均有一定的耐热性能。温度过高，易使树脂的交换基团分解，影响树脂的交换容量。温度过低，会降低树脂的机械强度，温度低于或等于 0℃时，树脂极易冻结，其孔隙内部水分由于结冰膨胀而使树脂颗粒破裂。一般阳树脂可耐 100℃ 或更高的温度，而强碱性的阴树脂可耐 60℃ 以上温度。通常阳树脂耐热性比阴树脂好，盐型的比 H 型（或 OH 型）的好，而盐型的又以 Na 型的为最好。

（6）酸、碱性 离子交换树脂可以认为是一种具有不溶性固态本体的多价酸或碱，它具有一般酸或碱的反应性能，在水中可以离解出 H^+ 或 OH^-。根据树脂交换基团在水中离解能力的大小，树脂的酸、碱性也有强弱之分。强酸或强碱性树脂在水中的离解度大，受 pH 的影响小；弱酸或弱碱性树脂在水中的离解度小，受 pH 的影响大。因此，弱酸或弱碱性树脂在使用时对 pH 要求很严。各种树脂在使用中也都有一定的有效 pH 范围。

（7）离子交换树脂的选择性 离子交换树脂对水中某种离子能优先交换的性能称为离子交换的选择性，它和水中离子的种类、树脂交换基团的性能有很大关系，同时也受水中离子浓度和温度的影响。由于一般天然水中的离子浓度和水温变化不大，可以看成是常温和低浓度，在这种条件下，离子交换选择性有如下的基本规律：

① 水中离子所带电荷越多（即原子价越高）越易被离子交换树脂所交换；

② 当离子所带电荷相同时，原子序数越大，即离子水合半径越小，则越易被离子交换树脂交换；

③ H^+ 和 OH^- 的交换选择性与树脂交换基团酸、碱性的强弱有很大关系。

离子交换选择性的上述三条基本规律只适用于常温下离子浓度很低的稀溶液。对于离子含量很高的浓溶液来说，由于离子间互相影响较大及水化作用不充分，水合半径的大小次序与在稀溶液总有些差别，所以离子间的选择性的差别也就比较小，有时甚至出现完全相反的交换次序，失效树脂的再生就是如此。

（8）交换容量 交换容量是树脂的重要指标，它能定量地表示树脂交换能力的大小。由于离子交换树脂的形态不同，其质量和体积也不相同，所以在表示交换容量时，为了统一起见，阳树脂一般以 H 型为准，阴树脂一般以 Cl 型为准。必要时，应标明树脂所呈形态。

树脂常用的交换容量有下列两种：

① 总交换容量（又称全交换容量）：树脂的总交换容量是指单位质量（干）或单位体积（湿）树脂的交换基团的总数量。市售商品树脂所标的交换容量就是总交换容量。

② 工作交换容量：树脂工作交换容量是指树脂在动态工作状态下的交换容量，即树脂在给定工作条件下的交换能力，其数值随树脂工作条件的不同而不同，一般只有总交换容量的 60% ~70% 。影响树脂工作交换容量的因素较多，如树脂的再生程度、进水中离子的种类和浓度、交换终点的控制指标、树脂层高以及水流速度等。

3. 离子交换树脂的选择原则

（1）选择容量大、高强度的树脂　交换容量是离子交换树脂的一项极为重要的指标，交换容量越大，同体积的树脂所能交换吸附的离子就越多，处理的水量也越大。一般同类型树脂中，弱型比强型的交换容量大，但弱型机械强度一般较差。另外，同类型树脂由于交联度不同，交换容量也不相同。交联度小的树脂，交换容量大；交联度大的树脂，交换容量小。

（2）根据原水中需要除去离子的种类选择　如果只需除去水中吸附性较强的离子（如 Ca^{2+} 、Mg^{2+} 等），可选用弱酸性或弱碱性树脂。例如对原水进行软化处理时，如果原水的碳酸盐硬度比较大（特别是碱性水），选择弱酸性树脂进行软化处理就要经济得多。但是，当必须除去原水中吸附性能比较弱的阳离子（如 K^+、Na^+）或阴离子（HCO_3^-、$HSiO_3^-$）时，此时必须选用强酸性或强碱性树脂。所以在处理高硬度或高盐分的水质时，先进行弱酸性树脂处理再用强酸性树脂处理，或先进行弱碱性树脂处理再用强碱性处理，在生产中是合理经济的。

离子交换法处理的原水含盐量过高时，需经常再生，这种过程既费物、费力又使水质不稳，这时应在离子交换处理前做相应的预处理，如凝聚、过滤、吸附或电渗析等。

4. 离子交换树脂软化水的原理

离子交换树脂在水中是解离的，原水中含有的阳离子和阴离子通过阳树脂层时，阳离子被树脂所吸附，树脂上的阳离子 H^+ 被置换到水中，水中阴离子被阴树脂层所吸附，树脂上的阴离子 OH^- 置换到水中，也就是水中溶解的阴阳离子被树脂吸附，离子交换树脂中的 H^+ 和 OH^- 进入水中，从而达到水质软化的目的。

5. 离子交换水处理装置的类型

根据生产需要的不同，可采用不同类型的离子交换方式。目前离子交换水处理方式基本分为固定床和连续床两大类，如图 3-10 所示。

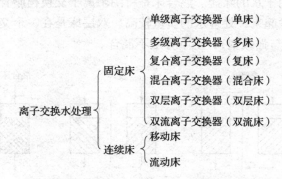

图 3-10　离子交换水处理方式分类

（1）固定床离子交换　固定床设备的构造和压力滤池相似，是一个圆筒钢罐，一般能承受 0.4~0.6MPa 的压力，其内部构造如图 3-11 所示。为了反洗时树脂层有足够的膨胀高度，树脂层表面至上部配水系统的高度应为树脂层的 40%~80%。

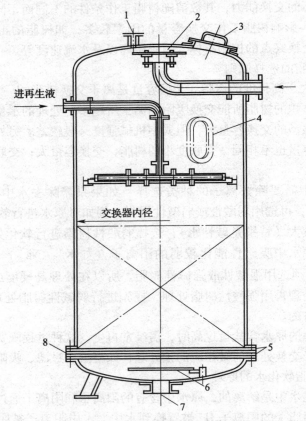

图 3-11　离子交换固定床

1—放气管　2—挡水板　3—人孔盖　4—观察孔　5—多孔板　6—挡水板　7—出水口　8—滤布层

固定床离子交换装置的组合方式如图 3-12 所示。单床是固定床中最简单的一种。常用的钠型阳离子交换即属这一种方式，可用来软化硬水。多床是同一种离子交换剂、两个单床串联的方式。当单床处理水质达不到要求时可采用多床。复床是两种不同离子交换剂的交换器串联方式，用于水的除盐。混合床是将阴阳离子交换树脂置于同一柱内，相当于很多极阴阳离子柱串联起来，处理水的质量较高。双层床是在一个交换柱中装有两种树脂（弱酸与强酸型，弱碱与强碱型），上下分层不混合。

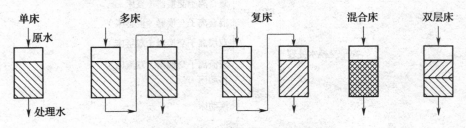

图 3-12　不同单元的离子交换器示意图

（2）连续式离子交换

① 移动床：移动床装置见图 3 – 13。交换剂装于交换塔 1 中，原水从下部流入，软水从塔上流出，一定时间（一般 1h 左右）后停止交换，之后将交换塔中一定容量的失效交换剂送至再生塔 3 中还原，同时从贮存斗向交换塔上部补充经清洗塔清洗的相同容积的已还原的交换剂，约 2min 后，交换塔又开始工作。因交换塔上面始终有刚加入的新交换层，故出水水质稳定，移动床交换剂及还原液的利用率都比固定床高，缺点是交换剂磨损较大，耗电量较多。

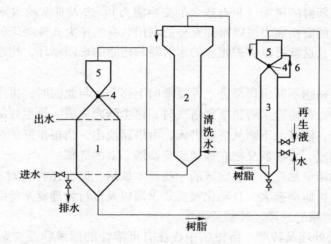

图 3 – 13　三塔移动床系统

1—交换塔　2—清洗塔　3—再生塔　4—浮球阀　5—贮存斗　6—连通管

② 流动床：流动床是完全连续工作的装置。图 3 – 14 所示为一种压力式流动床的示意，它主要由交换塔和再生、洗涤塔组成。

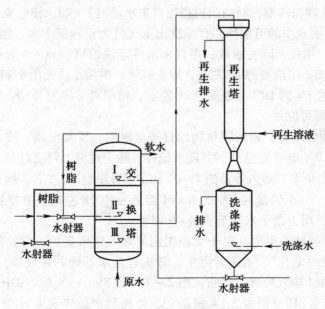

图 3 – 14　压力式流动床示意图

固定床的交换塔分Ⅰ、Ⅱ、Ⅲ室，室与室间用孔板隔开，每室都有树脂。运行时原水由塔底进入，先通过Ⅲ室，接着通过Ⅱ室、Ⅰ室，即成软水，由塔的顶部排出。再生好的新鲜树脂利用水射器不断送入Ⅰ室底部，同时借另外的水射器不断将Ⅰ室用过的树脂送到Ⅱ室，将Ⅱ室用过的树脂送到Ⅲ室，将Ⅲ室用过的树脂（失效树脂）送到再生塔。可见，在压力式流动床的每一室内，树脂和水的流向都是相同的，但在室与室之间却呈逆流状态。这样，进入Ⅰ室的树脂是新鲜树脂，进入Ⅰ室的水是经过Ⅱ室和Ⅲ室两次交换过的、残余硬度很小的水，使Ⅰ室内的交换最为有利，因而出水的残余硬度可达到最低值。进入Ⅲ室的树脂是最不新鲜的树脂（只有残余的交换能力），进入Ⅲ室的水则是硬度最大的原水，所以树脂残余的交换能力可以得到充分的利用。有的压力式流动床的交换塔只有两个室，还有不分室的，这就可以省去相应的水射器和树脂的来回循环，构造和运转也就相应地简化。

在再生塔中，树脂不断由顶部进入并逐渐向下移动，与此同时，再生液从塔底不断流入，逐渐向上流动。当树脂从塔顶落到塔底时，再生随之完成。再生好的树脂不断流到洗涤塔内，逐渐下降，洗涤水不断从塔底进入，由塔顶流出，当再生好的树脂移动到洗涤池底时，清洗随即完成，水射器又把它输送到交换塔Ⅰ室的底部。

移动床和流动床虽然克服了固定床的一些基本缺陷，但也还存在对水质（包括水量）变化适应能力差、树脂磨损大、自动化程度要求高以及运行管理复杂等问题。

6. 离子交换树脂的处理、转型及再生

（1）新树脂的处理及转型　新树脂中往往有可溶性的低聚物及夹杂在树脂中间的悬浮物质，这些会影响树脂的交换反应，因此新树脂在使用前必须进行预处理。另外市售的阳树脂多为 Na 型，阴树脂多为 Cl 型，需分别用酸碱处理，将阳树脂转为 H 型，阴树脂转为 OH 型。处理和转型后的阳、阴树脂装柱时，要求树脂间没有气泡，树脂量一般为柱容量的 3/4。

① 阳树脂的处理和转型：新的阳树脂用自来水浸泡 1~2d，使它充分吸水膨胀，反复用自来水冲洗，除去水中的可溶物，直至洗出水无色为止。沥干水，加等量的 7% 的 HCl 溶液浸泡 1h 左右，搅拌，除去酸液，用自来水洗至洗出液 pH3~4 为止。倾除余水，加入等量的 8% 的 NaOH 溶液浸泡 1h 左右，除去碱液，再用水洗至出水 pH8，倾除余水。最后加入 3~5 倍量的 7% 的 HCl 溶液浸泡 2h 左右，使阳离子转为 H 型，倾去酸液，用去离子水洗至 pH3~4 即可应用。

② 阴树脂处理和转型：新的阴树脂用自来水浸泡，反复洗涤，洗至无色、无臭。加入等量的 8% 的 NaOH 溶液浸泡 1h，并随时搅拌，除去碱液。再通过 H 型阳树脂处理的水洗至 pH8~9，倾去余水，加入等量的 7% 的 HCl 溶液浸泡 1h 左右。然后用自来水洗涤至 pH3~4。最后加入 3~5 倍量的 8% 的 NaOH 溶液浸泡 2h 左右，并搅拌，使阴树脂转为 OH 型，倾去碱液，用去离子水洗至 pH8~9 即可。

（2）离子交换树脂的再生　离子交换树脂处理一定水量后，交换能力下降，通常称为树脂"失效"或"老化"，需进行再生，其机理是水处理的逆反应。用树脂质量 2~3 倍的 5%~7% 的 HCl 溶液处理阳树脂，用 2~3 倍的 5%~8% 的 NaOH 溶液处理阴树脂，然后用去离子水洗至 pH 分别为 3~4 和 8~9，使树脂重新转变为 H 型和 OH 型。再生液如适当加温（不得超过 50℃），再生效果更好。

树脂再生前应先进行反洗，冲洗至松动无结块为止，目的是除去停留在树脂上的杂质，排除树脂中的气泡，以利再生。新型树脂可用热水再生，成本较低。

上述再生方法称为顺流再生，即再生液由交换器上部进入，下部流出，其流向和运行时水的流向相同。这种再生方法的优点是装置简单，操作方便；缺点是再生效果不理想。还有一种是逆流再生，即再生液的流向和运行水的流向相反。逆流再生的效果比较好，但工艺稍复杂。在生产实际中，用离子交换器可以得到纯度较高的水，甚至高纯度水。但它只在原水含盐量较低（<500mg/L）的情况下才比较经济。另外，它还会排出含酸、碱的废水，对所使用的设备有较高的防腐性能要求。

三、水 的 消 毒

在混凝、沉淀、过滤、石灰法软化等水处理过程中都能除去一定数量的致病菌微生物。但为了保证产品质量和确保消费者的健康，还要对水进行严格的消毒处理。目前国内外常用的是氯消毒、臭氧消毒及紫外线消毒。

（一）氯消毒

加氯消毒是当前世界各国最普遍使用的饮用水消毒法。该法操作简单，费用低，杀菌能力强，处理水量大，广泛用于日常生活水处理及没有采用自来水为水源的饮料厂的处理。

1. 基本原理

氯在水中反应如下：

$$Cl_2 + H_2O \rightleftharpoons HOCl + H^+ + Cl^-$$
$$HOCl \rightleftharpoons H^+ + OCl^-$$

以上两个反应很快达到平衡。由于 H^+ 能被水里面的碱中和掉，因此反应极易向右进行，最后水中只剩下次氯酸 HOCl 和次氯酸根 OCl^-。HOCl 是一个中性的分子，可以扩散到带负电的细菌表面，并穿过细菌的细胞膜进入细菌内部。HOCl 进入细菌内部后，由于氯原子的氧化作用，破坏了细菌某些酶的系统，最后导致细菌的死亡。而次氯酸根 OCl^- 虽然也包括一个氯原子，但它带负电，不能靠近带负电的细菌，所以也不能穿过细胞膜进入细菌内部，因此其消毒作用远弱于次氯酸。

2. 加氯方法和加氯量

（1）加氯方法 有滤前加氯和滤后加氯两种。当原水水质差，有机物多，可在原水过滤前加氯，可防止沉淀池中微生物繁殖，但加氯量要多。原水经沉淀和过滤后加氯，加氯量可比滤前添加的少，且消毒效果好。

（2）加氯量 加入水中的氯分为两部分，即作用氯（吸氯）和余氯。作用氯是和水中微生物、有机物及有还原作用的盐类（如亚铁、亚硝酸等）起作用的部分；余氯是为了保持水在加氯后有持久的杀菌能力、防止水中微生物萌发和外界微生物的侵入的部分。

我国《生活饮用水卫生标准》（GB 5749—2006）规定，在管网末端自由性余氯保持在 0.1~0.3mg/L，小于 0.1mg/L 时，不安全，大于 0.3mg/L 时则含有明显的氯臭。为了要使管网最远点保持 0.1mg/L 的余氯量，一般总投氯量为 0.5~2.0mg/L。

3. 常用氯消毒剂

（1）氯胺 氯胺是在水中的氨和氯化合产生的，是一种有效的氯消毒试剂。在实际进行消毒时，是在投氯前或者投氯后，在水中按比例加入少量氨或胺盐生成氯胺。

　　氯胺在水中分解缓慢，能逐步放出 HOCl，容易保证管网末端的余氯含量，并且避免了自由性余氯 HOCl 产生的较重的氯臭。因此很多大城市的自来水厂由氯消毒改为氯胺消毒。

　　用氯胺消毒时，氯与氨用量要按比例添加，一般采用（2.1~5）：1 范围内，当氯氨比小于 1 时有剩余氨存在，可防止氯臭味。

　　氨的来源有液氨、$(NH_4)_2SO_4$、NH_4Cl 等。

　　（2）漂白粉　　漂白粉是由氯气与熟石灰反应而得。氯在漂白粉中占 36%，为理论上的有效氯含量，一般商品漂白粉的有效氯含量为 25%~35%。

　　漂白粉一般配成 1%~2% 浓度使用，也可以干投。

　　另有一种是漂白精（HTH），漂白精纯度较漂白粉高，有效氯成分为 60%~70%。主要成分是次氯酸钙，次氯酸钙比漂白粉更为稳定。

　　（3）次氯酸钠　　次氯酸钠在水溶液中可分解成次氯酸，因而也有消毒作用。它一般可采用电解氯化钠溶液，由电极产物反应而制得。

　　次氯酸钠杀菌能力强，水溶液很纯净，不增加水的硬度，所以比漂白粉好。主要缺点是制备成本高。

　　（二）臭氧消毒

　　臭氧（O_3）是特别强烈的氧化剂。臭氧瞬时的灭菌性能优越于氯。臭氧广泛用于水的消毒中，同时用作除去水臭、水色以及铁和锰。

　　（1）臭氧的性质　　臭氧在常温下是略带蓝色的气体。通常看上去是无色的，液态臭氧是暗蓝色的。它比氧易溶于水，但由于只能得到分压低的臭氧，所以浓度都比较低。臭氧的氧化能力很强，所以水中的无机和有机物质（包括微生物）均易被臭氧所氧化。

　　臭氧的杀菌作用比氯快 15~30 倍。在一定浓度下作用 5~10min，臭氧对各种菌类都可以达到杀灭的程度。

　　（2）臭氧的发生　　由于臭氧的不稳定性，因此通常要求随时制取并当场应用。在绝大多数情况下，均利用干燥空气或氧气进行高压放电而制成臭氧。每 $1m^2$ 的放电面积，每小时可产生 50g 臭氧。一般采用喷射法以增加臭氧和水接触时间，使臭氧得到充分利用。

　　（3）臭氧杀菌方式　　臭氧消毒设备的主要部分是臭氧发生器和臭氧氧化塔。臭氧发生器是生成臭氧的专用设备，由发生器主体、无油空气压缩机、储罐、干燥器、过滤器及电器系统等组成。臭氧氧化塔是水与臭氧的混合装置，塔内有可拆式微孔扩散器，采取气液逆向接触，使臭氧能够有效地扩散到水中。

　　当氧化塔水中的臭氧浓度达到 2mg/L 时，作用 1min，可将大肠杆菌、金黄色葡萄球菌、细菌的芽孢、黑曲霉、酵母菌等微生物杀死。实际上，只要臭氧浓度达到标准值，可在极短时间内将微生物杀灭。当水中浓度达到 0.5mg/L 时，作用 5min 可将水中细菌全部杀死。而水中的锶、偏硅酸、重碳酸盐、总硬度、总碱度不受高浓度臭氧的影响。

　　国外已将其广泛用于水的消毒处理以及除臭、除色等，国内在矿泉水、纯净水生产中应用于灭菌也很普遍。其中在矿泉水生产中，臭氧灭菌可不损失和影响水中的有益元素，为生产高质量的矿泉水提供保障。

（三）紫外线消毒

紫外线是指波长为 140～490nm 的不可见光线。这种光线具有很强的杀菌能力，其中以 250～260nm 波长的杀菌效果最好。

1. 基本原理

微生物受紫外线照射后，微生物的蛋白质和核酸吸收紫外光谱能，使微生物细胞内核酸的结构发生裂变。如 DNA 断裂、DNA 分子交联、胞嘧啶和尿嘧啶发生水合作用、出现胞嘧啶二聚体等，影响嘌呤与嘧啶的正常配对，改变了 DNA 的生物活性，从而破坏了核酸的正常生理功能，导致了蛋白质变性并最终导致微生物的死亡。紫外线对清洁透明的水有一定的穿透能力，故可用于水的杀菌消毒。

2. 紫外线杀菌器

目前多采用由可发射出波长为 250～260nm 紫外线的高压汞灯和对紫外线透过率 90% 以上、污染系数小、耐高温的石英套管及外筒、电气设施等组成的紫外线杀菌器装置。这种杀菌器的外筒一般由铝、镁合金与不锈钢等材料制成。筒内壁要求有很高的光洁度，对紫外线反射率达 85% 以上。值得注意的是，紫外线消毒器处理水的能力必须大于实际生产的用水量，一般以超出实际水量的 2～3 倍为宜。如果紫外线消毒器的处理水量满足不了实际生产用水量时，可增加紫外线消毒器的台数来满足生产用水的要求。

3. 影响紫外线杀菌效果的因素

（1）水质 紫外线的穿透能力较弱，杀菌效果受水的色度、浊度、深度等因素的影响。因此对原水的水质要求必须色度低于 15 度，浊度小于 5 度，铁含量低于 0.3mg/L，细菌总数小于 900 个/L，杀菌效果才好。

（2）水流量 相同的水质，在同一杀菌器内，流量越大，流速越快，受紫外线照射时间越短，杀菌效果就越差。

（3）灯管周围介质的温度 当介质温度较低时，杀菌效果差。故采用紫外线高压汞灯消毒时，须装有石英套管，使灯管与套管间形成一个环状空气夹层，灯管能量能充分发挥而不致影响杀菌效果。

4. 紫外线消毒设备布置

紫外线消毒设备布置及比较见表 3－4。

表 3－4　　　　　　　　　　　紫外线消毒设备布置及比较

布置形式		适用条件	优缺点
水流状态	灯管位置		
敞开重力式	水上反射式	1. 处理的水量小 2. 适用于低压汞灯消毒	优点：1. 设备装置简单 　　　 2. 更换灯管容易 缺点：杀菌光线未能充分利用
封闭压力流	隔水套管式	1. 处理的水量大 2. 适用于高压汞灯消毒	优点：可直接安装在管道上起消毒作用，使用操作方便 缺点：1. 设备较无压式复杂 　　　 2. 套管价格较贵

四、水处理典型范例

　　饮料生产所需的水处理工艺应根据水源、水质及生产规模等实际情况结合水处理技术的特性而定。表3-5所示为几种水处理工艺去除水中杂质的能力比较。

表3-5　　　　　　　　　　　　　　　水处理工艺去除水中杂质的能力

工艺	凝聚粗滤	卷绕式过滤器	活性炭大孔树脂吸附	电渗析	反渗透	紫外线	膜过滤	超滤	蒸馏	脱气
悬浮物质	很好	很好								
胶体	好		一般		好	很好	好	很好	很好	
微粒	好		一般			很好	很好	很好	很好	
低相对分子质量溶解性有机物	一般		好			好	一般			
高相对分子质量溶解性有机物	好	一般	好	一般		很好	很好			
溶解性无机物				很好	很好				很好	
微生物			一般		好	很好	好	很好		
细菌			一般		好	很好	好	很好		
热源					好			好	很好	
气体										很好

（一）碳酸饮料的水处理工艺

　　水是碳酸饮料生产中最重要的原料之一，其质量决定了碳酸饮料的品质。通常生产厂家所采用的原水为地下水和自来水，根据碳酸饮料用水水质要求，图3-15所示为一种常规水处理工艺流程，图3-16所示为小型饮料厂水处理工艺流程。

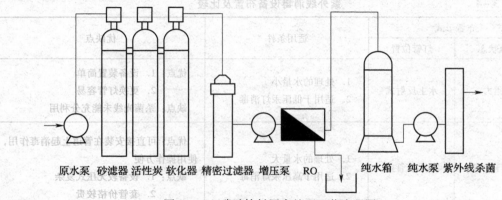

原水泵　砂滤器　活性炭　软化器　精密过滤器　增压泵　RO　　　纯水箱　纯水泵　紫外线杀菌

图3-15　碳酸饮料用水处理工艺流程图

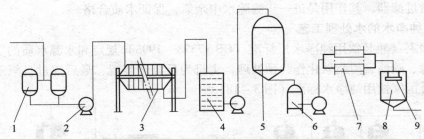

图 3－16 小型饮料厂水处理工艺流程图

1—砂滤棒过滤器 2—水泵 3—电渗析器 4—贮水槽 5—活性炭过滤器

6—精滤器 7—紫外杀菌管 8—水贮槽 9—紫外灯管

大型饮料厂对水质要求严格，在工艺方面必须根据当地水质情况设置设计合理而又与生产能力相符合的水处理设备，以保证适当地降低矿化度，并使氯化、凝集、过滤和脱氯顺利进行。

图 3－17 所示为产水 $60m^3/h$ 的水处理系统及 $30m^3/h$ 软化水处理系统的工艺流程。该系统包括两个处理部分，第一部分包括有加药絮凝系统、多介质过滤器、活性炭过滤器、除碱器、脱气塔、加药杀菌系统、活性炭二次过滤器、终端微过滤器等设备。第二部分为软化水系统，包括砂介质过滤器、活性炭过滤器、软化器和投氯杀菌水箱等。

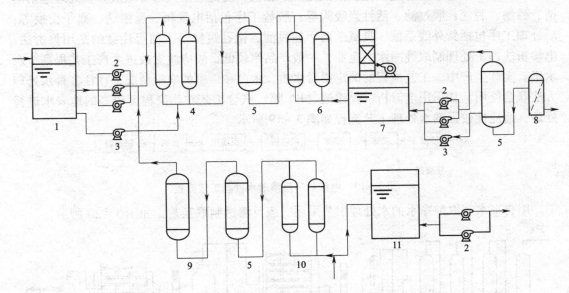

图 3－17 水处理系统及软化水处理系统的工艺流程图

1—原水箱 2—输送泵 3—反洗泵 4—多介质过滤器 5—活性炭过滤器

6—除碱塔 7—脱气塔 8—微滤器 9—砂滤器 10—软化器 11—储水箱

原水为自来水，在投入次氯酸钠后，储存在原水箱内，然后由三台水泵分别送至两个系统的过滤器。多介质过滤器的主要作用是滤去原水中的悬浮物和胶体。碳滤器的作用是吸附水中有机物和余氯。除碱器内部装有弱酸树脂的离子交换柱，其作用是将原水中的钙、镁离子除掉，以达到水质要求。脱气塔与弱酸柱组成一个除碱系统，其作用除了可去除进水碳酸盐碱度，同时可除去水中碱度，使出水总含盐量降低。由第二次活性炭过滤后的水进入微过滤器，其作用是进一步滤除水中余氯，保证水质合格。

（二）纯净水的水处理工艺

根据国家《瓶装饮用纯净水》标准（GB 17323—1998）规定和水源水质的实际情况，应采用砂滤、碳滤、树脂软化作为预处理，主机为反渗透装置，最后通过臭氧杀菌工艺，使产品符合国家饮用纯净水标准（图3－18）。

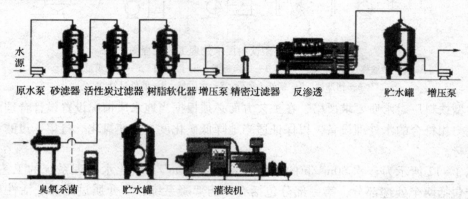

图3－18 纯净水水处理设备工艺流程图

制备纯净水的水处理过程主要由预处理、脱盐和后处理三大部分组成。预处理包括澄清、砂滤、脱气、膜过滤、活性炭吸附等；脱盐工序包括电渗析、反渗透、离子交换等；后处理工序包括紫外线杀菌、臭氧杀菌、超过滤、微孔过滤等。值得注意的是用渗透法、电渗析法加工处理制取纯净水的企业，一般产品率较低，故应注意改进生产工艺提高节水水平。实际生产中，工艺流程的确定要看水质、水源和厂家的实际情况，往往各种水处理方法联合使用。如采用电渗析－反渗透（PA膜）联合工艺对污染程度较高的地表水进行处理，适应性较强的水处理工艺流程如图3－19所示。

图3－19 电渗析－反渗透水处理工艺流程

用自来水制取纯净水的水处理工艺采用二级反渗透制取工艺，如图3－20所示。

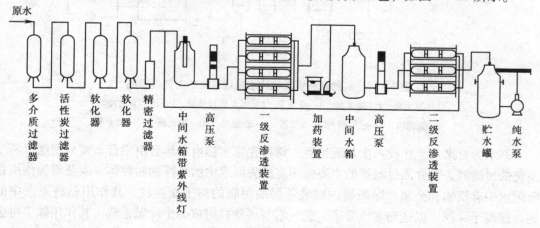

图3－20 二级反渗透制取净水工艺

电渗析 + 反渗透 + 离子交换纯水系统工艺流程如图 3 - 21 所示。

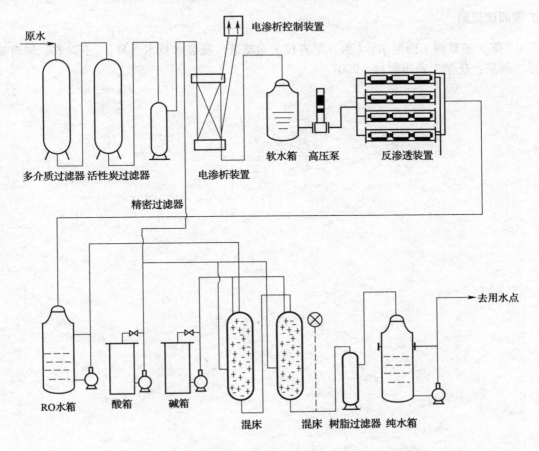

图 3 - 21 电渗析 + 反渗透 + 离子交换纯水系统工艺流程图

本章小结

本章在介绍水源的分类及特点、水源中杂质的分类及特征以及饮料用水的水质要求基础上，重点介绍混凝与过滤、软化与除盐及水的消毒等水处理技术的原理和方法，列举典型水处理范例，要求读者通过学习能够根据水源特点及水质要求设计水处理工艺流程。

思考题

1. 试分析水在饮料生产中的功用。
2. 说明饮料生产用水对水质的要求及作用。
3. 何谓水的硬度与碱度？分析水的硬度与碱度对饮料生产的影响。
4. 软化硬水常用的方法有哪些？比较说明几种软化方法的原理、适用范围与注意事项。
5. 饮料生产中，水消毒方法有哪些？分别说明其杀菌机理。

6. 以某饮料厂为例，试分析水源及其杂质类型，并提出水处理方案与依据。

扩展阅读资料

〔英〕多萝西·西尼尔，〔美〕尼古拉·迪格著. 瓶装水技术〔M〕. 王向农，周奇展译. 北京：化学工业出版社，2007.

第四章 饮料生产基本技术

学习目标

1. 了解饮料生产新技术的应用现状及其发展趋势。
2. 掌握饮料感官修饰、杀菌、灌装等基本技术，酶和膜处理在饮料生产中的应用。
3. 了解饮料加工新技术及其发展趋势。

第一节 饮料感官修饰技术

饮料饮用方便，颜色诱人，味美可口，具有一定的滋味和口感，深受人们的喜爱，而且十分强调色、香、味；它们或者保存天然原料的色、香、味，或者经过加工调配加以改善，以满足人们的需要。感官性状是饮料非常重要的指标之一。因此，饮料加工中有必要进行感官修饰，通过风味、颜色和质构的改善，发挥饮料营养价值，改进饮料的不良性状，使饮料变得颜色宜人，香气滋味协调，口感舒适，提高人们的饮用兴趣。

一、饮料感官修饰目的

1. 改进原料风味

许多食品原料本身营养丰富，但在风味方面却存在着一些不良性状，如大蒜的刺激性臭味，大豆的豆腥味，这些不良风味如果不能在加工中有效去除，会导致成品饮料风味劣化。也有一些饮料，本身的香气滋味成分较弱，需通过风味修饰，提高呈味效果。

2. 促使成品性状均一

许多饮料的原料来自于农业生产领域，由于产地、气候、种植条件的影响，即使同一品种原料，在不同地域和不同年份，各种成分也有一定的区别。譬如成熟度不一致的水果，加工成饮料后，成品色泽、风味差别非常大。通过质构、色泽、风味等方面的修饰，使成品饮料的性状均一。

3. 改进加工缺陷

加工工序对饮料的色泽、风味和质构产生很大影响。如加热过程中香气成分挥发损失，脂肪氧化产生哈败味，蛋白质水解产生苦味，这些加工都损伤了饮料的风味。长时间高温杀菌会使果汁饮料褐变，蛋白饮料变性分层。通过感官修饰和改进生产工艺可将饮料加工缺陷减小至最低程度。

4. 赋予良好感官性状

有些食品原料滋味平淡（如山药、螺旋藻等），营养丰富，通过风味修饰技术，赋予人们喜爱的风味，从而有助于这类食品原料的开发。颜色平淡的原料，通过调配适宜的色彩，可增进人们的购买欲。

5. 满足消费多元化要求

随着生活水平的提高，人们不再满足饮料的固有风味和颜色，喜欢追求新鲜刺激，寻求一些风味独特的饮料。如近年推出的青梅绿茶、果粒橙和奶茶饮料，都以其别具一格的风味、颜色和口感受到了消费者的喜爱。

二、饮料感官基础

1. 视觉

眼球接受外界光线刺激后产生的感觉即为视觉。产生视觉的刺激物质是光波，但不是所有的光波都能被人所感受，只有波长在 380～770nm 范围内的光波才是人眼可接受光波。物体反射的光线，透过角膜到达晶状体，再透过玻璃体到达视网膜，大多数的光线落在视网膜中的一个小凹陷处的中央凹上。视觉感受器、视杆和视锥细胞位于视网膜中，这些感受器含有光敏色素，当它收到光能刺激时会改变形状，导致电神经冲动的产生，并沿着视神经传递到大脑，再由大脑转换成视觉。

颜色是光线与物体相互作用后，对其检测所得结果的感知。感觉到的物体颜色受三个实体的影响：物体的物理和化学组成、照射物体的光源光谱组成和接收者眼睛的光谱敏感性。改变这三个实体中的任何一个，都可以改变感知到的物体颜色。照在物体上的光线可以被物体折射、反射、传播或吸收。物体的颜色能在三个方面变化：色调，消费者通常将其代表性地作为物体的"色彩"；明亮度，也称为物体的亮度；饱和度，也称为色彩的纯度。饮料的颜色是决定其是否受人欢迎的因素之一，不同颜色能显著增加或降低对饮料的食欲。

2. 嗅觉

挥发性物质刺激鼻腔嗅觉神经，并在中枢神经引起的感觉就是嗅觉。嗅黏膜是人的鼻腔前庭部分的一块嗅感上皮区，它是由许多嗅细胞和其周围的支持细胞、分泌粒在上面密集排列形成的。由嗅纤毛、嗅小胞、细胞树突和嗅细胞体等组成的嗅细胞是嗅感器官，人类鼻腔每侧约有 2000 万个嗅细胞。支持细胞上面的分泌粒分泌出的嗅黏液，形成约 $100\mu m$ 厚的液层覆盖在嗅黏膜表面，有保护嗅纤毛、嗅细胞组织以及溶解食品成分的功能。嗅纤毛是嗅细胞上面生长的纤毛，不仅在黏液表面生长，也可在液面上横向延伸，并处于自发运动状态，有捕捉挥发性嗅感分子的作用。

感觉气味的途径是，人在正常呼吸时，挥发性嗅感分子随空气流进入鼻腔，应先溶于嗅黏液中才能与嗅纤毛相遇而被吸附到嗅细胞上。溶解在嗅黏膜中的嗅感物质分子与嗅细胞感受器膜上的分子相互作用，生成一种特殊的复合物，再以特殊的离子传导机制穿过嗅细胞膜，将信息转换成电信号脉冲。经与嗅细胞相连的三叉神经的感觉神经末梢，将嗅黏膜或鼻腔表面感受到的各种刺激信息传递到大脑。

3. 味觉

呈味物质溶液对口腔内的味感受体形成刺激，神经感觉系统收集和传递信息到大脑的味觉中枢，经大脑的综合神经中枢系统的分析处理，使人产生味感。人对味的感觉体主要依靠口腔内的味蕾，以及自由神经末梢。人的味蕾大部分都分布在舌头表面的乳突中，小部分分布在软颚、咽喉和会咽等处，特别是舌黏膜皱褶处的乳突侧面最为稠密。

把味的刺激传入脑的神经有很多，不同的部位信息传递的神经不同。舌前的 2/3 区域是鼓索神经，舌后部1/3是舌咽神经。面部神经的分枝称为大浅岩样神经，负责传递来自上腭部的信息。另外，咽喉部感受的刺激由迷走神经负责，因而它们在各自位置上支配着所属的味蕾。试验证明，不同的味感物质在味蕾上有不同的结合部位，尤其是甜味、苦味和鲜味物质，其分子结构有严格的空间专一性，即舌头上不同的部位有不同的敏感性。一般来说，人的舌前部对甜味最敏感，舌尖和边缘对咸味较为敏感，而靠腮两边对酸味敏感，舌根部则对苦味最为敏感，但有时因人而异。

三、饮料颜色修饰技术

1. 添加色素

有的饮料原本无色或颜色不佳，通过添加色素，赋予饮料以诱人的色泽，刺激人们的食欲和购买欲，提高其产品的商品价值。调色时要充分了解各种色素的性质和状态，应根据色素的特性和使用条件选用合适的色素，使色素着色处于最佳状态，同时色泽与食品原有色泽应相似。应尽量选用纯度高的色素，色素纯度高，色调的鲜艳性、伸展性就好，且变色和褪色少。调色还要选择顾客习惯和心理上都喜爱的颜色。如红色给人以味浓和成熟的感觉，黄色给人以芳香、清淡可口的感觉，橙色给人以甘甜醇美的感觉，绿色给人以新鲜清凉的感觉。

2. 抑制酶促褐变

果蔬中的单宁、绿原酸和酪氨酸等酚类物质在多酚氧化酶和过氧化酶的作用下，发生酶促反应，呈现褐色。原料破碎以前，酶和底物在细胞中区域化分布，彼此不接触。在加工过程中，多酚氧化酶与底物接触，发生褐变，一般由无色或金黄色变成棕褐色。为防止发生褐变，一般采用加热、改变 pH 等条件，抑制酶促反应的发生，从而防止棕褐色产生。张少颖等采用720W，100s 的微波预处理苹果原料果块，发现能够降低多酚氧化酶的活性，减缓苹果汁的褐变。郑仕宏等对刺梨原料采用汽蒸、水煮、食盐溶液浸泡、抽真空等预处理，能有效地保持刺梨果汁的颜色。

3. 化学修饰

花青素、叶绿素等是饮料所用原料的固有色素，但它们的稳定性不高，在饮料加工和贮藏中经常因为周围环境条件（如温度、光照、pH、金属离子）的改变而发生变化，致使饮料颜色不稳定。研究发现，花青素不如花色苷稳定，将花青素用糖基修饰变成花色苷后，稳定性提高。糖基不同，稳定性也有差异，蔓越橘中含半乳糖基的花色苷比含阿拉伯糖基的花色苷在储藏期间更稳定。另外，将一些容易降解的色素，利用接枝反应连接到对人体无害的特定高分子化合物上，也有助于提高色素的稳定性。

4. 加入还原剂

亚硫酸氢钠是传统的护色剂，目前鉴于食品安全方面的考虑，其使用范围日益狭窄。尽管如此，柠檬酸、抗坏血酸和异抗坏血酸钠等依然是使用比较多的护色剂。张嘉等将仙人掌在 0.35g/L 醋酸铜溶液中热烫 12min 后，再用 1.0g/L L - 抗坏血酸和 0.3g/L 柠檬酸进行仙人掌原汁协同护色，经灭菌的试验品在常温下放置数月，色泽依然呈现翠绿色。

5. 吸附脱色

通常认为饮料颜色过深是存放或加工条件不当造成的，为此要将颜色调浅。生产中一般使用大孔树脂、活性炭等吸附脱去一部分色素物质，使饮料颜色变浅，从视觉角度观察变得似乎新鲜一些。大孔树脂比较容易吸附除去酶促褐变产生的褐色物质，而对非酶褐变的产物吸附能力有限。活性炭对非酶褐变的产物去除效果比较好。目前在中国的浓缩果汁加工过程中，树脂吸附已经普遍使用，刚下线的果汁颜色金黄，色值可达 80 以上。

6. 反应形成颜色

可通过调整饮料的不同组分，使其发生反应，形成所需要的颜色。比如调整还原糖和氨基酸的数量，利用杀菌等条件，使二者发生适度的美拉德反应，增加饮料的酱色。研究发现，美拉德反应不仅可以改变饮料的风味和色泽，而且其许多产物还具有抗氧化能力。

四、饮料风味修饰技术

1. 利用味的相互作用

两种相同或不同的呈味物质进入口腔时，会使二者味觉都有所改变的现象（主要包括对比，相乘，消杀和变调作用），称为味觉的相互作用。如在 15% 的砂糖溶液中添加 0.001% 的奎宁，所感到的甜味比不添加奎宁时的甜味强；同样食盐使砂糖溶液甜味浓度提高。又如在橘子汁里添加少量柠檬酸，会感觉甜味减少，如果再加砂糖，又会感到酸味弱。

2. 化学转化

将不良风味成分适当的进行化学改性，使不良风味消失。例如在加工一些单宁含量较高的果蔬时，用酒精、石灰水或食盐等物质直接渗透到单宁细胞中，与其中的可溶性单宁发生反应而转化为不溶性单宁，从而消除单宁的涩味。

3. 掩盖不良风味

通过添加一些风味成分，掩盖不良风味（也可以看做一种特殊的消杀作用）。赵德义等研究发现，当大枣提取液与杜仲提取液两者配伍后，杜仲提取液的加入量≤3% 时，就尝不到杜仲的苦涩药味，只尝到大枣的醇香甜味。可见，大枣的醇香甜味掩盖了杜仲的苦涩药味，从而起到了对杜仲风味的修饰作用。

4. 包埋

通过添加一些符合食品安全的无不良气味的包埋物（如环糊精），可改变饮料中原有气味物质的发挥效果。对于一些不良风味成分（譬如大蒜的臭味、中草药的苦味）通过包埋后，限制其不良风味的发挥，改善饮料的滋味。而对于一些易挥发的良好风味物质，通过包埋后，能有效的保持饮料的最佳风味，延长饮料的保质期，提高经济效益。目前包埋技术在饮料风味调整中应用较少，而微胶囊技术在保存固体饮料的营养成分方面应用较多。

5. 钝化酶

食品原料破碎以前，底物与酶分别在各个细胞中，此时并没有不良气味；破碎时，酶与底物发生反应，形成风味不良成分。如果在破碎以前，将酶钝化，可以减少不良风味的形成。豆乳中豆腥味的主要成分是正己醇，即使含量极微，饮用时也有强烈的不快感。成熟的大豆本身不含此成分，但当大豆的细胞壁破碎后，只需有少量水分存在，脂类物质就会发生氧化降解产生豆腥味。这是由于大豆中存在的脂肪氧化酶与脂类物质反应，立即生成正己醇。脂肪氧化酶存在于许多植物中，而以大豆中的脂肪氧化酶活性最高。由此可见，要生产出无豆腥的豆乳，关键是加工中钝化脂肪氧化酶。研究发现，温度高于 80℃ 就可以抑制脂肪氧化酶的活性。另外，也可以用酸或醇钝化脂肪氧化酶。

6．发酵

通过发酵技术，分解原来的不良风味成分，而且有时能生成一些有益的风味成分。徐怀德等在研制草鱼生物饮料时，向草鱼酶解液中接入乳酸菌并于 40℃ 左右发酵 4h 后，风味明显改善，鱼腥味减弱，并产生了特殊的发酵香味。同时，他们研究发现甲鱼蛋白酶解液经乳酸菌发酵后，大部分苦味氨基酸被转化，增加了水解液中的其他风味物质，使甲鱼酶解液的整体风味得到了非常明显的改善，并赋予了甲鱼酶解液特殊发酵香味和保健功能。

五、提高浊汁饮料浑浊稳定性技术

1．使用增稠剂

增稠剂大多是亲水性胶体，最突出的作用是提高饮料的黏度。浊汁饮料中含有许多微小颗粒，这些颗粒在贮存期间会逐渐发生沉降，导致饮料产生沉淀。根据斯托克斯定律 Stokes Law，饮料中加入多糖等增稠剂后，连续相的密度增大，饮料总体黏度也增大，减缓小颗粒的沉降速度，达到保持饮料悬浮稳定的作用。赵力超等在加工荔枝浊汁的过程中，采用黄原胶、卡拉胶等做稳定剂，制得的浊汁组织状态细腻，口感协调柔和，无挂壁现象，保存 30d 后未发现任何分层现象。

2．使用乳化剂

浊汁饮料的溶解性可以粗略地分成水溶性和脂溶性两大类，这两类成分一般不互溶，贮存期间各自逐渐发生聚集，油相浮到饮料上部，而非油相则沉于下部，最终导致饮料分层。乳化剂是双亲分子，分子两端分别与水溶性成分和脂溶性成分作用，最终使饮料保持一种悬浮稳定状态。阮美娟等采用蔗糖酯、单甘酯等作为复合乳化剂，用于榛子蛋白饮料的加工，获得了比较理想的稳定效果。乳化剂形成的油水混合体系热力学稳定性仍然比较差，近年来在饮料中添加小分子醇类作为助乳化剂，制备微乳液也引起了人们的极大关注。微乳液的稳定性状优于一般的乳化液，在未来的饮料加工中可能有广泛的应用前景。

3．调节 pH

植物蛋白饮料体系 pH 处于等电点附近时，蛋白质溶解度最小，易与体系内其他成分相互聚集沉淀或上浮，因此通过加入盐使体系 pH 偏离等电点是维系植物蛋白饮料体系稳定性必要条件。偏离等电点有两个方向，即低于等电点和高于等电点。当体系 pH 低于蛋白质等电点时，即处于偏酸性环境中，大多数稳定剂胶体保护作用会因 pH 较低而明显下降，同时低 pH 环境会促进蛋白质在热处理时变性，不利于植物蛋白饮料稳定。当体系 pH 大于蛋白质等电点时，植物蛋白质溶解性和乳化性均提高，体系中添加各种稳定剂在此环境中也稳定，因此有利于提高植物蛋白饮料稳定性。通常使用适量柠檬酸、碳酸氢钠等调节饮料的 pH，调节时需注意不能对饮料的口感产生负面影响。

4．形成被膜

浊汁饮料从分散系的角度看，含有胶体成分，这些胶体带有不同的电荷，容易发生凝聚沉降。加入蔗糖、蛋白质等成分后，在胶体表面形成一层被膜，这层膜一方面阻碍胶体发生凝聚，另一方面可提高胶体（或脂肪球）与水的亲和性，从而增强饮料的稳定效果。目前在许多植物蛋白饮料、功能性不饱和脂肪酸饮料中加入白砂糖或蛋白质，在改善口感的同时，也增强了饮料的稳定性。

5. 使用螯合剂

饮料中含有钙、铁等矿物质成分，也含有许多有机酸，有机酸根与多价金属离子相遇后，二者的浓度乘积有时达到或超过了它们的溶度积常数，形成沉淀，从饮料中分离出来。加入螯合剂后，可以减少一部分多价金属离子的有效浓度，使乘积小于溶度积常数，在饮料成分不减少的情况下，保持饮料的质构稳定。柠檬酸钠、六偏磷酸钠和植酸都具有一定的螯合效果，可应用于饮料生产中。

6. 均质

均质是浑浊果蔬汁或乳饮料制造过程中的特殊操作，目的在于使悬浮液中的不同粒子进一步微细化，使粒子大小均一，均匀而稳定地分散于饮料中，保持饮料的均匀浑浊度。不经均质的浑浊饮料，由于悬浮粒子较大，在重力作用下会逐渐沉淀而失去浑浊度。均质设备有高压式、回转式和超声波式等。国内常用的是高压式均质机，这种均质机主要是通过一个均质阀的作用，使加高压的饮料液体从极端狭小的间隙中通过，通常在 60℃ 18～20MPa 下，悬浮粒子受压破碎，然后由于急速降低压力的膨胀和冲击作用，使粒子微细化并均匀地分散在饮料中。均质后的物料一般在 2μm 以下，根据生产需要，可多次均质。

六、清汁饮料澄清技术

1. 使用澄清剂

澄清剂与果蔬汁的某些成分产生物理或化学反应，使果蔬汁中的浑浊物质形成络合物，生成絮凝和沉淀。果蔬汁中的果胶、单宁、纤维素及多缩戊糖等胶体粒子带负电荷，在酸性介质中，明胶带正电荷，明胶分子与果蔬汁中的胶体粒子发生电性中和，破坏果蔬汁的稳定胶体体系，相互吸引并凝聚沉淀。常用的澄清剂包括明胶、膨润土、单宁和交联聚乙烯吡咯烷酮（PVPP）等，各澄清剂可单独使用，多数情况下组合使用。壳聚糖作为澄清剂，已引起了人们的广泛兴趣。范国枝等用 2% 的壳聚糖水溶液处理苹果汁、葡萄汁和橘子汁，提高了果汁的透光率，且对营养成分几乎没有影响。

2. 酶解

加酶澄清法是利用酶制剂水解果蔬汁中的淀粉、纤维、果胶等物质，同时使果蔬汁中的其他胶体失去大分子的保护作用而共同沉淀，达到澄清的目的。在 45～55℃ 以内，果胶酶、淀粉酶的酶促反应速度随温度升高而加速；超过 55℃ 时，酶因高温作用而钝化。酶制剂澄清所需要的时间，决定于温度、果蔬汁的种类、酶制剂的种类和浓度，低温所需时间长，高温所需时间短。但高温易导致果汁发酵，故不宜采用。酶制剂用量根据果蔬汁的性质、淀粉和果胶的含量、酶制剂的活力来决定的。用于澄清的酶制剂通常在果蔬汁加热杀菌冷却后加入，澄清完毕后，经过滤工序除去酶制剂。

3. 加热或冷冻

果蔬汁中的胶体物质常因加热而凝聚，并发生沉淀。此法是在 80～90s 内，将果蔬汁加热到 80～82℃，然后以同样短的时间冷却至室温。由于温度的剧变，使果蔬汁中的蛋白质和其他胶体物质变性，凝固析出，果蔬汁变澄清。由于加热时间短，对果蔬汁的风味影响很小。为避免有害的氧化作用，并使挥发性芳香物质的损失降至最低程度，加热必须在无氧条件下进行，一般可采用密闭的管式热交换器或瞬时巴氏杀菌器进行加热和冷却。

冷冻可以改变胶体的性质，使胶体发生浓缩和脱水作用，破坏悬浮物和胶体的稳定性，使浑浊物质发生絮凝和沉淀。一部分胶体溶液完全或部分被破坏而变成不定型的沉淀，在解冻后过滤除去；另一部分保持胶体性质的可用其他方法除去。此法特别适用于雾状浑浊的果蔬汁，苹果汁用该法澄清效果较好。

4．过滤

超滤是一种以膜两侧的压力差为动力，利用膜孔对溶液进行分离的横端过滤技术。适用于大分子与小分子溶液的分离，一般过滤范围在 $0.002 \sim 0.2\mu m$ 之间。由于滤孔呈锥形，上小下大，所以只要能从上面进入超滤膜孔的物质必能通过，不会堵塞。近年来，国内外对超滤澄清苹果汁、梨汁、葡萄汁等进行了广泛的研究。在浓缩苹果汁加工过程中，超滤已经成为一个必备的加工工序。

5．离心

利用离心力将果蔬悬浮液中的固体颗粒与汁液分离，去除果蔬汁中的粗糙悬浮颗粒、果渣和部分果肉等微小固体颗粒。料浆通过中心送料管进入转筒的离心室，在高速离心力的作用下，果渣甩至转筒壁上，由螺杆传送器将果渣不断地送往转筒的锥形末端排出，得到澄清的果汁通过螺纹间隙从转筒的前端流出。生产中根据得到果汁的透光率情况，确定离心澄清法的最佳转速和时间。草莓、猕猴桃等果肉较软的果蔬，可采用离心法作为辅助澄清工艺。

第二节　饮料生产杀菌技术

一、饮料生产加热杀菌

加热杀菌是饮料加工中用于改善饮料品质、延长饮料贮藏期的最重要的处理方法之一。其作用主要是杀死微生物、钝化酶；改善饮料的品质和特性，提高饮料中营养成分的可消化性和可利用率；破坏饮料中不需要或有害的成分。而热杀菌的负面作用主要指饮料的营养和风味成分有一定的损失，故而对饮料的品质和特性有一定的影响。加热杀菌的基本原理是破坏微生物的蛋白质、核酸、细胞壁和细胞膜，从而导致其死亡。饮料加热杀菌条件是否适当，直接关系到饮料的质量。

1．饮料加热杀菌的影响因素

微生物的营养细胞间与芽孢间其耐热性都有着显著的差异，就是在耐热性很强的细菌芽孢间，其耐热性的变化幅度也相当大。微生物的耐热性受到其遗传性的影响，与它所处的环境条件也是分不开的。

影响微生物耐热性的主要因素是微生物的种类、细胞组成成分、细胞形态以及菌龄等本身的内在因素和饮料的组成成分、饮料存放温度等环境的外界因素。不同种类的微生物或同种微生物不同的株，对热的抵抗力有很大的差别，这种抗热力的大小是由遗传学决定的。但微生物数量、加热饮料的性状（水分、成分、添加物等）及氧等也与其直接相关。因此，用加热杀灭不同种类微生物时，需要合适的处理温度和时间。加热温度和时间是影响微生物受热死亡的主要因素。

在一定条件下，将微生物的细胞及孢子进行加热时，其死亡曲线一般按对数法则变化，达到预计杀菌水平所需要的时间随温度上升而缩短，加热物料中最初的微生物数量越大，加热处理所需要的时间也就越长。一般说来微生物的存在状态和加热饮料的性状是饮料杀菌最重要的因素。饮料的初温对杀菌时间有明显的影响，尤其对传导型加热的饮料影响更大，如南瓜饮料，在取得同等杀菌效果和罐型相同的情况下，当初温为82℃时，121.1℃杀菌需166min，但初温60℃时，121.1℃杀菌需提高到205min；而且罐内饮料成分在长时间受热时会分解或相互作用，以致影响罐头的质量。因此，封装后的罐装饮料，应尽快进入杀菌设备中进行杀菌，罐装密封后至杀菌前停留时间一般不宜超过30min。

各种饮料的性状不同，传热速度也不相同。传导型传热时，热量是通过邻近的分子间进行的，因而，传热速度很慢，糊状玉米粥、南瓜浓汤等饮料，在加热时就是以传导型为主的。饮料包装容器内壁附近的液态饮料受热迅速膨胀，密度下降，因而比相邻的内层液体饮料轻，于是各部位的流体的质点产生相对位移，轻者上升，重者下降，形成了液态饮料的循环流动，从而传递热量，其传热速度甚快，形成对流型加热。当有些饮料受热时，有的是对流和传导同时发生的混合型传热，如浑浊型（八宝粥）饮料开始杀菌时因糖的浓度高、稠度大属传导型传热，随着温度升高，糖液的稠度下降，流动性增加，逐步转为对流型传热，这是先传导后对流传热的混合型传热。

装罐量和固形物量越多，需杀菌时间越长。饮料所用的包装材料、包装形式、饮料在杀菌设备内的排列方式、杀菌设备的形式、杀菌设备内的热源分布状态、杀菌过程的操作、杀菌设备内有无气囊、升降温时间长短等都会影响饮料杀菌所需要的时间。

2. 加热处理对饮料成分的影响

饮料受热时，常发生物理变化或化学变化，从而引起饮料品质的变化，这种变化有的对加工有利，有的有害，而以后者情况占多数。要杀灭饮料中的腐败菌，需要严格的加热条件，这就常常导致饮料色、香、味、组织结构及营养价值的下降。所以，在选择合理的加热杀菌条件时，除了必须达到杀菌效果外，还必须充分注意保持饮料的营养成分。

饮料的碳水化合物中，糖的含量最多，除自身会进行分解、缩合反应外，还可以与饮料中的其他成分相互作用，使饮料很快产生褐变、异臭等。

饮料杀菌中的褐变反应不只是单纯的还原糖反应，它与饮料其他成分的存在，如脂类、抗坏血酸、含氮化合物、有机酸等有关。1%的糖液在中性或微碱性溶液中就会发生褐变。水果饮料中的糖液常常添加了有机酸，因此易发生褐变。易引起褐变的有机酸的顺序是：苹果酸＜酒石酸＜柠檬酸＜葡萄糖酸。糖的分解产物与氨基酸作用而形成褐变化合物，各种糖的褐变反应速度顺序为；五碳糖中：核糖＞阿戊糖＞木糖；六碳糖中：半乳糖＞甘露糖＞葡萄糖。至于双糖（如蔗糖）及多糖类，因其分子较大，故反应速度较慢。褐变反应在常温下速度缓慢，随着温度升高，反应速度加快，每升高10℃，可加快3～3.5倍。

蛋白饮料中所含蛋白质的质和量，决定了饮料的营养价值的高低，而饮料的营养价值又受到饮料的加工和贮藏条件的影响，杀菌就是重要的影响之一。蛋白质的生理特性的特定结构常常由于加热、干燥、压力、搅拌、冻结、紫外线以及添加酸、碱、盐等产生破裂，从而失去了原有的物理和化学性质而产生变性。变性后的蛋白质，黏度增加，溶解度减小，产生凝固，生物学活性消失。含蛋白质的饮料在过度受热后生物价值将降低。蛋白质在100℃以上的温度时，会产生有机硫化物或硫化氢，与包装材料中的铁、锡离子作用而形成黑色的硫化物，从而污染饮料，这是蛋白饮料常产生的黑变原因之一。为了解决蛋白质的变性问题，采用高温短时的杀菌方法是一种解决办法。如牛乳经瞬时超高温加热后，在贮藏中生成的沉淀物较少。

脂质存在于动、植物体内的脂肪组织中，脂质的变化有相的变化、乳化分散态、皂化与酸败，其中酸败对饮料品质的影响最重要。脂肪氧化的同时，还会影响饮料的色泽，如胡萝卜素被破坏后产生色变。更为重要的是脂肪酸败后，油脂丧失营养价值，甚至会变得有毒。饮料受热时，饮料本身也含有其他引起油脂酸败的各种物质，如水分、金属离子等，光线也会促进油脂酸败。因此，富含动植物脂肪的饮料在加热处理时都很容易氧化而发生酸败。当加热温度超过250℃时还可能产生有毒的化合物。

饮料中维生素 A、维生素 D、维生素 B_{12}、维生素 B_1 随温度上升而渐渐分解，叶酸、维生素 B_6 在用 100～130℃加热时则急剧分解。维生素的稳定性与其类别、加热温度和加热时间等有关。维生素的分解速度还受 pH、金属离子、氧化剂、还原剂及与空气接触与否的影响。

在饮料加工和贮藏过程中，酶往往会导致饮料的感官和营养价值降低。这些酶主要包括过氧化物酶、多酚氧化酶、脂肪氧化酶、抗坏血酸氧化酶等。在一定的温度范围内，酶的热失活反应并不完全遵循一级破坏反应，如甜玉米中的过氧化物酶在88℃下的失活具有明显的双向特征。一些酶的失活可能是可逆的，例如果品、蔬菜中的过氧化物酶和乳中的碱性磷酸酶等在一定条件下热处理时被钝化的酶，在饮料贮藏过程中会部分再生。但如果热处理温度足够高的话，所有酶的变性将是不可逆的，这时热处理后酶也不会再生。

饮料受热时，饮料中的各种色素成分会发生变化，如叶绿素既不耐热也不耐光，绿色的果蔬饮料在长时间加热后因失去镁而呈黄绿色，花青素是果蔬呈现红紫色的主要色素，对温度和光都敏感，含花青素的水果饮料因贮藏期长而变色，由红色→紫红色→红褐色→褐色。此外，生物材料加工的饮料含有多酚氧化酶会引起酶促褐变，当用 70～80℃短时间处理时，因酶未完全失活而使酶褐变加剧。非酶褐变也是饮料加工中常引起色变的原因。还有，某些果蔬内的糖苷类物质与罐内表面的铁起反应也可生成黑色物质。

饮料各成分在热处理时，其反应速率大部分遵循单分子反应动力学的规律，从各种温度下的破坏程度可知，加热杀菌时的温度和时间的选择是十分重要的。

饮料的高温杀菌指饮料经100℃以上的杀菌处理。主要应用于 pH>4.5 的低酸性饮料的杀菌。这类饮料因酸度较低，能被各种致病菌、芽孢菌、产毒菌及其他腐败菌污染变质。考虑到这些有害菌其芽孢的耐热性较强，故必须采用高温杀菌的手段。用热水或蒸汽作介质杀菌时，要达到超过100℃以上的温度，只有用高压水或高压蒸汽才行。

如果将牛乳的杀菌温度升高，那么杀死微生物或细菌的效力会提高。但与此同时，物理变化和化学变化也应引起重视。

在牛乳的高温处理过程中，最普遍的化学变化之一是由蛋白质和还原糖相互作用产生的褐变作用。尽管牛乳褐变的速率随温度上升而加快，但是并不与超高温范围温度内杀菌效率上升速度成正比。

超高温杀菌处理前后的牛乳 pH 的变化不大。瑞典阿尔纳普研究所研究人员对 66 个样品进行化验所得的结果是：酸度由处理前的 14.36°T 变为处理后的 13.28°T，pH 由 6.68 变为 6.67。

在牛乳的所有维生素中，维生素 C（抗坏血酸）是对热分解最敏感的一种，然而，超高温瞬时加热杀菌处理对维生素 C 的破坏并不比一般高温短时巴氏杀菌的大或者相同，经试验处理后，维生素 C 的含量，前者为 15.6mg/L 牛乳，后者为 15.7mg/L 牛乳。然而，在贮存期间维生素 C 分解很快，在高温及经过长时间贮存，分解尤其严重。

超高温杀菌处理而引起的灭菌牛乳的物理变化，包括沉淀物生成、蛋白质的不稳定和脂肪的分离等。超高温瞬时加热杀菌装置采用的平均均质压力和均质温度分别为 200kg/cm² 和 60℃。这个条件对于脂肪的稳定是合适的，超高温瞬时加热灭菌牛乳的均匀度很好。

二、饮料非热杀菌技术

传统的热杀菌法虽然能保证饮料在微生物方面的安全，但热能会破坏对热敏感的营养成分，影响饮料的质构、色泽和风味。冷杀菌技术虽然起步较晚，但由于消费者要求营养、原汁原味的呼声日益高涨，冷杀菌技术受到日益重视并进展很快。非热杀菌技术不仅能保证饮料在微生物方面的安全，而且能较好地保持果汁的固有营养成分、质构、色泽和新鲜程度。与传统的热杀菌方法相比，非热加工技术不仅涉及的领域很广，而且在杀菌机理、方式、杀菌动力学规律等方面几近空白，有待于科技工作者去认识和探索。

非热杀菌技术很有可能会成为饮料加工领域的最具有潜力的前瞻性技术之一，但是这些技术本身也存在不足之处，在应用非热杀菌技术时应首先考虑三大问题，一是杀菌中是否引起新的污染；二是是否比传统方法有明显的经济优势；三是是否能实现规模化生产。

（一）紫外线杀菌

紫外线消毒价廉、方便、无残留毒性、比较安全，对消毒物品无甚损坏，故仍是常用的物理消毒方法之一，它的主要用途是消毒空气，也用于水、饮料、物体表面消毒。

紫外线可以杀灭各种微生物，包括细菌、真菌、病毒等。每种微生物都有其特定的紫外线死亡剂量阈值。杀菌剂量（K）是照射强度（I）和照射时间（t）的乘积：$K = It$。从式中可以看出，高强度短时间或低强度长时间照射，均能获得同样的效果。

革兰阴性菌对紫外线最敏感，其次为革兰阳性球菌，细菌芽孢和真菌孢子抵抗力最强。病毒也可被紫外线灭活，其抵抗力介于细菌繁殖体和芽孢之间。

（1）紫外线杀菌机理　紫外线照射能量较低，不足以引起原子的电离，仅产生激发作用，使电子处于高能状态而不脱开。对于紫外线的杀菌机制，一般认为其杀菌作用在于促使细胞质的变性。当微生物被紫外线照射时，只有在菌体吸收了紫外线后，才能显示出其杀菌作用。紫外线主要作用于微生物的核酸，导致其被破坏。同时对蛋白质、酶及其他生命攸关的物质也有一定的作用。紫外线可以被蛋白质上的氨基酸所吸收，从而使这些化学基团破坏，导致蛋白质变性，结构改变，使其失去功能。

（2）影响紫外线消毒效果的因素　和紫外线消毒效果有关的因素很多，概括起来可分为两类：影响紫外线光源辐射强度及照射剂量的因素和微生物方面的因素。

温度过高或过低均会影响消毒效果，一般温度以 20～40℃ 为宜，也有人认为以 10～25℃ 为宜。

相对湿度在 55%～60% 以下杀菌能力较强，若湿度增至 60%～70% 时，使微生物对紫外线的敏感性降低，若湿度增至80%～90%时，杀菌力下降30%～40%。

不同微生物对紫外线的抵抗力水平不同，消毒物品上污染的微生物的量越多，消毒效果越差，因此在消毒前对消毒对象上污染微生物的种类和数量需要有个大概的了解，以便确定照射剂量。

紫外线穿透力很差，空气尘埃能吸收紫外线而降低杀菌率，当空气中含有尘粒800～900个/cm^{3}时，杀菌效能可降低20%～30%；紫外线杀死悬浮在空气中细菌的能力比杀死固体表面或水溶液中同一微生物能力强。紫外线在酸性介质中的杀菌能力比在碱性介质中强。另外，空气透明度越大，紫外线杀菌作用越强。空气中悬浮物多少、颗粒大小也影响消毒效果。

在不同物质表面上紫外线杀菌需要照射剂量不同，物质表面的光滑程度越高，对紫外光波反射能力越强，杀菌效果越好。以油漆木板做紫外灯管反射罩，只能增强3%～10%；若用反射力强的金属做反射罩，可明显增强紫外线杀菌效果，不锈钢能增强照射剂量的20%～30%。

紫外线灯照射强度越低，杀菌效果越差，强度低于70μW/cm^{2}时，即使照射60min，对细菌芽孢的杀灭率也不能达到合格要求。紫外线灯照射剂量随照射强度增强而增加，当照射剂量相等时，不同照射强度的杀菌效果相近。故消毒技术规范规定，用于紫外线消毒灯管的照射强度不应低于70μW/cm^2，在消毒物不详或要杀灭多种病毒和细菌时，照射剂量不应低于100μW·s/cm^2。而紫外线灯管照射强度受电压、温度、照射距离、照射角度等影响，同时还要注意灯管的清洁及使用寿命。实验表明，电压每下降10V紫外线灯强度下降15～20μW/cm^2，电压在190V以下，紫外线灯不能工作；在电压220V条件下，温度0～40℃范围内，紫外线照射强度随温度增高而上升。

紫外线在液体中的穿透，随深度的增加而降低，水中杂质、溶解的盐类、糖类及各种有机物均大大降低其穿透力。不同地区的水，因含矿物质不同，紫外线穿透能力甚至可相差100倍左右。至于酒类、果汁等，只需0.1～5.0mm厚即可阻留90%以上的紫外线。

（3）紫外线消毒灭菌的应用　空气几乎不吸收紫外线，杀菌灯会产生最大的杀菌效果。原则上，在一切饮料生产加工经营的场所都可以安装紫外线杀菌灯进行空气消毒杀菌。可用于无菌灌装和无菌包装过程中；在豆粉、麦乳精、乳粉和各种固体饮料的无菌包装过程中。在饮料加工厂的微生物实验室内，安装紫外线杀菌灯进行空气杀菌是必须的。一部分饮料加工厂使用高性能过滤除菌的洁净室装置等设备，该设备投资费用较昂贵，维修管理的劳力和经费都较多。而紫外线杀菌的设备费用，维修费用均很低廉。当前我国饮料企业、经营单位的现状从客观上要求使用紫外线杀菌灯实施空气消毒。紫外线杀菌是一种经济、简便、杀菌效果好的消毒方法。

（二）臭氧杀菌

臭氧又名三分子氧（triatomic oxygen），分子式O$_3$，相对分子质量48.0。雷电过后，有时人们可以闻到它的气味。臭氧在常温下可以自行还原为氧气。

臭氧杀菌技术是现代饮料工业采用的冷杀菌技术之一。臭氧是已知可利用的最强的氧化剂之一，在实际使用中，臭氧呈现出突出的杀菌、消毒、降解农药的作用，是一种高效广谱杀菌剂。臭氧可使细菌、真菌等菌体的蛋白质外壳氧化变性，可杀灭细菌繁殖体和芽孢、病毒、真菌等。常见的大肠杆菌、粪链球菌、金黄色葡萄球菌等，杀灭率在99% 以上。臭氧还可以杀灭肝炎病毒、感冒病毒等，臭氧在室内空气中弥漫快而均匀，消毒无死角。臭氧能杀死病毒细菌，而健康的细胞具有强大的平衡系统，因而臭氧对健康细胞无害。

臭氧稳定性极差，在常温下可自行分解为氧气，1% 浓度以下臭氧在空气（常温常压）中的半衰期为30min 左右，随温度的升高，分解速度加快。当温度达到270℃高温时可立即转为氧气。1% 水溶液在常温下的半衰期为20min 左右。所以臭氧不易贮存，需现场制作，立即使用。

臭氧杀菌机理以氧化作用破坏微生物膜的结构实现杀菌作用。臭氧首先作用于细胞膜，使膜构成成分受损伤而导致新陈代谢障碍，臭氧继续渗透穿透膜而破坏膜内脂蛋白和脂多糖，改变细胞的通透性，导致细胞溶解、死亡。而臭氧灭活病毒则认为氧化作用直接破坏其核糖核酸 RNA 或脱氧核糖核酸 DNA 物质而完成的。

臭氧水杀菌情况有些不同，其氧化反应有两种，微生物菌体既与溶解水中的臭氧直接反应，又与臭氧分解生成之羟基的间接反应，由于羟基为极具氧化性的氧化剂，因此臭氧水的杀菌速度极快。

臭氧是一种广谱杀菌剂，可杀灭细菌繁殖体与芽孢、病毒、真菌、原虫包囊等，并可破坏肉毒杆菌毒素。臭氧在水中杀菌速度较氯快 600 ~ 3000 倍。例如，对大肠杆菌，用0.1mg/L 活性氯（余氯量），需作用 1.5 ~ 3.0h，而用臭氧只需 0.045 ~ 0.45mg/L（剩余臭氧量），作用 2min。表 4 - 1 所示是臭氧对各种微生物的杀菌效果。

表 4 - 1　　　　　　　　　　臭氧的杀菌作用

微生物	臭氧浓度/（mg/kg）	pH	温度/℃	作用时间/min	致死率/%
金黄色葡萄球菌	0.5		25	0.25	100
鼠伤寒杆菌	0.5		25	0.25	100
大肠杆菌	0.5		25	0.25	100
弗氏志贺氏菌	0.5		25	0.2	100
蜡状芽孢杆菌	2.29		28	5	100
巨大芽孢杆菌	2.29		28	5	100
马阔里芽孢杆菌	2.0	6.5	25	1.7	99.9
嗜热脂肪芽孢杆菌	3.5	6.5	25	9	99.9
产气荚膜梭菌	0.25	6.0	24	15	100
生孢梭菌 PA 3679	5	3.5	25	9	99.9
肉毒梭菌 62A	6	6.5	25	2	99.9
肉毒梭菌 213B	5	6.5	25	2	99.9

速冻饮料、冷冻饮料加工车间与包装间，都有比较高的卫生要求，生产车间的微生物污染是影响产品质量的极重要因素。目前我国大都采用紫外灯消毒，饮料微生物指标很难

控制，在夏季尤其严重。臭氧用于饮料加工车间效果很好，浓度也比冷库消毒要求低得多，一般 0.5 ~ 1.0mg/kg 即可达到 80% 以上的空气杀菌率，并可去除车间异味。

饮料加工间杀菌净化的一个重要问题，是确定臭氧发生器的开机时间，原则是使上班时加工间内细菌数处于最低水平。一般是下班后开机，如上班前能开机更好。要留有停机臭氧分解时间，待上班时闻不到新鲜的臭氧气味即可。要求更高的无菌操作室可以在闭路空气循环中进行杀菌而又使工作人员不接触臭氧，该项应用技术已成熟。

在饮料生产过程中，臭氧水可用于管路、生产设备及盛装容器的浸泡和冲洗，从而达到消毒灭菌的目的。采用这种浸泡、冲洗的操作方法，一是管路、设备及盛装容器表面上的细菌、病毒被大量冲淋掉；二是残留在表面上的未被冲走的细菌、病毒被臭氧杀死，非常的简单省事，而且在生产中不会产生死角，还完全避免了生产中使用化学消毒剂带来的化学毒害物质排放及残留等问题。

利用臭氧水对生产设备等的消毒灭菌技术结合膜分离工艺、无菌灌装系统等，在酿造工业中用于酱油、醋及酒类的生产，可提高产品的质量和档次。

饮用水杀菌净化是臭氧应用历史最长、应用规模最大的一个领域。目前世界臭氧产业的主要市场仍是饮水处理，在欧美、日本等发达国家臭氧化处理饮用水已占主导地位。原因在于臭氧处理可达到无微生物污染、无残余化学污染的高要求。

矿泉水已是大量消费的瓶装饮料，其保质期取决于微生物的彻底杀灭。常用的超滤加紫外线消毒的方法难以达到质量标准，臭氧杀菌成为首选方法，既可以完全杀灭活微生物，达到双零指标，又可去除水中铁锰可溶性盐类而保存有益的碳水化合物。

矿泉水臭氧溶解度在 0.4 ~ 0.5mg/L 时即可满足杀菌保质要求，合理的设计为臭氧投加量 1.5 ~ 2.0g/m³。臭氧在水中的溶解度随温度降低、压力提高而提高。在实际生产条件下，保证臭氧气体浓度在 10mg/L。臭氧与水接触时间 5 ~ 10min，气水混合接触良好的情况下即可达到要求。目前一些厂家用 50 ~ 100g/h 臭氧发生器处理矿泉水（产水量 10m³/h 以下）是不负责任的。首先作为质量很好的矿泉水无需那么多臭氧（只有污水由于严重的化学、生物污染才会吸收消耗大量臭氧），多余大量臭氧作为尾气排放反而增加尾气处理装置的负担。其次，容易对矿泉水造成过氧化而使有益微量元素损失。

（三）超高压杀菌

超高压杀菌法就是在密闭容器内，用水作为介质对软包装果汁施以 200 ~ 1000MPa 的压力，获得良好的杀菌效果。一般而言，压力越高，杀菌效果越好。在相同压力下延长受压时间并不一定能提高杀菌效果。在 400 ~ 600MPa 的压力下，可以杀灭细菌、酵母菌、霉菌。

超高压杀菌除了可以保持饮料原有的色、香、味和营养成分，避免了因热处理而出现的影响饮料品质的各种弊端外，还具有杀菌均匀，无污染，操作安全，且较加热法耗能低，减少环境污染等优点。这是传统高温热力杀菌方法所不具有的优点。

超高压杀菌技术最适合于果汁饮料、浓缩果汁和果酱等液体的杀菌。超高压处理的新鲜果汁，其颜色、风味、营养成分和未经超高压处理的新鲜果汁几乎无任何差别。日本小川浩史等将柑橘类果汁（pH2.5 ~ 3.7）经 100 ~ 600MPa、5 ~ 10min 加压灭菌，研究结果表明：细菌、酵母菌和霉菌总数均随压力增大而减少，酵母菌、霉菌和无芽孢细菌可以被完全杀死，但仍有棒杆菌、枯草杆菌等能形成耐热性强的芽孢而有残留。但如果加至600MPa再结合适当的低温加热（47～57℃），则可以完全灭菌。超高压杀菌后的果汁其风味、化学组成成分均没有发现变化。

微生物检验可知，引起酸性果汁饮料腐败变质的主要菌是：酵母菌、霉菌和部分腐败细菌，而耐热性强的芽孢菌在此酸性条件下无法生长繁殖，因此采用超高压杀菌最为合适。在400MPa下加压10min，pH在4以下的果汁即可达到商业无菌状态，在室温下放置几个月甚至一年半无任何微生物引起的腐败变质现象。

在生产果汁中，采用高压杀菌，不仅使水果中的微生物致死，而且还可简化生产工艺，提高产品品质。这方面最成功的例子是日本明治屋食品公司，该公司采用高压杀菌技术生产果酱，如草莓、猕猴桃和苹果酱。他们采用在室温下以400～600MPa的压力对软包装果酱处理10～30min，所得产品保持了新鲜的口味、颜色和风味。表4－2所示为超高压杀菌与热杀菌的比较。

表4－2 超高压杀菌和加热杀菌的比较

项目	超高压杀菌	加热杀菌
传递速度	快、瞬间进行	慢、热传递要一段时间
杀菌时间	5～10min	20～30min
温度	常温	80～100℃
风味	不变	改变
维生素	不破坏	有损失
氨基酸	无影响	有影响
果糖、葡萄糖	无影响	有影响
工艺流程	简单	复杂

超高压在乳制品、植物蛋白乳的加工杀菌方面也有广泛应用。经超高压处理的牛乳、豆乳没有煮熟味，组织细腻，风味良好，保质期大大延长。

（四）微波杀菌

微波（microwave）是指波长10m～1mm的电磁波，其频率为0.3～300GHz。微波杀菌是微波技术在食品工业中的主要应用，其是利用微波的热效应和生物效应的共同作用而实现杀菌目的。

国外利用微波杀菌已应用于饮料工业生产，如日本的蘑菇小包装，荷兰和美国的熟食品、蔬菜、饮料小包装，匈牙利的方便饮料，都经过微波杀菌后在市场上流通。国内用微波对饮料杀菌也有了初步研究，目前我国应用微波对牛乳进行杀菌，鲜乳在80℃左右处理数秒钟后，杂菌和大肠杆菌完全达到卫生标准要求，不仅营养成分保持不变，而且经微波作用的脂肪球直径变小，且有均质作用，增加了奶香味，提高了产品的稳定性，有利于营养成分的吸收。

某些饮料制品常发生霉变和细菌含量超标现象，并且不宜高温加热杀菌，采用微波杀菌技术，具有温度低、速度快的特点，既能杀灭饮料中的各种细菌，又能防止其贮藏过程中的霉变，而且经微波辐照处理后，各项理化指标均有所提高。

（五）超声波杀菌

超声波是机械振动能量的一种传播形式。超声波在固体、液体和气体中传播时，会引起一系列效应，利用这些效应可以影响、改变以至破坏物质的状态、性质及组织结构。超声波对生物的作用，在声强低的情况下，效应是可逆的，而声强超过一定阈值时则会产生不可逆效应。

超声波杀菌的机理是基于超声生物、物理和化学效应。研究发现在含有空气或其他气体的液体中，在超声辐照下，主要由于空化的强烈机械作用能有效地破坏和杀死某些细菌与病毒或使其丧失毒性。

例如荧光细菌在超声作用下会受到破坏，大肠杆菌族细菌也有同样结果。伤寒沙门氏菌可以用 4.6MHz 频率的超声来全部杀死。用 960kHz 的超声在水溶液和生理盐水中作用于百日咳菌，发现超声波对这些微生物有显著的破坏作用。

超声波作用于液体物料时，液体会产生空化效应，当声强达到一定数值时，空化泡瞬间剧烈收缩和崩解，泡内会产生几百兆帕的高压及高温。这些效应对液体中的微生物会产生粉碎和杀灭的作用。

超声波杀菌的效果受许多因素的影响，主要有：

（1）声强的影响 为了在液体介质中产生空化效应（这是杀菌的主动力），声强的必要条件是大于具体情况下的空化阈值。杀菌所用声强最低也要大于 $1W/cm^2$。

声强增大，声空化效应增强，杀菌效果增强，但也使声散射衰减增大；同时，声强增大所引起的非线性附加声衰减亦随之增大，因而为取得同样杀菌效果所付出的功率消耗增加。当声强超过某一定界限时，空化泡在声波的膨胀相内可能增长过大，以至它在声波的压缩相内来不及发生崩溃，使空化效应反而减弱，杀菌效果会下降。可见，为获得满意的超声杀菌效果，没有必要无限制的追求声强，一般情况杀菌声强宜于取在 $1 \sim 6W/cm^2$ 的范围内。

（2）频率的影响 频率越高，越容易获得较大的声压和声强。另一方面，随着超声波在液体中传播，液体中微小核泡被激活，由震荡、生长、收缩及崩溃等一系列动力学过程所表现的超声空化效应也越强，从而使超声波对微生物细胞繁殖能力的破坏性也就越明显，宏观上表现出来的微生物灭菌效果就越好。

但频率升高，声波的传播衰减将增大。因此，一般来说，为获得同样的杀菌效果，对于高频声波则需付出较大的能量消耗。例如有学者报道，为了在水中获得空化，使用 400kHz 超声波所消耗的功率，要比使用 10kHz 的超声波高出 10 倍。由于这个原因，目前用于超声波杀菌的超声波频率多选在 20 ~ 50kHz。

（3）杀菌时间的影响 一系列的研究表明，随着杀菌时间（超声辐照时间）的延长，杀菌效果大致成正比增加，但进一步延长杀菌时间，杀菌效果并没有明显增加，而趋于一个饱和值。对其他的声化学反应也如此。因此一般的杀菌时间都定在 10min 内。另外还有一个问题必须引起充分注意，随着杀菌时间的延长，介质的温升会加大，这对于某些热敏感的饮料杀菌是不利的。

（4）超声波形的影响 超声杀菌可取连续波和脉冲波两种波形。连续波工作时，声能在整个杀菌过程中不断连续作用。而脉冲是间断作用的，可防止介质的显著热效应，这对于热敏感饮料的杀菌是有利的。

有的研究者认为在进行超声杀菌时，利用混响声场要比行波声场有效得多，在同样的超声能量输入条件下，可达到高得多的杀菌效率。当使用脉冲超声波时，为使稳定的混响场得以建立，以期获得高的杀菌效率，应使脉冲宽度有足够的宽余，在保证稳定的混响声场得以建立的情况下，所获得的杀菌效率等效于连续波辐照。

超声波处理液体食品，可使液体中的蛋白变性、大分子物质发生降解，如 M. Villamiel 等人发现，超声波处理牛乳，可以使牛乳中酪蛋白和乳清蛋白产生变性作用；超声波处理全脂乳，乳清蛋白（α-乳白蛋白，β-乳球蛋白）的变性作用远远高于脱脂乳中，其变性程度随牛乳温度的升高而显著增加；酪蛋白胶粒在经过超声波处理后，对其变性程度的影响不明显。他们还对牛乳中的谷氨酸转氨酶、碱性磷酸酶和过氧化物酶进行处理。发现在不同的温度下，高强度的超声波对酶的影响是不同的。饮料工业中生产低乳糖含量的酸牛乳时引入超声作用，可使 β-半乳糖苷酶活力明显提高，实验表明：引入超声波处理，乳糖浓度减少 71% ~74%，而不引入超声，乳糖浓度仅减少 39% ~51%；许多酶促反应在水溶液中不能进行，在有机溶剂中能缓慢进行，但是加以超声波处理，反应速度会明显增加。超声波作用于饮料，可使大分子物质发生降解，降解的主要机理是：超声波的机械性断键作用和自由基的氧化还原反应。超声波的机械性断键作用是由于物质的质点在超声波场中具有极高的运动加速度，产生激烈而快速变化的机械运动，分子在介质中随着波的高速振动及剪切力的作用而降解。石秀东等人研究超声波在水中的传播情况，得出质点最大加速度达到重力加速度的 2300 倍。这种快速变化的机械运动足以引起高分子物质中共价键的断裂，而导致高分子物质的降解。自由基的氧化还原反应主要是由于液体在超声波作用下产生空化效应而导致的。当超声波在介质中传播，若声强足够大，介质分子间的平均距离增大，超过极限距离后，会破坏液体结构的完整性，造成空穴，这些空穴破碎时会产生局部性的高压和剧烈的温度变化，为自由基的产生提供能量。溶剂类型不同，形成的自由基也不相同，所造成的超声波的反应结果也不相同。自由基和热效应对低分子质量物质较有效，机械效应对高分子物质的效应更为显著，且随分子质量的增加而增加。

总之，超声波与饮料介质相互作用，在极短的时间内可以起到杀菌和破坏微生物的作用，而且能对饮料产生如均质、催陈、裂解等多种作用，可以保持饮料品质，减少功能成分的破坏，因此超声波在饮料中有非常广阔的应用前景。超声波技术作为一门新兴技术，能满足消费者对饮料日益增长的质量及安全性的要求。但目前，超声波技术在饮料方面的应用不十分成熟，还需要在超声波对饮料各组分的影响、超声波应用的技术参数、使用设备等方面作进一步的深入研究。

（六）高压脉冲电场杀菌

脉冲电场杀菌是利用强电场脉冲的介电阻断原理对饮料微生物产生抑制作用。在果汁加工过程中，滋生的微生物对于脉冲电场钝化作用敏感，革兰阴性细菌明显比酵母菌和革兰阳性细菌敏感，而更顽固的细菌内生孢子需要采用大电容和很长时间的处理，国内外对此技术已作了许多研究，并设计出相应处理装置，有效地杀灭与饮料腐败有关的几十种细菌。证实在脉冲电场强度为 12 ~40kV/cm，脉冲时间为 20 ~18μs 的条件下，可有效地进行灭菌，且以双矩形波最为有效。脉冲电场可以使果蔬中的细菌减少 4 ~5 个对数周期，用脉冲电场逐步处理埃希大肠杆菌则可以使其数量减少 9 个对数周期。

对于高压脉冲电场杀菌机理有多种假说：如细胞膜穿孔效应、电磁机制模型、黏弹极性形成模型、电解产物效应、O₃ 效应等。归纳起来，高压脉冲电场杀菌作用主要表现在以下两个方面：① 场的作用。脉冲电场产生磁场，这种脉冲电场和脉冲磁场交替作用，使细胞膜透性增加，振荡加剧，膜强度减弱，因而膜被破坏，膜内物质容易流出，膜外物质容易渗入，细胞膜的保护作用减弱甚至消失。② 电离作用。电极附近物质电离产生的阴、阳离子与膜内生命物质作用，因而阻断了膜内正常生化反应和新陈代谢过程等的进行；同时，液体介质电离产生 O₃ 的强烈氧化作用，能与细胞内物质发生一系列反应。通过以上两种作用的联合进行，杀死菌体。对于高压脉冲电场杀死菌体的作用，国内外许多学者提出多种机制模型：如电子机制模型、类脂物阻塞模型等，但是这些机制需要进一步通过试验得到验证。

高压脉冲电场杀菌具有处理时间短，能耗低，传递快速、均匀等优点。

在处理液体饮料时，其装置共分为 5 个部分：高压脉冲器、连续处理室、液体饮料泵、冷却装置和带有计算机的数据处理系统。对于浓缩苹果汁、鲜苹果汁等不同的液体饮料，在不同初温和不同最大温度条件下，采用相同的高压脉冲电场处理后，货架期不同。所以，不同的饮料要根据其自身的质构特点和贮存要求，采用合适的条件。

（七）辐照杀菌

用于饮料内部杀菌的只有 γ 射线。γ 射线是一种波长极短的电磁波，对物体有较强的穿透力，微生物的细胞质在一定强度 γ 射线辐照下，没有一种结构不受影响，因而产生变异或死亡。微生物代谢的核酸代谢环节能被射线抑制，蛋白质因照射作用而发生变性，其繁殖机能受到最大的损害。射线照射不引起温度上升，故这种杀菌方式被称为"冷杀菌"。不同微生物对放射线的抵抗力也不同，一般抗热力大的细菌，对放射线的抵抗力也较大。饮料经过辐照后至少可以使 99.9% 常见的以食物为载体的病菌失去活性。采用辐照，不但杀菌范围广，而且对细菌的破坏力也很强，只有极少量的病菌在辐照后能够存活下来，但其数量已不足以对人体构成危害。

射线在照射过程中会产生化学效应。它包括直接效应和间接效应两种效应，直接效应是指微生物细胞间质受高能射线照射后发生的电离作用和化学作用，使物质形成离子、激发态或分子碎片。间接效应是水分子接受射线后产生电离作用再与胞内其他物质作用。生成与原始物质不同的化合物。这两种作用阻断胞内一切活动，导致微生物的死亡。

与传统方法比较，辐照杀菌具有许多优点：① 射线处理无需提高饮料温度，照射过程中饮料温度的升高微乎其微。因此处理适当的饮料在感官性状、质地和色香味方面的变化甚微；② γ 射线的穿透力强，在不拆包装和不解冻的情况下，射线可透过进行杀菌。起到化学药品和其他处理方法不能达到的作用；③ 应用范围广泛。能处理各种不同类型的食物品种；④ 射线处理饮料不会留下任何残留物，且节约能源，效率高。

果汁辐照后，其维生素 C 损失可以忽略。0.5kGy 剂量照射可以使苹果汁灭菌，并保持果汁原有的特殊风味和气味。高达 5kGy 剂量的辐照对柑橘汁、葡萄汁的风味没有影响。有人发现采用 0.4kGy 的辐照剂量就可以杀死苹果汁和梨汁中的鲁氏酵母。辐照后的乔纳金苹果浓缩汁的贮藏寿命显著延长，13kGy 剂量的辐照处理也不会影响风味及香气成分，并且确保室温下可至少贮存 10 个月。

第三节　饮料灌装技术

一、碳酸饮料的灌装方法

（一）启闭式灌装

启闭式灌装也称压差式灌装，老式的机器多采用此种方法，与灌装虹吸瓶的方法相同（图4-1）。通往瓶子的阀门只有两个通路，一通料罐，一通大气。当通往料罐的通路打不开时，汽水便流入瓶中，达到瓶中与料罐等压。因为瓶中空气不能换出，所以流入的水不满。这时阀门换向，将通往料罐的通路封闭，通往大气的通路打开，空气即溢出（时间很短），压力降低。阀门再换向，汽水再流入瓶中。这样反复四五次，至装满为止。这种方式的优点是机器结构简单，含气量不小，适用于小型机。装虹吸瓶时，瓶子倒立（因为虹吸管口接近瓶底）。但是其缺点是瓶中液面很难控制。

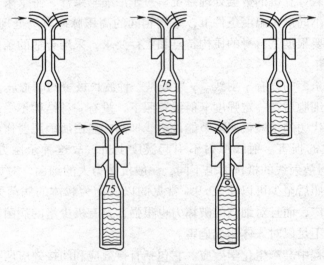

图4-1　启闭式灌装示意图

（二）等压式灌装

现在大多数机器采用等压式灌装。等压灌装的灌装阀是机械式、弹簧阀或电子阀，其作用一是灌装，二是定量。灌装阀通往容器有三条通路（图4-2），一条是通往料槽液面以上的气管，一条是通往料液下面的料管，第三条是通往大气的排气管。当瓶子上升顶住阀门造成密闭的时候，第一次打开气管，料槽上部的压力（由另外通入料槽的二氧化碳气、多数是另外通入的无菌压缩空气来保压）气体即向下流，使瓶中与料槽上部的压力相等。由于瓶中由一个大气压变为更高的压力，这个反压力即打开料管的弹簧阀，使料管与瓶子接通，汽水由于位差便流入瓶中，瓶中的空气通过气管被换入料槽顶部。瓶中的液面升至气管口即停止（通常的结构是汽水在气管中再上升至料槽液面）。第三步，即由凸轮作用，封闭气管和料管，打开排气管，使瓶可以与大气相通，气体排出，泄去瓶中压力，气管中汽水流入瓶中达到预期的液面。排气后瓶子脱离密闭状态，送往轧盖机封盖。

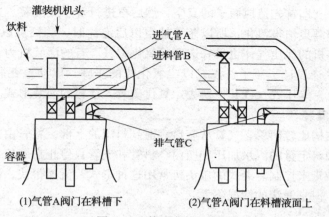

图4-2　等压灌装示意图

气管阀门有两种位置，一种是位于料槽的下部［图4-2（1）］，另一种是位于料槽顶端［图4-2（2）］。前一种优点是气管中残余汽水少，灌液面控制得准确，但常易发生气管再打开时有小量液体冲下，进入下一个瓶激起泡沫。改进的办法是在第一个瓶子灌装、排气、脱离阀门后，在第二个空瓶进入前，瞬时开放气管，使料槽顶部压力把气管中残余汽水在两个瓶子灌装之间冲下。后一种是大多数机器的应用方法，在向大气排气时，气管中液体可在此时流入第一瓶中，控制液面时应将这些料液计算在内。而第二瓶所得到的反压力几乎是不带水的。等压式灌装过程如图4-3所示。

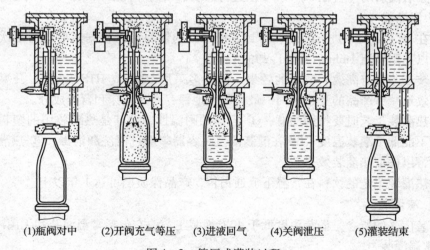

(1)瓶阀对中　　(2)开阀充气等压　　(3)进液回气　　(4)关阀泄压　　(5)灌装结束

图4-3　等压式灌装过程

过去等压式灌装机由于操作时压力不同，分成高压式［441kPa（4.5kg/cm^2）］和低压式［147kPa（1.5kg/cm^2）］两种。低压式灌装机在制造高含气量汽水时必须用低温。现在灌装机都不分高低压式，甚至用15℃时灌装的暖灌法。

（三）负压式灌装

负压式灌装原来是用于非碳酸饮料，它有一个真空室和饮料瓶相通，瓶中空气首先被抽出形成负压，当饮料贮室接通瓶子以后，常压状态下的饮料即流入瓶中。当达到预定液面后，多余的料液即沿料管回到缓冲罐，再回到料罐。用于控制灌装碳酸饮料时，是负压式与等压式的组合。即首先造成瓶子的真空，然后再进行等压式灌装。这种灌装机目前多用于啤酒，由于啤酒更怕被氧化，所以瓶子抽空以后灌注时，啤酒可以更少地接触空气，降低溶解氧。灌装机的保压气体也最好选用二氧化碳气。有的灌装机为了装很敏感的饮料（例如葡萄汽酒），还设计了瓶子首先充以二氧化硫的步骤，以便杀死瓶中酵母菌，在灌装时可以采用负压－等压式，或其他换去二氧化硫装入饮料的灌装形式。

（四）加压式灌装

加压式灌装结构比较简单，气管从瓶口直通到料罐的上部，料管由料罐底部通过一个活塞筒及简单回阀将定量的汽水加压到瓶内，料管和气管只停止在瓶口，液面由调节活塞进程调整一次灌装量来控制。老式的单头机常用这种形式，流速很快，液面控制中等。虽然没有排气步骤，但是涌沫的情况不大。

二、非碳酸饮料灌装方法

果蔬汁及其饮料、茶饮料等非碳酸饮料通常有两种灌装方法：热灌装和冷灌装。

（一）热灌装

热灌装是指将物料先按工艺要求进行热杀菌（根据物料的具体状况可采用 UHT 杀菌或 HTST 杀菌），然后在一定的温度下趁热灌装密封的工艺。热灌装按灌装时的温度通常又分为中温灌装和热灌装两种工艺。

1. 热灌装

要求热杀菌后的物料在 85～90℃下进行灌装、密封，然后倒瓶，再冷却。

2. 中温灌装

要求在 70～80℃下进行灌装、密封。密封后的饮料可以根据需要进行二次杀菌、冷却，也可以采用倒瓶 1min 后直接冷却的工艺。

热灌装工艺具有高效、节能的效果，而且多采用 UHT 或 HTST 杀菌，升温和降温迅速，可有效地减少产品的受热时间，最大限度地保存产品风味和营养成分。

采用热灌装工艺时要特别注意：① 容器的耐温性，尤其是热罐装用的塑料容器，其耐热程度不能低于灌装温度；② 在灌装前包装容器须经过清洗和消毒；③ 热灌装后必须及时密封，以保证热灌装效果。

采用热灌装工艺的饮料在常温下流通销售，产品保质期可达 1 年以上。

（二）冷灌装

冷灌装广义的概念是灌装温度低于 40℃灌装工艺，它包括常温灌装和无菌冷灌装。

1. 常温灌装

常温灌装即物料在灌装前不进行杀菌，在自然温度下灌装、密封后再进行杀菌和冷却，也即传统的非碳酸饮料灌装方式。

2. 无菌冷灌装

无菌冷灌装是指物料先进行热杀菌（多采用 UHT 杀菌）并立即冷却到工艺要求的温度（一般为 25℃），然后在无菌条件下进行灌装密封。

无菌冷灌装是目前最为先进的一种灌装技术，其技术关键在于保证灌装封口后的饮料达到商业无菌的要求。为保证无菌冷灌装的效果，必须满足三个无菌状态的基本要求，即物料经过超高温瞬时杀菌达到商业无菌后保持无菌状态；包装材料和密封容器要处于无菌状态；

灌装设备达到无菌状态。使热杀菌后的物料输送、灌装和封盖均必须在无菌环境下完成。

目前，国内饮料市场上出现的"冷灌装"和"热灌装"之争，主要是针对 PET 瓶包装的果汁饮料和茶饮料展开的。无菌冷灌装设备高昂的投资及操作风险决定了该技术在短时间内还不可能取代热灌装技术，热灌装和无菌冷灌装两种灌装方式会在相当长的时间内共同存在、共同发展。但无菌冷灌装技术还是具有相当的技术优势，主要为：

（1）从工艺流程对比来看　两者的最大区别在于饮料受热时间不同。热处理时间越长，对饮料的品质和口感影响越大。热灌装杀菌会使物料长时间处在高温状态，严重影响产品口感、色泽以及热敏性营养素（如维生素）含量。而无菌冷灌装采用 UHT 超高温瞬时杀菌。对物料的热处理时间不超过 30s，可以减少饮料的受热时间和维生素损失，最大限度地保持饮料产品的原汁原味。最新的无菌冷灌装工艺可配合巴氏杀菌进行冷链生产，物料营养成分损失更低，最大程度地还原水果的天然美味及色泽。

（2）从生产线配置上来看　当灌装机出现故障停机时，热灌装方式处理的物料有一部分回流会延长受热时间，从而对整批产品质量有所影响；而无菌冷灌装物料经过瞬时杀菌后已降到室温，置于无菌罐内不会影响其品质。

（3）从灌装工艺来看　两种灌装方式对 PET 瓶的要求不同。热灌装工艺要求 PET 瓶能承受 $85 \sim 92℃$ 高温且不变形，这就需要增加 PET 材料的结晶度，并在吹瓶时限制诱导应力的产生，自然提高了容器成本；而无菌冷灌装可以使用轻质瓶，耐温要求较低（最高耐热温度 $60℃$，质量只有玻璃瓶的 $1/10$）和标准盖，大大降低了瓶子和盖子的成本，企业也可自由设计瓶型，具有更高的空间利用率。

（4）从饮料安全性来看　热灌装工艺要求饮料在高温下保持较长时间，同时要求密封温度，以保证饮料安全性；无菌冷灌装的安全性体现在无菌环境的建立和保障上。

（5）从投入成本来看　在包装成本方面，与热灌装相比，无菌冷灌装包装材料成本可以减少 $1/3 \sim 1/2$，有利于产品的市场竞争；在生产成本方面，无菌冷灌装使用的吹瓶机比热灌装吹瓶速度快、耗电少；在操作成本方面，无菌冷灌装多一项杀菌液消耗，在设备折旧方面费用较高，但生产线速度快，有利于降低生产成本；在原材料成本方面，无菌冷灌装采用的标准瓶、盖要轻很多，通过节约原材料可以降低成本。从总的成本分析来看，无菌冷灌装工艺过程复杂，灌装辅助设备较多，一条无菌灌装生产线的初期投资要高于热灌装生产线，但包材成本和操作成本比较低。随着设备使用时间的延长，无菌冷灌装的低成本优势会明显表现出来。

（6）从应用范围来看　热灌装方式只适宜生产高酸产品，因高酸环境本身对微生物具有抑制作用，对于低酸性饮料热灌装则很难保证其良好产品安全性，产品不良率很高；对于热敏性饮料由于受热时间长而影响产品风味。无菌冷灌装是在无菌条件下进行的，对产品的适应范围更广，如混合茶、奶茶、纯乳和含蛋白的饮料都能采用。

（三）典型的无菌（冷）灌装

目前在我国饮料生产中采用无菌（冷）灌装工艺最典型的是纸包装中的利乐包和康美包，还有少部分 PET 瓶装饮料。

1. 利乐包

利乐包是瑞典利乐公司（Tetra Pak）开发出的一系列用于液体食品的包装产品。是我国饮料最早采用无菌冷灌装的包装产品，该产品目前在中国的饮料包装市场的占有率达到95%。

利乐无菌包装系统由三部分组成。一是包装材料的灭菌，二是饮料的杀菌和冷却，三是无菌环境下的包装。包装材料的灭菌在设备上进行，饮料的杀菌通常是在超高温瞬间杀菌机进行的，灭菌的包装纸盒成型和饮料的灌装则是在机内无菌环境中进行的。利乐无菌包装机的主要结构见图4-4。

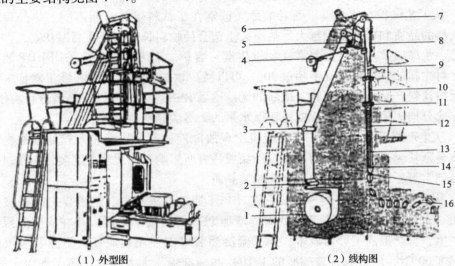

（1）外型图　　　　　　　　　　　　　（2）线构图

图4-4　利乐无菌包装机的主要结构

1—卷筒机　2—预折叠　3—下弯曲辊　4—贴带机构　5—双氧水槽　6—双氧水沥干辊
7—上弯曲辊　8—边缘干燥器　9—灌装口　10—纵向封口加热器　11—纵向密封
12—加热管　13—灌装嘴　14—灌装嘴出口　15—横向密封　16—折叠成型

2. 康美包

康美包是另一种无菌包装，类似于利乐包装，其无菌冷灌装生产过程见图4-5。

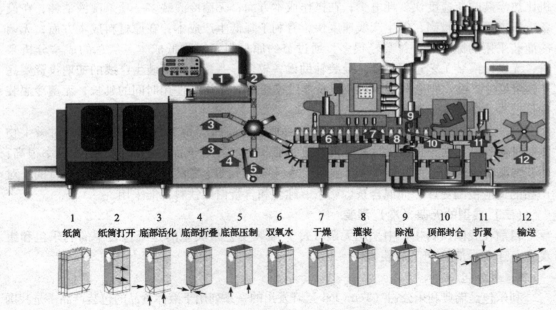

1	2	3	4	5	6	7	8	9	10	11	12
纸筒	纸筒打开	底部活化	底部折叠	底部压制	双氧水	干燥	灌装	除泡	顶部封合	折翼	输送

图4-5　康美包无菌冷灌装生产过程示意图

第四节 膜技术在饮料生产中的应用

一、膜技术概述

膜分离（Membrane Separation）系指用天然或人工合成的有机或无机薄膜，以外界能量或化学位差为推动力，对双组分或多组分的溶质和溶剂进行分离、分级和浓缩方法的统称。

自 20 世纪 80 年代以来，膜分离技术得到不断的拓展和深化，工业化应用水平不断提高，开发出了一些新型的膜分离技术，在诸多领域尤其是果汁加工行业得到了日益广泛的应用。

膜分离技术同其他分离技术相比具有以下特点：

（1）膜分离过程是在常温下对物料进行分离的，所以物料中的营养成分损失极少，特别适用于热敏物质的分离、分级、浓缩与富集。

（2）膜分离过程不发生相变，挥发性成分如芳香物质损失较少，可保持物料原有的芳香和风味。

（3）与有相变的分离或其他分离方法相比，膜分离过程是一种更节能的分离技术，如反渗透浓缩果汁的能耗仅为蒸发法的 1/17。

（4）膜分离过程的适应性强，选择性好，使用范围极广，从微生物菌体到微粒级，甚至离子级的物质均可处理，可用于分离、浓缩、纯化、澄清等工艺过程，具有普通分离方法不可取代的卓越性能。

（5）膜分离过程在密闭系统中进行，极大地减少了物料的氧化，对于果汁中易氧化的营养成分如维生素 C，可被最大限度地保存。

（6）膜分离过程中不使用化学试剂和添加剂，产品的污染程度小；膜分离过程规模可大可小，可以连续，也可以间歇进行。

（7）膜分离技术所采用的膜组件可单独使用，也可联合使用。工艺简单、操作方便、易于实现自动化操作。

我国于 20 世纪 20 年代开始膜分离技术的研究。经过数十年的攻关，相继研究开发了反渗透、电渗析、超滤、微滤用膜及其组件。近年来膜分离已广泛应用于国民经济多个行业和领域。在果汁饮料行业，从原辅料的生产、饮用水处理到果蔬汁的澄清及过滤等都起了至关重要的作用。目前在果汁行业已工业化应用的膜分离技术包括：反渗透（RO）、超滤（UF）、微滤（MF）、纳滤（NF）和电渗析（ED）等。与传统过滤相比，膜过滤具有能缩短加工时间、增加果汁得率、提高产品质量、减少酶的用量、不用过滤助剂等优点。据果汁生产厂家的资料，与传统生产方法相比，采用超滤法可使果汁损失减少 2% ~3%，生产时间缩短 1/2，劳动力减少 2/3。膜分离已经在果汁饮料行业产生了巨大的经济效益和社会、环境效益。

二、膜分离过程

（一）膜的定义和分类

对膜有一种最通用的广义定义是："膜"为两相之间的一个不连续区间，并以特定的形式限制和传递各种化学物质。因而膜可为气相、液相和固相，或是它们的组合。定义中"区间"用以区别通常的相界面。简单地说，膜是分隔开两种流体的一个薄的阻挡层。这个阻挡层阻止了这两种流体间的水力学流动。膜具有两个界面，膜正是通过这两个界面分别与被分开于两侧的流体物质互相接触，借助于吸着及扩散作用完成传质过程。推动力是膜过程一个典型的工艺参数，在纯粹的对流流动的情况下，膜的传质推动力是膜两边的压力差。

膜的种类繁多，大致可以按以下几方面对膜进行分类：

（1）根据膜的材质，从相态上可分为固体膜和液体膜；从材料来源上，可分为天然膜和合成膜，合成膜又分为无机材料膜和有机高分子膜。

（2）根据膜的结构，可分为多孔膜和致密膜。

（3）按膜断面的物理形态，固体膜又可分为对称膜、不对称膜和复合膜。对称膜又称均质膜。不对称膜具有极薄的表面活性层（或致密层）和其下部的多孔支撑层。复合膜通常是用两种不同的膜材料分别制成表面活性层和多孔支撑层。

（4）根据膜的功能，可分为微孔过滤膜、超滤膜、反渗透膜、纳滤膜等。

（5）根据固体膜的形状，可分为平板膜、管式膜、中空纤维膜等。

一般来说，膜分离过程对以下三种物料具有明显的技术优势：由理化性质相近的化合物构成的混合物；由结构或位置异构体构成的混合物；含有热敏组分的混合物。

下面根据膜的功能对几种膜过程作一分述。

1. 反渗透（Reverse Osmosis，RO）

反渗透原理如前所说是在溶液上施加一个大于该溶液渗透压的压力，迫使溶液中的溶剂向纯溶剂方向流动，这个过程称为反渗透。反渗透膜分离技术就是利用反渗透原理进行分离的方法。

反渗透膜分离技术有以下特点：① 在常温不发生相变化的条件下，可以对溶质和水进行分离，适用于对热敏感物质的分离、浓缩，并且与有相变的分离方法相比，能耗较低。② 杂质去除范围广，不仅去除溶解的无机盐类，而且还可以去除各类有机物杂质。③ 较高的除盐率和水的回用率，可截留粒径几个纳米以上的溶质。④ 由于只是利用压力作为膜分离的推动力，因此分离装置简单，容易操作、自控和维修。⑤ 由于反渗透装置要在高压下运转，因此必须配高压泵和耐高压的管路。

反渗透分离技术由于其先进、高效和节能的特性，在饮料、化工、医药等工业中得到广泛应用。如饮料生产用水的处理，果汁、牛乳的浓缩等。

2. 纳滤（Nanofiltration，NF）

纳滤是介于反渗透与超滤之间的一种以压力为驱动力的新型膜分离过程。纳滤的操作压差为 0.5 ~ 2.0MPa，相对分子质量截留值为 200 ~ 2000，由此推测纳滤膜的表面分离层可能拥有 1nm 左右的微孔结构，可分离分子大小约为 1nm 的溶解组分，因此称为纳滤。纳滤膜截留相对分子质量范围比反渗透大而比超滤膜小，因此可以截留能通过超滤膜而不能通过反渗透膜的溶质，根据这一原理，可用纳滤来填补有超滤和反渗透所留下的空白。

从图 4-6 中可以看到，反渗透膜脱除了所有的盐和有机物，而超滤膜对盐和低分子有机物没有截留效果。纳滤膜截留了糖类低分子有机物和多价盐（如 $MgSO_4$），对单价盐的截留率仅为 10% ~ 80%，具有相当大的通透性，而二价及多价盐的截留率均在 90% 以上。特别是阴离子的截留达到 99%，因此在水的软化处理中能有效取代传统方法。

纳滤膜与反渗透膜都为无孔膜，但纳滤膜多为荷电膜，其分离行为不单由化学位梯度决定，还同时受电位梯度影响。其分离规律为：对阴离子截留率 $CO_3^{2-} > SO_4^{2-} > OH^- > Cl^- > NO_3^-$；对阳离子截留率 $Cu^{2+} > Mg^{2+} > Ca^{2+} > K^+ > Na^+ > H^+$；对单价离子低截留，多价离子高截留。

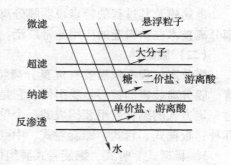

图 4-6 微滤、超滤、纳滤和反渗透膜对分子截留的比较

纳滤具有以下特点：在过滤分离过程中，它能截留小分子的有机物并可同时透析出盐，即集浓缩与透析为一体；操作压力低，因为无机盐能通过纳米滤膜而透析，使得纳米过滤的渗透压比反渗透为低，这样，在保证一定的膜通量的前提下，纳米过滤过程所需的外加压力就比反渗透低得多，具有节约动力的优点。

3. 超滤（Ultrafiltration，UF）

超滤是介于微滤和纳滤之间的一种膜过程，膜孔径在 $0.001 \sim 0.05 \mu m$，能够截留相对分子质量为 500 以上的大分子、胶粒和微粒，所用压差为 $0.1 \sim 0.5 MPa$。超滤的推动力也是压力差，在溶液侧加压使小分子溶质与溶剂一起通过超滤膜，大分子物质或胶体微粒被膜截留，从而实现原料液中大分子物质和胶体微粒与溶剂和小分子的分离。超滤膜对大分子的截留机理主要是筛分作用，决定截留效果的主要因素是膜表面活性层上孔的大小与形状，膜的物化性质对分离特性影响不大。除了筛分作用外，膜表面、微孔内的吸附和粒子在膜孔中的滞留也使大分子被截留，因此，在有些情况下，膜表面的物化性质对超滤分离有重要影响。

超滤分离技术具有无相变，作用条件温和，高效，节能等特点，目前应用领域已涉及食品工业、医药工业、电子工业、环境保护和生物工程等。例如在食品工业中，主要应用于果汁的澄清，发酵液的提纯精制，乳品工业中乳清蛋白的回收，酒的澄清、除菌和催熟，明胶浓缩等。

4. 微滤（Microfiltration，MF）

微孔过滤也是以静压差为推动力，利用膜的筛分作用进行分离的膜过程。微孔滤膜具有比较整齐、均匀的多孔结构，每 $1 cm^2$ 滤膜中约包含 1 千万至 1 亿个小孔，孔隙率占总体积的 70% ~80%，因此阻力很小，过滤速度较快。微滤膜孔径在 $0.1 \sim 10 \mu m$，能够截留直径 $0.02 \sim 10 \mu m$ 的微粒，所用的压差为 $0.01 \sim 0.2 MPa$。原料液在压差作用下，其中水（包括尺寸小于膜孔的大分子和微粒）透过膜上的微孔，成为透过液，大于膜孔的微粒被截留，从而实现原料液中微粒与溶剂的分离。所以微滤对微粒的截留机理是筛分作用，决定膜的分离效果的是膜的物理结构，孔的大小和形状。

与深层过滤介质如硅藻土相比，微滤膜有以下特点：微滤膜属于绝对过滤介质，它是以筛分截留作用实现分离目的，使所有比膜孔绝对值大的粒子全部截留，而深层介质过滤时不能达到绝对的要求。孔径均匀，过滤精度高。通量大，是深层过滤的几十倍。厚度薄，吸附量小。无介质脱落，不产生二次污染。颗粒容量小，易堵塞。

由于上述特点，因此微孔膜主要用于从气相或液相流体中截留细菌、固体颗粒、有机胶体等杂质，以达到净化、分离和浓缩的目的。

　　上述膜及其过程的特点说明膜分离过程非常适合饮料的分离与浓缩加工的要求，所以膜分离技术在饮料业的应用非常广泛。

（二）膜组件

　　膜分离过程不仅需要有优良分离特性的膜，还需要结构合理、性能稳定的膜分离装置。膜分离装置的核心是膜组件，它是将膜、固定膜的支撑材料和间隔物或管式外壳等通过一定方式的黏合或组装构成的一个单元，称为膜组件。工业上的膜组件归纳起来有以下几种：板框式、管式、螺旋卷式、中空纤维式、普通筒式及折叠筒式等多种结构。

　　1. 板框式、管式、螺旋卷式膜组件

　　板框式、管式、螺旋卷式三种膜组件见第三章。

　　2. 中空纤维膜组件

　　中空纤维膜的内径通常在 $40\sim100\mu m$ 范围内，膜在结构上是非对称的。与管式膜不同，中空纤维膜的抗压强度靠膜自身的非对称结构支撑，故可承受约 6MPa 的静压力而不致被压实。中空纤维膜组件是装填密度最高的一种膜组件形式。中空纤维膜组件也有外压式和内压式两种。中空纤维膜组件的结构与管式膜类似，即将管式膜由中空纤维膜代替。图 4-7 所示为中空纤维膜制成的膜组件，它由很多根纤维（几十万至数百万根）组成，众多中空纤维与中心进料管捆在一起，两端均用环氧树脂密封固定，料液进入中心管，并经中心管上下孔均匀地流入管内，透过液沿纤维管内从左端流出，浓缩液从中空纤维间隙流出后，沿纤维束与外壳间的环隙从右端流出。这类膜组件的特点是设备紧凑，单位设备体积内的膜面积大（高达 $16000\sim30000m^2/m^3$）。因中空纤维内径小，阻力大，易堵塞，所以料液走管间，渗透液走管内，透过液侧流动损失大，压降可达数个大气压，膜污染难除去，因此对料液处理要求高。

（三）膜分离过程的方式

　　膜分离过程的操作方式主要有死端过滤（图 4-8）和错流过滤。为取得满意的分离效率，需要进行合理的膜系统设计，确定膜组件适宜的操作方式和优化的膜分离工艺流程。在工业应用中更多的是选用错流操作，因为这种方式发生污染的程度比死端操作低。在错流操作中，原料以一定组成进入膜组件并平行流过膜表面，沿膜组件内不同位置原料组成逐渐变化。原料流被分为两股：渗透物流和截留物流。

图 4-7　中空纤维膜制成的膜组件

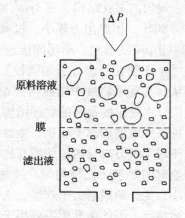

图 4-8　死端过滤

理论上说，对错流过滤而言，在工程化的膜组件中可以有五种不同形式的流体流动导向（见图4-9）。其中逆流、并流、交叉流形式与经典的热交换器中的流体流动导向是一致的。

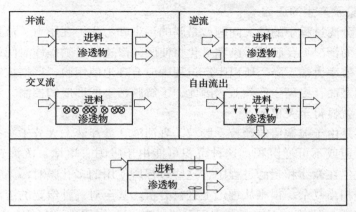

图4-9 膜组件中的流体流动导向

（四）膜系统的基本配置

在果汁膜法澄清单元操作中，要求着眼于果汁透过液是否符合标准，为此，可以通过膜组件的不同配置方式来满足不同要求。把不同的膜组件及其他附属设备组合在一起形成一个完整的操作单元，这个操作单元一般称为膜系统，图4-10所示为一级一段配置是膜系统的最基本组成。为提高水的回收率，将部分浓缩液返回进料液储槽与原有的进料液混合后，再次通过组件进行分离。

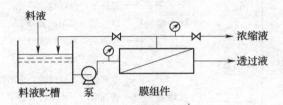

图4-10 一级一段循环式

膜过滤系统的基本配置可以用具有代表性的超滤来说明，图4-11所示为果汁生产中过滤面积可达264m² 以上的超滤装置，该超滤系统主要由循环泵、膜组件、程（passes）、冷却器、温度与压力控制、清汁（透过液）泵、循环罐和清汁罐、浊度计以及控制柜组成。

图4-11 过滤面积可达264m² 以上的超滤装置

三、膜的污染及控制

(一)膜污染及产生的原因

压力驱动膜分离过程中的最大问题就是膜的污染和劣化,在压力、流速、温度和料液浓度都保持一定的情况下,膜的污染和劣化将使膜的渗透通量随操作时间而迅速下降,从而导致膜的分离效率大幅下降。所以生产过程中应合理地使用膜,严格控制膜的污染,方可延长膜的使用寿命,提高生产效益。因此,了解膜污染的形成和控制、掌握正确的清洗方法和清洗工艺就显得至关重要。

膜污染主要是由于被截留的颗粒、胶粒、乳浊液、悬浮液、大分子和盐等物质在膜表面或膜孔内的可逆或不可逆沉积,这种沉积可能由于吸附、填堵、沉淀、滤饼形成等引起。污染主要发生在微滤和超滤过程中,这些过程所使用的多孔膜对污染有着固有的敏感性。膜污染过程相当复杂,很难从理论上进行分析。甚至对一种给定的溶液,其污染程度也是取决于其浓度、温度、pH、离子强度和具体的相互作用力(氢键、偶极 - 偶极作用力)等物理和化学参数。污染是微滤和超滤过程的典型特征,在反渗透中,盐等低分子质量溶质被截留,所以污染的可能性较低。然而在这些情况下也可能会遇到有机或无机沉淀和悬浮的固体物质等污染物。

膜劣化是指膜自身发生了不可逆转的变化,导致膜性能变化,这种劣化不可能用清洗等方法恢复。图 4 - 12 概括列出了膜污染和劣化的分类及其成因。

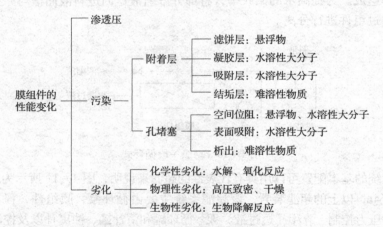

图 4 - 12   膜的污染和劣化的分类及其产生原因

由图 4 - 12 可见,导致膜劣化的原因可分为化学、物理及生物三个方面。化学性劣化是指由于处理料液的 pH 超出了膜的允许范围,而导致膜的水解或氧化反应等化学变化造成的劣化;物理性劣化是指膜结构在很高的压力下导致致密化及其长时间在压力作用下发生的蠕变或在干燥状态下发生不可逆转性的变形等物理因素造成的劣化;生物性劣化通常是由于处理料液中微生物的存在,导致膜发生生物降解反应等生物因素造成的劣化。

(二)膜污染和劣化的预防及控制

不论膜污染还是劣化都会对正常使用的膜性能造成一定的破坏,所以生产实践中必须采取相应的措施预防和控制膜污染和劣化。这些措施包括料液的预处理、操作方式的优化、膜组件结构的优化等,对于膜污染来说,一个主要的措施则是定期对膜进行清洗。

（1）料液的预处理 防止膜组件性能变化的最简单的方法是对料液进行合理的预处理。预处理是事先把料液中对膜有害的物质进行有目的地除去。预处理方法很多，但对果汁而言主要是预先除去较大颗粒的悬浮固形物，通过调整料液的 pH 防止膜的化学性劣化，通过预先除去或杀死料液中的微生物等防止膜的生物性劣化等。对于蛋白质分离或浓缩，当将 pH 调节到对应于蛋白质的等电点，即蛋白质为电中性时，污染程度较轻。

（2）膜材料及其组件选择 预处理法是膜组件用户普遍采用的方法，而防止膜组件性能变化的最佳方法是使用抗污染、劣化的膜材料及其组件，这是用户和膜生产厂家共同期待的，为此已经开发出部分具有良好的物理、化学稳定性的膜。为了防止膜的致密化，在耐压性能良好的多孔膜支撑体上，涂覆具有分离效果的极薄活性层制成复合膜的研究与开发工作已取得了较大的进展。由于膜表面附着层的形成与膜材料密切相关，因此人们一直在寻求某些能保证其表面难于形成附着层的特殊材料，它可以通过过滤法沉积在多孔膜支撑体上。

（3）操作方式的优化 膜分离过程中污染的防治及渗透通量的强化均可通过操作方式的优化来实现。例如：控制初始渗透通量（低压操作，恒定通量操作模式和过滤初始通量控制在临界通量以下）；反向操作模式；调节高分子溶液的流变性；采用脉动流、鼓泡、振动膜组件、超声波振动等。

（4）膜组件结构的优化 膜分离过程设计中，膜组件内流体力学条件的优化，即预先选择料液操作流速和膜渗透通量，并考虑到所需动力，是确定最佳操作条件的关键。为了改善膜面附近的传递条件，可通过设计不同形状的组件结构来促进流体的湍流程度，但因此造成的压力损失及附加动力费用很大，与单单提高流速方法相比有时并非具有明显优势。

（5）膜组件的清洗 膜污染对膜性能的改变可以通过清洗进行恢复。膜的清洗效果必须以达到使用前的水通量为标准，即使达到使用前通量的 99% 也是不理想的。果汁加工中膜的清洗方法大致可以分为水力清洗和化学清洗。水力清洗方法包括膜表面低压高速水洗、反冲洗、低压下水和空气混合流体或空气喷射冲洗等。

清洗方法的选择主要取决于膜的种类与构型、膜耐化学试剂的能力以及污染物的种类。清洗水可用进料液或透过水。清洗时，可以一定频率交替加压、减压和改变流向，经过一段时间操作后，原料一侧减压，渗透物反向流回原料一侧，以除去膜表面的污染层，这种方法可使膜的透水性得到一定程度的恢复。

化学清洗是减轻膜污染的最重要方法之一，一般选用稀酸或稀碱溶液、表面活性剂、络合剂、氧化剂和酶制剂等为清洗剂。清洗剂可以单独使用，也可以复配。生产中是将水力清洗和化学清洗结合交替进行的。

现在，也有人提出机械清洗和电清洗方法，机械清洗有海绵球清洗或刷洗，通常用于内压式管膜的清洗。海绵球的直径比膜管径稍大一些，通过水力使海绵球在管内膜表面流动，强制性地洗去膜表面的污染物，该法几乎能全部去除软质垢，但若对硬质垢的清洗，则易损伤膜表面。电清洗是通过在膜上施加电场，使带电粒子或分子沿电场方向迁移，达到清除污染物的目的，该方法需用导电膜并在装置上配有电极。上述两种清洗方法还处于试验阶段。

膜清洗完成后如不立即使用，必须进行膜的消毒与养护，如使用膜表面改性法引入亲水基团，或在膜表面复合一层亲水性分离层等。膜是有机高分子材料制成的，因此容易造成微生物的腐蚀，如果不及时进行消毒和养护，将大大降低膜的使用寿命，同时对加工过程中物料的微生物控制也是不利的。有些消毒剂可在消毒完后，作为保护液留在膜组件内，如 $NaHSO_3$。无论是清洗剂还是消毒剂，都要符合饮料卫生标准。

四、膜分离技术在果汁加工中的应用

（一）微滤和超滤在果汁加工中的应用

Heatherbell 等 1977 年首先将超滤技术用于苹果清汁的澄清，1980 年法国大型超滤设备用于果汁工业，随后在南非、美国和欧洲投入使用。我国果汁工业在 20 世纪 90 年代初引进了大型微滤和超滤设备（微滤使用的是陶瓷膜）。多年来，不少人对其在果汁生产中的应用进行了系统的研究，推动了我国果汁工业的现代化进程。苹果以浓缩清汁为主。因此，果汁工业膜分离技术应用的对象主要是苹果汁。

新鲜的苹果汁由于含有固体悬浮物、无定形沉淀物、微生物代谢物、淀粉、蛋白质、单宁、果胶和多酚类等物质而呈现浑浊状。图 4 – 13（1）显示，传统方法采用酶、皂土和明胶澄清，整个处理时间约 8h。从图 4 – 13（2）可以看出，用超滤或微滤来澄清，只需先部分脱除果胶，既减少了酶的用量，又省去皂土和明胶，节约了原材料，整个处理时间只需 3 ~ 4h，同时果汁回收率提高到 98% ~ 99%。此外，经超滤处理的果汁质量明显提高，浊度仅 0.4 ~ 0.6NTU（传统工艺为 1.5 ~ 3.0NTU），而且很好地解决了后浑浊问题。两种工艺澄清苹果汁的特点见表 4 – 3。

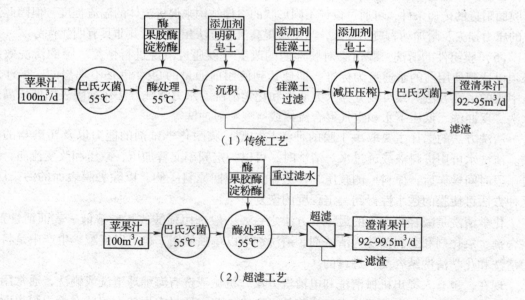

图 4 – 13　果汁澄清传统工艺与膜分离工艺比较

表 4 – 3　　　　　　　　　　　两种工艺澄清苹果汁的特点

工艺要求	传统工艺	超滤工艺
澄清剂 （明胶、膨润土、硅溶胶等）	有	无
澄清效果试验	有	无

续表

工艺要求	传统工艺	超滤工艺
澄清剂不足或过量的风险	有	无
助滤剂	有	无
过滤和精滤设备	有	无
工艺过程	长	短
人工费	高	低
维护、清洗要求	简单、就地清洗	较高、自动清洗

（二）纳滤和反渗透在果汁加工中的应用

通常果汁浓缩采用多级真空蒸发来实现，但是该法容易导致果汁风味成分大量损失，色泽分解，以及产生不愉快的"煮熟味"。此外，真空蒸发的耗能比较大，致使生产成本高。为了提高产品质量并降低能耗，20世纪80年代以来，人们致力于研究新的浓缩技术，目前最有应用前景的是反渗透和纳滤技术。反渗透过程由于没有相变，不需要像蒸发、冷冻等过程中相变所要求的潜热，因此分离单位质量的水所需的能耗最低。同传统的蒸发法相比，反渗透能较好地保持果蔬汁的风味和营养成分，降低能耗，且操作简便。人们对反渗透浓缩果汁做了大量的研究。

采用醋酸纤维膜管式反渗透装置可以得到高质量的浓缩苹果汁，果汁中的维生素C、氨基酸及香气成分的损失均比真空蒸发浓缩小得多。图4-14为反渗透浓缩苹果汁的流程。有报道称，采用卷式反渗透膜可以制取高达40~45°Bx苹果浓缩汁。

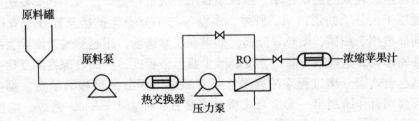

图4-14　反渗透膜浓缩苹果汁工艺流程图

利用反渗透浓缩果汁时，其浓缩倍数取决于果汁的渗透压。为了使过程具有较高的效率，分离压力通常为渗透压的数倍。随着果汁浓缩倍数的提高，其渗透压随之增大。但由于当前分离设备承压能力的限制，不能将操作压力无限增加。通常只能浓缩至2~4倍，若采用二级浓缩，第一级先用对糖截留率高的RO膜浓缩至2~3倍，第二级再用糖截留率低的NF膜，让一部分溶质透过以减少渗透压，最终可以浓缩到4~5倍。

果汁的渗透压很高，除了与果汁的浓度有关，还与果汁的品种有关，表4-4所示为不同果汁的渗透压。当橘子汁浓缩到3倍时，反渗透的操作压力高达5MPa，这时就必须考虑膜组件运转的稳定性，从这一点来看，一般果汁的浓缩限度为25~30°Bx。

表 4 – 4	不同果汁的渗透压	
种类	可溶性固形成分/%	渗透压/MPa
苹果	12.6	1.85
梨	10.7	1.75
葡萄	11.0	1.80
橘子	10.6	2.15

研究表明，纤维素类膜和新发展的聚酰胺膜均能获得较高的透水速率以及果汁组分的保持率，但由于高渗透压的限制很难把果汁浓缩到蒸发法所达到的浓度。因此工业化生产中多以反渗透作为果汁的预浓缩。表 4 – 5 所示为反渗透浓缩不同果汁的主要限制因素。

表 4 – 5	反渗透浓缩不同果汁的限制因素		
果汁种类	限制因素	果汁种类	限制因素
苹果	渗透压和膜污染	杏	黏度
梨	黏度和侵蚀	甜橙	渗透压和膜污染
菠萝	渗透压	葡萄柚	渗透压和膜污染
桃	黏度	番茄	黏度
葡萄	渗透压和膜污染		

利用组合式膜分离过程来浓缩果汁，尤其是对于工业化生产浓缩汁产品而言，越来越引起人们的兴趣和重视。通常，果汁除含有糖、酸等可溶性成分外，还含有果胶、蛋白质、纤维素等悬浮性固形物，致使果汁的黏度很大。直接用反渗透浓缩，膜的污染严重，同时高渗透压造成较低的透水速率，所以很难用一级过程把果汁浓缩到蒸发法所达到的浓度。超滤适用于大分子如蛋白质、胶体、多糖等与小分子无机盐及低分子有机物等的分离，微滤同样适用于细菌、微粒等分离。如果在反渗透前，用超滤或微滤除去果汁中的果胶等悬浮性固形物，这样就可降低黏度，减少膜污染程度，从而显著提高反渗透的透水速率。因此用组合式膜分离过程来浓缩果汁可克服单一膜分离过程的缺点。据报道，FMC 公司和杜邦公司合作研制出一套组合式膜分离装置，称为 Freshnote 系统，能把橙汁浓缩到 60°Bx 以上，而且几乎完全保持了新鲜果汁的风味芳香成分。该装置已于 1989 年在日本投入生产，每小时可以处理 7.5m³ 的温州蜜柑原汁，得到 2m³ 浓缩汁。图 4 – 15 所示为 Freshnote 系统的生产工艺流程。该流程包括超滤、反渗透、杀菌和调配等步骤。

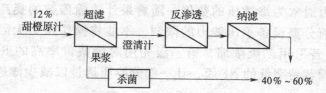

图 4 – 15 Freshnote 系统生产工艺流程

从图 4 – 15 来看，超滤是关键的第一步，当橙汁经过超滤装置后，原汁就分成两部分，一部分是大约为原来体积 95% 的澄清果汁，另外 5% 是浓缩的果浆。通过控制膜的操作条件，几乎可以除去所有的悬浮性固形物、果胶、细菌、酵母菌和真菌等。果浆需要及时杀菌，迅速冷却，以保证产品的稳定性。澄清果汁在多级反渗透装置中进行浓缩，前段采用高截留率的反渗透膜，后段采用低截留率的纳滤膜，操作压力在 10.2～13.5MPa。所用的膜是芳香性聚酰胺中空纤维式反渗透膜，能有效地截留果汁中的糖、酸、维生素 C 和矿物质元素以及风味芳香成分。最后一步是将杀菌后的果浆和浓缩汁混合，得到了最终的浓缩产品。利用该工艺生产的浓缩汁用水稀释复原，经气相色谱和感官鉴定发现，其风味同鲜果汁的风味几乎没有区别。尽管该装置还存在不少问题，但使人们看到了工业化规模采用膜法加工浓缩果汁的广阔前景。

膜分离过程与其他理化分离方法相结合用来分离和浓缩溶液，是当前膜分离技术研究及开发最富成果的领域之一。我国目前已有苹果浓缩汁生产厂家引进反渗透膜装备对果汁进行预浓缩然后进行真空浓缩以达到浓缩要求，果汁质量较普通浓缩有明显提高。另外，将膜分离过程与冷冻浓缩相结合，也是目前研究的热点。深信所有这些新技术必将带来果汁浓缩技术的一场革命。

第五节　酶技术在饮料生产中的应用

在生物体内，酶控制着所有的生物大分子（蛋白质、碳水化合物、脂类、核酸）和小分子（氨基酸、糖、脂肪和维生素）的合成和分解。由于饮料加工的主要原料是生物来源的材料，因此，在饮料加工中的原料部分含有种类繁多的内源酶，其中某些酶在原料的加工期间甚至在加工过程完成后仍然具有活性。这些酶的作用有的对饮料加工是有益的；例如牛乳中的蛋白酶，在干酪成熟过程中能催化酪蛋白水解而赋予干酪以特殊风味；而有的是有害的，例如番茄中的果胶酶在番茄酱加工中能催化果胶物质的降解而使番茄酱产品的黏度下降。除了在饮料原料中存在着内源酶的作用外，在饮料加工和保藏过程中还使用不同的外源酶，用以提高产品的产量和质量。例如使用淀粉酶和葡萄糖异构酶生产高果糖浆，又如在牛乳中加入乳糖酶，将乳糖转化成葡萄糖和半乳糖，制备适合于有乳糖不耐症的人群饮用的牛乳。因此，酶对饮料工业的重要性是显而易见的。

在饮料生产中如何有效地使用和控制外源酶和内源酶，需要我们掌握酶的基本知识，包括酶的本质，酶是怎样作用于底物和如何控制酶的作用等。

一、酶对饮料质量的影响

酶的作用对于饮料质量的影响是非常重要的。对于任何一个生物体，酶参与了机体生长发育的每一个过程。饮料用生物原料的生长和成熟依赖于酶的作用，而在生物生长期间的环境条件影响着植物性饮料原料的成分，其中也包括酶。除了存在于饮料原料的内源酶外，因微生物污染而引入的酶也参与催化饮料原料中的反应。因此，控制酶的活力对于提高饮料质量是至关重要的。本节将讨论影响饮料颜色、质地、风味和营养质量的酶。

（一）对颜色的影响

饮料被消费者接受程度的如何，首先取决于饮料的颜色，这是因为饮料的内在质量在一般情况下很难判断。绿色是许多新鲜蔬菜和水果的质量指标。有些水果当成熟时绿色减少而代之以红色、橘色、黄色和黑色。随着成熟度的提高，一些蔬菜中的叶绿素的含量下降。上述饮料材料颜色的变化都与酶的作用有关。导致水果和蔬菜中色素变化的三个关键性的酶是脂肪氧合酶、叶绿素酶和多酚氧化酶。

脂肪氧合酶对于饮料有六方面的功能。两个有益的是：小麦粉和大豆粉中的漂白；在制作面团中形成二硫键。四个有害的是：破坏叶绿素和胡萝卜素；产生氧化性的不良风味，它们具有特殊的青草味；使饮料中的维生素和蛋白质类化合物遭受氧化性破坏；使饮料中的必需脂肪酸，如亚油酸、亚麻酸和花生四烯酸遭受氧化性破坏。这六方面的功能都与脂肪氧合酶作用于不饱和脂肪酸时产生的自由基有关。

叶绿素酶存在于植物和含叶绿素的微生物。它水解叶绿素产生植醇和脱植醇基叶绿素；尽管将果蔬失去绿色归之于这个反应，然而，由于脱植醇基叶绿素呈绿色，因此没有证据支持该观点。相反，有证据显示脱植醇基叶绿素在保持绿色的稳定性上优于叶绿素。

多酚氧化酶又称为酪氨酸酶、多酚酶、酚酶、儿茶酚氧化酶、甲酚酶和儿茶酚酶。它主要存在于植物、动物和一些微生物（主要是霉菌）中，它催化饮料的褐变反应。

（二）对风味的影响

对饮料的风味作出贡献的化合物不知其数，风味成分的分析也是有难度的。正确地鉴定哪些酶在饮料风味物质的生物合成和不良风味物质的形成中起重要作用，同样是非常困难的。

在饮料保藏期间由于酶的作用会导致不良风味的形成。例如，有些饮料材料，像青刀豆、豌豆、玉米、冬季花椰菜和花椰菜因热烫处理的条件不适当，在随后的保藏期间会形成显著的不良风味。

在讨论脂肪氧合酶对饮料颜色的影响时也提到它能产生氧化性的不良风味。脂肪氧合酶的作用是青刀豆和玉米产生不良风味的主要原因，而胱氨酸裂解酶（cystine-lyase）的作用是在冬季花椰菜产生不良风味的主要原因。下面介绍几种影响饮料风味的酶。

在芥菜和辣根中存在着芥子苷（glucosinolates）。在这类硫代葡萄糖苷中，葡萄糖基与糖苷配基之间有一个硫原子，其中 R 为烯丙基、3 - 丁烯基、4 - 戊烯基、苯基或其他的有机基团，烯丙基芥子苷（allylglucosinolate）最为重要。硫代葡萄糖苷在天然存在的硫代葡萄糖苷酶作用下，导致糖苷配基的裂解和分子重排。生成的产物中异硫氰酸酯是含硫的挥发性化合物，它与葱的风味有关。人们熟悉的芥子油即为异硫氰酸烯丙酯，它是由烯丙基芥子苷经硫代葡萄糖苷酶的作用而产生的。

过氧化物酶普遍地存在于植物和动物组织中。在植物的过氧化物酶中，对辣根的过氧化物酶（horseradish peroxidase doner：hydrogen peroxideoxidoreductase EC 1.11.1.7）研究得最为彻底。如果不采取适当的措施使饮料原料（例如蔬菜）中的过氧化物酶失活，那么在随后的加工和保藏过程中，过氧化物酶的活力会损害饮料的质量。未经热烫的冷冻蔬菜所具有的不良风味被认为是与酶的活力有关，这些酶包括过氧化物酶、脂肪氧合酶、过氧化氢酶、α - 氧化酶（α - oxidase）和十六烷酸 - 辅酶 A 脱氢酶。然而，从线性回归分析未能发现上述酶中任何两种酶活力之间的关系或任何一种酶活力与抗坏血酸浓度之间的关系。

各种不同来源的过氧化物酶通常含有一个血色素（铁卟啉Ⅸ）作为辅基。过氧化物酶催化下列反应：

$$ROOH + AH_2 \longrightarrow H_2O + ROH + A$$

反应物中的过氧化物（ROOH）可以是过氧化氢或一种有机过氧化物，例如过氧化甲基（CH_3OOH）或过氧化乙基（CH_3CH_2OOH）。在反应中过氧化物被还原，而一种电子给予体（AH_2）被氧化。电子给予体可以是抗坏血酸、酚、胺或其他有机化合物。在过氧化物酶催化下，电子给予体被氧化成有色化合物，根据反应的这个特点可以设计分光光度法测定过氧化物酶的活力。

目前对过氧化物酶导致饮料不良风味形成的机制还不十分清楚，Whitaker 认为应采用导致饮料不良风味形成的主要酶作为判断饮料热处理是否充分的指标。然而，由于过氧化物酶普遍存在于植物中，并且可以采用简便的方法较准确地测定它的活力，尤其是热处理后果蔬中残存的过氧化物酶的活力，因此它仍然广泛地被采用为果蔬热处理是否充分的指标。

过氧化物酶在生物原料中的作用可能还包括下列几方面：① 作为过氧化氢的去除剂；② 参与木质素的生物合成；③ 参与乙烯的生物合成；④ 作为成熟的促进剂。虽然上述酶的作用如何影响饮料质量还不十分清楚，但是过氧化物酶活力的变化与一些果蔬的成熟和衰老有关已经得到证实。

从前面的讨论中可以看出，饮料原料中的一些内源酶的作用除了影响饮料的风味外，同时还影响饮料的其他质量，例如脂肪氧合酶的作用就同时影响饮料的颜色、风味、质构和营养质量。在一些情况下几种酶的协同作用对饮料的风味会产生显著的影响。

（三）对质地的影响

质地是决定饮料质量的一个非常重要的指标。水果和蔬菜的质地主要取决于所含有的一些复杂的碳水化合物：果胶物质、纤维素、半纤维素、淀粉和木质素。自然界存在着能作用于这些碳水化合物的酶，酶的作用显然会影响果蔬的质地。对于动物组织和高蛋白质植物性饮料，蛋白酶作用会导致质地的软化。

水果和蔬菜中含有少量纤维素，它们的存在影响着细胞的结构。纤维素酶是否在植物性饮料原料（例如青刀豆）软化过程中起着重要作用仍然有着争议。在微生物纤维素酶方面已做了很多的研究工作，这显然是由于它在转化不溶性纤维素成葡萄糖方面潜在的重要性。

半纤维素是木糖、阿拉伯糖或木糖和阿拉伯糖（还含有少量其他的戊糖和己糖）的聚合物，它存在于高等植物中。戊聚糖酶存在于微生物和一些高等植物中，它水解木聚糖、阿拉伯聚糖和阿拉伯木聚糖，产生相对分子质量较低的化合物。

小麦中存在着浓度很低的戊聚糖酶，然而对它的性质了解甚少。目前在微生物戊聚糖酶方面做了较多的研究工作，已能提供商品微生物戊聚糖酶制剂。

水解淀粉的淀粉酶存在于动物、高等植物和微生物中。因此，在一些饮料原料的成熟、保藏和加工过程中淀粉被降解就不足为奇了。由于淀粉是决定饮料的黏度和质构的一个主要成分，因此，在饮料保藏和加工期间它的水解是一个重要的变化。淀粉酶包括 3 个主要类型：α - 淀粉酶、β - 淀粉酶和葡萄糖淀粉酶。

α-淀粉酶存在于所有的生物，它从淀粉（直链和支链淀粉）、糖原和环糊精分子的内部水解α-1，4-糖苷键，水解产物中异头碳的构型保持不变。由于α-淀粉酶是内切酶，因此它的作用能显著地影响含淀粉饮料的黏度，这些饮料包括布丁和奶油酱等。唾液和胰α-淀粉酶对于消化饮料中的淀粉是非常重要的。一些微生物含有高浓度的α-淀粉酶。一些微生物α-淀粉酶在高温下才会失活，它们对于以淀粉为基料的饮料的稳定性会产生不良的影响。

β-淀粉酶存在于高等植物，它从淀粉分子的非还原性末端水解α-1，4-糖苷键，产生β-麦芽糖。由于β-淀粉酶是端解酶，因此仅当淀粉中许多糖苷键被水解时，淀粉糊的黏度才会发生显著的改变。β-淀粉酶作用于支链淀粉时不能越过所遭遇的第一个α-1，6-糖苷键，而作用于直链淀粉时能将它完全水解。如果直链淀粉分子含偶数葡萄糖基，产物中都是麦芽糖；如果淀粉分子含奇数葡萄糖基，产物中除麦芽糖外，还含有葡萄糖。因此β-淀粉酶单独作用于支链淀粉时，它被水解的程度是有限的。聚合度10左右的麦芽糖浆在饮料工业中是一种很重要的配料。人体中的淀粉酶是一种巯基酶，它能被许多巯基试剂抑制。在麦芽中，β-淀粉酶常通过二硫键以共价方式连接至其他巯基上；因此，用一种巯基化合物（例如半胱氨酸）处理麦芽能提高它所含的β-淀粉酶的活力。

对于动物性饮料原料，决定其质构的生物大分子主要是蛋白质。蛋白质在天然存在的蛋白酶作用下所产生的结构上的改变会导致这些饮料原料质构上的变化；如果这些变化是适度的，饮料会具有理想的质构。

牛乳中主要的蛋白酶是一种碱性丝氨酸蛋白酶，它的专一性类似于胰蛋白酶。此酶水解β-酪蛋白产生疏水性更强的γ-酪蛋白，也能水解α_s-酪蛋白，但不能水解κ-酪蛋白。在干酪成熟过程中乳蛋白酶参与蛋白质的水解作用。由于乳蛋白酶对热较稳定，因此，它的作用对于经超高温处理的乳的凝胶作用也有贡献。乳蛋白酶将β-酪蛋白转变成γ-酪蛋白这一过程对于各种饮料中乳蛋白质的物理性质有着重要的影响。

在牛乳中还存在着一种最适 pH 在 4 左右的酸性蛋白酶；然而，此酶较易热失活。

（四）对营养价值的影响

有关酶对饮料营养质量的影响的研究结果的报道相对来说较少见。前面已提及的脂肪氧合酶氧化不饱和脂肪酸确实会导致饮料中亚油酸、亚麻酸和花生四烯酸这些必需脂肪酸含量的下降。脂肪氧合酶催化多不饱和脂肪酸氧化过程中产生的自由基能降低类胡萝卜素（维生素 A 的前体）、生育酚（维生素 E）、维生素 C 和叶酸在饮料中的含量。自由基也会破坏蛋白质中半胱氨酸、酪氨酸、色氨酸和组氨酸残基。在一些蔬菜中抗坏血酸氧化酶会导致抗坏血酸的破坏。硫胺素酶会破坏硫胺素，后者是氨基酸代谢中必需的辅助因子。存在于一些维生素中的核黄素水解酶能降解核黄素。多酚氧化酶引起褐变的同时也降低了蛋白质中有效的赖氨酸量。

二、酶促褐变

褐变作用按其发生机制分为酶促褐变（生化褐变）及非酶褐变（非生化褐变）两大类。酶促褐变发生在水果、蔬菜等新鲜植物性食物中。水果和蔬菜在采后，组织中仍在进行活跃的代谢活动。在正常情况下，完整的果蔬组织中氧化还原反应是偶联进行的，但当发生机械性的损伤（如削皮、切开、压伤、虫咬、磨浆等）及处于异常的环境条件下（如受冻、受热等），便会影响氧化还原作用的平衡，发生氧化产物的积累，造成变色。这类变色作用非常迅速，并需要和氧接触，由酶所催化，称为"酶促褐变"（enzyme browning）。在大多数情况下，酶促褐变是一种不希望出现于食物中的变化，例如香蕉、苹果、梨、茄子、马铃薯等都很容易在削皮切开后褐变，应尽可能避免。但像茶叶、可可豆等饮料，适当的褐变则是形成良好的风味与色泽所必需的。

1. 酶促褐变的机理

植物组织中含有酚类物质，在完整的细胞中作为呼吸传递物质，在酚－醌之间保持着动态平衡，当细胞被破坏以后，氧就大量侵入，造成醌的形成和还原之间的不平衡，于是发生了醌的积累，醌再进一步氧化聚合形成褐色色素。

酚酶可以用一元酚或二元酚作为底物。有些人认为酚酶是兼能作用于一元酚及二元酚的一种酶；但有的人则认为是两种酚酶的复合体，一种是酚羟化酶（phenolhydroxylase），又称甲酚酶（cresolase），另一种是多元酚氧化酶（polyphenoloxidase），又称儿茶酚酶（catecholase）。

现以马铃薯切开后的褐变为例来说明酚酶的作用。酚酶作用的底物是马铃薯中最丰富的酚类化合物酪氨酸。

L-酪氨酸 → (1/2 O₂，甲酚酶) → (1/2 O₂，H₂O，儿茶酚酶) → 3，4-二醌基苯丙氨酸 → (1/2 O₂) → 多巴色素（dopachome）5,6-二醌基吲哚-2-羧酸 → (聚合作用) → 黑色素（melanin）

这一机制也是动物皮肤、毛发中黑色素形成的机制。

在水果中，儿茶酚是分布非常广泛的酚类，在儿茶酚酶的作用下，较容易氧化成醌。

醌的形成是需要氧气和酶催化的，但醌一旦形成以后，进一步形成羟醌的反应则是非酶促的自动反应，羟醌进行聚合，依聚合程度增大而由红变褐最后成褐黑色的黑色素物质。

酚酶的最适 pH 接近 7，比较耐热，依来源不同，在 100℃下钝化此酶需 2～8 min 之久。

水果蔬菜中的酚酶底物以邻二酚类及一元酚类最丰富。一般说来，酚酶对邻羟基酚型结构的作用快于一元酚，对位二酚也可被利用，但间位二酚则不能作为底物，甚至还对酚酶有抑制作用。

儿茶酚
(catehol)

咖啡酸
(caffeic acid)

原儿茶酚
(protocatehol acid)

但邻二酚的取代衍生物也不能为酚酶所催化，例如愈创木酚（guaiacol）及阿魏酸（ferulic acid）。

绿原酸（chlorogenic acid）

绿原酸（chlorogenic acid）是许多水果特别是桃、苹果等褐变的关键物质。

前已述及，马铃薯褐变的主要底物是酪氨酸，在香蕉中，主要的褐变产物也是一种含氮的酚类衍生物即 3，4 - 二羟基苯乙胺（3，4 - dihydroxyphenol ethylamine）。

氨基酸及类似的含氮化合物与邻二酚作用可产生颜色很深的复合物，其机理大概是酚先经酶促氧化成为相应的醌，然后醌和氨基发生非酶的缩合反应。白洋葱、大蒜、韭葱（allium porrum）的加工中常有粉红色泽的形成，其原因概如上述。

可作为酚酶底物的还有其他一些结构比较复杂的酚类衍生物，例如花青素、黄酮类、鞣质等，它们都具有邻二酚型或一元酚型的结构。

2. 酶促褐变的控制

酶促褐变的发生，需要三个条件，即适当的酚类底物、酚氧化酶和氧。在控制酶促褐变的实践中，除去底物的途径可能性极小，曾经有人设想过使酚类底物改变结构，例如将邻二酚改变为其取代衍生物，但迄今未取得实用上的成功。实践中控制酶促褐变的方法主要从控制酶和氧两方面入手，主要途径：① 钝化酶的活性（热烫、抑制剂等）。② 改变酶作用的条件（pH、水分活度等）。③ 隔绝氧气的接触。④ 使用抗氧化剂（抗坏血酸、SO_2 等）。

常用的控制酶促褐变的主要方法：

（1）热处理法　在适当的温度和时间条件下加热新鲜果蔬，使酚酶及其他相关的酶都失活，是最广泛使用的控制酶促褐变的方法。加热处理的关键是在最短时间内达到钝化酶的要求，否则过度加热会影响质量；相反，如果热处理不彻底，热烫虽破坏了细胞结构，但未钝化酶，反而会加强酶和底物的接触而促进褐变。像白洋葱、韭葱如果热烫不足，变粉红色的程度比未热烫的还要厉害。

水煮和蒸汽处理仍是目前使用最广泛的热烫方法。微波能的应用为热力钝化酶活性提供了新的有力手段，可使组织内外一致迅速受热，对质地和风味的保持极为有利。

（2）酸处理法　利用酸的作用控制酶促褐变也是广泛使用的方法。常用的酸有柠檬酸、苹果酸、磷酸以及抗坏血酸等。一般来说，它们的作用是降低 pH 以控制酚酶的活力，因为酚酶的最适 pH 在 6～7，低于 pH3.0 时已无活性。

柠檬酸是使用最广泛的食用酸，对酚酶有降低 pH 和螯合酚酶的 Cu 辅基的作用，但作为褐变抑制剂来说，单独使用的效果不大，通常需与抗坏血酸或亚硫酸联用，切开后的水果常浸在这类酸的稀溶液中。对于碱法去皮的水果，还有中和残碱的作用。

苹果酸是苹果汁中的主要有机酸，在苹果汁中对酚酶的抑制作用要比柠檬酸强得多。

抗坏血酸是更加有效的酚酶抑制剂，即使浓度极大也无异味，对金属无腐蚀作用，而且作为一种维生素，其营养价值也是尽人皆知的。也有人认为，抗坏血酸能使酚酶本身失活。抗坏血酸在果汁中的抗褐变作用还可能是作为抗坏血酸氧化酶的底物，在酶的催化下把溶解在果汁中的氧消耗掉了。据报道，在每千克水果制品中，加入 660mg 抗坏血酸，即可有效控制褐变并减少苹果罐头顶隙中的含氧量。

（3）二氧化硫及亚硫酸盐处理　二氧化硫及常用的亚硫酸盐如亚硫酸钠（Na_2SO_3）、亚硫酸氢钠（$NaHSO_3$）、焦亚硫酸钠（$Na_2S_2O_5$）、连二亚硫酸钠即低亚硫酸钠（$Na_2S_2O_4$）等都是广泛使用于饮料工业中的酚酶抑制剂。在蘑菇、马铃薯、桃、苹果等加工中已应用。

用直接燃烧硫磺的方法产生 SO_2 气体处理水果蔬菜，SO_2 渗入组织较快，但亚硫酸盐溶液的优点是使用方便。不管采取什么形式，只有游离的 SO_2 才能起作用。SO_2 及亚硫酸盐溶液在微偏酸性（pH=6）的条件下对酚酶抑制的效果最好。

实验条件下，10 mg/kg SO_2 即可几乎完全抑制酚酶，但在实践中因有挥发损失和与其他物质（如醛类）反应等原因，实际使用量较大，常达 300～600mg/kg。（GB 2760－2011）《食品添加剂使用标准》规定在果蔬汁（浆）中的使用量以 SO_2 残留量计不得超过0.05g/kg。SO_2 对酶促褐变的控制机制现在尚无定论，有人认为是抑制了酶活性，有人则认为是由于 SO_2 把醌还原为酚，还有人认为是 SO_2 和醌加合而防止了醌的聚合作用，很可能这三种机制都是存在的。

二氧化硫法的优点是使用方便、效力可靠、成本低、有利于维生素 C 的保存、残存的 SO_2 可用抽真空、炊煮或使用 H_2O_2 等方法除去。缺点是使饮料失去原色而被漂白（花青素破坏），腐蚀铁罐的内壁，有不愉快的嗅感与味感，残留浓度超过 0.064% 即可感觉出来，并且破坏维生素 B_1。

（4）驱除或隔绝氧气　具体措施有：① 将去皮切开的水果蔬菜浸没在清水、糖水或盐水中。② 浸涂抗坏血酸液，使在表面上生成一层氧化态抗坏血酸隔离层。③ 用真空渗入法把糖水或盐水渗入组织内部，驱出空气。苹果、梨等果肉组织间隙中具有较多气体的水果最适宜用此法。一般在 102.8kPa 真空度下保持 5～15min，突然破除真空，即可将汤汁强行渗入组织内部，从而驱出细胞间隙中的气体。

（5）加酚酶底物类似物　用酚酶底物类似物如肉桂酸、对位香豆酸及阿魏酸等酚酸可以有效地控制苹果汁的酶促褐变。在这三种同系物中，以肉桂酸的效率最高，浓度大于0.5mmol/L 时即可有效控制处于大气中的苹果汁的褐变达 7h 之久。

CH=CHCOOH   CH=CHCOOH   CH=CHCOOH

肉桂酸
（cinnamic acid）

对位香豆酸
（p-cumaric acid）

阿魏酸
（ferulic acid）

由于这三种酸都是水果蔬菜中天然存在的芳香族有机酸，在安全上无多大问题。肉桂酸钠盐的溶解性好，售价也便宜，控制褐变的时间长。

三、饮料生产用酶

在饮料加工中加入酶的目的：① 提高饮料品质；② 制造特定饮料；③ 增加提取饮料成分的速度与产量；④ 改良风味；⑤ 稳定饮料品质；⑥ 增加副产品的利用率。饮料加工业中所利用的酶比起标准的生化试剂来说相当的粗糙。大部分酶制剂中仍含有许多杂质，而且还含有其他的酶，饮料加工中所用的酶制剂是由可食用的或无毒的动植物原料和非致病、非毒性的微生物中提取的。用微生物制备酶有许多优点：① 微生物的用途广泛，理论上利用微生物可以生产任何种酶；② 可以通过变异或遗传工程改变微生物而生产较高产的酶或其本身没有的酶；③ 大多数微生物酶为胞外酶，所以回收酶非常容易；④ 培养微生物用的培养基来源容易；⑤ 微生物的生长速率和酶的产率都是非常高的。

因为酶催化反应的专一性与高效性，在饮料加工中酶的应用相当广泛，表4-6所示为饮料工业中正在利用或将来很有发展前途的酶。从表4-6可以看出，用在饮料加工中的酶的总数相对于已发现的酶的种类与数量来比较还是相当少的。用得最多的是水解酶，其中主要是碳水化合物的水解酶；其次是蛋白酶和脂肪酶；少量的氧化还原酶类在饮料加工中也有应用。

表4-6   酶在饮料加工中的应用

酶	应用对象	应用目的
淀粉酶	各类饮料	使淀粉转化为麦芽糖，除去淀粉造成的浑浊
葡聚糖-蔗糖酶	糖浆	使糖浆增稠
乳糖酶	牛乳	使乳糖转化成半乳糖和葡萄糖
纤维素酶	水果	水解细胞壁中复杂的碳水化合物
果胶酶	果汁	澄清增加压汁的产量，防止絮结，改善浓缩过程破坏和分离果汁中的果胶物质
脂肪酶	谷物饮料	防止黑麦蛋糕过分褐变
	牛乳及乳制品	水解性酸败
过氧化物酶	蔬菜	检查热烫
	葡萄糖的测定	与葡萄糖氧化酶综合利用测定葡萄糖
过氧化物酶（不利方面）	蔬菜、水果	产生异味，加强褐变反应
葡萄糖氧化酶	各种饮料	除去饮料中的氧气或葡萄糖，常与过氧化氢酶结合使用
脂氧合酶	面包	改良面包质地、风味并进行漂白

续表

酶	应用对象	应用目的
双乙醛还原酶	啤酒	降低啤酒中双乙醛的浓度
过氧化氢酶	牛乳	在巴氏消毒中破坏 H_2O_2
多酚氧化酶（可利用方面）	茶叶、咖啡、烟草	使其在熟化、成熟和发酵过程中产生褐变
多酚氧化酶（不利方面）	水果、蔬菜	产生褐变、异味及破坏维生素 C

利用酶还能控制饮料原料的贮藏性品质。有一些植物原料在未完全成熟时即采收，需经过一段时间的催熟才能达到适合食用的品质。实际上是酶控制着成熟过程的变化，如叶绿素的消失、胡萝卜素的生成、淀粉的转化、组织的变软、香味的产生等。如果我们能了解酶在其中的作用而加以控制，就可改善饮料原料的贮藏性并增进其品质。

果胶酶（pectic enzymes）是饮料生产的主要酶之一。

果胶是一些杂多糖的化合物，在植物结构中充当结构物。果胶中最主要的成分是半乳糖醛酸通过 $\alpha-1$，4 - 糖苷键连接而成，半乳糖醛酸中约有 2/3 的羧基和甲醇进行了酯化反应。果胶酶可分为三种类型：

（1）果胶酯酶（pectin esterase） 它可以水解除去果胶上的甲氧基基团。果胶酯酶存在于细菌、真菌和高等植物中，在柑橘和番茄中含量非常丰富，它对半乳糖醛酸酯具有专一性。在果胶酯酶的催化反应中，果胶酯酶要求在其作用的半乳糖醇酸链的酯化基团附近要有游离的羧基存在，此酶可沿着链进行降解直到遇到障碍为止。

（2）聚半乳糖醛酸酶（polygalacturanases） 它主要作用于分子内部的 $\alpha-1$，4 - 糖苷键，而半乳糖醛酸外酶则可沿着链的非还原端将半乳糖醛酸逐个地水解下来。另一些半乳糖醛酸酶主要作用于含有甲基的化合物（果胶）上，而有些则主要作用于含游离羧基的物质（果胶酸）上，这些酶分别称为多聚甲基半乳糖醛酸酶和多聚半乳糖醛酸酶。内多聚半乳糖醛酸酶存在于水果和丝状真菌中，但不存在于酵母菌和细菌中；外半乳糖醛酸酶存在于植物如胡萝卜和桃，以及真菌、细菌中。

（3）果胶裂解酶（pectin lyases） 又称果胶转消酶（pectin transeliminase）。它可在葡萄糖苷酸分子的 C_4 和 C_5 处通过氢的转消除作用，将葡萄糖苷酸链的糖苷键裂解。果胶裂解酶是一种内切酶，只能从丝状真菌即黑曲霉中得到。

为了保持浑浊果汁的稳定性，常用 HTST 或巴氏消毒法使其中的果胶酶失活，因果胶是一种保护性胶体，有助于维持悬浮溶液中的不溶性颗粒而保持果汁浑浊。在番茄汁和番茄酱的生产中，用热打浆法可以很快破坏果胶酯酶的活性。商业上果胶酶可用来澄清果汁、酒等。大多数水果在压榨果汁时，果胶多则水分不易挤出，且榨汁浑浊，如以果胶酶处理，则可提高榨汁率而且澄清。加工水果罐头时应先热烫使果胶酶失活，可防止罐头贮存时果肉过软。许多真菌和细菌产生的果胶酶能使植物细胞间隙的果胶层降解，导致细胞的降解和分离，使植物组织软化腐烂，在果蔬中称为软腐病（soft root）。

四、酶在饮料加工中的作用

生物技术在饮料工业中应用的典型技术就是酶的应用。目前已有几十种酶成功地用于饮料工业。例如，葡萄糖、饴糖、果葡糖浆的生产、蛋白质制品加工、果蔬加工以及改善饮料的品质与风味等。应用的酶制剂主要有 α–淀粉酶、糖化酶（又称淀粉葡萄糖苷酶）、蛋白酶、葡萄糖异构酶、果胶酶、脂肪酶、纤维素酶、葡萄糖氧化酶等。自 20 世纪 50 年代以来，由于以淀粉酶与葡萄糖异构酶为基础制备葡萄糖的工艺获得成功，使淀粉加工业成为酶制剂的主要用户。近年来其他酶的应用，尤其是氧化还原酶的开发又为饮料工业增添了新的活力。基因工程技术对饮料用酶的生产有很大的促进。蛋白质是饮料中的主要营养成分之一。不同来源的蛋白酶在反应条件和底物专一性上有很大差别。在饮料工业中应用的主要有中性和酸性蛋白酶。动、植物来源的蛋白酶在饮料工业上应用很广泛，这些蛋白酶包括木瓜蛋白酶、无花果蛋白酶、菠萝蛋白酶以及动物来源的胰蛋白酶、胃蛋白酶和粗凝乳酶。现在越来越多的微生物来源的蛋白酶被用于饮料工业。中性蛋白酶的生产菌有 *B. subtilis*，*B. licheniformis*；酸性蛋白酶产生菌有 *Streptomyces griseus*，*Asp. oryzae*，*Asp. niger*，*Asp. melleus* 等。蛋白酶作用后产生小肽和氨基酸，使饮料易于消化和吸收。但是不同来源的蛋白酶对饮料作用后产生的效果不同。如来源于 *B. subtilis* 蛋白酶所作用的蛋白质水解物有很浓的苦味，但是来自于 *Streptomyces griseus* 和 *Asp. oryzae* 的蛋白酶所作用的水解物苦味很小。这主要是因为不同的蛋白酶水解蛋白质的位点不同，因而产生的小肽结构不同，导致调味剂的味道不同。

在瓜果、蔬菜的加工过程中，其鲜味及果汁的口感非常重要。第一个应用在果汁处理工业中的是果胶酶。1930 年美国 Z. J. Kertesz 和德国 A. Mehlitz 同时建立了用果胶酶澄清苹果汁的工艺。从此果汁处理业发展成为一个高技术含量的工业。果胶酶的功能更加专业化，其他酶，如纤维素酶、葡萄糖氧化酶等也成为饮料工业的主要用酶。

水果加工中最重要的酶是果胶酶，果胶在植物中作为一种细胞间隙充填物质而存在，它是由半乳糖醛酸以 α–1，4 键连接而成的链状聚合物，其羧基大部分（约 75%）被甲酯化。果胶的一个特性是在酸性和高浓度糖存在下可形成凝胶，这一性质是制造果冻、果酱等的基础，但在果汁加工上，却导致压榨和澄清发生困难，用果胶酶处理破碎果实，可加速果汁过滤，促进澄清、世界果胶酶市场的销售额达到了酶制剂总销售额的 3%。果胶酶是一群复杂的酶，分为以下几类：

（1）原果胶酶　可使未成熟果实中不溶性果胶变成可溶性。

（2）果胶酯酶（PE）　水解果胶甲酯成为果胶酸并生成甲醇。

（3）聚半乳糖醛酸酶（PG）水解聚半乳糖醛酸的 α–1，4 键，分内切型与外切型两种。

（4）果胶酸裂解酶　从果胶酸内部或非还原性末端切开半乳糖醛酸 α–1，4 键生成果胶酸或不饱和低聚半乳糖醛酸。

（5）果胶裂解酶　内部切开高度酯化的果胶 α–1，4 键，生成果胶酸甲酯及不饱和低聚半乳糖醛酸。

由于果胶组成的复杂性和各种植物组织中果胶组成的不同，使果胶酶制剂活力测定同实际使用果胶未必一致，因而只有以作用对象作为检测酶活力的底物才有意义。

果胶酶的用途是澄清果汁，使悬浊果胶类物质失去保护胶体而沉降。脱果胶的果汁即使在酸、糖共存下也不致形成果冻，因此可用来制造高度浓缩的果汁或粉末果汁。

葡萄糖氧化酶在饮料工业上主要用来去糖和脱氧，防止产品氧化变质，防止微生物生长，保持饮料的色、香、味、饮料保存期。如果饮料本身不含葡萄糖则可将葡萄糖和酶一起加入，利用酶的作用使葡萄糖氧化为葡萄糖酸，同时将饮料中残存的氧除去。另外由于蛋白粉、蛋黄粉或蛋白片的蛋白中总含有少量的葡萄糖，往往发生气味不正和褐变反应等异常现象，影响产品质量，如果蛋白先用葡萄糖氧化酶处理以除去葡萄糖，然后进行干燥，可明显提高饮料质量。水果冷冻保藏时，由于果实自身的酶作用容易导致发酵变质，也可用葡萄糖氧化酶保鲜。溶菌酶可防止细菌污染，起饮料保鲜作用等。

第六节　饮料生产清洗

在饮料的生产、采集、贮存、运输、陈列、销售等过程中必须充分重视清洗的重要性，要树立预防性消毒的观念。从饮料加工原料到工厂、机器设备、使用容器、器械、用具直至工作人员的手，在各环节均应保持良好的卫生状况，才能保证饮料的安全、卫生，生产出高质量的产品。在这些过程和环节中清洗预防性消毒，对于保证饮料的卫生质量是非常重要的基础工作。

清洗预防及除去有害微生物的意义：① 减少微生物的绝对数。通过清洗操作可以除去附着在物体上 80% 的微生物。饮料加工中所使用的各种设备、容器会残留微生物，残留的微生物随着时间的推移可能会快速增殖。因此进行周期性、反复的清洗就可以将其控制在不能产生危害的界限以内，从而实现对这些微生物有效的防御。② 除去微生物赖以生存的营养源，这是防御微生物生存的有效手段。在清洗过程中大部分微生物与供其营养的有机性污垢一起能同时被清除，如有残存微生物使其因无必需的营养成分而不能正常大量繁殖。③ 增强杀菌效果。无论是物理还是化学杀菌，残留在物体表面的有机物会与化学杀菌剂发生作用而使其消耗，从而降低杀菌剂的效力。另外，有效的杀菌作用要达到对污垢内部的微生物起杀灭作用，需要较长时间和高浓度的剂量。如预先进行充分清洗后，尽可能清除污垢和微生物以后，则只要短时间使用少量杀菌剂，就能达到理想的杀菌效果。④ 有利于维护机械设备的性能。饮料生产的机械设备要求使用前和使用一段时间后都要进行清洗。不仅可以保证机械设备的性能更好的发挥，也有利于延长设备的使用寿命。⑤ 保证了产品的质量。清除了饮料中的污垢后，才能使饮料生产得以正常进行，同时保证了饮料的质量。⑥ 有利于环境保护。现代化饮料生产中，清洗液等在封闭的环境中作业，经处理后循环使用，同时对清洗液集中处理，减少了环境污染，保护了环境。

饮料生产经营过程中的预防性消毒工作，应该是经常地采用一切可能应用的处理措施，杀灭、消除饮料生产经营过程所接触的一切物品、饮料从业人员本身和所处的生产经营场所存有的可能污染饮料的微生物及沉积（污染）物。

一、清洗的原理

（1）溶解力　由于饮料厂通常使用水来完成清洗操作，所以这里指的是水的溶解力。水对无机盐有极强的溶解力，对碳水化合物、蛋白质、低级脂肪酸有一定的溶解力，而对油脂性污垢几乎没有溶解力。

（2）机械作用力　机械作用力是指通过浸泡、鼓风、搅动、喷淋、喷射、刷洗、振动等物理方法，把附着在原料或容器表面的污染物清洗掉。

（3）化学作用力　是指用清洗剂溶液（清洗液）清洗。利用清洗液对污染物所产生的化学作用力，如用酸、碱等溶液将原料、容器和机械设备等表面的污物清洗掉。常用的化学作用力有：碱性成分对油脂的皂化作用，对脂肪酸的中和作用，对蛋白质的水解作用；酸性成分对锈及无机性污垢的溶解力；过氧化物及氯化物对有机性污垢的氧化还原力；有机螯合剂对金属离子的螯合力。

（4）热作用力　热可促进清洗过程的理化反应，使污垢发生变化而易于清洗脱落，加速清洗过程。

（5）界面活性力　这里的界面是指洗液与污垢，污垢与被清洗物、被清洗物与洗液之间的界面。界面活性力是指在这些界面间有选择地施加各种影响，改变其界面间物化特性的作用力的总称，包括湿润力、渗透力、乳化力、分散力、溶解力、起泡力等。具有这种作用的化学物质称为表面活性剂。如对贮奶罐等用含有适当表面活性剂的洗液清洗被清洗物时，其发挥清洗作用的顺序如下：① 先对污垢表面起湿润作用，促进洗液渗入污垢（湿润作用，渗透作用）；② 打破污垢间及污垢与被清洗物之间的附着力（溶解力）；③ 被清洗出的污垢在洗液中被乳化分散及溶解，将污垢吸附于泡沫中（乳化力、分散力、起泡力、溶解力）。

（6）酶促作用　利用酶制剂来促进清洗污垢。如蛋白酶促进蛋白质类污垢的水解；用含有半纤维素酶洗液清洗植物性黏物及多糖类、果蔬污垢等。

二、清洗剂的种类及选用

（1）水　水在卫生、安全方面是完全无害的，在饮料生产加工过程中，饮料原料的处理，饮料工厂的设备及其周围环境进行卫生清洁时最为广泛使用。但水没有充分清除清洗污垢和油污的能力，在使用水进行清洗时，应最大限度地利用热能、搅拌、滚动摩擦以及压力喷射等物理能量，以提高其清洗效果。

（2）强碱性洗净剂　成分为氢氧化钠、无机盐类、有机螯合剂、表面活性剂。将这些洗净剂配合苛性碱使用，具有对蛋白质分解、对油脂凝聚和对细菌杀灭等作用，适用于清洗无机质或有机质污染严重处。如自动洗瓶机、加热处理设备和乳制品、发酵制品、畜产品、水产品加工装置。热碱清洗可除去加工设备上黏结的有机质与无机质污染物，与螯合剂配合使用可除去水锈。

（3）弱碱性洗净剂　成分为弱碱性有机盐及无机盐类、表面活性剂。这些洗剂配合碳酸钠、磷酸钠、硅酸钠、三聚磷酸钠等使用，有分解污物与分散污物及对金属离子的封闭作用，适用于清洗加工机器的工作台面及壁面、输送带等部位或半自动洗瓶（果汁饮料瓶）等。去除中等污染的油脂、蛋白质、碳水化合物污染和浸渍。氯素系列洗净剂适用于严重的有机质污染。为了使其表面张力降低，提高其浸透性及对污物的分散性，需加少量表面活性剂。

（4）中性洗净剂　成分为中性的无机盐或有机盐，它属界面活性剂。适用于手工洗净轻度污染的饮料原料容器和一般机器，当去除中等污染时要加热冲洗。

（5）酸性洗净剂　成分为有机酸、无机酸。有机酸为柠檬酸、苹果酸、葡萄糖酸等，无机酸为磷酸类。酸性洗净剂相当于表面活性剂，用于除去乳制品、发酵制品机械的乳石，洗瓶机的水锈，严重铁锈等。

（6）杀菌性洗净剂　成分为无机或有机氯素化合物、过氧化物、碘化合物及表面活性剂。它有碱性与酸性两种，除了适合洗净中度或轻度的有机质和无机质的污染外，还具有杀菌作用，用于各种饮料厂的壁面、工作台、工作服和工作人员手的清洗。

次氯酸钠：它杀菌效果迅速，对微生物非选择性，能充分发挥杀菌效率，使用后在器具表面不会形成皮膜，几乎不受水硬度及其他成分的影响，杀菌剂浓度低时无毒性。它含有高浓度活性成分，能除去饮料设备上的恶臭，价格低廉。但它也存在一些缺点，如有种特殊的味道，能将污染物漂白，冷时易冻结，当制品碱性强时会影响杀菌效果，使用不当会成为生锈与腐蚀之因，接触有机污染物时会降低杀菌液的浓度，加在含铁的水中会产生沉淀，不能使用等。

杀菌性界面活性剂：阳离子表面活性剂有较强杀菌力，在 40℃ 条件下就能杀灭用其他杀菌剂难以杀灭的细菌孢子。其缺点是在有机物和阴离子表面活性剂共存状态下杀菌力明显下降。两性界面活性剂以十二（胺）乙氨基甘氨酸为代表，即使有阴离子表面活性剂和有机物存在也不会影响其杀菌力。

过氧化氢：为广谱杀菌剂，其杀菌时间短，要求高温高浓度条件，常用于容器、器具的杀菌脱臭。有人认为，过氧化氢有毒性，不能直接用于饮料杀菌，多用于无菌化包装纸、塑料容器的表面杀菌。

杀菌洗净剂：为防止微生物二次污染，可使用杀菌洗净剂，它具有杀菌与洗净两方面的作用。如氯素、碘素系、胍系、酚系、阴离子等杀菌性洗净剂，应了解它们各自的优缺点，正确选用。

三、清 洗 方 法

1. 干式清洗

干式清洗即不用水，也不用各种液体淋湿物体表面而直接在空气中进行清洗的方法。例如苹果用掸子掸，用干布掠等干式清洗法。在我们日常生活中应用的范围相当广泛。具有简便易行，省去浸泡、擦干的麻烦等优点，但仅此难以使物体表面洗干净。

2. 湿性清洗

湿性清洗即以水及各种液体为媒介而进行的清洗方法，其过程分为洗、涮、干燥三个工序。另外，湿性清洗分为浸泡、喷射、淋洗三种方式。

（1）浸泡清洗　适用于体积较小的物体，将清洗物泡在装满清洗液的槽中进行清洗。在加工用的各种容器中装满清洗液，对容器内壁进行清洗的方法也是浸泡清洗。在浸泡清洗中起主要作用的是清洗液，在进行清洗时，必须考虑以下条件。

① 清洗液浓度：清洗液的浓度并不是越浓越好，必须有一定的最佳浓度范围。

② 清洗液新鲜度：清洗液的活性在使用时逐渐衰减、老化。使用过度老化的清洗液，不仅清洗力降低，还有可能再污染清洗物。

③ 清洗液的浓度比：高质量的清洗要求是清洗液与清洗物体表面积之间有一定的比例，随便浸泡太多的清洗物不能获得好的效果。

④ 温度：当加热不影响清洗物时，一般来说温度越高清洗效果越好（煮沸状态下也伴有杀菌作用）。必须注意的是：在进行与饮料有关的清洗中，若温度保持在 25 ~ 60℃，有时反而会促进微生物的繁殖。

影响浸泡清洗效果的不只是清洗液，还有搅拌或刷子引起的摩擦及其他的物理能。图4-16所示的鼓泡式清洗具有一定的搅拌作用，也会增加对柔软物体的清洗效果。

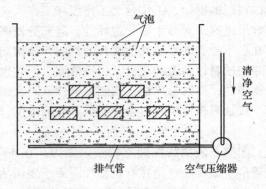

图4-16 鼓泡式清洗

卫生管道内壁的清洗也采用浸泡清洗，这时不只是简单地使清洗液流过，还要加快它的流速。在内壁产生清洗液的湍流效果。用普通的水溶性清洗液时，凭借1.0~2.0m/s左右的流速，就能取得理想的湍流效果，饮料厂大多采用>1.5m/s的流速。

（2）喷射清洗 除用于浸泡清洗难以进行的清洗外，对体积较小的清洗物也有效果。将高压清洗液从喷嘴里喷出，冲击清洗物表面，从而加强清洗力。在高压状态下，很少的水即可产生强大的冲击力。

对工厂的地板、墙壁、设备、机器等质地较硬物体表面进行清洗时，使用30~50kg/cm²的高压。对柔软的饮料原料等，使用10kg/cm²以下的低压。

清洗用喷嘴的形状有多种，图4-17所示为常用喷嘴：（1）喷射呈圆锥形；（2）把喷嘴尖端做成微缝状，喷射呈扇形，这适用于清洗平板状的物体；（3）集中成棒状，因此可用于清洗细缝；（4）是从球状喷嘴中辐射状喷出，适用于对罐状体的内壁清洗。为增强清洗效果通常在清洗时喷嘴作一定的旋转，以增大清洗面积提高清洗洁净度。

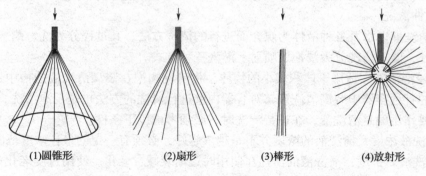

(1)圆锥形　　　(2)扇形　　　(3)棒形　　　(4)放射形

图4-17 喷嘴形状

四、饮料生产经营场所的清洗和消毒

饮料生产经营必须有一个相对固定的场所，对饮料生产经营场所的清洁是非常重要的消毒措施。清洁也能消毒吗？应该使全民，使全部饮料生产经营从业人员有一个明确的概念：清洁也是一种消毒措施。日常打扫卫生，搞清洁，就是清洁消毒法，虽然它不用消毒剂，但也可清除大量微生物，如果在其中加入清洗剂，消毒效果更强，它还有去污作用。因此说，清洁、清洗是我们日常生活中最经常、最简便而有意义的消毒方法之一。

众所周知，我们周围的环境中存在着各种各样的微生物，各种物体表面也污染着各种各样的微生物，包括病原微生物。饮料生产经营过程中会涉及的各种物体主要为：① 生产车间所用的机械设备、工具、容器以及生产车间本身，包括地面、墙壁等；② 饮食业加工间烹调所用的锅、碗、刀、勺、墩、板、橱、架、保存饮料所用的冰箱、清洗工作所用的抹布、墩布等工具；③ 就餐所用的桌、椅、凳等以及所有场所的地面、墙壁、门窗等；④ 从业人员的本身以及服装（工作服、帽）；在实际监测中，上述的物品都不同程度的污染有微生物（包括病原微生物）。生产生活中的各种得当的清洁、清洗工作都可有效地清除这些物体表面绝大多数的病原菌和非致病菌，而达到消毒目的。

有报告称，完整、干净、平滑、干燥的墙壁、天花板，用琼脂平板接触法检查细菌数，每 $25cm^2$ 有 $2 \sim 5$ 个细菌，一般不超过 10 个菌。这些地方的细菌数一般保持恒定。但饮料生产经营的场所多潮湿，而且是与高营养物质接触的地方，其细菌污染的程度实际上比一般墙壁、天花板要多得多，因此必须经常进行清洁工作。地面上污染的细菌数要比墙上严重得多，约为墙上的 100 倍，甚至更高，使用琼脂平板接触法检查，每 $25cm^2$ 有 380 个菌，大部分来源于人体表面，其中致病菌约占 1%。

生产期间，车间的地面和墙裙应每天进行清洁，车间的顶面、门窗、通风排气（汽）孔道上的网罩等应定期进行清洁。一般饮料车间的清洗是在饮料生产前后进行，通常采用喷射热水或高压水清洗，有时用清洗液冲洗或刷洗，再用清水冲净。然后采用紫外线或杀菌剂杀菌的方法来保证饮料生产环境的清洁卫生。

五、设备清洗（CIP）

（一）CIP 的定义和特点

饮料机械设备的清洗是指对饮料生产使用的贮料槽、管道、热交换器等的清洗。目前，大型饮料企业采用了无拆卸就地清洗系统（Cleaning – in – place Systems），简称 CIP。

饮料、发酵、制药、轻化工等工业部门中，不论连续性或间歇性的生产设备及其工艺管道都必须定期或不定期地进行强制清洗，以确保设备功能、确保生产顺利进行、确保产品质量。传统的清洗方法是将有关设备部分或全部拆卸后进行清洗，然后再重新安装好投入使用。随着饮料机械向大型化和自动化的发展，机械装置越来越复杂，管道也随之增加，机械装置的清洁工作量大为增加。为了减轻劳动强度，欧美的一些国家开发了一种经济、卫生和安全的所谓 CIP 清洗方法。CIP 系统最初在美国的乳品工业得到应用。CIP 设备的发展已经历了手动型、气动型两代，目前正进入机电一体化智能型的第三代。CIP 装置已普遍地在啤酒、饮料、果蔬汁、药业、乳制品工业中得到应用，成为企业在生产过程中不可缺少的一部分，它直接影响产品的质量。

CIP 为 Cleaning In Place（清洗定位）或 In – Place Cleaning（定位清洗）的简称。其定义为：不拆卸设备或元件，在密闭的条件下，用一定温度和浓度的清洗液对清洗装置加以强力作用，使与饮料接触的表面洗净和杀菌的方法。

因此，CIP 完全不用拆开机械装置和管道，即可进行刷洗、清洗和杀菌。在清洁过程中并能合理地处理清洗、杀菌与经济性、能源的节约等关系，是一种优化的清洗管理技术。CIP 装置适用于与流体物料直接接触的多管道饮料与发酵生产机械装置，如果汁饮料、乳品、浓缩果汁、豆浆及发酵产品生产线等。

与传统的手工拆卸机器零件的清洗方式相比，CIP 有如下的优点：能维持一定的清洗效果，清除料液残留，防止微生物污染，避免批次之间的影响，以提高产品的安全性；自动化水平高，节约操作时间和提高效率；节省劳动力、保证操作安全；卫生水平稳定；节约清洗用水、蒸汽及清洗剂的用量；生产设备可大型化；增加生产设备的耐用年限；利于按 GMP 要求，实现清洗工序的验证。

（二）CIP 清洗剂及消毒剂

1. CIP 清洗剂

一般的清洗过程首先需要将污物从被清洗表面分离，再将此污物在清洗液中分散形成一种稳定的悬浮状态，并防止污物重新沉淀在被清洗物的表面上。在自然界，污物分离的过程是颇为复杂的，不是一种单一的化学品就能达此目的，实际上都是几种清洗剂混合使用。

CIP 清洗中使用的清洗剂按 pH 可分为三类：中性清洗剂、酸性清洗剂和碱性清洗剂。

（1）中性清洗剂　水和表面活性剂均属此类。水几乎是所有清洗剂和饮料的基本成分，当污物完全可溶于水时，就不需要其他清洗剂而能清洗干净。表面活性剂可分为阳离子型、阴离子型和非离子型。当进行碱性清洗时，如添加表面活性剂可促进润湿性，并具有乳化和分散功能。对于油脂污物较小的清洗对象，可以降低水的表面张力，扩大污物与机械表面的接触面积，使清洗剂能够渗透而提高清洗效果。

（2）酸类清洗剂　酸性清洗剂是用以溶解设备表面矿物质沉积物，如钙镁的沉积物、硬水积石、啤酒积石、牛乳积石和草酸钙等。常使用的无机酸为硝酸、磷酸、硫酸；有机酸为醇酸、葡萄糖酸、柠檬酸、乳酸和酒石酸。由于高合金钢、不锈钢接触含有 Cl^- 离子的介质时有发生应力腐蚀破裂的危险，因此对于大量使用不锈钢设备及管道的饮料生产线，不得用盐酸作为清洗剂。酸类对去除碱性清洗剂不能去除的顽垢效果好，如"乳石"的去除必须用酸。酸性清洗剂不受 CO_2 的影响，比 NaOH 容易过水，可以冷清洗。使用合成的酸性清洗剂除了降低表面张力之外还具有抑制酵母菌和霉菌的作用。但酸对金属有腐蚀性，应添加一定的缓蚀剂或用清水冲洗干净。

（3）碱类清洗剂　碱性清洗剂是饮料工厂使用最广泛的清洗剂。碱与脂肪结合形成肥皂。与蛋白质形成可溶性物质而易于被水清除。最常用的碱为 NaOH、KOH 等，NaOH 的缺点是很难过水，过水时要冲洗很长时间。但是，由于 NaOH 的清洗效果是 $NaHCO_3$ 的 4 倍，且在适当的温度下具有杀菌效果，因而得到最广泛的应用。其他碱性清洗剂有碳酸钠、碳酸氢钠、原硅酸钠、甲基硅酸钠、磷酸三钠等。

少量的氯化物可提高 NaOH 的洗净效果。试验表明，在 0.25% NaOH 溶液中添加含有效氯 0.006% ~ 0.008% 浓度的氯化物，其清洗效果可与 1% NaOH 的作用相当。在 0.5% 的 NaOH 溶液中添加含有效氯 0.006% ~ 0.008% 浓度的氯化物，其作用相当于 1.5% ~ 2% 的 NaOH 溶液。

由于饮料加工完毕黏附于容器和管路上的污物系由一种或多种组分组成，确定了其组分，便可合理的选择清洗剂，表4-7给出了饮料加工中污物层的典型组分及所使用清洗剂的效果。

表4-7 饮料加工中污物层的典型组分

组分	清洗剂	溶解性	去除效果	受热变化
糖	水	可溶	容易	结焦
脂肪	水	不溶	困难	聚合作用
	碱	差	有表面活性剂存在则好	
	酸	差	有表面活性剂存在则好	
蛋白质	水	差	困难	变性
	碱	好	好	
	酸	中等	困难	
单价矿物盐	水	可溶	容易	
	酸	可溶	容易	
多价矿物盐	水	不溶	困难	沉淀
	酸	可溶	容易	

虽然碱性清洗剂对金属设备、容器等有腐蚀作用，并对垫圈有不良影响，但它易溶于水，能杀菌，也能将脂肪粒子皂化分解成皂粒和甘油粒，所以使用碱类清洗剂的洗液是比较理想的，使用较多的是氢氧化钠。目前，仍以碱性清洗剂为主。

2. 消毒剂

一些化学药品可作为CIP过程的消毒剂。如次氯酸盐、碘化物、稳定性二氧化氯、酸性阴离子表面活性剂等。在消毒时必须对设备和管路进行彻底的清洗。如果设备表面有饮料残渣或污物存在，消毒剂的效力将会大大降低。

使用氯化物作杀菌剂比较方便，氯化物的杀菌效果与游离氯（次氯酸）的含量直接有关。一般来说，杀菌率随着水的pH升高而降低。如果水中存在大量有机物也将会降低一定量氯的杀菌能力，有机物与氯结合后起杀菌作用的残留游离氯将有所减少。氯的杀菌率随温度升高而提高。

二氧化氯是氯气与次氯酸钠反应的产物。二氧化氯不与有机物化合生成致癌的氯胺。稳定性二氧化氯无异味和臭味，对人体无刺激，能用于饮料工厂管路、包装容器和生产环境的消毒。在使用时，需要在稳定性二氧化氯溶液中加入激活剂以产生具有强氧化作用的初生态氧原子。

表4-8所示为清洗、灭菌剂的优缺点。

表4-8 清洗剂和灭菌剂的优缺点

清洗剂种类	优点	缺点
酸、碱清洗剂	1. 微生物全部死亡 2. 溶解除去有机性污物效果好	1. 对人体皮肤刺激性强 2. 水洗性差

续表

清洗剂种类	优点	缺点
灭菌剂	1. 杀菌效果迅速，对所有微生物有效 2. 在机器表面形成薄膜 3. 不受水硬度成分等影响 4. 经稀释无毒性 5. 容易测定浓度 6. 容易计量 7. 可除恶臭	1. 有特殊臭味 2. 洒落时会沾污及有漂白痕迹 3. 天气冷会冻结 4. 需要保管于冷暗场所 5. 不同碱度，杀菌效果会有很大变化 6. 用法不当会生锈及引起腐败 7. 混入污物，杀菌浓度降低，杀菌效果也下降

注：（1）酸、碱性清洗剂中的酸性是指 1% ~2% 的硝酸溶液；碱性是指 1% ~3% 氢氧化钠溶液，在 65 ~80℃ 中使用。

（2）灭菌剂为经常使用的氯系杀菌剂如氯水（次亚氯酸钠），用 100 ~200mg/L。

（三）CIP 清洗原理及影响清洗效果的因素

1. CIP 清洗原理

原地清洗是一种不用拆卸设备和管道的清洗方法。清洗中不必对设备和管道进行人工擦洗和冲刷，它利用设备上的原有管道和附件，构成一个清洗回路，泵入清洗液后，通过清洗液的化学作用、物理作用（如热溶解、离子交换等作用），以及清洗液在高速流动时本身所产生的机械冲刷作用，从而直接清洗设备和管道本身。

2. 影响清洗效果的因素

清洗的目的是去除黏附于机械上的污垢，以防止微生物在其间滋长。要把污垢去掉，就必须使清洗系统能够供给克服污染物质所需的洗净能力，洗净能力的来源有三个方面，即从清洗液流动中产生的运动能；从清洗剂产生的化学能；清洗液中的热能。这三种能力具有互补作用。同时，能量的因素与时间的因素有关。在同一状态下，清洗时间越长则清洗效果越好。

（1）机械力 由于污物粘附于设备表面，要将污物除去必须依靠机械作用。在对管路和容器的清洗过程中，清洗液的流速功能就是提供污物剥离时所需之洗净能量。清洗时，若清洗液仅与沾污表面接触，则所获得的效果将很差。必须使清洗液在界面上具有相对的湍流状态才能得到良好的清洗效果，而判断流体流动型式的依据是借助雷诺（Re）值。

$$Re = \frac{du\rho}{\mu}$$

式中　d——管径，m

　　　u——清洗液在管内的流速，m/s

　　　ρ——清洗液的密度，kg/m^3

　　　μ——黏度，Pa·s

　　　Re——无因次准数

根据 Re 值可以判断流体在管内流动的流型。当 $Re < 2000$，流体处于层流；当 $Re > 4000$，流体处于湍流；$2000 < Re < 4000$ 时，为过渡流。

试验证明，清洗管路时要获得良好的清洗效果，$Re > 30000$；对容器来说，沿壁流下的清洗液的 $Re > 200$。Re 对 CIP 洗净效果的影响如图 4 – 18 所示，当 $Re > 25000$ 时则呈现良好的洗净效果。

由于 Re 准数的数值与流体在管内的流速 u 成正比，当其他条件一定时，为了获得良好的洗净效果，在饮料管路中 $u = 1.5 \sim 3m/s$，设计时可按 $1.5m/s$ 计算。如 $u > 3m/s$ 则会对系统造成损坏。

（2）温度　提高清洗温度可以改变管路中污水的流动状态，增大污物与清洗剂的化学反应速度，减少清洗液的黏度从而提高 Re，可以增加污物中可溶性物质的溶解量。清洗液温度每提高 10℃，其化学反应速率可提高 $1.5 \sim 2$ 倍。但温度过高，将造成污物中的蛋白质变性致使污物与设备间的结合力提高，反而阻碍清洗的进行。通常洗液温度为60 ~ 80℃。对于热水消毒，水温必须 >82℃。

CIP 清洗中强碱清洗温度在 80℃ 以上时，碱对蛋白质具有强溶解力。但是当温度过高时：① 会促进碱液对设备的腐蚀；② 造成清洗液的剧烈蒸发；③ 使清洗液发生化学变化或分解，而使清洗能力下降；④ 污垢中的脂肪在遇到高温强碱时，会发生皂化现象。

所以，清洗液温度高时，清洗效果好，但温度不能过高，在允许范围内，应该尽量使用较高的温度。考虑到以上几个因素，在一般情况下的 CIP 清洗时，控制热水温度为 90℃；碱液温度为 75℃；酸液的温度为 70℃。

（3）清洗剂及其浓度　CIP 清洗效果在很大程度上取决于清洗剂。适宜的清洗剂可以使清洗过程获得事半功倍的效果。因此，近年来一些国家的清洗专家，在清洗条件（Re、温度）基本确定的前提下致力于清洗剂的研究。清洗剂除了酸、碱以外，还针对不同的清洗对象提出了相应的品牌。在 CIP 过程中还必须严格掌握清洗剂的浓度，适当提高洗液浓度可以促进洗液与污物间的化学作用力，增加清洗效果；但浓度过高不仅会造成资源浪费而且会起负面作用，如腐蚀设备，或者被设备表面吸附。

（4）清洗时间　洗净效果与清洗时间有密不可分的关系，要使每一种清洗作用发挥最大的清洗效果，一定要有适当的作用时间。清洗时间取决于设备被污染的程度。图 4 - 19 所示为清洗效果和时间的关系。

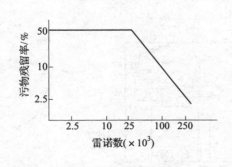

图 4 - 18　雷诺数对 CIP 洗净效果的影响

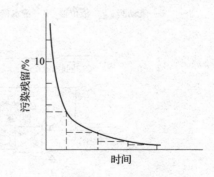

图 4 - 19　清洗效果与时间的关系

（四）CIP 系统的设备

1. CIP 装置的分类

CIP 装置有不同的分类方法。按是否移动分可移式清洗车（图 4 - 20），固定式清洗机；按罐体安置形式分卧式和立式清洗设备；按罐体是否分隔分为分隔式和分罐式清洗设备；按罐体数多少分单罐（图 4 – 21）、双罐和多罐；按清洗液使用方式，分单次、重复、多次使用（见图 4 – 22、图 4 – 23、图 4 – 24）。

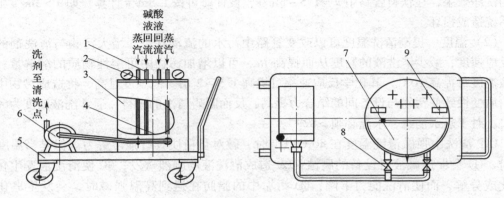

图 4 – 20　可移式清洗车

1—回流口　2—加热管　3—酸、碱液贮槽　4—隔板

5—推车　6—离心泵　7—活动盖　8—出口阀　9—温度表

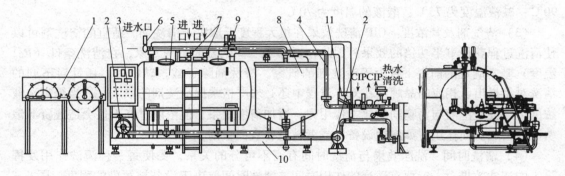

图 4 – 21　单罐卧式就地清洗设备

1—分配器　2—离心泵　3—仪表屏　4—回流管　5—酸、碱液贮槽

6—气动阀　7—液位器　8—清水槽　9—回流气动阀　10—机架　11—出液气动阀

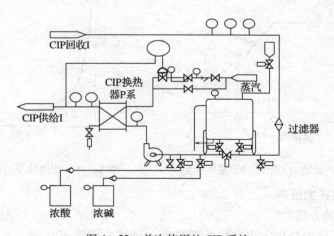

图 4 – 22　单次使用的 CIP 系统

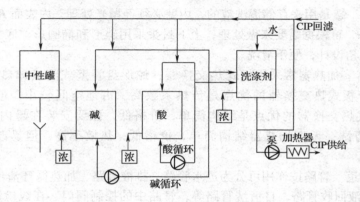

图 4 – 23　多次使用的 CIP 系统流程

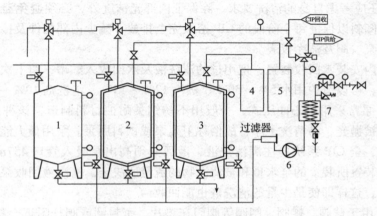

图 4 – 24　重复使用的 CIP 系统

1—水罐　2—碱罐　3—酸罐　4—浓酸罐　5—浓碱罐　6—CIP 泵　7—加热器

2. CIP 装置的构成

CIP 装置根据不同的分类，有不同的组成，但一般来说，它由罐（酸、碱、水）、管路、加热器、泵（酸碱定量、CIP 泵）、控制柜及液体分配板及相应的温度、流量、液位控制装置所组成。整个装置一般用不锈钢制作。图 4 – 25 所示为 CIP 清洗装置组成的示意图。

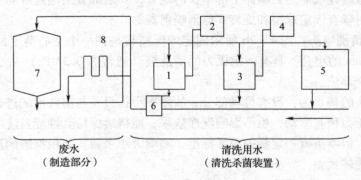

图 4 – 25　CIP 清洗装置组成的示意图

1—稀释洗涤剂罐　2—浓缩洗涤剂罐　3—稀释杀菌剂罐　4—浓缩杀菌剂罐
5—清洗用水罐　6—程序控制装置　7—生产部分缸体　8—生产部分传输线

（1）CIP 罐　罐是用来存储清洗液的，内壁必须经抛光处理，内表面 $R_a \leqslant 1.0\mu m$；外表面 $R_a \leqslant 2.5\mu m$，可根据需要来做处理；上下封头采用碟形和椭圆形，底封也可用锥形，锥角可参考安息角设计，便于清洗。

（2）加热器　加热器常采用板式热交换器、蛇形盘管壁式间接加热，也可用无声蒸汽直接加热。板式热交换器的优点是传热系数高、占地空间较小，但相对价格高、易堵塞；盘管式热交换器的优点是结构简单，价格低，但要安装在罐内，易结垢，表面要进行人工清洗；无声加热器结构简单，价格低，热效率高，但易改变槽液浓度，且易结垢。

（3）CIP 管道　管路按作用可分为进水管路、排液管路、加热循环清洗管路、CIP 液供应管路、CIP 液回收管路、自清洗管路等，管路中的控制阀门、在线检测仪、过滤器、清洗头等配置按设计要求配备。

CIP 系统还应考虑自身的清洗要求，除保证内部光洁度外，必须避免滞留区域，所有管线都向低点倾斜以保证每个阶段的 CIP 溶液完全排放，减少内部构件及接头，重视排下水，合理布置泵、阀及洁净仪表。

在上述罐内安装水回收装置，把用过的清洗液及水回收入贮罐，留下次清洗时作预洗液再用。这样，可以节约用水 5%～30%、蒸汽 12%～15%、清洗剂 10%～12%。

（4）泵　泵常采用离心冲压式，一般用不锈钢类耐蚀材料制造，该种泵的最大特点是过流部位均被抛光，易清洗干净，故俗称卫生泵或饮料用泵。泵用最大能力运转时，为防止吸入空气，全 CIP 系统要注满清洗液，液面必须高出泵吸入管口 457mm。故此，泵的功率由 CIP 装置所装上的全水量和被清洗物的流量所决定。清洗液回收泵一般是离心泵与真空泵并用，这样即使是少量的清洗液也能回收。

（5）阀　由于球阀、蝶阀、闸阀等阀门在垫片、密封圈或阀杆附近会积累污垢，CIP 系统难于清洗干净，有可能在最后一道淋洗过程中污染清洗对象，故 CIP 系统所采用的阀门为隔膜阀或以金属波纹管密封阀杆的阀门。

（6）喷头　用 CIP 方式清洁容器时，为了使清洗液对容器壁面产生足够的机械力，通常在容器内装设喷射器，喷射器的设计要根据清洗对象而确定，并能自排放、自清洗。其通常最佳工作压力为 0.2～0.25MPa，清洗液流量为 4～12L/（min·m² 内表面积）。喷球的喷洒部位应设计或能达到罐体上部 1/3 的地方，其余部分则通过液膜下降过程进行清洗。常用的喷射器有固定球型和旋转式球形喷射器等。

① 固定式清洗喷头：图 4 - 26 所示固定球形喷头是在一个空心薄壁的球体上钻有若干个直径 1～2mm 的小孔，具有一定压力的清洗液（通常为 0.3MPa）从小孔中射出并可到达容器的各个部位。

固定式喷头的特点为：没有可动部分，故障率小；只要与清洗液的进、排管连接，即可使用；喷雾压力稍有变动，也不影响洗净效果；能持续保持其性能且洗净性高；所需流量比旋转式小。但喷头有一定量的喷雾标准，喷嘴大小及数量要根据罐的形状及容积来决定；通用性比旋转式差。

② 旋转式清洗喷头：旋转式清洗喷头形式较多，有水动旋转式喷头、水动振荡式喷头、气动旋转式喷头、电动旋转式喷头、可装拆的锥形喷头和移动式喷头等。

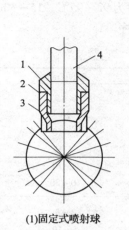

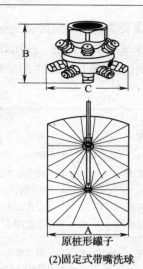

(1)固定式喷射球   (2)固定式带嘴洗球

图 4 - 26   固定式洗球

1—插销   2—喷球   3—接管   4—开口销

旋转式清洗喷头工作示意图见图 4 - 27，它带有三个高冲力扇形喷嘴，借清洗液的压力驱动喷嘴旋转，可以清洗容器的所有内表面。

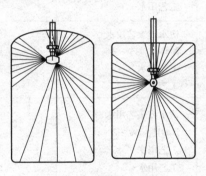

图 4 - 27   旋转式洗球

（7）自动控制系统   CIP 系统发展已经历了手动型、气动型两代，目前正进入机电一体化——智能型的第三代。

人工控制是由人工操作阀门和调节温度，并根据清洗状况随机确定清洗时间。

智能型 CIP 系统是全自动清洗型的，通常为一中央集成系统，包含注射水罐、CIP 罐、板式换热器、管道过滤器、送液泵、回液泵、温度控制仪、液位控制仪、电导率检测仪、PLC 触摸屏、控制柜及系统管阀件等组成。自动控制系统是智能型 CIP 的核心，目前大多数全自动 CIP 系统都采用 PLC 技术，通过设置程序（程序可调）由 CIP 清洗系统自动配制清洗液，经气动控制阀与送液泵、回液泵来完成清洗液的输送及回流循环清洗、排放、回收等整个清洗过程。通过电导率检测仪及 PLC 触摸屏组成的控制系统达到了自动在线清洗。

（五）CIP 清洗程序

CIP 清洗程序随生产加工产品的性质及生产条件而变化。表 4 - 9 为较典型的清洗程序，其中例 1、例 2 的 CIP 程序设计为牛乳和乳饮料所用，例 3、例 4、例 5 的程序设计为果汁等清凉饮料所用。对酸性饮料一般不用酸洗，考虑到生产的安全，建议设备在连续运行 1 ~ 2

周后，或者生产线长期不用时用酸碱全面清洗。必要时，在清洗结束后对设备和管路消毒，消毒时可以用热水或化学消毒剂，使用热水的操作条件为 92 ~ 95℃、15 ~ 30min。

表 4 - 10 所示为饮料行业常用的酸碱 CIP 清洗程序。

表 4 - 9　　　　　　　　　　　　　　　典型的清洗程序

	清洗程序	清洗介质	时间/min	温度/℃
例1	1. 预清洗	清水或工艺用水	3 ~ 5	常温或 >60
	2. 酸洗	HNO₃, 1% ~ 2%	20	常温
	3. 中间清洗	清水或工艺用水	5 ~ 10	常温
	4. 碱洗	NaOH, 1% ~ 2%	5 ~ 10	60 ~ 80
	5. 最后清洗	工艺用水	5 ~ 10	常温或 <60
	6. 生产前杀菌	工艺用水	10 ~ 20	>90
例2	1. 预清洗	清水或工艺用水	3 ~ 5	常温或 >60
	2. 酸洗	HNO₃, 1% ~ 2%	5 ~ 10	60 ~ 80
	3. 中间清洗	清水或工艺用水	5 ~ 10	常温或 <60
	4. 碱洗	NaOH, 1% ~ 2%	5 ~ 10	60 ~ 80
	5. 中间清洗	清水或工艺用水	5 ~ 10	常温或 <60
	6. 杀菌工序	氯水 150mg/L	10 ~ 20	常温
	7. 最后清洗	工艺用水	3 ~ 5	常温
例3	1. 预清洗	清水或工艺用水	3 ~ 5	常温或 <60
	2. 碱洗	NaOH, 1% ~ 2%	10 ~ 20	60 ~ 80
	3. 中间清洗	工艺用水	5 ~ 10	<60
	4. 最后清洗	工艺用水	3 ~ 5	常温
例4	1. 预清洗	清水或工艺用水	3 ~ 5	常温或 <60
	2. 碱洗	NaOH, 1% ~ 2%	5 ~ 10	60 ~ 80
	3. 中间清洗	工艺用水	5 ~ 10	常温
	4. 生产前杀菌	工艺用水	10 ~ 20	>90
例5	1. 预冲洗	清水或工艺用水	3 ~ 5	常温或 <60
	2. 碱洗	NaOH, 1% ~ 3%	10 ~ 20	60 ~ 80
	3. 中间冲洗	工艺用水	5 ~ 10	<60
	4. 酸性	HNO₃, 1% ~ 2%	10 ~ 20	60 ~ 80
	5. 最后冲洗	工艺用水	3 ~ 10	常温或 <60
	6. 生产前消毒	工艺用水	15 ~ 30	92 ~ 95

表 4 - 10　　　　　　　　　　　　　　常用酸碱 CIP 清洗程序

	程序	清洗液	温度/℃	清洗方式	清洗时间/min	清洗液处理
酸碱① 五段清洗	1 水洗	软化水	常温	流过冲洗	10	排放
	2 碱洗	NaOH, (2.0 ± 0.3)%	75 ± 5	循环清洗	20	碱液回收
	3 水洗	软化水	常温	流过冲洗	10	排放
	4 酸洗	HNO₃, (1.5 ± 0.3)%,	65 ± 5	循环清洗	20	酸液回收
	5 水洗	软化水	常温	流过冲洗	至排水与进水 pH 一致	排放

续表

程序		清洗液	温度/℃	清洗方式	清洗时间/min	清洗液处理
酸②碱三段清洗	1 水洗	软化水	常温	流过冲洗	10	排放
	2 碱洗	NaOH，(2.0±0.3)%	75±5	循环清洗	20	碱液回收
	3 水洗	软化水	常温	流过冲洗	至排水与进水 pH 一致	排放

注：(1) 测定第五段洗水时各设备排放口洗水 pH，确定各台设备第五段水洗时间，并以水洗时间最长的排放口所需时间作为控制程序的时间。

(2) 测定第三段洗水时各设备排放口洗水 pH，确定各台设备第三段水洗时间，并以水洗时间最长的排放口所需时间作为控制程序的时间。

（六）CIP 操作注意事项

1. 设计 CIP 系统时应注意事项

设计 CIP 的原则是要确保清洗液能够到达每处要清洗的部位，确保清洗干净、产品安全并能回收 CIP 液。

设计 CIP 系统时应注意以下问题：

（1）清洗程序的多变性 饮料种类、品种多，在生产过程中可能的残留物有所不同，清洗的程序也随之而异，所以要方便生产时根据产品实际进行清洗程序选择。

（2）合理使用清洗剂，使其发挥应有效果 如上所述，清洗剂具有吸附、乳化、润湿、消泡作用。用 NaOH 溶液可使清洗液的表面张力降低到 68%，在溶液中再加入清洗剂，则可使表面张力降到 32%，当洗液中的表面张力比饮料的表面张力更低时，就可以起到分散作用。

（3）清洗管线布局合理性与灵活性 合理的 CIP 系统中应该是管线线路最短、能满足各种定时、定程的清洗要求，保证全线清洗效果达到要求。

2. CIP 操作注意事项

一个设计合理的 CIP 系统要想获得预期的清洗效果还必须有正确的 CIP 操作。

（1）CIP 清洗操作必须由经过培训的指定人员进行。

（2）CIP 操作人员要熟悉车间所有设备及管件的连接通路，要清楚各分配板上摇臂的连接方式，物料走向，要随时掌握各管道及设备的工作状态，严禁使清洗液进入物料之中。

（3）要注意回流浓度的检测和调控。

（4）CIP 操作人员要提高安全意识，防止热酸、碱及热水喷出造成人身不安全事故。

（七）CIP 清洗要求及清洗效果评定

1. CIP 清洗要求

CIP 清洗要求视具体情况而有所差异，一般要求达到 4 个清洁度，即：清洗掉表面可见杂质保证物理清洁度；去除肉眼不可见但通过味觉或嗅觉能探测出的残留物，保证化学洁净度；通过消毒获得要求的微生物洁净度；通过杀菌杀灭所有微生物达到无菌洁净度。

2. CIP 清洗效果评定标准与方法

CIP 清洗效果评定方法有两种，即肉眼观察和微生物检测。

理想的 CIP 其清洗效果必须达到以下标准：

（1）感官检测标准

气味：清新、无异杂味，对于特殊的处理过程或特殊阶段容许有轻微的气味但不影响到最终产品的安全和自身品质。

视觉：清洗表面光亮，无积水，无膜，无污垢。同时，经过 CIP 处理后，设备的生产处理能力明显改变。

（2）微生物检测标准

① 采用涂抹法检测：涂抹面积为（10×10）cm^2，理想的结果为：细菌总数 $<100cfu/100cm^2$；大肠菌群 $<1cfu/10cm^2$；酵母菌 $<1cfu/100cm^2$。

② 冲洗试验：细菌总数 $<100cfu/100cm^2$；大肠菌群 $<1cfu/10cm^2$。

本章小结

本章主要在介绍了饮料感官修饰的目的和感觉基础的同时阐述了饮料的颜色、风味和质构的一般修饰技术，介绍了杀菌、灌装、膜分离，酶处理、饮料工厂清洗等基本生产技术。

思考题

1. 饮料为什么要进行感官修饰？
2. 如何修饰饮料的颜色、风味和质构？
3. 为什么说高温杀菌技术既是饮料生产可靠的技术，又是饮料生产中对产品品质破坏最大的技术？
4. 饮料的冷杀菌技术是否安全可靠？在生产中的应用现状如何？
5. 饮料生产过程中如何做到无菌灌装？
6. 饮料生产中应用常用的酶及其特点。
7. 膜分离技术在饮料生产中有什么优势？应用现状如何？
8. 在饮料工厂如何做到安全快速清洗饮料设备和生产车间？

拓展阅读文献

［1］赵玉红，张立钢. 食品感官评价［M］. 哈尔滨：东北林业大学出版社，2006.

［2］Maurice Shachman. The soft drinks companion：a technical handbook for the beverage industry［M］. Boca Raton：CRC press，2005.

［3］徐怀德，王云阳. 食品杀菌技术［M］. 北京：科学技术文献出版社，2005.

第五章　果蔬汁饮料

学习目标

1. 了解果蔬汁饮料的分类、生产现状及主要产品种类。

2. 掌握果蔬汁饮料加工工艺流程；各类果蔬汁饮料加工技术的区别；果蔬汁饮料加工的操作要点。

3. 掌握果蔬汁饮料生产过程中存在的常见质量问题与解决办法。

4. 了解果蔬汁饮料生产的典型设备。

5. 了解果蔬汁发展趋势以及加工新技术。

第一节　果蔬汁饮料概述

一、果蔬汁饮料的特点

果蔬汁饮料是指以新鲜果蔬为原料，经过物理方法（如压榨、浸提等）提取而得到的汁液，或以该汁液为原料，加入水、糖、酸及香精色素等而制成的产品。果蔬汁饮料含有果蔬中所含的各种可溶性营养成分，如矿物质、维生素、糖、酸等和果蔬的芳香成分，因此营养丰富、风味良好，无论在营养或风味上，都是十分接近天然果蔬的一种制品。果蔬汁饮料一般以提供维生素、矿物质、膳食纤维（浑浊果蔬汁和果肉饮料）为主，其营养成分易为人体所吸收，除一般饮用外，也是很好的婴幼儿食品和保健食品。但是不同种类的果蔬汁饮料产品的营养成分差距比较大。澄清汁饮料制品澄清透明、比较稳定，为消费者喜爱，但经过各种澄清工艺处理，营养成分损失很大；而浑浊汁饮料因含有果肉微粒，在营养、风味和色泽上都比澄清汁好，如橙汁中维生素 C 的含量超过 40mg/100g。果蔬汁中含有较丰富的矿物质，是一种生理碱性食品，进入人体后呈碱性，有利于保持人血液的中性，具有重要的生理作用。

二、果蔬汁饮料的发展现状

果蔬汁饮料的加工始于 19 世纪末小包装非发酵性纯果蔬汁饮料的商品生产，以瑞士的巴氏杀菌苹果汁饮料为最早，1920 年以后才有工业化生产。果蔬汁饮料的加工生产以果汁饮料生产为主，蔬菜汁饮料的生产量不大，但随着消费者的意识的转变，蔬菜汁饮料的销量逐年增长，其中最有代表性的是美国 V8 蔬菜汁饮料，近年来，日本蔬菜汁饮料的生产和销售业得到迅速发展。1995 年世界果蔬汁饮料的销售总量达到 360 亿升左右，2003 年达到 390 亿升左右。2009 年世界人均果蔬汁饮料的消费量为 10L 左右，3 大主要消费市场分别是北美、澳大利亚及西欧，其中美国、德国及加拿大人均消费量超过了40L，而我国人均消费量只有 1L 左右。

我国的果蔬汁饮料加工是从新中国成立后发展起来的，经过 60 多年的发展已具备了一定的生产规模，大致经历了 3 个发展阶段：1949—1979 年，是中国果蔬汁饮料工业的空白阶段，果蔬汁饮料的生产量很少，几乎接近于零；1980—1989 年，是中国果蔬汁饮料工业的缓慢发展阶段，80 年代后期果蔬汁饮料产量为 10 万吨左右；1990 年以后，是中国果蔬汁饮料工业的加速发展期，果蔬汁饮料产量逐年上升。1999 年，我国果蔬汁饮料总产量为 150 万吨；2009 年我国全年果蔬汁饮料产量 1447.6 万吨，占全国饮料总产量的17.81%；2010 年 1～6 月，我国果蔬汁及果蔬汁饮料累计产量为 750.70 万吨，累计产量同比增长为 25.70%，其中，累计产量前 5 个地区是广东、重庆、河南、四川、山东，累计产量分别为 136.90、90.60、65.00、56.60、39.20 万吨，其累计产量合计占全国果蔬汁及果蔬汁饮料总产量的 51.73%。

据统计，2004 年，我国果品总产量已接近 8000 万吨，蔬菜总产量突破 5.5 亿吨，果蔬总产值超过 4000 亿元，已成为世界上最大的果蔬原料生产国；2010 年中国水果产量约2 亿吨，蔬菜总产量突破 6 亿吨，为我国果蔬汁饮料加工业的发展提供了丰富的原料。

三、果蔬汁饮料的发展趋势

（一）纯天然、高果蔬汁含量果蔬汁饮料是发展方向

随着消费者生活水平的提高，纯天然、高果蔬汁含量的果蔬汁饮料将成为必然的发展方向。高果蔬汁含量的果蔬汁饮料含有较丰富的矿物质元素及其他天然营养成分，不含或少含合成的食品添加剂。果蔬汁的含量多在 30%～50% 及以上，有的品种的果蔬汁含量则为 100%，例如苹果汁、梨汁、桃汁等。

（二）复合果汁及复合果蔬汁大有市场

近几年复合型果汁饮料及果蔬汁饮料在发达国家发展较快，市场上常见的有菠萝汁或橙汁等热带果蔬汁与各种蔬菜汁的复合果蔬汁饮料。例如：番茄汁与其他多种果蔬的复合汁、橙汁与胡萝卜汁等蔬菜的复合汁以及芹菜汁、甜菜汁、菠菜汁等蔬菜汁配以食盐、香料和柠檬酸的复合蔬菜汁等产品。

（三）功能型果蔬汁饮料值得期待

对人体功能具有改善作用的果蔬汁饮料也将成为未来果蔬汁饮料发展的热点。下面几种果蔬汁的开发及生产应当引起果蔬汁生产厂家的重点关注。

1. 富碘果蔬汁饮料

富碘果蔬汁饮料是以海洋藻类提取液与果蔬汁加工而成的天然绿色食品。海藻含有海藻多糖、甘露醇及人体必需的各种氨基酸、微量元素和多种维生素，该饮料不仅具有补碘作用，而且对降血脂、软化血管和改善肝脏、心脏等器官的功能效果明显。海藻类物质生长在海洋中，较少受到污染，是加工饮料的好原料。

2. 高纤维饮料

现在国外果蔬汁饮料市场流行一种含有高纤维的果蔬汁，饮用后有吸附肠胃中的毒素和其他不良自由基，达到加快排毒、预防疾病的目的。高纤维饮料是流行在饮食、保健行业中的最新营养概念。

3. 其他保健新材料饮料

近几年我国从国外引进了不少具有保健营养作用的新植物，可以加工成各种特色的果蔬汁饮料。例如仙人掌饮料、芦荟饮料等。

（四）果蔬汁乳饮料发展潜力巨大

将果蔬汁与牛乳有机结合生产出真正意义上的果蔬汁乳，在未来乳品饮料及果蔬汁饮料市场上也将产生巨大的消费空间。目前市场上也有部分果蔬汁乳产品，但果蔬汁的含量很低，仅是牛乳与香精、色素的混合物。果蔬汁与牛乳有机结合，可以使牛乳中的蛋白营养成分及果蔬汁的芳香、色泽及其他矿物质营养互补，风味及口感相互协调。例如将橙汁及胡萝卜汁与牛乳合理搭配生产的橙－胡萝卜果蔬汁乳，除含有牛乳的蛋白营养外，又含有丰富的维生素 A 原及维生素 C，长期饮用可以促进儿童的生长发育。合理的配方及先进的生产工艺巧妙地遮盖了胡萝卜的不适气味，能够使儿童喜欢喝胡萝卜果蔬汁乳。其他的品种还有：菠萝果蔬汁乳、草莓果蔬汁乳、仙人掌美容果蔬汁乳等。

四、果蔬汁饮料的质量安全要求与标准

果蔬汁饮料因为其营养丰富，口味纯正，越来越受到消费者的青睐。如果产品生产过程中的安全控制系统不完善，就会使产品中存在着物理的、化学的和生物的危害，给消费者的身体健康造成危害。2003 年，中华人民共和国卫生部和中国国家标准化管理委员会联合制定了《果、蔬汁饮料卫生标准》（GB 19297—2003），本标准规定了果、蔬汁饮料的指标要求、食品添加剂、生产过程的卫生要求、包装、标识、贮存、运输要求和检验方法，此标准适用于以水果、蔬菜或其浓缩果、蔬汁（浆）为原料加工制成的汁液，可加入其他辅料，经相应工艺制成的可直接饮用的饮料，也适用于低温复原果蔬汁；同年，中华人民共和国卫生部和中国国家标准化管理委员会联合发布了《饮料企业良好生产规范》（GB 12695—2003），标准规定了饮料厂生产设计与设施、原料、生产过程、品质管理、生产人员、产品贮存与运输等方面的卫生要求；2007 年，中华人民共和国国家质量监督检验检疫总局和中国国家标准化管理委员会联合颁布了《饮料通则》（GB 10789—2007），此标准规定了饮料的分类、类别、种类和定义、技术要求，适用于饮料的生产、研发以及饮料产品标准和其他与饮料相关标准的制定。

（一）果蔬汁饮料的指标要求

1. 原料要求

一方面要求加工品种具有香味浓郁、色泽好、出汁率高、糖酸比合适、营养丰富等特点，另一方面生产时原料应该新鲜、清洁、成熟，加工过程中要剔除腐烂果、霉变果、病虫果、未成熟果以及枝、叶等。

2. 感官指标

具有含原料水果、蔬菜应有的色泽、香气和滋味，无异味，无肉眼可见的外来杂质。

3. 技术指标

果蔬汁饮料的技术指标见表 5 - 1。

表 5 - 1　　　　　　　　　　　　果蔬汁饮料技术指标要求

分类	项目	指标或要求
果蔬汁（浆）和蔬菜汁（浆）	具有原水果果蔬汁（浆）和蔬菜汁（浆）的色泽、风味和可溶性固形物含量（为调整风味所加的糖不包括在内）	
浓缩果蔬汁（浆）和浓缩蔬菜汁（浆）	可溶性固形物的含量和原汁（浆）的可溶性固形物的含量之比　≥	2

续表

分类	项目		指标或要求
果蔬汁饮料	果蔬汁（浆）的含量/%（质量分数）	≥	10
蔬菜汁饮料	蔬菜汁（浆）的含量/%（质量分数）	≥	5
果蔬汁饮料浓浆和蔬菜汁饮料浓浆	按标签标示的稀释倍数稀释后其果蔬汁（浆）和蔬菜汁（浆）的含量		不低于本表对果蔬汁饮料和蔬菜汁饮料的规定
复合果蔬汁（浆）	应符合调兑时使用的单果蔬汁（浆）和蔬菜汁（浆）的指标要求		
	复合果蔬汁饮料中果蔬汁（浆）总含量/%（质量分数）≥		10
	复合蔬菜汁饮料中蔬菜汁（浆）总含量/%（质量分数）≥		5
复合果蔬汁饮料	复合果蔬汁饮料中果蔬汁（浆）和蔬菜汁（浆）总含量/%（质量分数）		10
果肉饮料	果浆含量/%（质量分数）	≥	20
发酵型果蔬汁饮料	按照相关标准执行		
水果饮料	果蔬汁含量/%（质量分数）		5～10
其他果蔬汁饮料	按照相关标准执行		

4. 卫生指标

果蔬汁饮料重金属、微生物等卫生指标见第十三章饮料产品安全要求部分表 13 - 16 和表 13 - 17。

（二）食品添加剂

食品添加剂质量应符合相应的卫生标准和有关规定，食品添加剂的种类和添加量应符合《食品添加剂使用标准》（GB 2760—2011）的规定。

（三）食品生产加工过程的卫生要求

食品生产加工过程的卫生要求应符合《饮料厂卫生规范》（GB 12695—2003）的规定。

（四）包装

包装容器和材料应符合相应的卫生标准和有关规定。

（五）标识

产品标签及说明书应符合《中华人民共和国食品安全法》、《预包装食品标签通则》（GB 7718—2011）和《预包装特殊膳食食品标签通则》（GB 13432—2004）的规定。

（六）贮藏及运输

1. 贮存

产品应贮存在干燥、通风良好的场所，不得与有毒、有害、有异味、易挥发、易腐蚀的物品同处贮存。

2. 运输

运输产品时避免日晒、雨淋，不得与有毒、有害、有异味或影响产品质量的物品混装运输。

五、果蔬汁的概念与分类

（一）果蔬汁的定义

果汁和蔬菜汁类是指用水果和（或）蔬菜（包括可食的根、茎、叶、花、果实）为原料，经加工或发酵制成的饮料称为果蔬汁。果蔬汁根据其加工用原料、加工方法及配比等的不同分为九类。

（二）果蔬汁的分类

我国《饮料通则》（GB 10789—2007）中将果蔬汁分为如下九类。

1. 果汁（浆）和蔬菜汁（浆）［fruit/vegetable juice（pulp）］

采用物理方法，将水果或蔬菜加工制成可发酵但未发酵的汁（浆）液；或在浓缩果汁（浆）或浓缩蔬菜汁（浆）中加入果汁（浆）或蔬菜汁（浆）浓缩时失去的等量的水，复原而成的制品。果汁和蔬菜汁可根据不同种类，使用少量的糖、酸、食盐等调整风味，但在果汁中糖和酸不允许同时使用。

2. 浓缩果汁（浆）和浓缩蔬菜汁（浆）［concentrated fruit/vegetable juice（pulp）］

采用物理方法从果汁（浆）或蔬菜汁（浆）中除去一定比例的水分，加水复原后具有果汁（浆）或蔬菜汁（浆）应有特征的制品。

3. 果汁饮料和蔬菜汁饮料（fruit/vegetable juice beverage）

（1）果汁饮料（fruit juice beverage）　在果汁（浆）或浓缩果汁（浆）中加入水、食糖和（或）甜味剂、酸味剂等调制而成的饮料，可加入柑橘类的囊胞（或其他水果经切细的果肉）等果粒。

（2）蔬菜汁饮料（vegetable juice beverage）　在蔬菜汁（浆）或浓缩蔬菜汁（浆）中加入水、食糖和（或）甜味剂、酸味剂等调制而成的饮料。

4. 果汁饮料浓浆和蔬菜汁饮料浓浆（concentrated fruit/vegetable juice beverage）

在果汁（浆）和蔬菜汁（浆）、或浓缩果汁（浆）和浓缩蔬菜汁（浆）中加入水、食糖和（或）甜味剂、酸味剂等调制而成，稀释后方可饮用的饮料。

5. 复合果蔬汁（浆）及饮料［blended fruit/vegetable juice（pulp）and beverage］

含有两种或两种以上的果汁（浆）、或蔬菜汁（浆）、或果汁（浆）和蔬菜汁（浆）的制品为复合果蔬汁（浆）；含有两种或两种以上果汁（浆），蔬菜汁（浆）或其混合物并加入水、食糖和（或）甜味剂、酸味剂等调制而成的饮料为复合果蔬汁饮料。

6. 果肉饮料（nectar）

在果浆或浓缩果浆中加入水、食糖和（或）甜味剂、酸味剂等调制而成的饮料。

含有两种或两种以上果浆的果肉饮料称为复合果肉饮料。

7. 发酵型果蔬汁饮料（fermented fruit/vegetable juice beverage）

水果、蔬菜、或果汁（浆）、蔬菜汁（浆）经发酵后制成的汁液中加入水、食糖和（或）甜味剂、食盐等调制而成的饮料。

8. 水果饮料（fruit beverage）

在果汁（浆）或浓缩果汁（浆）中加入水、食糖和（或）甜味剂、酸味剂等调制而成，但果汁含量较低的饮料。

9. 其他果蔬汁饮料（other fruit and vegetable juice beverages）

上述八类以外的果汁和蔬菜汁类饮料。

（三）果蔬汁品种

市场上果蔬汁与果蔬汁饮料品种很多：浓缩果蔬汁主要有浓缩橙汁、浓缩苹果汁、浓缩菠萝汁、浓缩葡萄汁、浓缩黑加仑汁等；果蔬汁和果蔬汁饮料有橙汁、苹果汁、梨汁、酸枣汁、猕猴桃汁、菠萝汁、葡萄汁等；果肉饮料有桃汁、草莓汁、山楂汁、芒果汁、胡萝卜汁等；果粒果蔬汁饮料有粒粒橙（含有柑橘中的砂囊）等；而水果饮料糖浆和水果饮料很少。蔬菜汁的品种较少，主要有胡萝卜汁、番茄汁、南瓜汁以及一些果蔬复合汁等。但市场上的果蔬汁主要以橙汁、苹果汁、桃汁、草莓汁、酸枣汁、菠萝汁、芒果汁和胡萝卜汁为主。世界果蔬汁消费量橙汁为第 1 位，苹果汁为第 2 位。

第二节　果蔬汁饮料生产技术

一、果蔬汁饮料生产工艺

（一）传统果蔬汁饮料加工工艺流程

果蔬汁饮料的传统工艺流程见图 5 - 1。

按要求验收合格的原料投入生产，先进行原料的预处理，包括清洗、消毒、去核、拣选和压榨取汁等。原料经压榨后，对于澄清饮料而言，接下来需要对原汁进行过滤与澄清，果蔬汁的过滤通常是使用过滤机。过滤机主要分为压力过滤器和真空过滤机。传统的澄清方法是对果蔬汁进行酶处理，如果胶酶等，再用单宁、明胶、硅溶胶、膨润土等澄清剂对其进行絮凝沉降处理，静置、取清液，并用离心或过滤的方法进一步处理。近年来，膜分离技术用于饮料的生产，使过滤和澄清可能一步完成，且达到更好的效果。膜分离技术具有不易发生相变、能耗低、分离效率高、效果好、操作简便、环保和安全的特点。对于浑浊果蔬汁而言，压榨后的步骤主要是粗滤、均质和脱气。下一步通常是经调配后通过加热处理或相应的非热处理以得到安全、稳定的果蔬汁。如果是生产低浓度的果蔬汁，那么此时就可以进行灌装了。对浓缩果蔬汁而言，要将果蔬汁送入蒸发器中除去水分，直到其达到浓度指标。其他用于除去水分的方法有反渗透，以及非常适用于热敏性物料的冷冻浓缩。浓缩汁可用于最终产品加工、直接灌装和贮藏。

（二）现代果蔬汁饮料加工工艺流程

随着生活水平的提高，人们对果蔬汁"安全、天然、新鲜、美味"的要求越来越高。为了这些要求得以实现，伴随着科技的发展，一些果蔬汁加工新技术应运而生，如：酶技术、冷杀菌技术、膜技术、中温灌装技术、芳香物质回收和无菌包装等。这些新技术的发展给中国果蔬汁加工业带来了强有力的推动，促进了果蔬汁饮料加工逐渐由传统加工工艺向现代加工工艺转变。所谓"传统"与"现代"并没有截然的区别，"现代"加工工艺是在"传统"加工工艺的基础上，将酶技术、冷杀菌技术、膜技术、中温灌装技术、芳香物质回收和无菌包装等高新技术成功应用于果蔬汁饮料加工中，使得果蔬汁的出汁率、

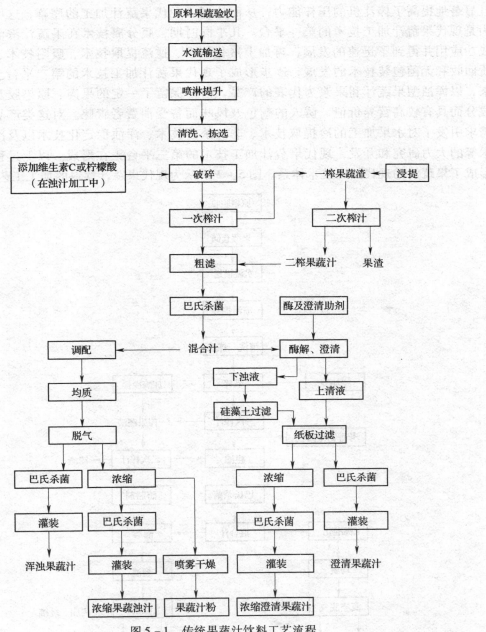

图 5 - 1　传统果蔬汁饮料工艺流程

生产效益、理化指标、稳定性、营养和安全等得到了很好地改善。近年来我国的果蔬汁加工业有了较大的发展，大量引进国外先进的果蔬加工生产线，采用一些先进的加工技术如高温短时杀菌技术、无菌包装技术、膜分离技术、最佳果浆酶解技术、液化技术、逆流提取技术、冷提取技术和吸附技术等，使得果蔬汁加工过程中存在的果蔬汁褐变、后浑浊、营养素损耗和芳香物质逸散四大技术难题逐渐得到解决。20 世纪 80 年代初，诺维信公司率先开发生产了果浆处理用酶，即果浆酶，将酶处理工艺应用于果蔬汁加工中的破碎工序和果渣浸提工艺，使苹果榨汁的出汁率首次突破了 90%，并且显著地提高了榨汁机的压榨能力，从而拉开了现代果蔬汁加工的序幕，这可以被认为是现代果蔬汁加工技术的第一平台。几乎同时期，膜分离技术在果蔬汁澄清过滤中成功应用并得到了迅速的发展，再加上液化技术、逆流提取技术、吸附技术、芳香物质回收和无菌包装技术的发展，逐步形成了现代果蔬汁加工技术的第二平台。近几年来，以浑浊型果蔬汁和果浆为代表的产品，由于保留了一定的果肉、原果胶及纤维等成分而具有较高营养价值、诱人的颜色及风味而备受消费者青睐。对这类产品的市场需求引发了对水果加工的冷提取技术、非热杀菌技术、浑浊稳定化技术以及冷灌装技术等的大力研究和开发，现代果蔬汁加工技术的第三平台正在形成。以上过程构建并形成了果蔬汁的现代加工技术体系。图 5 - 2 所示为现代果蔬汁饮料的加工工艺流程。

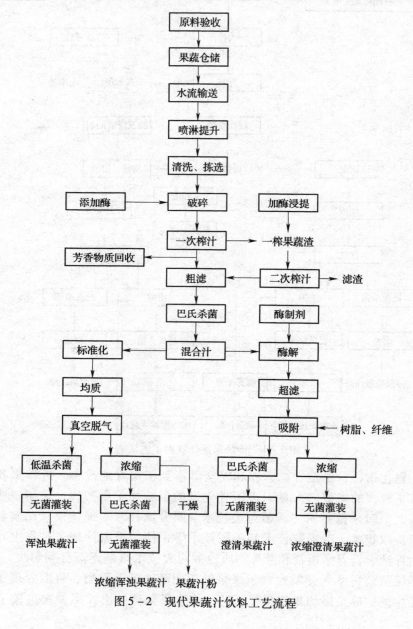

图 5 - 2　现代果蔬汁饮料工艺流程

二、果蔬汁饮料生产关键技术

（一）原料选择

用于果蔬加工的原料不仅要求多汁、糖酸比适宜、芳香纯正浓郁，色泽鲜艳和风味宜人，而且对原料的成熟度、清洁度、新鲜度和健康度也有严格的要求。

1．品种与品质

首先要选择适宜制汁的原料品种，原料应具有良好的感官品质和营养价值，出汁率高，新鲜、无病害和腐烂、无机械损伤、成熟度和糖酸比适宜、耐贮运和商品价值高。

果蔬采收成熟度是决定果蔬贮藏寿命和其商品品质的最重要因素。采收时未成熟的果蔬易失水萎蔫、产生机械损伤并且后熟时品质较差。过熟的水果采收后很快变软变绵，并且风味平淡。过早或过晚采摘的果蔬不但易发生生理紊乱而且比正常采收果蔬的贮藏期短。

果蔬采收后，进入开始变质的过程，变质过程是果蔬体内一系列化学的、生物化学的和微生物变化的反映。这一过程的结果，使原料的成分会发生一系列变化，甚至使其有效成分完全被破坏。因此，对加工果蔬汁原料的新鲜度也有一定要求。

对于健康的、无损伤的、挂枝成熟后再采摘的仁果类水果原料，在常温下可维持 2～3 周，不会对产品质量有损害。在冷藏的条件下，某些晚熟的并耐贮存的仁果类水果品种可以贮存更长时间，也不会对质量产生损害。但是过熟的和贮存过久的冷藏水果原料一般不再具有新鲜品质，从而降低了加工价值。

清洁度主要指果蔬水果原料表面和内部初始细菌含量和农药残留量是否符合要求。

健康度主要是指不能用已经腐败的或开始腐败的原料制造果蔬汁；如果原料已经严重腐败，那么只是简单地把腐败果实剔除是远远不够的。因为这时腐败原料的滋味物质和气味物质已经进入了健康原料的内部，并且一般说来，整个堆放空间内的原料都已失去了加工价值。

安全主要指原料中农、兽药残留超过有关限量规定的禁止使用。原料的采购需符合采购标准，投产前的原料须经过严格检验，检验不合格的原料不得投产，应明确标示"检验不合格"并作隔离处理。超过保质期的原料、辅料不得用于食品生产。原料贮存场所应有有效的防治有害生物滋生、繁殖的措施，并应防止其外包装破损而造成污染。启封后的原辅料，未用尽时必须密封，存放于适当场所，防止污染，并在保质期内尽快使用。易腐败变质的原料应及时加工处理。需冷冻的原辅料，贮存温度应保持 -18℃ 以下，需冷藏的原辅料，贮存温度应保持 0～4℃，冷库应有自动记录装置。

2．出汁率（或出浆率）

果蔬原料的出汁（浆）率不仅可以衡量原料的成熟度、新鲜度、品种特性等品质的好坏，而且对于果蔬汁加工企业也具有重要的经济意义。

出汁（浆）率一般指从果蔬原料中压榨（或打浆）出的汁液（或原浆）的质量与原料质量之比。出汁（浆）率的高低与品种、成熟度等因素密切相关。主要果蔬通常的出汁率为：苹果为 77%～86%、梨为 78%～82%、葡萄为 76%～85%、草莓为 70%～80%、酸樱桃为 61%～75%、柑橘类为 40%～50%；其他浆果类约 70%～90%；出浆率则应达到如下指标：杏 78% ~80%、桃 75% ~80%、梨 85% ~90%、李 80% ~85%、浆果类 90% ~95%。

3. 常见的果蔬汁原料

（1）柑橘类　橙汁对原料总的要求是：果实大小均匀一致，以便于机械榨汁；果皮厚度适当，有足够的韧度；果实出汁率高；糖、酸含量适当；果肉色泽浓、维生素 C 含量高；无过多苦味，要求自然成熟。世界范围内常用的品种有伏今夏橙、凤梨橙、吉发橙、化州橙、地中海甜橙、米切尔橙等。我国的先锋橙、锦橙和细皮广柑等也是适宜品种。

宽皮橘中，以江西樟头红为理想，其他红橘（Tangerine）和克莱门丁的风味和酸味也较好。宽皮橘风味较平淡，香味也远较橙类为淡，惟色泽橙红，因此宜与橙类或菠萝等混合制汁。温州蜜柑和各种小红橘风味平淡、香味不足，加热时易产生煮过味，贮藏中会出现贮藏臭，制汁时须用其他品种混合，以改进品质。葡萄柚及一些杂柑具有较广泛的制汁潜力，其风味独特，具有一定的保健作用，含较高的类黄酮和其他生理活性物质，但果肉血红的品种不适宜于制汁。

（2）苹果　制汁苹果的要求主要是风味浓，糖分较高，酸味和涩味适当，香味浓、果汁丰富、取汁容易、酶褐变不甚明显。不少品种单独制汁常不能取得满意的结果，但与其他品种搭配可制得好的果蔬汁。除了早熟的伏苹外，大多数中熟和晚熟品种都可用来制汁。据苹果的风味和香味可将其分成如下五类。

① 酸味较强的品种：初笑、黄魁、亚历山大、红魁、于福、芹川、西北绿。

② 酸味中等的品种：赤龙、君袖、醇露、花嫁、红玉、宝玉、金、王霰、红加拿大、大绿、菊形和金露塞。

③ 芳香品种：旭、元帅、金冠、祥玉和青香蕉。

④ 涩味品种：小苹果类和野生、实生类。

⑤ 平淡品种：倭锦、新倭锦、盖诺、斯塔克。

制汁时以第二和第三类品种为主。其中以旭、红玉和君袖所占比重为大，其他三类只作调风味用。此外，陆奥、惠等晚熟品种也有良好的制汁适性。富士系列则酸味偏少，可混合制汁。

（3）菠萝　菠萝制汁要求果大、长筒形、果心小、果眼浅、香气浓郁、糖酸平衡，成熟度适当。主要有无刺卡因、巴厘、皇后、沙捞越和西班牙。菠萝有后熟作用，采后放置 2~3d 待其后熟，再行罐藏和制汁，若采收时已充分成熟，制品质量较差。

（4）葡萄　葡萄汁要求糖、酸及风味物质适度平衡，涩味不浓。美洲种葡萄康可（Concord）为最好。果实含丰富的酸分，风味显著而独特，色泽鲜丽。果蔬汁在透光下呈深红色，在反射光下呈紫红色。摇晃时，瓶颈部出现紫红色泡沫。康可果汁具有的风味，主要是氨基酸甲酯所赋予。因此，制品品质超过一切欧洲种葡萄。康可加工适性良好，果汁十分稳定，加热杀菌和贮藏过程都不会变色、沉淀和产生煮过味。美洲种葡萄还有克林顿等制取红色果蔬汁。玫瑰露、渥太华、奈格拉、康拜尔早生等用来制淡色果蔬汁。欧洲种葡萄中，雷司令和西蜜龙具有较好的风味，但只有玫瑰葡萄较符合果蔬汁加工的要求。紫北塞、北塞魂和加里酿等仅用作调整，以增加其他品种的色泽。

（5）桃　以肉厚、味浓、汁液丰富、酸分适度、核小、粗纤维少、富有香气的品种为好。肉质为溶质而色泽金黄者，制成品质量较好，白桃中水蜜桃风味浓、香味好，但产品易发生褐变。原料果必须品质完好而成熟。败坏果常使果蔬汁具有似苯甲醛的不良味。这种气味是由一种类似苦杏仁苷的含氰葡萄糖苷经酶水解而成。目前我国还没有果蔬汁专用种，而美国等地则有大量的适宜品种，如加州的红六月（Red June）、独立（Independence）、大太阳（Sungrand）、幻想（fantasia）、大黄全（Gold – engrained）等。

（6）热带水果　番石榴适合于制取果蔬汁，也可制果冻和果泥等。其风味独特、维生素 C 含量高。我国广东有沙红、胭脂红、花红、七月熟和新会晚熟等品种，色泽白，但可进行制汁。

西番莲为典型的热带、亚热带浆果，具有特有的热带水果风味，适合于作复合果蔬汁或果蔬汁饮料的原料，要求成熟后制汁。

芒果适合于制取果肉饮料，要求果实纤维少，出汁高，成熟；未熟果果汁液少，香味差。

（7）其他水果　猕猴桃含有丰富的维生素 C，适合加工浑浊或果肉饮料；山楂除含有维生素 C 外，还有特殊的药理功能，且风味独特，色泽美观，适合加工饮料；另外一些野生水果如刺梨等也很适合于制汁。

杨梅为我国特有的水果，色香味和出汁率都符合制汁要求，据研究浙江产的荸荠种杨梅色泽深、风味浓、无松脂味，制汁品质极好，其他的无松脂味品种也具有良好的制汁适性。

4. 常见蔬菜汁原料

（1）番茄　要求原料色泽鲜红、番茄红素含量高，果实红熟一致，无青肩或青斑、黄斑等；胎坐红色或粉红色，种子周围胶状物最好为红色，梗洼木质化程度小，果蒂小而浅；果实可溶性固形物含量高，维生素 C 含量高，风味浓，pH 低。我国大多仍是酱、汁兼用种，常采用大量的杂种一代，但总体要符合上述要求。番茄制汁成熟度要求特别严格，过熟的果实常会产生"沙味感"，但未熟果也没有良好的风味。

（2）其他蔬菜　正常含酸的蔬菜制汁原料除了番茄之外，还有食用大黄，它是少数几种高酸度蔬菜中的一种，品种有维多利亚、草莓种等。发酵性菜汁常用甘蓝发酵制取，要求有适宜的成熟度。用于调配的菜汁有菠菜（含丰富的铁质）、芹菜（具有独特的香味）、食用甜菜、香芹、莴苣、甜椒等。

胡萝卜也常用于制汁，更可制成果菜混合汁，色泽艳丽、营养丰富。脱臭后的胡萝卜汁很适合与柑橘、菠萝、黄桃等果蔬汁混合。

南瓜，特别是成熟的黄肉南瓜是制取带肉果蔬汁的良好原料，含丰富的类胡萝卜素，且具有一定的疗效价值。

某些甜瓜，如我国西北地区的甜瓜也有独特的风味和色泽，含糖量高，很适宜于制带肉果蔬汁。

（二）清洗

原料的清洗是十分重要的，清洗可以去除果蔬表面的尘土、泥沙、微生物、农药残留以及携带的枝叶等。生产时经常需要对果蔬原料进行多次清洗，对于农药残留较多的原料可用1% 柠檬酸或0.1% ~0.2% 脂肪酸系洗涤剂浸泡清洗，然后再用清水强力喷淋冲洗。

果蔬的清洗方法可分为手工清洗和机械清洗两大类。手工清洗简单易行，设备投资省，适用于任何种类的果蔬，但劳动强度大，不能连续化作业而且效率低，目前使用较少，但一些易损伤的果品如杨梅、草莓、樱桃等，此法较适宜。机械清洗是目前普遍采用的方法并多数实现连续化操作，整个清洗包括流水输送、浸泡、刷洗（带喷淋）、高压喷淋4道工序：① 流水输送，是在流水槽中（带有一定的坡度）进行，流水槽可以是明的，也可以是暗的，果蔬倒入槽中通过水流压力向前输送，同时得到初步的冲洗。对于一些地下蔬菜如胡萝卜的加工必须经过这道工序清洗，将蔬菜表面的泥土去除。② 果蔬原料通过提升机提升至一个水槽，进行短暂的浸泡。③ 输送到一个带有多个毛刷滚轮的清洗机上，通过毛刷滚轮一方面向前输送果蔬，同时对果蔬原料进行刷洗、冲洗（毛刷滚轮的正上方装有高压喷淋装置），在浸泡之后与毛刷滚轮的清洗之前，在传送带的两侧，设有挑选台，安排生产人员对果蔬进行挑选，剔除腐烂果、残次果、病虫果、未成熟果以及枝叶等。④ 果蔬经过毛刷之后，需要经过一道高压喷淋，以保证果蔬原料的清洁卫生。果蔬原料的清洗用水经过滤和适当的消毒处理，可以循环利用。但必须指出，对于浆果类水果的加工不需要清洗这道工序。

为提高果蔬原料的清洗消毒效果与效率，已经将臭氧、超声波等技术加以应用。许多报道认为臭氧对一般细菌、大肠菌群、酵母菌、病毒等的杀菌是有效的。臭氧的杀菌作用来源于其极强的氧化作用。目前认为臭氧对水溶液中微生物的杀菌效果明显受接触时间、水温、pH、无机物以及有机物等的影响。根据作者对臭氧溶解特性及对原料表面耐热菌杀菌的研究结果，用浓度为 31.1mg/L 的臭氧水对原料表面耐热菌作用 15min，其杀菌率达 99.96%，而且通气杀菌效果好于臭氧水杀菌。当然在臭氧应用领域迅速发展的同时，必须注意臭氧使用上的安全问题。

超声波清洗从 20 世纪 50 年代初起就被应用于工业生产中。因为超声波具有超声空化效应，空化所产生的巨大压力能破坏污垢，从而达到清洗的目的。同时，超声波还具有杀菌作用。随着技术的不断完善，应用范围也日益扩大，超声波清洗机开始应用于果蔬原料的清洗。

（三）破碎

因为果蔬的汁液都存在于果蔬的组织细胞内，只有打破细胞壁，细胞中的汁液和可溶性固形物才能出来，因此取汁之前，必须对果蔬进行破碎处理，以提高出汁率，特别是一些果皮较厚、果肉致密的果蔬原料。

原料的破碎程度要适宜，过大或过小均会对后续工序或饮料质量产生不良影响。破碎物料的块太大出汁率低；破碎过度果块太小，造成压榨时外层的果汁很快地被压榨，形成一层厚皮，使内层果汁流出困难，也会降低出汁率，同时会使榨汁时间延长，榨汁压力增高，而且汁中浑浊物质含量大，给澄清操作带来困难。

原料的破碎程度要根据果蔬品种、取汁的方式和设备以及汁液的性状和要求而定。采用压榨取汁的果蔬，例如苹果、梨、菠萝、芒果、番石榴以及某些蔬菜，其破碎颗粒以 3~5mm 为宜；草莓和葡萄等以 2~3mm、樱桃以 5mm 较为合适。破碎时由于果肉组织接触氧气，会发生氧化反应，破坏果蔬汁的色泽、风味和营养成分等，需要采用一些措施防止氧化反应的发生，如破碎时喷雾加入抗坏血酸或异抗坏血酸，在密闭环境中进行充氮破碎或加热钝化酶活性等。酶处理对压榨出汁率的影响，见表 5-2。

表 5 − 2　　　　　　　　　　　　　酶处理对压榨出汁率的影响

处理方式	出汁率（以可溶性固形物计）/%
鲜果 + 未处理	82 ~ 84
鲜果 + OME	85 ~ 90
鲜果 + OME + 水	95
鲜果 + AFP	96 ~ 104

　　果蔬经破碎后，为了提高出汁率，生产中有时需要加入酶制剂对果蔬浆料进行处理，分解果胶。20 世纪 80 年代和 90 年代丹麦诺和诺德公司（Novo Nordisk Ferment）先后开发了"最佳果浆酶解工艺"（Optimal Mash Enzyme，OME）和"现代水果加工技术"（Advanced Fruit Processing，AFP）。OME 处理时温度要低，最好是 15 ~ 25℃，出汁率（以可溶性固形物计算）能达到 85% 以上，如果温度太高，微生物容易生长繁殖，同时果蔬中本身存在的酶活跃，可使果蔬汁的风味、色泽及营养成分损失。AFP 工艺一般用于二次压榨，处理温度为 45 ~ 50℃，出汁率能达 96% 以上。

　　榨汁前对破碎后的果蔬原料进行热处理也可提高出汁率和产品的品质。因为加热使细胞原生质中蛋白质凝固，改变细胞结构，同时使果肉软化，果胶部分水解，降低了果蔬汁黏度；另外，加热抑制多种酶类，如果胶酶、多酚氧化酶、脂肪氧化酶、过氧化氢酶等的活性，从而不使产品发生分层、变色、产生异味等不良变化；对于一些含水溶性色素的果蔬，加热有利于色素的提取，如杨梅、山楂、红色葡萄等；柑橘类果实中宽皮柑橘加热有利于去皮，橙类有利于降低精油含量，胡萝卜等具有不良风味的果蔬，加热有利于去除不良风味。

（四）取汁与粗滤

　　果蔬的取汁工序是果蔬汁饮料加工中的又一重要工序，取汁方式不但影响出汁率而且还影响果蔬汁产品品质和生产效益。果蔬的出汁率可按下列公式计算：

$$出汁率 = 汁液重量/果蔬重量 \times 100\% \quad （压榨法）$$

$$出汁率 = \frac{汁液重量 \times 汁液可溶性固形物}{果蔬重量 \times 果蔬可溶性固形物} \times 100\% \quad （浸提法）$$

　　根据原料和产品形式的不同，取汁方式差异很大。

1. 压榨

　　压榨法取汁是利用外部的机械挤压力，将果蔬汁从果蔬或果蔬浆中挤出而取得果汁的。果蔬汁饮料生产中广泛应用的一种取汁方式，主要用于含水量丰富的果蔬原料。根据榨汁时原料温度的不同，压榨可分冷榨、热榨甚至冷冻压榨等方式；根据压榨后果渣是否经浸提后再次压榨，将压榨分为二次压榨和一次压榨，图 5 − 3 所示为带式榨汁机一次榨汁工艺流程示意图，图 5 − 4 所示为带式榨汁机二次榨汁工艺流程示意图。

　　热榨是指将破碎后的原料果浆加热，再对果浆进行压榨取汁。热榨是由原料破碎后的生化性质及果蔬汁加工工艺所决定的。原料破碎前，在完整的细胞组织中，生化反应速度相当缓慢；但在原料被破碎时，原料体内的各种化学、酶和微生物的过程便突然加速，相互影响，引起一系列连锁反应。其中最主要的是被从原料组织细胞中逸出的酶所催化的各种氧化反应。氧化反应往往是引起果蔬汁质量（颜色、香味、滋味和化学成分）剧烈下

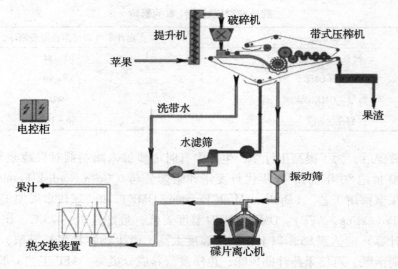

图 5 - 3　带式榨汁机一次榨汁工艺流程示意图

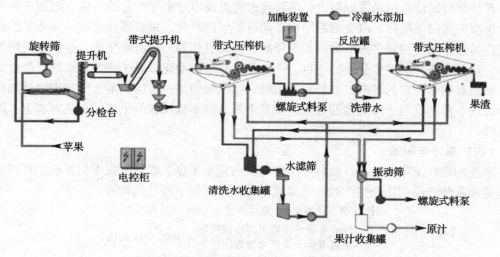

图 5 - 4　带式榨汁机二次榨汁工艺流程示意图

降的主要原因,例如有多酚氧化酶催化的多酚物质褐变反应,造成果浆和果蔬汁的颜色变化。因此,在果蔬汁加工工艺中,必须对产生不利影响的反应如酶促褐变反应采取有效的阻止或抑制措施。所以,原料破碎后,有时对果浆进行热处理再进行热榨,以钝化酶的活性,同时也可抑制微生物的繁殖,保证果蔬汁的质量。

冷榨是相对于热榨而言的,冷榨是指原料果破碎后,不进行热处理作业,在常温或低于常温下进行榨汁。

采用二次压榨的原因是基于榨汁的本质是提取水果中的可溶性固形物,第一次压榨后的果渣中还含有一定量的可溶性固形物。为了把果渣中的可溶性固形物尽可能多地提取出来,使果渣含糖量降低,用常温水或回收冷凝水(一般不超过80℃)按渣:水 = 1:(1 ~ 2)的比例(质量比),在加酶或不加酶的条件下浸提 20 ~ 40min,再进行二次压榨。采用二次压榨工艺可使出汁率增加5% ~ 10%。

2. 浸提

浸提是把果蔬细胞内的汁液转移到液态浸提介质（热水）中的过程。主要用于水分含量少的干果如酸枣、乌梅、红枣等或水果中果胶含量较高通过上述方法难以取汁的果蔬原料（如山楂）汁液的提取。浸提法分为静置萃取、逆流萃取、一次性浸提法、多次浸提法等。影响浸提法出汁率的因素主要有浸提温度、时间、原料的破碎程度、浓度差、流速等。

3. 打浆

打浆是通过打浆机将破碎的果蔬原料刮磨粉碎并分离出果核、果籽、薄皮等而获得果（蔬）原浆。原浆的细度可以通过选用不同的打浆机筛网的孔径实现。在果蔬汁的加工中这种方法适用于果蔬浆和果肉饮料的生产，如草莓汁、芒果汁、桃汁、山楂汁等。果蔬原料经过破碎后需要立即在预煮机进行预煮，钝化果蔬中酶的活性，防止褐变，然后进行打浆，生产中一般采用三道打浆，筛网孔径的大小依次为1.2，0.8，0.5mm，经过打浆后果肉颗粒变小有利于均质处理。如果采用单道打浆，筛眼孔径不能太小，否则容易堵塞网眼。

4. 离心

离心需通过卧式螺旋离心机来完成，利用离心力的原理实现果蔬汁与果肉的分离。料浆通过中心送料管进入转筒的离心室，在高速离心力作用下，果渣甩至转筒壁上，由螺杆传送器将果渣不断地送往转筒的锥形末端而排出，果蔬汁通过螺纹间隙从转筒的前端流出。

5. 粗滤

粗滤是除去分散于果蔬汁中的较大颗粒或悬浮粒的过程。除打浆法之外，其他方法得到的果蔬汁液中含有大量的悬浮颗粒，如果肉纤维、果皮、果核等，它们的存在会影响产品的外观质量和风味，需要及时去除，粗滤可在榨汁过程中进行或单机操作，生产中通常使用振动筛，进行粗滤，果蔬汁一般通过0.5mm孔径的滤筛即可达到粗滤要求。对果蔬汁粗滤后还需澄清与过滤，对于浑浊汁和带肉饮料则需要均质与脱气。

（五）果蔬汁的澄清与精滤

澄清是除去果蔬汁中全部悬浮物、果肉微粒、胶体物质及其他沉淀物的过程。果蔬汁为复杂的多分散相系统，它含有细小的果肉粒子，胶态或分子状态及离子状态的溶解物质，这些粒子是果蔬汁浑浊的原因。在澄清汁生产中，它们影响到产品的稳定性，须加以除去。为了缩短澄清时间，澄清剂可在酶解未结束时加入并搅拌约30min然后静置澄清。酶解和澄清过程彻底完成后，澄清后的上清液直接进入精滤（一般是纸板过滤），絮凝沉淀部分先经过粗滤（一般是硅藻土过滤），然后再进行精滤。如果酶解过程没有彻底完成，果蔬汁中还含有残留果胶或淀粉，则会对澄清效果有很大影响。

1. 果蔬汁中浑浊物

澄清作业的主要对象是在榨汁过程中从细胞碎片溶解到果蔬汁中的物质，尤其是能够产生稳定的浑浊物的有水合能力的聚合物。它们大致可以分为以下几类：

（1）果胶和淀粉　果蔬中的果胶物质可以通过强烈的水合作用把细胞壁碎片带入有悬浮能力的浑浊物胶粒中，也使细胞碎块与原汁的相对密度相适应。这时，整个浑浊物胶粒与原汁的相对密度相等，胶粒的沉降速度为零，果蔬汁就成了粒子悬浮液。

淀粉的作用与果胶不同，在压榨过程中和压榨后，果蔬中的淀粉会从果浆和细胞碎片进入果蔬汁中，并在加热过程中溶解，然后通过凝沉（结晶析出的一种类型）作用，以析出浑浊物的形式出现在果蔬汁中。淀粉是一种典型的强水合性亲水胶体，它能够裹覆浑浊物颗粒，并使浑浊物颗粒在果蔬汁饮料中呈悬浮状态。

（2）蛋白质和多酚物质　果蔬汁中的蛋白质和酚类物质能够单独或联合地作用于果蔬汁，使果蔬汁中出现浑浊物、沉淀物和乳浊状浑浊物。

由细胞原生质中渗透出来的蛋白质很容易与酚类物质反应，生成浑浊物和沉淀物。如在苹果原汁（pH 在 3.2～3.5）中，蛋白质呈正电性，因而能够与呈负电性的果胶物质或与有很强的水合能力的含果胶的浑浊物颗粒聚合，形成悬浮状态的浑浊物。

对于一些多酚物质含量很高的原料，多酚化合物往往与不稳定蛋白质一起沉淀。简单的酚类物质，例如绿原酸，其本身的蛋白质亲附性是很小的；但是在热力或酸性物质的作用下，以及通过果蔬汁在贮存过程中的"陈化（aging）作用"，简单的酚类物质就聚合成了多酚物质（单宁）。多酚物质不仅自身能够导致浑浊物的形成，而且还能通过与蛋白质的复合反应产生浑浊物。在浓缩过程中，由于果蔬汁可溶性固形物浓度不断增加从而使渗透压力不断增高，另一方面在热力的作用下，在果蔬汁中会产生"物理振动"。这时，在果蔬汁中特别容易出现蛋白质沉淀物。pH 的变化，例如浓缩或兑入其他果蔬汁，也会使原汁出现蛋白质－酚类浑浊物。

膨润土可以使不耐热的蛋白质和多酚物质胶凝。因此，可以采用膨润土净化处理工艺来除去不稳定蛋白质以及蛋白质－酚类化合物。在某些情况下，还可以采用热处理（巴氏杀菌）－过滤联合作业来去除这些物质。

（3）金属离子　研究发现，金属阳离子不仅能与蛋白质、果胶物质和淀粉产生化合反应，而且是酚酶的激活剂，也是非酶褐变中花青苷变色的催化剂，它们能够同酚类物质反应，迅速形成稳定的络合物。所以，金属离子也能导致果蔬汁饮料产生浑浊物和沉淀物。

2. 果蔬汁的澄清方法

按澄清作用的机理，果蔬汁的澄清方法可分为五大类：

（1）酶法澄清　果蔬汁中的胶体系统主要是由果胶、淀粉、蛋白质等大分子形成的，添加果胶酶和淀粉酶分解大分子果胶和淀粉，破坏果胶和淀粉在果蔬汁中形成的稳定体系，悬浮物质随着稳定体系的破坏而沉淀，果蔬汁得以澄清。生产中经常使用果胶复合酶，这种酶具有果胶酶、淀粉酶和蛋白酶等多种活性。

酶法澄清效果受酶种类、活性及其用量，酶作用的温度及时间等因素的影响，根据生产实践，果胶酶在果汁加工中的应用时要注意：

① 酶的添加量应根据其本身的特性、活性、果蔬汁中的果胶含量与酯化度、pH 以及酶的反应温度决定。一般加量为果蔬汁质量的 0.004%～0.05%。实践表明，酶浓度加倍时，反应时间减半可得到同样的效果，反之亦然。

② 果胶酶的反应时间与反应温度密切相关。对大多数果胶酶来说，在 10～50℃ 范围内，温度每升高 10℃，酶活性将近增加 1 倍。可以认为在 45～55℃ 范围内，果胶酶的反应速度随温度升高而加速。但温度越高，酶的消耗也越快。超过 55℃ 时酶因高温而钝化，反应速度反而降低。

③ 酶制剂可直接加于果蔬榨汁或浸汁中，也可加于经过加热杀菌的果蔬汁中。前者加入的酶制剂可与果蔬汁中的原有天然果胶酶协同作用，可以提高澄清效果。有时为了防止果蔬汁因氧化发生变色反应，或因微生物作用而引起发酵等腐败作用，可以先将果蔬汁迅速加热至 80～85℃，经过灭酶杀菌，并冷却至 55℃ 以后再加入酶制剂。

④ 酶制剂应在正常 pH 范围内使用，当 pH 低于 3.0 时要考虑推荐剂量的上限或使用专用酶。

（2）电荷中和澄清　果蔬汁中存在的果胶、单宁、纤维素等带负电荷，通过加入带正电荷的物质，发生电性中和，从而破坏果蔬汁稳定的胶体体系。如明胶法，明胶能与果蔬汁中的果胶、单宁相互凝聚并吸附果蔬汁中的其他悬浮物质，产生沉淀。另外，还有硅胶－明胶法、壳聚糖法等。

（3）冷热处理澄清　通过冷冻或加热处理使果蔬汁中的胶体物质变性，絮凝沉淀，如冷冻澄清、加热澄清。

（4）超滤澄清　实际上是一种机械分离的方法，即利用超滤膜的选择性筛分，在压力驱动下把溶液中的微粒、悬浮物质、胶体和大分子与溶剂和小分子分开。其优点是无相变，挥发性芳香成分损失少，在密闭管道中进行不受氧气的影响，能实现自动化生产。

（5）吸附澄清　通过加入表面积大具有吸附能力的物质，吸附果蔬汁中的一些蛋白质、多酚类物质等，如膨润土澄清法、聚乙烯吡咯烷酮（PVPP）澄清法等，也称为澄清剂澄清法。

（6）酶－澄清剂联合澄清　目前，大部分企业在制造果蔬汁饮料时都采用了酶－明胶澄清处理工艺。只有当果胶已被果胶酶分解，或者果蔬原汁已被稀释到了一定程度（例如苹果原汁含量低于 30%），果胶不再危害果蔬汁饮料时，才可以不用酶法处理。

某些果蔬原汁既含有丰富的果胶，又含有丰富的鞣质。为了防止鞣质对酶的不利作用，可以先加明胶后加酶。但是在一般情况下，都是先添加酶制剂，过 1～2h 后再加明胶。

酶制剂应该在果蔬原汁输送到澄清容器的过程中同时加入。如果规定的酶处理时间大于 2h，那么当果蔬原汁充填到澄清容器容积约 2/3 时，就应该开始计算酶的作用时间了。如果酶处理时间低于 2h，就应该在容器充满时开始计算酶作用时间。

加入何种澄清剂、澄清剂用量、选择多长的作用时间，都要根据试样澄清试验的结果确定。如为了确定不同条件下澄清剂用量，进行实验：一般取 10 支盛有一定量果蔬汁的试管，加入不同量的澄清剂，充分搅拌后，静置 48h 即可判断澄清效果，为了避免澄清剂加入过量，不是以澄清最快为选取标准，而是以澄清剂加入量最少且效果好为标准；在正式操作时外界环境条件应与预备实验时保持一致。澄清剂的加入顺序，果蔬汁澄清处理一般遵守如下顺序：果胶酶与淀粉酶处理－酒精试验与碘试验－膨润土－明胶－硅溶胶。通常情况下，膨润土、活性炭和 PVPP 可以择一使用，对澄清剂进行预处理后（如膨润土的膨润、明胶的溶解），就可在连续搅拌情况下，直接将它们按顺序加入，澄清过程中搅拌很重要，但不能把形成的絮状物打散。

3. 常用澄清剂的种类

传统澄清工艺常用的澄清剂有以下几种。

（1）明胶（gelatin）　明胶是从动物皮、骨的胶原组织中提取的，是动物胶原蛋白经部分水解衍生的相对分子质量 10000～70000 的水溶性蛋白质。明胶能够与果蔬汁中的单宁、果胶和其他成分反应，形成明胶单宁酸盐络合物和果胶－明胶单宁络合物，随着络合物的凝聚并吸附果蔬汁中其他悬浮颗料，最后沉降到容器底部。其原理是，果胶、纤维素、单宁及多聚戊糖等胶体粒子带负电荷，酸介质、明胶带正电荷，明胶分子与胶体粒子相互吸引并凝聚沉淀，使果蔬汁澄清。果蔬汁的 pH 和存在的电解质，特别是 Fe^{3+} 能影响明胶的凝聚能力，明胶本身的等电点也能影响明胶的沉淀性能，果蔬汁 pH 与明胶等电点相差越大，明胶蛋白质所带正电荷越多。明胶用量一般为 10～200g/100L 果蔬汁，明胶溶液浓度为 5%～10%，通常把明胶溶于 40℃ 水中制备成明胶溶液。因果蔬汁种类和明胶种类不同，生产中需进行明胶澄清试验，以确定添加量。

（2）硅溶胶（silica solution） 硅溶胶由胶体二氧化硅（SiO_2）构成，粒子尺寸为 10～20nm，是一种纳米材料，具有很大的比表面积。它可吸附果蔬汁中的蛋白质。硅溶胶与蛋白质在可溶性溶液中形成浅色的凝乳状絮凝物。生产厂家供应的硅溶胶是液态悬浮液，含 30% 的固形物。硅溶胶去除果蔬汁中的蛋白质效果最好，但二氧化硅的粒子太小，难以将它们除去，所以，一般少量的明胶和硅溶胶同时使用。硅溶胶按其生产工艺的不同，有几种不同的应用特性，碱性硅溶胶在 pH9 左右形成稳定的钠盐，酸性硅溶胶在 pH4 左右稳定，若加入果蔬汁则其将带有更多的负电荷，这对絮凝与澄清作用更有效。对于酸度高的果蔬汁，需要硅溶胶与明胶或其他澄清剂组合来澄清。

（3）膨润土（bentonite） 膨润土又称皂土，是以蒙脱石为主要成分的黏土矿物，呈层状结构，含有高价的硅离子（Si^{4+}）和铝离子（Al^{3+}），能被其他低价阳离子置换，使蒙脱石晶胞带负电荷，成为一个大的负离子，从而使它具有吸附某些阳离子的能力。

膨润土与水和极性有机物有较高的亲和力，导致絮凝沉淀。这种性质被用于吸附果蔬汁中的固体颗粒和极性物质。絮凝物沉淀速度比膨润土本身快。絮凝物还可牵带果蔬汁内微粒子及浑浊物沉淀下来。除了吸附作用，膨润土还能通过离子交换反应排除果蔬汁中的蛋白质。由于膨润土呈负电性，它除了具有消除过量明胶的作用，还能吸附导致果蔬汁发酵的成分以及酶类、多酚物质、残留农药、生物胺、气味物质和滋味物质等。一般来说，经过改性的钠－膨润土的澄清性能优于钙－膨润土。膨润土添加量为 30～150g/100L 果蔬汁，通常与明胶、硅溶胶结合使用，以硅溶胶（30% 溶液，25～50mL/100L）－明胶（5～10g/100L）－膨润土（50～100g/100L）添加顺序为佳。膨润土在使用前，必须在 5～7 倍水中充分浸泡膨胀。

使用膨润土的缺点是，使果蔬汁中金属离子增加，能吸附色素和具有脱酸作用。另外，膨润土使用过量，会给以后的过滤工作带来困难。

（4）单宁（tannins） 单宁种类较多，其中最为普通的为焦性没食子酸单宁，由五倍子制得。不同来源的单宁虽结构不同，但具有一些共同的性质，都是无定型粉末，易溶于水、酒精及丙酮，其水溶液呈酸性并有涩味，与蛋白质生成不溶水的沉淀，在氧化酶的作用下，发生氧化聚合而生成黑褐色物质。单宁的酚羟基通过氢键与蛋白质的酰胺基连接后，能使明胶单宁形成复合物而聚集沉淀，同时捕集和清除其他悬浮固体，所以明胶与单宁常结合使用，称为明胶－单宁法。

（5）活性炭（activated carbon） 活性炭是以优质木材和特种木屑为原料，经炭化、活化及多道后工序精制加工而成的粉状多孔性的含炭物质，具有比表面积大（500～1500m²/g），吸附性能强，杂质离子少等特点，是一种优良的吸附剂。其吸附作用是借物理性吸附与化学性吸附脱除果蔬汁中的果胶、蛋白质和色素物质。活性炭吸附基本上不具有选择性，使用后回收困难，对环境有一定污染。

（6）聚乙烯聚吡咯烷酮（PVPP）　聚乙烯聚吡咯烷酮是纯的乙烯基吡咯烷酮的交联聚合物，为具有吸湿性的易流动的白色粉末，有微臭，不溶于水和乙醇、乙醚等所有常用的溶剂，絮凝较完全，易于从食品物料中过滤除去。PVPP 羰基基团密度较高，有亲水性，对酚类物质有很强的吸附力，通过其酰胺羰基作用能全部与酚羟基形成极强的氢键。因此，PVPP 被视作酚类物质的特效吸附剂，在果蔬汁行业有所应用。但是由于 PVPP 价格比其他几种澄清剂高很多，所以其在果蔬汁中的使用远不如在啤酒和葡萄酒行业那么广泛。

4. 精滤

果蔬汁无论采用哪一种澄清方法，澄清后都必须进行过滤操作，以分离其中的沉淀、细小浑浊物和悬浮物，使果汁澄清透明。

果蔬汁的精滤方法主要采用压滤法，常用的压滤机有板框式过滤机、硅藻土过滤机、超滤机三种。

硅藻土过滤是果蔬汁澄清饮料生产使用较多的方法。硅藻土来自于由沉积的硅藻壳经地壳变迁形成的硅藻土层，经 1000～1200℃烧制、粉碎、分级制成。硅藻土主要成分是二氧化硅，其含量一般为 80%～95%，呈形状复杂的多孔颗粒状，颜色为淡红褐色、淡黄色、乳白色不等。具有不可压缩性、不溶性和不活性，粒度 2～40μm（沉降法），硅藻土具有很大的表面积，既可作过滤介质，又可以把它预涂在带筛孔的空心滤框中，形成厚度约1mm 的过滤层，具有阻挡和吸附悬浮颗粒的作用。它来源广泛，价格低，因而广泛应用。硅藻土过滤机由过滤器、计量泵、输液泵及连接的管路组成。过滤器的滤片平行排列，结构为两边紧复着金属钢丝网的板框滤片罩在里面。过滤分两步进行：

（1）制备滤层　在计量槽中，将硅藻土与 200～250 倍水混合，用量为 500～1000g/m²过滤面。为使滤层稳定，可加入一些纤维物质，然后将混合液用输液泵泵入过滤器，直到流出的水清澈为止。

（2）果蔬汁过滤　果蔬汁与硅藻土混合后泵入过滤器中，正式开始过滤，也可用连续加硅藻土的装置。其硅藻土用量为苹果汁 1～2g/L，葡萄汁 3g/L，其他果蔬汁 4～6g/L。

板框式过滤机为另一用途广泛的过滤机，它的过滤部分由带有两个通液环的过滤片组成，过滤片的框架由滤纸板密封相隔形成一连串的过滤腔，过滤依所形成的压力差而达到。过滤量和过滤能力由过滤板数量、压力和流出量控制。在硅藻土过滤之后，果蔬汁要再经过纸板过滤以提高过滤精度。果蔬汁过滤用纸板按所用纤维原料分由全植物纤维（棉浆、木浆、桑皮浆及龙须草浆等），或由不同的植物纤维与人造纤维及合成纤维等两种或两种以上原料，按不同比例组成的混合纤维。还可以加入的填充物如活性炭、硅藻土、珍珠岩、离子交换树脂、离子交换纤维、分子筛或湿强剂、防水剂及防霉剂等。纸板厚度较大（最厚可达5mm），定量也较高（最高可达 1500g/m²），不能折叠，因此多数是加工成所需尺寸的形状，与板框过滤机配套使用。

纸板过滤可按如下操作步骤进行：

（1）装机　将过滤纸覆盖滤板正反面并将滤板和滤框交替排列，借手轮或汽缸、油缸压紧装置将过滤机压紧，至通水后不漏水即可。

（2）CIP 洗涤　用 90℃，3% NaOH 溶液洗 20min，洗涤压力为 0.3MPa，在洗涤过程中如发现过滤机有渗漏，则进一步将板框压紧。

（3）过滤　在过滤过程中控制过滤压差 ΔP 缓慢上升，ΔP 从 0.2MPa 开始，开始时控制滤速为过滤机最大流量的 80% ~85%，以后再逐步上升到最大流量过滤。当 ΔP 达到 0.5MPa 时终止过滤。

（4）顶水　过滤完毕后用无菌水顶出机内残留滤液，并在出口视镜中观察顶水终点。

（5）拆机　用水清洗过滤机，重新装机并反向顶水后备用。

超滤是膜过滤的一种，常见的膜孔径为 1 ~100nm，原理是借助于不对称膜的选择性筛分作用，大分子物质、胶体物质等被膜阻止，水和低分子物质通过膜，其截流分子质量在 103 ~106u。目前已可大量应用于澄清苹果汁、梨汁、猕猴桃汁中。超滤法生产澄清汁有许多优点，可以提高产量 5% ~8%；保留较多的风味和营养成分，从而改善果蔬汁口感；节省澄清剂、助滤剂和酶的用量；减少反应罐、泵、压滤机、离心机等设备，减少废渣，从而减少环境污染；可回收果胶和一些特殊的酶；可起到除菌的作用，有可能直接与无菌包装机连接，不再进行杀菌而生产无菌灌装果蔬汁。

由于板框式和硅藻土过滤机不能连续化生产，企业往往需要两台或多台交替使用，且生产能力较小。一些大型果蔬汁加工厂基本都使用超滤，但是超滤剩下的最后浑浊物含量高，很容易堵塞超滤膜，过滤速率很慢，最后需要使用板框式或硅藻土过滤机配合。真空过滤法、离心分离法等也用于果蔬汁的过滤。

（六）果蔬汁的均质与脱气

1. 均质

所谓均质，就是将果蔬汁通过均质机中孔径为 0.002 ~0.003mm 的微孔，在高压下把果蔬汁中所含的悬浮粒子破碎成更微小的粒子，大小更为均匀，同时促进果肉细胞壁上的果胶溶出，使果胶均匀而稳定地分布于果蔬汁中，形成均一稳定的分散体系。均质是浑浊型果蔬汁饮料生产的必需工序，如果不均质，由于果蔬汁中的悬浮果肉颗粒较大，产品不稳定，在重力的作用下果肉会慢慢向容器底部下沉，放置一段时间后就会出现分层现象，而且界限分明，容器上部的果蔬汁相对清亮，下部浑浊，影响产品的外观质量。

均质效果与均质压力、果蔬种类等因素相关，采用高压均质时压力一般为 20 ~40MPa，具体压力随果蔬种类而异，表 5 - 3 为推荐的几种果蔬汁的均质压力。重复均质有一定的增强作用。

表 5 - 3　　　　　　　　　　几种果蔬汁推荐的均质压力

果蔬汁种类	均质压力/MPa	果蔬汁种类	均质压力/MPa
桃、杏	30	番茄、南瓜	20 ~30
柑橘类	40	胡萝卜	30 ~40
菠萝	40	番石榴	30
苹果	30	洋梨	40

2. 脱气

脱气顾名思义，就是脱除果汁中的气体，因为存在于果实细胞间隙中的氧、氮和呼吸作用排出的二氧化碳等产物，在加工过程中能以游离态进入果蔬汁中，或被吸附在果蔬汁微粒和胶体的表面，同时由于果蔬汁与空气的接触，增加了气体含量，这样制得的果蔬汁中会存在一定量的氧、氮和二氧化碳等气体。果蔬汁中这些气体的存在，尤其是大量氧气存在，不仅会使其中的维生素 C 受到破坏，而且可能与果蔬汁中的其他成分发生反应而使香气和色泽变化，这些不良影响在加热时更为明显。所以在果蔬汁加热杀菌前，必须除去果蔬汁中的气体。

物料（如果蔬汁）脱气的目的就是除去物料（如果蔬汁）中的氧，防止或减轻色素、维生素 C、香气成分和其他物质的氧化；去除附着于悬浮微粒上的气体，减少或避免微粒上浮，以保持良好外观；防止制品品质降低；减少产品气泡，保证灌装量及稳定，并保证均质机运行稳定；防止或减少装罐和杀菌时产生泡沫，保证杀菌效果，减少对罐内腐蚀等。

要指出的是在脱气时易造成挥发性芳香物质的损失，因此，必要时可进行芳香物质的回收。另外在柑橘类果蔬汁加工时，为了避免外皮精油混入产生异味，榨汁后需要对果蔬汁进行减压去油，其后就不必再进行脱气。

脱气的方法有真空脱气、气体置换脱气、加热脱气、化学脱气以及酶法脱气等多种，目前主要采用真空脱气法，此外还有酶法脱气（加入葡萄糖氧化酶等）和加入抗氧化剂法脱气等。也可几种方法联合使用。

（1）真空脱气　真空脱气是利用气体在液体内的溶解度与该气体在液面的分压成正比的原理，进行真空脱气，液面上的压力逐渐降低，溶解在物料中的气体不断逸出，直至降低至物料的蒸汽压时，达到平衡状态，这时所有的气体被脱除。达到平衡所需要的时间，取决于溶解的气体逸出速度和气体排至大气时的速度。

通常果蔬汁进行真空脱气时，将处理过的物料用泵打到真空罐内进行抽气的操作，脱气机的脱气效果受真空度、物料温度、物料喷出表面积和脱气时间等因素影响。为充分脱气，大部分真空设备的真空度维持在 $-0.0906 \sim 0.0986MPa$。物料加热到 $45 \sim 75$ ℃，应当比真空罐内绝对压力对应的温度高 $2 \sim 3$ ℃。尤其要注意，在确定物料温度和脱气真空度时，防止物料出现沸腾。表 5-4 所示为几种果蔬汁的参考脱气条件。

表 5-4　　　　　　　　　　　　　浑浊果蔬汁脱气温度与真空度

果蔬汁温度/℃	真空度/MPa	果蔬汁温度/℃	真空度/MPa
35	0.096	65	0.075
45	0.092	70	0.069
55	0.085	75	0.061
60	0.081	80	0.053

（2）置换法　气体置换脱气是通过向果蔬汁中充入一些惰性气体（如氮气）置换果蔬汁饮料中存在的氧气。被压缩的氮气以小气泡形式分布在液体流中，液体内的空气被置换除去。液体流在旋流喷射容器中，对着折流板冲去，并以阶式蒸发形式形成薄层，从容器壁上留下来。每 1L 果蔬汁中充入 $0.7 \sim 0.9L$ 氮气后，氧气含量可降低到饱和值的 5% ~ 10%。

（3）其他脱气法　化学脱气是利用一些抗氧化剂如抗坏血酸或异抗坏血酸消耗果蔬汁中的氧气，它常常与其他方法结合使用。酶法脱气利用葡萄糖氧化酶将葡萄糖氧化成葡萄糖酸而耗氧，但实际生产中极少使用。

（七）果蔬汁饮料的浓缩和芳香物质回收

1. 果蔬汁的浓缩

浓缩果蔬汁具有体积减小、便于贮运、增进保藏性等优点，可以显著降低产品的包装、运输费用，增加产品的保藏性，延长产品的贮藏期。另外浓缩果蔬汁，除了加水还原成果蔬汁或果蔬汁饮料外，还可以作为其他食品工业的配料，用于果酒、乳制品、甜点等的配料，如浓缩葡萄汁和浓缩苹果蔬汁分别可用做葡萄酒与苹果酒的生产原料。因此，在国际贸易中，浓缩果蔬汁比较受欢迎，生产量和贸易量也在逐年增加，常见的果蔬浓缩汁产品有浓缩苹果汁（70～72°Bx）、浓缩橙汁（65°Bx）、浓缩菠萝汁（65°Bx）、浓缩葡萄汁（65～70°Bx）、浓缩胡萝卜汁（30°Bx）以及浓缩番茄浆（28～30°Bx）等。

果蔬汁浓缩方法主要有真空浓缩、冷冻浓缩和膜分离浓缩等多种。

（1）真空浓缩法　真空浓缩是在减压条件下，在较低的温度下使果蔬汁中的水分迅速蒸发。这种方法的特点是能缩短浓缩时间，如离心式薄膜蒸发器在1～3s的极短时间内就能完成8～10倍的浓缩；能较好地保持果蔬汁原有的质量，尤其是热敏性物料，效果更为明显。真空浓缩是果蔬汁浓缩最重要的和使用最广的浓缩方法。

真空浓缩温度一般为25～35℃，不宜超过40℃，真空度为0.096MPa左右。由于这样的温度适合微生物的活动和酶的作用，因此浓缩前应进行适当的杀菌。

芳香回收系统是各种真空浓缩果蔬汁生产线的重要组成部分，因为真空浓缩过程中果蔬汁中典型的芳香成分随着水分的蒸发而逸出，从而使浓缩产品失去原有的天然、柔顺风味，因此，有必要将这些物质进行回收，加入到果蔬汁中。目前，苹果能回收8%～10%，黑醋栗10%～15%，葡萄、甜橙26%～30%的芳香物质。其技术路线有两种，一是在浓缩前，首先将芳香成分分离回收，然后加到浓缩果蔬汁中；另一种是将浓缩罐中蒸发蒸汽进行分离回收，然后回加到果蔬汁中。所有这类装置在原则上都是由三个主要部分组成的：蒸发体，分离器和冷凝器。蒸发体实际上是一个热交换器，提供加热和蒸发水果原汁所需的热量。分离器使浓缩汁与水蒸气分离。冷凝器使从水果原汁中分离出来的水蒸气冷凝。此外还有真空泵、输送泵、测量装置和调节装置等。

另外，还可以添加一些新鲜果蔬汁来弥补浓缩时芳香物质的损失，称为"Cut－back"法，例如橙汁浓缩到58°Bx，然后加原橙汁稀释至42°Bx。葡萄汁在浓缩时经常会出现酒石沉淀，导致葡萄浓缩汁的浑浊，因此在浓缩前，葡萄汁应进行冷冻处理去除酒石。对于生产高浓度的浓缩汁，浓缩之前需要进行脱胶处理，由于果蔬汁中含有果胶，浓缩过程中经常会出现胶凝现象，致使浓缩过程难以继续。

真空浓缩设备有多种，分类方法也各异，按加热蒸汽被设备利用的次数分为单效浓缩设备和多效浓缩设备；根据果蔬汁的浓缩流程分为自然循环式浓缩设备、强制循环浓缩设备和单程式浓缩设备；根据加热器的结构分为盘管式浓缩设备、管式浓缩设备和板式浓缩设备等。

（2）冷冻浓缩法　冷冻浓缩法是利用冰与水溶液之间的固液相平衡原理，将水以固态冰的形式从溶液中分离的一种浓缩方法。

果蔬汁的冷冻浓缩就是将果蔬汁进行冷冻处理，使果汁中比较纯净的水发生冻结而形成冰结晶，再将冰结晶分离去除从而使果汁得以浓缩。

与真空浓缩法相比，冷冻浓缩法避免了热和真空的作用，没有热变性，不发生加热臭，芳香物质损失极少，产品的质量远远高于真空浓缩的产品；其次热能耗量少，冷冻水所需要的能量为334.9kJ/kg，而蒸发水所需要的能量为2260.8kJ/kg，理论上冷冻浓缩所需要的能量为蒸发浓缩需要的能量1/7。冷冻浓缩的主要缺点是：浓缩后产品需要冷冻贮藏或加热处理以便保藏，浓缩分离过程中会造成果蔬汁的损失，浓度高、黏度大的果蔬汁不容易分离，冷冻浓缩受到溶液浓度的限制，浓缩浓度一般不超过55°Bx。

（3）反渗透浓缩法 反渗透膜分离技术的工作原理前面已经介绍（见第三章）。同样的道理，果蔬汁的反渗透浓缩就是通过向果蔬汁施加一个大于果蔬汁渗透压的压力，迫使果蔬汁中的水分子通过半透膜而从果蔬汁中分离除去，从而使果蔬汁得以浓缩。

与蒸发浓缩相比，反渗透浓缩优点是：不需加热，常温下浓缩不发生相变，挥发性芳香成分损失少，在密闭管道中进行不受氧气的影响，节能。反渗透与超滤和真空浓缩结合起来能达到更为理想的效果。

2. 芳香物质回收

（1）果蔬的芳香成分 所谓果蔬芳香物，就是水果、蔬菜在成熟过程中形成的各种气味宜人的挥发性香味成分，如酯、醛、酮、醋酸酯、醇、挥发性酸类物质，它们以一定比例存在，构成了各种果蔬甚至某个品种特有的典型的滋味和香味。尽管果蔬中的芳香物质含量很低，却是区别各种果蔬汁最重要的一个特征参数，是判断果蔬汁饮料质量的一个决定性因素，所以最大限度地保留芳香物质是目前果蔬汁加工中的热点，比较典型的浓缩工艺中均回收这些芳香物质，以实现产品的天然完美。

（2）果蔬芳香成分的回收 提取原果蔬汁中的芳香物质是利用其在蒸发中易挥发的性质，在蒸发冷凝器中完成的。图5-5所示为蒸发冷凝器芳香物质回收的工作原理示意图。该装置主要由两组板式换热器组成。工作时原果蔬汁先送入下板组的通道中，被相隔通道内的蒸气加热蒸发，提香后的浓缩液与含芳香物的水蒸气由下板组上部流出，利用挡板改变方向，使其流向下方，汽液进行分离，然后浓缩液由壳体底部排出；含芳香物的水蒸气上升导入上板组的通道中，被相隔通道内的冷却水降温冷凝，形成芳香物水溶液，从上板组的底部排出，而冷却水由上板组的上部排出。芳香物水溶液，可经过两次蒸发冷凝，制成较纯的芳香液。

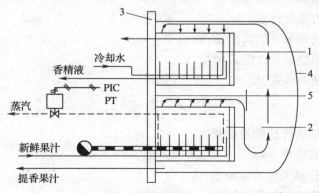

图5-5 芳香物质回收工作原理

1—冷凝器 2—蒸发器 3—支架 4—密封容器 5—挡板

浓缩果蔬汁香气回收设备的整个过程可在低氧的条件下进行，以防芳香物质的热变性和氧化，使果蔬汁保持原有风味。为改善浓缩果蔬汁的风味，可把少量鲜果蔬汁混入浓缩果蔬汁中，但这些鲜果蔬汁需先在脱气罐中进行脱气处理，混合好的浓缩汁应立即进行灌装。

(八) 果蔬汁的调整与混合

有些果蔬汁并不一定适合消费者的口味，为使果汁符合产品规格要求和消费者的嗜好习惯，需要进行适当调整或混合，俗称调配。调配的基本原则是：一方面要实现产品的标准化，使不同批次产品保持一致性；另一方面是为了提高果蔬汁饮料产品的风味、色泽、口感、营养和稳定性等，力求各方面能达到很好的效果，所以一般调整的范围不宜过大，以免失去果汁原有的风味。

100% 的果蔬汁饮料在生产过程中不添加其他物质，大多数水果都能生产较为理想的果汁，具有合适的糖酸比，良好的风味与色泽，大部分果汁的糖酸比一般为 13∶1 ~ 15∶1。但是有一些 100% 的果汁由于太酸或风味太强或色泽太浅，口感不好，外观差，因此不适宜于直接饮用，需要与其他一些果蔬汁复合，而许多蔬菜汁由于没有水果特有的芳香味，而且经过热处理易产生煮熟味，风味不为消费者接受，更需要调整或复合。可以利用不同种类或不同品种果蔬的各自优势，进行复配混合。如生产苹果汁时，可以使用一些芳香品种如元帅、金冠、青香蕉等与一些酸味较强或酸味中等的品种复配，弥补产品的香气和调整糖酸比，改善产品的风味；利用玫瑰香品种提高葡萄汁的香气，利用深色品种如辛凡黛（zinfandel）、紫北塞（alicante bouschet）、北塞魂（pepite bouschet），改善产品的色泽；宽皮橘类香味、酸味较淡，可以通过橙类果汁进行调整；许多热带水果香气浓厚、悦人，是果蔬汁生产中很好的复配原料，如具有"天然香精"之称的西番莲现广泛用来调整果蔬汁的风味。

果蔬汁饮料的调整，除了进行不同果蔬和不同品种之间的调整外，由于加工过程中添加了大量的水分，果蔬汁原有的香气变淡、色泽变浅、糖与酸都降低，需要通过添加香精、糖、酸甚至色素来进行弥补，使产品的色香味达到理想的效果。果蔬汁调整时需要添加的糖与酸可按式 (5-1) 和式 (5-2) 计算，而香精则应根据具体情况通过试验确定。

$$X = \frac{W(B-C)}{D-B} \quad\quad\quad (5-1)$$

式中　X——需补加浓糖液的量，kg

　　　W——调整前原果汁重，kg

　　　C——调整前原果汁的含糖量，%

　　　B——要求调整后果汁的含糖量，%

　　　D——浓糖液的浓度，%

$$M = \frac{N(Z-X)}{Y-Z} \qu\quad\quad (5-2)$$

式中　M——需补加的柠檬酸液的量

　　　N——果汁的重量，kg

　　　X——调整前原果汁的含酸量，%

　　　Y——柠檬酸液的浓度，%

　　　Z——要求调整的酸度，%

近年来，在果蔬汁生产中强化一些营养成分已成为一种发展趋势，如强化膳食纤维、维生素和矿物质等，美国生产的很多橙汁中都添加了钙。

三、典 型 设 备

(一) 榨汁机

目前，人们对榨汁机的结构类型还没有一个统一的分类方法。常见的榨汁机分类方法见表5-6。

表5-6　　　　　　　　　　　　　常见榨汁机的分类

机型分类方法	机型
按挤压室结构分类	室式榨汁机、裹包式榨汁机、钵式榨汁机
按产生挤压力方式的装置分类	丝杠榨汁机、液压榨汁机、气力榨汁机、杠杆榨汁机、增压榨汁机
按传递挤压压力的装置分类	活塞式榨汁机、辊轴式榨汁机、气鼓式榨汁机、偏心轴式榨汁机
按果蔬浆输送方式分类	带式榨汁机、螺旋式榨汁机

1. 螺旋式榨汁机

螺旋式榨汁机利用置于筛筒中变径螺杆对果浆料挤压以达到液－固分离。这种榨汁机最早于1928年在法国出现。它有立式和卧式之分，立式用于液－固易于分离的浆料，美国曾用于压榨苹果和梨。近20年中，这种榨汁机经历了许多改进，主要用以压榨葡萄、番茄、菠萝、苹果、梨等果蔬的汁液。

图5-6所示为螺旋式连续榨汁机，螺旋式榨汁机的结构简单，主要由螺杆、顶锥、料斗、圆筒筛、离合器、传动装置、汁液收集器及机架组成。工作时，物料由料斗进入螺杆，在螺杆的挤压下榨出汁液，汁液自圆筒筛的筛孔中流入收集器，而渣则通过螺杆锥形部分与筛筒之间形成的环状空隙排出。环状空隙的大小可以通过调整装置调节。其空隙改变，螺杆压力也发生改变。空隙大，则出汁率小；空隙小则出汁率大。

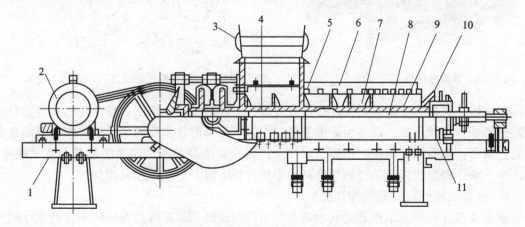

图5-6　卧式螺旋榨汁机的结构示意图

1—机架　2—电动机　3—进料斗　4—外空心轴　5—第一棍棒　6—冲孔滚筒
7—第二棍棒　8—内空心轴　9—冲孔套筒　10—锥形阀　11—排出管

2．活塞式榨汁机

活塞式榨汁机其原理是在过滤阶段时浆料的流动性只能取中等浓度，即用泵能压送的程度；在压榨阶段时浓度提高到呈半固体状态。压榨工艺中最重要的是压榨时间和压榨后渣中的含汁量，前者可决定压缩浆料时高压送料的时间，后者则决定高压流体的压力。

图5-7所示为活塞式榨汁机，它是由连接板、筒体、活塞、集汁-排渣装置、液压系统和传动机构组成。这种榨汁机是由连接板与活塞用挠性导汁芯连接起来，果蔬经打浆成浆料经连接板中心孔进入筒体内，活塞压向连接板，果蔬汁经导汁芯和后盖上的伸缩导管进入集汁装置。为了充填均匀和压榨力分布平衡，在压榨过程中筒体处于回转状态。完成榨汁，活塞后退，弯曲了的导汁芯被拉直，果渣被松散，然后筒向后移，果渣落入排渣装置排出。

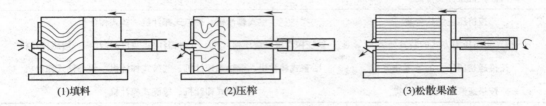

(1)填料　　　　　　　(2)压榨　　　　　　　(3)松散果渣

图5-7　活塞式榨汁机基本过程原理示意图

3．带式压榨机

带式榨汁机是大型果汁加工厂常采用的榨汁设备。带式榨汁机的工作原理是利用两条张紧的环状网带夹持果蔬浆后绕过多级直径不等的榨辊，使得绕于榨辊上的外层网带对夹于两带间的果糊产生压榨力，从而使果汁穿过网带排出（见图5-8和图5-9）。

图5-8　带式榨汁机（以带压为主）

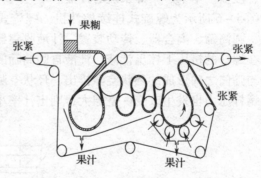

图5-9　带式榨汁机压榨原理（以带压为主）

带式榨汁机的主要缺点是榨汁作业开放进行，汁液易氧化褐变；整个受压过程物料相对网带静止，排汁不畅；网带为聚酯单丝编织带，张紧时孔隙度较大，果汁中的果肉含量较高；网带孔隙易堵，需随时用高压水冲洗；果胶含量高及流动性强的物料易造成侧漏，生产率下降；浸提压榨工艺得到的产品固形物含量下降，后期浓缩负担加重。

4．锥盘式榨汁机（布朗榨汁机）

锥盘式榨汁机的基本原理是利用两个相对同向旋转的锥形圆盘在旋转中逐渐减小间隙以挤压浆料，如图5-10所示。这种榨汁机对无核水果，与锥盘摩擦因数大的浆料是有效的。1986年第一代产品已经问世，试用中效果良好，为了扩大适用范围，还需改进，如锥盘间隙的自动调节、避免果蔬汁氧化等，但它仍不失为一种有使用前景的榨汁设备之一。

在日本，这种榨汁机锥盘直径为 0.5~1.5m，是日本现行的榨汁设备之一。

（二）果蔬汁过滤设备

1. 自动板框式过滤设备

板框式过滤机是间歇式过滤机中最广泛的一种，由多块滤板和滤框交替排列而成，板和框都用支架支在一对横梁上，用压紧装置压紧或拉开。自动板框过滤机是一种较新型的压滤设备，它使板框的拆装、滤饼的脱落卸出和滤布的清洗等操作都自动进行，大大缩短了间歇时间，并减轻劳动强度。图 5-11 所示为 IFP 型自动板框过滤机。该板框过滤机的板框在构造上与传统的无多大差别，唯一不同是板与框的两边侧上下有四只开孔角耳，构成液体或气体的通路。滤布不需要开孔，是首尾封闭的。

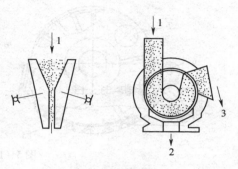

图 5-10　锥盘式榨汁机
1—入料　2—果蔬汁　3—渣

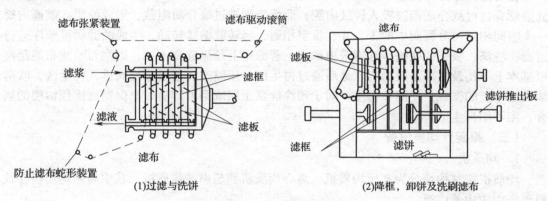

(1)过滤与洗饼　　　　(2)降框，卸饼及洗刷滤布

图 5-11　IFP 型自动板框过滤机

悬浮液从板框上部的两条通道流入滤框。然后，滤液在压力的作用下，穿过在滤框前后两侧的滤布，沿滤板表面流入下部通道，最后流出机外。清洗滤饼也按照此路线进行。

洗饼完毕后，油压机按照既定距离拉开板框，再把滤框升降架带着全部滤框同时下降一个框的距离。然后推动滤饼推板，将框内的滤饼向水平方向推出落下。滤布由牵动装置循环行进，并由防止滤布歪斜的装置自动修位，同时洗刷滤布。最后，使滤布复位，重新夹紧，进入下一操作周期。

2. 真空过滤机

真空过滤机的工作原理是在设备运转时，过滤机内产生真空，利用压力差使果汁渗透过助滤剂，得到澄清果汁。过滤前，先在真空过滤器的过滤筛外表面涂一层助滤剂，过滤筛的下半部浸没在果汁中，通过真空泵产生的真空将果汁吸入内部（处于真空状态），而果汁中的固体颗粒沉积在过滤层表面，从而分离出果汁中的颗粒，得到组织均匀的果汁。目前使用较多的是转鼓真空过滤机，它是一种连续操作的过滤设备。图 5-12 为真空转鼓过滤机，它的主要元件是由筛板组成能转动的转鼓，其内维持一定的真空度，与外界大气压的压差即为过滤推动力。表面有一层金属丝网，网上覆盖滤布，转鼓内沿径向分隔成若干个空间，每个空间都以单独孔道通至鼓轴径端面的分配头上，分配头沿径向隔离成3个室，它们分别与真空和压缩空气管路相通。

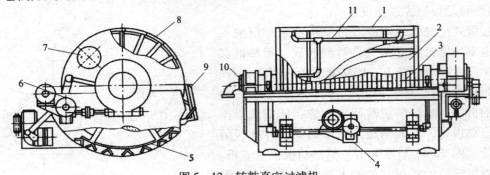

图5-12 转鼓真空过滤机

1—转鼓 2—滤布 3—金属网 4—减速器 5—摇摆式搅拌器
6—传动装置 7—手孔 8—过滤器 9—刮刀 10—分配阀 11—滤渣管路

在过滤操作时，转鼓下部浸入待处理的料液中，浸没角度90°～130°，转鼓旋转时，滤液就穿过过滤介质而被吸入转鼓内腔，而滤渣则被过滤介质阻截，形成滤饼。鼓筒内每一个空间相继与分配阀中的Ⅰ、Ⅱ、Ⅲ室相通，当转鼓继续转动，生成的滤饼可顺序进行过滤、洗涤、吸干、吹松、卸饼等项操作。若滤布上预涂硅藻土层，则刮刀与滤布的距离以基本上不伤及硅藻土层为宜。最后通过再生区，压缩空气通过分配阀进入再生区，吹落堵在滤布上的微粒，使滤布再生。对于预涂硅藻土层或刮刀卸渣时要保留滤饼预留层的场合，则不用再生区。

（三）果蔬汁均质设备

1. 均质机

均质机按其构造分为高压均质机，离心均质机和超声波均质机，其中高压均质机在饮料生产中应用最广泛。

（1）高压均质机

高压均质机是以高压往复泵为动力传递及物料输送机构，将物料输送至工作阀（一级均质阀及二级乳化阀）部分。要处理物料在通过工作阀的过程中，在高压下产生强烈的剪切、撞击和空穴作用，从而使液态物质或以液体为载体的固体颗粒得到超微细化，制成稳定的乳化液或匀浆液。

高压均质机的均质过程如图5-13、图5-14所示，物料在尚未通过工作阀时，一级均质阀和二级乳化阀的阀芯和阀座在力 F_1 和 F_2 的作用下均紧密地贴合在一起（图5-14）。物料在通过工作阀时，阀芯和阀座都被物料强制地挤开一条狭缝，同时分别产生压力 P_1 和 P_2 以平衡力 F_1 和 F_2。物料在通过一级均质阀（序号1、2、3）时，压力从 P_1 突降至 P_2，也就随着这压力能的突然释放，在阀芯、阀座和冲击环这三者组成的狭小区域内产生类似爆炸效应的强烈的空穴作用，同时伴随着物料通过阀芯和阀座间的狭缝产生的剪切作用以及与冲击环撞击产生的高速撞击作用，如此强烈地综合作用，从而使颗粒得到超微细化。一般来说，P_2 的压力（即乳化压力）调得很低，二级乳化阀的作用主要是使已经细化的颗粒分布得更加均匀一些。据美国 Gaulin 公司的资料介绍，绝大部分情况下，单单使用一级均质阀即可获得理想的效果。

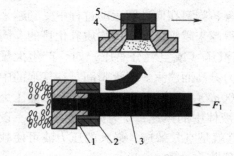
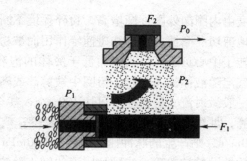

图 5 – 13　物料被输送至工作阀进口　　　　　图 5 – 14　物料源源不断地通过一级

1 ~ 3——级均质阀　4、5——乳化阀　　　　　　　　均质阀和二级乳化阀

在食品工业中广泛采用的高压均质机是以三柱塞往复泵作为主体,并在泵的排出管路中安装双级均质阀头。高压均质机的结构主要由三柱塞往复泵、均质阀、传动机构及壳体等组成。均质机结构组合图如图 5 – 15 所示,柱塞泵泵体结构图见图 5 – 16。物料从进料口进入,在柱塞泵活塞往复运动过程中使物料吸入,加压后流向均质阀,在均质操作中设有两级均质阀,第一级为高压流体,其压力高达 20 ~ 25MPa,主要作用是使液滴均匀分散,经过第一级后的流体,压力下降至 3.5MPa,第二级的主要作用是使液滴分散。

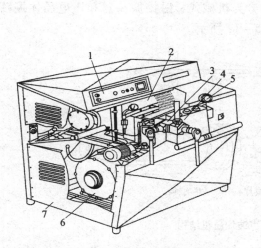
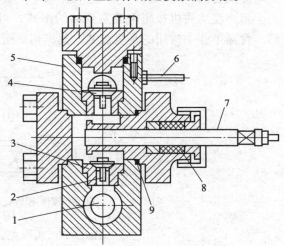

图 5 – 15　均质机结构组合图　　　　　　　　图 5 – 16　柱塞泵泵体结构

1—操纵盘　2—传动结构　3—均质头　4—泵体　　　1—进料腔　2—吸入活门　3—活门座　4—排出活门

5—高压表　6—电动机　7—机座及外壳　　　　　　5—泵体　6—冷却水管　7—柱塞　8—填料　9—垫片

（2）高剪切均质机

高剪切均质机指线速度达到 30 ~ 40m/s 的剪切式均质机,其主要工作部件为 1 级或多级相互啮合的定转子,每级定转子又有数层齿圈。工作原理:转子带有叶片高速旋转产生强大的离心力场,在转子中心形成很强的负压区,料液(液 – 液、或液 – 固相混合物)从定转子中心被吸入,在离心力的作用下,物料由中心向四周扩散,在向四周扩散过程中,物料首先受到叶片的搅拌,并在叶片端面与定子齿圈内侧窄小间隙内受到剪切,然后进入内圈转齿与定齿的窄小间隙内,在机械力和流体力学效应的作用下,产生很大的剪切、摩擦、撞击以及物料间的相互碰撞和摩擦作用而使分散相颗粒或液滴破碎。随着转齿

的线速度由内圈向外圈逐渐增高，粉碎环境不断改善，物料在向外圈运动过程中受到越来越强烈地剪切、摩擦、冲击和碰撞等作用而被粉碎得越来越细从而达到均质乳化目的。同时，在转子中心负压区，当压力低于液体的饱和蒸汽压（或空气分离压）时，产生大量气泡，气泡随液体流向定转子齿圈中被剪碎或随压力升高而溃灭。溃灭瞬间，在气泡的中心形成一股微射流，射流速度可达 $100m/s$，甚至 $300m/s$，其产生的冲击力可用水锤压力公式估算，即 $P = \rho C_a C$（其中 ρ 为液体密度；C_a 为液体中的声速；C 为微射流速度）。设 C 为 $100m/s$，则产生的脉冲压力就接近 $200MPa$，这就是空穴效应。强大的压力波可使软性、半软性颗粒被粉碎，或硬性团聚的细小颗粒被分散。

（3）超声波均质机

超声波均质机是一种借助高频声波产生分子机械运动和空穴效应达到脂肪球破碎目的的均质设备。将 $20 \sim 25kHz/s$ 的超声波发生器放入料液中，或使料液高速通过超声波发生器。由于超声波为纵波，遇到物料时，将在物料中产生迅速交替的压缩和膨胀作用，物料中的任何气泡都将随着压缩和膨胀，当压力振幅大于气泡的振幅时，被压缩的气泡急速崩溃，料液中出现真空的"空穴"，随着振幅的变化和瞬间外压不平衡的消失，空穴在瞬间消失，在液体中引起非常大的压力和温度增高，并产生复杂而强有力的机械搅拌作用，达到均质的目的。

超声波均质机按超声波发生器的形式，可分为机械式、磁控振荡器和压电晶体振荡器。食品工业中常用的是机械式，其结构如图 5－17 所示。

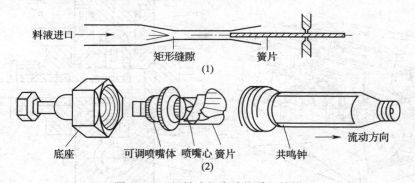

图 5－17　机械式超声波均质机结构

它有一边缘成楔形的簧片在喷嘴的前方，当料液经泵送至喷嘴处形成的射流，强烈冲击簧片的前缘，使簧片发生振动，产生超声波传给料液。簧片在一个或数个节点上被夹住，让簧片以其自然频率引起共振。料液可用齿轮泵在 $0.4 \sim 1.4MPa$ 的压力下送至喷嘴，液滴大小能降至 $1 \sim 2\mu m$。

（4）喷射式均质机

由于阀式均质机结构和制造精度要求高，阀件、柱塞、密封需要经常更换，因此出现了称为喷射式的均质机，即射流均质机。它的工作原理是利用蒸汽或压缩空气流来供给物料均质的能量，借高速运动的物料颗粒间相互碰撞或使颗粒与金属表面高速撞击，使颗粒粉碎成更细小的粒子而达到均质的目的。

2．胶体磨

胶体磨是一种磨制胶体或近似胶体物料的超粒粉碎、均质机械。其工作原理是：胶体磨由一固定表面（定盘）和一旋转表面（动盘）所组成。两表面有可调节的微小间隙，物料就在此间隙中通过。物料通过间隙时，由于传动件高速旋转，附于旋转面上的物料速度最大，而附于固定面上的物料速度为零，其间产生急剧的速度梯度，从而使物料受到强烈的剪力摩擦和湍动搅动，使物料乳化、均质。图 5 - 18 所示为卧式胶体磨结构示意图。

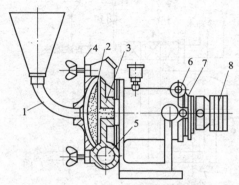

图 5 - 18　卧式胶体磨结构示意图

1—进料口　2—传动件　3—固定件　4—工作面　5—卸料口　6—锁紧装置　7—调整环　8—皮带轮

胶体磨常作为高压均质机前道预加工机械，粉碎粒径通常为 3 ~ 50μm。

（四）芳香回收设备

1. 独立设置的芳香物质回收装置

Alfa - Laval 中间加热和芳香回收系统广泛应用于果蔬汁工业，操作流程如图 5 - 19 所示。产品在平衡容器 1 进入芳香回收单元，通过离心泵 2 和流量表 3 进入预热器 4，它由三部分组成，第一部分产生的蒸汽由进入的果蔬汁使之冷凝，同时果蔬汁得以预热；第二部分果蔬汁进一步加热；第三部分中，输出的果蔬汁被冷水冷却至脱果胶所需的温度，之后由第二部分流出的果蔬汁进入蒸发器 5，此处进行蒸发，蒸汽由调节阀 6 调节，冷凝蒸汽通过水汽分离器 8 流出。蒸发的芳香成分从蒸发器引出，在片式热交换器冷凝后由泵 10 泵出。通过流量表 11 进入第二级芳香回收装置。此处约有 10% ~ 12% 的冷凝芳香物在蒸发器 12 被再次蒸发，蒸发由蒸汽通过调节阀 15 控制，冷凝蒸汽从 14 排出，未蒸发的 80% ~ 90% 芳香物通过水汽分离器 13 排出，蒸发的物质由螺旋管冷凝器冷却为浓缩香精，冷却后从底部排出。

2. 一体化芳香物回收真空浓缩装置

在生产浓缩果蔬汁过程中，若采用薄膜式蒸发器浓缩，果蔬汁中的芳香成分易于挥发逸出。为提高浓缩果蔬汁的风味质量，应对果蔬汁中的芳香成分进行回收。图 5 - 20 所示为一体化果蔬汁芳香物回收、真空浓缩装置的流程图。原果蔬汁由果蔬汁泵 2 输送到过滤器 3 进行过滤，经预热器 4 预热后送到加热器 5 进行加热，然后到达闪蒸器 6 使水蒸气、芳香物质与脱香果蔬汁分离。水蒸气、芳香物质进入香气与水分离器 8，使水蒸气先行凝结，芳香气体依次进入冷凝器 9 和香精冷却器 10 而冷却成液体，得到回收香精液。从闪蒸器 6 出来的脱香果蔬汁输送到闪蒸器 13 进行气体分离后，脱香果蔬汁到达蒸发器 14 进行真空浓缩，所产生的二次蒸汽经蒸汽分离器 15 分离后进行冷凝，变为冷凝水。浓缩后的果蔬汁由泵 16 排除。整个系统的真空度由蒸汽喷射泵 18 维持。

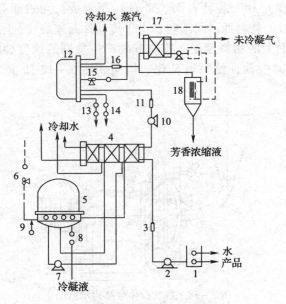

图 5-19　Alfa-Laval 芳香回收装置

1—平衡容器　2—泵　3、11、16—流量表　4—预热器　5、12—蒸发器　6—蒸发阀　7—泵
8、13、14—水汽分离器　9—阀　10—泵　15—调节阀　17—片式热交换器　18—冷凝器

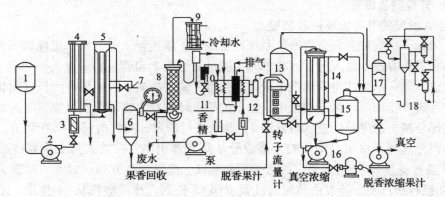

图 5-20　果蔬汁的芳香回收、真空浓缩装置流程

1—果蔬汁容器　2—果蔬汁泵　3—过滤器　4—预热器　5—加热器　6、13—闪蒸器（瞬时蒸发器）
7—加热蒸汽进口　8—香气与水分离器　9—冷凝器　10—香精冷却器　11—香精深冷系统
12—氨冷冻机　14—蒸发器　15—蒸汽分离器　16—循环泵　17—真空保持器　18—蒸汽喷射泵

（五）浓缩设备

图 5-21 所示为三效真空降膜浓缩设备，它包括第一、二、三效蒸发器、第一、二、三效分离器、直接式冷凝器、液料平衡槽、热泵、液料泵和双级水环式真空泵等部分。果蔬汁自平衡槽14，靠进料泵13、经预热器10 先进入第一效蒸发器9，通过受热降膜蒸发，引入第一效分离器12，被初步浓缩的果蔬汁，由第一效分离器底部排出，经循环泵送入第三效蒸发器7，再被浓缩并经第三效分离器5分离后，通过出料泵送入第二效蒸发器，最后经第二效分离器和出料泵排出浓缩成品。生蒸汽先进入第一效蒸发器，对管内果蔬汁加热后，经预热器10 再对未进蒸发器的果蔬汁进行预热，然后成为冷凝水由泵排出。第

一效分离器所产生的二次蒸汽除部分引入第二效蒸发器作为第二效蒸发水分的热源外，其余部分利用热泵 11 增压后，再作为第一效蒸发器的热源。第二效分离器所产生的二次蒸汽，引入第三效蒸发器作为蒸发水分的热源。第三效分离器产生的二次蒸汽则导入冷凝器 4，冷凝后由泵 2 排出。各效蒸发器中所产生的不凝结气体均进入冷凝器，由水环式真空泵 1 排出。

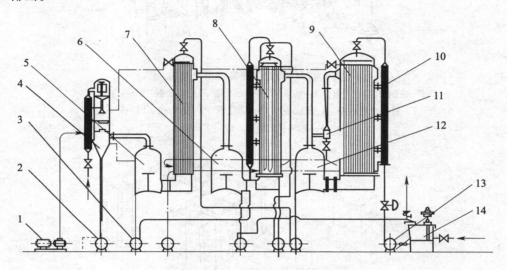

图 5 – 21　三效真空降膜浓缩设备流程

1—真空泵　2—水泵　3—料液泵　4—冷凝器　5—第三效分离器　6—第二效分离器
7—第三效蒸发器　8—第二效蒸发器　9—第一效蒸发器　10—预热器
11—热压泵　12—第一效分离器　13—料液进料泵　14—料液平衡槽

（六）加热杀菌设备

1. 板式热交换器

板式热交换器的结构如图 5 – 22 所示，它是由许多薄的金属板平行排列，夹套组装于支架上，两相邻板片的边缘衬有橡胶垫圈，压紧后可以达到密封的目的，且垫片的厚度可调节板间流体的通道大小。每块板的四角上各开一孔，借圆环垫圈的密封作用，使四个孔中只有两个圆孔和板面上的流道相通，另外两个圆孔与另一侧相通。冷、热流体交替地在板片两侧流过，通过金属板进行换热。每块金属板面由水压机冲压成凹凸规则的波纹，使流体均匀流过板面，增加传热面积，并促使流体的湍动，有利于换热。

板式杀菌器具有传热效率高、结构紧凑、检修和清洗方便和节能等优点。主要不足是处理量不大，操作压力低。尽管如此，板式杀菌器仍是饮料生产中使用最多的加热、杀菌设备。

2. 超高温瞬时杀菌设备

超高温（135～150℃）瞬时（2～8s）杀菌与传统的热杀菌相比较更有利于食品色、香、味及质构的保持，使热力对食品品质的影响程度限制在最小限度，因而是目前饮料生产常用的热杀菌手段。超高温瞬时杀菌设备较多，图 5 – 23 所示为阿法－拉伐超高温瞬时杀菌装置，具有换热效率高，节能省水等特点，适合于牛乳和果蔬汁等液体物料的超高温杀菌。

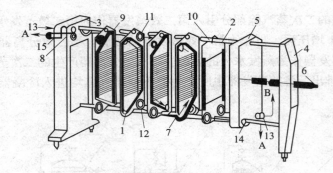

图 5－22　板式热交换器组合结构

1—传热板　2—导杆　3—前支架　4—后支架　5—压紧板　6—压紧螺杆

7—板框橡胶垫圈　8、13、14、15—连接管　9—上角孔　10—分界板

11—圆环橡胶垫圈　12—下角孔

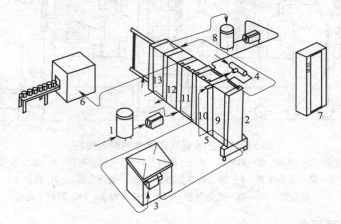

图 5－23　阿法－拉伐无菌装置运行流程图

1—原乳（果汁）计量槽　2—换热器　3—均质机　4—蒸汽喷射器　5—保温管　6—无菌包装机

7—控制仪表屏　8—热水计量槽　9—加热区段　10—交流换热区段（产品与热水换热）

11—交流换热区段（产品与原料乳换热）　12、13—外加冷却区段（用于装置消毒）

（七）无菌灌装设备

无菌灌装是近 50 年来，液态食品包装最大的进展之一。无菌灌装的概念、基本要求等在第四章已经介绍。

典型的无菌包装装置有瑞士 Tetra－Pak 无菌灌装装置和德国的康美（Combibloc）无菌灌装系统，它们的无菌罐装过程参见图 4－4 和图 4－5。

四、常见质量问题及对策

果蔬汁及其饮料在贮藏、运输和销售过程中，经常会出现一些变色、变味、浑浊、分层和沉淀等质量问题，有的甚至出现胀瓶这种涉及安全性的问题，必须高度重视并采用相应的对策解决。首先需要分析问题的原因，在此基础上提出相应的措施，同时要建立良好的操作规范（GMP）和实行危害分析及关键控制点管理（HACCP），才能有效地防止这些问题。

（一）浑浊、分层与沉淀

1. 澄清型饮料的浑浊与沉淀

在保质期内保持澄清透明的状态这是澄清型饮料的基本要求，也是此类饮料生产的技术关键。而这类澄清型饮料在加工和贮运中很容易重新出现不溶性悬浮物或沉淀物，这种现象称为后浑浊（After‑haze）。出现后浑浊的原因很多，主要是由于澄清处理不当和微生物因素造成的，如果胶、淀粉、明胶、酚类物质、蛋白质、助滤剂、微生物、阿拉伯聚糖、右旋糖酐等都会引起浑浊和沉淀，因此在生产中需要针对这些因素进行一系列检验，确定引起饮料浑浊与沉淀的原因，有的放矢地消除饮料的浑浊与沉淀。表5-6所示为几种判定浑浊沉淀的原因及其消除方法。

表5-6　　　　　　　　　　　　引起果蔬汁浑浊沉淀的原因及消除方法

原因	确定方法	消除方法
胶体物质去除不完全	乙醇试验	加果胶酶或复合酶
单宁物质过量	明胶试验	加明胶沉淀或皂土吸附
蛋白质过量	单宁物质试验	加多酚或皂土去除
淀粉残留	碘试验	加淀粉酶
微生物污染	镜检	加强清洁卫生和消毒杀菌

2. 浑浊型（或带肉）饮料的浑浊与沉淀

浑浊（或带肉）饮料则要求产品在保质期内保持均匀稳定的浑浊状态，这是此类饮料生产的技术关键。而这类浑浊型饮料在加工和贮运中易出现分层及沉淀。产生分层及沉淀的主要原因是饮料中的果肉颗粒下沉。要使浑浊物质稳定，就要控制好沉降速度。由Stokes定律可知，果肉粒的沉降速度与颗粒直径、颗粒密度和流体密度之差成正比；与流体黏度成反比。由此可以通过减小果肉粒径、适当增加饮料黏度等方法来调整和控制沉降速度，从而增强浑浊型饮料的稳定性。具体措施有：

（1）通过均质处理使果肉粒微细化、均匀化。

（2）增加分散介质－果蔬汁的黏度　首先要从果蔬汁自身黏度考虑，果蔬汁的黏度取决于其果胶物质的含量，因此，应尽快钝化果胶酯酶（pectin methyl esterase，PME），否则果胶酯酶能将果蔬汁中的高甲氧基果胶分解成低甲氧基果胶，后者与果蔬汁中的钙离子结合，易造成浑浊的澄清和浓缩过程中的胶凝化。柑橘类果蔬汁和番茄类果蔬汁加工中尤其如此。其次可通过适当添加一些增稠剂来增加黏度。果胶、黄原胶、CMC‑Na、卡拉胶、琼脂等均可作为食用胶加入。

（3）降低颗粒与液体之间的密度差　加入高酯化亲水果胶分子作为保护分子包埋颗粒可降低密度差。相反空气混入会提高密度差，因此，脱气可提高其稳定性。

值得指出的是果蔬汁的稳定性并不严格按照托克斯方程，因为果蔬汁是一个复杂的胶体体系，不同成分带有的电荷会产生不同的反应，因此，维持胶体的稳定性亦是保持浑浊稳定的重要方面。

（二）变色

果蔬汁出现变色的主要原因有3个，酶促褐变、非酶褐变及果蔬汁本身所含色素的变化。酶促褐变主要发生在破碎、取汁、粗滤、泵输送等工序过程中。由于果蔬组织破碎，酶与底物的区域化被打破，所以在有氧气的条件下果蔬中的氧化酶如多酚氧化酶（polyphenol oxidase，PPO）催化酚类物质氧化变色，主要防止措施：① 加热处理尽快钝化酶的活力；② 破碎时添加抗氧化剂如抗坏血酸或异抗坏血酸，消耗环境中的氧气，还原酚类物质的氧化产物；③ 添加有机酸如柠檬酸抑制酶的活力，因为多酚氧化酶最适 pH 为 6.8 左右，当 pH 降到 2.5~2.7 时就基本失活；④ 隔绝氧气，破碎时充入惰性气体如氮气创造无氧环境和采用密闭连续化管道生产。

非酶褐变发生在果蔬汁的贮藏过程中，特别是浓缩汁更加严重，这类变色主要是由还原糖和氨基酸之间的美拉德反应引起的，而还原糖和氨基酸都是果蔬汁本身所含的成分，因此较难控制，主要防止措施：① 避免过度的热处理，防止羟甲基糠醛（hydroxy methyl furfural，HMF）的形成，根据其值的大小可以判断果蔬汁是否加热过度；② 控制 pH 在 3.2 以下；③ 低温贮存或冷冻贮存。

果蔬汁本身所含色素的变化引起的变色很普遍，如绿色蔬菜汁的失绿、草莓汁的褪色等。这需要根据果蔬汁中的主要成色物质的理化特性有针对性地采用相应的护色、保色措施。如用稀锌盐护绿、用适宜的 pH 防止花青素的红变等。

（三）变味

果蔬汁的变味如酸味、酒精味、臭味、霉味等主要是由微生物生长繁殖引起腐败所造成的，在变味产生的同时经常伴随果蔬汁出现澄清、浑浊、黏稠、胀罐、长霉等现象，可以通过控制加工原料和生产环境以及采用合理的杀菌条件来解决。另外使用 3 片罐装的果蔬汁有时有金属味，是由于罐内壁的氧化腐蚀或酸腐蚀，采用脱气工序和选用适宜的内涂料金属罐，就能避免这种情况发生。

有些果蔬汁会有如焦味、煮熟味、苦味等的异味，产生的主要原因一是原料自身带有一些呈味物质；二是操作不当，如柑橘类果蔬汁在加工过程中或加工后常易产生苦味，主要成分是黄烷酮糖苷类和三萜系化合物，属于前一类的有柚皮苷、新橙皮苷、枸橘苷等，后一类有柠檬素、诺米林等。柚皮苷存在于白皮层、种子、囊衣中，是葡萄柚和夏蜜柑等的主要苦味物质，柠碱是橙类和葡萄柚主要苦味物质。柑橘类果汁在榨汁时压破种子或过于压榨果皮是香精油和苦味物质进入果汁而产生苦味。防止措施主要有：选择含苦味物质少的原料种类、品种，果实充分成熟或进行后熟处理；加工中尽量减少苦味物质的溶入；采用柚苷酶和柠碱脱氢酶处理；采用聚乙烯吡咯烷酮、尼龙 - 66 吸附树脂等吸附脱苦；添加环糊精、"新地奥名"以及二氢查尔酮等可提高苦味物质阈值的物质。

要指出的是最近研究表明。这些苦味物质均有很好的生理活性，特别是具有抗癌和防癌作用，柚皮苷还有较好的抗氧化作用。可防止心血管疾病，因此，适量保持苦味并非坏事，特别是对于葡萄柚等果蔬汁。

（四）其他问题

1. 农药残留

农药残留也是果蔬汁国际贸易中非常重视的一个问题，已日益引起消费者的注意，其主要来自果蔬原料本身，是由于果园或田间管理不善，滥用农药或违禁使用一些剧毒、高残留农药造成的，通过实施良好农业规范（GAP），加强果园或田间的管理，减少或不使用化学农药，生产绿色或有机食品，完全可以避免农药残留的发生；果蔬原料清洗时根据使用农药的特性，选择一些适宜的酸性或碱性清洗剂也能有助于降低农药残留。

2. 果蔬汁掺假

掺假是指生产企业为了降低生产成本，果蔬汁或果蔬汁饮料产品中的果蔬汁含量没有达到规定的标准，为了弥补其中各种成分的不足而添加一些相应的化学成分使其达到含量，实际上就是将低果蔬汁含量的产品采取一定措施使其成为貌似高果蔬汁含量的产品。国外已对果蔬汁的掺假问题进行了多年研究，并制定了一些果蔬汁的标准成分和特征性指标的含量，通过分析果蔬汁及饮料样品的相关指标的含量，并与标准参考值进行比较，来判断果蔬汁及饮料产品是否掺假。如利用脯氨酸和其他一些特征氨基酸的含量与比例作为柑橘汁掺假的检测指标。果蔬汁的掺假在我国还没有得到应有的重视，很多企业的产品中果蔬汁含量没有达到 100% 也称为果蔬汁，甚至把果蔬带肉饮料称为果蔬汁。

第三节　典型果蔬汁加工案例

一、苹 果 清 汁

（一）工艺流程

苹果清汁的工艺流程见图 5 - 24。

（二）工艺要点

1. 原料验收

参照 GB/T 1065—2008《鲜苹果》中"品质基本要求"的规定，根据苹果供需合同或协议进行验收，选用符合要求的苹果。

2. 清洗、输送与挑选

苹果通过果槽（渠）依靠水的流动输送，同时使苹果得到充分的浸泡，并在具有一定压力的水喷淋得以初步清洗；苹果提升至拣选台，在拣选台上随着苹果的滚动将霉烂果、变质果、杂质拣选挑出，捡出的烂苹果等杂质用螺旋提升机输送出车间。此工序保证拣选之后烂果率控制在 2% 以下。合格苹果在浮洗机中随水流动翻转，得以充分的浸泡、清洗后，苹果进入消毒池进行消毒清洗。可用浓度为 5～8mg/L 二氧化氯消毒，原料果消毒后在滚杠输送机上用高压喷淋水冲淋洗净。

3. 破碎

将清洗干净的苹果用破碎机破碎为 3～5mm 的果浆粒，根据工艺需要添加果胶酶。果浆用泵通过不锈钢管道输送进入果浆罐。

4. 压榨

对破碎后的果浆进行一次压榨，压榨后果蔬汁进入一级过滤工序，果渣在本机内进行加水萃取并进行二级压榨、粗滤。将两次压榨过滤后的浑浊汁送入原汁罐备用。

5. 预巴氏杀菌

原汁在 98±2℃（或按工艺通知单执行）的巴氏灭菌装置中维持 30s，以杀灭部分微生物、钝化酶的活性、防止褐变、使淀粉糊化利于淀粉酶的作用。

6. 酶解澄清

杀菌后的原汁冷却至 50～55℃后送至酶解罐，按工艺要求加酶进行 60～90 min 酶解。以碘试剂做淀粉检测、酒精做果胶检测，根据检测结果（检测为阴性）判定酶解终点。

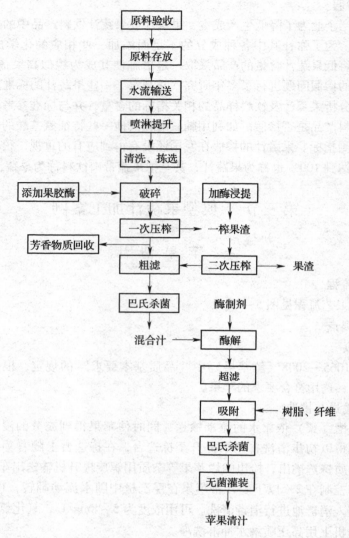

图 5 - 24 苹果清汁工艺流程

7. 精滤

酶解彻底后的果汁先经 120 目的管道过滤器进行二次过滤, 并泵入超滤原汁罐备用。

8. 超滤

二次过滤后的果汁通过超滤膜内进行精滤, 超滤装置的膜孔径 ≤0.02μm。经过超滤除去果汁中的水不溶性物质和分子大于 0.02μm 的物质包括微生物等。过滤后的果汁浊度 ≤0.4NTU, 澄清、透明无杂质。超滤后的果汁泵入超滤清汁罐备用。

9. 吸附脱色

超滤清汁通过树脂柱吸附除去果蔬汁中的单宁、酚类物质等物, 以提高清汁色值、避免后浑浊。吸附终点清汁指标: 色值 >65、酸度 <0.04%。经过树脂吸附脱色后的清汁泵入暂存罐备用。

10. 巴氏杀菌

将吸附脱色后的清汁送入巴氏灭菌装置，在 96±2℃ （工艺通知单的要求）的温度下，维持6s以上（通过控制泵速，泵速控制在≤1500r/h）以杀灭细菌，大肠菌群，致病菌。灭菌后的清汁由管道送入冷却装置迅速降至灌装要求温度。

11．无菌灌装

待灌装清汁经过 300 目的金属管道过滤器送入无菌灌装机进行无菌灌装。检验合格后贴标入库。

二、浓缩橙汁

（一）（浓缩）橙汁工艺流程

浓缩橙汁的加工工艺流程见图 5－25。

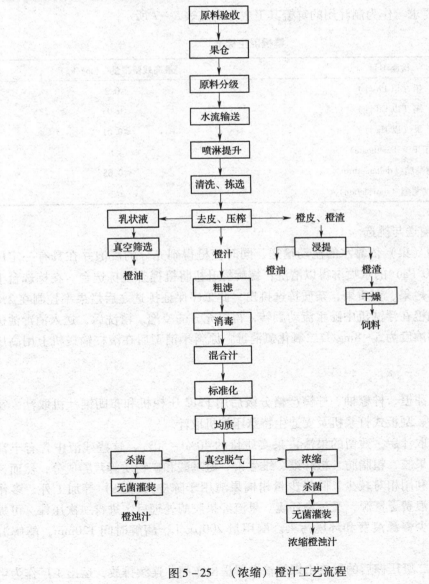

图 5－25 （浓缩）橙汁工艺流程

（二）橙汁工艺要点

1. 原料选择

（1）外观质量　制汁用鲜橙的感官要求可参照《锦橙》（NY/T 697—2003）中"感官基本要求"的规定，即"同一品种或相似品种，果形呈椭圆形，果蒂完整，果蒂平齐，形状整齐；果面清洁，果实新鲜饱满，无萎蔫现象；肉质细嫩，种子平均数小于八粒，风味正常；无腐果、裂果、重伤果"。

（2）理化要求　制汁用鲜橙对果肉质地和风味的要求不同于鲜食橙，一般要求果肉松脆，汁液丰富，出汁率高，滋味浓重，糖、酸含量高。因此，出汁率、可溶性糖（或可溶性固形物）、总酸量、糖（固）酸比是制汁用橙的主要理化指标。《锦橙》（NY/T 697—2003）中规定了鲜橙的质量要求：可溶性固形物（%）≥9.5，固酸比≥8:1。

（3）卫生要求　作为制汁用的鲜橙其卫生标准见表5-7所示。

表5-7　　　　　　　　　　　　　　鲜橙卫生标准

检测项目	最高残留限量/（mg/kg）
铅（以 Pb 计）	≤0.2
镉（以 Cd 计）	≤0.03
汞（以 Hg 计）	≤0.01
乐果（dimethoate）	≤1
溴氰菊酯（deltamethrin）	≤0.05
氰戊菊酯（fenvalerate）	≤2

2. 清洗、输送与挑选

橙通过果槽（渠）依靠水的流动输送，同时使橙得到充分的浸泡并在具有一定压力（喷淋压力 $3 \times 10^5 Pa$）的水喷淋得以清洗；螺旋提升机将橙提升至拣选台。在拣选台上随着橙的滚动将霉烂果、变质果、杂质拣选挑出，此工序保证拣选之后烂果率控制在2%以下。挑选合格的橙在浮洗机中随水流动翻转，得以充分的浸泡、清洗后，送入消毒池进行消毒清洗。可用浓度为 5~8mg/L 二氧化氯消毒，原料果消毒后在滚杠输送机上用高压喷淋水冲淋洗净。

3. 压榨

一级压榨：甜橙、柠檬柚、柠檬严格分级后用 FMC 压榨机和布朗锥汁机取汁，宽皮橘用螺旋压榨机、刮板式打浆机及安迪生特殊压榨机取汁。

二级压榨：取汁后，残留的果渣占果实质量的 40%~50%，这些残渣中含有丰富的可溶性糖、酸、果胶、粗脂肪、粗纤维、维生素、氨基酸和矿物质等营养成分，然而，迄今我国柑橘果渣利用相对较少，除极少量柑橘果渣用于陈皮（凉果）等加工外，多作为废弃物处理，既浪费了资源，又污染环境。果渣经果胶酶处理后，进行二次压榨，可提高柑橘出汁率，减少资源浪费和环境污染。酶用量 200μg/L，酶解时间 120min，酶解温度 53℃，渣水比 1:1。

果渣排放：二级压榨后的果渣由螺旋输送器送出车间，连续排放，运出工厂作为生产高蛋白发酵饲料、生物酶制剂、乙醇等的原料。

粗滤：一次压榨汁和二次压榨汁混合后经 0.3mm 筛孔进行粗滤，要求果蔬汁中含果浆 3% ～5%，果浆太少，色泽浅，风味平淡；果浆太多，则容易产生沉淀。

4. 调整混合

按浑浊果蔬汁饮料标准调整，原汁添加量为 12% ～15%，白砂糖用量为 10% 左右，复合酸（柠檬酸和苹果酸）添加量为 0.15% 左右，黄原胶 0.1%，CMC–Na0.1%，最终产品中可溶性固形物含量为 12% ～14%，含酸量 0.15% ～0.2% 。

5. 均质

均质是柑橘汁加工的必需工艺，均质压力为 20MPa 左右。

6. 脱油和脱气

柑橘汁经脱油和脱气后，应保持精油含量在 0.15% ～0.25% ，脱油和脱气可设计同一台设备。

7. 无菌灌装

该工序采用 FBR 无菌灌装机，果蔬汁经管道输送至无菌灌装机，利用灌装机灌装头腔室温度≥95℃的灭菌条件将果蔬汁灌入无菌包装容器中，灌装重量通过质量流量计来控制。

要求：

（1）下线产品温度：≤25℃。

（2）灌装净重量：符合《定量包装商品净含量计量检验规则》（JJG 1070—2005）净重要求。

（3）包装物：灌装工位操作工负责在灌装前对包装物进行检查，保证包装物完整、干净、整洁、卫生。

（4）检查果蔬汁包装物有无渗漏、污物、异物。

（5）按照化验室要求灌装样品袋。

（6）灌装工位操作工每批次必须抽查灌装重量。

（7）成品库管员抽查产品包装外观。

8. 贴标、铅封

每桶灌装满后，用蘸有 75% 酒精的干净毛巾擦干净无菌袋表面的水珠，操作工检查合格后，折叠好无菌袋和保护袋，盖上桶盖，对包装进行铅封。在钢桶外壁的标识框内贴上标签。

9. 贮存

包装好的产品贮存在≤5℃干净卫生的库房，并在产品堆放点有明确的标识牌。

10. 出厂前检查

产品出厂前由市场二部，目视检查标准为：包装物干净卫生、包装容器平整、无掉漆、无破损、无锈迹、无碰痕、无污物；包装无破损、无果蔬汁渗漏，桶圈、铅封齐全，标签字迹清晰、位置端正等。

本章小结

本章主要介绍了果蔬汁饮料的特点、发展现状、概念与分类、发展趋势、质量安全要求与标准、生产技术、典型设备、常见质量问题及对策、典型加工案例等。果蔬汁饮料加工是饮料加工甚至食品加工的重要组成部分，当前中国已经成为仅次于美国的世界第二大饮料生产国，其中果蔬汁饮料发展势头强劲，市场潜力巨大。学习与掌握果蔬汁饮料的生产技术和典型设备、解决果蔬汁饮料生产中常见的质量问题是本章的重点与难点。

思考题

1. 果蔬汁加工取汁的方法有哪些？各有何特点？
2. 果蔬汁有哪些类型？澄清果蔬汁和浑浊果蔬汁在工艺上有何差异？
3. 简述果蔬汁浓缩的主要方式及其浓缩原理。
4. 果蔬汁的灌装方式有哪些？
5. 果蔬汁加工中常见的质量问题有哪些？如何解决？
6. 详细分析苹果汁和橙汁加工的工艺流程及操作要点。
7. 果蔬汁饮料脱气的方法有哪些？作用是什么？
8. 试述我国果蔬汁饮料的发展现状、存在的问题及解决方法。

拓展阅读文献

[1] B. K. Tiwari, K. Muthukumarappan. Modelling colour degradation of orange juice by ozone treatment using response surface methodology [J]. Journal of Food Engineering, 2008, 88 (4): 553~560.

[2] G. R. Chegini. Prediction of process and product parameters in an orange juice spray dryer using artificial neural networks [J]. Journal of Food Engineering, 2008, 84 (4): 534~543.

[3] B. K. Tiwari, C. P. O' DonnellK. Ascorbic acid degradation kinetics of sonicated orange juice during storage and comparison with thermally pasteurised juice [J]. LWT – Food Science and Technology, 2009, 42 (3): 700~704.

[4] Flavia Gasperi, Effects of supercritical CO_2 and N_2 pasteurisation on the quality of fresh apple juice [J]. Food Chemistry, 2009, 115 (1): 129~136.

[5] M. Igual, E. García – Martínez. Effect of thermal treatment and storage on the stability of organic acids and the functional value of grapefruit juice [J]. Food Chemistry, 2010, 118 (2): 291~299.

[6] R. M. Goodrich, K. R. Schneider, and M. E. Parish. The Juice HACCP Program: An Overview [M]. 2009, university of florida.

[7] Richard S Meyer et al. High – pressure sterilization of foods [J]. Food technology. 2000, 54 (11): 67~72.

[8] G. Akdmir Evrendilek, et al. Microbial safety and shelf – life of apple juice and cider processed by bench pilot scale PEF systems [J]. Innovation Food Science & Emerging Technologies. 2000 (1): 77~86.

第六章 蛋 白 饮 料

学习目标

1. 了解蛋白饮料的发展历史及现状。
2. 掌握蛋白饮料的定义及分类。
3. 了解蛋白饮料对加工原料的基本要求。
4. 了解蛋白饮料加工过程中常用的主要设备。
5. 掌握不同类型蛋白饮料的加工工艺流程及其关键工艺。

第一节 蛋白饮料概述

蛋白饮料是指以乳或乳制品，或有一定蛋白质含量的植物的果实、种子或种仁等为原料，经加工或发酵制成的饮料，以口味好、品种多、营养丰富而受到消费者的欢迎，对某些特殊人群，譬如乳糖不耐受者和素食主义者来说是一种很好的营养替代品。按照《饮料通则》（GB 10789—2007），蛋白饮料（protein beverages）可分为含乳饮料（milk beverages）、植物蛋白饮料（plant protein beverages）和复合蛋白饮料（mixed protein beverages）。

含乳饮料主要包括配制型含乳饮料（formulated milk beverages）、发酵型含乳饮料（fermented milk beverages）和乳酸菌饮料（lactic acid bacteria beverages）。配制型含乳饮料是指以乳或乳制品为原料，加入水、食糖和（或）甜味剂、酸味剂、果汁、茶、咖啡、植物提取液等的一种或几种调制而成的乳蛋白质含量不小于 1% 的饮料。发酵型含乳饮料是指以乳或乳制品为原料，经乳酸菌等有益菌培养发酵制得的乳液中加入水、以及食糖和（或）甜味剂、酸味剂、果汁、茶、咖啡、植物提取液等的一种或几种调制而成的乳蛋白质含量不小于 1% 的饮料，如乳酸菌乳饮料。根据其是否经过杀菌处理而区分为杀菌（非活菌）型和未杀菌（活菌）型。其中未杀菌（活菌）型，出厂检验乳酸菌活菌数量不小于 1×10^6 cfu/mL。乳酸菌饮料是一种发酵型的酸性含乳饮料，通常以乳或乳制品为原料，经乳酸菌发酵制得的乳液中加入水，以及食糖和（或）甜味剂、酸味剂、果汁、茶、咖啡、植物提取液等的一种或几种调制而成的饮料。根据是否经过杀菌处理而区分为杀菌（非活菌）型和未杀菌（活菌）型。要求乳蛋白质含量不小于 0.7%，未杀菌（活菌）型，出厂检验乳酸菌活菌数量不小于 1×10^4 cfu/mL。

植物蛋白饮料是用有一定蛋白质含量的植物果实、种子或果仁为原料，经加工制得（可经乳酸菌发酵）的浆液中加入水，或加入其他食品配料制成的饮料。其成品蛋白质含量不低于 0.5%。常见如豆奶（乳）、豆浆、豆奶（乳）饮料、椰子汁（乳）、杏仁露（乳）、核桃露（乳）、花生露（乳）等。

复合蛋白饮料（mixed protein beverages）是以乳或乳制品，和不同的植物蛋白为主要原料，经加工或发酵制成的饮料。其成品蛋白质含量不低于 0.7%。

乳饮料、植物蛋白饮料及复合蛋白饮料各有各的市场，产品的多元化、多样化是蛋白饮料发展的趋势。在2005—2009年，蛋白饮料迎来一个高速发展阶段，其中，含乳饮料的发展速度远高于植物蛋白饮料，据中国饮料协会的调查，2005年被调查企业生产含乳饮料占饮料产量的6.69%；2006为8.94%；2007为12.38%；2007年蒙牛企业含乳饮料产量已超过100万吨，娃哈哈含乳饮料产量超过200万吨，是我国最大的含乳饮料生产企业。2007年被调查饮料企业生产的植物蛋白饮料及复合蛋白饮料占饮料产量合计的2.79%。植物蛋白饮料及复合蛋白饮料中，除杏仁露、椰子汁、豆奶外，花生、核桃等多数以复合蛋白饮料形式出现。2008年中国的乳饮料市场销售量已经达到620万吨，并且以每年21%的速度在增长，2009年全国饮料产量8086.2万吨，其中植物蛋白饮料111万吨，乳饮料超750万吨。

相对于其他饮料而言，植物蛋白饮料优势明显。首先，中国有25%～30%的人群有乳糖不耐症，植物蛋白饮料不会对消费者产生乳糖不耐受症，更适合国人的饮食结构与习惯；其次，研发高品质的植物蛋白饮料符合中国地少人多、土地资源匮乏的国情需求。我国的生产企业可开发低豆味、高蛋白、钙强化的非乳品；或是选择含蛋白的果汁蛋白饮料；此外，企业还可根据年龄、性别、生活方式、健康状况以及收入等来细分市场和确定目标消费群体。从整个饮料行业的发展趋势看，由于植物蛋白饮料天生具备的"天然、绿色、营养、健康"的品类特征，符合饮料市场发展潮流和趋势，植物蛋白饮料极有可能成为下一轮饮料消费热点和饮料市场主流产品。因此，植物蛋白饮料市场存在巨大发展空间和良好的发展前景。

第二节　含　乳　饮　料

含乳饮料主要包括配制型含乳饮料和发酵型含乳饮料，不同类型的含乳饮料具有不同的生产工艺和技术要点。

一、含乳饮料生产的基本工艺流程

（一）配制型含乳饮料

配制型含乳饮料的主要品种有咖啡乳饮料、可可乳饮料、果汁乳饮料、巧克力乳饮料、红茶乳饮料、蛋乳饮料、麦精乳饮料、配制乳酸饮料等。各种配制型含乳饮料的生产工艺相似，图6－1所示为配制型含乳饮料基本工艺流程。

（二）发酵型含乳饮料和乳酸菌饮料

发酵型含乳饮料是指以乳或乳制品为原料，经乳酸菌等有益菌培养发酵制得的乳液中加入水以及食糖和（或）甜味剂、酸味剂、果汁、茶、咖啡、植物提取液等的一种或几种调制而成的乳蛋白质含量不小于1%的饮料。乳酸菌饮料与发酵型含乳饮料雷同，只是乳蛋白质含量相对较低，但不能小于0.7%。根据是否经过杀菌处理它们都可以区分为杀菌（非活菌）型和未杀菌（活菌）型。图6－2和

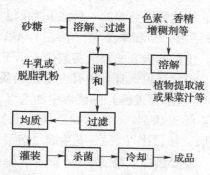

图6－1　配制型含乳饮料基本工艺流程

图6－3所示分别为发酵型活菌型含乳饮料（活菌型乳酸菌饮料）和发酵型非活菌型果汁
含乳饮料（非活菌型果汁乳酸菌饮料）的工艺流程。

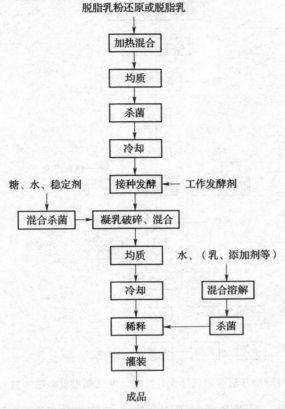

图6－2 发酵型活菌型含乳饮料（活菌型乳酸菌饮料）工艺流程

二、含乳饮料生产的关键技术

（一）乳原料的选择

乳原料可选用鲜乳、炼乳、全脂或脱脂乳粉等，单独或合并使用均可。一般选用脱脂
鲜乳或脱脂乳粉，以防止制成的产品出现脂肪圈。生产高品质的果汁乳饮料时必须使用高
质量的原料乳，否则会出现许多质量问题，如原料乳的蛋白稳定性差直接影响到灭菌设备
的运转情况和产品的保质期；原料中的细菌总数高，杀菌后仍会有残留，影响消费者的健
康；原料中嗜冷菌数量过高，储藏过程中会发生腐败变质现象等。用于制作发酵剂的乳和
生产酸乳的原料乳必须是高质量的，要求酸度在18°T以下，杂菌数不高于500000cfu/mL。
乳中全乳固体不得低于11.5%。

（二）发酵型乳饮料前处理及发酵

1. 发酵剂制备

发酵剂的制备是发酵型乳饮料生产的特有工序，是发酵乳饮料生产的重要环节，也是
关键技术之一，其品质好坏直接影响产品的感官质量与风味适口性。为了生产出优质的发
酵剂，生产中要严格按照发酵剂制备的具体操作步骤进行制备，一般依次由下列三个步骤
组成。

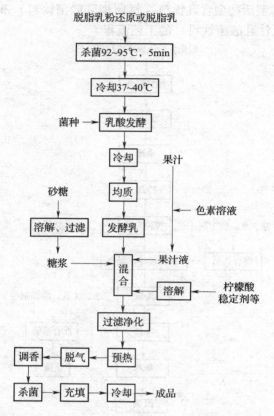

图 6 – 3　发酵型非活菌型果汁含乳饮料（非活菌型乳酸菌饮料）工艺流程

（1）纯菌种的复壮　纯菌种通常采用脱脂乳试管法和低温冻干法进行保藏。保存的菌种活力均不旺盛，处于维持生命的休眠状态，特别是冻干菌。乳酸菌在冻干时受到激烈的物理刺激，大部分死亡，仅有百分之几存活，因而使用前应进行活化，使其活力恢复正常。其步骤如下：

① 菌种以脱脂乳试管保存时，可直接用灭菌蜗卷铂耳环取之，转接入新鲜灭菌脱脂乳试管中进行活化。菌种以冻干方式保藏时，首先用酒精棉将菌种管玻璃表面擦拭消毒，而后于酒精火焰处打开管口（事先用玻璃刀或小砂片割出刻痕），以灭菌铂耳环取之，转移入灭菌脱脂乳试管中。

② 将上述接种完毕的脱脂乳试管置恒温箱中，根据不同菌种的特性选择培养温度与时间。培养至凝固再移植到新的脱脂乳试管中，依此类推，传代几次至十几次，直至活力恢复为止。传代次数依菌种活力是否恢复而定，一般乳酸菌发酵菌种 43℃ 培养 5 ~ 7h 或 37℃ 过夜培养乳即凝固，表明其活力已恢复。注意每次活化之后均要涂片，Grams 染色镜检，如纯菌种一旦活力恢复，即可投产使用；若污染杂菌，则必须采用乳酸菌培养基（如乳清培养基、番茄汁培养基等）重新分离培养、纯粹培养，镜检无杂菌才可使用。活化冻干菌种时，传代用的脱脂乳可添加 0.5% 葡萄糖与 0.5% 酵母膏，以加快乳酸菌活化速度。

（2）母发酵剂的制备　为满足待发酵乳所需大量乳酸菌培养物，必须将少量的原菌种培养物逐级扩大培养。制备母发酵剂的方法是将染色镜检纯一、并充分活化的菌种按制备母发酵剂所用脱脂乳量的1%取活化菌种，接种于盛灭菌脱脂乳的三角瓶中，充分混匀后放入保温箱中按所需温度进行培养。凝固后再移植于另外的灭菌脱脂乳中，反复2~3次，然后用于调制生产发酵剂。

（3）工作发酵剂的制备 取实际生产量1%~2%的脱脂乳，装入经灭菌的生产发酵剂容器中，以100℃，30~60min杀菌并冷却至25℃左右。然后无菌操作添加1%的母发酵剂，加入后充分搅拌，保温培养，达到所需的发育状态和酸度后，取出贮于0~5℃冷库待用。采用保加利亚乳杆菌与嗜热链球菌生产酸奶时，为保证两种菌在数量上维持平衡，即1:1比例，最好将其分别制备发酵剂，而后各以1.5%接种到原料乳中，总接种量为3%。因为混合菌种经几次扩培后，两种菌在数量上平衡比例容易失调，导致产酸慢，发酵成熟时间延长。

（4）发酵剂品质鉴定 调制好的生产发酵剂在投产使用前需要进行品质鉴定，合乎要求才可使用。品质鉴定包括四个方面。

① 感官检查：观察发酵剂的质地、组织状态、凝固性状与乳清析出情况，味道与色泽。品质好的发酵剂应乳凝固均匀、细腻和致密，无块状物，用手轻击器壁时有一定弹性，没有乳清析出或析出得少，具有诱人的芳香酸味，无异味，气泡和色泽变化。品质差的发酵剂出现乳凝固不结实，质地不均匀致密，乳清析出过多。

② 细菌学检查：主要检查发酵剂内乳酸菌总菌数与杂菌污染。首先采用显微镜直接计数法计算总菌数，而后用乳清培养基以菌落计数法检查活菌数。品质好的发酵剂，活菌数不应低于10^9个/mL。

③ 化学检查：主要检查酸度与挥发酸。含生香菌的发酵剂需检查丁二酮。

④ 活力检查：以乳酸菌产酸和色素还原能力确定发酵剂的活力。

（5）发酵剂的制备常见质量问题 对于乳酸菌发酵剂而言，最常见的是产酸不足和凝乳质量差。

① 产酸不足，称此为慢发酵剂，即1.0mL培养物接种于10mL无抗生素灭菌脱脂乳中，37℃ 4h培养，不能产生0.7%滴定酸度。其可能的原因是：污染噬菌体，可完全抑制乳酸菌产酸；发酵剂自发的活力丧失；培养温度不正确（如嗜中温的乳酸菌在高温下培养）；传代次数少活力未恢复；也可能是乳中含有抗生素及消毒剂、清洗剂或患乳房炎牛产的乳含有大量的白细胞，可因吞噬乳酸菌而抑制其产酸。

② 品质差的乳酸菌工作发酵剂出现乳凝固不结实，质地不均匀致密，乳清析出过多。其原因可能是：乳中干物质含量低（干物质不能低于12%）；培养温度不适当或培养时间过长；杂菌污染。此外异味与气泡的出现亦主要是污染杂菌的缘故。

2. 物料的杀菌与冷却

发酵型乳饮料在原料选择及混合后首先进行杀菌操作，杀菌目的在于：杀灭原料乳中的杂菌，确保乳酸菌的正常生长和繁殖，钝化原料乳中对发酵菌有抑制作用的天然抑制物，使牛乳中的乳清蛋白变性，以达到改善组织状态，提高黏稠度和防止成品乳清析出的目的，杀菌条件一般为：90~95℃，5min。

杀菌后的乳应马上降温到45℃左右，以便接种发酵剂。接种量根据菌种活力、发酵方法、生产时间的安排和混合菌种配比而定。一般生产发酵剂，其产酸活力在0.7%~

1.0%，此时接种量应为 2% ~4% 。加入的发酵剂应事先在无菌操作条件下搅拌成均匀细腻的状态，不应有大凝块，以免影响成品质量。

3. 物料发酵

物料发酵是发酵型乳饮料生产的典型而又重要的工序，是发酵型乳饮料生产的又一关键技术。一般用保加利亚乳杆菌与嗜热链球菌的混合发酵剂时，温度保持在 41 ~42℃，培养时间 2.5 ~4.0h（2% ~4% 的接种量）。达到凝固状态时即可终止发酵。一般发酵终点可依据如下条件来判断：① 滴定酸度达到 80°T 以上；② pH 低于 4.6；③ 表面有少量水痕；④ 乳变黏稠。发酵应注意避免振动，否则会影响组织状态；发酵温度应恒定，避免忽高忽低；掌握好发酵时间，防止酸度不够或过度以及乳清析出。

4. 后熟

发酵好的酸乳，应立即移入 0 ~4℃的冷库中，迅速抑制乳酸菌的生长，以免继续发酵而造成酸度升高。在冷藏期间，酸度仍会有所上升，同时风味成分双乙酰含量会增加。试验表明冷却 24h，双乙酰含量达到最高，超过 24h 又会减少。因此，发酵凝固后须在 0 ~4℃储藏 24h 再出售，通常把该储藏过程称为后成熟，一般最大冷藏期为 7 ~14d。

（三）调和、均质

调和的主要目的一是赋予产品各种风味，二是提高产品的稳定性和质量。通常可添加果汁、植物抽提物、稳定剂、甜味剂、酸味剂、赋香剂和营养强化剂等实现上述目标。均质处理可以使原料细微化并混匀化，可以提高制品稠度，明显改善产品的稳定性，又可使成品质地细腻，口感良好。

乳蛋白中 80% 为酪蛋白，其等电点为 pH4.6。乳酸菌饮料的 pH 在 3.8 ~4.2，此时，酪蛋白处于高度不稳定状态。此外，在加入果汁、酸味剂时，若酸浓度过大，加酸时混合液温度过高或加酸速度过快及搅拌不均匀会引起局部过度酸化而发生分层和沉淀。为使酪蛋白胶粒在饮料中呈悬浮状态，不发生沉淀，应注意：① 经过均质后的酪蛋白微粒，因失去了静电荷、水化膜的保护，使粒子间的引力增强，增加了碰撞机会，容易聚成大颗粒而沉淀。因此均质必须与稳定剂配合使用，方能达到较好效果。② 乳酸菌饮料中常添加亲水性和乳化性高的稳定剂，稳定剂不仅能提高饮料的黏度，防止蛋白质粒子因重力作用下沉，更重要的是它本身是一种亲水性高分子化合物，在酸性条件下与酪蛋白结合形成胶体保护，防止凝集沉淀。此外，由于牛乳中含有较多的钙，在 pH 降到酪蛋白的等电点以下时以游离钙状态存在，Ca^{2+} 与酪蛋白之间发生凝集而沉淀，可添加适当的磷酸盐使其与 Ca^{2+} 形成螯合物，起到稳定作用。③ 添加 13% 蔗糖不仅使饮料酸中带甜，而且糖在酪蛋白表面形成被膜，可提高酪蛋白与其他分散介质的亲水性，并能提高饮料密度，增加黏稠度，有利于酪蛋白在悬浮液中的稳定。④ 添加柠檬酸等有机酸类是引起饮料产生沉淀的因素之一。因此，需在低温条件下添加，添加速度要缓慢，搅拌速度要快，一般以喷雾形式加入。⑤ 注意控制发酵乳的搅拌条件，高温时搅拌，凝块将收缩硬化，造成蛋白胶粒的沉淀。

（四）灌装

通常采取先灌装、封口再杀菌的方式进行生产，也可以杀菌、冷却后采用无菌灌装的方式生产。

（五）杀菌、冷却

如果需要可以采用80～85℃进行热杀菌，也可以采用121℃进行杀菌。非活菌型的发酵型乳饮料和乳酸菌饮料，因其酸度较高，可不采用高温杀菌，而采用巴氏杀菌即可达到抑菌效果。活菌型的发酵型乳饮料和乳酸菌饮料不需要进行杀菌操作。

三、含乳饮料生产的典型设备

在乳饮料的生产中，所用到的主要生产设备包括胶体磨、高压均质机、杀菌设备、混合灌装设备等。

（一）均质设备

常用的均质设备主要有胶体磨和高压均质机。胶体磨是一种磨制胶体或近似胶体物料的超微粉碎、均质机械。按结构和安装方式不同可分为立式和卧式两种。高压均质机是一种特殊的高压泵，从结构上可分为使料液产生高压能量的高压泵及产生均质效应的均质阀两大部分。胶体磨高压和均质机的工作原理及设备结构等参见第五章果蔬汁饮料。

（二）杀菌设备

饮料类的杀菌常采用传统的热杀菌，杀菌设备有直接式和间接式之分。直接式是以蒸汽直接喷入物料进行杀菌，如真空瞬时加热灭菌装置和注入式瞬时加热灭菌装置。间接式是用板、管换热器对饮料进行热交换杀菌，如各种形式的列管式热交换器、片式热交换杀菌器、套管式超高温杀菌设备和智能型超高温灭菌机。对于罐装饮料及瓶装饮料等有包装容器的饮料，根据杀菌温度不同其杀菌设备常分为常压杀菌设备和加压杀菌设备。也有采用电磁波进行杀菌的物理杀菌设备，如微波杀菌装置等。

（三）灌装设备

饮料灌装除了可采用与碳酸饮料类似的灌装设备外，近年来出现的无菌灌装设备也被广泛采纳。无菌灌装是产品和包装材料先分别接受消毒，然后在无菌条件下进行装填。这种新的灌装方式比以往的灌装方式的独特之处在于：采用这种方式保存的食品不但能有较长的贮存期限，同时品质也得到了提高。常用的无菌包装设备有：① 卷材纸盒无菌包装设备，典型的是瑞典利乐公司 TetraBrick 无菌灌装系统的 L－TBA 系列；② 纸盒预制无菌包装设备，典型的是德国 Combibloc 的 FFS 设备；③ 无菌瓶装设备；④ 箱中衬袋无菌大包装设备等。

四、含乳饮料生产中的常见问题及对策

（一）沉淀

沉淀是乳酸菌饮料最常见的质量问题。为使酪蛋白胶粒在饮料中呈悬浮状态，不发生沉淀，应严格按照工艺要求进行调配和均质，使用适当品种和数量的稳定剂，如果需要甜味剂尽量使用蔗糖，添加酸味剂时尤其应该注意，要在低温条件下添加，添加速度要缓慢，搅拌速度要快，一般以喷雾形式加入。对于搅拌型的发酵乳，在高温时搅拌，凝块将收缩硬化，造成蛋白胶粒的沉淀，一定要注意低温操作。

（二）杂菌污染

在乳酸菌饮料酸败方面，最大问题是酵母菌的污染。酵母菌繁殖会产生酵母菌的污染，产生二氧化碳，并形成酯臭味和酵母味等不愉快风味。另外霉菌耐酸性很强，也容易

在酸乳中繁殖并产生不良影响。酵母菌、霉菌的耐热性弱，通常在60℃，5~10min加热处理时即被杀死，制品中出现的污染主要是二次污染所致。所以使用蔗糖、果汁的乳酸菌饮料其加工车间的卫生条件必须符合有关要求，以避免制品二次污染。

另外还会出现发酵剂污染杂菌的情况，容易导致乳凝固不结实，乳清析出过多，并有鼓盖和异味出现；或者不注重培养过程中保加利亚乳杆菌与嗜热链球菌在数量上的平衡趋势，即1:1比例，以致发酵时间延长，出现产酸不足，乳凝固性状差，缺乏诱人的芳香酸味，口感发涩等现象。这一现象可以通过严格控制发酵剂制备条件及接种前的检测来控制。

（三）脂肪上浮

在采用全脂乳或脱脂不充分的脱脂乳作原料时，由于均质处理不当等原因引起脂肪上浮，应改进均质条件，同时可添加酯化度高的稳定剂或乳化剂如卵磷脂、单硬脂酸甘油酯、脂肪酸蔗糖酯等。最好采用含脂率较低的脱脂乳或脱脂乳粉作为乳酸菌饮料的原料。

（四）留意果蔬料的质量控制，防止出现变色、褪色、沉淀、污染杂菌等现象

为了强化饮料的风味与营养，常常加入一些果蔬原料，由于这些物料本身的质量或配置饮料时处理不当，会使饮料在保存过程中出现变色、褪色、沉淀、污染杂菌等。因此，在选择及加入这些果蔬物料时应注意杀菌处理。另外，在生产中可适当加入一些抗氧化剂，如维生素C、维生素E、儿茶酚、EDTA等，以增强果蔬色素的抗氧化能力。

第三节　植物蛋白饮料

植物蛋白饮料不仅蛋白质含量较高，而且还富含不饱和脂肪酸、磷脂、矿物质、多种维生素以及特殊营养成分，正受到越来越多消费者的青睐，发展速度较快。本节主要介绍几种常见的植物蛋白饮料的生产工艺、关键技术、典型设备及产品质量问题等具体内容。

一、植物蛋白饮料生产的基本工艺流程

非发酵类植物蛋白饮料的生产工艺流程如图6-4所示。

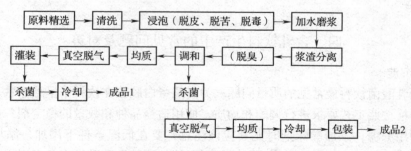

图6-4　非发酵类植物蛋白饮料的一般工艺流程

发酵型植物蛋白饮料包括两种产品：凝固型和搅拌型。这两种产品前期工艺流程基本相同，仅在进行发酵时略有差别，如图6-5和图6-6所示为以发酵型豆乳类产品为例的工艺流程图。

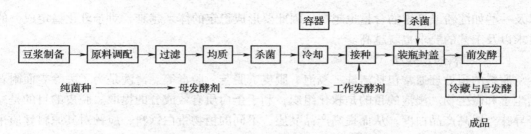

图 6-5 凝固型酸豆乳工艺流程

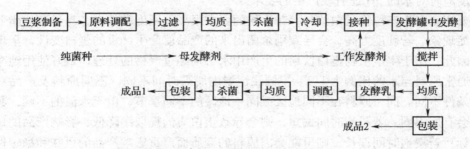

图 6-6 搅拌型酸豆乳工艺流程

二、植物蛋白饮料生产的关键技术

用来生产植物蛋白的原料中，除含丰富的蛋白质外，一般都还含有很多的油脂，如大豆中蛋白质的含量一般在 40% 左右，而其油脂含量一般在 25% 左右；花生中蛋白质的含量一般为 25% 左右，而油脂含量高达 40% 左右；核桃、松子的油脂含量更高达 60% 以上；杏仁中的油脂含量也高达 50% 左右。在生产植物蛋白饮料时，蛋白质变性、沉淀和油脂上浮是最常见，也是最难解决的问题。此外，植物蛋白原料中一般都还含淀粉、纤维素等物质，其榨出来的汁（或打出来的浆）是一个十分复杂而又不稳定的体系。影响植物蛋白饮料稳定性的因素很多，生产的各个环节都要进行严格控制。

（一）原料

原料质量的好坏与最终产品质量的优劣密切相关。劣质原料的危害主要有：有些原料因贮藏时间过长脂肪部分氧化，易产生哈败味，而且因脂肪氧化酶的作用产生豆腥味、生青味等极不愉快的味道，直接影响饮料风味；同时影响其乳化性能；有的部分蛋白质变性，经高温处理后易完全变性而呈豆腐花状；若有霉变的则可能产生黄曲霉毒素，影响消费者健康。有些人还力图利用豆饼、花生饼等为植物蛋白原料制取蛋白饮料，但往往由于其中蛋白质因高温、高压处理而变性、变质、焦化，难以取得很满意的效果。总而言之，使用劣质原料生产产品，不但产品的口味差，而且稳定性很差，蛋白质易变性，油脂易析出。植物蛋白饮料的生产要求用新鲜、色泽光亮、子粒饱满均匀、无虫蛀、无霉变、无病斑，贮存条件良好的优质原料，只有原料质优才能生产出优质的产品。

另外，原料的添加量对产品的稳定性影响很大。原料的添加量不同，对乳化稳定剂的选择和使用量、生产的工艺条件等都会有不同的要求，因此各生产厂家应根据自己产品的原料添加量选用不同的乳化稳定成分并确定其合适的添加量。生产设备的选用和生产时工艺参数的确定也应以此为依据。一般来说，原料的添加量越大，由于产品中油脂和蛋白质以及一些如淀粉或纤维的含量也越高，因此要形成稳定的体系越难，对于乳化稳定成分的要求以及工艺的要求也就越高。

（二）原料的预处理

原料的预处理通常包括清洗、浸泡、脱皮、脱苦、脱毒等。清洗是为了去除表面附着的尘土和微生物。浸泡的目的是软化组织，利于蛋白质有效成分的提取。脱皮的目的是减轻异味，提高产品白度，从而提高产品品质。不同的植物蛋白饮料，应针对其原料性质采用适当的预处理措施。例如大豆，一般须经浸泡、脱皮；花生须经烘烤、去皮后再浸泡；而杏仁浸泡时对水的 pH 还有较严格的要求。

需要注意，生产植物蛋白饮料，对水质的要求很高。硬度高的水，易导致油脂上浮和蛋白沉淀现象。若硬度太高，会导致刚杀菌出来的产品就产生严重的蛋白变性，呈现豆腐花状。因此，用于生产植物蛋白饮料的生产用水必须经过严格的处理，最好使用纯净水来生产。通常原料与水的比例为 1:3。不同浸泡温度所需时间不同，不同原料及产品对浸泡要求的条件不同。同一原料在不同地区或同一地区的不同季节，由于水温的不同，其浸泡时间都会有所不同。若浸泡时间偏短，则会导致蛋白质的提取率降低，影响产品的口感和理化指标；若浸泡时间偏长，则可能会因原料的变质而严重影响产品的风味和稳定性。当然，若采用恒温浸泡，那对产品品质的一致性会有很大的帮助，但这需要添加相应的设备。

由于各种植物蛋白原料的皮（或衣）都会对产品的质量产生影响，如大豆若去皮不彻底则豆腥味会加重，花生衣或核桃皮若去得不彻底则残留的衣或皮会全部沉到底部，形成红色或褐色的沉淀，影响产品的外观。因此，生产植物蛋白产品时，应严格控制脱皮率。常用脱皮方法有：① 湿法脱皮：如大豆浸泡后去皮。② 干法脱皮：常用凿纹磨、重力分选器或吸气机除去豆皮。脱皮后需及时加工，以免脂肪氧化，产生异味。

（三）磨浆与分离

原料经浸泡、去皮等预处理后，加入适量的水直接磨浆，浆体通常采用离心操作进行浆渣分离。一般要求浆体的细度应有 90% 以上的固形物通过 150 目滤网。采用粗磨、细磨两次磨浆可以达到这一要求。因磨浆后，脂肪氧化酶在一定温度、含水量和氧气存在条件下，会迅速催化脂肪酸氧化产生豆腥味，所以磨浆前应采取必要的抑酶措施。

为了提高浆液中有效成分的提取率，并提高产品的稳定性，需采用合适的打浆或取汁方法，如可以采用热磨法、加碱磨浆法或二次打浆法等，同时必须注意：现在一般厂家的打浆法所得的浆液都含有较多的粗大颗粒和一些不溶性成分如淀粉或纤维素等，须经过滤去除或大部分去除这些成分后，再进行调配，否则所生产的产品会产生大量沉淀，甚至出现分层，严重影响产品质量。一般来说，要生产出在较长时期内比较稳定的产品，过滤的目数应在 200 目以上。

（四）调配

调配的目的是生产各种风味的产品，同时有助于改善产品的稳定性和质量。通常可添加稳定剂、甜味剂、赋香剂和营养强化剂等。若不使用乳化稳定剂，不可能生产出长期保存而始终保持均匀一致、无油层、无沉淀的植物蛋白饮料。因为经过榨汁（或打浆）的植物蛋白液不像牛乳一般稳定，而是十分不稳定的体系，必须外加物质以帮助形成稳定体系。植物蛋白饮料的乳化稳定剂一般都是由乳化剂、增稠剂及一些盐类物质组成。

增稠剂主要是亲水的多糖物质，作用是：能与蛋白质结合，从而起到保护作用，减少蛋白质受热变性；充分溶胀后能形成网状结构，显著增大体系的黏度，从而减缓蛋白质和脂肪颗粒的聚集，达到降低蛋白质沉降和脂肪球上浮速度的目的。乳化剂主要是一些表面活性剂，其作用是：可以降低油水相的界面张力，使乳状液更易形成，并且界面能大为降低，提高了乳状液的稳定性；乳化剂在进行乳化作用时，包围在油微滴四周形成界面膜，防止乳化粒子因相互碰撞而发生聚集作用，使乳状液稳定。盐类物质（磷酸盐）的作用是：饮品中存在 Ca^{2+}，Mg^{2+} 等离子，蛋白质会通过 Ca^{2+}，Mg^{2+} 等形成桥键而聚合沉淀，磷酸盐能螯合这些离子，从而减少蛋白质的聚集；磷酸盐能吸附于胶粒的表面，从而改变阳离子与脂肪酸，阴离子与酪蛋白之间表面电位，使每一脂肪球包覆一层蛋白质膜，从而防止脂肪球聚集成大颗粒。磷酸盐还具有调节 pH，防止蛋白质变性等作用，这些都有助于体系的稳定。

由于乳化剂和增稠剂的种类很多，同时，各种植物蛋白原料含的蛋白质和脂肪的量和比例不同，生产时所选择的添加剂及其用量也不尽相同，特别是乳化剂的选择更为关键。如何选择合适的乳化剂和增稠剂并确定它们的配比是一个较复杂的问题，需经长时间的试验方能确定。实验证明，单独使用某种添加剂难以达到满意的效果，而将这些添加剂按一定的比例复合使用，利用它们之间的协同作用，效果往往更好。若生产厂家无此技术或出于生产便利考虑，可以直接选用一些复配厂家的产品。

乳化稳定剂对产品质量有巨大的影响，稳定剂溶解得好与否，也是影响产品质量好坏的关键步骤。一般来说植物蛋白饮料的乳化稳定剂中乳化剂的含量较高，因此，在溶解时温度不宜过高（一般 60~75℃）否则乳化剂易聚集成团，即使重新降低温度也难以再分散，可以过胶体磨以使其更好地分散。

另外，在生产植物蛋白乳时，有些辅料对产品的质量也会产生明显的影响。例如许多厂家在生产豆奶、花生奶或核桃露时会加入一定量的乳粉（大多数在 1% 以下）以改善产品的口味。生产鲜销产品，乳粉对产品的稳定性的影响不是很明显。但若是生产长时间保存的产品，则会产生明显的影响，必须对乳化稳定剂的用量及种类进行调整，否则经一段时间（一般 7d 左右）放置后，会产生油脂析出现象。又如许多厂家生产植物蛋白饮料时，会加入一定量的淀粉，以增大产品的浓度、增加质感，此时，对淀粉的种类、用量及处理方式便有严格要求。因为淀粉是易沉淀的物质，若不加以控制，则产品放置后会产生分层，喝起来会明显感觉到上一部分很稀，而下一部分明显较稠，有时甚至结块。从稳定性方面来考虑，应该尽可能少，最好是不要添加淀粉类物质，因为此类物质即使杀菌出来时稳定，在贮存过程中也易因淀粉的返生而影响产品的稳定性。

（五）杀菌、脱臭

杀菌的目的是杀灭部分微生物，破坏抗营养因子，钝化残存酶的活力，同时可提高温度，有助于脱臭。杀菌常用的工艺参数为 110~120℃，10~15s。灭菌后及时入真空脱臭器进行脱臭处理，真空度为 0.03~0.04MPa，不宜过高，以防气泡冲出。

（六）均质

均质可提高产品的口感和稳定性，增加产品的乳白度。生产植物蛋白饮料均质是必需的步骤，因为植物蛋白饮料中一般都含有大量的油脂，若不均质油脂难以乳化分散，而会聚集上浮，同时均质还可以大大提高乳化剂的乳化效果，使整个体系形成均匀稳定的状态。均质时，必须控制相应的温度和压力，一般地说要达到好的均质效果，可以采取的温度在75℃以上（一般为75~85℃），压力在25MPa以上（一般25~40MPa）。如果采取二次均质，对产品的稳定性有更大的帮助。均质工序可放在杀菌前也可放在杀菌后。

（七）包装

包装的形式很多，常用的有：玻璃瓶包装、复合袋包装及无菌包装等。可根据计划产量、成品保藏要求、包装设备费用、杀菌方法等因素统筹考虑、权衡利弊，最后选定合适的包装形式。

注：发酵型植物蛋白饮料的发酵前处理、接种、发酵等环节与含乳饮料类同，不赘述。

三、植物蛋白饮料生产的典型设备

在蛋白饮料的生产中，需要对原料进行清洗、分选、去杂、压榨、离心、脱气、均质、浓缩等处理，所用到的主要生产设备包括磨浆机、分离设备、胶体磨、高压均质机、杀菌设备、混合灌装设备等。

（一）磨浆机

目前，最常用的磨浆机是自动分离磨浆机，它是在立式磨浆机的基础上配备一台浆渣分离器。其工作原理是：原料进入两个高速转动的磨盘之间，由于两个磨盘相互摩擦产生了很高的机械力，使得部分原料受到磨纹的碾磨，其余部分由于自身的相互挤压、摩擦而破碎。浆料最后经精磨区流出，由于精磨区的间隙较小而被细化。

自动分离磨浆机结构如图6-7所示，由进料斗、外壳、定砂轮片（定磨盘）、动砂轮片、调节砂轮间隙装置和电机组成。

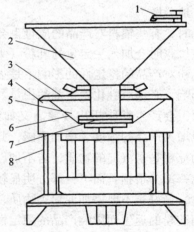

图6-7　自动分离磨浆机

1—放水龙头　2—料斗　3—筒盖　4—筒体　5—滤网　6—网篮　7—上、下磨片　8—防水罩

（二）离心分离机

离心分离机是利用惯性离心力进行固-液、液-液或液-液-固相离心分离的机械设备。它的工作原理是：主要部件是转鼓，当料液送入转鼓后，利用高速旋转的转鼓，在惯性离心力的作用下实现分离。离心分离机按工作原理分为三类：过滤式离心机、沉降式离心机和分离式离心机。在果蔬汁和蛋白饮料生产中常用的是过滤式离心分离设备和沉降式离心分离设备。如图6-8所示是管式离心机结构及工作原理。

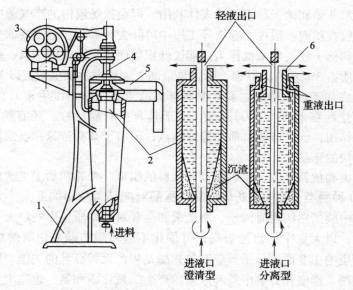

图 6 - 8 管式离心机结构及工作原理

1—固定机座 2—转鼓 3—传动装置 4—驱动轴 5—排液罩 6—环状隔板

（三）真空分离机

真空分离机主要指的是真空过滤机，使用时让过滤滚筒内产生真空，利用压力差（大气和真空之间的压力差）使果汁渗透过助滤剂，得到澄清果汁。过滤前，先在真空过滤器的过滤筛外表面涂一层助滤剂，过滤筛的下半部浸没在果汁中，通过真空泵产生的真空将果汁吸入滚筒内部，而果汁中的固体颗粒沉积在过滤层表面，从而分离出果汁中的颗粒，得到均匀组织的果汁。真空分离机的类型主要有：转筒真空过滤机、水平圆盘真空过滤机、真空叶滤机，目前使用较多的是转筒真空过滤机，见图 5 - 16 所示。

其他常用设备如胶体磨、高压均质机、混合机、杀菌设备、灌装设备和榨汁设备等见第四章与第五章相关内容。

第四节　典型蛋白饮料加工案例

一、豆　乳

大豆主要含有蛋白质、脂肪、碳水化合物、维生素、矿物质等营养成分。大豆平均含 30% ~40% 的蛋白质，其中 80% ~88% 可溶于水，在可溶性蛋白中，有 94% 球蛋白和 6% 的白蛋白。水溶性蛋白质的溶解度随 pH 而变化，到蛋白质等电点（pH 为 4.3）时蛋白质最不稳定，易沉淀析出。大豆中脂肪含量占 17% ~20%，其中不饱和脂肪酸占脂肪酸总量的 80% 以上，分别是亚油酸占 51%，油酸 23% 和亚麻酸 7%。亚油酸和亚麻酸是人体的必需脂肪酸，在人体内起着重要的生理作用。此外大豆中还含有 1.5% 的磷脂，主要为卵磷脂，该成分有良好的保健作用，又是优良的乳化剂，对豆乳的营养价值、稳定性和口感有重要的作用。大豆中的碳水化合物约占 20% ~30%，其中粗纤维 18%，阿拉伯聚糖 18%，半乳聚糖 21%，其余为蔗糖、棉子糖、水苏糖等。由于人体内不含有水解水苏糖和棉子糖的酶，水苏糖和棉子糖不能被人体利用，但会被肠道内的产气菌所利用，引起胀气、腹泻等。一般在浸泡、脱皮、除渣等工序中可除去一部分，但主要部分仍留在了豆乳中。不过水苏糖和棉子糖近年来被作为功能性低聚糖而成为研究的热点，值得我们重新认识。大豆中矿物质占3%左右，以钾、磷含量最高。大豆中的维生素类以B族维生素及维生素C较多，但在加工过程中维生素C易破坏，故大豆不作为维生素C的来源。大豆中大豆异黄酮的含量约在1200～4200μg/g。由于具有抗肿瘤活性；还有抗溶血、抗氧化、抑制真菌活性等作用，已经成为目前的研究热点，但由于其有苦味和收敛性，豆乳中如果含量高会有不愉快的味感。

大豆中的酶类和抗营养因子是影响豆乳饮料的质量、营养和加工工艺的主要因素。大豆中已发现近30种酶类，其中脂肪氧化酶、脲酶对产品质量影响最大。大豆抗营养因子已发现6种，其中胰蛋白酶阻碍因子、凝血素和皂苷对产品质量影响最大。脂肪氧化酶存在于许多植物中，以大豆中的活性最高，可催化不饱和脂肪酸氧化降解成正己醛、正己醇，是豆腥味产生的主要原因。杀灭脂肪氧化酶是生产无腥豆乳的关键。脲酶是大豆各种酶中活性最强的酶，能催化分解酰胺和尿素，产生二氧化碳和氨，也是大豆的抗营养因子之一，易受热失活。由于脲酶的活性容易检测，国内外均将脲酶作为大豆抗营养因子活力的指标酶，若脲酶活性转阴则标志其他抗营养因子均已失活。胰蛋白酶抑制因子可抑制胰蛋白酶的活性，影响蛋白质的消化吸收，是大豆中的一种主要抗营养因子，其等电点pH4.5，分子质量为21500u，是多种蛋白质的混合体。胰蛋白酶抑制因子的耐热性强，加热至80℃时，残存活性为80%；100℃，17min，活性下降80%；100℃，30min，活性下降90%。干热处理对豆腥味消除的效果比湿热处理好，通常用120～200℃的高温进行干法加热处理，处理时间以10～30s为好。凝血素是一种糖蛋白，有凝固动物体的红血球的作用，等电点6.1，分子质量89000～105000u。该物质在蛋白水解酶的作用下易失活，加热易受到破坏，经湿热加工和加热杀菌的豆浆可以安全饮用。大豆中约含有0.56%的豆皂苷，溶于水后能生成胶体溶液，搅动时像肥皂一样产生泡沫，也称皂角素。大豆皂苷有溶血作用，能溶解人体内的血栓，可提取治疗心血管疾病。大豆皂苷有一定毒性，一般认为人的食用量低于50mg/kg体重是安全的。

豆乳是由大豆粉碎后萃取其中的水溶性成分，再经离心过滤除去不溶物制得。大豆中的大部分可溶性营养成分在这个过程中转移到豆乳中了。

（一）豆乳的生产工艺流程

豆乳的生产工艺流程如图6-9所示。

图6-9 豆乳的生产工艺流程图

（二）工艺要点

1. 原料选择

优质的原料是豆乳质量的保证。一般选用优质新鲜全大豆为加工原料，要求：色泽光亮、籽粒饱满、无霉变、虫蛀、病斑，贮存条件良好。

2. 清洗、浸泡

清洗是为了去除表面附着的尘土和微生物。浸泡的目的是软化大豆组织，利于蛋白质有效成分的提取。通常大豆与水的比例为1:3。不同浸泡温度所需时间不同：70℃，0.5h；30℃，4~6h；20℃，6~10h；10℃，14~18h。浸泡前需用95~100℃的水热烫1~2min或在浸泡液中加入0.3%浓度的NaHCO₃，以钝化酶的活性，减少豆腥味，软化大豆组织。

3. 脱皮

脱皮的目的是减轻豆腥味，提高产品白度，从而提高豆乳品质。常用脱皮方法有：① 湿法脱皮：大豆浸泡后去皮。② 干法脱皮：大豆脱皮常用凿纹磨，使多数大豆裂成2~4瓣，经重力分选器或吸气机除去豆皮。脱皮后需及时加工，以免脂肪氧化，产生豆腥味。

4. 磨浆与分离

大豆经浸泡去皮后，加入适量的水直接磨浆，浆体通常采用离心操作进行浆渣分离。一般要求浆体的细度应有90%以上的固形物通过150目滤网。采用粗磨、细磨两次磨浆可以达到这一要求。因磨浆后，脂肪氧化酶在一定温度、含水量和氧气存在条件下，会迅速催化脂肪酸氧化产生豆腥味，所以磨浆前应采取必要的抑酶措施。

5. 调配

调配的目的是生产各种风味的豆乳产品，同时有助于改善豆乳稳定性和质量。豆乳的调配是在带有搅拌器的调料锅内进行的，按照产品配方和标准要求，加入各种配料，充分搅匀或再加水稀释到一定比例即可。通常可添加稳定剂、甜味剂、赋香剂和营养强化剂等。

6. 杀菌、脱臭

杀菌的目的是杀灭部分微生物，破坏抗营养因子，钝化残存酶的活性，同时可提高豆乳温度，有助于脱臭。调配好的豆乳应立即进行杀菌处理，杀菌常用的工艺参数为110~120℃，10~15s。灭菌后及时入真空脱臭器进行脱臭处理真空度为0.03~0.04MPa，不宜过高，以防气泡冲出。

7. 均质

均质可提高豆乳的口感和稳定性，增加产品的乳白度。豆乳均质的效果取决于均质的压力、物料温度和均质次数。生产上常用的均质压力为20~25MPa，物料温度80~90℃，均质次数2次。均质工序可放在杀菌前也可放在杀菌后，均质放在杀菌后，豆乳的稳定性高，但生产线需采用无菌包装系统，以防杀菌后的二次污染。

8. 包装

豆乳的包装形式很多，常用的有：玻璃瓶包装、复合袋包装及无菌包装等。可根据计划产量、成品保藏要求、包装设备费用、杀菌方法等因素统筹考虑、权衡利弊，最后选定合适的包装形式。

二、发酵酸豆乳

发酵酸豆乳是大豆制浆后，加入少量乳粉或某些可供乳酸菌利用的糖类作为发酵促进剂，经乳酸菌发酵而产生的酸性豆乳饮料，既保留了豆乳饮料的营养成分，在发酵过程中又能产生乳酸及许多风味物质，赋予饮料浓郁芳香的特有风味。

（一）工艺流程

发酵酸豆乳包括两种产品：凝固型酸豆乳和搅拌型酸豆乳。这两种产品前期工艺流程基本相同，仅在进行发酵时略有差别，如图6-7和图6-8所示。

（二）工艺要点

酸豆乳生产主要可以分为酸豆乳基料的制备、发酵剂的制备和接种发酵三大工序。

1. 酸豆乳基料的制备

酸豆乳基料的质量决定着产品的色、香、味、形，其制备过程同纯豆乳生产工艺，调配时需要注意。

（1）糖 调配过程中加入糖的主要目的是促进乳酸菌的繁殖，提高酸豆乳的质量，同时兼有调味的作用。可选用的糖的种类很多，一般来说添加1%左右的乳糖和葡萄糖的效果比其他糖要好。乳糖对链球菌、乳脂链球菌和二乙酰乳链球菌的产酸量有明显的促进作用，葡萄糖在某些情况下对乳酸发酵的产酸作用效果更好，葡萄糖对链球菌、乳脂链球菌和二乙酰乳链球菌、戴氏乳杆菌和干酪乳杆菌的产酸均有明显促进作用。在豆乳中添加蔗糖只适用于某些乳酸菌，且一般与乳清粉配合使用。

（2）胶质稳定剂 添加胶质稳定剂的目的是为了保证产品的稳定性，因而要求所添加的胶质稳定剂在酸性条件下不易被乳酸菌分解。常用的有明胶、琼脂、果胶、卡拉胶、海藻胶和黄原胶等。单独使用时，明胶添加量为0.6%，琼脂0.2%~1.0%，卡拉胶0.4%~1.0%。各种稳定剂也可混合使用，使用时需事先用水溶化后再加入。

（3）调味添加剂 根据产品的需要还可添加香精香料，有时可以添加牛乳或果汁以增加产品风味。果汁配合量一般小于10%，牛乳的添加量不受限制。

上述原料搅拌均匀后进行过滤、均质（19.6MPa）、灭菌（85~90℃，5~10min）处理，然后迅速冷却至菌种的最佳发酵温度，如采用保加利亚乳杆菌和嗜热乳链球菌混合菌种，可冷却至45~50℃；如采用乳链球菌则需冷却至30℃。

2. 发酵剂的制备

发酵剂质量的好坏直接影响成品的风味和制作工艺条件的控制。发酵剂的制备过程与酸乳发酵剂的制备雷同，都包括纯菌种的复壮、母发酵剂的制备和工作发酵剂的制备三个步骤，但酸豆乳生产所用的工作发酵剂制备的培养基最好与生产状态一致，即采用豆乳为培养基。生产发酵剂制备好后贮于0~5℃冷库待用。

3. 接种发酵

冷却后的原料可接种制备好的发酵剂，接种量随发酵剂中的菌数含量而定，一般为1%~5%，然后进行发酵（或称前发酵）和后熟（在0~5℃冷库中进行冷却后熟，大约需要4h）。在前发酵过程中需控制好发酵温度和时间两个参数。一般来说温度常控制在35~45℃之间，不同菌种其发酵最适温度不大一样。对于混合菌种的发酵而言，发酵温度在低限时接近乳酸菌的最适生长温度，有利于乳酸菌的生长繁殖；发酵温度在高限时可以使发酵酸豆乳在短时间内达到适宜的酸度，凝结成块，从而缩短发酵时间。酸豆乳的发酵时间随所用菌种及培养温度的不同而略有差异，一般控制在10~24h。判断发酵工序是否完成的主要根据就是酸度和pH。发酵好的酸豆乳pH应在3.5~4.5之间，酸度应在50~60°T之间。

需要补充说明的是，由于能够用于发酵的乳酸菌很多，而有些乳酸菌在发酵过程中也表现出一定的共生优势，故生产中多采用混合菌种，这样可使发酵易于控制且产品风味柔和、质量高。常用的配合方式是嗜热乳链球菌和保加利亚乳杆菌，其混合比例为1:1；保加利亚乳杆菌和乳链球菌，其混合比例为1:4；嗜热乳链球菌、保加利亚乳杆菌和乳脂链球菌，其混合比例为1:1:1。生产凝固型酸豆乳时，接入发酵剂后迅速灌装封盖，然后进入发酵室培养发酵。生产搅拌型酸豆乳时，接入发酵剂后，先在发酵罐中培养发酵，然后搅拌、均质、分装后出售；根据产品特性有些在分装前还要进行适当调配；如果生产非活菌型的酸豆乳饮料，调配后还要进行灭菌处理，然后灌装。

三、发酵型活菌型含乳饮料（活菌型乳酸菌饮料）

发酵型活菌型含乳饮料（活菌型乳酸菌饮料）的加工方式有很多，目前生产厂家普遍采用的方法是：先将牛乳进行乳酸菌发酵制成酸乳，再根据配方加入糖、稳定剂、水等其他原辅料，经混合、标准化后直接灌装或经热处理后灌装。其加工工艺流程如图6-2所示。需要注意如下几个工艺要点。

1. 发酵前原料乳成分的调整

建议发酵前将调配料中的非脂乳固体含量调整到15%～18%，这可通过添加脱脂乳粉，或蒸发原料乳，或超滤，或添加酪蛋白粉、乳清粉来实现。

2. 冷却、破乳和配料

发酵过程结束后要进行冷却和破碎凝乳，破碎凝乳的方式可以采用边碎乳、边混入已杀菌的稳定剂、糖液等混合料。一般乳酸菌饮料的配方中包括酸乳、糖、果汁、稳定剂、酸味剂、香精和色素等，厂家可根据自己的配方进行配料。在长货架期乳酸菌饮料中最常用的稳定剂是果胶，或果胶与其他稳定剂的混合物。果胶对酪蛋白的颗粒具有最佳的稳定性，因为果胶是一种聚半乳糖醛酸，它的分子链在pH为中性和酸性时是带负电荷的。由于同性电荷互相排斥，因此避免了酪蛋白颗粒间互相聚合成大颗粒而产生沉淀。考虑到果胶分子在使用过程中降解趋势以及它在pH为4时稳定性最佳的特点，杀菌前一般将乳酸菌饮料的pH调整为3.8～4.2。

3. 均质

均质使混合料液滴微细化，提高料液黏度，抑制粒子的沉淀，并增强稳定剂的稳定效果。乳酸菌饮料较适宜的均质压力为20～25MPa，温度在53℃左右。

其他工艺不再累述。

本章小结

本章介绍了蛋白饮料的发展历史及现状，蛋白饮料的定义、分类及生产中常用的主要设备。蛋白饮料可分为含乳饮料、植物蛋白饮料和复合蛋白饮料。不同类型的蛋白饮料对加工原料的基本要求不同，具有不同的加工工艺流程和关键工艺。文中主要介绍了配制型含乳饮料、发酵型含乳饮料、乳酸菌饮料豆奶（乳）、豆奶（乳）饮料、发酵酸豆乳饮料等的加工工艺及要点。

思考题

1. 简述蛋白饮料的类型与其特点。

2. 请列出蛋白饮料生产的关键技术。

3. 说明豆乳生产中豆腥味产生的原因及去除或减轻豆腥味采取的措施。

4. 试开发一种新型的植物蛋白饮料，设计该饮料的生产工艺并提出加工用主要设备。

5. 分析发酵乳饮料常见质量问题产生的原因，并提出应对措施。

拓展阅读文献

[1] 薛效贤. 新型饮料加工工艺及配方［M］. 北京：科学技术文献出版社，1999.

[2] 焦学瞬. 天然食品乳化剂和乳状液——组成、性质、制备、加工与应用［M］. 北京：科学出版社，1999.

第七章 茶 饮 料

学习目标

1. 了解茶饮料的分类、生产现状、发展趋势及主要产品种类。

2. 掌握茶饮料和冰红茶加工工艺流程、操作要点以及生产过程中存在的常见质量问题与解决办法。

第一节 茶饮料概述

一、茶饮料的概念与分类

（一）茶饮料的定义

2008 年 4 月 21 发布的 GB 21733—2008《茶饮料》中将茶饮料定义为：以茶叶的水提取液或其浓缩液、茶粉等为主要原料，可以加入水、糖、酸味剂、食用香精、果汁、乳制品、植(谷)物的提取物等，经加工制成的液体饮料。

（二）茶饮料的分类

茶饮料按产品风味分为：茶饮料（茶汤）、调味茶饮料、复（混）合茶饮料、茶浓缩液。茶饮料（茶汤）又分为：红茶饮料、绿茶饮料、乌龙茶饮料、花茶饮料、其他茶饮料。调味茶饮料又分为：果汁茶饮料、果味茶饮料、奶茶饮料、奶味茶饮料、碳酸茶饮料、其他调味茶饮料。

1. 茶饮料（茶汤）（tea beverage）

以茶叶的水提取液或其浓缩液、茶粉等为原料，经加工制成的，保持原茶叶应有风味的液体饮料，可添加少量的食糖或甜味剂。

2. 复（混）合茶饮料（blended tea beverage）

以茶叶和植（谷）物的水提液或其浓缩液、干燥粉为原料，加工制成的，具有茶和植（谷）物混合香味的液体饮料。

3. 茶浓缩液（concentrated tea beverage）

采用物理方法从茶叶水提取液中除去一定比例的水分，经加工制成，加水制成后具有原茶汁应有风味的液态制品。

4. 果汁茶饮料和果味茶饮料（fruit juice tea beverage and fruit flavored tea beverage）

以茶叶的水提取液或其浓缩液、茶粉等为原料，加入果汁、食糖和（或）甜味剂、食用果味香精等的一种或几种调制而成的液体饮料。

5. 奶茶饮料和奶味茶饮料（milk tea beverage and flavored milk tea beverage）

以茶叶的水提取液或其浓缩液、茶粉等为原料，加入乳或乳制品、食糖和（或）甜味剂、食用奶味香精等的一种或几种调制而成的液体饮料。

6. 碳酸茶饮料（carbonated tea beverage）

以茶叶的水提取液或其浓缩液、茶粉等为原料,加入二氧化碳气、食糖和(或)甜味剂、食用香精等调制而成的液体饮料。

7. 其他调味茶饮料(other flavored tea beverage)

以茶叶的水提取液或其浓缩液、茶粉等为原料,加入除果汁和乳之外的其他可食用的配料、食糖和(或)甜味剂、食用酸味剂、食用香精等的一种或几种调制而成的液体饮料。

二、茶饮料的主要功能性成分及其功效

现代医学证明,茶叶中对人体有益的成分主要有茶多酚、茶色素,咖啡碱和黄酮类物质。茶饮料中则含有儿茶素、酚类、咖啡碱、黄酮类、蛋白质、多种维生素、微量元素等300多种成分,因此茶饮料是一种具有营养、保健功效的健康饮品,现已成为世界十大健康保健食品之一。茶饮料中功能性成分主要是茶多酚、茶多糖和生物碱,现分述如下:

(一)茶多酚

茶多酚也称茶鞣质、茶单宁,是茶叶中儿茶素类、丙酮类、酚酸类和花色素类化合物的总称。是一种稠环芳香烃,可分为黄烷醇类、花色苷类、黄酮类、黄酮醇类和酚酸类等。茶多酚在茶叶中的含量一般在15%～20%,在茶饮料中含量为50～80mg/mL。茶多酚各组成分中以黄烷醇类为主,黄烷醇类又以儿茶素类物质为主,含量约占茶多酚总量的60%～80%,茶饮料中儿茶素含量为35～50mg/100mL。在医药卫生方面茶多酚具有多种生物活性和药理作用。

1. 抗氧化作用

诸多的医学实验已经证明,茶多酚有极强的清除有害自由基,阻止脂质过氧化的作用;抑制人体内氧化酶系的活性,从而预防自由基的产生;茶多酚与维生素C、维生素E有协同抗氧化增效效应。

2. 防治高脂血症引起的疾病

(1)增强微血管强韧性、降血脂,预防肝脏及冠状动脉粥样硬化 茶多酚对血清胆固醇的效应主要表现为通过升高高密度脂蛋白胆固醇(HDL-C)的含量来清除动脉血管壁上胆固醇的蓄积,同时抑制细胞对低密度脂蛋白胆固醇(LDL-C)的摄取,从而实现降低血脂,预防和缓解动脉粥样硬化。

(2)降血压 人体肾脏的功能之一是分泌有使血压增高的"血管紧张素Ⅱ"和使血压降低的"舒缓激肽",以保持血压平衡。当促进这两类物质转换的酶活力过强时,血管紧张素Ⅱ增加,血压就上升。茶多酚具有较强的抑制转换酶活力的作用,因而可以起到降低或保持血压稳定的作用。

(3)降血糖 糖尿病是由于胰岛素不足和血糖过高而引起的糖、脂肪和蛋白质等的代谢紊乱。茶多酚对人体的糖代谢障碍具有调节作用,降低血糖水平,从而有效地预防和治疗糖尿病。

(4)防止脑中风 脑中风的原因之一是由于人体内生成过氧化脂质,从而使血管壁失去了弹性,茶多酚有遏制过氧化脂质产生的作用,保持血管壁的弹性,使血管壁松弛消除血管痉挛,增加血管的有效直径,通过血管舒张使血压下降,从而有效地防止脑中风。

(5)抗血栓 血浆纤维蛋白原的增高可引起红细胞的聚集,血液黏稠度增高,从而促进血栓的形成。另外,细胞膜脂质中磷脂与胆固醇的增多会降低红细胞的变形能力,严

重影响微循环的灌注，增加血液黏度，使毛细血管内血流淤滞，加剧红细胞聚集及血栓形成。茶多酚对红细胞变形能力具有保护和修复作用，且易与凝血酶形成复合物，阻止纤维蛋白原变成纤维蛋白。另外，茶多酚能有效地抑制血浆及肝脏中胆固醇含量的上升，促进脂类和胆汁酸排出体外，从而有效地防止血栓的形成。

3. 抗癌、抗突变作用

从 20 世纪 70 年代后期，世界各国的科学家围绕着茶叶的抗癌作用开展了大量的研究，证实茶多酚有抗癌活性，而且兼具抑制引发和促成两种作用。茶儿茶素对多种癌症（如食道癌、胃癌、肝癌、肠癌、肺癌、皮肤癌、乳腺癌、前列腺癌等）均有不同程度的预防和治疗作用。茶多酚抑制肿瘤发生可能与其较强的抗突变性有关。绿茶水提物和茶多酚明显抑制苯并芘（BP）、黄曲霉毒素 B1（AFB1）等诱导的鼠伤寒沙门氏菌 TA100 和 TA98 回复突变，还可以抑制 AFB1 诱发 V79 细胞染色体畸变，明显抑制致癌物（包括香烟烟雾）诱导的突变和染色体损伤作用。

4. 提高人体的综合免疫能力的功效

（1）通过调节免疫球蛋白的量和活性，间接实现提高人体综合免疫能力、抗风湿因子、抗菌抗病毒的功效。

（2）抗变态反应和皮肤过敏反应 茶多酚抑制活性因子如抗体、肾上腺素、酶等引起的过敏反应，对哮喘等过敏性病症有显著疗效。

（3）舒缓肠胃紧张、消炎止泻和利尿作用。

（4）促进维生素 C 的吸收，防治坏血病 导致坏血病发生的主要原因是维生素 C 的缺乏，茶多酚能够促进人体对维生素 C 的吸收，从而能够有效地预防和治疗坏血症。

5. 其他保健治疗功效

（1）对重金属盐和生物碱中毒的抗解作用 茶多酚对重金属具有强的吸附作用，能与重金属形成络合物而产生沉淀，有利于减轻重金属对人体产生的毒害作用。另外，茶多酚还具有改善肝功能和利尿的作用，因而对生物碱中毒有较好的抗解作用。

（2）防辐射损伤，减轻放疗的不良反应 绿茶茶多酚具有优异的抗辐射功能，茶多酚可吸收放射性物质，阻止其在人体内扩散，被称为天然的紫外线过滤器。茶多酚作为辅助治疗手段，能够有效地维持白细胞、血小板、血色素水平的稳定；改善由于放、化疗造成的不良反应；有效地缓解射线对骨髓细胞增重的抑制作用；有效地减轻放、化疗药物对机体免疫系统的抑制作用。

（3）防龋固齿和清除口臭的作用 茶多酚类化合物可以杀死在齿缝中存在的乳酸菌及其他龋齿细菌，具有抑制葡萄糖聚合酶活性的作用，使葡萄糖不能在菌表聚合，这样病菌就不能在牙上着床，使龋齿形成的过程中断。

（二）茶多糖

茶多糖（TPS）是从茶叶中提取的活性多糖的总称，其中既包括中性多糖和酸性多糖。具有抗辐射，增强机体免疫力、降血糖、抗凝血、抗血栓，减少心血管系统疾病和降压等生理功能。随茶叶原料的粗老程度的增加，茶多糖含量递增，乌龙茶的多糖含量分别是红茶的 3.1 倍、绿茶的 1.7 倍。

（三）生物碱

生物碱是一类含氮的复杂环状有机化合物。广泛存在于植物和少数动物中，茶叶中的生物碱主要是嘌呤碱，其中最多的是咖啡碱，占 80% ~ 90%，其余的还有可可碱、茶叶碱等。茶饮料中咖啡碱的含量为 15 ~ 25 mg/100mL。咖啡碱具有兴奋神经，解除大脑疲劳；加强肌肉收缩，消除疲劳的作用；强心利尿，减轻酒精、烟碱的毒害，消除废、残及有害物质；对抗强化抑制条件，增强肝脏的净化解毒功能；强心活血，提高循环系统功能；增强呼吸作用，提高代谢功能等药理功效，是茶叶的重要成分。

茶叶冲泡后，咖啡碱与茶黄素、茶红素形成化合物，有改善茶汤滋味的作用。茶汤冷却后，这种化合物便分离出来，使茶汤呈现奶酪状，通常称"冷后浑"。"冷后浑"是茶汤浓度高，内容物质丰富的表现。一般淡薄的茶汤无"冷后浑"的现象。

三、茶饮料发展概况

（一）茶饮料发展现状

茶是我国古老而文明的饮料，几千年来一直受到我国人民的喜爱。茶叶也是世界上为数不多的几种纯天然饮料之一，它不含钠盐和脂肪，实际上不含热量物质。因此，喝茶与当代人所追求的注意保健的生活方式非常吻合，而且以香味特色给人以美的享受。早在神农氏时期，人们便发现茶树的鲜叶可以解毒，受到了重视而种植。随着种植的推广和普及，茶叶逐步由治病药物发展为日常的饮茶的保健功能。罐装茶饮料的产生发展的历史仅仅三十余年，但是茶饮料在当今饮料市场已经占据了非常重要的地位。

由于茶饮料具有加工简便、成本低廉；营养丰富，富有保健功能；饮用方便，符合快速生活节奏等特点，因此近几年发展迅速，并引起了众多生产厂家的关注和投入。许多中外专家甚至预言茶将成为"21 世纪饮料之王"。随着茶饮料的澄清、充气、保鲜、保质、保色等技术难题的逐渐解决，国内外企业都纷纷投巨资开发茶饮料。据不完全统计，目前国内生产茶饮料的大中型企业有 10 余家，上市品牌多达 100 多种，茶饮料市场份额在各类软饮料（含纯水）中排名第六。

1. 日本的液态茶饮料

日本的液态茶饮料发展较早而且速度较快，1981 年，伊藤园公司首次在日本市场推出了马口铁三片罐装乌龙茶饮料，到 1996 年，日本生产罐装茶饮料的厂家达 250 家，茶饮料占总饮料市场的 21%，产量达 356.2 万吨，销售额达 25 亿美元，年人均消费茶饮料 22kg。近年，日本从事液态茶饮料的生产企业已开始向不含糖分、有益健康、饮用方便的包装绿茶饮料发展。

2. 美国的液态茶饮料

美国是较早出现液态茶饮料的国家之一，于 1972 年创建的斯纳波饮料公司生产的斯纳波冰茶风行美国的饮料市场，到 1992 年斯纳波冰茶等系列液态茶饮料的年销售额就达 2.32 亿美元。另外，各种瓶装、罐装、利乐包、塑料容器包装的液态茶饮料是美国无醇饮料中发展最快的品种，同时，传统茶、特种茶等茶的消费也有一定的增长，但散茶的销售却急剧下降。

近年液态茶饮料销售量达 200 多万吨，销售额达 25.5 亿美元，人均年消费量为 7.9kg，这说明了液态茶饮料在美国已极为普遍。近几年来，美国的一些大公司如立普顿、可口可乐、百事可乐等公司不断推出生产各类冰茶和冷茶饮料，以进一步满足市场对液态茶饮料的需求，并进一步和别国合作，扩大茶饮料市场，来生产满足不同消费群的液态茶饮料。

3. 中国的液态茶饮料

我国茶饮料的研究始于 20 世纪 70 年代，80 年代末开始应用于生产碳酸型含茶饮料，90 年代中期有较大的发展，到 1995 年已有生产液态茶饮料的企业 40 多家，产品近 50 种。1996—1998 年是茶饮料的成长期，消费量获得稳步增长；1999—2001 年茶饮料产量和消费量成倍增长，是快速增长期；目前处于稳定增长期，主要的变化在于产品的结构性调整。

目前我国茶饮料品种主要有纯茶饮料、调味茶和含气茶饮料三类。以调味茶为主，逐渐向纯茶、健康茶发展。包装有三片罐、PET 热灌装、利乐包等形式，逐渐向多样化发展。国内的液态茶饮料市场主要是以一些合资企业为主，如统一公司、味丹公司、罗莎公司、三得利公司等，而且这些加工企业多属非茶叶加工企业；还有其他企业如福建惠尔康食品公司、广东金蔓集团、顶新食品公司、洛阳春都集团等，这些加工企业的出现，足以说明我国生产液态茶饮料是具有足够的经济、技术和管理水平的实力，证明我国液态茶饮料的发展具有很大的潜力。从生产液态茶饮料的技术来看，合资企业的技术主要来自外资方，此类技术生产的纯茶饮料偶尔表现有少量沉淀，这说明技术上尚未完全解决液态茶饮料浑浊沉淀的问题，但其混合型的液态茶饮料品质较好，如麦香红茶、柠檬红茶及其他一些混合型的液态茶饮料均无沉淀出现；非合资企业的技术则来自于企业内自行研制的技术和国内茶叶科研机构的成果转让技术，其中来自于后者技术生产的液态茶饮料基本上不存在浑浊沉淀等质量问题，其产品保持了茶叶的原汁原味，无论是纯茶饮料还是混合型的茶饮料，品质较好，产品保质期也长。并通过市场调查看，在 1999—2004 年这段时间，茶饮料在形式上没有明显变化，仍然以偏离纯茶口味的调味茶为主，饮料中茶的有效成分很少、茶味淡薄，而调味料的酸甜味重。

（二）茶饮料的发展趋势

近年来，饮料市场结构发生了明显的变化，原来备受推崇的碳酸饮料逐渐"退烧"，而以茶饮料为代表的无糖饮品迅速崛起，成为新的饮料市场主力军。在国外，茶饮料是21 世纪欧美国家发展最快的饮料。在国际上被称为"新生代饮料"，被认为符合现代人崇尚天然、绿色的消费追求。对于茶饮料加工技术而言，今后研究重点可放在：

（1）加强原料茶加工技术研究，提出优质、易于加工茶饮料的茶叶品种和加工技术；

（2）茶饮料低温提取技术的研究，提出低温下具有高浸出率的技术方法；

（3）单宁酶固定化和超滤相结合的酶膜联合技术的工业化研究；

（4）茶浓缩汁生产及其分装调配技术的研究和应用；

（5）保健茶及功能性茶饮料加工技术研究。

四、茶饮料产品质量标准

茶饮料生产企业必须制定和实施企业标准，产品感官指标、理化指标、卫生指标应略高于国家或行业标准。以下标准可供参考。

（一）感官指标

根据《茶饮料》GB 21733—2008 规定：茶饮料应该具有该产品应有的色泽、香气和滋味，允许有茶成分导致的浑浊或沉淀，无正常视力可见的外来杂质。

（二）理化指标

茶饮料理化指标见表 7 - 1。

表 7-1   **茶饮料理化指标**

项目		茶饮料（茶汤）	调味茶饮料						复（混）合茶饮料
			果汁	果味	奶	奶味	碳酸	其他	
茶多酚/（mg/kg）≥	红茶	300	200		200		100	150	150
	绿茶	500							
	乌龙茶	400							
	花茶	300							
	其他茶	300							
咖啡因	红茶	40	35		35		20	25	25
	绿茶	60							
	乌龙茶	50							
	花茶	40							
	其他茶	40							
果汁含量（质量分数）/%		—	≥5.0	—			—		
蛋白质含量（质量分数）/%		—			≥5.0				
二氧化碳气体含量（20℃ 容积倍数）							≥1.5	—	

注：（1）如果产品声称低咖啡因产品，则咖啡因含量应不大于上面表中规定的同类产品咖啡因最低含量的 50%。

（2）茶浓缩液按标签标注的稀释倍数稀释后其中的茶多酚和咖啡因等含量应符合上述同类产品的规定。

（三）卫生指标

卫生指标见第十三章表 13-25 和表 13-26。

第二节　茶饮料加工基本工艺

茶饮料的生产及消费由于适应现代社会快节奏的要求，发展特别迅猛。传统的采用沸水冲泡，慢慢品尝的饮茶方式已不能适应现代生活快节奏的要求，所以国内外众多的企业都在积极进行茶饮料及其深度加工。

茶饮料加工将提取分离得到的茶汁，按科学配方进行调配、灌装、杀菌等操作，得到的仍保留茶的特有色、香、味的一种新型饮料的工艺过程，以及利用提取得到的茶汁经过滤、浓缩、干燥等操作得到固体饮料的工艺过程。

一、茶饮料主要的原辅料及添加剂

（一）茶饮料的主要原辅料

1. 茶叶

（1）茶叶原料的选择　茶叶是茶饮料品质、风味形成的基础，茶叶的品种、级别以及浸提前的处理对茶饮料成品的质量有很大的影响。茶饮料多以绿茶（包括茉莉花茶）、乌龙茶、红茶为原料，一般选用中低档茶叶。因为高品质的茶饮料需要有优质的原料作保证，如级别高的茶嫩度好，可溶性成分含量较高，但在饮料加工过程中控制不好，便容易出现恶劣的"熟汤味"，而且高档的茶叶价格也较高；而中低档茶叶品质较差，但价格便宜。为降低茶饮料中茶多酚的含量，尽量选用茶多酚含量低的品种或级别；可适当提高茶叶的含梗量和宜选用新茶用于加工茶饮料。用于加工茶饮料的茶叶一般应符合以下要求：

① 当年加工的新茶，感官审评无烟、焦、酸、馊和其他异味。因为茶叶在贮藏过程中多酚类物质的氧化而导致品质劣变，因此在生产茶饮料时最好是使用新鲜原料。

② 不含茶类夹杂物及非茶类物质。

③ 无重金属及化学污染，无农药残留或不超过国家标准。

④ 干茶色泽正常，冲泡后液体茶符合该级标准，茶香正常。

⑤ 茶叶中主要成分保存完好，或者基本完好。

⑥ 不得使用茶多酚、咖啡因作为原料调制茶饮料。

（2）茶叶的分类　茶叶分类的方法有多种，其在制作过程中的发酵程度分为绿茶（不发酵）、乌龙茶（半发酵茶）和红茶（全发酵茶）三大类；在制法的基础上结合品质特征将茶叶分为绿茶、黄茶、黑茶、白茶、青茶和红茶六类。目前饮料加工多用绿茶、乌龙茶和红茶。茶饮料用茶叶原料的基本要求见第二章植物原料部分。

（3）茶叶质量评价及卫生标准

① 质量评价：识别茶叶的好坏可以从其外形、色泽、味道来评价，一般来说，绿茶干茶色泽为墨绿色或翠绿色，汤色黄绿明亮，香气是悦鼻的板栗香；乌龙茶外形一般是条形或颗粒状，汤色橙黄明亮，滋味醇厚鲜爽，带有自然的花香；红茶有碎茶和条形茶之分，红碎茶外形是匀度好，色泽黑褐油润，汤色红艳明亮，滋味浓且鲜，条形红茶在外形上是紧结显毫，汤色红艳明亮，滋味浓且鲜。这些特征都是好茶的体现。

② 卫生标准：应符合国家标准规定：《食品中污染物限量》（GB 2762—2005）对2种污染物在茶叶中的含量作出限量规定，分别为铅（≤5mg/kg）和稀土（≤2.0mg/kg）。GB 2763—2005《食品中农药最大残留限量标准》对9种农药在茶叶中的含量作出限量规定，分别为六六六（≤0.2mg/kg）、滴滴涕（≤0.2mg/kg）、氯菊酯（红茶、绿茶）（≤20mg/kg）、氯氰菊酯（≤20mg/kg）、氟氰戊菊酯（红茶、绿茶）（≤20mg/kg）、溴氰菊酯（≤10mg/kg）、顺式氰戊菊酯（≤2mg/kg）、乙酰甲胺磷（≤0.1mg/kg）、杀螟硫磷（≤0.5mg/kg）。

2. 茶粉

茶粉是用茶树鲜叶经高温蒸汽杀青及特殊工艺处理后，瞬间粉碎成400目以上的纯天然茶叶超微细粉末，最大限度地保持茶叶原有的色泽以及营养、药理成分，不含任何化学添加剂，除供直接饮用外，可广泛添加于各类面制品（蛋糕、面包、挂面、饼干、豆腐）；冷冻品（奶冻、冰淇淋、速冻汤圆、雪糕、酸乳）；糖果巧克力、瓜子、月饼专用馅料、医药保健品等之中，以强化其营养保健功效，不同的茶叶可以做成不同茶粉，同一种茶叶制作的工序不同，也会有很大的区别。目前行业内茶粉有两大类，一大类是超微茶粉，大多用于食品佐料，但也可以直接饮用，只不过泡后会留有残渣，超微茶粉的加工过程是一个物理过程，就是通过物理手段把茶叶粉碎，目前一般加工后的超微茶粉有300目到1200目为多数。还有一大类就是速溶茶粉，其加工工艺和超微绿茶粉不同，是通过萃取手段提炼茶叶中的有效成分，属于植物提取物。

对于茶粉，按照 QB/T 4067—2010《食品工业用速溶茶》规定，茶多酚含量为：红茶 6%，绿茶、乌龙茶和花茶 15%，白茶、黄茶、黑茶和其他茶 10%；咖啡因含量为：绿茶、乌龙茶和花茶 2%，红茶、白茶、黄茶、黑茶和其他茶 1%；水分含量均要求≤6%。

3. 中草药

在饮料的生产中这类原料的使用越来越多，是加工保健型或多味茶叶饮料时的主要原料之一，其添加种类及数量应视加工饮用的目的和作用而定，选择时应特别注意：① 符合国家卫生部的有关规定，功用要突出；② 原料性味要与茶叶一致或基本一致；③ 选用的中草药或中药材应该不含有毒及有害成分。

4. 茶饮料用水

水是生产液态茶饮料的重要原料，水中的钙、镁、铁、氯等离子的含量及 pH 对茶饮料汤色及滋味品质均有不利的影响。如水中的钙、镁离子易与茶汤中的组分（如茶多酚）发生络合产生沉淀；当水的硬度高于 3mg/L 时饮料中有明显的沉淀生成；当水中铁离子含量达 5mg/L 时，茶汤色泽就会变黑；水中钙离子含量达到 4mg/L 时茶味会发苦；氯离子含量过高，还会引起多酚物质的氧化，而产生的氯味也会严重影响茶饮料品质。所以茶饮料的用水除符合卫生标准的饮用水，并且要经过一定条件处理以去除部分无机离子和杂质后，方可作为茶饮料用水。目前一般使用 RO 水和电渗水。

5. 其他辅料

茶饮料加工需要的二氧化碳等其他辅助材料的种类及要求参见第二章饮料用原辅材料。

（二）茶饮料中常用的食品添加剂

茶饮料中还常常添加酸味剂、抗氧化剂、防腐剂、赋香剂、着色剂等食品添加剂。其添加量、使用范围及使用注意事项必须符合 GB 2760—2011《食品安全国家标准　食品添加剂使用标准》。

二、茶饮料的一般生产工艺

（一）茶汁基料生产工艺流程

茶汁基料生产工艺流程见图 7-1。

茶叶原料 → 浸提 → 澄清 → 过滤或离心分离 → 茶汁 → 浓缩 → 调制 → 茶汁基料

图 7-1　茶汁基料生产工艺流程

茶汁基料可供喷雾干燥或冷冻干燥制成速溶茶，或用作制造茶饮料原料。

（二）茶饮料生产的一般工艺流程

茶饮料生产的一般工艺流程见图 7-2。

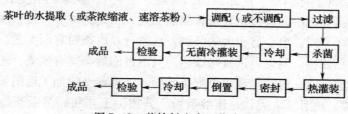

图 7-2　茶饮料生产工艺流程

三、茶饮料生产关键技术

近几年来，茶饮料在我国饮料市场所占的地位越来越重要，生产工艺得到了不断的改善，生产技术也有了较大的提高，尤其是茶饮料在澄清、包装、灭菌、护色护香等方面都有了较大的改善。国内外在饮料生产中开发出许多高新技术，如膜分离技术、酶技术、微波技术、非热杀菌技术、无菌灌装技术、芳香物质回收技术、冷冻干燥技术等，这些技术有望部分替代传统茶饮料生产技术，解决茶饮料生产上现存的一些技术难题，如营养物质的损失、芳香物质逸散、后浑浊的产生等问题，从而提高茶饮料的品质。要控制茶饮料的品质必须从重要的几个环节去抓。下面就分别叙述各个加工环节的处理方法及其在茶饮料加工中的意义。

（一）茶叶原料预处理

加工前将茶叶进行复火等前处理能有效地去除茶叶中的粗老气，从而达到改善茶饮料品质的目的。茶叶在一般的贮存条件下会产生许多陈味成分，如果直接拿来浸提，对成品茶饮料品质会带来不利的影响。已有研究表明，茶叶经烘焙后不仅可以降低茶叶水分含量，确保茶叶品质，除去茶汤苦涩味和青臭气，保持或改善茶叶特有香气，补充茶叶本身香气的不足，可有效地去除茶叶陈味，改善茶叶品质，减少茶汤浑浊沉淀的产生。

（二）浸提

浸提是茶饮料生产过程中非常重要的工序之一，是通过控制一定的条件，使茶叶中的内含成分最大限度地溶出，同时尽量减少提取过程中香气损失和品质的劣变，充分发挥商品价值。影响茶饮料浸提效率和品质的主要因素有浸提温度、时间、茶水比、浸提方式及茶叶颗粒大小等。

1. 浸提温度与时间

茶叶浸提温度对内含成分的溶出率有很大影响，一般地说，水温度高、时间长，提取率也高。实际上，浸提时间长，温度高，提取效率高，但品质较差；浸提温度低、时间短的品质较好，但提取效率不高。

茶叶中含有几十种可溶性化学成分，如茶多酚、咖啡碱、茶黄素、茶红素等，这些化合物的分子质量大小、极性、溶解性能均不同，因而在水中的浸出速率和浸出量也不同。如茶多酚与咖啡碱的浸出随水温的升高呈直线上升，但当到80℃时已大部分溶出；氨基酸由于较易溶于水，随时间的延长、温度的增加变化甚微；但随浸提温度的升高和时间延长，茶黄质和茶红质会分解，导致茶汤色泽改变，浑浊度明显增加；而且随着温度升高或时间过长还会造成香气成分的改变和香气消失。温度过低或时间过短，则萃取率低，而会增加饮料生产厂家的设备投资；产品滋味淡薄；香气平淡。还有日本研究学者认为，高温提取的茶提取物在高温饮用时感官品质较好，而低温提取的在低温饮用时感官品质较好。因此，要根据茶叶的种类、饮用方式等来选择合适的温度。目前采用较多的是80~90℃左右、浸提10~20min。

今后对如何提高低温萃取效率和不同原料的浸出特征方面的基础研究，将会对茶饮料的生产具有重要的价值。

2. 茶水比

浸提茶水比是影响茶汤品质的重要因素之一。它对茶叶的浸提率、浑浊度都有较大的影响。如茶水比低时，茶叶的浸出率高，浑浊度小，但是茶水比过低时，单位茶叶的浸出液所占的体积过大，增大了设备投资。茶水比高时，浸出率低，原料的利用率也低。而且茶饮料尤其是纯茶饮料必须突出茶的风味与特性，茶汤既不能太稀也不能太浓，太稀无法突出茶的滋味和香型，并且很难达到茶饮料的饮后效果；太浓苦涩味太强，同时茶汤又易生成沉淀，消费者难以接受。所以选择合适的茶水比对于茶饮料生产者来说尤其重要。茶饮料中的茶叶使用量以 1.0% ~ 1.5%（干茶质量与成品液体饮料茶质量比）为宜，碎茶则以 0.6% ~ 0.7% 的饮用效果好。也有些厂家生产茶饮料时，采用浸提后再稀释的方法，并不是直接采用浸提液灌装茶饮料，因此在制备较浓的茶汁时，可按茶水比 1 : 10 进行萃取。

  3. 浸提方法

  目前茶饮料的浸提方法主要有批次浸出法、逆流连续萃取法、分段萃取法、低温缓程萃取法等多种。

  （1）批次浸出法 所谓批次浸出法即是茶叶和水在一定的容积内，在一定条件下浸提一段时间后，将茶水分离得到茶汤的方法。它是目前小型茶饮料生产企业和速溶茶加工厂家常用的方法。通常采用萃取罐，其结构具有罐体，罐体内轴向位置装置的螺旋推进器或旋浆推进器，与罐体外的转动轴盘连接，罐体高端上部具有进液口或排气口，下部具出料口，是采用一定温度的（依据不同工艺技术而定）水浸泡茶叶，进而将茶叶中的有效成分萃取出来，并分离为茶汤的过程（图 7 - 3）。

  （2）逆流连续萃取法 逆流连续萃取法是一种连续的两相溶剂萃取法，该方法不仅萃取效率高，还可连续作业，所需人工成本低，而且能萃取高浓度的茶汤。逆流连续萃取技术可以免除茶汤的浓缩过程，不仅可以降低成本，还减少了因浓缩而出现的茶汤色、香劣变，故适合茶浓缩汁和速溶茶的生产。连续逆流提取设备有罐组式、链式和螺旋式等，螺旋式连续逆流提取设备在茶汁提取中应用较多（图 7 -4）。

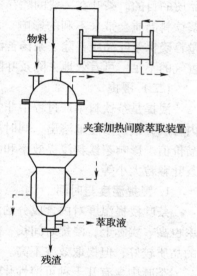

夹套加热间隙萃取装置

物料

萃取液

残渣

图 7 - 3 萃取罐

  拖链型连通式设备相互间以出料口和进料口相连接组成连通器，各个装置的上端为进料口和出料口，最底部位有残渣出口，物料在拖链的带动下进入下一装置，提取剂流经储罐进入最后装置的进料口，与物料运动方向相反形成逆流提取。

  平卧螺旋式提取设备运转时，物料从投料器加入到组合筒体，转轴上部与送料件连接，动力装置带动螺旋轴，从而推动物料，由加热夹套加热，溶媒从溶媒进口进入与物料作用得到提取液。

  螺旋推进式连续逆流提取设备将待提取的固体物料，从送料器上部料斗加入，通过螺旋定量控制加料速度，并将物料不断地送至浸出舱低端；在浸出舱中，螺旋推进器将物料平稳均匀地由低端推向高端，在此过程中有效成分被连续地浸出，残渣由高端排渣器排出；溶媒从浸出舱高端定量加入，在重力的作用下，溶媒渗透固体物料在走向低端过程中浓度不断加大；固、液两相始终保持逆流相对运动和理想的料液浓度差（梯度），并不断更新接触界面，提取液经浸出舱低端固液分离机构导出。

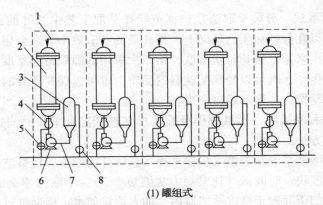

(1) 罐组式

1—管道　2—提取罐　3—储液罐　4、5、8—阀门　6—循环泵　7—管道

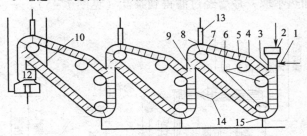

(2) 拖链型连通式

1—出液口　2—投料器　3—进料口　4—提取器　5—拖链　6—从动链轮　7—主动链轮　8—排气口
9—出料渣口　10—进液口　11—卸料式离心机　12—储渣罐　13—冷凝管　14—加热夹套　15—残液出口

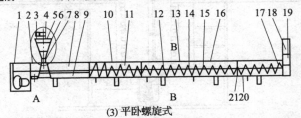

(3) 平卧螺旋式

1—动力设备　2—提取液出口　3—送料件　4—立式投料器　5—转轴　6—螺旋板　7—投料口
8—组合筒体　9—加热夹套　10—门盖　11—试镜口　12—螺旋轴　13—清晰管　14—中间支撑
15—挡板　16—二次蒸汽出口　17—溶媒出口　18—立式出料器　19—出渣口　20—排污阀口　21—法兰

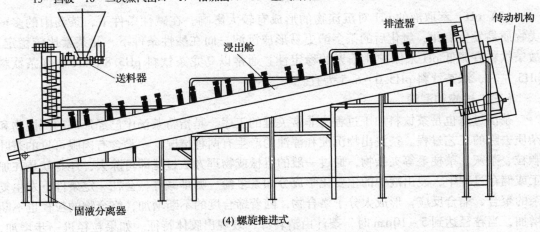

(4) 螺旋推进式

图 7-4　连续逆流提取设备示意图

（3）**分段萃取法** 分段萃取法是根据茶叶在萃取工艺中茶叶的品质成分浸出特点而提出的方法，可以在保持品质的基础上，提高茶汤萃取效率，适合用于速溶茶生产和茶饮料加工。如第一次采用低温长时间萃取，第二次采用高温短时间萃取，可以分别用于茶饮料生产和速溶茶生产，既可以提高茶饮料的品质，也可以提高茶叶的利用率。采用分段萃取法宜采用二次萃取，一般不超过三次。

（4）**低温缓程浸提法** 低温缓程浸提是指在较低温度下长时间连续浸提茶叶，以获取高品质茶汤的方法。

现在也有用微波萃取新型技术浸提来提高茶叶汁的效率。用微波萃取茶叶中的有效成分，具有萃取速度快、时间短（比常规方法缩短1/3）、萃取得率高的特点。一般萃取步骤是：将一定量的茶叶置于微波萃取器内，加入适量的水，然后把设备控制在所要求的温度和时间条件下，加热萃取，最后经过滤得到茶汁（见图7-5）。

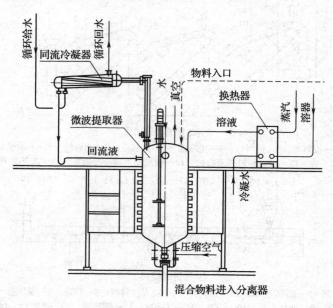

图7-5 微波萃取示意图

（5）**pH** 萃取液的pH对沉淀物的形成有较大影响。在碱性条件下，茶汤中的多酚类物质易发生氧化，氧化后的茶多酚更易形成沉淀。而在酸性条件下，儿茶素比较稳定，故茶饮料宜调低pH来保护儿茶素的稳定性。通常以乌龙茶饮料pH5.8～6.5、红茶饮料pH5左右、绿茶饮料pH5.0～6.5为宜。

（三）过滤和澄清

茶汤过滤也是茶饮料加工过程中非常关键的工序。是指将茶汤中已经形成的沉淀物和杂质去除的工艺过程。茶浸出物沉淀和浑浊的产生有两种情况，一是含有肉眼可见的茶叶颗粒、茶灰、茶梗毛等夹杂物，通过一般的机械或物理方法过滤即可除去；还有就是在加工或储存过程中，浸出液中的主要化学成分如茶多酚、咖啡碱等，会在一定条件下发生复杂的聚合、缩合反应，形成大分子络合物，随着缔合度的不断增加，络合物的粒径也不断增加，当粒径达到$5～10\mu m$时，茶汁由清转浑，表现出胶体特征。如果粒径进一步增加，则出现絮凝和沉淀，即形成茶乳酪。因此必须对这些沉淀和浑浊的物质进行过滤和澄清，以保证茶饮料的稳定性和品质。下面主要针对沉淀的形成机理及其过滤、澄清方法进行阐述。

1. 沉淀物的化学组成

茶汤沉淀物的化学组成最早是针对红碎茶"冷后浑"现象进行研究，结果发现，冷后浑主要是由茶黄素、茶红素和咖啡碱以 17:66:17 的比例形成的浅褐色或橙色乳状的浑浊现象；进一步研究发现，茶黄素、茶红素的没食子酸酯对"冷后浑"的形成有重要作用。蛋白质可与多酚类物质络合形成络合物，在"冷后浑"中部分替代咖啡碱的作用。在沉淀物中存在 1 - 三十烷醇、α - 菠菜固醇、二氢 - α - 菠菜固醇等脂类成分及果胶物质与少量酶性未氧化物质、矿物质等。乌龙茶沉淀物的化学组成主要是儿茶素、茶多酚、咖啡碱、蛋白质、果胶、氨基酸及钙离子，其中儿茶素、咖啡碱、蛋白质、果胶含量分别占 24%、20%、18%、2%。绿茶沉淀物亦主要为这些化合物。

2. 沉淀物的形成机理

茶饮料沉淀物的主要成分是茶多酚、氨基酸、咖啡碱、蛋白质、果胶、矿物质等，这些物质在水溶液中发生一系列变化，主要是分子间的氢键、盐键、疏水作用、溶解特性、电解质、电场等的变化，从而导致茶汤沉淀。

（1）氢键 当茶提取液温度较高时茶黄素、茶红素等多酚类物质与咖啡碱各自呈游离态存在，但当温度较低时茶黄素、茶红素及其没食子酸酯等多酚类物质的酚羟基可以分别与蛋白质的肽基、咖啡碱的酮氨基以氢键结合形成络合物，咖啡碱的酮氨基亦可以与蛋白质的肽基间形成氢键。单分子的咖啡碱与茶黄素、茶红素络合时，氢键的方向性与饱和性决定至少可以形成 2 对氢键，并且引入 3 个非极性基团（咖啡碱的甲基）、隐蔽了 2 对极性基团（羟基和酮基），因而使分子质量随之增大。当多个分子参与形成氢键时，络合物的粒径可达到 $10^{-4} \sim 10^{-1} \mu m$，茶汤表现出由清转浑，粒径进一步增大，便会产生凝聚作用而沉淀下来。茶多酚形成"冷后浑"的能力与其氧化程度呈正相关关系，咖啡碱形成"冷后浑"的能力与浓度呈正相关关系。蛋白质可与多酚类物质络合形成络合物，在"冷后浑"中部分替代咖啡碱的作用，主要是茶多酚包埋蛋白质点，使分子表面的亲水基形成水化物，结构破坏而形成单质点沉淀，不同质点带上相异电荷而互相吸引，被不同茶多酚包埋的蛋白质分子间形成键而破坏质点的水化层，使体系不断增大形成沉淀。其作用大小取决于多酚类物质中能与蛋白质结合的活性中心的多少，这种活性中心通常是一棓酰基、二羟基苯或三羟基苯。茶叶中每分子表儿茶素没食子酸酯（ECG）与没食子儿茶素没食子酸酯（EGCG）有 2 个活性中心，一个为酰基，另一个为羟基苯，因此 ECG 与 EGCG 沉淀蛋白质的能力比较强。

（2）盐键 茶叶中的茶多酚、氨基酸、咖啡碱、碳水化合物、果胶、水溶性蛋白质等多种有机组分都可能与金属离子发生吸附或络合作用。Ca^{2+}、Mg^{2+}、Zn^{2+}、Cr^{6+}、Mn^{7+}、Fe^{2+}、Fe^{3+} 等 22 种金属离子可与茶汤组分发生络合或还原络合反应，其中 Ca^{2+} 等 10 种金属离子可与茶多酚络合。Ca^{2+} 与茶汤组分反应生成低溶解度的络合物，其溶解度及稳定性可随反应溶液 pH 的升高而下降。添加一定浓度的氯化钠、葡萄糖、蔗糖会降低 Ca^{2+} 络合物的溶解度和稳定性，这可能是由于离子效应、电解质作用和共沉效应等共同作用的结果。Ca^{2+} 络合沉淀中的主要组分是茶多酚，其中以酯型儿茶素含量最高。另外氨基酸、咖啡碱、水溶性碳水化合物等组分本身并不能与 Ca^{2+} 生成沉淀，它们是因茶多酚 -

钙络合物的吸附等共沉淀效应而被带入钙络合沉淀中。

（3）疏水作用　在茶汤沉淀物中含有 1 - 三十烷醇、α - 菠菜固醇、二氢 - α - 菠菜固醇等水不溶性脂类物质，表明沉淀物中蛋白质、茶多酚及其没食子酸酯、咖啡碱与脂类间存在疏水作用。这类组分在冲泡茶叶时，随着茶叶主要内含物进入茶汤，它们也许以表面活性成分如磷脂、茶皂素的形式存在于茶汤中，当咖啡碱、茶多酚与蛋白质形成氢键时，脂类成分与蛋白质或咖啡碱同时进入其疏水区而沉淀下来。

（4）电解质和电场作用　电解质的存在对茶汤沉淀物的形成有显著影响，分散在茶汤中的固体颗粒表面带负电荷，电解质阳离子能明显降低分散系的稳定性。它通过压缩粒子表面从而减弱粒子间的静电引力而加速沉淀，这种沉淀能逐渐改变其在茶汤中的絮状形态而收缩成团粒状，即沉淀缩聚成团粒状颗粒。电场的存在一方面能使蛋白质等大分子物质在等电点时沉降；另一方面由于带电物质按电场规律分布又减少了阴、阳离子的碰撞而得以保持稳定，其总效应是促进沉淀的形成。

（5）其他作用　沉淀物的生成量不仅决定于多酚类和咖啡碱的绝对含量，而且与咖啡碱/茶多酚的比值也有很大关系。当人为添加一定量的咖啡碱调整茶汤中咖啡碱含量以及咖啡碱/茶多酚比值时发现，茶汤中咖啡碱含量越多，沉淀物形成量也越多；两者比值小时不易产生絮状沉淀，相反比值大时易产生沉淀。茶叶中的主要内含物蛋白质、果胶在较高温度时呈水溶性，冷却后蛋白质产生絮状沉淀，果胶产生云雾状沉淀。

除此之外，微生物也是引起茶饮料沉淀的因素之一。茶饮料若不经过严格灭菌，由于其含有丰富的碳、氮营养物质可供微生物生长繁殖，当细菌总数达到 10^4 个/mL 以上时会变质发浑，产生絮状或块状沉淀物。

3. 解决沉淀问题的措施

茶多酚、咖啡碱是茶叶萃取液生成沉淀的物质基础，是茶饮料发浑的主要成分。消除沉淀物的基本原理是除去部分茶多酚或咖啡碱，降低这些易络合物质的浓度，或是添加某种物质来阻断其络合，达到去浑的目的。茶饮料常用的澄清方法从作用机理上主要分以下几种：去除法。主要目的是去除产生茶汤浑浊的物质，包括低温去除法、pH 法、离子去除法、沉淀剂法等；化学转溶法和氧化法；离子络合法和包埋法；酶法；膜分离法等。

（1）去除法　去除茶汁部分内含物添加少量吸附剂等物质，去除茶汁中部分茶多酚或咖啡碱，使茶汁中形成浑浊沉淀的成分比例失调，从而减少沉淀产生。去除茶汁内含物的方法有：

① 添加 Ca^{2+}、明胶、硅胶、聚乙烯吡咯烷酮、聚酰胺树脂、清蛋白、番木瓜酶、壳聚糖等，经搅拌后离心分离，可吸附部分茶多酚；

② 用氯仿、石油醚、植物油、苯与液态 CO_2 等溶剂萃取出茶汤中的咖啡碱；

③ 加入乙醇可使茶汤中的蛋白质、果胶等物质沉淀而除去；

④ 多聚糖除去蛋白质；

⑤ 抗坏血酸或异抗坏血酸（盐）防氧化和柠檬酸络合 Ca^{2+}、Fe^{2+} 等均可降低茶乳酪的形成；

⑥ 添加大分子胶体物质：在茶饮料中添加大分子胶体物质如阿拉伯胶、海藻酸钠、蔗糖脂肪酸酯等。由于这些物质具有良好的乳化作用和分散作用，使茶汁中可溶成分的分散性得到改良，可避免在低温下产生浑浊，并可提高茶汁的色、香、味。

（2）化学转溶法和氧化法 外源物可添加 Na_2SO_3 或强碱转溶、聚磷酸盐（偏磷酸钠和六偏磷酸钠）分离转溶。氢键是一种比较弱的共价键，在茶汁中添加碱液，使茶多酚与咖啡碱之间络合的氢键断裂，且与茶多酚及其氧化物生成稳定性的水溶性很强的盐，避免茶多酚及其氧化物同咖啡碱络合，增加大分子成分的溶解性。可促进茶沉淀的形成，再用酸调节，茶汁经冷却和离心后即可增加澄清度。常用的碱有氢氧化钠、氢氧化钾、氢氧化铵等。碱法转溶可促使多酚类过度氧化，使产品颜色加深、香气降低、滋味变淡。

由于转溶法和氧化法对茶汤原有的品质风味影响较大，而去除法不仅去除了茶汤中许多风味物质，影响滋味，而且大大降低萃取效率。由此可见，上述这两种方法都有明显的缺陷，目前已较少使用。近年来，包埋法、酶法和膜分离法逐渐成为茶饮料澄清技术研究的焦点。

（3）离子络合法和包埋法 利用食品添加剂对茶汤中参与茶乳酪形成的物质进行包埋以阻止与其他物质生成茶乳酪的方法称为包埋法。有研究表明，采用 $\beta-CD$ 作为包埋剂可以包埋茶汤中的儿茶素类物质，阻止儿茶素与其他化学物质的络合反应，有效抑制茶汤中低温浑浊物的形成，茶汤的透光度随 $\beta-CD$ 添加量提高而增加，且以萃取前加入更好，较佳的工艺条件为：添加量 $10\sim25g/L$，温度为 $50℃$，低速搅拌 $20\ min$。日本专利 JP2346752，介绍红茶茶汤经单宁酶处理后会使口味变酸并影响色泽，与 $\beta-CD$ 配合使用，则可抑制这种不足。

离子络合法的原理是茶汤中有多种金属离子参与茶乳酪的形成，加入一些物质可以阻止茶乳酪的形成并使茶汤有效成分如茶多酚等物质形成络合物而对茶饮料风味影响不大的方法称络合法。EDTA 是一种优良的络合剂，对茶汤中易形成沉淀的茶多酚类物质有明显络合作用，而使茶多酚保持溶解状态，茶汤澄清透明，无沉淀，并且还有一定的护色效果。另外，有报道表明加入柠檬酸、重合磷酸盐也能形成络合物，还有专利报道，柠檬汁比柠檬酸的效果更好。

（4）酶法澄清技术 酶技术在茶饮料中的应用可以实现茶汁的低温浸提，可使茶汁中大分子物质分解，促进茶汁的澄清，从而改善茶汤感官品质。目前已开发可应用于茶饮料的酶制剂有单宁酶、果胶酶、纤维素酶、半纤维素酶、葡萄糖氧化酶、蛋白酶、淀粉酶等。如单宁酶主要为水解酚酸的酯键，即切断没食子酸甲基酯键，破坏茶络合物的形成，而且可提高茶可溶物质在冷水中的溶解度，从而减少浑浊沉淀现象，提高茶汁的澄清度。研究结果还表明，采用复合酶的效果优于单一酶。部分酶类作用的条件如表 7-2 所示。

表 7-2 消除或降低茶乳酪的酶类系列

名称	来源	最适 pH	最适温度/℃	用途
纤维素酶 EC3, 2, 1, 4	黑曲霉变种	5	45	分解纤维素，缩短萃取时间，降低氧的不利影响，有一定澄清作用
	担子菌类	4	50	
	菌丝青霉	5	65	
	根霉变种	4	45	
	木霉变种	5	55	
单宁酶 EC3, 1, 3, 20	黑曲霉变种	4.5	55	分解茶乳酪
	米曲霉变种	3~5	45	

续表

名称	来源	最适 pH	最适温度/℃	用途
果胶酶 EC3，2，1，15	黑曲霉变种	3.5 ~ 4	40 ~ 50	分解果胶质和细胞壁，缩短萃取时间和起澄清作用
	宇佐美曲霉	2.5 ~ 6	40 ~ 60	
	根霉属	2.5 ~ 5	30 ~ 50	
葡萄糖氧化酶 EC1，1，3，4	黑曲霉变种	4.5	50	脱出氧气、护色、稳定萜类物质和防止多酚类物质氧化
	曲霉属	2.5 ~ 8	45 ~ 70	
	点青梅	3 ~ 7	50	
木瓜蛋白酶 EC3，4，22，2	木瓜	5 ~ 7	65	促进蛋白质－单宁复合物的形成
过氧化氢酶 EC1，11，1，6	黑曲霉变种	5 ~ 8	35	催化过氧化氢分解，常与葡萄糖氧化酶一起使用
	牛肝	7	45	
	辣根	5 ~ 7	45	
	溶纤维蛋白小球菌	7 ~ 9	35	
凤梨蛋白酶 EC3，4，22，4	菠萝	5 ~ 8	55	有一定的澄清作用

（5）膜分离澄清技术　以前茶饮料的过滤方法主要采用尼龙布过滤和减压多级过滤。一般选择 200 ~ 800 目的尼龙布采用分级过滤法，直到茶汤达到要求即可。采用真空减压过滤主要是为了提高过滤速度和过滤质量，这种方法常常要加入硅藻土等助滤剂配合使用，效果较尼龙布过滤要好。现在多采用膜过滤方法。膜过滤主要有超滤膜过滤、陶瓷膜过滤、生物膜过滤等技术。由于膜分离技术具有不引入化学物质、工艺操作简便、能耗低、过滤液澄清度高、在储存过程中不易产生浑浊和沉淀等优点，是过滤的发展方向。

超滤膜过滤应用得较早，也较为广泛。超滤就是在低压 0.10 ~ 0.5MPa 条件下，利用不同截留相对分子质量的半透膜（截留相对分子质量 500 ~ 3000000）阻止液体中高分子物质或固体颗粒的通过，从而达到分离的目的。超滤技术可有效地去除茶叶中的大部分蛋白质、果胶、淀粉等大分子物质，而茶多酚、氨基酸、儿茶素、咖啡碱等特征性成分含量损失较少；原有的纯正香气和醇厚滋味品质得到保持，汤色清澈透明，并能基本消除沉淀现象产生。有研究表明不同茶饮料应采用不同截留相对分子质量（MWCO）的膜材料，如绿茶用 MWCO 50000 ~ 100000 的醋酸纤维膜，乌龙茶饮料采用 MWCO 20000 ~ 70000 的纳滤膜或 MWCO 70000 的聚醚酮膜，红茶先用单宁酶处理，再用 MWCO 20000 ~ 200000 的膜过滤均有较好的效果。在茶汁澄清的超滤工艺技术上，通常采用多级预过滤或在茶汁中加入酶处理后再进行超滤的方法，以防止膜堵塞而影响透过率，方便清洗。

陶瓷膜过滤法以性能稳定的 T_iO_2 和 Al_2O_3 为无机膜材料，这些材料通过溶胶凝胶法镀在陶的载体上，此无机膜也称为陶瓷膜。与有机膜材相比较，无机陶瓷膜在实际应用中有以下诸多优势：① 耐高温，耐腐蚀；② 清洗方便；③ 膜易消毒处理；④ 机械性能良好；⑤ 膜的使用寿命长。通过无机陶瓷膜过滤可以浓缩果汁，在茶饮料中除去大分子物质，使茶饮料保持澄清的外观并且可以有效改善茶饮料沉淀现象。关于无机膜分离技术在果汁和茶饮料的应用，国内外都尚处在研究之中。

生物膜过滤是指将相关的酶固定在超滤膜上，茶汤滤过时利用酶的活力分解大分子，从而起到保持茶汤原有的品质之作用。如将果胶酶和纤维素酶固定化于超滤膜或反渗透膜上，可大大提高茶汤的渗透率，也可提高茶汤的澄清度。据日本专利介绍，将单宁酶固定于中空纤维超滤膜上，当茶叶提取物通过膜表面时，单宁酶即分解茶汤中的茶乳酪，超滤膜截留大分子物质，由此得到澄清的茶饮料。目前，由于生物膜的成本较高，应用还不太广，在生产应用得较多是超滤膜技术。

茶饮料出现的浑浊沉淀主要是茶叶内含成分引起的，也是茶饮料风味物质所在。解决茶饮料浑浊沉淀的措施要本着既不会造成茶汤成分过分损失或风味的过多改变，又能合理、有效地解决茶汤沉淀问题这一原则。目前各种方法对中低档原料茶能较好地解决沉淀问题，但对高档茶仍存在一定的问题。随着科学技术的发展，高新技术的运用，如纳米技术、酶处理技术、微胶囊技术、超滤、微滤技术等，可以预见，不久的将来，高档茶饮料的沉淀问题能得以圆满解决。

（四）浓缩

浓缩是茶汁浓缩基料生产时的重点工序。最近，日本将反渗透（RO）膜分离技术应用到了茶浓缩汁加工工艺中。传统的茶浓缩汁生产均采用蒸发浓缩技术，如降膜蒸发器、离心蒸发器等。蒸发浓缩工艺有蒸发效率高的优点，但产品香味损失、香气缺乏、滋味迟钝、茶叶特征成分也有损失，稀释配制成茶饮料后，易产生浑浊和沉淀。采用无相变浓缩特性的反渗透技术不仅能较好地保持风味和营养成分，还有能耗低，操作简单的优点。

（五）调配

茶饮料的调配是根据不同产品的要求，将精滤茶汤或澄清浓缩茶汤基料用水稀释，对茶汤的理化指标和品质风格进行调整的工序，使其固形物含量、pH 和茶多酚含量达到规定值，这是茶饮料加工中的关键环节之一。

评价茶饮料质量的好坏，主要看以下三个指标：① 茶饮料香气：主要是由各类芳香性化合物决定，氨基酸及其与糖类形成的糖胺化合物所具有的焦糖香、甜香可形成特殊的香气。② 茶饮料滋味：主要包括鲜爽味、苦涩味、收敛味、甜味和厚味等。多酚类和咖啡碱的苦涩味与氨基酸的鲜味所形成的特殊鲜爽味是茶饮料滋味的主基调，可溶性糖类可增加甜味和厚味，芳香化合物、维生素等起滋味修饰作用；③ 茶汤色泽：主要由多酚类及其氧化产物、花青素和花黄素及少量水溶性叶绿素等决定。不同化学物质对茶饮料感官风味品质的作用见表 7 – 3。

表 7 – 3 　　　　　　　　　　茶饮料主要呈味物质与感官风味品质的关系

成分	外观	香气	滋味
多酚类	是茶汤的主要呈色物质。如黄酮类呈黄色或黄绿色；茶黄素呈黄色；茶红素呈红色；茶褐素呈褐色	茶黄素具有一定的香气	简单儿茶素滋味醇和，爽口；酯型儿茶素具有较强的苦涩味和收敛性。儿茶素氧化物影响茶汤浓度、鲜爽度等
氨基酸	是形成茶汤沉淀的组分之一。可与茶多酚、咖啡碱、茶黄素和茶红素等形成沉淀	茶氨酸有焦糖香味	茶氨酸有明显的鲜爽味，可缓解茶的苦涩味道
咖啡碱	是形成茶汤沉淀的主要组分之一。能与茶多酚及其氧化物、蛋白质、氨基酸等形成沉淀		是茶汤苦味的主要来源

续表

成分	外观	香气	滋味
糖类（果胶和淀粉）	影响茶汤的澄清和形成沉淀	参与形成茶的焦糖香、甜香板栗香味	增加茶汤的甜味和厚味
芳香化合物		茶香味的主导因素	有增加茶味的效果
维生素类	B族维生素影响茶汤汤色		有增加茶味的效果

茶饮料风味的调配，通常先由设计人员根据市场调研结果和企业自身状况及其发展思路，确定产品的市场定位，然后根据上述纯茶或调味茶饮料的设计原理对产品进行系统设计，最后由操作人员根据调配程序进行调配。

调配程序首先是根据产品标准限定的控制指标要求及其澄清茶汤的实际含量，确定水的添加量。通过详细计算，加入定量纯净水对澄清茶汁进行稀释，使实际的茶多酚、咖啡碱等品控成分含量不低于标准限定值。

然后根据茶汤量添加一定比例的各类添加剂。对于无糖纯茶饮料而言，风味品质基本是由茶叶原料品质和提取及澄清过滤工艺技术决定的，为了防止茶饮料色泽加深或产生褐变，调配过程中一般都需要添加抗氧化剂（如抗坏血酸及其钠盐、异抗坏血酸及其钠盐）和其他保护剂（如聚偏磷酸金属封锁剂）；对调味茶而言，还应根据配方设计添加不同比例的甜味剂、酸味剂、香料、果汁及乳汁等各类辅助原料。有时在茶汤中添加 0.01% 左右的羧甲基纤维素或海藻酸钠作稳定剂。乳茶饮料的调配中，为了防止乳脂分离，乳茶需要添加乳化剂和稳定剂，典型的乳化剂为蔗糖脂肪酸酯，不仅有乳化作用，还可以防止耐热性芽孢杆菌导致的腐败现象。

在高温杀菌时辅以食品添加剂，如抗坏血酸（或其钠盐）、异抗坏血酸（或其钠盐）、β-环状糊精、柠檬酸等，以增强杀菌效果，减少茶汤中风味成分的破坏损失。绿茶茶汤中添加柠檬酸调整不同的 pH，并在 121℃、6 min 下杀菌，咖啡因不会受 pH 的影响，在较酸的条件下，除儿茶素（+）-C 外，其他儿茶素残留率均较高，且（-）-EC 异构化为（+）-C 的反应明显受到抑制。而且，总儿茶素含量在酸性条件下也较稳定。经研究发现，维生素 C 的加入可显著增强儿茶素的稳定性，而柠檬酸则无此效果。维生素 C 可增加 4 种儿茶素的稳定性，尤其是 EGCG 和 EGC。

在茶汤中加入 β-环糊精能包埋茶汤中的儿茶素类物质，因而可提高儿茶素对热的敏感性和减少茶乳酪的生成，且其加入方式以在萃取前加入较萃取后加入时效果好，其使用量在 1% 时达到饱和（茶/水的质量比为 1:10）。

由于不同添加剂之间存在相互的影响，有的还会产生化学反应，因此应特别注意各类辅助原料的添加方式和顺序，如防腐剂宜在酸味剂之前加入，除香精外酸味剂一般在最后加入。

（六）灌装和杀菌

1. 灌装

500mL 耐热 PET 瓶是目前国内应用最多的茶饮料包装之一。在日本众多茶饮料生产厂家中，耐热 PET 瓶包装在乌龙茶饮料中的应用最为广泛，这主要是因为 PET 瓶材质透明，内部饮料品质可以用肉眼观察到，而原本在罐内、利乐包内允许存在的少量沉淀在PET瓶内将被消费者视为品质劣变的表现。而乌龙茶相对于绿茶、红茶等液态饮料来说，在贮藏过程中不易产生沉淀，色泽变化不大，性质稳定。如果使用PET瓶作为红茶、绿茶液态饮料的包装材料，则茶饮料贮藏过程中的沉淀、色变问题必须得到彻底的解决。目前国内采用耐热PET瓶包装的茶汤型的绿茶、红茶饮料，储藏过程中的沉淀问题依旧是茶饮料生产企业的困扰问题之一。随着近年来速溶茶粉原料生产厂商高品质的防沉淀速溶茶粉和浓缩茶汁新型加工工艺的不断开发，这一难题已逐步得到解决。

2. 主要杀菌技术及其对茶饮料品质的影响

目前对于茶饮料的灭菌技术研究和应用较多的主要有高温杀菌釜杀菌技术、超高温瞬时灭菌技术（UHT）、超高压灭菌技术、膜冷除菌技术、高温短时灭菌技术（HTST）和无菌灌装技术等。茶饮料热灌装对设备、技术要求低，但包装材料成本高，而且对产品风味影响大，因此，茶饮料特别是高速发展的纯茶饮料灌装技术发展方向必然是无菌冷灌装。

（1）高温杀菌技术对茶饮料品质的影响

① 高温杀菌对茶饮料中化学成分的影响：加温杀菌过程中，由于受高温、氧气等多种因素的影响，茶饮料中的茶多酚、咖啡碱、氨基酸、维生素及各类香气物质等主要化学成分发生了一系列复杂的变化。a. 茶多酚和儿茶素组成出现明显变化，采用高温杀菌后，茶多酚含量一般减少5%~8%，儿茶素组成及含量都发生明显变化。在热加工中，儿茶素很不稳定，尤其是EGCG和EGC，它们很容易发生降解或差向异构化，使茶汤色泽加深。b. 咖啡碱含量稳定，咖啡碱在茶饮料加工及杀菌过程中表现出相当的稳定性，受温度的影响较小，一般保留率都在95%以上。c. 茶饮料的香气成分受温度的影响极大，高温处理一方面减少了原芳香组分的含量，另一方面也产生了一些其他芳香物质，从而改变了芳香物质的组分及其比例，最终导致茶饮料香气的变化。经研究发现，茶饮料经120℃、8 min的杀菌釜杀菌后，乌龙茶和红茶中的芳香物质含量减少，丧失了新鲜茶香及花香香气，特别是红茶的变化更显著。绿茶经杀菌后，芳香物质萜醇及其氧化产物、苯甲醇、β - 紫罗酮、顺 - 茉莉酮、吲哚及4 - 乙烯基苯酚明显增加，其中4 - 乙烯基苯酚有"甘薯"异味。绿茶经杀菌后破坏了香气成分之间的平衡，产生臭味物质4 - 乙烯基苯酚，它是由前体物质香豆酸通过脱羧作用而产生的。杀菌后沉香醇、香叶醇从其前体中释放出来，该前体物质为溶于茶汤中的水溶性糖苷等物质。高温杀菌会使茶汤颜色加深并改变其风味，红茶饮料会产生类似于仙草的风味，有包茶饮料会产生类似菠萝口味等不良气味。d. 茶饮料中氨基酸和可溶性糖经高温杀菌（121℃）后其含量呈现出减少的趋势，如乌龙茶饮料中的氨基酸含量减少9%~12%，可溶性糖含量减少12%~28%。e. 经高温杀菌（121℃，7min）后，维生素含量显著减少，如绿茶饮料中维生素的保留率仅为15%左右。

② 高温杀菌对茶饮料风味品质的影响：通过传统的高温杀菌，绿茶饮料由翠绿色转变为黄绿色或橙黄色，乌龙茶饮料由橙黄色变为褐红色，红茶饮料则由红亮变为红褐甚至黑褐色。绿茶饮料滋味由新鲜醇爽变为熟汤味，乌龙茶饮料由新鲜花香味变为焦熟味，红茶饮料滋味则由鲜爽强烈变为平淡熟汤味。

因此，若采用一般的加热杀菌方法处理茶汤，将会大大降低茶汤的色、香、味和口感。现主要用于茶多酚含量较低、受温度影响较小的调味茶饮料加工。且高温杀菌釜杀菌技术对容器的抗热性和抗压性要求较高，多用于金属瓶或玻璃瓶包装茶饮料。

（2）非热杀菌技术与茶饮料的品质 茶饮料的非热杀菌技术目前主要为高压灭菌技术和膜冷除菌技术。

超高压技术的应用始于 20 世纪初，直到 20 世纪 80 年代才应用于食品灭菌，是近年来国际上出现的一种新型食品杀菌技术，一般是指采用大于 200MPa 的高压进行灭菌处理的方法。最早是日本将超高压灭菌技术应用在茶饮料灭菌上。该法对茶汤风味影响和营养成分损失较小，除表儿茶素没食子酸酯（ECG）有减少外，其他儿茶素和咖啡碱变化不大，维生素 C 减少量只相当于高温灭菌的一半。在压力小于 400MPa 和室温条件下不能杀灭绿茶汤中的孢子，采用 700MPa 压力和 80℃温度可完全杀灭微生物。其中 300MPa 压力和 100℃温度杀菌的条件可望成为茶饮料的灭菌技术发展方向。对不同茶叶而言，红茶、乌龙茶采用超高压技术效果比绿茶要好，可能与在红茶、乌龙茶中含有较强的杀菌活性成分有关。高压灭菌还有一些问题尚待解决，设备费用和耐久性都有待完善。

此外膜冷除菌技术从理论上分析可以有效避免高温杀菌引起的茶饮料汤色褐变和不良风味的产生，但该技术由于对环境卫生和管理的要求极高，因此主要应用于实验室的各类除菌。

（七）贮藏

贮藏中茶饮料品质劣变最主要的原因是氧化褐变反应及由微生物引起的腐败作用，所以，贮藏期的工艺技术及品质管理的任务就是有效地控制这两个反应的进行。贮藏的技术措施有：添加抗氧化剂或防腐剂；过滤除去多糖类物质或加热凝聚澄清除去果胶物质和蛋白质等不利品质保持的化学成分；选择适宜的贮藏条件，如避光、充 CO_2、低温冷藏（7℃左右）等。

第三节 茶饮料的护色及增香技术

一、护 色 技 术

茶饮料是一种受热不稳定体系，特别是绿茶饮料，在贮存过程中茶汤色泽易受光照、氧气和高温等的影响而发生变化，在饮料加工中主要受萃取和灭菌技术的影响。现在市场上茶饮料主要以 PET 瓶包装为主，茶汤色泽的稳定性研究显得越来越重要。

茶饮料的护色技术种类繁多，大致可分为化学技术和物理技术两大类。化学技术就是通过外源添加某些化学物质，以达到护色的效果，主要有包埋法、酶处理法、离子护色法、加抗氧化剂法以及 pH 调色法等；物理技术主要包括包装技术、灭菌技术和除氧技术。

包埋技术主要是在绿茶饮料生产过程中使用包埋剂，将其中的一些大分子物质包埋，使得这些大分子物质不易沉淀，并保护绿茶饮料中决定绿色的有效成分。目前绿茶饮料中使用最为广泛的包埋剂是 β - 环糊精（β - cyclodextrin，简写为 β - CD）。β - CD 具有特殊的分子结构和稳定的化学性质，不易受酶、酸、碱、光和热的作用而分解，具有保香、抗氧化、抗光解、保色作用，在食品工业中得到了广泛应用。

葡萄糖氧化酶可作为护色酶应用于茶饮料生产中，添加后茶汤中的茶多酚、维生素、芳香成分等对氧敏感的物质变得稳定，从而起到了护色作用。从节约成本的角度考虑可采用较便宜的果胶酶、原果胶酶、纤维素酶和半纤维素酶作为护色酶，使用这四种酶可低温短时萃取茶叶，避免高温萃取对风味的影响，而且这几种酶能提高茶汤的色泽品质。

在萃取时加入抗坏血酸和 β – CD 等添加剂、抗氧化剂可有效防止茶汤氧化。如在 pH4.0 ~ 5.0 下加入 0.06% Na_2SO_3 和 0.01% $ZnCl_2$ 可有效抑制绿茶茶汤褐变；在高温灭菌过程中添加 L – 抗坏血酸、半胱氨酸和亚硫酸钠对茶多酚的氧化具有显著抑制作用，茶汤亮度明显提高；L – 抗坏血酸和焦磷酸盐对罐装绿茶水也具有明显的保护作用；在添加 L – 抗坏血酸和碳酸氢钠的同时，加入一定量的类黄酮，可以克服绿茶罐装饮料褪色和失去风味的问题；茶汤 pH 经过缓冲液调整后，因还原力保存较好，经 40℃ 贮存 3 个月后其茶汤色泽仍保持翠绿明亮。

二、增 香 技 术

茶叶经过热水萃取、过滤、储存、调配、杀菌及灌装等工序，特别是茶水经过萃取和杀菌的高温作用，而导致香气的损失、破坏及产生不良风味。这样处理的饮料品质的最大问题是没有现泡茶的香气。

近年来微胶囊技术在茶叶香气保存方面的研究也有一些进展。萃取过程中添加 0.05% ~ 0.5% 的 β – 环糊精（β – CD），能有效掩饰茶饮料灭菌后产生的不良气味，或者将 0.05% 的 β – CD 包埋香精油后添加到茶饮料中，利用其包络疏水性物质的分子或基团的作用防止香气的挥发和损失，以达到掩盖不良气味和增加茶香的效果。

"ARS" 技术原理是：为避免茶的清香或茶叶品种特殊的头香在生产过程中损失，首先在茶叶浸提时，利用特殊的香气萃取装置（ARS），从茶叶与水组成的茶浆中连续分离和萃取茶叶和茶水中的香气化合物。被萃取的茶叶芳香物质被冷凝后冷藏，以保持最好的香气品质状态。而被萃取香气后的茶浆和茶水，可按常规的工艺进一步分离、过滤、浓缩成茶浓缩汁。然后，被萃取的茶叶香气液可采用以下方法回添：在茶浓缩汁中重新加入混合，然后经 UHT 和无菌灌装，生产出茶叶浓缩汁；在茶叶浓缩汁中重新加入混合，然后喷雾干燥或冷冻干燥，生产高香气的速溶茶粉；在生产茶饮料中作为天然香味强化剂加入，生产高香味的茶饮料。采用该技术生产出的速溶茶粉和浓缩茶汁的香味品质与现泡茶的品质基本相当。

除此之外也可以添加天然香精香料，利用香味增强剂等增加茶饮料的香气。

第四节　典型茶饮料加工案例

一、茶汤饮料加工工艺

（一）茶汤饮料工艺流程

茶汤饮料加工工艺流程见图 7 – 6。

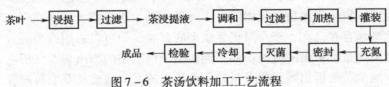

图 7 – 6　茶汤饮料加工工艺流程

（二）工艺要点

1. 原料选择

选择茶叶时应注意不同种类和产地对茶叶的风味影响较大。茶汤饮料中的主要成分是茶叶浸出液，或称茶汁、茶汤，因此茶叶品种和品质的好坏直接影响饮料的质量。用于茶饮料的茶叶原料主要是红茶、乌龙茶和绿茶，其中以红茶居多，其次是乌龙茶。

2. 浸提

茶叶原料颗粒的大小、浸提温度、浸提时间、茶水比例以及浸提方式（设备）均直接影响茶中可溶性物质的浸提率及提取液的品质，从而影响茶饮料的香味和有效成分的浓度。

3. 过滤与分离

调配茶饮料前，需要进行过滤。另外含乳茶饮料在过滤后加热前还应进行均质（一般采用高压均质机进行均质，压力控制在 20~25MPa，温度 80~85℃）。

4. 澄清

在茶饮料加工中，茶多酚、咖啡碱在浸提或高温过程，会发生絮凝和沉淀。为了得到质量稳定、品质优良的茶饮料，必须通过澄清等方法除去产生的沉淀物质。

5. 浓缩

目前，主要采用反渗透法来浓缩茶汁。通常在茶汤中加入 5~10g/L 的纤维素粉。反渗透到茶汤浓缩至规定浓度后，再通过过滤或离心分离的方法去掉茶汤中的纤维素，而获得浓茶汁。浓茶汤可用作基料，用于配制茶饮料，也可以进一步干燥，制造速溶茶。

6. 调和

由于茶汤极易氧化褐变，影响茶饮料的风味，因此需加入抗氧化剂（如抗坏血酸及其钠盐、异抗坏血酸及其钠盐）。如果茶饮料偏酸，则常用碳酸氢钠来调节 pH 至 6~6.5。在茶饮料风味允许的前提下，宜将 pH 调低一些，有效防止微生物生长，提高化学成分的稳定性。

7. 灌装

调配好的茶汤原液加热到 90~95℃，趁热灌装，然后充氮、密封，若采用无菌包装，则杀菌冷却后再无菌灌装。

8. 杀菌

茶汤饮料的 pH 在 4.5 以上，最好采用高压杀菌。一般采用高温杀菌或高温瞬时杀菌，均可有效杀灭茶饮料中肉毒杆菌芽孢，达到预期的杀菌效果。另外辐射杀菌、微波杀菌、高压脉冲杀菌等非热杀菌等高新技术，在茶饮料生产中的应用正逐渐被推广。

（三）茶汤饮料常出现的质量问题

1. 茶乳现象

茶乳现象也就是浑浊现象，又称为"低温浑浊"或"冷浑浊"，其形成机理见第三节。冷浑浊是茶饮料生产销售过程中的主要质量问题，通常称为"茶乳"。茶乳析出作为茶饮料行业的难题存在已久，至今虽仍无法彻底解决，但可以采用适当的方法减少茶乳析出的量，或者延迟茶乳析出的时间，如果能在整个保质期内不出现茶乳析出，则商业质量要求已达到。减少茶乳析出数量或者延迟茶乳析出的时间需要从萃取阶段就开始控制，直至产品出库为止（产品出库后已经脱离技术控制再讨论控制茶乳已无太大意义，当然如果在整个产品的货架期内均能保持在 4℃ 以内则最好，但现阶段的实际情况还有较大距离）。萃取阶段需要做的就是控制萃取温度在一个合理的范围之内，萃取液经离心分离后温度应严格控制在 19℃ 以下；分离流量过大也会造成分离不彻底，极易出现茶乳；调配桶与充填机之间的滤网越细，茶乳出现得就越少，时间也越晚；产品温度升高时间（包括预热、杀菌、倒瓶、冷瓶时间）保持得越短，茶乳出现得就越少，时间也越晚；产品出来以后的存放环境温度也不可过高。总之，减少茶乳出现量需要遵循以下三个原则：缩短受热时间、彻底分离、低温保存。

2. 黑渣

茶饮料出现黑渣是常见现象，一段时间内连续出现黑渣或者一段时间稍微好转后又再次出现黑渣或者每次生产的特定时间总出现黑渣。孙静等人经过观察，发现黑渣往往出现在充填机暂停后重新开机的时候，或者是杀菌温度波动后的一段时间内；或者连续生产 16h 后即使没有温度的变化也会出现黑渣。如调配液在经过 UHT 杀菌后进入充填机前，为了保证充填量，需要一个高位桶（见图 7 - 7）来保证一定的充填压力。此高位桶并非一直进料，而是受控于一个低液位传感器和一个高液位传感器。当传感器监测到液位降低时，开始进料，监测到高液位时，停止进料。这样在调配液达到低液位之前，其实低液位与高液位之间的桶壁就会出现一段时间空白，由于桶壁温度略高于充填温度，约为 92℃，如此高的温度持续的加热桶壁上残留的调配液，就可能出现黑渣，当到达低液位时，重新输入的调配液就会将桶壁上的黑渣冲下来，于是黑渣就进入产品当中。如高位桶示意图所示，由 UHT 来料在节点处有一个三通阀控制调配液流向，为直观起见，将其分解为三个独立的阀门，即阀1、阀2、阀3，其中阀2 为 CIP 清洗管道上的阀门，设备出厂时已设定生产中处于常闭状态；高位桶处于低液位时，阀1 关闭，阀3 打开，高位桶开始进料；高位桶位于高液位时，阀3 关闭，停止进料，阀1 打开，产品进行回流；阀4 的开合取决于充填机的状态。分析认为，根据高位桶的构造，建议生产中手动拉开阀2，使其由常闭状态转为常开状态，如此一来，调配液经 CIP 喷淋球均匀的喷淋在高位桶的四壁，避免了桶壁持续加热残留料液，从而就没有黑渣出现了。充填时，充填机的流量远远大于喷淋球的流量，不会发生高位桶料液溢出现象；意外停机时，当高位桶达到高液位时机器自动报警，此时再手动关闭阀2 即可。

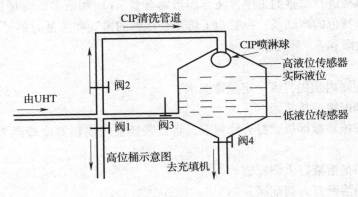

图 7 - 7　高位桶示意图

二、冰红茶饮料生产工艺

冰茶原指加冰或冷冻处理的清凉茶饮料，现已泛指冷热均可的调味茶饮料。一般是以茶为原料，佐以天然果汁、食用香料等调味物配制加工而成。有些种类的冰茶，还适量充入二氧化碳气体，使其兼具碳酸饮料的优点。在我国，冰茶主要有冰红茶和冰绿茶等。

（一）冰红茶生产工艺流程

冰红茶生产工艺流程见图 7 - 8。

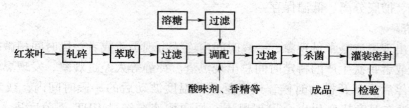

图 7 - 8　冰红茶生产工艺流程

（二）操作要点

1. 原料处理

茶叶进行轧碎，轧碎程度掌握在 40 ~ 60 目，以保证浸提效果。

2. 浸提

红茶茶水比为 0.44%，红茶的提取温度通常为 85 ~ 90℃，7min，pH4.5 左右。可加入 β - 环糊精防止茶叶香气的损失。

3. 冷却

冷却要快速，一般先用冷却水将提取液冷却到 18℃ 以下，然后用冷却设备将其冷却到 5℃ 左右，以分离出茶乳酪。

4. 过滤

调配茶饮料前，需要进行过滤。通常先粗滤再精滤，除去萃取液的小颗粒，过滤后冷却。

5. 调配

根据产品的种类进行调配，先将精滤茶汁或澄清浓缩茶汁基料用水稀释，对茶汁的理化指标和品质风格进行调整的工序，使其固形物含量、pH 和茶多酚含量达到规定值，而制备成不同风味特色的冰红茶。一般为了防止茶饮料的褐变和杀菌时的"熟汤味"，可适量添加异抗坏血酸和 β - 环糊精。

调配过程：

（1）向调配罐内预先打入一定量常温水。

（2）打开调配罐搅拌机。

（3）打开储糖罐搅拌机，打开物料泵，将糖浆经板式换热器冷却至 25℃ 后打入调配罐内。

（4）将添加剂溶液打入调配罐。

（5）将红茶溶液打入调配罐。

（6）打开处理水进行初定容，并缓慢加入香精；搅拌均匀，最终调整规格（°Bx）：

8.6±0.2，pH：3.4±0.2，同时取样检测料液色泽、滋气味，使之符合要求。

（7）搅拌 3min 后，关闭调配罐搅拌机，用常温处理水或冰处理水定容到规定调配量，同时整拂调配液温度≤25℃；定容时注意将泡沫拂开，避免影响定容的准确性。

6. 过滤

除去料液中的小颗粒杂质和不溶性大分子沉淀物质。可使用精滤和超滤两级过滤。过滤液澄清透亮，浊度≤8NTU 才可进行杀菌。

7. 灌装和杀菌

冰红茶的 pH 小于 4.5，属酸性饮料，采用巴氏杀菌即可达到杀菌要求。

灌装可采用易拉罐、PET 瓶、利乐包、玻璃瓶等容器。PET 瓶包装热灌装封盖后，需倒瓶冷却；采用利乐包无菌包装需冷却后进行灌装。有的还充入二氧化碳气体。

本章小结

本章主要介绍了茶饮料的特点、发展现状、概念与分类、发展趋势、质量安全要求与标准、典型茶饮料冰红茶和茶汤饮料的生产技术、典型萃取设备、常见质量问题及对策等。在国外，茶饮料是 21 世纪欧美国家发展最快的饮料。在国际上被称为" 新生代饮料"，具有强大的发展势头和巨大的市场潜力。学习与掌握典型茶饮料的生产技术、解决茶饮料生产中常见的质量问题，如茶汤饮料中茶乳现象的产生等是本章的重点与难点。

思考题

1. 什么是茶饮料？茶饮料如何分类？
2. 茶饮料浑浊沉淀的原因是什么？如何除去？
3. 简述茶汤饮料和冰红茶生产工艺及其操作要点。
4. 如何解决茶乳及茶饮料稳定性问题？
5. 简述主要的杀菌技术和灌装容器。
6. 茶饮料生产的主要设备有哪些？

拓展阅读文献

［1］李学鸣，孟宪军，彭杰. 茶多酚生物学功能及应用的研究进展［J］. 中国酿造，2008，24：13～16.

［2］Zhu Qin - Yan. Stability of green tea catechins［J］. J Agric. Food Chem，1997，45：4624～4628.

［3］尹军峰. 茶饮料加工中的风味调配技术［J］. 中国茶叶，2006（4）14～15.

［4］叶新民，袁仲. 高新技术在茶饮料生产中的运用［J］. 安徽农学通报，2005，11（3）：60～61.

［5］宿迷菊. 中国茶饮料的发展与研究进程［J］. 茶叶科学技术，2005，（1）：14～17.

［6］王志岚，李书魁，许勇泉，尹军峰. 茶饮料灭菌技术概述［J］. 蚕桑茶叶通讯，2009，（3）：31～33.

［7］尹军峰. 茶饮料加工中的灭菌技术［J］. 中国茶叶，2006（3）：17～18.

［8］陈海军. 茶饮料的调配［J］. 实验报告与理论研究. 2007，10（9）：28～30.

［9］尹军峰，林智. 国内外茶饮料加工技术研究进展［J］. 茶叶科学 2002，22（1）：7~13.

［10］王莎莎，马力. 茶饮料的加工技术进展［J］. 饮料工业. 2009（4）：1~5.

［11］国内外茶饮料包装市场分析［N］. 中国包装报，2009.

［12］罗龙新. 茶饮料发展前景与生产技术［J］. 中国食品工业，1998（11）：4~6.

［13］方元超，赵晋府. 饮料行业中茶饮料技术进展［J］. 饮料工业，1998，1（6）：4~6.

［14］丁勇. 液体茶饮料的开发现状及技术需求［J］. 茶叶通报，2001，23（3）：7~9.

［15］国家技术总局产品质量监督司. 茶饮料产品质量国家监督抽查结果［J］. 中国防伪，2005（1）：40~41.

第八章 固体饮料

学习目标

1. 了解固体饮料分类、现状及发展趋势。
2. 熟悉固体饮料的加工工艺及质量要求。
3. 掌握以速溶咖啡、蛋白固体饮料为代表的关键生产工艺及设备。

第一节 概　　述

一、固体饮料概念与分类

（一）固体饮料的概念

依据《饮料通则》（GB 10789—2007），固体饮料（powdered drink）是用食品原料、食品添加剂等加工制成粉末状、颗粒状或块状等固态料供冲调饮用的制品（不包括烧煮型咖啡）。如果汁粉、豆粉、茶粉、咖啡粉、果味型固体饮料、固态汽水（泡腾片）、姜汁粉。

固体饮料是相对饮料的物理状态而言，是饮料中的一个特殊品种。固体饮料是由液体饮料去除水分而制得的。与液体饮料相比，固体饮料具有质量轻、体积小，运输与携带方便，且易冲溶，特别因其含水量低，故具有良好的耐贮性。

固体饮料在品种、产量、包装等方面都发展很快，固体饮料在饮料工业中占有相当重要的地位和比重，不仅品种繁多，适合饮用的对象广、消费量大，而且提供营养、健康、卫生、安全和方便的饮品，在调整人们营养水平方面具有重要的作用。在美国、西欧、日本等国家和地区，固体饮料产量年增长率均在 10% 以上。由于固体饮料生产设备简单，建厂投资少，工艺不复杂、周期短、利润高，能充分利用和开发当地原料资源，再加上人们生活快捷方便化的改变、生活水平的提高以及旅游业的日益发展，因而，近年来国内固体饮料也有很大的发展，目前正朝着组分营养化、功能化、品种多样化、包装优雅美观、携带方便的方向发展。

我国有着丰富的天然资源和历史悠久的饮食文化，随着改革开放的深入，借鉴和吸收国外先进技术和设备，遵循天然、营养、回归自然的发展方向，适应消费者对饮料口味多样化的需要，积极发展乳蛋白、植物蛋白、果蔬汁、速溶茶等营养性、功能性、特殊性的固体饮料，并继续改进固体饮料的包装。我国的固体饮料工业必然会有更大的飞跃发展，而且将进一步增强在国际市场上的竞争力。

（二）固体饮料的种类

1. 蛋白型固体饮料

蛋白型固体饮料是以糖、乳及乳制品、蛋及蛋制品或植物蛋白以及营养强化剂为主要原料制成的，是固体状的蛋白质饮料，蛋白质含量≥4%。例如：乳粉、豆乳粉、蛋奶粉以及豆乳精、维他奶、花生精、麦乳精等。

2. 普通型固体饮料

以果汁或经烘烤的咖啡、茶叶、菊花等植物提取物为主要原料，添加或不添加辅料制成的、蛋白质含量低于 4% 的制品。普通型固体饮料包括果香型固体饮料和其他型固体饮料（不包含可可粉固体饮料）。

（1）以糖为主，配以咖啡、可可、香精以及乳制品等原料制成的，其蛋白质含量低于蛋白型固体饮料的规定标准。

（2）以茶叶、菊花及茅根等植物为主要原料，经浸提、浓缩和配料制成的制品。例如菊花晶、柠檬茶等。

（3）以食用包埋剂吸收咖啡或其他植物提取物，以及其他食品添加剂等为原料加工制成的产品。

3. 可可粉固体饮料

以可可粉为主要原料，添加或不添加其他辅料，不经热加工制成的固体饮料。

固体饮料品种繁多，范围广泛，应根据所用物料的性质、特点、产品规格、档次等因素来具体选择，并确定合适的工艺参数和最佳工艺流程。

二、固体饮料产品质量标准

固体饮料产品标准与其他饮料相似，主要包括感官指标、理化指标及微生物指标三大项。

（一）感官指标

固体饮料应该具有该产品应有的色泽、香气和滋味，无刺激、焦糊、酸败及其他异味；无结块，冲掉后呈澄清或均匀混悬液，无正常视力可见的杂质。

（二）技术要求

固体饮料的基本技术要求见表 8-1。

表 8-1　　　　　　　　　　固体饮料基本技术要求

分　类		项　目	指标或要求
果蔬固体饮料类	水果（果汁）粉	水果粉或蔬菜粉含量/%（质量分数）	≥100
	蔬菜（蔬菜汁）粉		
	水果（果汁）固体饮料	水果粉含量/%（质量分数）	≥10
	蔬菜（蔬菜汁）固体饮料	蔬菜粉含量/%（质量分数）	≥5
	复合水果粉 复合蔬菜粉 复合果蔬粉	水果粉和（或）蔬菜粉的总含量/%（质量分数）	≥100
		不同水果粉和（或）果蔬粉添加比例	符合标签标示
	复合水果粉固体饮料	水果粉总含量/%（质量分数）	≥10
		不同水果粉添加比例	符合标签标示
	复合蔬菜粉固体饮料	蔬菜粉总含量/%（质量分数）	≥5
		不同蔬菜粉添加的比例	符合标签标示
	复合果蔬粉固体饮料	水果粉和（或）蔬菜粉的总含量/%（质量分数）	≥10
		不同水果粉和（或）果蔬粉添加比例	符合标签标示

续表

分 类		项 目	指标或要求
蛋白固体饮料类	含乳固体饮料	蛋白质含量/%（质量分数）	≥10
	植物蛋白固体饮料		≥5
	复合蛋白固体饮料		≥7
	速溶豆粉和豆奶粉	按 GB/T 18738 执行	
茶固体饮料类	速溶茶粉	茶多酚含量/（mg/kg）	≥2000
	果汁茶固体饮料	茶多酚含量/（mg/kg）	≥2000
		水果粉总含量/%（质量分数）	≥5
	果味茶固体饮料	按照相关标准执行	
	奶茶固体饮料	茶多酚含量/（mg/kg）	≥2000
		蛋白质含量/%（质量分数）	≥5
	奶味茶固体饮料	按照相关标准执行	
	其他茶固体饮料	茶多酚含量/（mg/kg）	≥1500
咖啡固体饮料类	速溶咖啡	咖啡因含量/（mg/kg）	≥2000
	低咖啡因速溶咖啡		≤500
	咖啡固体饮料		≥2000
	浓咖啡固体饮料		≤4000
	低咖啡因咖啡固体饮料		≤500
风味型固体饮料类 植物固体饮料类 特殊用途固体饮料类 其他固体饮类		按照相关标准执行	

注：按照冲调倍数为 10 倍规定。

（三）理化指标

理化指标应符合表 8 – 2 规定的指标。

表 8 – 2　　　　　　　　　　固体饮料理化指标　　　　　　　单位为克每百克

项目	指标	
	普通型	蛋白型
蛋白质	<0.7	≥0.7
水分	≤5.0	

（四）卫生指标

卫生指标见第十三章第一节饮料产品卫生安全要求。

三、固体饮料的主要原料

甜味剂、酸味剂、香精、食用色素也是固体饮料的主要原料，它们的特性等具体内容参见第二章第二节。

在固体饮料加工中还需要添加一些辅助材料，以满足各种需要，主要有以下几种：

1. 果汁

果汁是果汁固体饮料的主要原料。除了使产品具有相应鲜果的色、香、味外，还提供人体必需营养素如糖、维生素、无机盐等。多种鲜果如苹果、广柑、橘子、杨梅、猕猴桃、刺梨、沙棘、葡萄等，经过破碎、压榨、过滤、浓缩，均可制得高浓度的果汁。果汁在生产过程中，要注意避免和铜、铁等金属容器接触，操作要快速，浓缩温度要尽可能低，尽量不接触空气，以保证果汁的营养成分特别是维生素少受破坏。果汁浓度的高低，须根据果汁固体饮料生产工艺而定，如果采用喷雾干燥法或浆料真空干燥法，则果汁浓度可低些，否则果汁浓度尽可能高，一般要求达到40波美度左右，以使饮料能尽量多含一些果汁成分。产品中鲜汁含量一般为20%左右。

2. 麦芽糊精

麦芽糊精是白色粉状物，由淀粉经低度水解而制成，为D−葡萄糖的一种聚合物，其组成主要是糊精。麦芽糊精可以用来提高饮料的黏稠性和降低饮料的甜度，也具有浑浊剂的作用，与色素、香精等以适当比例配合使用，使产品的透明感消失，外观给人以鲜果汁的真实感。如果饮料需要较高甜度或须保持透明清晰时，则不必添加麦芽糊精。用于生产具有特殊风味的乳晶如人参乳晶、银耳乳晶等，以降低其甜度并增加其黏稠性。

3. 甜炼乳

甜炼乳以新鲜全脂牛乳加糖，经真空浓缩制成，呈淡黄色，无杂质沉渣，无异味及腐败现象，不得有霉斑及病原菌。一般要求水分不少于26.5%，脂肪不低于8.5%，蛋白质不低于7%，蔗糖含量40%～44%，酸度低于48°T。

4. 可可粉

可可粉以新鲜可可豆发酵干燥后，经烘炒、去壳、榨油、干燥等工序加工制成，呈深棕色，有天然可可香，无受潮、发霉、虫蛀、变色等不正常气味。水分少于3%，脂肪16%～18%，细度以能通过100～120目筛为准，用于可可型麦乳精，用量约占全部原料的7%。

5. 乳油

乳油由新鲜牛乳脱脂所获得的乳脂加工制成，呈淡黄色，无霉味、哈味和其他异味，无霉斑。水分少于16%，酸度小于20°T，脂肪大于80%。

6. 蛋黄粉

蛋黄粉以新鲜蛋或冰蛋黄混合均匀后，经喷雾干燥制成，为黄色粉状，气味正常，无苦味及其他异味，溶解性良好。脂肪不低于42%，游离脂肪酸少于5.6%（油酸计）。

7. 乳粉

乳粉以鲜乳喷雾制成的全脂乳粉，为淡黄色粉末，无结块及发霉现象，有明显乳香味，无不正常气味。脂肪含量不低于26%，水分不高于3%，酸度应低于19°T。

8. 小苏打（碳酸氢钠）

小苏打用以中和原料带来的酸度，以避免蛋白质受酸的作用而产生沉淀和上浮现象。可采用药用级或食品级产品。

9. 维生素

维生素作为强化剂，用以生产强化麦乳精。常采用的是维生素A、维生素D和维生素

B_1，其中维生素 A 和维生素 D 只溶于油，维生素 B_1 可溶于水，都应符合食用要求。

10．其他添加物

其他添加物主要是指用以生产具有特殊风味的乳晶饮料需要的添加物如人参浸膏、银耳浓浆等。这些添加物的使用，必须符合食品卫生法的规定，一般都是由各生产单位自行制备。

第二节　固体饮料生产技术

一、果香型固体饮料

（一）果香型固体饮料生产基本工艺

果香型固体饮料的生产可以采用喷雾干燥法、浆料真空干燥法、干料真空干燥法、干料沸腾干燥法、干料远红外加热干燥法等。果香型固体饮料的生产工艺流程见图 8－1。

原料 ⟶ 配料 ⟶ 混合 ⟶ 成型 ⟶ 干燥 ⟶ 过筛 ⟶ 包装 ⟶ 成品

图 8－1　果香型固体饮料的生产工艺流程

（二）果香型固体饮料生产关键技术

1．合料

合料是全部操作的第一道工序。选择符合要求的原料，分别进行预处理，然后充分混合。在此工序中要特别注意的是以下几方面：

（1）常用的混合设备为单桨槽式混合机。该机主要部件是盛料槽，槽内有电动搅拌桨，槽外有与齿轮联动的把手，还有料槽的支架等，使得各种原料能在料槽内充分混合，并在混合完毕后自动倒出。合料时必须按照配方投料，投料的顺序为白砂糖、麦芽糖、其他甜味剂、着色剂、柠檬酸、香精，果蔬味固体饮料一般的配方是砂糖 97%、柠檬酸或其他食用酸 1%、各种香精 0.8%，食用色素控制在国家食品卫生标准以内，果蔬汁固体饮料的配方基本上与果蔬味的相似，所不同的是以浓缩果汁取代全部或绝大部分香精，柠檬酸和食用色素也可不用或少用，果蔬味和果蔬汁固体饮料均可在上述配方基础上加进糊精，以减少甜度。

（2）白砂糖需用粉碎机粉碎并过 60 目筛，然后投料。采用的粉碎设备一般为筛片式磨粉机，它将砂糖由颗粒状粉碎成细粉，以利混合，更有效地吸收其他成分，避免产品有色点、硬块。

（3）如需投入麦芽糊精同样要粉碎、过筛，继糖粉后加入混合机。

（4）食用色素和柠檬酸等分别先用水溶解，然后分别投料，再投入香精，搅拌混合，如果所用是果蔬汁，则最好用浓缩果蔬汁，并在配料时尽量少加水或不加水，柠檬酸可少用或不用。

（5）投入混合机的全部用水必须控制在全部投料量的 5% ~7% 为宜。全部用水包括果蔬汁中的含水量，用以溶解食用色素和溶解柠檬酸的水，也包括溶解香精的水，用水过多，则成型机不好操作，并且颗粒坚硬，影响质量，用水过少，则产品不能形成颗粒，只能成为粉状，不合乎质量要求，如用果蔬汁取代香精，则果蔬汁浓度必须尽量高，并且绝对不能加水合料。

2. 成型

成型即造粒，将混合均匀、干湿适当的坯料放进颗粒成型机造型，使成颗粒状，颗粒大小与成型机筛网孔眼大小直接相关，必须合理选用。一般以 6~8 目筛网为宜。造型后成颗粒状的坯料，由成型机出口进入盛料盘。成型设备主要采用摇摆式颗粒成型机。成型机的主要作用是将混合好的散料通过旋转的滚筒，由筛网挤压而出成为颗粒。筛网可随时更换，一般为 6 天一换。筛网的规格可根据产品的规格要求来选择。

固体饮料成型一般有两种生产工艺：分料法和成型干燥法。

分料法也称合料法，是将多种粉末原料粉碎成一定细度，并按照配方进行混合。这一方法的特点是操作简单。合料是全部操作的重要工序，生产设备是高效粉碎机和混合机。将各种原料粉碎，并在干燥条件下按配方进行混合，可得到所需产品。目前，国内生产一般在合料后还需进一步成型和烘干。

成型干燥法是将多种原料按配方混合，成型后干燥、过筛或粉碎过筛而成。在固体饮料生产中，造粒成型、干燥是基本工序。在干燥的同时，饮料的香气成分会随同水分部分被蒸发，因此在干燥过程中，香气成分的保持尤为重要。

造粒目的：造粒是将粉状、块状、溶液或熔融液体等原料成型为具有大致均匀形状和大小的粒子。造粒操作也称颗粒化或速溶化。造粒目的是为了提高速溶性、增加流动性、减少飞散性和吸湿性等。

造粒方法大致可分为两种：一类是将粉末凝聚成规定大小的凝聚造粒法；另一类是将大的块状粉碎成规定大小的粉碎造粒法。固体饮料生产常用凝聚造粒法。粉末凝聚造粒法又可分为两种：一种是加水将粉体粒子表面润湿，使粉体相互黏结的湿式造粒法；另一种是不加水而用物理压力，是粉体相互黏结的干式造粒法。固体饮料生产中常用造粒方法主要有几下几种：

（1）转动造粒　在粉体运动过程中喷水或喷黏结剂溶液进行凝聚造粒。有转筒式造粒机、旋转皿造粒机和震动板式造粒机。如果将液体掺入细粉末并适当地搅拌，那么细粉末就容易结成粒状物。液体和固相互相密切接触产生黏结力而形成团粒。最常用的润湿相是水，或者能在团粒中形成毛细黏结力的水溶液。但是，由于各种黏性液态、固态、范德瓦尔和其他一些黏结机理的不断开发，润湿相也可以采用其他液体和黏结剂。最常用的搅拌方法是通过圆盘、锥形或筒形转鼓回转时的翻动、滚动以及帘式垂落运动来完成的。

（2）搅拌造粒　粉末在混合搅拌叶片的容器中高速搅拌，同时添加水或黏合剂溶液凝聚造粒。设备有捏合机、搅拌造粒机等。生产工艺同转动造粒。

（3）流动层造粒　粉体依靠气流流动、喷水或黏结剂凝聚造粒，可分为间歇式和连续式两种。间歇式是将数种原料进行混合的造粒操作。连续式适合单一原料的大量连续生产，产品为多孔性的柔软颗粒，速溶性好，用于果汁、可可、汤料、乳粉等各种颗粒状干燥食品的生产。

（4）气流造粒　将粉体分散在气流中，喷水或蒸汽凝聚造粒，气流造粒的产品为多孔性柔软颗粒，速溶性好。

（5）挤压造粒　粉体在混合机中加湿，利用螺旋活塞或辊式挤出机将原料从筛网或模孔挤出，形成圆筒状的颗粒，产品脆硬。在用压力法进行造粒的过程中，粉末是在限定的空间中通过施加外力而压紧为密实状态的。产生稳定团聚的力有絮团的桥连力、低黏度液体黏结力、表面力和互聚力。团聚操作的成功与否，一方面取决于施加外力的有效利用和传递，另一方面也取决于颗粒物料的物理性质。

根据所施外力的物理系统不同，压力法大致分为两大类，一类是模压，物料装在封闭模槽中，通过往复运动的冲头进行模塑，由于只受单向压缩力，压实固结时，几乎不发生颗粒内部运动和剪切作用。另一类是挤压系统，在此系统中，物料承受一定的剪切和混合作用，在螺旋或滚子的推动下，通过一开口模或锐孔面团结成型。

（6）破碎造粒　粉碎是食品加工中的重要工序。其目的是将大颗粒物料粉碎成为小颗粒，根据原料粒度和成品粒度，粉碎可分为粗粉碎、中粉碎、细粉碎和超细粉碎。食品行业主要是细粉碎和超细粉碎。细粉碎是指成品粒径小于 $100\mu m$ 的粉碎操作，超细粉碎指成品粒径小于 $30\mu m$ 的粉碎操作。在固体饮料的制作过程中也常使用此工艺，对产品进行成型加工，主要是将在压片机或辊筒机压缩成型的物料破碎、造粒。产品粒度分布广、不定形，不适合附着性强和热可塑性的原料。

（7）喷雾造粒　将液体、泥状或糊状原料喷雾在高温气流中，使液滴瞬时干燥。在喷雾时，液态进料（溶液、胶质液、膏状物、乳化液、泥浆液或熔融物）弥散在气体（一般为空气）中通过热量传递或质量传递（或者两个传递过程同时进行）而生成固体颗粒。有关颗粒生成的机理包括液态进料形成小滴而硬化成团体颗粒、料液沉敷在已有的粒核表面而形成固体颗物、许多小粒子在喷入的黏结剂作用下黏聚在一起而形成团粒等。喷雾干燥的粒子直径一般为 $40\sim80\mu m$，根据需要，可以通过喷雾干燥时操作条件和装置的改进，获得大直径的颗粒。喷雾造粒可以进一步分为离心喷雾造粒、皮布尔斯附聚造粒、喷雾干燥造粒、直接造粒（喷雾与流动层干燥组合）、多喷嘴式干燥造粒、冲击破碎式造粒、交叉喷嘴造粒、喷雾干燥式顶部混合造粒、泡沫式喷雾干燥造粒（在较液压高的压力下喷入氮气或二氧化碳气，并使喷雾液滴恢复常压，液滴处于膨松状态，颗粒较喷雾干燥大，用于速溶咖啡、速溶茶的制造）、再加湿式造粒及微胶囊化造粒。

3. 干燥

颗粒坯料放入烘盘后，轻轻摊匀摊平，放进干燥箱干燥。要求控制温度在 $80\sim85℃$ 以使产品保持良好的色、香、味。这种烘箱应配以真空系统，以便尽快排除水分。也可采用沸腾干燥，颗粒料置于筛板上，热风由筛板下吹出，使颗粒料在热风中悬浮、翻滚，从而得以干燥，这种设备称沸腾床干燥器。如果混合料中含有较多量果蔬汁，则其中所含有的许多维生素对温度很敏感，因此，在选择干燥工艺条件时应选择受热时间较短的，以减少营养素的损失。如沸腾干燥设备就比较适合。

4. 过筛

干燥后的产品有的发生粘连，须将大颗粒及结块颗粒除去，可使其再通过 $6\sim8$ 目筛，保持产品颗粒基本一致。随后摊晾至室温。

5. 包装

将通过检验合格的产品，摊晾至室温后再用包装机进行包装。如在品温较高的情况下包装，则容易回潮，引起一系列质变。包装如不紧密，也会引起产品的回潮变质。其常用设备是薄膜袋包装机、金属罐包装机等。

二、蛋白型固体饮料

(一) 蛋白型固体饮料生产基本工艺

蛋白型固体饮料是以糖、乳及乳制品、蛋及蛋制品或植物蛋白等为主要原料，添加适量的辅料或食品添加剂制成的蛋白质含量不小于 4% 的制品。主要共性原料是砂糖、葡萄糖、乳制品、蛋制品。在这些共性原料外再加进麦精和可可粉，则成为可可型麦乳精；加进麦精和各种维生素（如维生素 A、B 族维生素、维生素 D）时，则成为强化型麦乳精；加进如人参浸膏、银耳浓浆等添加物及一定量的麦芽糊精时，则成为一般用添加物取名的人参乳晶、银耳乳晶等。各种麦乳精和各种乳晶均是经化料、混合、乳化、脱气、干燥等工序制成的疏松多孔、成鳞片状或颗粒状的含有蛋白质和脂肪的固体饮料，具有良好的冲调性、分散性和稳定性。用 8～10 倍的开水冲溶时，即成为具有独特滋味的含蛋白乳饮料。

这些饮料都具有增加热量和滋补营养的功效，适宜于老弱病人饮用，但不宜作婴幼儿代乳用。麦乳精和奶晶的最大区别是前者具有较浓厚的麦芽香和乳香，蛋白质和脂肪含量较高；后者则蛋白质和脂肪含量较低，有添加物的独特滋味。此外，利用大豆、杏仁、花生等含有丰富蛋白质和脂肪的植物原料也可生产植物蛋白固体饮料。

蛋白型固体饮料的生产工艺基本上可分为真空干燥法和喷雾法，前一方法较为普通，后一方法与乳粉生产相似。当前，国内蛋白型固体饮料生产主要是采用间歇式浆料真空干燥工艺。采用这一工艺可以生产出符合质量标准的各种麦乳精，也可用以生产其他乳品。真空干燥法工艺流程见图 8-2。

化糖+配浆 → 混合 → 均质 → 脱气 → 分盘 → 干燥 → 轧碎 → 检验 → 包装 → 成品

图 8-2　真空干燥法工艺流程

(二) 蛋白型固体饮料生产关键技术

1. 化糖

先在化糖锅中加入一定量（25%～30%）的水，然后按照配方加入砂糖、葡萄糖、麦精及其他添加物，如人参浸膏、银耳浓浆等，在 95～99℃ 条件下搅拌溶解，使其全部溶化制成糖浆，用 40～60 目的筛网过滤后投入混合锅。待温度降至 70～80℃ 时，在搅拌情况下加入适量碳酸氢钠，中和各种原料可能引进的酸度，从而避免随后与之混合的乳浆出现凝结现象。碳酸氢钠的加入量应随各种原料酸度高低而定，一般为原料总投入量的 0.2% 左右。化糖锅用以溶化各种糖料，如砂糖、葡萄糖、麦精等。化糖锅为夹层，供通蒸汽加热。内壁为不锈钢，有搅拌桨叶，便于搅匀各种糖料，加速溶化操作。该锅夹层接通蒸汽进出管，锅顶接有水管，锅底有出料管通往混合锅。出料口还装有可以拆装的筛板（40～60 目）。

2. 配浆

配浆时先在配浆锅中加入适量的水，然后按照配方加入炼乳、蛋粉、乳粉、可可粉、奶油等，使温度升高至 70℃，搅拌混合。蛋粉、乳粉、可可粉等需先经 40～60 目筛过滤，避免硬块进入锅中而影响产品质量。奶油应先经熔化，然后投料。浆料混合均匀后，经 40～60 目的筛网进入混合锅。配浆锅用以调配炼乳、乳粉、蛋粉、可可粉、奶油等。该锅的结构和材质与化糖锅基本相同。如在调料桶中进行，桶内应配备有搅拌器、过滤筛、加热系统等。

3．混合

混合俗称打料，是在混合锅内使糖浆与乳浆充分混合，混合后料温应在 65℃ 以上，一方面满足杀菌的要求，另一方面减少蛋白质的热变性。并加入适量的柠檬酸以突出乳香并提高乳的热稳定性。柠檬酸用量一般为全部投料的 0.002%。混合锅内容物最后由出料管通往浓缩锅。

4．均质

由于含有大量油脂和固形物，虽经搅拌器搅拌，仍难以使奶油中团聚的脂肪粒分散，更无法使脂肪球变小，这会影响产品的黏度和口感。可用均质机、胶体磨、超声波均质机等进行两次以上的均质。这一过程的主要作用是使浆料中的脂肪滴破碎成尽量小的微液滴，增大脂肪滴的总表面积，改变蛋白质的物理状态，减缓或防止分离，使浆料均匀一致，冲调液保持浓稠、均匀、少沉淀，从而大大提高和改善产品的乳化性能。这是保证产品品质的关键工序之一。

5．脱气

浆料在乳化过程中混进大量空气，如不加以排除，则浆料在干燥时势必发生气泡翻滚现象，使浆料从烘盘中逸出，造成损失。因此必须将乳化后的浆料在浓缩锅中脱气，以防止上述不良现象产生。除浓缩锅体外，还需配置平衡桶、高位冷却塔和真空泵等，以达到真空排气的目的。浓缩设备常用真空浓缩设备。浓缩脱气所需的真空度为 96kPa（720mmHg），蒸汽压力控制在 0.1～0.2MPa 以内。当从视孔中看到浓缩锅内的浆料不再有气泡翻滚时，则说明脱气已完成。脱气浓缩还起着调整浆料水分的作用，一般应使完成脱气的浆料水分控制在 28% 左右，以待分盘干燥。

6．分盘

分盘就是将脱气完毕并且水分含量合适的浆料分装于烘盘中。每盘数量需根据烘箱具体性能及其他实际操作条件而定，每盘浆料厚度为 0.7～1cm。

7．干燥

干燥箱用以烘干浆料，使产品水分控制在标准以内。干燥箱为密封体，有活动密封门，箱内有排管或空心薄板，供通入蒸汽以加热浆料，也可以通入冷水进行干料冷却。干燥箱通过管道与平衡桶、高位冷却塔和真空泵相通，使箱内在干燥过程中实现高度真空。真空干燥一般要经过四个阶段，即升温、恒速干燥、发泡成型、冷却固化。发泡成型操作是混入空气或添加碳酸铵之类的物质使之产生泡沫，先进行低真空干燥，物料在减压下气体膨胀形成泡沫层，干燥到一定程度后，物料形成较稳定的蜂窝状，之后提高真空度进行强化干燥，干燥后可得到组织疏松、速溶性好的物料。另外，还可采用喷雾干燥，它是将浆料喷雾于热风中，在瞬间将水分排除而成麦乳精粉末。可采用制造乳粉设备生产麦乳精。除上述干燥方法以外，微波干燥作为一种新技术也开始在麦乳精干燥工序中得到应用，其具有很好的发展前景。对麦乳精等高糖物料，为了防止制品软化，干燥后要快速进行冷却。

将装了料的烘盘放置在干燥箱内的蒸汽排管上或蒸汽薄板上，加热干燥，干燥后浆料发泡可达 8 ~ 10cm。干燥初期，真空度保持 90 ~ 94kPa，随后提高到 96 ~ 98.6kPa，蒸汽压力控制在 0.15 ~ 0.2MPa，通汽干燥时间为 90 ~ 100min。干燥完毕后，不能立即消除真空，必须先停蒸汽，然后放进冷却水进行冷却约 30min。待料温下降以后，才消除真空，再出料。全过程约为 120 ~ 130min。

8. 轧碎

将干燥完成的蜂窝状的整块产品送进轧碎机中轧碎，使颗粒大小控制在 3.5 ~ 5mm，产品基本上保持均匀一致的鳞片状。在此过程中，要特别重视卫生要求，所有接触产品的机件、容器及工具等均需保持洁净，可采用紫外线杀菌。工作场所要有空调设备，以保持温度在 20℃ 左右，相对湿度在 40% ~ 50%，从而避免产品吸潮而影响产品质量，并有利于包装操作顺利进行。

9. 检验

产品轧碎后，在包装之前必须按照质量要求抽样检验。包装后，则着重检验成品包装质量。

10. 包装

检验合格的产品，可在空调环境下进行包装，包装室一般保持温度在 20℃ 左右，相对湿度 40% ~ 45%。在生产中添加营养强化剂应根据其性状、加入后的变化等，决定其是添加在原料中还是添加在加工过程中，或是添加并混合在成品中。固体饮料包装应根据不同包装材料如塑料袋、玻璃瓶、金属罐、薄膜袋等，而采用不同的封装设备。一般是采用电热压封机以封闭预先制好的袋子。近年来又出现一种自动称量、自动制袋和自动封口的塑料封袋机。铁罐封口则与罐头封盖一样，可以采用多种形式和不同自动化程度的封盖机。玻璃瓶装的产品，一般都靠手工拧紧，也可考虑采用机械代替手工。

三、产品质量控制

（一）果香型固体饮料的质量标准

1. 感官指标

（1）色泽　冲溶前无色素颗粒，冲溶后应具有相应鲜果的色泽。

（2）杂质　无肉眼可见的外来杂质。

（3）冲调性　溶解快。果味型应透明清晰，果汁型允许均匀浑浊和有微量果屑。

（4）香味　具有该品种应有的香气及滋味，不得有异味。

（5）外观形态　颗粒状产品应为疏松、均匀小颗粒，无结块；粉末状产品应为疏松的粉末，无颗粒、结块。

2. 理化指标

（1）水分　颗粒状≤2%，粉末状≤5%。

（2）铜含量　≤10.0mg/kg。

（3）铅含量　≤1.0mg/kg。

（4）砷含量　≤0.5mg/kg。

（5）添加剂　按（GB 2760—2011）《食品添加剂使用标准》执行。

（6）溶解时间　≤60s。

（7）颗粒度　≥85%。

（8）酸度　1.0%～2.5%。

3. 微生物指标

（1）细菌总数　≤1000 个/g。

（2）大肠菌群　≤30 个/100g。

（3）致病菌　不得检出。

（二）蛋白型固体饮料的质量标准

1. 感官指标

（1）色泽　基本均匀一致，带有光泽。可可型呈棕红色到棕褐色，强化型呈乳白色到乳黄色。

（2）组织状态　颗粒疏松，多孔状，无结块。

（3）冲调性　溶解较快，呈均匀乳浊液，无上浮物。可可型允许有少量可可粉沉淀。

（4）滋味气味　可可型应具有牛乳、麦精、可可等符合的滋味气味，强化型应具有牛乳、麦精和维生素添加物的滋味。甜度适中，无其他异味。

2. 理化指标

（1）水分　≤2.5%。

（2）溶解度　可可型≥90%，强化型≥95%。

（3）质量体积　真空法≥195cm^3/100g，喷雾法≥160cm^3/100g。

（4）蛋白质　可可型≥8%，强化型≥7%。

（5）脂肪　≥9%。

（6）总糖　65%～70%（其中蔗糖46%～49%）。

（7）灰分　≤2.5%。

（8）重金属　铅≤0.5mg/kg，砷≤0.5mg/kg。

（9）强化剂　维生素 A>1500IU/100g，维生素 B_1>1.5mg/100g，维生素 D>500IU/100g。

3. 微生物指标

（1）细菌总数　<20000 个/g。

（2）大肠菌群　<40 个/100g。

（3）致病菌　不得检出。

4. 其他指标

（1）农药残留量　暂作为内控指标。

（2）保存期　听装 1 年，玻璃瓶半年，塑料袋 3 个月。

（3）质量误差　500g 以下（含 500g）±1%，500g 以上±5%。

四、固体饮料生产常见问题和对策

固体饮料的溶解性是衡量其质量的重要指标。溶解性一般包括溶解过程和溶解效果。溶解过程是粉体颗粒能否全部顺利分散到水中，即速溶性问题。溶解效果则是颗粒能否彻底溶解，形成乳浊液。决定粉状固体饮料溶解性的因素有以下几点。

1. 固体饮料各组成物质的溶解性

各组成物质均应溶于水，其必须是极性分子或分子表面有大量极性官能团，如—OH、

—COOH 等。蛋白质和碳水化合物等高分子物质分子质量不宜太大，分子质量过大，分子扩散速度低，会影响溶解度，当固体饮料中存在不溶性物质，例如变性蛋白质和微细渣粒时，会影响溶解度。另外，饮料中脂肪等不溶性物应保持稳定的乳化状态。

2. 颗粒大小

溶解过程是在固液两相界面进行的，粉的颗粒越小，总表面积越大，溶解速度也越快，但颗粒过小会影响粉体的流散性。实践表明，粒度在 40～120 目范围内固体饮料具有良好的冲溶性和乳化性。

3. 粉体流散性

粉体自然堆积时，静止角小，表示粉的流散性好，这样的粉容易分散，不结团。实际上人们用眼观察到的粉体颗粒是由颗粒相互黏附而成的粉团粒，团粒大小和外形决定固体饮料的冲溶性。团粒大，外形接近球形者，粉的流散性好，冲溶时易分散。过大的团粒在水中分散慢，在分散过程结束前已降到水底，形成沉淀。团粒过小，则流散性差，冲溶时易起"疙瘩"，而且过小的团粒外形不规则。颗粒之间的摩擦力是决定流散性的主要因素，因此为了减少摩擦力，粉体粒度要求分布均匀，颗粒较大且外形为球形或近球形。

4. 粉体容重

较大的容重有利于水面的粉体向水下运动。容重小的粉体容易漂浮，易形成表面湿润、内部干燥的粉团，即通常所说的起"疙瘩"。

5. 颗粒密度

颗粒密度接近水的密度时，颗粒能在水中悬浮，保持与水的充分接触，顺利溶解。而密度大的颗粒迅速沉淀，颗粒与水的接触面减少，并停止了与水的相对运动，溶解速度减慢。颗粒密度小于水时，颗粒上浮，会产生同样效果。

除上述因素外，冲溶时的水温、搅拌程度也会影响溶解过程。

第三节　固体饮料干燥

产品的干燥操作单元是减少物料的水分含量，制得干制品，这也为固体饮料提供了独特的体积重量较小，便于加工运输，并且品质稳定，易于储存的特点，是固体饮料生产的重要环节。

一、干燥过程及原理

当物料受热干燥时，相继发生以下两个过程：一是热量从周围环境传递至物料表面使其表面水分蒸发，称为表面汽化；二是物料内部水分传递到物料表面，称为内部扩散。物料中的水分干燥时先通过内部扩散达到物料表面，然后通过表面汽化被周围环境带走，从而除去物料部分水分。干燥过程中水分的内部扩散和外部表面汽化是同时进行的，在不同阶段其速率不同，而整个干燥过程由两个过程中较慢的一个阶段控制。

（一）表面汽化控制

如果表面汽化速率小于内部扩散速率，则物料内部水分能迅速到达表面，使表面保持充分湿润，此时干燥过程由表面汽化控制。只要改变影响表面汽化的因素，就能使干燥速率发生变化，如在对流干燥中降低空气相对湿度、改善空气流动状况等，可以提高干燥速率；在传导干燥和辐射干燥中提高导热或辐射强度、改善湿空气与物料的接触与流动状况等有助于提高干燥速率。食品干燥初期由表面汽化控制，在干燥介质状态不变的条件下为恒速干燥。

（二）内部扩散控制

如果表面汽化速率大于内部扩散速率，则没有足够的水分扩散到表面以供汽化，此时干燥过程受内部扩散控制。欲提高干燥速率，必须从改善内部扩散着手：如减小物料厚度，以缩短水分的扩散距离；使物料堆积疏松，采用空气穿流物料层，以增大干燥表面积；搅拌或翻动物料使深层湿物料暴露于表面；采用接触加热或微波加热，使深层料温高于表面等。在食品干燥末期，物料水分较少，整个干燥过程由内部扩散控制，是干燥速率不断减小的降速干燥。

二、干燥设备的分类

干燥物料的设备通常称为干燥器。干燥装置组成单元的差别，供热方法的不同，干燥器内空气与物料的不同运动状态等，又决定了干燥器结构的复杂性。

干燥设备有多种分类方法。可按干燥室内操作压力分为常压干燥器和真空干燥器；按操作方式分为连续干燥器和间歇干燥器；按干燥介质和物料的相对运动方式分为并流、逆流和错流干燥器；按供热方式分为对流干燥器、接触干燥器、辐射干燥器和介电干燥器。

三、干燥设备的技术要求

（一）供热方式对干燥设备的影响

为干燥设备提供热量主要通过对流、传导和辐射三种方式，它们对干燥设备的技术要求产生不同的影响。

对流加热干燥器是由流过物料表面或穿过物料层的热空气或其他气体供热，蒸发的水分由干燥介质带走。这种干燥器在初始恒速干燥阶段，物料表面温度为对应加热介质的湿球温度。在干燥末期降速阶段，物料的温度逐渐逼近介质的干球温度。在干燥热敏性物料时，必须考虑此因素。

传导干燥又称接触干燥器，由干燥器内的加热板（静止或移动的）传导供热，蒸发的水分由真空操作或少量气流带走。对热敏性物料宜用真空操作。接触干燥器比对流干燥器的热效率高。

辐射干燥器的各种电磁辐射源具有的波长从太阳频谱到微波（0.2m 至 0.2μm），物料中的水分有选择性地吸收能量，使干燥器消耗较少的能量。但由于投资和操作费用较高，故用于高产值产品的干燥或排除少量难以排除的水分。

（二）操作温度和操作压力对干燥设备的影响

大多数干燥设备在接近常压条件下操作，微弱的正压可避免干燥器外界向内部渗透，如果不允许向外界泄露则采用微负压操作。真空操作昂贵，仅当物料必须在低温、无氧条件下操作或中温或高温条件下操作会产生异味的情况下才推荐采用。对于给定的蒸发量，高温操作可以采用较低的介质流量和较小的设备。在真空环境，温度低于水的三相点下操作的冷冻干燥是一种特殊情况，冷冻干燥时冰直接升华为水蒸气，虽然升华需要的热量比蒸发低数倍，但是真空操作费用昂贵。例如，咖啡的冷冻干燥其价格为喷雾干燥的 2 ~ 3 倍，但产品质量和香味的保存则较佳。

四、干燥设备的选用

（一）干燥器选用原则

1. 当地的资源与自然条件

（1）热源和动力：可提供的煤、电、油等情况。

（2）原料：来源地、批量与供应季节、方式等。

（3）自然条件：温度、相对湿度等。

（4）交通运输：道路与运输设备等。

2. 物料性能及干燥特性

（1）物料的形态，包括大小、形状、固态或液态等。

（2）物料的物理特性，包括密度、黏附性和水含量及其结合状态等。

（3）干燥特性，包括热敏性和受热收缩、表层硬结等性质。

3. 干燥产品的要求

（1）对产品质量的要求，按单位时间的产品产量或原料处理量或水蒸发量计算。

（2）对产品形态的要求，包括几何形状、结晶光泽和结构（如多空组织）等。

（3）对产品水分的要求。

（4）对产品干燥均匀性的要求。

（5）对产品的卫生要求。

（二）干燥器的选型步骤

（1）按湿物料的形态、物理特性和对产品形态、水分等要求，初选干燥器的类型。

（2）按投资能力和处理量大小，确定设备规模、操作方式（连续或间歇）、自动化程度。

（3）根据物料的干燥特性和对产品品质的要求，确定干燥方式（常压或真空；单段或多段）。

（4）根据热源条件和干燥方法，确定加热装置。

（5）按处理量估算出干燥器的容积。

（6）按原料、设备及操作费用，估算产品成本。

五、常用干燥设备及其原理

（一）喷雾干燥机

在固体饮料生产中，干燥技术的应用是必需的。喷雾干燥是常用的干燥方法。喷雾干燥工艺始于 1920 年，一经问世，就以它所具有的许多突出优点，而在许多工业部门，特别是在乳品、固体饮料等食品工业部门得到了广泛地应用。喷雾干燥按其雾化方式又分为压力喷雾法、离心喷雾法和二流体喷雾法。

1. 喷雾干燥的原理

喷雾干燥是通过机械的作用，将需干燥的物料，分散成很细的像雾一样的微粒（以增大水分蒸发面积，加速干燥过程），与热空气接触后，在一瞬间将大部分水分除去，而使物料中的固体物质干燥成粉末。

喷雾干燥是一个较为复杂的过程，它包括浓缩乳微粒表面水分的汽化，以及微粒内部水分不断地向其表面扩散的过程。一般来说，喷雾干燥过程可分为预热阶段、恒速干燥阶段和降速干燥阶段三个阶段。在恒速阶段，水分蒸发是在液滴表面发生，蒸发速度由蒸汽通过周围气膜的扩散速度所控制。主要的推动力是周围热风和液滴的温度差，温度差越大蒸发速度越快，水分通过颗粒的扩散速度大于蒸发速度。当扩散速度降低而不能再维持颗粒表面的饱和时，蒸发速度开始减慢，干燥进入降速阶段。在降速阶段中，颗粒温度开始上升，干燥结束时，物料的温度接近于周围空气的温度。

喷雾干燥器的类型虽然很多，且各有特点，但从整个喷雾干燥装置来看，其组成部分不外乎有以下几个系统，如图8-3所示。

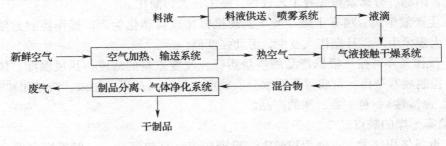

图8-3 喷雾干燥装置

（1）空气加热、输送系统 空气过滤器、空气加热器，风机等。
（2）料液供送、喷雾系统 包括高压泵或送料泵、喷雾器等。
（3）气液接触干燥系统 主要是干燥室。
（4）制品分离、气体净化系统 包括卸料器、粉末回收器、除尘器等。

在这四个组成部分中，决定喷雾干燥装置特征的主要是料液喷雾系统中的喷雾器和气液接触系统的干燥室。

一般来说，生产固体饮料的原料液中含有的水分很高，而固体饮料中含水量在5%以下，必须将其所含的绝大部分水分除去，为此必须进行干燥处理。目前广泛采用的喷雾干燥法，乃是使浓缩汁在机械力（压力或离心力）作用下，通过雾化器使其雾化成雾滴，其直径一般为 $10 \sim 100 \mu m$，从而大大增加了表面积，每升料液经雾化后，其表面积可达 $100 \sim 600 m^2$，一旦与干燥介质（热气流）接触，即在瞬间（$0.01 \sim 0.04s$）进行强烈的热交换和质交换，使其中绝大部分水分不断被干燥介质带走而除去。约经 $15 \sim 30s$ 的干燥，便可得到符合要求的产品。产品由于重力作用，大部分沉降于底部，并从干燥塔底部排出。少量微细粉末随废气进入粉尘回收装置得以回收。热风与液滴接触后温度显著降低，湿度增大，它作为废气由排风机抽出。

喷雾干燥设备在食品工业中应用十分广泛，很多食品，如乳粉、奶油粉、乳清粉、蛋粉、果汁粉、速溶咖啡、速清茶、菊花晶等均可用喷雾干燥的方法生产。

2. 喷雾干燥的优点

（1）干燥速度快 料液雾化后，表面积大大增加，面积增大在万倍以上。在与热气流充分接触时，在数十分之一秒内就能干燥，整个干燥过程仅需 $10 \sim 30s$。

（2）产品质量好　喷雾干燥使用的温度范围非常广（80～800℃），即使采用高温热风，其排风温度仍不会很高。在干燥初期，物料温度不超过周围热空气的湿球温度50～60℃，干燥产品质量好，不容易发生蛋白质、维生素氧化变化等缺陷。

（3）产品品质好　经喷雾干燥得到的产品是松脆的空心颗粒，具有良好的流动性、分散性和溶解性，冲调时能迅速溶解和复原，并能保持原有食品的色、香、味。

（4）营养损失少　由于干燥速度快，故大大减少了营养物质的损失，如热敏性物质维生素C只损失5%左右。因此，特别适合于易分解、变性的热敏性食品采用。

（5）产品纯度高　由于喷雾干燥是在全封闭的干燥室中进行的，因此避免了粉尘飞扬。

（6）工艺较简单　料液经喷雾干燥后，可直接获得粉末状或微细的颗粒状产品，省去了蒸发、结晶、分离及粉碎等工艺过程，使工艺大为简化。

（7）生产效率高　喷雾干燥，便于实现机械化或自动化生产，操作控制方便，适于连续化、大规模生产，且操作人员少，劳动强度低。

（8）操作条件可控　根据产品的质量指标，改变原料的浓度、热风温度、风速、进料量等，控制喷雾条件，可获得不同水分、粒度、形状（球形、粉末、疏松团粒）、性质（流动性、速溶性）、色、香、味的产品。

3. 喷雾干燥的缺点

（1）设备体积庞大，占地面积较大，投资较多，且较复杂，一般干燥室的水分蒸发强度仅能达到2.5～4.0kg/（$m^3 \cdot h$）。

（2）能源消耗大，热效率不高，一般情况下，热效率不超过30%～40%，若需提高热效率，可在不影响产品质量的前提下，尽量提高进风温度以及利用排风的温度预热进风。

（3）为了降低产品中的水分含量，因废气中湿含量较高，故需耗用较多的空气量，从而增加鼓风机的电能消耗与粉尘回收装置的负担。

（4）干燥室的内壁上易于黏附产品微粒，个别机件上还较为严重，给清除带来困难，且劳动强度大。

（5）将料液雾化成细小微粒，产品的粒径小时，废气中约夹带有20%左右的微粉，回收这些夹带的粉末产品，需选用高效的分离装置，所需的机械较为复杂，费用较高。

4. 对喷雾干燥机的要求

（1）物料在干燥过程中，凡与物料接触的设备部位，一般应采用不锈钢材料，也可用不锈铁板材料，但切忌用镀锌铁皮、黑铁皮及铝材料。内表面应平整、光滑，具有便于卸料、清理及消毒、灭菌等结构。

（2）应采取措施防止焦粉，必须配备较理想的热风分配箱、导风器或均风板。试车时，必须测定和调节风量，使风量分配均衡，务必使热风与雾液保持良好的接触，还要防止热风吹入口产生涡流或逆流，以使焦粉减少。

（3）为提高产品的溶解度及贮存性，干燥后的产品应迅速从干燥室中卸出，并及时进行冷却。

（4）为了提高干燥室的热效率，喷雾时被干燥的料液和热空气均匀接触，干燥室顶面或前壁面应附有良好的绝热层，最好在热风口附近的壁面内设置水夹套冷却装置。

（5）粉尘回收装置应有较高的回收率，同时应便于清洗，一般均采用布袋过滤器，其回收率高，运行可靠。

（6）一般排风温度不要超过 90℃，绝对不能超过 100℃，否则会使乳粉的溶解度严重下降，并影响布袋的使用寿命。

（7）对于黏性物料，应采取措施尽量减少粘壁现象。

（8）为了便于检查设备运转情况，应设置人孔、视孔、灯孔以及温度、压力指示记录仪等。

（9）为防止热量的不必要损失，在热风通过的道路上，应根据不同要求，附有一定厚度的绝热层，绝热材料切忌用有毒材料（如玻璃纤维等），以免泄漏渗入食品中。

5. 物料的雾化方法

喷雾干燥设备中常见的料液雾化方法有以下三种。

（1）压力喷雾法　又称机械喷雾法，它是利用往复运动的高压泵，在 7~20MPa 的压力下，将料液从直径 0.5~1.5mm 的喷孔中喷出，由于压力大、喷孔小，料液很快雾化成直径 10~20μm 的雾滴。此法在固体饮料工业中应用最为广泛。

（2）离心喷雾法　又称离心转盘喷雾法，它是利用水平方向作高速旋转的圆盘产生的离心力，将料液高速甩出，使料液被拉成薄膜、丝状，并受空气的摩擦和撕裂作用而雾化。此法在固体饮料工业中应用也很广泛。

（3）气流喷雾法　它是利用高速流动的压缩空气或过热蒸汽，以切线方向进入喷雾器的外面套管，通过喷嘴形成高速旋转的圆锥形气流涡流，使在喷嘴处形成负压，抽吸料液在外部混合，即分散成微细的雾滴，形成宽而短的喷矩。目前此法在化工生产上应用较广，但在食品工业中很少采用。

6. 喷雾干燥室中热风与雾滴的运动形式

喷雾干燥室是喷雾干燥设备的主要工作部件，在干燥室中，热风与雾滴的运动方向形式有下列三种。

（1）逆流型喷雾干燥器　其特点是雾滴与热风的运动方向相反，如图 8-4 所示。通常热风从下部吹入。雾滴从上面喷下，在进口端，雾滴与湿含量大、温度低的热风接触，而在出口端，湿含量较低的物料与湿含量低温度极高的热风接触，在干燥过程中，干燥推动力相差不大，分布较为均匀。其较大颗粒沉于干燥室的底部，细小微粒则随废气排出，并由分离器分离。逆流干燥的缺点是干燥后的成品在下落过程中，仍与高温热气流保持接触，因而易使产品过热而焦化，故不适合于热敏性物料的干燥，在固体饮料工业中应用较少。

（2）并流（顺流）型喷雾干燥器　其特点是雾滴与热风的运动方向一致，如图 8-5 所示。在进口端，雾滴与刚进入干燥室的温度较高湿含量低的热风接触，此处干燥的推动力大；而在出口端，干燥的推动力小，其推动力是沿着雾滴的移动方向逐渐减弱。按热风与雾滴的运动方向，又分为水平并流和垂直并流两类，水平并流型目前已较少采用，大多采用垂直并流型。垂直并流型又分同时向上和同时向下两种。垂直下降（同时向下）并流型干燥器，热风与料液均自塔顶进入，粉末由底部排出，而废气在靠近底部的侧壁排风口抽出经粉末回收装置排至大气。其特点是塔壁粘粉比较少。垂直上升（同时向上）并流型干燥器，要求干燥塔截面风速要大于干燥物料的悬浮速度，以保证物料能被带走。由于在干燥室内细粒干燥时间短，粗粒干燥时间长，产品具有比较均匀干燥的特点，适用于液滴高度分散均一的喷雾场合。但是动力消耗较大。

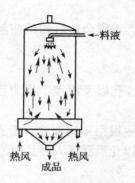

图8-4　逆流干燥

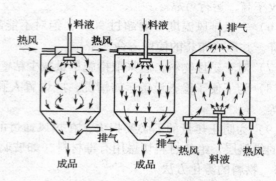

图8-5　并流干燥

并流干燥雾滴在湿含量较大时，受到高温、低湿的热风作用，能快速干燥而不会发生龟裂或焦化现象，确保产品质量。故此法特别适用于热敏性物料的干燥，在固体饮料工业中绝大多数均采用此法。

（3）混合流型喷雾干燥器　其特点是雾滴与热风的运动方向呈不规则状况，如图8-6所示。它的热风有两个方向（先上后下或先下后上），而雾滴只有一个方向（从上往下）。或热风只有一个方向（从上往下），而雾滴有两个方向（先上后下）。热风与雾滴在运动过程中发生交混，进行充分地接触，并造成有益的湍动，从而加强了干燥效果。

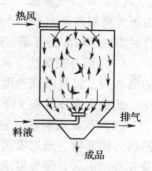

图8-6　混合流干燥

混合流干燥，雾滴运动轨迹是紊乱的，有时还会产生涡流，使产品易于粘壁而焦化。故采用时要注意。

7. 喷雾干燥设备的组成结构

喷雾干燥设备一般包括空气过滤器、进风机、空气加热器、雾化器、干燥室、微粉捕集装置、排风机及集粉冷却装置等。以立式压力喷雾干燥设备为例（图8-7）介绍如下。

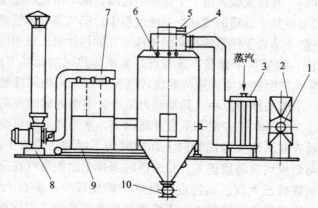

图8-7　塔式并流下降压力喷雾干燥设备

1—进风机　2—空气过滤器　3—空气加热器　4—热空气分配室　5—进料液管
6—压力喷雾器　7—布袋过滤器　8—排风机　9—螺旋输送机　10—出粉阀

（1）空气过滤器 空气过滤器用以滤去空气中的尘埃、烟灰、飞虫等杂质。空气过滤器按喷雾室进风量确定过滤面积，可由多个过滤单体组成，如图 8−8 所示。过滤单体可制成 50cm×50cm 左右尺寸的过滤板，用 1～2cm 厚的钢板制成框架，滤层厚 10cm 左右。滤层材料一般采用不锈钢丝绒或玻璃丝，喷以轻质油（要求无味、无臭、无毒，挥发性低，化学稳定性高），以增加除尘效果。

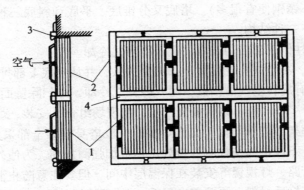

图 8−8 空气过滤器
1—单体 2—滤层 3—紧固螺钉 4—框架

当空气通过空气过滤器时，空气中杂质即被阻挡或为油膜吸附于滤层中。每隔一定时期拆下，用碱液和清水清洗，干燥后喷以油质，再继续使用。过滤单体应多备用数块，以便及时轮换更新，保证正常生产。

（2）空气加热器 新鲜空气经空气过滤器过滤后，需加热到 140～160℃进入喷雾干燥室。加热方法一般采用间接加热，即通过传热壁使新鲜空气提高温度。热源有烟道气和蒸汽或导热油等。利用烟道气加热的设备结构简单，但温度的控制较困难，传热壁易氧化，接缝处易开裂，致使烟道气混入热空气而污染制品，因此，采用蒸汽间接加热的空气加热器较普遍。

蒸汽间接加热的空气加热器，由多块蒸汽散热排管组合而成。蒸汽散热排管用紫铜管或钢管制成，管外绕以增加传热效果之肋片（又称翅片），肋片与管子表面具有良好的接合。图 8−9 所示为机械绕片的散热肋片管。

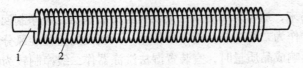

图 8−9 散热肋片管
1—紫铜管或钢管 2—散热肋片

（3）喷雾干燥室

① 热风进口位置及热风分配室：热风进干燥室之前，必须通过特殊结构的热风分配室，其目的是为了使热空气能较均匀地分布，使其与喷嘴喷出的颗粒充分进行热交换，而且不产生涡流；避免或尽量减少产生焦粉的现象，使热空气进口与喷雾位置尽可能靠近。热风分配室出口风速一般为 5～12m/s，有的取 9m/s 效果已很好。干燥室截面积的风速以 0.1～0.3m/s 为宜。

② 干燥室：干燥室按形式有卧式和立式两种，卧式干燥室有平底和尖底两种结构，因平底设备出粉较为不便，已较少使用。干燥室一般采用钢结构，内壁用不锈钢，多做成装配式。中型干燥室可由 10~20 余片带有角钢边框的干燥室箱板组合而成。安装时，角钢之间用螺栓连接，内壁缝处焊接，焊缝必须被磨平抛光。

立式干燥室，又称塔式干燥室，全用金属结构。塔壁用不锈钢板，也可用铬钢（俗称不锈铁，价格较不锈钢便宜很多）。塔底又分锥底、平底和斜底三种形式。塔壁设有冷却装置，常见有以下三种结构。

a. 由塔体的圆柱体下部沿切线方向进入冷空气冷却。

b. 具有平夹套，冷空气自圆柱体上部夹套进入，并从锥底下部排出。

c. 沿塔内壁装有旋转空气清扫器，通入冷空气冷却，并扫除壁面上的粉末。

塔体用厚约 2.5~3mm 的不锈钢板分三段，在现场组合、安装、焊接而成。上段塔顶用槽钢、角钢制成框架，塔壁与框架交错焊接；中段塔身框架全部采用角钢，并与门框、灯孔、窥视孔焊好；下段锥体与柱脚焊接处用钢板加强圈加固。为使外形美观，可将振荡器、吹粉压缩空气管路、灯视镜等安装在保温层中间，但要注意防止泄漏。保温材料可用硅藻土、泡沫塑料等轻质材料，再覆盖一层 6mm 的石棉板，最外面用金属板覆盖。

（4）进风机与排风机　喷雾干燥设备所采用的风机（进风机与排风机）均采用离心式通风机，是一般常见的通用设备。在选择风机时，进风机的风量应根据干燥设备的水分蒸发量来计算，并在此基础上增加 10%~20% 的风量，排风机的风量为进风机的理论风量与水分蒸发量汽化后的体积之和，并在此基础上增加 15%~30% 的风量。一般说来，排风机的风量应比进风机大 20%~40%，以使干燥室内维持一定的负压，一般负压的压差为 0.098~0.196kPa。

通风机的选择应根据喷雾干燥设备蒸发水分的能力来确定风量，根据系统中的气流阻力来确定风压。要求运转平稳，噪声小。

（5）粉尘分离装置　塔内风速大于 0.5m/s，粉粒细的约有 40% 难以沉降，易被废气带走，常用的回收装置有布袋过滤器、旋风分离器、湿式除尘器。设备的选择应根据不同操作条件、卸料方法、物料颗粒大小、湿度、分散性、成品的价值和理化特性合理选用。要在最省的耗电量、最少的装置费用、操作使用简便的情况下达到最高分离效率，故一般不采用电除尘器。

从废气中回收粉末，通常采用旋风分离器再经过袋滤器二级净制回收，或先进入旋风分离器再用湿法洗涤器作为二级净制。近年来都用一只较大的直径旋风分离器，或多只并联使用。当湿法捕集不影响成品质量时，宜装置湿法洗涤器作二级净制较为经济合理。最好在洗涤器中使用需干燥的料液来喷淋捕集，这样可以提高喷雾前料液的浓度，节约热能消耗。

（6）压力与离心喷雾干燥法对比　饮料食品的喷雾干燥大多采用压力喷雾法和离心喷雾法，二者各有优缺点。

① 设备结构方面：离心喷雾机为高速旋转（4000~15000r/min）的设备，要求加工精密，并需对运动部件进行行动、静平衡校验，对主轴材料与轴承有一定的要求。

高压泵是压力喷雾之主机，为使溶液喷雾产生高压的必要设备，故加工也要求精密，对材料的强度、结构的安全与稳定也有严格的要求。但是离心喷雾机与高压泵两者比较，从结构方面来看，前者结构简单，加工容易些，造价也便宜些，两者比较详见表 8-3。

表8-3 离心喷雾机和压力喷雾机结构方面比较

比较内容	离心喷雾机	压力喷雾机
传动与变速机构	可利用2极3000r/min的电动机一次变速。如采用皮带传动，更可以避免对齿轮加工精度要求高的困难	必须进行两次变速对齿轮的加工要求较高
主轴及柱塞	直轴，加工较方便；旋转运动，磨损少	曲轴，加工较麻烦；柱塞，往复运动，易磨损
不锈钢材料的需要量	仅离心盘机进料管需不锈钢，总质量不超过5kg，根据离心盘大小而定	泵体、活塞均需不锈钢，共约100kg，（根据高压泵大小而定）
管件及阀门	无需耐高压的管件、管道与阀门	需耐16000kPa以上至高压管件、管道及阀门
高压表及安全阀	无	要求特殊结构之高压表与安全阀
机体质量	较轻，每台不超过100kg	较重，每台约200kg
电动机功率	处理120kg/h浓乳的设备仅需1.7kW电机	处理120kg/h浓乳约需2.8kW
润滑系统	润滑油一次用量较少，但使用不当有断油或油溢入制品中去的危险	润滑油一次用量较多，但运转较可靠

② 产品产量和质量方面：产品产量和质量方面比较见表8-4。

表8-4 离心喷雾和压力喷雾产品产量和质量方面比较

比较内容	离心喷雾	压力喷雾
生产率的调节	用同一个离心盘来喷雾时可以在±25%范围内改变溶液之投入量，均能得到均匀的喷雾，仅需调节管路上的阀门控制进料量	喷嘴的生产率是以截面和料液喷雾压力来决定的，不能简单地以调节管路上的阀门来改变，否则压力变化过大，将影响喷雾之分散度，调节生产率之办法只能是调换喷嘴之尺寸和增减喷嘴数
制品颗粒大小（以乳粉为例）	较粗，分布范围广一些（举例如下）	较细，分布范围小一些（举例如下）

喷雾制品	颗粒大小范围	全脂乳粉	脱脂乳粉	全脂乳粉	脱脂乳粉
	25μm以内	9.2	32.4	23	53.7
颗粒大小比例/%	25~50μm	51.5	47.5	49.8	40.4
	50~75μm	22.5	12.1	20.3	5.15
	75~100μm	12.0	8.0	6.9	0.75
	100~125μm	4.8	—	—	—

制品密度	较小，乳粉的松密度一般在460~550kg/m³，平均绝对密度1010~1090kg/m³，>1210kg/m³约占2%~28%	较大，乳粉的松密度一般在600~700kg/m³，平均绝对密度1810~1210kg/m³，>1210kg/m³约占70%

续表

比较内容	离心喷雾	压力喷雾
制品颗粒大小及密度调节	一般来说，转速高，粒子细，密度大；浓缩之程度高，粒子粗，密度小。适当改变离心盘转速，在一定范围内增加浓度均可进行生产，故可在较大范围内进行调节	一般来说，压力大，粒子细，松密度大；喷嘴喷空孔径大，粒子粗，松密度小；浓缩程度高，粒子粗，密度小。生产时要改变压力，增加浓度有一定限度，故可调节之范围较小
乳粉中空气含量	较多，一般 16% ~22%（容积比），如不采用真空充氮（或二氧化碳）法包装，则保存期不及压力喷雾乳粉	较小，一般达 7% ~10%（容积比）
乳粉的溶解度与冲调	制品溶解度较易控制，乳粉冲调方便，可直接用水冲制，均匀、迅速	溶解度的控制较难掌控，乳粉冲调没有离心喷雾乳粉方便，必须先调浆，否则不易调匀
多种料液分流喷雾	可采用多层离心盘在同一台喷雾机内进行，使在喷雾干燥过程中混合附聚	如需分流喷雾需两套以上喷嘴和高压泵等装置
均质作用	无	高压泵稍有均质作用

（二）真空干燥机

（1）真空干燥特点　在减压条件下，在低于 100℃ 的温度下水也能蒸发。例如，在 2.33kPa 真空条件下，水在 20℃ 就沸腾。一般在真空度为 0.67 ~6.7kPa、品温为 0 ~50℃ 条件下，数小时就完成干燥操作。

真空干燥法可应用于高浓度和高黏度等不适合用喷雾干燥和其他干燥方法干燥的固体饮料产品，还可用于热敏性饮料的干燥，特别适合高质量粉末果汁的制造。

（2）真空干燥机的分类　真空干燥机一般由干燥装置、真空装置和水蒸气凝缩装置 3 部分组成。目前，使用的真空干燥机的种类如下。

① 盘架式真空干燥机：在真空罐内的盘架下面有循环水或冷水等冷媒，用以适当调节盘架的温度。果汁等以薄层状放入不锈钢盘或铝盘内，干燥盘排放在盘架上，一般为间歇式，各自分别运转。

真空接触式箱式干燥机（vacuum contact comportment dryer）又名真空干燥箱，其结构如图 8 - 10 所示，是一种在真空密封的条件下进行操作的干燥器。

真空干燥箱内部有固定的盘架，其上固定装有各种形式的加热器件，如夹层加热板、加热列管或蛇管。被干燥物放置在活动的料盘中，料盘放置在加热器上。操作时，热源进入加热器件，物料就以接触传导的方式进行传热。干燥过程中产生水蒸气，则经由出口连接的冷凝器或真空泵带走。若对于蒸汽中含有如香精之类有回收价值的物品，则采用间壁式冷凝器，其流程见图 8 - 11。

箱内所用的干燥盘通常用不锈钢板或铝板制成。如果制品是麦乳精之类的高黏物料，还必须在其表面涂聚四氟乙烯之类的脱模剂。真空干燥箱一般是间歇操作的，加热器件与料盘之间应尽可能接触良好，从这点看，夹层加热板的表面平滑较为有利，但它的耐压性要比管式的差。为了使真空干燥完毕后的制品能及时冷却，加热器件也可同时作冷却器件用，通冷却水来代替加热剂就可达到这一目的。

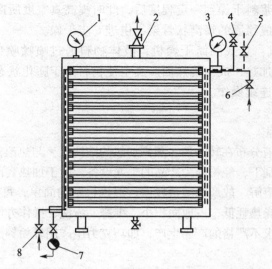

图 8-10　真空干燥箱示意图

1—真空表　2—抽气口　3—压力表　4—安全阀　5—加热蒸汽进阀

6—冷却水排出阀　7—疏水器　8—冷却水进阀

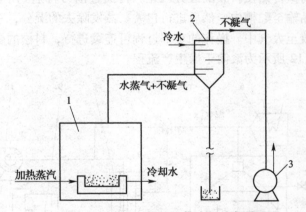

图 8-11　真空干燥箱工作流程示意图

1—干燥箱　2—冷凝器　3—真空泵

　　真空干燥箱适用于液体、浆体、粉体和散粒食品的干燥，因为这些食品与干燥盘的金属表面接触较好。对于块状的食品，则必须具备平滑的表面，例如方块形、条片形或楔形之类。在这种干燥器中，初期干燥速率很快。但当食品干燥后收缩时，物料与料盘的接触变差，传热速率逐渐下降。

　　在真空干燥箱内，可以实现泡沫真空干燥法。料液先经搅打混入空气或添加如碳酸氢铵之类分解后能产生气体的物质，然后由接触加热，在减压下气体即膨胀，形成可借真空度来控制的泡沫层。泡沫层干燥的制品具有组织疏松、速溶性好的优点。因此泡沫真空干燥法常用来作为制取速溶食品的一种简便方法，如麦乳精、代乳粉、水果粉、速溶咖啡、速溶茶等。但对高黏物料，如麦乳精等。为了防止制品软化，干燥后应迅速冷却。

　　泡沫真空干燥操作的要点在于，当干燥初期水分较多且液体体积黏度还不高时，不宜高真空操作，否则泡沫层发泡隆起很高，溢出盘外，且此时气泡易破裂，失去应当保留到后期发泡的气体量。当浆料干燥到一定程度后，此时提高真空度所产生的气泡，就有一定的牢度，不易破裂，形成稳固的蜂窝状骨架，供进一步干燥。

② 立式真空干燥机：立式圆筒干燥机，液体物料通过喷嘴喷出，附着于筒的内壁，形成薄膜。内壁由夹套加热，成为传热面。真空使物料处于膨化状态，干燥后由旋转式刮刀刮落至料槽内，可以连续操作。

（三）滚筒干燥机

1. 滚筒干燥的原理

滚筒干燥机是将料液分布在转动的、蒸汽加热的滚筒上，与热滚筒表面接触，料液的水分被蒸发，然后被刮刀刮下，经粉碎为产品的干燥设备。由于加热表面温度较高，使料液中的蛋白质结构改变不易溶解，故产品质量较差；但该机结构简单，每蒸发 1kg 水约需 1.2 ~ 1.5 kg 蒸汽，比喷雾干燥热耗低，占地面积小，维修、清洗、操作方便。适用于生产规模较小，对溶解度和品质要求不严格的产品生产，如巧克力生产用乳粉等产品制作。

2. 操作过程

需干燥处理的料液由高位槽流入滚筒干燥器的受料槽内，干燥滚筒在传动装置驱动下，按规定的转速转动，物料由布膜装置在滚筒壁面上形成料膜。筒内连续通入供热介质，加热筒体，由筒壁传热使料膜的湿分汽化，再通过刮刀将达到干燥要求的物料刮下，经螺旋输送器将成品输至贮槽内，然后进行包装。蒸发除去的湿分，一般为水蒸气，可直接由罩顶的排气管放至大气中。操作的全部过程可连续进行，料槽的受料和成品的包装可间歇操作，如图 8 - 12 所示为滚筒干燥生产流程。

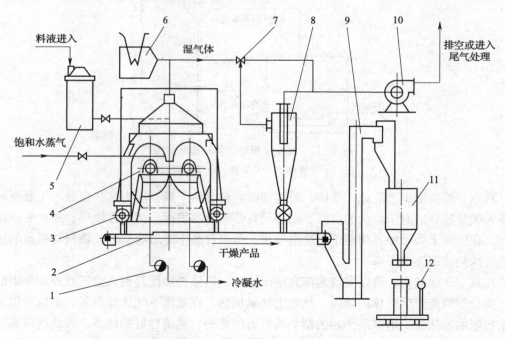

图 8 - 12　滚筒干燥生产流程

1—疏水器　2—皮带输送器　3—螺旋输送器　4—滚筒干燥器　5—料液高位槽
6—湿空气加热器　7—切换阀　8—捕集器　9—提升机
10—引风机　11—干燥成品贮槽　12—包装计量机

3．滚筒干燥器的主要特点

（1）热效率高，热效率可高达70%～80%。

（2）干燥速率大，蒸发除去水分一般可达30～70 kg/（m² · h）。

（3）产品的干燥质量稳定。滚筒供热方式便于控制，筒内温度和间壁的传热速率能保持相对稳定，使料膜能处于稳定传热状态下干燥，产品的质量可获得保证。

（4）适用范围较广。采用滚筒干燥的液相物料，必须具有流动性、黏附性和对热的稳定性。物料的形态可为溶液、非均相的悬浮液、乳浊液、溶胶等。

（5）单机的生产能力受到筒体尺寸的限制。一般滚筒干燥器的干燥面积，不宜过大，不超过12m²。处理料液的能力，一般在50～200kg/h范围。

（6）供热介质简便。常用饱和水蒸气，压力范围为0.2～0.6MPa（120～150℃），很少超过0.8MPa。对某些要求在低温下干燥的物料，可采取热水作为热媒。

（7）刮刀易磨损，使用周期短。筒体受到料液腐蚀及刮刀切削状态下的磨损后，必须更换。

4．滚筒干燥器的分类

按滚筒数量分为单滚筒、双滚筒（或对滚筒）、多滚筒；按操作压力，可分为常压和真空操作两类；按滚筒的布膜方式，又可分为浸液式、喷溅式、对滚筒间隙调节式、铺辊式、顶槽式及喷雾式等类型。下面简单介绍5种。

（1）顶槽式双滚筒干燥机　滚筒和其端部挡板，构成供料的顶槽。双滚筒必须同速，其间隙可以调节。贴着每个滚筒外圆装有刮刀。加热蒸汽从滚筒中心轴的一端进入筒内，饱和蒸汽压力可达600kPa，温度150℃。工作时，料液先进入顶槽，滚筒转动后，将薄薄一层液料带出，通过滚筒表面，很快被加热蒸发，并连续不断地将烘干的薄片刮掉，落入输送槽，再进行粉碎、过筛和包装。蒸发所产生的二次蒸汽从滚筒上部排出。加热蒸汽产生冷凝水由滚筒底部排出。

（2）喷雾式双滚筒干燥机　喷雾式双滚筒干燥机工作原理和过程与顶槽式基本相同。主要区别是滚筒上装有喷嘴，工作时在滚筒表面上喷洒薄薄一层料液。这种供料方法，加热面的热利用率可达90%，而顶槽式还不到70%。

（3）单滚筒干燥器　单滚筒干燥器用于溶液或稀浆状悬浮液的物料干燥。布膜方式常为浸液式或喷溅式，料膜厚度为0.5～1.5mm。筒内蒸汽压力为0.2～0.6MPa。筒体用铸铁或钢板焊制。筒体直径在0.6～1.6m范围内，长径比$L/D=0.8～2$，筒体长度可达3.5m。刮刀位置常与水平轴交角为30°～45°范围内。滚筒转速2～10r/min，传动功率为2.8～14kW。筒内供热介质的进出采用填料函密封式的进气头结构，筒内凝液采取虹吸管并利用筒内蒸汽的压力与疏水阀之间的压差，使之连续地排出筒外。

（4）双滚筒干燥器　双滚筒干燥器由同一套减速传动装置，经相同模数和齿数的一对齿轮啮合，使两组相同直径的滚筒相对转动，根据布膜的位置不同，分对滚式和同槽式两类。

对滚式双滚筒干燥器成膜时，两筒在同一料槽中浸液布膜，料膜的厚度由两筒之间的间隙控制。适用于溶液、乳浊液等物料干燥。

（5）真空操作的双滚筒干燥器　采用真空操作的双筒型干燥器，双筒置于全密闭罩内，结构较复杂，出料方式则采取间隙出料。这类干燥器，一般用于回收价值较高的溶剂蒸气。

5．干燥过程

（1）物料流程　被干燥物料可从设备上部加入，亦可从下部加入，物料干燥后被刮刀刮下，刮刀与滚筒表面呈 15°～30° 角。刮下的制品成粉片状，落入输送槽，由螺旋输送器送往粉碎、过筛，与包装工段联成连续生产线。

（2）加热蒸汽　加热蒸汽从滚筒中心轴的一端进入筒内，见图 8-13。采用干燥的饱和蒸汽，压力可高达 600kPa，温度 150℃。冷凝水积存于滚筒底部，可通过导管引出。

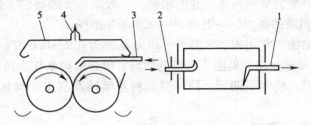

图 8-13　双滚筒干燥机的蒸汽管道连接
1—冷凝水出口　2—加热蒸汽入口　3—物料入口　4—二次蒸汽排出口　5—排气罩

（3）排气　物料在干燥过程中，水分蒸发，所产生二次蒸汽应予排除。常压干燥可于滚筒上部安装排气罩及排气管。排气罩要保持洁净，其大小及位置均应合格，下部边缘卷成沟槽，以便收集沿壁流下的冷凝水，并用导管引出。对于真空滚筒干燥，蒸发过程在密闭系统内进行，产生的二次蒸汽导入冷凝器冷凝后排出。

（4）影响干燥速率的因素　影响干燥速率的主要因素有真空度、进料湿度、料液高度、滚筒间隙、滚筒转速以及蒸汽压力。对于不同的物料所应选取的工作参数是不一样的，实际中必须针对具体问题具体分析。

（四）带式真空干燥机

带式真空干燥机（vacuum continuous film dryer）有单层输送带和多层输送带之分。

1．单层带式真空干燥机

图 8-14 所示为单层输送带的带式真空干燥机。该机是由一连续的不锈钢带、加热滚筒、冷却滚筒、辐射元件及真空系统和加料闭风装置组成。

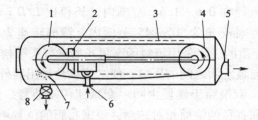

图 8-14　单层带式真空干燥机
1—冷却滚筒　2—脱气器　3—辐射元件　4—加热滚筒　5—真空系统
6—加料闭风装置　7—卸料刮刀　8—卸料闭风装置

干燥机的供料口位于下方钢带上，靠一个供料滚筒不断将物料涂布在钢带的表面，钢带在移动中带动料层进入下方的红外线加热区，使料层因其内部产生的水蒸气而膨松成多孔状态,使之与加热滚筒接触前已具有膨松骨架。经过滚筒加热后,再一次由位于上方的红外线进行干燥,达到水分含量要求后,绕过冷却滚筒骤冷,并使料层变脆,再由刮刀刮下排出。

干燥机内的真空维持是靠进、排料口设有闭风器的装置密封,而真空的获得由真空系统实现。

这种带式真空干燥机适用于橙汁、番茄汁、牛乳、速溶茶和速溶咖啡等物料的干燥。

若在被干燥物料中加入碳酸铵之类的膨松剂或在高压下充入氮气,干燥时物料会形成气泡而膨松,可以制取高膨化制品。

2. 多层带式真空干燥机

如图8-15所示是多层带式真空干燥机。它是由干燥室、加热与冷却系统、原料供给与输送系统等部分组成。

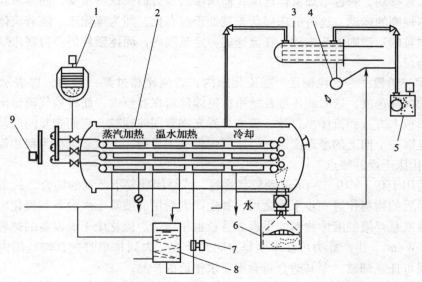

图 8-15 多层带式真空干燥机

1—溶液箱 2—干燥机本体 3—冷凝器 4—溶剂回收装置 5—真空泵
6—成品收集箱 7—泵 8—温水箱 9—溶液供给泵

其操作过程为:经预热的液状或浆状物料,经供料泵均匀地置于干燥室内的输送带上,带下有加热装置,加热装置以不同的温度状态组成三个区,即蒸汽加热区、热水加热区和冷却区。在加热区上又分为四段或五段,第一、二段用蒸汽加热为恒速干燥段,第三、四段为减速干燥段,第五段为均质段,三、四、五段用热水加热。各段的温度可以按需要加以调节。原料在带上边移动边蒸发水分,干燥后形成泡沫片状物料,然后通过冷却区,再进入粉碎机粉碎成颗粒制品。由排出装置卸料。干燥室内的水蒸气用冷凝器凝结成冰,再间歇加热成水排出。

这种干燥机的特点是:干燥时间短,约5~40min;能形成多孔状制品;在干燥过程中,能避免混入异物而防止制品被污染;可以直接干燥高浓度、高黏度的物料;简化工序,节约热能。

带式真空干燥机在国外发展比较普遍,在我国尚未有投产产品。其原因是基础真空部件，如定量泵、真空定量单向卸料阀、耐高温输送网带等制造较困难。而且单板机制造系统的传感元件等电子器件，寿命较短，耗损费用大。

（五）流化床干燥器

1. 流化床干燥原理

在一个干燥设备中，将颗粒物料堆放在分布板上，当气体由设备下部通入床层，随着气流速度加大到某种程度，固体颗粒在床层内就会产生沸腾状态，这种床层称为流化床。采用这种方法进行物料干燥称为流化床干燥。由于固体颗粒物料的特性不同，床层的几何尺寸及气流速度等因素不同，床层可存在三种状态。

（1）第一阶段——固定床 当流体速度较低时，在床层中固体颗粒虽与流体相接触，但固体颗粒的相对位置不发生变化，这时固体颗粒的状态称为固定床。

（2）第二阶段——流化床 当固定床阶段的流体流速逐渐增加，固体颗粒就会产生相互间的位置移动，若再增加流体速度，而床层的压力损失保持不变，固体颗粒在床层中就会产生不规则的运动，这时的床层状态就处于流态化，即为流化床。随着流体流速的增加，团体颗粒的运动则更为剧烈，在流速的一定范围内，固体颗粒仍停留在床层内而不被流体所带走。

（3）第三阶段——气流输送 在流化床内，若流速超过某一数值，即表示流速大于固体颗粒的沉降速度，这时固体颗粒就不能继续停留在容器内，而将被气流带出容器。这时，从分布板上方直到流体出口处，整个容器充满着固体颗粒，它们相互间的碰撞和摩擦较小，而是以一个向上的净速度运动。床层也失去了界面。此状态也称为稀相流化床。

2. 流化床干燥的特点

一般适用于 $0.3 \times 10^{-4} \sim 6\text{mm}$ 颗粒状物料，或结团现象不严重的场合，故常用于气流或喷雾干燥后的物料作进一步干燥之用，如生产乳粉用的喷雾干燥设备和流化床冷却设备等，对溶液或悬浮液的液体物料的干燥和造粒也很合适。流化床干燥设备的热容量系数为 $2300 \sim 7000\text{W/m}^2$，生产能力可在小至每小时几千克，大到每小时数百吨范围内变动，物料停留时间可任意调整，尤其适合对含水要求很低的产品。

（1）流化床干燥器的优点

① 物料与干燥介质接触面积大，搅拌激烈，表面更新机会多，热容量大，传热好，产量高。可实现小设备大生产。

② 干燥速度大，停留时间短，故最适宜于某些热敏性物料干燥。

③ 床内纵向返混激烈，温度分布均匀，对物料表面水分可使用比较高的热风温度。同一设备，既可用于间歇又能连续生产。

④ 干燥停留时间，可以按需要进行调整，对产品含水量有变化或原料含水量有波动的物料更适应。

⑤ 设备简单，投资费用低廉，操作维修简单。

（2）流化床干燥器的缺点

① 对被干燥物料的颗粒度有一定的限制，当几种不同物料混在一起干燥时，各种物料的密度应当接近。

② 湿含量高而且易结团的物料不适合。

③ 易结块物料与设备会粘壁或堵塞。

④ 因纵向沸腾，对单级连续式沸腾干燥器，物料停留时间可能不均匀，未干燥的物料会随产品一起排出床层。

3. 流化床干燥器的形式

（1）流化床干燥器的分类 按被干燥的物料可分为：① 粒状物料；② 膏状物料；③ 悬浮液和溶液等具有流动性物料。

按操作情况不同，流化床干燥器可分为间歇式和连续式。

按设备结构形式可分为：① 单层流化床干燥器；② 多层流化床干燥器；③ 卧式多室流化床干燥器；④ 喷动式流化床干燥器；⑤ 振动流化床干燥器；⑥ 脉冲流化床干燥器；⑦ 惰性粒子流化床干燥器；⑧ 锥形流化床干燥器。

（2）粒状物料的流化床干燥设备

① 单层流化床干燥器：单层流化床干燥器的结构简单，操作方便，生产能力较大，应用也较为广泛。一般都在床层颗粒静止高度不太高的情况下使用（床层高度约 300 ~ 400mm），根据干燥的介质不同，生产强度可达每平方米分布板从物料中干燥水分 500 ~ 1000 kg/h，其空气消耗量为 3 ~ 12kg/h，主要缺点是不能保证固体颗粒干燥均匀。所以一般用于要求干燥程度不高的固体颗粒物料或较易干燥或要求不严格的湿粒状物料。

单层流化床干燥器直径为 3000 mm，物料的最初含水量为 7%，干燥后含水量为 0.5%，生产能力为 350t/d，工艺流程和主要设备如图 8 – 16 所示。

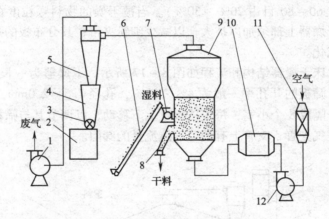

图 8 – 16 单层沸腾床干燥流程

1—抽风机 2—料仓 3—星形下料器 4—集灰斗 5—旋风分离器
6—带式输送机 7—加料机 8—卸料管 9—流化床
10—加热器 11—空气过滤器 12—鼓风机

湿物料由胶带输送机送到抛料机的加料斗上，再经抛料机送入流化床干燥器内。空气经过过滤器由鼓风机送入空气加热器，加热后的热空气进入流化床底部分布板干燥湿物料。干燥后的物料经溢流口由卸料管排出。干燥后空气夹带的粉尘经 4 个并联的旋风除尘器分离后，由抽风机排出。

生产操作条件：进风温度 150 ~ 160℃，排风温度 50 ~ 60℃，颗粒度 40 ~ 60 目，操作气流速度 1.2m/s，床层高度 300 ~ 400mm，操作风量 30000m³/h，床层压力 0.6 ~ 0.7kPa（负压），操作压力损失 4kPa，物料停留时间 120s。

② 多层流化床干燥器：单层流化床干燥器的缺点是所得产品湿度不均匀，为改进这

一不足，出现了多层流化床干燥器，其结构上类似于板式塔，可分为溢流管式和穿流板式。

溢流管各调节装置工作原理不同。菱形堵头，由人工操作调节，改变下料孔自由截面积，控制下料量；铰链阀门式，根据溢流管中物料量的多少，可自动开大或关小阀门。

溢流管采用侧向溢流口，其空间位置设于空床气流速度较低的床壁处，再加上侧向溢流口的附加阻力，使气体倒窜的可能性大为减少。同时，溢流管采用不对称方锥管，既可防止颗粒架桥，又可因截面自下而上不断扩大而气流速度不断降低，减少喷料的可能性。若在溢流管侧壁上开一串侧风孔，由床层内自动引入少量的气体作松动风，也可起松动物料的作用。

至于溢流管的具体尺寸要根据实际生产情况进行实验决定。

穿流板式流化床干燥器特点是结构较为简单，没有溢流管，物料直接从筛板孔由上而下的流动，同时气体通过筛孔由下向上运动，在每块筛板上形成沸腾床，故比溢流管简单。但操作控制要求严格。

③ 卧式多室流化床干燥器：卧式多室流化床干燥器适合干燥各种难以干燥的颗粒状、粉状、片状等物料和热敏性物料。所干燥的物料，大多是经造粒机制成的 4 ~ 14 目散粒状物料，初湿量一般在 10% ~ 30%，干燥后物料的终湿量一般在 0.02% ~ 0.3%。由于物料在床层内相互剧烈地碰撞摩擦，干燥后物料粒度变小（一般 12 目占 20% ~ 30%，40 ~ 60 目占 20% ~ 40%，60 ~ 80 目占 20% ~ 30%）。当被干燥的物料颗粒度在 80 ~ 100 目或更细的物料时，则干燥器上部须加以扩大，以减少细粉夹带；其分布板的孔径及开孔率也相应减小，以改善流化。

卧式多室流化床干燥器结构和流程如图 8 – 17 所示。干燥器为一长方形箱式流化床，底部为多孔筛板，筛板的开孔率一般为 4% ~ 13%，孔径 1.5 ~ 2.0mm，筛板上方有竖向挡板，将流化床分隔成 8 个小室，每块挡板可上下移动，以调节其与筛板的间距。每一小室的下部，有一进气支管，支管上有调节气体流量的阀门。

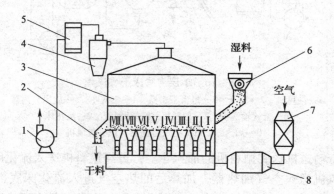

图 8 – 17　卧式多室流化床干燥器
1—抽风机　2—卸料管　3—干燥器　4—旋风分离器　5—袋滤器
6—摇摆颗粒机　7—空气过滤器　8—加热器

湿物料由摇摆颗粒机连续加料于干燥器的第一室内，由第一室依次逐渐向第八室移动。干燥后的物料由第八室卸料口卸出。而空气经过滤器到加热器加热后，分别从 8 个支管进入 8 个室的下部，通过多孔板进入干燥室，流化干燥物料。其废气由干燥器顶部排出，经旋风除尘器、袋式除尘器，由抽风机排入大气。

卧式多室流化床干燥器对多种物料适应性较大。它较厢式干燥器占地面积小，生产能力大，热效率高，干燥后产品湿度也较均匀。同气流式干燥器比较，可调节物料在床层内的停留时间，易于操作控制，而且物料颗粒粉碎率较小，因此应用较为广泛。但它的热效率比多层流化床干燥器为低，特别是采用较高热风温度时更为明显。若在不同室调整进风量及风温，逐室降低风量、风温和热风串联通过各室，可提高热效率。另外，物料过湿会在第一、第二室内产生结块，需经常清扫。

④ 喷动床干燥器：对于粗颗粒和易黏结的物料，因其流化性能差，在流化床内不易流化干燥，可采用喷动床干燥。

喷动床干燥器底部为圆锥形，上部为圆筒形。气体以高速从锥底进入，夹带一部分固体颗粒向上运动，形成中心通道。在床层顶部颗粒好似喷泉一样，从中心喷出向四周散落，然后沿周围向下移动，到锥底又被上升气流喷射上去。如此循环以达到干燥的要求。喷动床用于谷物、玉米胚芽等物料的干燥，如图 8 - 18 所示。

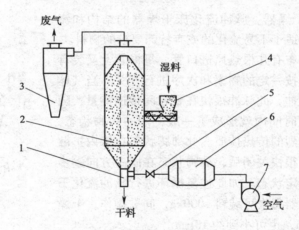

图 8 - 18　喷动床干燥器
1—放料　2—喷动床　3—旋风分离器　4—加料器　5—蝶阀　6—加热炉　7—鼓风机

其干燥过程如下：空气由鼓风机经加热炉加热后鼓入喷动床底部，与由螺旋加料器加入的湿玉米胚芽接触喷动干燥。操作为间歇式，当干燥达到要求后，由底部放料阀推出物料，然后再进行下批湿物料的干燥。

湿玉米胚芽水分高达 70% ，流化性能差，且易自行黏结。采用喷动床后，因没有分布板，避免了湿玉米胚芽与分布板的黏结，减小加料速度，并用高风速（约为 70m/s）由底部通入，促使湿玉米胚芽很快分散和流动，从而达到了玉米胚芽的干燥。

⑤ 振动流化床干燥器：这是近年来发展起来的新设备，它适合于干燥颗粒太粗或太细、易黏结、不易流化的物料。此外还用于有特殊要求的物料，如砂糖干燥要求晶形完整、晶体光亮、颗粒大小均匀等，干燥器的结构和流程如图 8 - 19 所示。

干燥器由分配段、沸腾段和筛选段三部分组成。在分配段和筛选段下面都有热空气，含水 4% ~6% 的湿砂糖，由加料器送进分配段，由于平板振动，使物料均匀地加到沸腾段去。湿砂糖在沸腾段停留约 12s 就可达到干燥要求，产品含水量为 0.02% ~0.04% ，干燥后，离开沸腾段进入筛选段，筛选段分别安装不同网目的筛网，将糖粉和糖块筛选掉，中间的为合格产品。干燥器宽1m，长13m，其中分配段长1.2m，沸腾段长1.75m，筛选段长9.5m，砂糖在干燥器总停留时间为70~80s，生产能力为7.6t/h。

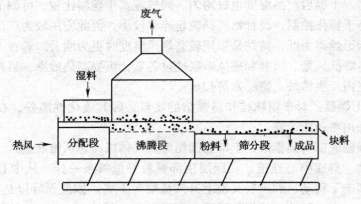

图8-19　振动流化床干燥器

　　⑥脉冲流化床干燥器：脉冲流化床干燥器的结构和流程如图8-20所示。适于不易流化的或有特殊要求的物料。

　　在干燥器下部均布有几根热风进口管，每根管上又装有快开阀门，这些阀门按一定的频率和次序进行开关。当气体突然进入时就产生脉冲，此脉冲很快在颗粒间传递能量，随着气体的进入，在短时间内就形成了一股剧烈的沸腾状态，使气体和物料进行强烈的传热传质。此沸腾状态在床内扩散和向上运动。当阀门很快关闭后，沸腾状态在同一方向逐步消失，物料又回到固定状态。如此往复循环进行脉冲流化干燥，脉冲流化床干燥器每次可装料1000kg，间歇操作，干燥物料粒度可大到4mm，也可小到约10μm。

　　快开阀门开启时间与床层的物料厚度和物料特性有关，一般约为0.08~0.2s。而阀门关闭的时间长短，应使放入的那部分气体完全通过整个床层，物料处于静止状态，颗粒间密切接触，以使下一次脉冲能在床层中有效地传递。进风管最好按圆周方向排列5根，其顺序按1、3、5、2、4方式轮流开启。这样，每一次的进风点与上一次的进风点可离开较远。

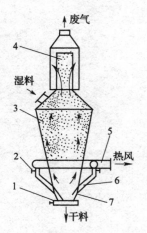

图8-20　脉冲流化床干燥器
1—插板阀　2—快开阀门
3—干燥室　4—过滤器
5—环状总层管　6—进
风管　7—导向板

　　(3) 膏状物料沸腾干燥器　它和粒状物料所用的沸腾干燥器基本上相同，主要区别是加料器不同，必须使膏状物料进入沸腾干燥器内很快分散、均匀、定量、连续进行操作，目前有两种型式的加料器。

　　①螺旋挤压型加料器：如图8-21所示。由上下两部分组成，上部为防止物料架桥的搅拌叶片，下部为挤压物料的螺旋。物料经挤压通过板上小孔成条状进入沸腾床。螺旋中第一个叶片结构、尺寸、安装位置的高低对加料的影响很大。当转速一定时，其尺寸越大及位置越高，加料量就越大。反之，加料量越小。又因黏性膏状物料性质不同而异，加

料器的转速可随含水量的不同而调节，误差小于 5% 。

② 振动加料器：对于具有触变性（可塑性）的膏状物料，因螺旋加料器打滑不易下料，但在振动下，物料可以由无流动性的塑性状态转变成具有流动性，这样可通过小孔，呈短节流出来，如图 8 – 22 所示。加料器的加料量与底板上的孔数和孔径有关，孔径一般为 6 ~ 8mm，当底板上的孔数和孔径一定时，改变振动的频率和振幅，也可以改变加料量。同时对物料不同湿度和黏度的适应性也较大，结构简单可靠。

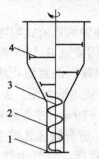 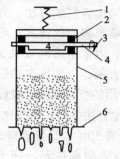

图 8 – 21　螺旋挤压型加料器　　　　　图 8 – 22　振动加料器

1—搅拌叶片　2—螺旋　　　　　　　1—弹簧　2—轴承　3—转轴

3—第一个叶片　　　　　　　　　　4—不平衡体　5—加料斗

4—挤压通过板　　　　　　　　　　6—多孔板

（4）溶液、悬浮液等物料的沸腾干燥器　对于具有流动性的物料，也可用沸腾造粒干燥，直接得到干的固体产品，可使溶液的蒸发、结晶、干燥一步完成，缩短工艺流程，降低生产成本，提高生产率，如葡萄糖沸腾造粒干燥设备如图 8 – 23 所示。

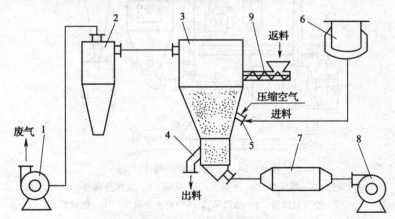

图 8 – 23　葡萄糖沸腾造粒干燥设备

1—抽风机　2—旋风分离机　3—沸腾干燥机　4—卸料管　5—喷雾器

6—高位槽　7—加热器　8—鼓风机　9—螺旋加料器

① 葡萄糖沸腾造粒干燥设备：喷成雾状的葡萄糖溶液进入沸腾干燥器后有两种情况：一种是在碰到沸腾床中流化粒子前，便已蒸发结晶干燥成微粒，这部分微粒成为晶种；另一种情况是雾化的溶液，在它未蒸发、结晶、干燥前，便与沸腾床中流化粒子碰撞，而涂布于其表面，在其表面不断蒸发、结晶干燥。使流化粒子不断增大，尤其以后者为主要。故粒子越来越大，以致最后沸腾不起来。破坏了沸腾正常操作，故控制粒子大小成关键问

题，目前采用以下三种方法来处理。

采用锥形沸腾床：因流速随沸腾床高度而改变，使颗粒在沸腾床中分级，大颗粒在下面，小颗粒在上面，这样就有可能使大颗粒从下面的出料口排出，以免继续增大，而小颗粒留在床层内，保持一定的粒度分布。

在沸腾床内安装粉碎装置：可将大颗粒粉碎，以控制床内粒度分布。

加返料：将小颗粒不断加入沸腾床内作晶种，用调节返料量来控制床层的粒度分布。目前用得最多的为加返料的方法，容易控制。

造粒所用的喷雾器为气流式，可采用具有空气导向装置的双流式喷嘴和直流式喷雾最好，安装在侧壁，以水平方向安装，并可根据产量沿圆周安装几个喷嘴。如用离心式喷雾，则干燥室稍大些，以免发生粘壁现象。如用压力式喷雾，注意防止堵塞和结块。

② 乳粉生产用的喷雾沸腾干燥设备：具有体积小，拆装运输方便，连续操作，效率高，与规模相同的其他方法生产乳粉相比，车间面积节省 70% ~80%，主要设备钢材耗用量节约 5/6，投资费用节省 50%，日处理量 3.5~4t（两班生产）。适合牧区乳粉生产，其设备如图 8-24 所示。浓缩乳经高压泵（压力 12~18MPa）送去喷雾，空气由燃油热风炉加热到 200~210℃，从顶部进入干燥器。沸腾所需空气还应由辅助风机吸入冷风补充进干燥器内，热风温度 80~85℃，已干燥的粉被吹入旋风分离器落入贮粉桶，废气排入大气。

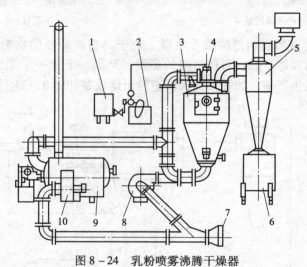

图 8-24　乳粉喷雾沸腾干燥器
1—保温缸　2—高压泵　3—干燥器　4—喷嘴　5—旋风分离器　6—贮粉桶
7—空气过滤器　8—辅助风机　9—燃油热风炉　10—鼓风机

（六）冷冻升华干燥装置

1. 冷冻升华干燥器（freezing dryer）的干燥原理

将含水物料先行冻结，然后使物料中的水分在高真空下不经液相直接从固相转化为水气排出，称升华干燥法，或称冷冻干燥法。从理论上已知水有三相：液相、气相和固相。根据压力减小，沸点下降的原理，当压力降低到 610.5Pa（4.58mm Hg）时。温度在 0℃以下，物料中的水分即可从冰不经过液相而直接升华成水气。但这是对纯水而言，如为一般食品，其中含有的水，基本上是一种溶液，冰点较纯水要低，因此升华的温度在 -5~-20℃左右，相应的压力在 133.29Pa 左右。

2．升华干燥的特点及其在食品工业中应用

（1）升华干燥的特点

① 由于在低温下操作，能最大限度地保存食品的色、香、味，如蔬菜的天然色素保持不变，各种芳香物质的损失可减少到最低限度，升华干燥对保存含蛋白质食品要比冷冻的好，因为冷冻要降低食品的持水性。

② 因低温操作，对热敏感性物质特别适合，能保存食品中的各种营养成分，对维生素 C 能保存 90% 以上。在真空和低温下操作，微生物的生长和酶的作用受到抑制。

③ 升华干制品质量轻、体积小、贮藏时占地面积少、运输方便。各种升华干燥蔬菜经压块，质量减少，体积缩小。如冷藏食品质量为 100%，罐头为 110%，升华干制品仅为 5%。包装费用方面，比罐头低得多；在贮藏费用方面比冷藏低得多。同时，在贮藏和运输过程中，损失率也较少。

④ 复水快，食用方便。因为被干燥物料含有的水分是在结冰状态下直接蒸发，故在干燥过程中，水气不带动可溶性物质移向物料表面，不会在物料表面沉积盐类，物料表面不会形成硬质薄皮。亦不存在因中心水分移向物料表面时对细胞或纤维产生的张力，不会使物料干燥后因收缩引起变形，故极易吸水恢复原状。

⑤ 因在真空下操作，氧气极少。因此一些易氧化的物质（如油脂类）得到了保护。

⑥ 冷冻升华干燥法，能排除 95%~99% 以上的水分，产品能长期保存而不变质。

（2）升华干燥法在食品工业中的应用　产品适合特殊场合使用，如地质勘探、边疆海岛等地区。品种有肉类、蔬菜、汤粉、饮料等，但价格比热烘、喷雾产品贵一倍到几倍。

3．升华干燥设备结构

（1）箱式升华干燥设备　冷冻干燥系统可分为制冷系统、真空系统、加热系统、干燥系统和控制系统等。按结构分别由冷冻升华干燥箱、冷凝器、冷冻机、真空泵、各种阀门和控制元件及仪表等组成，如图 8−25 所示。

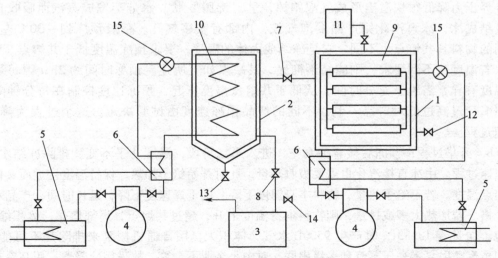

图 8−25　箱式升华干燥设备组成

1—冷冻干燥箱　2—冷凝器　3—真空泵　4—制冷压缩机　5—水冷却器　6—热交换器　7—冷冻干燥箱冷凝器阀门　8—冷凝器真空泵阀门　9—板温指示剂　10—冷凝温度指示计　11—真空计
12—冷冻干燥箱放气阀门　13—冷凝水放出口　14—真空泵放气阀　15—膨胀阀

① 冷冻干燥箱：可制冷到 -40℃或更低温度，又能加热到50℃左右，能被抽成真空，一般在箱内做成数层搁板，箱内通过一个装有真空阀门的管道与冷凝器相连，排出的水气由该管道进入冷凝器。箱上开有几个观察孔，箱上还装有测量真空和冷冻干燥结束时温度和搁板温度、产品温度等电线引入头等。

② 冷凝器：是一个真空密封的容器，内有很大的金属管路面积，被制冷到 -40 ~ -80℃的低温，冷凝从箱内排出的大量水蒸气，降低箱内水蒸气压力，有除霜装置、排出阀和热空气吹入装置等，用来排除内部冰霜并吹干内部。

③ 真空泵及真空测量仪表：由冷冻干燥箱、冷凝器、真空阀门和管道、真空泵和真空仪表构成冷冻干燥设备的真空系统，要求密封性能好。真空泵采用旋片式或滑阀式油封机械泵，也可与机械增压泵或油增压泵联用。真空测量仪表可采用旋转式水银压缩真空计或热电阻和热电偶真空计。

④ 制冷系统与加热系统：由冷冻机组与冷冻干燥箱、冷凝器内部的管道等组成制冷系统，冷冻机可以是互相独立的两套，即一套制冷冷冻干燥箱，一套制冷冷凝器，也可合用一套冷冻机。制冷法有直接法和间接法两种，直接法把制冷剂直接通入冷冻干燥箱或冷凝器。冷冻机可根据所需要的不同低温，采用单级压缩、双级压缩或者复叠式制冷机。

加热系统的作用是加热冷冻干燥箱内的搁板，促使产品升华。可分直接和间接加热法，直接法利用电直接在箱内加热；间接法利用电或其他热源加热传热介质，再将其通入搁板。

⑤ 控制系统：各种开关、安全装置，以及一些自动化元件和仪表组成一套自动化程度较高的冷冻干燥设备，其控制系统较为复杂。

冻干工序操作要点如下：

a. 预冻、抽真空：物料内部因含有大量水分，若先抽真空，使溶解在水中的气体，因外界压力降低很快溢出形成气泡跑掉，呈"沸腾"状。水分蒸发成蒸汽而吸收自身热量结成冰，冰再汽化则产品发泡气鼓，内部有较多气孔。一般预冻到 -30℃左右，不同的物料其共熔点也不同，它是冻结成固体的温度，要求预冻温度低于共熔点5℃左右。若温度达不到要求，则冻结不彻底，其缺点如上所述。预冻时间约2h，因每块搁板温度有异，需给予充分时间，从低于共熔点温度算起，预冻速度控制在每分钟降温1~4℃，过高过低对产品不利，不同的产品预冻速度由试验决定。这个过程为降温、降速过程。

b. 升华过程：预冻后接着抽真空，进入第二阶段，温度几乎不变，排除冻结水分，是恒速过程。由冰直接汽化也需要吸收热量，此时开始给予加热，保持温度接近而又低于共熔点温度。若不给予热量，物料本身温度下降，则干燥速度下降，延长时间，产品水分不合格。若加热太多或过量，则物料本身温度上升，超过共熔点，局部熔化，体积缩小、起泡。1g冰在13.33Pa时产生9500L水气，体积大，用普通机械泵来排除是不可能的。而用蒸汽喷射泵需高压蒸汽和多级串联，对中小企业不合算，故采用冷凝器，用其冷却的表面来凝结水蒸气成冰霜，保持在 -40℃或更低，冷凝器中蒸汽压降低在某一水平上，干燥箱内蒸汽压高，形成压差，故大量水气不断进入冷凝器。

c. 第三阶段为加热：剩余水分蒸发阶段冻结水分已全蒸发，产品已定型，加热速度可加快，开始蒸发没有冻结的水分，干燥速度下降，水分不断排除，温度逐渐升高，一般不超过40℃，要求温度到30~35℃后停留2~3h才能结束，破坏真空，取出成品，在大气压下对冷凝器进行加热、熔化冰霜成水排除。

典型冷冻干燥工艺流程如图8-26所示。

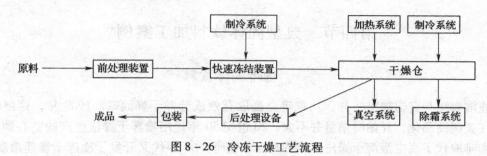

图8-26 冷冻干燥工艺流程

（2）圆柱形升华干燥设备 适合大型企业生产，原理与上述相同，过程也一致，仅设备类型不同。

① 预冻：最好与抽真空分开处理，冻后再放入真空室进行升华。预冻方式如下：

a. 颗粒状物料，最好用流动床冷冻设备。

b. 块状物料，如鱼、肉、蔬菜等在冻前切块成均匀薄片，采用一般通风冷冻机。

c. 液体物料，使冰晶生长方向垂直于干燥面，使传热与水气的流动均沿结晶方向进行，因此采用平板冻结机为好。

② 真空室：即升华干燥设备的升华室。老式的用长方形，需用较厚钢板制成，才能承受1个标准大气压（101325Pa）的外压，目前多采用圆柱形的。缺点是空间利用率不高，故有的将冷凝器放在里面。

从形式上分，有圆柱形桶体固定和移动两种，比较多的是一端可移动，亦有两端可移动的，这样就便于物料的装入和卸出，也便于管理和清洁工作。从使用情况可分为间歇式和连续式，连续式需要在物料进出口处有平衡室，如生产过程中发现问题时不易处理，间歇式也有缺点，因干燥前期抽去80%水分，后半期抽20%，在后半期内升华量显著减少，而真空度提高。综上所述，从结构、强度和操作各方面考虑，还是采用圆柱形间歇式为好。

③ 加热部分：有几种不同方法，如用物料和加热面直接接触，或辐射的方法等。辐射法设备简单，其加热板是固定的，无需复杂的液压机械设备，只需在固定的加热面上涂上粗糙黑色涂料。热源有热水强制循环型，有用油加热的，也有的采用混合式喷射加热器代替列管式热交换器，并用水泵作动力。

④ 抽真空：真空泵必须使干燥室内压力降至66.65Pa以下，同时不断抽去漏入空气及升华时大量水气。目前真空设备及其组合有三种。

第一种是用罗茨泵，经二级增压后通入冷凝器再用机械泵排不凝气体，设备投资大，耗电多，难以配套，在后级泵内易进水，影响真空。很少采用。

第二种为低温冷凝器（-5℃）将水蒸气冷凝成冰霜，再用机械泵抽不凝气体。总的耗电大，投资费用大，若电源充足的条件下，尚能选用。

第三种为多级蒸汽喷射泵串联，抽除大部分升华排出可凝性气体，由前级增压后用冷凝器冷凝，后面几级以排除空气为主。通常需要 4~5 级的蒸汽喷射泵。为了启动快，在一级冷凝器处专门有一级或二级帮助启动。蒸汽喷射泵有很多优点：结构简单、无机械动力、检修方便、不易发生故障、材料要求不高。缺点是蒸汽和水用量大，并要求蒸汽压力稳定。

第四节 典型固体饮料加工案例

一、咖啡固体饮料

速溶咖啡与普通咖啡一样，从咖啡豆提取有效成分并干燥而成。1909 年，速溶咖啡首先在美国商品化，开始时销量并不大。20 世纪 50 年代用喷雾干燥法生产的空心颗粒状速溶咖啡取代了真空滚筒干燥法生产的粉末状咖啡。60 年代又开发了冷冻干燥速溶咖啡。冻干产品热变性小，感官质量高，并有焙炒磨浆咖啡的大颗粒状，但成本较高。目前冻干法和喷干法两种速溶咖啡商品均有，可根据不同需要进行生产。速溶咖啡中的咖啡因含量大于 3%，水分含量小于 4%。

（一）速溶咖啡生产工艺流程

速溶咖啡的生产从咖啡豆的选择到配合比例、干燥温度和芳香保持，各国均有独自制造技术。由咖啡豆生产速溶咖啡的生产工艺流程见图 8 - 27。

咖啡豆 → 配料 → 焙炒 → 磨碎 → 浸提 → 分离 → 干燥 → 检验 → 包装 → 速溶咖啡

图 8 - 27　速溶咖啡生产工艺流程

（二）操作要点

1. 配料

配料是将不同品种和质量的咖啡豆按一定比例进行混合，以在焙炒时获得较佳香味，稳定产品质量和降低成本。

2. 焙炒、磨碎、浸提

从焙炒到浸提工序与牛乳咖啡饮料的工艺相同，咖啡豆浸提时粉碎的粒度大小、加水量、浸提时间与方法决定浸提物的固形物含量。焙炒温度 200~240℃，焙炒时间 15min 左右，重度焙炒比轻炒时间长 1~2min。采用逆流浸提时，咖啡与水的比例因不同咖啡品种和所需求的浸提率而有差异，但咖啡浸提时的加水量不要太多。实践表明，用咖啡豆 10 倍量的水浸提时，浸提出的固形物量仅比 1 倍量的水增加 10%。而且加水量多，浓缩和干燥过程所需的能力增加，成本增高，是不经济的。因此浸提时的料水比一般为 1:（3.5~5.0），浸提时间 60~90min，浸提温度 90℃以上。

生产速溶咖啡时的咖啡浸提需要在压力和高温下进行，咖啡浸提液浓度一般 30%~32%。当咖啡浸提液浓度达到 30% 时，可直接进行干燥，否则要预先浓缩，达到规定浓度后再行干燥。

3. 干燥

干燥前先进行离心分离，去除固体微粒。

咖啡浸提液的干燥方法有热风干燥、喷雾干燥和冻结干燥。热风干燥温度 150~

180℃，咖啡温度 60～70℃，最后可能达到 150℃左右。在这种高位下，香气和色泽都会受到损失。喷雾干燥时的热风温度 160～200℃。为了获得需要的视密度，可在送往离心喷雾盘以前在咖啡浸提液中溶解适量的 CO_2 加以调节。

为了减少咖啡香气的损失，有时也采用真空干燥和冷冻干燥，其中尤以冷冻干燥时的变化为最小。

将咖啡浸提液的浓缩物冻结，并在接近真空的状态下进行冻结干燥，冰不经过水而直接升华变为蒸汽，最后成为多孔质的干燥咖啡。

速溶咖啡的易溶性与其粒度关系极大。粒度过细会浮于表面，或变成疙瘩，不易溶解。粒度过大时，溶解慢，又容易变为沉渣。速溶咖啡的良好颗粒度为 200～500μm。冻结干燥产品易溶，与其粒度无关。

（三）速溶咖啡芳香化技术与保存方法

1. 保持速溶咖啡芳香化的技术

芳香化技术是提高速溶咖啡质量的重要手段之一。近代速溶咖啡产品已基本达到焙炒磨粒咖啡所具有的香味和滋味，甚至用低档咖啡豆为主要原料也能生产出高质量的速溶咖啡，其中咖啡芳香化起着重要作用。芳香化技术一是从原料配比、焙炒、浸提直至干燥过程，如何保留更多的咖啡芳香物。另一方法是先将咖啡芳香物质收集起来然后再兑回速溶咖啡产品中去。

咖啡油的提取一般用压榨法或有机溶剂浸出法、蒸汽蒸馏法。近年来开发了超临界二氧化碳抽提技术。咖啡挥发性芳香物的提取可以用蒸汽和惰性气体如氮气或二氧化碳作载体，通过吸收法或冷冻法收集。

以蒸汽为载体的提香方法可用于浸提过程，将浸提机中的载香蒸汽用水间接冷却，冷凝收集香气成分。所得芳香物以高沸点成分为主，一般与咖啡油混合制成乳化液，在干燥前加到浓缩咖啡液中。以惰性气体为载体的提香方法除用于浸提时在浸提机中提取外，还用于收集研磨咖啡时散发的咖啡香。载香惰性气体用 CO_2 或液氮为制冷剂进行冷冻收集。可获得低沸点的咖啡芳香成分，与焙炒磨粒咖啡香味一致。收集的咖啡芳香物一般与咖啡油一起，直接雾化加入速溶咖啡粉末中。

2. 速溶咖啡的保存方法

速溶咖啡有较强的吸湿性，要注意密闭保存，在开启食用期间，取出咖啡时不要带入水分或进入湿气，同时每次用后仍要密封好，并放于干燥处。

二、固体蛋白饮料——麦乳精

麦乳精原名"乐口福"。是以乳制品、蛋制品、麦精、糖类、香精等为主要原料制成的一种具有疏松、多孔性颗粒和部分细粉的固体颗粒。

（一）麦乳精生产工艺流程

麦乳精生产工艺流程见图 8-28。

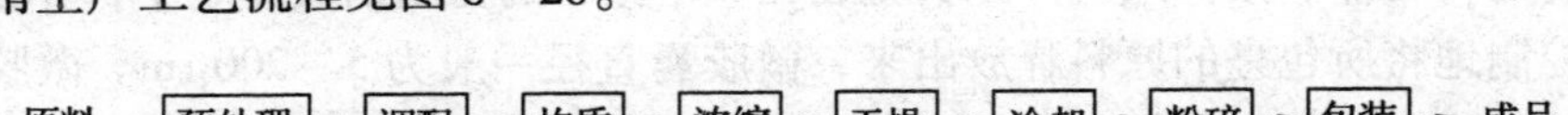

原料 → 预处理 → 调配 → 均质 → 浓缩 → 干燥 → 冷却 → 粉碎 → 包装 → 成品

图 8-28 麦乳精生产工艺流程

（二）麦乳精生产工艺要点

1. 预处理

按配方称取各种原料用量，其中乳粉、蛋粉、可可粉等应经 50～60 目筛；奶油要熔化。糖类入化糖锅中加适量水制成糖浆。

2. 调配

调配在调料桶中进行，桶内应配备有搅拌器、过滤筛，加热系统等。先调制可可乳浆，在桶内加入粉料重量 15%～20% 的净水，再加入甜炼乳、乳粉、蛋粉、可可粉、熔化的奶油等，并不断地搅拌，使固体原料均匀地混入炼乳中，过筛成为可可乳浆。

将预先制成的糖浆加入到可可乳浆中，充分搅拌使其混合，随后，加入其他配料，在连续搅拌中制得含水量为 24%～30% 的麦乳精浆。

3. 均质

麦乳精浆中含有大量油脂和固形物，虽经搅拌器搅拌，仍难以使奶油中团聚的脂肪粒分散，更无法使脂肪球变小，影响产品黏度和口感。而均质能使混合料均匀一致、冲调液保持浓稠、均匀、少沉淀。是保证产品品质的关键工序之一。常用的均质设备是高压均质机，也可用胶体磨、超声波均质机等。

4. 浓缩

浓缩可缩短干燥时间，一般采用真空浓缩，使固形物含量达到 82%～84%。在真空浓缩过程中，还可对麦乳精浆进行脱气。麦乳精浆料中含有多量空气，若不进行排除，在干燥时气泡会起泡翻滚，造成损失。浓缩设备常用真空浓缩设备。

5. 干燥

将浓缩麦乳精浆料分装于烘盘中，每盘装料数量须参照干燥设备的具体性能和实际操作条件而定，一般每盘装料的厚度为 0.6～1cm，干燥后浆料发泡可达 8～10cm。分盘后将烘盘送入真空干燥箱中，真空干燥一般要经过四个阶段：升温、恒速干燥、发泡成型、冷却固化。蒸汽压力控制在 0.1～0.12MPa，真空度 80～100kPa。

另外，还可采用喷雾干燥，它是将浆料喷雾于热风中，在瞬间将水分排除而成麦乳精粉末，可采用制造乳粉设备生产麦乳精。

除上述干燥方法外，微波干燥作为一种新技术也开始在麦乳精干燥工序中得到应用，有很好的发展前景。

6. 粉碎

经真空干燥的麦乳精呈蜂窝块状，需通过粉碎机，将颗粒大小控制在 3.5～5mm，呈鳞片状，经检验后即可投入包装。包装容器有玻璃瓶、塑料瓶、金属罐、薄膜袋等，分别由不同的包装机包装。

三、固体饮料的微胶囊技术

微胶囊是将固体、液体或气体原料包裹在一个微小的密闭的胶囊之中，并在一定条件下可以有控制地将所包裹的原料释放出来，微胶囊直径一般为 5～200μm。微胶囊技术具有很多独特的优点。例如利用壁材（包膜）可以将香料、脂肪、维生素和多种生理活性物质等作为芯材有效储存于微胶囊内，控制物质释放、改变物质的物理和化学性质。用作壁材即包膜的材料有淀粉、糊精、食用明胶、阿拉伯胶、羧甲基纤维素等。目前微胶囊技术已在食品、饮料、香料、医药等很多行业广泛地应用。美国约有 60% 的固体饮料采用微胶囊工艺生产。微胶囊化的果香型固体饮料产品例如橘晶等是微晶颗粒，均匀一致，具有独特、浓郁的香味，在冷、热水中均能迅速溶解，色泽与新鲜果汁相似，不易挥发，产品能长期保存。

下面主要介绍采用微胶囊技术生产橘晶的方法。

1. 工艺流程

橘晶工艺流程见图 8 – 29。

原料 → 配料 → 过滤 → 乳化 → 混合 → 造粒 → 干燥 → 成型 → 检验 → 包装 → 微胶囊化固体橘子饮料

图 8 – 29　橘晶工艺流程

2. 操作方法与要点

（1）由于橘晶含糖 90% 左右，而用于区别饮料品种的香基油仅有 0.1% 左右。要将这微量的香基油均匀分散到 90% 左右的糖中，首先要将香基油分散成极细的微粒（2 ~ 10μm），再逐个用高分子膜连续包起来，成为各个稳定的胶囊就显得非常重要。其方法是按配方要求，将阿拉伯胶、食用钛白粉、麦芽糊精按顺序倒入配料罐或夹层锅内，加一定量的水，用蒸汽迅速加热至 100℃，不断搅拌，保温 40 ~ 45min 后，使温度冷却至 50 ~ 55℃，再加入橘子油香精，搅拌均匀。加入溶解后的食用明胶，温度继续保持在 45 ~ 60℃，不停搅拌，同时加入柠檬酸、柠檬酸钠、苯甲酸和其他添加剂。

（2）食用明胶应另行用蒸汽加热溶解，在溶解过程中加入食用色素，并不停搅拌至均匀后用于配料。

（3）把混合后的原料进行过滤，用胶体磨进行乳化，乳化后冷却，并进行抽样检验。

（4）把冷却后的乳化原料倒入混合机内，在搅拌过程中，加入粉碎的糖粉和适量的水，搅拌均匀后倒入颗粒机内进行颗粒成形，然后送入沸腾干燥机进行干燥，时间一般控制在 15min 左右，最后用 80 ~ 100 目筛网进行筛分，除去细粉，将微晶颗粒饮料进行包装。

也可用喷雾干燥微胶囊化方法生产果香型固体饮料。

本章小结

固体饮料是用食品原料、食品添加剂等加工制成粉末状、颗粒状或块状等固态料供冲调饮用的制品，根据固体饮料的不同组分，可将其分含有果蔬汁或只有果蔬香的果香型固体饮料；含有脂肪和蛋白质的蛋白型固体饮料及其他固体饮料。

固体饮料总的感官指标是应具有该品种特有的色泽、香气和滋味，无结块、无刺激、焦糊、酸败及其他异味，冲溶后呈澄清或均匀浑浊液体，无肉眼可见的外观杂质。与液体饮料相比，固体饮料具有质量轻、体积小，运输与携带方便，且易冲溶，因其含水量低，故具有良好的耐保存性。

果香型固体饮料的生产可以采用喷雾干燥法，也可采用浆料真空干燥法。目前一般多采用干料真空干燥法、干料沸腾干燥法、干料远红外加热干燥法。

固体饮料的溶解性是衡量其质量的重要指标。溶解性一般包括溶解过程和溶解效果。

溶解过程是粉体颗粒能否全部顺利分散到水中，即速溶性问题。溶解效果则是颗粒能否彻底溶解，形成乳浊液。

在固体饮料生产中，造粒成型、脱水干燥是基本工序。固体饮料生产中常用造粒方法主要有转动造粒、搅拌造粒、流动层造粒、气流造粒、挤压造粒、破碎造粒、喷雾造粒等。

脱水干燥操作单元是减少物料的水分含量，是固体饮料生产的重要环节。干燥设备有多种分类方法。可按干燥室内操作压力分为常压干燥器和真空干燥器；按操作方式分为连续干燥器和间歇干燥器；按干燥介质和物料的相对运动方式分为并流、逆流和错流干燥器；按供热方式分为对流干燥器、接触干燥器、辐射干燥器和介电干燥器。常用的干燥方法有喷雾干燥、真空干燥、流化床干燥和冷冻升华干燥。

思考题

1. 什么是固体饮料？它有什么特点？固体饮料有哪些类型？
2. 在果汁型固体饮料的生产中应该重点关注哪些问题？
3. 果香型固体饮料生产的关键技术包括哪些？
4. 蛋白型固体饮料生产的关键控制点包括哪些？
5. 为保持固体饮料的原有风味品质，可以采用哪些方法？
6. 固体饮料结块的原因是什么？如何避免固体饮料产品的结块问题？
7. 有哪些原因会导致固体饮料产品出现的变味问题，可以采取哪些措施加以避免？
8. 为什么有些固体饮料会出现速溶性差的问题？如何提高固体饮料的速溶性？

拓展阅读资料

1. 弓志清，王文亮. 固体饮料加工方法及性质研究进展［J］中国食物与营养 2011，17（12）：36－39
2. 我国农业部行业标准 NY/T 1323—2007《绿色食品固体饮料》

第九章 碳酸饮料

学习目标

1. 了解碳酸饮料的概念、分类及特点。

2. 了解碳酸饮料一次灌装法、二次灌装法的基本工艺流程及其优缺点。

3. 熟悉原糖浆的制备方法及糖浆在调配过程中各物料的选择、处理原则和投料顺序。

4. 熟悉影响碳酸化的因素，碳酸化的方式及常用汽水混合机的种类、工作原理及优缺点。

5. 掌握二氧化碳需求量的计算方法及压差式、等压式、负压式灌装的基本原理与技术要求。

6. 掌握碳酸饮料生产中常见的质量问题及其产生原因与预防措施。

第一节 碳酸饮料概述

国际饮料业把含有二氧化碳气体的饮料统称为碳酸饮料，它属清凉型饮品。碳酸饮料的前身可以说是天然含二氧化碳气体的矿泉水，早在15世纪中期的意大利，人们就开始研究含气矿泉水对人体的治疗作用。后来发现，人为地将水和二氧化碳混合后，与原本含二氧化碳的天然矿泉水一样对人具有消暑解渴的作用，由此开创了碳酸饮料的历史。1772年英国人普里斯特莱（Priestley）发明了制造饱和碳酸水的设备，为工业化生产碳酸饮料奠定了基础。1807年果汁碳酸水在美国问世，这种在碳酸水中添加果汁用以调味的新型产品一经推出，就获得了广大消费者的欢迎。很快在1886年，世界上第一瓶可口可乐诞生于美国。以后随着人工香精的合成、液态二氧化碳的制成、帽形软木塞和皇冠盖的发明、机械化汽水生产线的出现，使得碳酸饮料首先在欧美国家实现工业化生产并很快发展到全世界。

我国的碳酸饮料工业起步较迟，但发展速度却十分迅速。据有关资料显示：全国碳酸饮料总产量由1980年的27万吨到2009年的1200万吨，平均年增长速度超过20%。近几年，尽管随着居民消费习惯的改变，市场对各种饮料的需求也发生着结构性的变化，尤其是作为软饮料中的份额"老大"，碳酸饮料占整个饮料大市场的份额有所下降，但由于其具有的独特口味和风格，总产量仍不断上升。

随着人们生活水平的不断提高，自我保健意识增强，消费者在饮料产品上追求营养、健康的需求倾向性，必将导致饮料品种结构的调整。营养、健康、美味可口将成为饮料消费调整的主线。而目前碳酸饮料市场主流产品可乐型碳酸饮料不属于营养类型，因此，未来碳酸饮料消费市场重心将逐渐向果味型、果汁型、无糖和低热量等新型产品转移。

一、碳酸饮料的概念及特点

(一) 碳酸饮料的概念

碳酸饮料 (carbonated drinks) 俗称汽水,是指在一定条件下充入二氧化碳气的软饮料。不包括由发酵法自身产生的二氧化碳气的饮料,如用酵母菌发酵生产的格瓦斯汽水等。成品中二氧化碳气的含量 (20℃时体积倍数) 大于等于1.5倍。

(二) 碳酸饮料的特点

碳酸饮料通常由水、甜味剂、酸味剂、香精香料、色素、二氧化碳气及其他原辅料组成,俗称汽水。因此,从营养角度来说,普通的碳酸饮料除使用砂糖产生一定热量外,几乎没有营养价值。果汁型、蛋白质型碳酸饮料根据其生产配料不同,具有不同的营养价值。总体来说,碳酸饮料具有如下特点。

1. 清凉开胃、消暑解渴

碳酸饮料的最大特点是含二氧化碳,由于人体体温超过碳酸饮料的温度,因此,当碳酸饮料入胃后,其中溶入的二氧化碳会很快逸出、汽化,在这个气化过程中,它会吸收和带走人体的部分热量,使人产生清凉快感,起到消暑作用。尽管二氧化碳并不能为人体所吸收,但碳酸所具有的弱酸性,能给消化系统以轻微刺激,可促进口腔唾液和肠胃消化液的分泌,使人开胃通气,胃口大开。

2. 形成心理快感

碳酸饮料在打开封口后,由于瓶中压力较高,饮料中的二氧化碳气会很快逸出,形成大量气泡,给人的视觉产生强烈刺激,形成心理快感,刺激消费。

3. 口感独特

碳酸饮料的配方是经过精心设计的,对着色剂的选用、香味剂的选择,以及影响口味最显著的甜酸比等,均进行了精心考虑,使得碳酸饮料在色、香、味上独树一帜,以其独到的风味受到人们的喜爱。

4. 生产成本低

碳酸饮料属配制型饮料,其工艺过程较发酵饮料、蛋白饮料、固体饮料等产品要简单得多,所需设备少,投资较低,建厂容易,加之原料价格均不高,因此,生产碳酸饮料的成本较低,而且产销量很大,故效益较好。

二、碳酸饮料的分类

根据 GB 10789—2007《饮料通则》规定,按照原辅料的不同碳酸饮料可分为果汁型、果味型、可乐型及其他型四类。

1. 果汁型 (fruit juice type)

果汁型指含有一定量果汁 (≥2.5% ,质量分数) 的碳酸饮料。如橘汁汽水、橙汁汽水、菠萝汁汽水或混合果汁汽水等。果汁汽水具有原果特有的色、香、味。它不仅可以消暑解渴,还含有丰富的维生素、矿物质等,具有一定的营养作用,属于高档汽水,一般可溶性固形物为8% ~10% ,含酸0.2% ~0.3% ,含 CO_2 2 ~2.5倍,是发展较快的一类汽水。

2. 果味型 (fruit flavoured type)

果味型指以果味香精为主要香气成分，含有少量果汁或不含果汁的碳酸饮料。如橘子味汽水、柠檬味汽水等。果味型汽水，风味与相应的水果相似，但含营养素较少，价格低廉，一般只起清凉解渴作用，为普通型汽水。产品一般含糖 8% ~ 10%，含酸 0.1% ~ 0.2%，CO_2 2 ~ 3 倍。

3. 可乐型（cola type）

可乐型指以可乐香精或类似可乐果香型的香精为主要香气成分的碳酸饮料。如风靡世界的美国可口可乐，它的香味是由古可树（coca）树叶和可拉树（cola）种子的提取液等混合香料组成。我国也有天府可乐等产品。可乐汽水一般用磷酸作为酸味剂。无色可乐不含焦糖色素，如（轻怡）水晶百事可乐。

4. 其他型（other types）

其他型指除了上述 3 种类型以外的碳酸饮料。如苏打水、盐汽水、姜汁汽水、沙司汽水等。

有的将碳酸饮料按其状态分为澄清型汽水和浑浊型汽水。澄清型汽水，从外观上看，澄清型汽水处于清澈透明状态。它是通过澄清、过滤等工序，将饮料中的固体粒子分离掉而制成的。果味汽水及某些果汁汽水均属此类。浑浊型汽水，从外观上看，浑浊型汽水呈浑浊态，不透明，在某些带果肉的果汁汽水中较为多见。它是通过添加乳化剂、均质等工艺，使果肉细化并均匀地悬浮于汽水中，使其外观接近于天然果汁。

三、碳酸饮料的产品质量要求及卫生标准

碳酸饮料的产品质量要符合 GB/T 10792—2008《碳酸饮料（汽水）》和 GB 2759.2—2003《碳酸饮料卫生标准》中规定的要求，碳酸饮料主要质量指标见表 9 – 1 碳酸饮料的理化指标，碳酸饮料的卫生要求见第十三章表 13 – 7 和表 13 – 8。

表 9 – 1 　　　　　　　　　　　　　碳酸饮料的理化指标

项目	果汁型	果味型、可乐型及其他型
二氧化碳气容量（20℃）/倍 ≥		1.5
果汁含量（质量分数）/ %	2.5	—

第二节　二氧化碳及其处理

（一）二氧化碳在碳酸饮料中的作用

二氧化碳是碳酸饮料特有原料，在碳酸饮料中起着其他物质无法替代的作用。

1. 清凉作用

二氧化碳溶解在饮料中形成一定浓度的碳酸，人们喝入碳酸饮料后，由于人体温度高于饮料，碳酸进入人体受热分解，重新释放出二氧化碳，当二氧化碳从体内排出时，会把人体内多余的热量带走，起到清凉作用。

2. 抑菌作用

碳酸饮料对微生物来说是不完全的培养基。此外，由于酸度较高，pH2.5 ~ 4，除耐酸菌外，其他微生物难以生存，特别是由于空气含量低，二氧化碳含量高，所以需氧性微

生物很快致死，并由于汽水具有一定的压力，抑制了微生物的生长。国际上认为 3.5～4 倍含气量是汽水的安全区。

3. 突出香味

二氧化碳与饮料中其他成分配合产生特殊的风味，当二氧化碳从饮料中逸出时，能带出香味，增强饮料的风味特征。

4. 具有特殊的刹口感

饮用碳酸饮料时，碳酸饮料中逸出的碳酸气，具有特殊的刹口感，能增强对口腔的刺激，给人以爽口的感觉，促进人的食欲。

（二）二氧化碳的来源和净化

1. 来源

（1）酿造工业的副产品　在酿酒时，常将微生物发酵作用所产生的二氧化碳气进行回收、净化，制得液态二氧化碳，用于制造碳酸饮料。

（2）煅烧石灰的副产品　煅烧石灰是利用碳酸钙在高温下生成氧化钙，同时排出二氧化碳的过程。常将所排出的二氧化碳进行回收、净化、利用。

（3）天然二氧化碳气　天然二氧化碳是天然气井中喷出的气体，其纯度可达到 99.5%。气体经过脱硫净化后，就可装入钢瓶，出售使用。

（4）化工厂的废二氧化碳气　将焦炭或石油燃烧产生二氧化碳，再将二氧化碳用碳酸钠或乙醇胺（18%）及其他吸收剂吸收，分离制得纯净的二氧化碳。

（5）中和法自制二氧化碳气　用硫酸与小苏打反应，收集其产物二氧化碳。

2. 净化

CO_2 的净化应根据来源和所含杂质情况而定。市场上供应的二氧化碳气，一般是酒厂发酵产生的 CO_2 气，或者是在煅烧石灰时收集的 CO_2 气，这两种气体均含有气味及杂质，必须要进行净化处理。

饮料厂多用发酵产生的 CO_2 气，净化一般在 CO_2 生产厂进行，但发酵厂往往净化不完全，所以在生产碳酸饮料的工厂内再进行氧化、活性炭吸附等净化处理。自制的 CO_2 必须净化。

净化的方法有水洗、碱洗、还原法、氧化法及活性炭吸附法。在实际生产中常常是几种方法同时使用，多采用三柱联洗，即二氧化碳依次经过高锰酸钾柱、水柱、活性炭柱，由下而上流动，使杂质氧化或被吸收，得到净化气。高锰酸钾溶液的浓度一般为 2%～3%，并加相应的纯碱。使用酸碱中和法生产的 CO_2 可使用纯碱水（5%～10%）洗涤，以中和带出酸雾，然后再经水洗。

使用钢瓶装商业 CO_2 生产饮料时，如因 CO_2 含有杂质，会影响 CO_2 在饮料中的溶解度，可采用简易的办法进行净化处理，以保证饮料中 CO_2 气的含量和风味。一般采用 $KMnO_4$ 氧化、活性炭吸附或纯碱洗涤等。

天然二氧化碳气是来自天然二氧化碳气井的产品，其纯度一般较高，可达 99.5% 以上。气体经过脱硫净化处理以后装入钢瓶就可出售。这种纯净的二氧化碳气可直接用于饮料生产。

来源于由中和法生产的二氧化碳气，可先通过 5%～10% 的碳酸钠溶液，以中和气体带来的酸雾，再通过 5%～10% 的硫酸亚铁溶液，最后通过 1%～3% 的高锰酸钾溶液，去掉还原性杂质。

来源于化工厂的废二氧化碳气，大多是收集了生产合成氨、尿素的过程中所产生的废气，这种二氧化碳气通常带有显著的硫化氢味和各种异味。必须经过碱洗、水洗、干燥和用活性炭脱臭处理。

净化后的二氧化碳气若需液化，则需要将净化后的气体首先经过分子筛干燥，再加压冷却液化。

（三）二氧化碳在水中的溶解度

在一定压力和温度下，CO_2 在水中的最大溶解量称为 CO_2 在水中的溶解度。这时气体从液面逸出的速度和气体进入液体的速度达到平衡，称为饱和，该溶液称为饱和溶液。未达到最大溶解度的溶液则称为不饱和溶液。在碳酸饮料中常用的溶解量单位为"本生容积"，即在一个标准大气压下，温度为 0℃ 时，溶于 1 体积水内的 CO_2 体积数。欧洲大陆常用单位为 g/L。如在一定条件下，CO_2 的密度若约为 2g/L，如果瓶子的体积为 250mL，汽水的含气量为 3 倍时，那么 CO_2 的质量应为 $0.25L \times 3 \times 2g/L = 1.5g$。

碳酸饮料生产中，二氧化碳的溶解量是：在 0.1MPa 压力下，15.56℃ 时，1 体积的水可以溶解 1 体积的二氧化碳气，称为 1 气体体积 [即 CO_2 在水中的溶解度数值约为 1（"倍数"）]。

在 0.1MPa 不同温度下，CO_2 的溶解度见表 9－2。

表 9－2　　　　　　　　　　　0.1MPa 不同温度下 CO_2 的溶解度

温度/℃	L	g	温度/℃	L	g
0	1.713	3.347	11	1.154	2.240
1	1.646	3.214	12	1.117	2.166
2	1.584	3.091	13	1.083	2.099
3	1.527	2.979	14	1.050	2.033
4	1.473	2.872	15	1.019	1.971
5	1.424	2.774	16	0.985	1.904
6	1.377	2.681	17	0.956	1.845
7	1.331	2.590	18	0.928	1.789
8	1.282	2.494	19	0.902	1.736
9	1.237	2.404	20	0.878	1.689
10	1.194	2.319	21	0.854	1.641

根据亨利定律，在饮料工艺设计上，可以按饮料的含气量要求，加上生产过程的二氧化碳损耗部分来确定水与二氧化碳的混合倍数；选择出适当的水温，便可确定混合压力和灌水压力。

例如：因绝对压力＝表压＋1，所以，在 15.56℃，0.1MPa 时，表压应大致为 0；CO_2 的溶解倍数也可以表示为：倍数＝（表压＋1）。如果在 15.56℃ 检测汽水的表压为 2MPa，则溶解倍数＝2＋1＝3 倍。

第三节　碳酸饮料生产技术

一、碳酸饮料生产工艺

碳酸饮料生产有"现调式"和"预调式"两种工艺。

（一）二次灌装法

先将调味糖浆定量灌入容器中，再灌入碳酸水至规定量，密封后混匀而成汽水，这种糖浆和碳酸水先后分二次灌装的方法即为二次灌装法，又称现调法。这是一种传统的灌装方法，适合于含有果肉的碳酸饮料灌装，因为果肉颗粒通过混合机时容易堵塞喷嘴，不易清洗。目前小规模生产多采用二次灌装工艺。二次灌装系统较为简单，但二次灌装只有水被碳酸化，而糖浆未经混合机，没有被碳酸气饱和，两者接触时间短，气泡不够细腻。调成成品饮料后含气量降低，为此必须提高碳酸水的含气量。另一方面，糖浆与碳酸水温度不一致，在灌水时，容易激起大量泡沫，不易灌满，使灌装困难。为此需要将糖浆进行冷却，使其接近碳酸水的温度。由于二次灌装法糖浆是预先定量灌装的，碳酸水的灌装量会因瓶子容量不一致而导致成品饮料质量的差异。碳酸饮料二次灌装工艺流程见图 9 – 1。

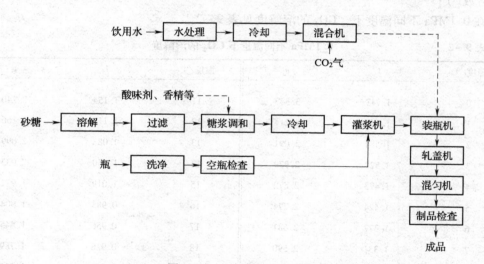

图 9 – 1　二次灌装工艺流程

（二）一次灌装法

将调味糖浆和水先按一定比例混合，再经冷却碳酸化后一次灌入容器的灌装方式称为一次灌装法，又称预调法。在一次灌装的混合机内常配置冷却器，因此又称碳酸化冷却器（Carbo – cooler）或冷却碳酸化器（Cool – carbonator）。由于这种灌装方法使水和糖浆都得到冷却和碳酸化，因此冷却和碳酸化效果都比较好，工艺简单，适合高速灌装，普遍用于大型饮料厂。一次灌装法的优点是灌装时糖浆和水的混合比例较准确，不因容器的容量而变化，产品质量一致。其次浆水温度一致，不易起泡。这种灌装方法的缺点是不适于带果肉碳酸饮料的灌装。另一方面，设备较复杂，且混合机与糖浆直接接触，对洗涤与消毒要求较严格等。碳酸饮料一次灌装工艺流程见图 9 – 2。

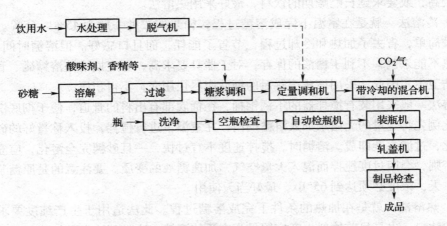

图9-2 一次灌装工艺流程

为了采用一次灌装工艺而又要解决带果肉汽水堵塞喷嘴的问题，可以采用如图9-3所示的组合灌装工艺实现一次灌装。

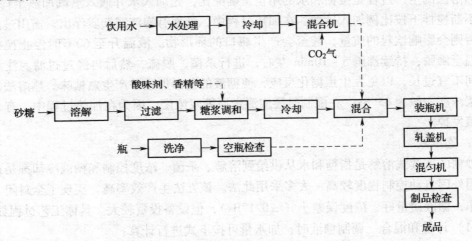

图9-3 改良一次灌装工艺流程

二、糖浆的制备

把砂糖溶解在水中调和成原糖浆，再加入其他甜味剂、酸味剂、果汁、香精香料、色素、防腐剂等，并充分混合均匀后，得到浓稠状的糖浆，称为调和糖浆。糖浆的制备是碳酸饮料生产中重要的工艺环节。所用砂糖必须采用一级以上的优质白砂糖，所使用水的水质必须符合饮料用水的要求（参见第二章）。

（一）原糖浆的制备

原糖浆的制备也就是糖的溶解过程。砂糖的溶解分为间歇式和连续式两种方法。

1. 间歇式溶糖

间歇式溶解分为热溶和冷溶两种，目前以热溶为主。热溶又可分为蒸汽溶解和热水溶解，目前实际生产以热水溶解为主。配制后短期内使用的糖浆可采用冷溶法；零售饮料纯度要求较高，或要求延长贮藏期的饮料，最好采用热溶法。

（1）冷溶法　就是在室温下完成溶糖过程，糖浆的浓度一般为 45%～65%。此方法设备比较简单，省去了加热和冷却过程，节省了能耗，而且口感好。但溶糖时间比较长，不经加热不能杀菌，不利于糖液的保存，对工器具要求高，要定期清洗溶糖罐、管道，以保证清洁卫生。因此，采用该法溶解后的糖液应尽快用完，不得积压。

冷溶法一般采用装有搅拌器的不锈钢桶，在桶底部有出料的管道，便于彻底洗涤。根据配合比例先将定量的无菌水加入溶糖锅内，在室温下进行搅拌，投入称量好的砂糖，待完全溶化，过滤去杂即成。溶糖时，搅拌速度不宜过快，一旦砂糖完全溶化，应立即停止搅拌，否则，会因过度搅拌而混入大量空气，加速糖液的变质。要注意的是原糖浆如果需要存放 1 天，浓度必须达到 65°Bx，最好当天使用。

（2）热溶法　就是在加热的条件下完成溶糖过程。此法适用于生产纯度要求高，贮藏期长的饮料，也是目前饮料生产应用最为广泛的溶糖方法。其特点是加热能杀灭糖液中的细菌、能凝固所含杂质，便于分离，并且溶解速度快，便于生产大量糖浆。热溶法所用溶糖锅，一般采用不锈钢夹层锅，并备有搅拌器，锅底部有放料管道。

热溶法的生产过程是按糖和水的用量正确配比，先加入水并通入蒸汽加热至约 60℃，再在不断搅拌下按比例加入砂糖。在加热过程中，液面有泡沫或杂质浮出，需用过滤器除去，否则会影响饮料的质量，甚至会产生瓶口的环形物。液温升至 60℃ 时停止搅拌，继续升温至沸腾，持续沸腾 5～10min 左右，进行杀菌、脱硫，然后再经过过滤。注意沸腾的时间不宜过长，以免发生焦糖化反应，使糖液的色泽加重并产生熟糖味。热溶法制备的原糖浆浓度一般为 65°Bx，在配制时还应测定原糖浆浓度，因为在加热过程中，有一部分水被蒸发掉。

2．连续式

砂糖的连续式溶解是指糖和水从供给到溶解、杀菌、浓度控制和糖液冷却都是连续进行。国外因自动控制程度较高，大多采用此法。该方法生产效率高，实现了全封闭、全自动操作，糖液质量好，浓度误差小（±0.1°Bx），但设备投资较大。具体工艺过程如下：

（1）计量和混合　调制糖液时，加水量可按下式进行计算：

$$加水量 = \frac{100\% - 糖的质量分数}{糖的质量分数} \times 加糖量$$

糖和水计量后送入搅拌器，调整糖浓度稍高于要求。

（2）热溶解　通过板式热交换器进行加热，使砂糖充分溶解。

（3）脱气和过滤　将糖液脱气并过滤。

（4）糖度调整　糖度控制装置控制水的加入量，使糖度符合最终要求。

（5）杀菌、冷却　将糖液进行杀菌，杀菌后冷却。然后将合格糖液送至贮罐，不合格者返回混合器，再进行杀菌。

（二）糖液的过滤

为了保证糖浆的质量，除去砂糖带来的和溶糖过程中带入的杂质，如灰尘、纤维、砂粒和胶体，糖液必须进行净化、过滤处理。

1．过滤

过滤有自然过滤及加压过滤两种方法。

自然过滤法采用锤形厚绒布滤袋，内加纸浆滤层，操作较简单。但滤速流量过低不适用于一般工厂，目前大部分生产采用加压滤法。

加压过滤法采用不锈钢板框压滤设备，每块滤板上配有细帆布，糖液经溶化后，加纸浆为助滤剂，用泵加压通过滤板，反复通过，先形成滤层，去除杂质即得澄清透明的糖浆。助滤剂是用造纸原料经粉碎成浆状，于糖溶化后加入，其加入量为每 $1m^2$ 过滤面积，约用1kg纸浆原料。用离心泵加压，其压力不超过117.6kPa，一般操作压力在58.8kPa左右。如采用 $2.5m^2$ 过滤面积的过滤设备，65°Bx浓度的糖浆流量为2.5t/h。如果压力超过117.6kPa及流量降低时，应停止操作。重新更换新的纸浆及滤布，该操作必须在规定卫生条件下进行。更换下来的纸浆经清洗、干燥后可重复使用。

2. 净化

如果生产中采用质量较差的砂糖，则会导致饮料中产生絮凝物、沉淀物，并产生异味，还会使装瓶时出现大量泡沫，影响生产速度。因此较差的砂糖必须采用活性炭净化处理。处理方法为：将活性炭加入热糖浆中，添加时采用搅拌器不断搅拌。活性炭用量必须视糖及活性炭的质量而定，一般用量为糖的0.5%~1%。活性炭与糖浆接触15min，温度保持在80℃。为了避免活性炭堵塞过滤器面层，在通过过滤器前加一些助滤剂（如硅藻土），用量为糖重的0.1%。过滤时活性炭和助滤剂吸附在过滤面层，糖浆反复通过过滤器，达到过滤出来的糖液纯净透明为止。糖液净化设备包括一个混合设备、过滤器、预涂助滤剂容器和一个接收容器，如图9-4所示。过滤设备也可采用不锈钢板框压滤器。

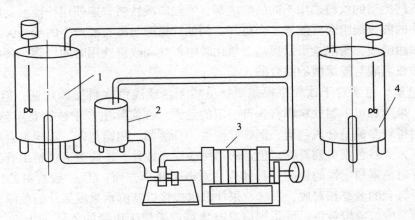

图9-4 使用助滤剂过滤糖浆设备
1—混合设备 2—预涂助滤剂容器 3—过滤器 4—接收容器

活性炭分为一次性活性炭及多次性使用的活性炭。一次性活性炭多为细小的颗粒（0.05mm），表面积大，吸附效果好，用量较少。多次性使用的活性炭，颗粒较大，例如水净化用的活性炭颗粒粒径在1.5~3.0mm，二氧化碳净化用的颗粒粒径则多为0.5~2mm。

糖液经过滤净化处理后，应按生产要求，配制到一定浓度。一般汽水的砂糖用量在10%左右，糖浆用量为装瓶容器容量的15%~20%。配制糖液时，如果糖液浓度高，则黏度大，特别是冷冻糖液，容易造成糖液注入量的不稳定（尤其是采用"二次灌装"法时，注入量更不稳定），还会影响糖液与其他配料的混合，若搅拌过度则会因空气严重混入影响汽水质量；但如果糖液浓度太低，则会利于微生物的生长繁殖，容易造成发酵变质。生产中一般将糖液浓度配制在 65°Bx。

（三）糖浆的调配

糖浆的调配过程为将所需的已过滤的原糖浆投入配料容器中（容器应为不锈钢材料，内装有搅拌器，并有体积刻度），当原糖浆加到一定体积刻度时，在不断搅拌下，依次加入各种所需原辅料，然后用经处理水溶解，并混合均匀。

1. 物料处理

为了使配方中的物料混合均匀，减少局部浓度过高而造成的反应，物料一般不直接加入，而是预先制成一定浓度的水溶液，并经过过滤，再进行混合配料。

（1）甜味剂　碳酸饮料使用的甜味剂有蔗糖、葡萄糖、果糖、麦芽糖以及高强度甜味剂等。使用最多的是砂糖，包括甘蔗糖和甜菜糖，使用的糖在色度、纯度、灰分和二氧化硫含量等方面均有较高的要求。实际生产中往往不仅仅使用一种甜味剂，而是使用两种或两种以上的甜味剂，这样风味更好。使用多种混合甜味剂时应注意一些问题，例如用其他甜味剂代替砂糖时，饮料的固形物含量会下降，水量增多，饮料的相对密度、黏度、外观都会发生改变，口感也会稀薄，必须加入增稠剂。国内有的厂家使用耐酸性羧甲基纤维素钠（CMC－Na），可保持稠厚 3 个月；国外如美国用黄原胶，可保持稠厚 6 个月；若将几种增稠剂复配使用，可得到更好的增稠效果。

（2）酸味剂　一般先配成 50% 溶液，可用柠檬酸、乳酸、苹果酸、酒石酸、醋酸和磷酸等。不同类型的饮料选用不同的酸味剂，一般碳酸饮料普遍使用柠檬酸，但有些香味则在与特殊的酸味剂组合时效果才会更好。例如柠檬酸与酒石酸产生的酸味大不相同，可乐型饮料多用磷酸，磷酸盐可以提高二氧化碳溶解性和改善饮用时的口感。葡萄糖饮料则宜使用乳酸或乳酸与柠檬酸的混合酸。

（3）色素　色素对于饮料也很重要。虽然无色或浅色饮料受到欢迎，但多数饮料，包括果汁、果味和可乐型饮料都有各自一定的色调，在实际生产中往往要用色素来增色。碳酸饮料用得较多的是合成色素，例如柠檬黄、日落黄、焦糖色等。近年来合成色素的使用受到限制，天然色素得到青睐。色素的选用除耐光性外，还应考虑饮料中有机酸、香料和防腐剂等对色素稳定性的影响。具体应注意以下几个方面：① 一般饮料的色泽必须保持与饮料所具有的名称相对应，果味、果汁汽水应接近新鲜水果或果汁的色泽，例如橙汁汽水，必须是橙红或橙黄色。可乐则应具有焦糖或类似于焦糖的色泽。② 色素用量应符合《食品添加剂使用标准》（GB 2760—2011）之规定。③ 生产中为了便于调配和过滤，一般先把色素配成 5% 的水溶液，配制用水应煮沸冷却后使用，或用蒸馏水，否则可能会因水的硬度太大而造成色素沉淀。④ 溶解色素的容器应采用不锈钢或食用级塑料容器，不能使用铜、锡、铝等容器和搅拌棒，以避免色素与这些金属发生化学反应。⑤ 色素一般耐光性较差，保存时应避光。⑥ 使用色素时，尽量做到随配随用，并要过滤。

（4）香精、香料　香精、香料是饮料香味或风味的主体成分，微量香料就会赋于饮料极佳的香味。饮料的香味是由果实、果汁或香精表现的，不同类型的饮料应具有不同的香味。果实或果汁赋于饮料的香味有时微不足道，因此大量的饮料使用合成香料和香精以赋予产品浓郁的香气。香精有水溶性和乳化性两种，来自果实原料的香精容易影响饮料的稳定性，尤其是柑橘类果实的天然精油极易氧化，是产生油圈和形成沉淀的主要原因，在此情况下，需要配合使用抗氧化剂、乳化剂和稳定剂以增强产品的稳定性。

（5）防腐剂　碳酸饮料因含有二氧化碳，具有压力并有一定的酸度，故不利于微生物的生长繁殖，因此防腐剂用量可相应少些。使用防腐剂时，一般先将其溶解成20%～30%的水溶液，然后在搅拌下缓慢加入到糖液中，避免由于局部浓度过高与酸反应而析出，产生沉淀，失去防腐作用。

2. 糖浆调配的顺序

糖浆调配顺序遵循以下几个原则：调配量大的先调入，如糖液、水；配料容易发生化学反应的间开调入，如酸和防腐剂；黏度大、起泡性原料较迟调入，如乳浊剂、稳定剂；挥发性的原料最后调入，如香精、香料。

调配的一般顺序为：糖液、防腐剂溶液、甜味剂溶液、酸溶液、果汁、色素和香精。

各种原料液应在搅拌下徐徐加入以避免局部浓度过高，混合不均匀；同时搅拌不能太激烈，以免造成空气大量混入影响灌装和储藏。糖浆配合完毕后，即测定糖浆的浓度，同时抽出少量糖浆加碳酸水，观察其色泽，评味，检查是否与标准样品相符合。配制好的调味糖浆应立即进行装瓶，尤其是乳浊型原料，如果糖浆储存时间过长，会发生分层。装瓶时应注意对糖浆加以搅拌。

（四）糖浆的定量

糖浆定量是关系汽水质量统一的关键操作。由于糖浆量占汽水量的20%左右，因此在定量上稍有差错，就会使汽水的味道起很大的变化。定量过多，汽水会太甜、太香，还会增加成本；定量过少，汽水会淡而无味。故控制糖浆定量是控制成本和产品质量统一的主要操作。要使定量准确，应经常校正糖浆定量器，校正时要反复测定。欲保证成品的一致性，配料计量必须准确，用量过多或过少都不行。

三、碳　酸　化

碳酸化是碳酸饮料的特有工序，也是碳酸饮料生产的关键技术之一。

（一）碳酸化原理

碳酸饮料生产中将二氧化碳和水混合的过程称为碳酸化过程。碳酸化程度直接影响产品质量和口味，是碳酸饮料生产中的重要步骤。水吸收二氧化碳气一般称为碳酸饱和作用或碳酸化作用，所使用的设备称为汽水混合机。碳酸化作用是在压力的作用下，将二氧化碳气与水混合，化合成碳酸，其反应式如下：

$$CO_2 + H_2O \longrightarrow H_2CO_3$$

这个过程服从亨利定律和道尔顿定律。亨利定律：气体溶解在液体中时，在一定的温度条件下，一定量液体中溶解的气体量与液体保持平衡时的气体压力成正比；道尔顿定律：混合气体的总压力等于各组成气体的分压力之和。

（二）影响二氧化碳溶解度的因素

在碳酸饮料生产中，二氧化碳气与水混合的压力，通常控制在10MPa以下。在该压力下，气体的溶解度仍服从亨利定律和道尔顿定律，由此可知影响CO_2溶解度的因素有以下几方面。

1. 二氧化碳气体的分压力

温度不变时，CO_2分压增高，CO_2在水中的溶解度就会上升，在0.5MPa以下的压力时，成线性正比关系。例如 0.1MPa、15.56℃ 时，1 体积的水中可溶解 1 体积 CO_2，0.2MPa 时，可溶解 2 体积 CO_2。由此可见，实际生产中，在不影响其他操作设备的前提下，充气压力适当提高可增加 CO_2 的溶解量。

2. 液体的温度

压力较低时，在压力不变的情况下，水温降低，CO_2 在水中的溶解度会上升，反之，温度升高，溶解度下降。温度影响的常数称为亨利常数，以 H（指一定温度下，单位体积的溶液在单位压力下溶解的 CO_2 的体积数）表示。从表 9-3 可以看出：H 随温度变化而变化（压力较低时）。但压力较高时，会有偏离，因为 H 还是压力的函数，即 $H = f(T, p)$，为此引入常数 α，β 来修正，即 $H = \alpha - \beta P_i$，修正常数 α，β 见表 9-4。

表 9-3 CO_2 的亨利常数

温度/℃	H	温度/℃	H
0	1.713	35	0.592
5	1.424	40	0.530
15	1.194	50	0.436
20	1.019	60	0.359
25	0.878	80	0.234
30	0.759	100	0.145
35	0.665	—	—

表 9-4   修正 CO_2 常数的 α，β 数值

温度/℃	α	β
10	1.84	0.025
25	0.755	0.0042
50	0.425	0.00156
75	0.308	0.000963
100	0.231	0.000322

例如：在 25℃ 时，测得汽水的表压力为 0.5MPa，则 CO_2 的溶解量为：

$$V = (\alpha - \beta P_i) P_i = (0.755 - 0.0042 \times 6) \times 6 = 4.38 \text{（倍容积）}$$

如不修正，则 $V = HP_i = 0.759 \times 6 = 4.55$（倍容积）

因此，碳酸化时应使吸收气体的水或液体的温度尽可能降低，以提高 CO_2 的溶解度。

3. 气体的纯度和水中的杂质

二氧化碳在液体中的溶解度与液体中存在的溶质的性质和 CO_2 气体的纯度有关。如在标准状态下，CO_2 在水中的溶解度是 1.713，在酒中则为 4.329，这说明液体本身的性质对 CO_2 溶解度有很大影响。纯水较含糖或含盐的水更容易溶解二氧化碳。而二氧化碳气体中的杂质则阻碍二氧化碳的溶解。当二氧化碳中有空气存在时，不仅影响 CO_2 在水中的溶解，而且空气的存在还会促进霉菌和腐败菌等好气性微生物的生长繁殖，使饮料变质。同时，还会氧化香精、香料使产品的风味受到影响。空气的混入还会使液体中存在未

溶解的气泡，这些气泡在灌装泄压阶段将很快逸出，剧烈地搅动产品，使 CO_2 也逸出。这不仅影响加盖后产品的含气量，还会引起灌装泡沫。二氧化碳中混进空气的主要原因：

(1) 二氧化碳气体不纯；

(2) 水中溶解空气多；

(3) 糖浆中的溶解氧；

(4) 二氧化碳管路有孔隙；

(5) 抽水管道和送水管道有孔隙；

(6) 汽水混合机内及管道内混有空气；

(7) 糖浆管道及配比器管道内混有空气。

水中的空气可以用脱气机处理，配制糖浆时避免过量的搅拌，采取静置的方法也可以去除糖浆中的气泡。混合机顶部的排气阀应定时排放，避免空气积存。严格检查各管道是否漏气，以尽量减少空气的混入。水中钙镁离子的存在，会使二氧化碳在水中的含量减少。原因是二氧化碳与钙、镁离子结合产生沉淀，会消耗部分二氧化碳。在碳酸饮料中加入 0.05% ~0.2% 的偏碳酸钠、聚磷酸钠等盐类，使饮料中的钙、镁离子生成可溶性复合物，可提高碳酸饮料中 CO_2 的含量。

4. 气体与液体的接触面积与时间

在温度和压力一定的情况下，二氧化碳与水的接触面积大、接触时间长，其在水中的溶解量则大。因此，工业生产中选用的混合机（碳酸化罐）必须做到能使水雾化成水膜，以增大与 CO_2 的接触面积，同时能保证有一定的接触时间。此外应注意控制水的温度、二氧化碳的进口压力、水中杂质的含量、二氧化碳的纯度、各管道是否漏气等因素，以保证二氧化碳在水中能充分溶解，使其成为饱和的碳酸水。

(三) 二氧化碳的需求量

1. 二氧化碳理论需要量的计算

根据气体常数，1mol 气体在 0.1MPa、0℃时为 22.41L，因此，1mol CO_2 在 T ℃时的体积 V_{mol} 为：

$$V_{mol} = [(273 + T)/273] \times 22.41(L)$$

在 15.56℃时的体积为：

$$V_{mol} = [(273 + 15.56)/273] \times 22.41(L) \approx 23.69(L)$$

则，0.1MPa、15.56℃时，CO_2 的理论需要量 $G_{理}$（g）可用下式计算：

$$G_{理} = [(V_汽 \times N)/V_{mol}] \times 44.01$$

式中　$G_{理}$——二氧化碳的理论需要量

$V_汽$——汽水容量，L（忽略了汽水中其他成分对 CO_2 溶解度的影响以及瓶颈空隙部分的影响）

N——气体吸收率，即汽水含 CO_2 的体积倍数

44.01—— CO_2 的摩尔质量，g/mol

V_{mol}—— T ℃下 1mol CO_2 的体积（0.1MPa、15.56℃时为 23.69L）

2. 二氧化碳的利用率

碳酸饮料生产中 CO_2 的实际消耗量比理论需要量大得多，这是因为生产过程中 CO_2 损耗很大。据有关资料报道，CO_2 在装瓶过程中的损耗一般为 40% ~60%，因此实际上

CO_2 的用量为瓶内含气量的 2.2~2.5 倍,采用二次灌装法时,用量为 2.5~3 倍。为了减少损耗,提高 CO_2 的利用率,降低成本,必须从以下几方面来考虑:选用性能优良的灌装设备,尽量缩短灌装与封口之间的距离(特别是二次灌装法),但不能影响操作和检修;经常对设备进行检修,提高设备完好率,减少灌装封口时的破损率(包括成品的);尽可能提高单位时间内的灌装、封口速度,减少灌装后在空气中的暴露时间,减少 CO_2 的逸散;使用密封性能良好的瓶盖,减少漏气现象。

(四)碳酸化的方式与设备

1. 碳酸化系统与设备

碳酸化系统是指完成碳酸化过程所需的设备,一般是由 CO_2 气调压站、水冷却器、混合机组成。

(1)二氧化碳气调压站　它是一个将二氧化碳气的压力调节到混合机所需压力的设备。在生产中最常用的是液化二氧化碳,当打开储罐阀门时二氧化碳立即汽化,其压力可达 7.8MPa。最普通的调压站只用一个降压阀,通过可调节的降压阀就可把二氧化碳气的压力调节到混合机所需要的压力。当二氧化碳不需经净化处理时,必须经调压站才能送往混合机。

要注意降压会吸收大量的热,致使降压阀结霜或冻结,故需采取一定的措施以防止阀芯冻结,可在降压阀前安装气体加热器,必要时以电热空气或热水加热蛇形气体管道,使钢瓶出来的气体温度升高。也有简单的方法,即在钢瓶上方加水喷淋融化霜冻。

(2)水冷却器　水冷却器主要将水温降到碳酸化所需要的温度,以提高碳酸化效果。水冷却器古老的方法是用蛇形管外加冰冷却,目前多采用板式热交换器,一般放在混合机前或脱气机前,也可以放在混合机后作为二次冷却用。

(3)混合机　汽水混合机是混合水与二氧化碳的设备。二氧化碳溶于水中需要一定的作用时间,两者之间有大的接触面积既可缩短这个作用时间,又可保证水对二氧化碳的吸收。汽水混合机通常都具有较大的水气接触面积,并能维持汽水混合时的压力,其形式是多种多样的,若按其碳酸化的饱和程度可分为可调饱和度型和定饱和度型两类。下列是常用的几种混合机,可以单独用,也可以组合起来使用。

① 碳酸化罐:碳酸化罐是老式混合机,实际是一个普通的耐压容器,外层有绝热材料,有排空气口,上部装有喷头或塔板,或者装入薄膜冷却器,使水分散为水滴或薄膜,与二氧化碳充分接触混合,从而完成碳酸化过程。它同时还可以作为碳酸水或成品的储存罐。碳酸化罐结构如图 9-5 所示。

② 薄膜式混合机　该混合机碳酸化罐内有多层圆盘,水流经圆盘曲面时,可形成薄膜,增加与气体的接触面积,并延长了水在混合机内的停留时间。另一种是把板式热交换器置于碳酸化罐中,水流经热交换器的表面形成薄膜。操作时先将 CO_2 气充入容器中,维持稳定的压力,然后进水,完成水的碳酸化过程。薄膜式混合机结构如图 9-6 所示。

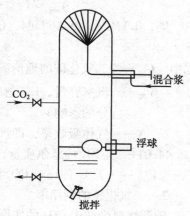

图 9-5　碳酸化罐

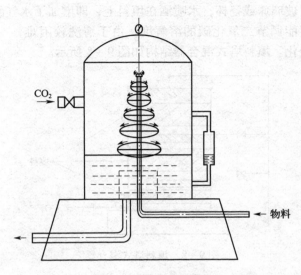

图 9-6　薄膜式混合机

③ 喷雾式混合机：这种混合机在碳酸化罐的顶部有旋转喷头或离心式雾化器，水或饮料经过雾化，与 CO_2 混合，大大增加了接触面积，提高了 CO_2 在水中的溶解度，同时缩短了液体和 CO_2 的作用时间，提高了碳酸化效率。这种混合机可附加可变饱和度的控制，罐的底部为贮存罐，其液面可由晶体管液位继电器控制，位置低于雾化器。喷头可做清洗器，实现 CIP 清洗。喷雾式混合机结构如图 9-7 所示。

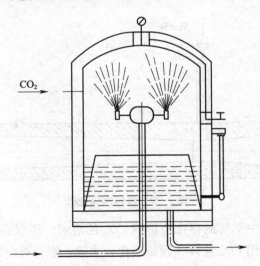

图 9-7　喷雾式混合机

以上三种类型的混合机都是通过碳酸化罐进行碳酸化的，当生产开机之前，碳酸罐内充满空气，操作人员必须在开机前或中途停机再开机时，先通入 CO_2 将罐内空气排出，而且生产中还需经常打开罐排气阀门，否则将影响 CO_2 在水中的溶解度，并会给灌装带来麻烦。

④ 填料塔式混合器：即带填料的可变饱和度碳酸化罐，一般为立式圆筒体，内装有

塔板，塔板上填充有玻璃珠或瓷杯，水喷洒在填料上，即增加了水气的接触面积。安装上可变饱和度装置，就能调节二氧化碳的溶解度。由于清洗较困难，一般只用作水的碳酸化，不作成品的碳酸化。填料塔式混合器结构如图 9 - 8 所示。

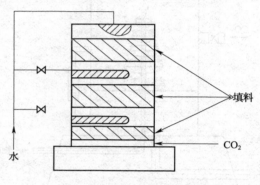

图 9 - 8　填料塔式混合器

⑤ 喷射式混合机：这种混合机又称文丘里管式混合机，其构造是一圆管，中部有锥形窄通路（锥形喷嘴）。锥形喷嘴联接入口，当加压的水流经此处时流速加快，CO_2 通过管道进入，由于压差促使水爆裂成细滴，扩大了与管内 CO_2 的接触面积，提高了碳酸化效果。该设备在水温不太低的时候也可取得一定效果，通常用在预碳酸化、追加碳酸化过程，后面一般连接碳酸化罐或板式换热器，以保证气体全部溶解。喷射式混合机结构如图 9 - 9 所示。

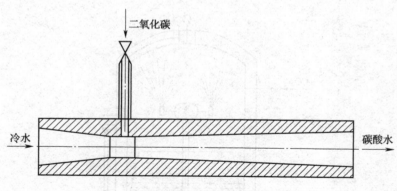

图 9 - 9　喷射式混合机

由于碳酸饮料生产中空气的存在会影响 CO_2 的溶解，所以必须注意：水中的溶解氧应该用脱气机去除或者用 CO_2 置换（预碳酸化）去除；混合机内的空气用水排气法去除；各个管道不能有漏隙。

⑥ 静态混合器：静态混合器是 20 世纪 70 年代开发的先进混合单元装置，结构简单，可用于各种物料，包括均相、非均相低黏度、高黏度以及非牛顿流体的混合、分散等操作，具有良好的效果。近年来，国内对静态混合器的研究与应用也有很大发展，并开始用于饮料的碳酸化工程。

静态混合器的形式很多，例如 SK（Kenics），ISG，LPD 和 SV（SMV）等，其中 Kenics 静态混合器采用螺旋形元件，固定在圆形管中。装置的固定几何形状使之产生独特的

278

同时有分割流动和径内混合的效果。

流体流过混合器的压力降或所消耗的功率都由泵的压头提供，压力降 ΔP 取决于混合器内混合元件的形式和个数，以及流体的流动状态（滞流或湍流）。在选择或设计静态混合器时要考虑的因素有：混合元件的形式和大小、混合器的直径和长度（混合元件个数）以及压力降 ΔP，在确定这些参数时还应注意流体的物性，包括黏度、密度和可溶性，两流体的体积比、流动状态等。在用于饮料碳酸化时，可选用 $1 \sim 2$ 个 6 元件的静态混合器。

SV 型静态混合器由静、动态混合管和气体喷管组成。静态混合管中的混合元件为等边三角形。动态管是一直圆管。当液相流体进入动态混合管后绕过横向气体喷管，形成搅动。在喷口处具有一定压力的气体喷进液相流，构成中心是气流、周围是液流的环状流体，经过一段距离后，气液两相初步混合。当气液两相进入静态混合管时流体被分割流过混合元件。在整个流动过程中，气体与液体、液体与液体互相搅动、撞击，形成的湍流流动，增加了气液两相流体的接触。试验表明，在碳酸饮料生产中使用 SV 型静态混合器，CO_2 在液体中的溶解度提高 1/3，具有较好的混合效果，可取代喷雾混合机。

（4）典型碳酸化组合系统

① 冷却 – 混合 – 碳酸化组合机：这种装置主要用在一次灌装生产线中，所以要求准确地按预定比例混合。目前在饮料生产中，一般采用集脱气、冷却、混合、碳酸化于一体的联合配比器（联合机），图 9 – 10 所示为冷却 – 混合 – 碳酸化联合机结构简图。

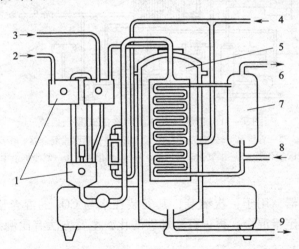

图 9 – 10　冷却 – 混合 – 碳酸化组合机

1—配比（混合）器　2—冷净水　3—糖浆　4—二氧化碳　5—碳酸化罐

6、8—制冷剂　7—冷却器　9—碳酸化水

其工作过程为：糖浆和净水经配比器按比例进入混合罐混合，用泵输入事先冲好 CO_2 的碳酸化罐，在碳酸化罐内装有蛇形管，管内通有制冷剂，使混合后的物料冷却，并溶入足够的二氧化碳，完成碳酸化操作。

② 脱气 – 冷却 – 混合 – 碳酸化组合机：脱气是指在碳酸化前对净水作去除其中空气的处理，以确保二氧化碳含量。脱气有真空脱气和注入碳酸气置换脱气等多种方法，常用的是真空脱气。图 9 – 11 为带脱气及二级制冷的碳酸化系统，其工作过程是：水环式真空

泵 2 在真空泵内产生很大的真空度，进入的水通过一个喷嘴头喷入真空罐，净水在脱气罐内脱气，脱气程度可以很高。然后用不锈钢的多级离心泵 3，将已被脱气的水送入片式冷却器中冷却，再与糖浆在喷射式混合器 5 混合；完全混合均匀后的糖水，由另一台不锈钢的多级离心碳酸化泵 6 送至喷射式碳酸化器 7，经碳酸化后，进入碳酸化罐。该碳酸化罐的作用，一是使产品的碳酸化完全，二是作为缓冲罐。从碳酸化罐出来的产品，就可以一定方式送至灌装机中。该装置中配有 CIP（就地清洗系统），更换产品时或开机前，可以不打开设备而对整个装置内部进行彻底清洗和消毒。

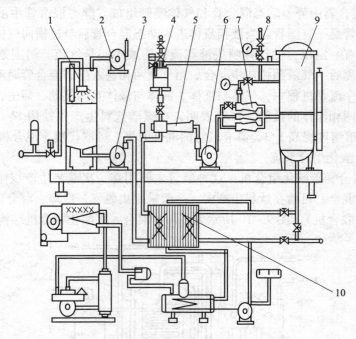

图 9－11　带脱气及二级制冷的碳酸化系统
1—脱气罐　2—真空泵　3—离心泵　4—糖浆罐　5—喷射式混合器　6—不锈钢泵
7—喷射式碳酸化器　8—二氧化碳减压阀　9—碳酸化罐　10—制冷机组中的蒸发器

2. 配比器

配比器也称混比器，用于一次灌装，其安装在水与 CO_2 的混合机前，将一定体积的调味糖浆与水按比例定量混合，再进行冷却碳酸化，主要方法有比例泵法、孔板控制法和注射法。

（1）比例泵法　连锁两个活塞泵，一个进水，一个进糖浆。活塞筒直径有大有小，可以调节进程，达到两种液体的流量按比例混合。但对两台泵的要求特别高，任意一台有问题时，定量就不准确，当泵体或管道有渗漏现象时都会影响到产品的浓度。现在已不多用。

（2）孔板控制法　孔板控制法的配比器是液体在一个不变压头下以固定流速通过小孔流下并进行混合的。一个小孔通过水，另一个较小的小孔通过糖浆，两种液体流入共用的贮存器。主要结构包括贮水器、贮浆器、混合贮存器、混合泵和控制系统（图 9－12）。

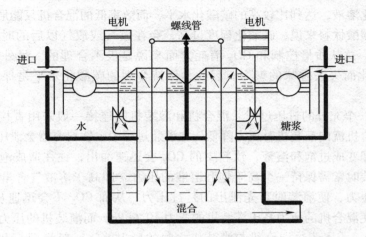

图 9-12 孔板控制式配比器

在贮水器和贮浆器中，各有一个浮球，通过气动信号发生器控制进水和进浆口的气动阀门，将贮水器和贮浆器的液面控制在一个很小的高度范围内。水和糖浆的不变压头是由一个循环给料系统中有溢流的立管获得的，安装在立管上的微调阀可将水和糖浆以准确比例定量送入混合贮存器中。液体定量的调节可调换安装在立管上的孔板，改变液体通过的截面积来获得。

贮存器里的另一浮球，通过一气动信号发生器，将工作信号传给安装在两根立管之间的气缸，控制水立管和浆立管底部阀门的同时开闭，使贮存器里的液面不会过高或被抽空。在贮水器和贮浆器中各有一支高液位电极和低液位电极，当两贮存器中液面同时高于低液面电极时，水立管和浆立管下的阀门才会开始工作，因此电极是保证配比精确的保护装置。当两个贮存器中的任一个液面，高于高液位电极和低于低液位电极时，全系统即会自行停止工作。

配比器的最后部分是离心式混合泵，其作用是将混合后的液体进一步搅拌，可获得更佳的混合效果。同时，将混合好的饮料送到冷却系统，降低到所需温度进行碳酸化。配比器有一套自动控制装置，定量精确，操作简单，更换品种时，只需更换立管上的孔板和将立管上的微调阀调到所需配比即可。

生产过程中，还需定时检验水和糖浆的比例，以便饮料中的各种原料始终保持含量精确一致。

（3）注射法　注射法是在恒定流量的水中注入一定流量的糖浆，再在大容器内搅拌混合。新型的流量控制是用电脑，电脑根据混合后碳酸饮料的糖度测试的数据来调整水流量和糖浆流量以达到正确比例。

3. 碳酸化的注意事项

碳酸化方式分为水碳酸化和物料碳酸化两种。一次（预调）灌装法采用的是物料碳酸化，二次（现调）灌装法采用的是水碳酸化。由于二次灌装时糖浆一般不进行碳酸化，所以，水碳酸化时含气量要比成品预期的含气量高。为了保证有效和一致的碳酸化水平，在实际生产中需要注意以下一些关键问题。

（1）保持合理的碳酸化水平　接触面积大和时间长的汽水混合机进行碳酸化可以形

成饱和的碳酸化溶液，达到比较高的碳酸化水平，而效率低的混合机只能形成不完全饱和的溶液。对于碳酸饮料来说，碳酸化程度过高，会在放气或放气以后的时间里产生不正常的气体逸出，这从质量控制和 CO_2 消耗方面来说是极不合理的。另外某些产品还会因为过度碳酸化而失去香味的魅力。因此，保持合理的碳酸化水平是保证产品质量的重要手段。

（2）保持一个充分的过压过程　混合机和灌装机的连接一般采用直接连接法，由于饱和溶液从混合机流向灌装机时压力降低，在灌装过程中，饮料容器会泄压，内装的饱和碳酸化溶液立即变成过饱和溶液，饮料中的 CO_2 会迅速涌出，往往造成泡沫过多和灌装不满。因此灌装时常需保持一个高于饱和溶液的压力（即高于溶液气含量所需的压力），该压力称为过压力，使灌装时首先泄出的是过压力，从而 CO_2 不会迅速从液体中分离。生产中通常是使混合机的压力高于灌装机的压力 19.6kPa，而灌装机的压力又比最终产品的压力高 90kPa。为了解决混合机与灌装机之间的压力差，一般将混合机安装在高位。另一方面，也可在混合机和灌装机之间使用过压泵（有时也称去沫泵），产生额外压力。过压泵的特性必须为一平滑曲线，以保证不同含气量的饮料产品均可获得同等程度的过压力。

（3）将空气混入控制在最低限度　切实采取有效措施，防止空气进入液体饮料中；定期向混合机灌注液体（水或消毒剂），然后用 CO_2 排出，以排除混合机内积存的空气；过夜时，碳酸化罐应经常保持一定的压力，以防空气进入。

（4）保证水或产品中无杂质　当有卸气杂质存在时，会在排气和排气以后促使 CO_2 过度逸出。最常见的杂质是空气、CO_2 中的油或其他杂质、瓶中的碱或小片碎标签、水中的杂质以及糖浆中未被溶解的杂质等。

（5）保证恒定的灌装压力　混合机和灌装机的压力产生波动时会影响产品最终的碳酸化程度，同时过压下降时会引起喷涌，导致碳酸化控制失灵。灌装机贮液槽液面升高时会淹没反压阀，而液面降低时则灌装不了成品。如果贮液槽液面异常升高，一般应打开混合机和灌装机之间的气管阀门，也可进行自动控制。当液面升高时让气进入料槽，防止液面进一步升高，并将液面压到正常工作位置。

四、碳酸饮料的灌装

（一）灌装的方式

碳酸饮料的灌装方式有二次灌装和一次灌装，有时也使用组合灌装法。组合式灌装法有多种组合形式：

（1）可以按一般一次灌装法组合各机，当灌装带果肉汽水时，在调和机上装一个旁通，使糖浆按比例进入另一管线（不与水混合），与碳酸化后的水于混合机末端连接，再进行灌装。

（2）可以按一般一次灌装法组合各机，但在调和机以后（即水与糖浆调好后）加一个旁通，采用注射式混合器进行碳酸化（冷却可在脱气罐中加一个易清洗的冷却器），然后进行灌装。

（3）只使用调和机的比例泵部分，不进行调和。水的部分以注射式混合机作预碳酸化，然后与糖浆共同进入易清洗的碳酸化罐，作最后的碳酸化，再进行灌装。

（4）碳酸气和水先在混合机中碳酸化，然后与糖浆分别进入调和机中，按比例调好（或再进入缓冲罐）进行灌装。

（二）灌装系统

所谓灌装系统是指灌糖浆、灌碳酸水和封盖的组合。一般二次灌装都是有三个独立的机构来完成的；而一次灌装则通常使用一个电动机驱动灌装机和轧盖机。

1. 灌装系统的技术要求

灌装系统是灌装线的核心，碳酸饮料的主要质量指标都由它来实现，所以它是保证产品质量的关键工序，无论玻璃瓶、金属罐和塑料容器等不同的包装形式，也无论采用何种灌装方式和灌装系统，都应满足以下技术要求：

（1）糖浆和水的正确比例　在一次灌装法中，配比器要保证正确的运行，而在二次灌装法中，则要求保证灌糖浆量和灌装高度的准确。要注意瓶子的容量也会影响两者的比例。

（2）保持合理一致的灌装高度和一致的水平　采用二次灌装工艺时，饮料的灌装高度不一致时，意味着瓶内糖浆和水的比例不一致，不仅影响色、香、味及含气量等质量，还会导致其他一些问题，如灌得太满则会在温度升高时由于饮料膨胀导致压力增加，容易漏气或破裂；灌得太低，则不适应消费者的心理。

（3）达到预期的碳酸化水平　碳酸饮料的碳酸化应保持一个合理的水平，二氧化碳含量必须符合规定要求。成品含气量不仅与混合机有关，灌装系统也是主要的决定因素。

（4）密封严密有效，保证内容物质量　不论是皇冠盖还是螺旋盖都要密封严密，不应使容器有任何损坏，金属罐的卷边应符合规定要求。

（5）容器顶隙应保持最低的空气量　容器顶隙部分的空气含量多，会使饮料中的香气或其他成分发生氧化作用，导致产品变味变质。

（6）保证产品的稳定　不稳定的产品开盖后会发生喷涌，泡沫溢出。造成不稳定的因素主要如含气量过高、过饱和，饮料中存在有空气、固体杂质等。这些因素在灌装中还会造成喷涌，使灌装困难。而灌装设备的性能好坏，是否便于控制和维修对产品的质量具有直接影响。例如，灌水阀不好会切破瓶口，尤其当玻璃瓶口设计或退火不好时，容易被切下玻璃渣。压盖系统太松将会封盖不严，太紧则会抓破瓶口。传送设备不平滑，易引起故障造成停车等。

2. 灌装系统的主要设备

灌装机的定量机构　灌装机的常用定量机构有两种形式：液面密封定量和容积定量。定量机由定量机构、瓶座、回转盘、进出瓶装置和传动机构组成。瓶座是安装在转盘上的，随转盘运动，由进瓶装置送进的瓶子，由拨盘拨入瓶座，瓶座下的弹簧有一个向上的力，将瓶座顶起，顶开装在定量机构下部的阀。糖浆依靠本身的静压流入瓶中。瓶座下的小滚轮在斜铁的作用下，将瓶座压下，瓶子脱离定量机构，阀即关闭，装好糖浆的瓶子由出瓶拨盘拨到输送带上，送到灌装机。

① 液面密封式定量机构：液面密封定量式糖浆机是通过插入量杯内排气管（排气管管径很小）的高低来控制液位从而达到定量的目的（图9－13）。当出料口阀门堵上时，糖浆靠静压进料。当饮料液面达到排气管下口时，杯顶气体由于密封不能排出，同时随着液面上升，气体压力增大。当压力足够大时，量杯液面不再上升而只沿排气管上升，直至

液面与料罐中液面高度平齐，这时排气管中液面比量杯内的液面高，关闭进料口，打开出料口，杯中包括排气管中的饮料流入瓶中，完成定量灌装糖浆。压盖封口分为皇冠盖式和易拉罐式。易拉罐封口与罐头封罐一样，皇冠盖是下口大上面小盖中加垫片，瓶往上时，盖被挤紧，达到密封目的。

② 容积式定量机构：容积式定量机构分为量杯式和液体静压式两种。

量杯式：一般采用定量量杯，不能调节，根据灌装糖浆量选择量杯的大小，量杯通常有 30、39、65mL 三种规格。量杯设于料罐里面的液面内，开口向上，底部有排液管。当空瓶顶上时，量杯被抬出液面，同时量杯底部排液管的阀门打开，量杯内糖浆流入瓶中，从而实现定量灌装（图 9 – 14）。

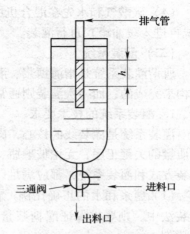

图 9 – 13　液面密封式糖浆灌装示意图

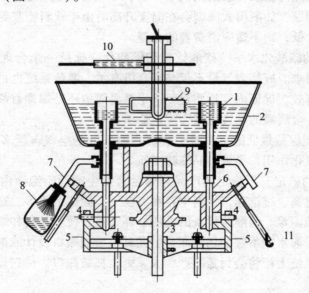

图 9 – 14　量杯式注液机

1—量杯　2—液槽　3—轴　4—滚轮　5—凸轮
6—升高推进轴　7—灌装管　8—瓶　9—浮标　10—进液管　11—支座

液体静压式：液体静压式的定量是靠一个可调节的活塞筒，按不同的灌装糖浆量调节筒上的调节螺丝，以控制灌装量，而糖浆的排出完全靠糖浆自身的静压力（图 9 – 15）。通过可调节螺丝即可调节活塞腔大小即定量大小，进料时滑阀下移堵住出口，饮料进入活塞腔。空瓶顶上时，滑阀上移，堵住进料口，活塞腔内饮料流入瓶中。

3. 灌装机

碳酸饮料灌装机按灌装方法的不同有启闭式灌装机、等压式灌装机、负压式灌装机和加压式灌装机等多种，目前饮料厂多采用等压式灌装机，其工作原理及过程参见第四章第三节。图 9 – 16 所示为负压灌装机正面图。

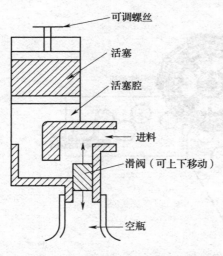

图 9 – 15　液体静压式糖浆灌装示意图　　　　图 9 – 16　负压灌装机

4. 压盖机、封罐机

碳酸饮料灌装后应及时密封，停留时间不得超过10s，以减少二氧化碳的逸散和空气的污染。

压盖密封主要用于玻璃瓶的皇冠盖密封，有人工的填盖手压式、脚踏式和机械压紧式，还有连接在灌装机上的自动压盖机等多种。压盖机的作用是用压力把瓶盖压褶在瓶嘴锁环上。压盖应密封不漏气，又不能太紧而损坏瓶嘴。自动压盖机所使用的瓶盖应大小、高低一致，并要调整好每个压盖头的高度，否则会造成自动送盖障碍，瓶子压碎或压盖不严等现象。封盖的好坏，大多取决于缩口环的结构是否适中。工作中应经常检查调整，一旦发现效果不佳和磨损严重时，应立即检修和更换。另外，压盖好坏与玻璃瓶也有关，玻璃瓶高度、瓶口与瓶底同心度、瓶口尺寸等都会影响压盖质量。不合格的玻璃瓶压盖时很容易炸瓶，即使不炸瓶，也很容易漏气、漏水。

封罐机用于易拉罐的密封，与罐头封罐一样采用二重卷边封口结构，其技术要求也基本相同。

目前国内大中型饮料厂多使用自动灌装线，有玻璃瓶灌装线、易拉罐灌装线、聚酯瓶（PET）灌装线等。自动线上常选用冲洗、灌装和封口组合机，如玻、塑两用冲 – 灌 – 压 – 拧"四合一"一体机，它是 PET 瓶和玻璃瓶含气饮料灌装的专用设备，采用高速回转式自动冲瓶、灌装、压盖（或拧盖）运行方式；作为玻、塑两用含气饮料的灌装机通常都配有拧盖机和压盖机，既可灌玻璃瓶又可灌 PET 瓶。该设备由冲瓶机、灌装机、压盖（拧盖）机、输瓶部件组成。主传动为四个调频减速电机。一个主电机，三个从动电机；设备运转时同步跟踪、变频调速。瓶在设备上的传送流程见图 9 – 17。

四合一组合机的工作程序为：PET 空瓶由进瓶带输送到进瓶螺杆和进瓶星轮直至冲瓶机，冲瓶机上的夹钳夹住瓶颈，随着设备的旋转，瓶翻转 180°—冲瓶—空干—再翻转 180°后瓶口朝上出冲瓶机。

冲洗干净的瓶再由星轮送至灌装机卡瓶口的卡瓶器（当玻璃瓶充填时，卡瓶器可快速、方便地拆下）上，并随着提升汽缸的上升瓶口与灌装阀下端密封压合并灌装。

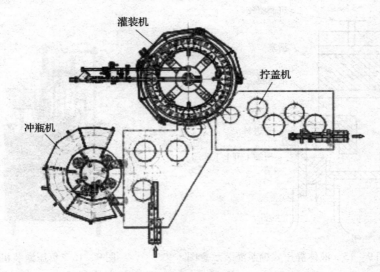

图 9 – 17　容器在设备上的传送流程图

灌装完毕后，瓶随提升汽缸下降，经导瓶机构，瓶被送到灌装机的出瓶星轮，然后经星轮将瓶送进拧盖机，拧好盖的 PET 瓶经过渡星轮、出瓶星轮传送到出瓶带上输送至下一道工序（或设备）。灌装过程中，有瓶灌装、无瓶不灌装。

五、容器与设备的清洗

（一）容器的清洗与检验

1. 容器清洗的目的与要求

由于碳酸饮料灌装后不再杀菌，因此容器的干净与否直接影响产品的质量和卫生指标。灌装容器目前主要有易拉罐、塑料瓶等一次性容器和可多次使用的玻璃容器。一次性容器由于出厂后包装严密，无污染，因而不需要洗涤消毒或只需用无菌水洗涤喷淋即可用于灌装。需要清洗的主要是多次性使用的玻璃瓶。回收的玻璃瓶几经周折，往往比较脏，再加上有一定量的残留汽水，所以瓶中各种微生物很多。洗瓶的目的就是把空瓶洗净和消毒，为灌装碳酸饮料提供符合卫生要求的容器。玻璃瓶经过洗涤后必须满足以下要求：空瓶内外清洁无味，瓶口完整无损；空瓶不残留余碱及其他洗涤剂；瓶内经微生物检验，不得发现大肠菌群，细菌菌落总数不得超过 2 个/mL。

2. 洗瓶的步骤

目前饮料厂洗瓶的方法可分为手工洗瓶、半机械洗瓶和全自动洗瓶三种。洗瓶的基本工艺是浸泡、冲洗或刷洗、冲瓶、沥瓶和验瓶。

（1）浸泡　是将空瓶浸于热的洗涤剂溶液中，是利用洗涤剂的化学作用使瓶子上的污染物溶解或软化，并使微生物死亡。

瓶子清洗前，必须先经人工挑选，剔除破瓶、杂瓶；剔除装盛过矿物油、食油、油漆、水泥、农药等异物的瓶子；剔除不同外形尺寸的瓶子。对于挑出的特别脏的瓶子、带锈圈瓶和有油迹的瓶子要经过特别刷洗才能进入洗瓶机。

洗涤剂一般选择氢氧化钠，由于氢氧化钠成本低，去油、去污力强，而且氢氧根有杀菌作用。为达到清洗和杀菌的要求，碱液浓度与温度、浸泡时间应根据瓶子的洁净程度、瓶子的耐温情况、洗瓶设备运转速度来调节。一般浸泡条件为：碱液浓度2% ~ 3.5%；碱液温度55 ~ 65℃；浸泡时间一般为10 ~ 20min，最少5min。应注意：温度每0.5h检查1次，碱液每班需检测2次，以确保其浓度在需要范围之内。氢氧化钠溶液会侵蚀皮肤，且操作中易溅入眼内，应注意工作时的防护。此外，生产中常采用混合洗涤剂，以提高清洗效果。如以氢氧化钠为主，加入碳酸钠，改进易洗去性；加入磷酸钠，可抑制水垢的生成，避免硬水在瓶壁上产生雾垢；加入葡萄糖酸钠，以便除去瓶口的铁锈等。有的厂家使用十二烷磺酸钠洗涤剂，其去污能力强，但要与消毒液配合使用，以保证空瓶的干净和无菌。

（2）洗瓶或刷瓶　这是利用高压力的液体喷射冲击瓶壁或利用毛刷对瓶壁的机械摩擦作用清除瓶子内外的污染物和积垢，就可刷洗掉瓶子内外的脏物。即有两种方法洗净瓶子，一种是用高压温水或洗涤液对瓶子内外进行喷淋洗涤，将脏物带走，目前大厂多使用此法。另一种是用毛刷刷洗，中小企业采用此法较多。

（3）冲瓶　用无菌水冲洗空瓶内部，喷眼应保持水流通畅，压力要保持1MPa，冲洗时间不少于5 ~ 10s。

（4）沥水　将瓶子倒置，将瓶中水沥出。

（5）验瓶　已清洗过的瓶子在灌装前应经过检验，检出那些不清洁和破损、裂纹及瓶形不符合要求的瓶子，以保证饮料不被污染和避免灌装时的爆瓶现象。

检瓶主要有人工肉眼检查和光电验瓶机自动检查两种方法。采用人工检验瓶时，对检验瓶的人员要1年进行2次视力检查，包括色盲项目的检查。肉眼检验是很容易疲劳的工作，时间长了就会出现漏验。因此，要规定检验人员的连续工作时间，当检瓶速度为100瓶/min以下时，每人连续验瓶时间不超过40min；当验瓶速度超过100瓶/min时，连续验瓶时间不超过30min，超过规定时间应及时换人。肉眼检验的速度不得超过200瓶/min。

对于现代化的连续生产线，采用电子验瓶机进行检查，效率高者可以达到每分钟800瓶的高速度。但是该机只能验出瓶内的残渣，通常检查瓶底且检查不到瓶内壁与瓶口上的铁锈等。

（二）CIP清洗系统

碳酸饮料生产设备、管道与其他饮料生产一样需要进行清洗消毒，目前也采用CIP清洗系统，具体内容参见第四章第六节。

六、碳酸饮料常见的质量问题及预防措施

碳酸饮料成品出现的质量问题，主要表现为有杂质、无气、浑浊、沉淀、变味、变色等。产生以上现象的原因是多方面的，现将其产生的原因及处理方法分述如下。

1. 浑浊与沉淀

浑浊是指产品呈乳白色，看起来不透明。沉淀是指在瓶底发生白色或其他颜色的片屑状、颗粒状、絮状等沉淀物。

产品浑浊、沉淀产生的原因很多，一般可归纳为微生物污染、化学反应、物理变化三大原因。

（1）微生物引起的浑浊和沉淀　由于碳酸饮料在生产过程中没有杀菌工序，因此对原料的质量要注意。一般主要是砂糖、水等原料易被污染，所以要对原料进行严格处理。90%以上的碳酸饮料腐败变质事例都是由过量的酵母菌引起的。如果配料间卫生条件不好，酵母菌在糖浆、有机酸中繁殖迅速，在碳酸气含量低的情况下就会使糖变质。虽然二氧化碳、酸味剂、高浓度的糖都对微生物有一定的抑制作用，但如果二氧化碳含量低，糖、酸的浓度也低，产品就会发生污染变质。除常见酵母菌外，偶尔也可遇到嗜酸菌，多为乳酸杆菌、白念珠菌等引起的变质。由上述微生物的作用可造成产品的浑浊、沉淀，甚至变味。

（2）化学反应引起的浑浊和沉淀

① 由砂糖引起浑浊、沉淀。用市售的砂糖制作碳酸饮料时，装瓶放置数日后，有时会产生细微的絮状沉淀，有人称为"起雾"。白砂糖中所含的极微量淀粉和蛋白质是导致沉淀起雾的主要原因。糖所含杂质引起的沉淀和微生物污染产生沉淀不同，糖杂质引起的沉淀搅动后会分散消失，静置后又渐渐再出现；而微生物污染引起的沉淀搅动后则不会消失。有专家建议生产透明的碳酸饮料时尽量不使用甜菜糖，用甜菜糖调制的糖液加酸长时间静置，有时会出现沉淀。

② 使用硬水引起沉淀。硬水中所含的钙和镁与柠檬酸作用，生成柠檬酸的盐类在水中的溶解度低，会生成沉淀。

③ 使用不合格或变质的香精香料，或香精香料虽然正常，但用量过多，也能引起白色浑浊或悬浮物。但此现象多是在配料后即发生、容易判断。

④ 色素质量不好或用量不当也会引起沉淀。使用焦糖于含鞣酸的饮料中，易发生沉淀；焦糖色素由于制法不同，分阴离子色素和阳离子色素，焦糖中的胶体物质，当达到它的等电点时就会产生浑浊和沉淀，所以在使用焦糖色素时应加以注意，弄清适用的pH范围。

⑤ 配料方法不当引起沉淀。如在糖浆里先加酸味剂，再加苯甲酸钠，也会生成结晶的苯甲酸，呈规则的小亮片沉淀。

（3）物理及其他原因引起的浑浊和沉淀

① 瓶子清洗不彻底，瓶盖和垫上附着的杂质，沉入瓶底也可能造成沉淀。瓶颈处形成的泡沫，消失后形成沉淀。回收旧瓶瓶底的残留物刷洗不彻底，制成产品后逐步沉入底部形成膜片状沉淀，较易为人们所忽视。

② 管道及灌装设备内的状况及清洗程度等也直接关系到饮料的质量。如管道内壁凹凸不平以及死角处的杂质容易残留，同时水中的Ca、Mg离子在管道内形成碳酸盐与饮料接触，部分会与酸作用生成柠檬酸盐，逐渐凝聚并悬浮在饮料中。

造成碳酸饮料浑浊、沉淀的原因较多，也较复杂。例如，有些厂采用片式热交换器冷却软水，用的冷媒介质是氯化钙溶液，由于氯化钙的长期腐蚀和因阻塞增大压力，使热交换器的金属片产生渗漏，将氯化钙液渗入冷却的软水中，与糖浆里的柠檬酸形成柠檬酸钙，产生大量的沉淀。

（4）防止浑浊和沉淀的措施　为了保证产品质量，杜绝浑浊、沉淀现象，在生产中应采取以下措施：

① 加强原料的管理，不用劣质原辅料，并严格原辅料处理操作，尤其是砂糖、水。

② 保证产品含有足够的二氧化碳。

③ 加强各环节卫生管理，保证容器、设备、管道等的清洁、消毒，减少生产各环节的污染。

④ 选用优质的香精、食用色素，注意用量和使用方法。

⑤ 防止空气混入。空气进入一是降低了二氧化碳含量；二是利于微生物的生长。所以应对设备、管道、混合机等部位的密封程度检查，及时维修。

⑥ 配料工序要合理，注意加入防腐剂和酸味剂的次序。

⑦ 回收玻璃瓶一定要严格清洗程序，保证清洗干净。

2. 二氧化碳含量不足

二氧化碳含量不足时易引起产品变质。造成二氧化碳量不足的原因如下：

(1) 二氧化碳纯度低，或纯度不够标准；

(2) 碳酸化时物料水温度过高；

(3) 混合机混合效果不好；

(4) 有空气混入、混合机或管道漏气；

(5) 压盖不及时，敞瓶时间太长，使二氧化碳散失；

(6) 瓶口、瓶盖不合格，密封效果不好。

要保证产品气足，符合标准，必须经常定期抽测成品的含气量，及时发现问题，并有的放矢地采取相应措施，如果是二氧化碳不纯，就要对二氧化碳进行纯化处理，如果是设备问题，应及时维修或换配件。要注意当长期使用的二氧化碳钢瓶内壁腐蚀生锈时，不仅影响二氧化碳含量，还会因铁腥味及其他异味而改变饮料的口味。

3. 可见性杂质

杂质是产品中肉眼可见的、有一定形状的非化学产物。杂质一般不影响口味，但影响产品的外观。杂质有小颗粒的砂粒、尘粒、碎玻璃、小铁屑等。

造成可见性杂质的原因主要有：① 瓶子未洗净或瓶盖带来的杂质；② 原料夹带杂质，主要是水、糖，其他辅料含杂质较少；③ 在调配过程中掉进杂质；④ 机件碎屑及管道沉淀物。只要严格各个程序操作和检查即能有效预防杂质的带入。

4. 变色与变味

(1) 变味 变味是指产品生产后，放置一段时间生成很难闻的气味，不能入口或变得无味。

影响汽水味道的原因：① 原辅材料质量差或处理不妥，如 CO_2 不纯含有硫化氢、二氧化硫等，净化不达标，带来酒精味或其他怪味；② 来源于空气中的 O_2 使物质产生氧化作用而变味，如香精（特别是萜类）的氧化变味；③ 配制时间过长、温度过高引起挥发性物质如香精挥发逃逸，造成香味不足；④ 微生物污染，其代谢产物使得产品变味，如酵母菌产酒精、醋酸菌产酸等；⑤ 糖酸比例失调，配料不妥造成变味；⑥ 气压过高或过低，使风味失调；⑦ 产品生产出来后在阳光下暴晒，会使香精产生化学变化，出现异味。

(2) 变色 变色是指产品生产后，放置一段时间出现变色或退色使饮料失去原有色泽的现象。微生物污染、饮料中呈色物质的氧化、产品曝晒等引起变味的同时往往也导致变色、褪色。

第四节　典型碳酸饮料加工案例

一、罗汉可乐汽水的加工

罗汉果是闻名海内外的名贵药材，属葫芦科藤本植物，系我国广西特产，广东省也有少量分布。罗汉果含有丰富的维生素和葡萄糖。据分析每100g鲜罗汉果中含维生素C为319~510mg，是柑橘的10~17倍，苹果的63~102倍，葡萄的79~127倍。其中所含的三萜糖苷甜度是蔗糖的300倍，是一种比甜叶菊更好的天然甜味剂。罗汉果具有生津润肺、化痰止咳、健脾解暑、降低血压等功效，尤其是对需控制食糖的肥胖及糖尿病患者十分有益。

（一）罗汉可乐汽水生产工艺

1. 工艺流程

可乐汽水多采用生产果味汽水的一次灌装法生产，其工艺流程如图9-18所示。

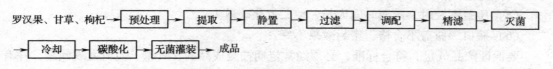

图9-18　罗汉可乐汽水工艺流程

2. 操作要点

（1）预处理　去除原料中的杂草、灰沙、尘土等杂质，剔除已发生腐烂变质的原料。

（2）提取浓缩　将罗汉果、枸杞、甘草按6:3:1的比例取料10kg，切碎，加10倍净水，加热浸提4h，过滤，将滤渣加8倍水浸提2h，过滤，合并滤液，再过滤、浓缩而得。

（3）调配　取白糖加适量水热溶，过滤，依次加入山梨酸钾溶液、加罗色蜜、磷酸、罗汉果等中药提取液以及香精，混合均匀，加水定容。

（4）杀菌、冷却　杀菌条件为：物料加热至120℃，保持3~10s，然后立即冷却至0~4℃。

（5）碳酸化　冷却后充入二氧化碳气体，并在无菌条件下灌装，迅速封口，以防风味成分损失。

3. 注意事项

（1）原料的粉碎度对浸提效率影响很大，通常是粒度越小，浸提效率越高。但粒度过小，易产生水合作用，加热时易成糊状。一般用水做浸提溶剂时，以粗沫碎渣或薄片为宜。

（2）水处理作为浸提用水，以保证成品质量。

（3）本产品为澄清型汽水，原料浸提液应是澄清液体，因此，浸提液应经过澄清处理，必须达到澄清型饮料的澄清透明度。

（二）罗汉可乐汽水配方

以1000L成品计：罗汉果6kg、柠檬酸1kg、枸杞3kg、FS-072可乐香精2kg、甘草0.75kg、5900加罗色蜜130g、白砂糖60kg、山梨酸钾0.15kg、食用磷酸（85%）2kg。

（三）质量标准

1．感官指标

饮料呈红褐色，具有可乐风味，酸甜可口，清香宜人，并具有罗汉果特有香气。

2．理化指标

可溶性固形物≥8%；pH4.0；总氨基酸4019.5μg/mL；二氧化碳≥2.5倍。

二、酸枣汽水的加工

酸枣是北方山区分布很广的野生果品，其含有丰富的营养物质。枣肉部分含还原糖、维生素C、酸味物质和单宁果胶等，尤其是维生素C含量高达10mg/g果肉。以酸枣为主要原料制作的果汁具有颜色悦人，果香幽雅，酸甜适口，风味突出的独特风格。

（一）酸枣汽水生产工艺

1．工艺流程

酸枣汽水工艺流程见图9-19。

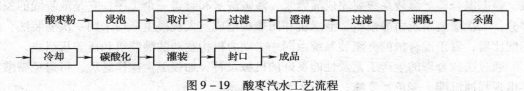

图9-19　酸枣汽水工艺流程

2．操作要点

（1）酸枣汁制备　将酸枣粉用8倍质量的热水浸泡，于60℃下浸泡12～16h，待酸枣汁的可溶性固形物含量达到3%～4%时，取上清液，过滤。

（2）澄清　酸枣中果胶含量较高，所以要进行果胶酶的澄清处理。果胶酶用量为0.01%，酶处理温度为50～55℃，时间为45～60min，然后用硅藻土过滤机过滤。

（3）调配　首先将白砂糖等辅料分别溶解，在糖浆中依次加入果葡糖浆、甜蜜素溶液、柠檬酸溶液、山梨酸钾溶液、酸枣汁、香精，调配均匀。

（4）杀菌、冷却　将料液在列管加热器中升温至85℃，保持2～3min，分段冷却至4℃左右。

（5）二氧化碳处理　先减压汽化，通过高锰酸钾氧化和活性炭吸附处理，再加压到0.5～0.6MPa。

（6）碳酸化、灌装　将上述料液按比例与水混合，进入碳酸化设备，在4℃下，采用0.4～0.5MPa的压力使二氧化碳气体饱和，再经混合装置混合均匀，进入灌瓶封口机。

3．注意事项

在加工酸枣汁中，若将酸枣粉改用酸枣，则酸枣分三次提取汁液，浸提时间要适当延长，三次酸枣汁合并后使用。

（二）酸枣汽水配方

以1000L成品计：酸枣粉80kg、甜蜜素0.6kg、白砂糖40kg、柠檬酸1.2kg、果葡糖浆20kg、酸枣香精1kg、山梨酸钾0.15kg。

（三）质量标准

1．感官指标

饮料呈棕红色，澄清透明，酸甜适口，具有酸枣的香味和二氧化碳的刹口感。

2. 理化指标

可溶性固形物≥6%；pH≤4.0；二氧化碳≥2.5倍。

本章小结

碳酸饮料是软饮料中的重要一类。尽管从营养角度来说，普通的碳酸饮料除使用砂糖产生一定热量外，几乎没有营养价值，但由于其含有一定量的二氧化碳，使碳酸饮料具有独特的清凉开胃、消暑解渴之功效。

根据生产设备及产品种类不同，碳酸饮料生产主要采用两种工艺："二次灌装"和"一次灌装"工艺。目前工业化生产主要采用"一次灌装"工艺。糖浆的制备是碳酸饮料生产中重要的工艺环节，溶解后的糖液一般需经过滤后，再将甜味剂、酸味料、色素、香精、防腐剂等按一定的投料顺序进行混合调配。水吸收二氧化碳的过程称为碳酸化作用，完成这一过程的设备有：薄膜式混合机、喷雾式混合机、填料塔式混合器、喷射式混合机、静态混合器。灌装系统要完成灌糖浆、灌碳酸水和封盖三个工序，它是灌装线的关键部分，二次灌装系统由灌浆机、灌水机和压盖机组成。大规模生产均采用一次灌装法，使用配比器，置于混合机前，灌装系统由同一个动力机构驱动的灌装机和压盖机组成。

通过选择合理的生产工艺及性能良好的机械设备，加强卫生操作管理，可避免碳酸饮料出现浑浊沉淀、变色、变味、气不足等质量问题。

思考题

1. 简述碳酸饮料的概念、分类及特点。

2. 简述原糖浆的制备方法及其优缺点。

3. 简述灌装系统的概念、组成及要求，并说明等压灌装的工作原理。

4. 试述碳酸化的原理、影响因素及常用的碳酸化方式。

5. 试设计白柠檬可乐汽水的生产工艺（主要说明采用的工艺方法、流程及操作要点）。

6. 请分析碳酸饮料生产可能出现的质量问题并提出预防措施。

拓展阅读文献

[1] 苏世彦. 我国碳酸饮料面临的挑战和发展新思路 [J]. 软饮料工业，1994，(4)：1~3.

[2] 姜小清. 碳酸饮料配比混合灌装机的研究 [J]. 食品工业科技，2005，26 (5)：126~127.

[3] 贺陵. 混比系统控制结构原理及故障分析 [J]. 包装与食品机械，2000，(2)：31~35.

[4] 张志光. 含气饮料各种灌装阀的结构性能特点的分析 [J]. 包装与食品机械，1992，(1)：22~29.

[5] 陈秀芬，刘爱萍. 对碳酸饮料中发生浑浊与沉淀问题的探讨 [J]. 食品研究与开发，2001，22 (4)：61~62.

[6] 贺卫华，朱晓立，李汴生，邓毛程. 碳酸饮料絮凝物的微生物分离及其耐酸性研究 [J]. 现代食品科技，2010，26（4）：354～357.

[7] 左晓峰. 碳酸饮料瓶的二氧化碳流失率的最新检测方法 [J]. 饮料工业，2009，12（12）：35～37.

[8] 岳强，曾新安，于淑娟，乔旭光. 绿茶碳酸饮料的研究与开发 [J]. 现代食品科技，2006，22（1）：66～67.

第十章 包装饮用水

学习目标

1. 了解包装饮用水分类。
2. 掌握饮用天然矿泉水的特点、基本工艺与关键技术。
3. 熟悉饮用纯净水与饮用矿物质水基本工艺与关键技术。

第一节 饮用天然矿泉水

一、概 述

包装饮用水是指密封于容器中可直接饮用的水。用于装水的包装容器包括玻璃瓶、塑料瓶、塑料桶、易拉罐、纸包装等。在包装饮用水生产过程中，最早出现的是玻璃瓶，然后才出现塑料瓶、塑料桶包装。目前，市场销售的包装饮用水以塑料容器为主。

世界各国对包装饮用水的分类不太一致，我国 GB 10789—2007《饮料通则》将包装饮用水分为 6 类，它们分别是饮用天然矿泉水、饮用天然泉水、其他天然饮用水、饮用纯净水、饮用矿物质水和其他包装饮用水。其中，部分已制定有国家标准，如 GB 8537—2008《饮用天然矿泉水》。

饮用天然矿泉水（drinking natural mineral water）是从地下深处自然涌出的或经钻井采集的，含有一定量的矿物质、微量元素或其他成分，在一定区域未受污染并采取预防措施避免污染的水；在通常情况下，其化学成分、流量、水温等动态指标在天然周期波动范围内相对稳定。根据产品中二氧化碳含量分为含气天然矿泉水、充气天然矿泉水、无气天然矿泉水及脱气天然矿泉水。

（一）天然矿泉水特点

天然矿泉水是在特定的地质条件下形成的一种宝贵的地下液态矿产资源，水中含有丰富的无机盐和微量元素。矿泉水中的钾、钠、钙、镁是维持人体正常生理功能所必需的。重碳酸盐对促进肠道疾患的康复有良好的效果。偏硅酸有助于骨的钙化，促进生长发育。硅还能保护动脉结构的完整，降低人类冠心病发病率。微量元素参与人体内酶、激素、核酸的代谢，具有巨大的生物作用。如铁、铜、锌、钴参与形成的酶及碘参与形成的甲状腺素均有促进生长发育的作用。我国矿泉水中微量元素含量较高的是锶，其次是锌、锂、硒、碘等。

（二）天然矿泉水现状

远在古代，人类就已经开始利用矿泉水进行浴疗和饮用了，洗浴和饮用矿泉水有缓解或预防疾病的作用。"饮用水工业的兴起，起源于矿泉水"，19 世纪后半叶，由于生产的发展，饮用矿泉水成为一个新兴的行业。欧洲是世界上开发利用矿泉水最早和最发达的地区。在欧洲，许多国家非常盛行饮用矿泉水，法国和意大利生产饮用矿泉水都有一百多年的历史。目前，这两个国家饮用天然矿泉水的人均消费在 100 升以上，居世界生产和消费首位。1932 年，我国建立了第一家饮用矿泉水厂——青岛崂山矿泉水厂，也是 1980 年以前我国唯一的一家矿泉水厂，规模很小。1980 年后，随着改革开放，我国饮用矿泉水的生产得到了迅速的发展。

我国矿泉水资源十分丰富，全国已知产地多达 3000 多处。我国天然饮用矿泉水的基本类型是碳酸水、硅酸水和锶水。

（三）天然矿泉水质量安全要求和标准

我国国家标准规定：饮用天然矿泉水是从地下深处自然涌出的或经人工揭露的未受污染的地下矿泉水；含有一定量的矿物盐、微量元素和二氧化碳气体；在通常情况下，其化学成分、流量、水温等动态在天然波动范围内相对稳定。国标还确定了达到矿泉水标准的界限指标，如锂、锶、锌、溴化物、碘化物、偏硅酸、硒、游离二氧化碳以及溶解性固体，其中必须有一项（或一项以上）成分符合规定指标，即可称为天然矿泉水。国标中还规定了一些元素、化学化合物和放射性物质的限量指标以及卫生学指标。

饮用天然矿泉水的产品品质应符合 GB 8537—2008 规定的要求。

（四）天然矿泉水评价

对于天然矿泉水，要依据 GB/T 13727—1992 天然矿泉水地质勘探规范进行地质勘探工作，开展矿泉形成和贮存条件的研究，矿泉水资源及动态研究，矿泉水物理化学特征及运动条件研究，矿泉水资源动态的研究和医疗特征的研究，在此基础上开发饮用矿泉水。这里着重介绍饮用天然矿泉水的化学评价。

先测定水样的电导率、pH、气体（主要为二氧化碳）及蒸发残渣（如果这些指标与矿泉水要求相距甚远，则无必要进一步做评价工作）；再测 Na^+、K^+、Mg^{2+}、Ca^{2+}、HCO_3^-、SO_4^{2-}、Cl^- 的含量，通过上述测定已能初步评定水样是否为矿泉水，在初评的基础上，要进行详细的评价，作为饮用矿泉水，应具备如下条件：口味良好、风格典型；含有对人体有益的成分；有害成分（包括放射性）不得超过有关标准；在装瓶后的保存期（一般为 1 年）内，水的外观与口味无变化；微生物学指标符合饮用水卫生要求。

为此，应从化学分析、微生物学检查和品尝等方面综合了解矿泉水品质，并且还要观察矿泉水的瓶装稳定性。矿泉水的有害成分包括毒理指标和非毒理指标，毒理指标如汞、铅、锡、砷、锑等至少达到饮用水卫生指标。而非毒理指标即化学指标如铁等，允许略超过卫生指标，由于矿泉水饮用量少于日常生活饮水，某些成分（如氟）的指标可略放宽。

1. 评价项目及其意义

评价饮用天然矿泉水时，需要用化学分析和微生物检测手段对某些项目进行测试。现将一些主要的项目及其测试意义说明如下：

（1）电导率 水中可溶性离子多则电导率较高，矿泉水电导率高低取决于水中阴离子、阳离子的多少及种类。

（2）浑浊度 浑浊度值越低、水就越清澈。

（3）蒸发残渣 矿泉水蒸发后的残渣越多，一般说明水中的矿物质含量高。

（4）酸碱度（pH） 能影响水的味道。

（5）碳酸氢根 有益人体健康。

（6）游离二氧化碳 提高风味，有清凉感，发泡，并有抑菌作用。

（7）氯离子 适量有益健康。

（8）氟离子 少量有益健康，过量有损健康。

（9）余氯 供饮用天然矿泉水不应含有氯。

（10）硫酸根 含量高易引起腹泻。

（11）大肠杆菌 超标影响人体健康。

（12）总硬度 过高，必须做软化处理。

（13）钡、溴、钴、铜、碘、铁、锂、锰、锶、锌等微量元素 为人体所必需或对人体有益，但超过限量则可能有害。

（14）砷、镉、铬、汞、镍、锑、硒、铅、氰化物 为毒性物质，均应严格控制最大限量。

2. 评价测试方法

（1）元素普查 最常用的方法是对石英皿或铂器中蒸发干涸的干渣进行发射光谱分析。由于矿泉水蒸发浓缩了数百至一千倍，往往可以检出含量为 $10^{-9} \sim 10^{-10}$ 的元素。光谱分析对汞、砷、硒等元素灵敏度很低，但对一般元素灵敏度很高。此外还可采用中子活化分析，这时应注意有些元素有极高的灵敏度，有些元素灵敏度较低。近年已开始使用等离子谱法，水样可直接送入仪器。元素的定性定量分析结果能够快速打印在记录纸上。

（2）水中成分的分析 采用国内权威单位颁布的水分析方法或国际标准方法，这些方法都是足够准确的，可以根据具体情况运用。硬度、钙、镁等可采用络合滴定法；碳酸氢根可采用酸碱滴定法；Cl^- 采用沉淀滴定法或比浊法；CO_3^{2-} 采用重量法、沉淀滴定法、络合滴定法或比浊法；钾、钠采用火焰光度法；F^- 采用比色法或离子选择电极法；NO_3^- 采用变色酸比色法，这个方法可以排除高浓度氯离子的干扰；NO_2^- 采用比色法；PO_4^{3-} 采用钼蓝比色法；NH_4^+ 采用奈氏试剂比色法等。对于限量元素，采用有机试剂螯合萃取，再用原子吸收分光光度计测定的方法比较灵敏、快速和准确。对于汞、砷、镉、硒等元素，要注意选择灵敏度和准确度足够高的方法，如汞用火焰原子吸收法，镉用萃取、原子吸收法或滴汞电极富集微分电位溶出极谱法，砷用铜试剂银盐比色法等。这些方法可以测量 0.1×10^{-9} 级的浓度或更低的浓度。

（3）放射性分析测定总 α、β、γ 放射性 必要时测定镭、钍、氡的含量。测定时均应严格遵照规定进行。

（4）微生物学检查 用专门的无菌采样瓶取样，用经典方法检查总细菌数和大肠杆菌数。只有当地卫生防疫站进行的微生物学检查才具有法律效力。

评价矿泉水时，水文地质和化学分析方面的工作都是耗费人力、物力的，故不要轻易对一个水源进行评价，更不要凭主观愿望认定任何一种水源为"矿泉水"。

二、基 本 工 艺

矿泉水的生产工艺流程按成品是否含气而有所不同，两种工艺流程如下。

不含气矿泉水的工艺流程如图 10-1 所示。

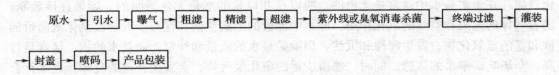

图 10 - 1　不含气矿泉水的工艺流程

含气矿泉水的工艺流程如图 10 - 2 所示。

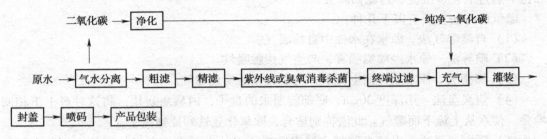

图 10 - 2　含气矿泉水的工艺流程

三、关　键　技　术

(一) 引水

在天然矿泉水的加工中所用的原水为天然喷泉或挖掘而得的地下水（井水），这些原水含有多种微量矿物质。因此，引水工程应能防止泉水及其他气体的损失、防止周围地下水的渗入、防止矿泉水出露口到利用处之间发生其他物理化学性质的变化。泵最好用齿轮泵或活塞泵，离心泵容易引起游离 CO_2 的损失。当人工开凿泉井时，应保证取水后不破坏泉水稳定的流量和组成，以便长期有效地使用矿泉，要确定最大采取量，应在此限量下取水。

采取矿泉水应完全排除污染的可能性，污染包括有害物质污染和生物污染两种。如溶入橡胶味或树脂味，混入机械杂质等属于有害物质污染；人畜排泄物和微生物进入矿泉则属于生物污染。

饮水用所有的水泵、管道及贮水罐等都需采用不锈钢等与矿泉水不起反应的材料制成，因为天然矿泉水对金属的腐蚀性远远超过一般饮用水。富含二价铁的矿泉水与镀锌、铁体接触时，能很快使锌溶解。此外，矿泉水含盐类多，电导率高，电化学腐蚀现象特别严重，选用器材时应仔细选择，输送管道也要清洗排污口。

(二) 曝气

曝气是使矿泉水原水与经过净化的空气充分接触，使它脱去其中的二氧化碳和硫化氢气体，并发生氧化作用的过程。

曝气是在生产不含二氧化碳气体的一般矿泉水的过程中，针对二氧化碳、硫化氢等气体和铁的含量超过 0.05mg/L、锰的含量超过 0.03mg/L 的原水而进行的，是一种除去气体、改良水质感官性状的技术措施。

天然矿泉水往往来自地下深处，因此氧含量低，处于相对的还原体系。在某些水文地质条件下，水中含有较高含量的二氧化碳、硫化氢气体、低价态的铁和锰的化合物。这些化合物存在于矿泉水中通常是无色的，所以在井口采的水是无色透明的。如果直接装瓶，随着气体的逸失和空气的氧化作用，原水中低价的溶解性铁和锰离子就会被氧化成高价的铁和锰的氢氧化物，发生浑浊和沉淀，影响矿泉水的质量和外观，而且水的铁、锰含量过高，会影响矿泉水的口感。同时，遗留少量的硫化氢气体，会发生异常的臭味，也不符合国际或某些国家标准对矿泉水的要求。因此，为了提高矿泉水的质量，需要先进行曝气，脱去其中的二氧化碳和硫化氢等气体，提高水的 pH，增加溶解氧，加速氧化过程，使铁和锰等通过氧化、沉淀、过滤而除去。

曝气的方法主要有以下几种：

（1）自然曝气法　原水在水池中自然曝气。

（2）喷雾法　原水经喷嘴喷雾，与空气接触曝气。

（3）梯栅法　原水从梯栅上流下，与空气接触实现曝气。

（4）焦炭盘法　用深度 30cm、底部能漏水的盘子，内盛焦炭块，将这种盘上下相间堆叠，使水从上流下而曝气。此法特别适合去除氧化亚铁和亚锰离子。

（5）强制通风法　水槽内装很多层多孔板，水从上而下，空气从下往上压，水气相接触而曝气。

对于用含气很少，铁、锰含量又低的原水生产一般瓶装矿泉水就不用曝气；对于含气量高的原水，生产含二氧化碳矿泉水，也不用曝气。

（三）过滤

过滤是为了使水中的胶粒、悬浮物被截留在滤层的孔隙中或介质的表面，从而除去水中不溶性的杂质和微生物等，使水质清澈透明，清洁卫生。矿泉水的过滤通常分为三级，即粗滤、精滤和超滤。

1. 粗滤

先将矿泉水用泵抽到贮水池（罐）中，静置，沉淀，除去粗大的固体颗粒物。然后用泵或经过高位池将矿泉水导入砂缸中，进行粗滤。矿泉水在砂层上形成滤膜，阻止水中较大的固体颗粒物质，起到初步过滤的作用。

碳酸型矿泉水作为饮用天然矿泉水开发利用时，过滤的目的是滤去由二价铁离子氧化成的氢氧化铁沉淀物质，对滤材的选择就应符合要求。一般多采用陶瓷滤材。这是因为陶瓷滤材的空隙度较大，滤材表面也较粗糙，能够有效地把氢氧化铁沉淀物吸附于滤材之上，从而使被处理的矿泉水中的沉淀物不断地由水中分离出去。

在矿泉水的粗滤中，可以加入助滤剂，例如，硅藻土、活性炭、高分子助滤剂等，以提高过滤效果。

2. 精滤

粗滤后的水再送入砂滤棒过滤器中，进行精滤。通过砂滤棒过滤可将水中的某些有机物和细菌截留在砂棒的表面，被过滤出来的水就基本无菌。要指出的是砂滤棒不能滤去病毒。

3. 超滤

超滤是现代膜分离技术在矿泉水生产中的应用范例。超滤能在较低压差条件下工作，一般工作压力为 $0.2 \sim 0.5 MPa$。选择适当规格孔径的滤膜，可以拦截矿泉水中的有机大分子、藻类、霉菌、细菌、病毒等，而无机成分则畅通无阻，并保证水质不变。

根据资料介绍，单独依靠中空纤维超滤后，水中细菌不能去除干净，还要再进行消毒杀菌处理。有些厂家把超滤安排在精滤装置后面，这样矿泉水经超滤后，再经紫外线灭菌，就可以进入装瓶工序。有的厂家为确保产品无菌，把超滤过滤器装在臭氧灭菌装置后面，称为终端过滤。矿泉水在精滤后就进行臭氧灭菌，而后超滤，这样可以滤除矿泉水中的细菌菌体和有机大分子等，再进入紫外灭菌装置进行灭菌，即可进入装瓶工序。也有的厂家使用两级超滤，还有的厂家在两级超滤中间进行灭菌处理。

（四）灭菌

矿泉水生产过程中的灭菌是确保产品安全卫生的关键工序。虽然矿泉水的天然原水清洁卫生，但在取水、导引、贮存、过滤、装瓶的过程中，与大气环境、设备、容器和人员等接触，都可能导致细菌、病毒、芽孢的混入和滋生，必须进行严格可靠的灭菌程序。灭菌包括矿泉水灭菌、生产环境（主要是灌装车间）的灭菌和容器（主要是瓶和盖子）的灭菌。

已知的灭菌方法有无菌过滤、氯化或臭氧化、紫外线照射、超声波处理和热处理，近来又采用银离子消毒矿泉水的方法。在矿泉水中加入硫酸银，使银浓度达 $0.15 \sim 0.2 mg/L$，保持 2h，以完全杀灭病原微生物。

（五）充气

矿泉水有充气和不充气两种。充气是指在矿泉水中充入二氧化碳，是含气矿泉水生产特有的工序。

充气所用的二氧化碳气体，可以是从矿泉水原水中分离出来的二氧化碳气体，也可以是市售的饮料用钢瓶装二氧化碳。前者既能保证原水碳酸矿泉气体的天然特色，又综合利用了矿泉水资源。

矿泉水原水中二氧化碳气体的分离工艺流程：先将含气矿泉水原水（碳酸型矿泉水连气一起）用泵抽出，通过导管进入分离器，在分离器中进行水气分离，水气各行其道。气体净化后，进入气柜，进行压缩，加压后的气体进入贮气罐备用。水气分离后的矿泉水经过滤、灭菌工序，导入中间贮水罐。

充气过程通过水气混合器完成，充气方法及原理同碳酸饮料的充气。

（六）灌装

矿泉水的灌装均采用自动灌装机在超净无菌的灌装车间进行。随产品含气与不含气的不同，灌装方式也有不同。

1. 不含气矿泉水的灌装

经过一系列的过滤、灭菌处理后，制得无菌矿泉水，即转入装瓶工序。灌装的瓶子一般用聚酯塑料（PET）瓶，必须经过严格灭菌。灌装通常采用负压灌装。在灌装之前，将矿泉水瓶抽真空形成负压，矿泉水在贮水槽中以常压进入瓶中，瓶子的液面到预期的高度后，水管中剩余的矿泉水流回缓冲室，再回到贮水槽，灌好矿泉水的瓶子即刻压盖密封，即完成产品的灌装。

2. 含气矿泉水的装瓶

充气碳酸水制备好以后，即可转入装瓶工序。灌装所用的瓶子，含气量高时需用玻璃瓶，含气量低时，也可用聚酯塑料（PET）瓶。一般采用等压灌装。如果要采用负压灌装，就应采用与等压灌装相结合的方式进行，先使矿泉水瓶形成负压，然后再进行等压灌装，压盖即成。

矿泉水厂均采用洗瓶—灭菌—冲洗的自动洗瓶机与灌装工序相结合的方式。在一些产量较大的矿泉水厂，还设有吹瓶车间，吹制（PET）瓶，瓶子现吹现用。

四、饮用天然矿泉水厂建厂应考虑的问题

（一）水源地的选择

水源是保证饮用天然矿泉水质量的先决条件，是生产的关键，所以水源地必须有优质矿泉水，符合市场流行趋势，自然生态环境良好，周围空气清新洁净。

（二）水厂地的选择

水厂最好在靠近中心城市、经济地理位置优越，交通方便的远郊。在矿泉水水源地选择的基础上，厂址必须靠近水源。我国标准规定厂区的监察区不得有工业、生活污染源，不得施用农药和化肥。这一点十分严格，也是非常必须的。因此，饮用天然矿泉水厂不能建在城市居民区、工厂区。厂区附近特别不能有菌类繁育的酿造行业的工厂，如酒厂、酱菜厂、生物制剂厂、屠宰厂、食品厂等，也不得有粉尘飞扬和化学污染的水泥厂、碎石厂、化工厂、炼油厂等，与瓶装矿泉果汁、糖类饮料车间应相隔一定的距离，以免细菌影响矿泉水生产。

（三）生产中无菌超净工艺

生产过程的关键是无菌超净工艺。有人认为矿泉水天然是没有细菌的，只要就地装瓶就行了。其实并不如此，要实现标准规定的"在保证原水卫生细菌安全的条件下开采和灌装"这个基本条件技术难度很大，而且贯穿着生产工艺的全过程。因为矿泉水 pH 为中性，容易滋生细菌，又不能添加防腐剂，而微生物指标非常严格，为此，需要符合标准的洁净水源，清洁的厂区内外环境，空气净化的无菌灌装车间，高新的杀菌系统，严格有序的工艺操作和科学严谨的管理。

五、常见问题及对策

饮用天然矿泉水生产中常见质量问题包括：微生物污染、沉淀及含气矿泉水的碳酸气损失等。遇到问题时，可从以下几方面研究分析出现问题的原因，有的放矢地制定对策。

（一）水源水质监测

水源水质的变化会对矿泉水品质产生重大影响，故水源水质的监测成为水源管理最重要的任务。饮用天然矿泉水生产的法规均要求定期评价水质，确保水质能够持续符合相应的标准，即从水源水质着手分析。

（二）水源卫生防护

《饮用天然矿泉水》（GB 8537—2008）明确规定水源地必须设立卫生防护带，其范围根据地形、地貌、水文地质和周围环境卫生状况而定，并在防护地界设立固定的标志，卫生防护带内严禁排灌工业、生活废水和使用农药。严禁修建渗水厕所、渗水坑、堆放废渣或铺设污水管道。不得有破坏水文地质条件的活动。如有违规就有可能污染原水源，即从水源环境进行分析。

（三）防止取水污染

用于取水的管道、罐体、曝气装置等，必须用井下水充分冲洗管道排尽后抽水。曝气

装置孔径应小于 $0.2\mu m$，防止空气中细菌尘埃的污染。对含铁小于 $10mg/L$ 的原水可不经过曝气除铁处理，尽可能缩短原水贮存时间，经热交换器代替曝气降温，使贮存时间控制在 4h 以内，即从取水操作规范性分析。

（四）防止灌装污染

对灌装过程中使用的容器、设备、管道及灌装车间采取防污染措施。对水处理、容器、灌装线仅作消毒处理是不够的，矿泉水生产水处理的管线必须达到无菌状态。为适应矿泉水生产的工艺流程特点和产品质量要求，必须采用快速、高效、无毒害残留的灭菌措施。

第二节　其他包装饮用水

一、饮用纯净水

（一）饮用纯净水的定义

纯净水是指以符合生活饮用水卫生标准的水为水源，采用蒸馏法、去离子法或离子交换法、反渗透法及其他适当的加工方法制得的，密封于容器中，不含任何添加物，可直接饮用的水。

作为瓶装饮用纯净水，其感官、理化和卫生等各项指标必须符合《瓶装饮用纯净水》（GB 17323—1998）和《瓶（桶）装饮用纯净水卫生标准》（GB 17324—2003）的相关规定。要指出的是这两个标准将被即将出台的《食品安全国家标准—包装饮用水》所代替。

（二）饮用纯净水生产工艺

纯净水要将水中的阴、阳离子和非离子状态的有机微粒、微生物、细菌及一切杂质，尽可能全部除去，即生产一种高洁净品质可直接灌装饮用的水。下面介绍饮用纯净水传统生产工艺与最常用生产工艺。

1. 蒸馏法

蒸馏法是传统的纯水制作方法。但目前很少有工厂采用此法生产纯净水。

（1）工艺流程　见图 10 – 3。

原水 → 预处理 → 初级纯化 → 蒸馏纯化 → 精过滤 → 纯净水

图 10 – 3　蒸馏法生产纯净水的工艺流程

（2）工艺要点　原水可取自城市生活用水（自来水）或地下水。首先是预处理工序，包括砂滤、机械过滤、活性炭吸附等，应视原水的水质特点而定。砂滤由多层滤料组成，常见的有无烟煤、石英砂等，作用是除去水中悬浮物等较大的杂质颗粒，如果原水中含铁量高，还应增设锰砂过滤层。机械过滤器可进一步去除水中较小的杂质颗粒。假如原水水质好，浑浊度小于 5 度时可省去砂滤，直接用机械过滤即可。活性炭吸附器的作用是吸附除去水中的胶体颗粒、有机物、余氯及异味等，进一步提高水质，满足下道工序所需的水质要求。

初级纯化一般由复床式离子交换装置构成，利用离子交换原理将水中大部分溶解性盐去除，使水质纯度大幅度提高，达到蒸馏处理所需的水质要求。

蒸馏纯化是工艺的核心部分，为保证产品水的纯度要求，应至少采取两次以上的蒸馏处理，即两次蒸馏或三次蒸馏。经过处理，可有效地去除水中残留的微粒杂质和溶解性无机物。同时对水中的微生物、细菌、热原也起到极好的杀灭去除作用。

精滤处理常用孔径 $0.22\mu m$ 或 $0.1\mu m$ 的膜材料滤芯，滤除水中的菌尸等残留物，制成纯净产品水。

蒸馏法的类型有多种，但用于饮用纯净水生产的主要是多级蒸馏法。多级蒸馏法一般采用多台塔、多台换热器和一台冷凝器，塔和冷凝器由进料水管、蒸汽管和冷却水管等连接在一起，组成一台蒸馏水机。经过该多效蒸馏水机，出水纯度高，以往在医药行业被广泛地应用在针剂、输液的制备上。但多级蒸馏法存在以下缺点：

① 能耗大：据对延中碧纯蒸馏水生产的了解，生产 1 吨蒸馏水，进口蒸馏水机耗电量为 $15 \sim 16kW \cdot h$。目前国产的蒸馏水机不采用电加热，而采用蒸汽加热。蒸馏水机的蒸汽来自于锅炉，生产 1 吨蒸馏水所需的能源折合标准煤为 45kg，锅炉的配备不仅增加了投资，而且占地面积增加，操作人员也增加。

② 对进水水质要求高：为保证换热器不结垢，高效率换热，不仅需去除原水中的浊度，而且必须去除水中的硬度，以防止结垢，所以水在进入蒸馏水机前不仅采用砂滤等设备，还要采用钠离子软化器。这些设备的投入，使产品水的成本大大增加。

③ 产水不含氧：由于技术方面的限制，生产出来的水不含氧。因此，在饮用纯净水制取中，蒸馏法已逐渐被电渗析、离子交换、反渗透等方法所取代。

2. 反渗透法

反渗透处理工艺是近年来发展起来的一种纯净水处理技术，最早应用于宇航和航海领域。20 世纪 80 年代末欧美等国家率先普及到民用饮水中，我国近年来也得到了较快发展，是目前我国内大部分饮用纯净水生产厂广泛采用的新型工艺。

（1）生产流程　见图 10 - 4。

原水 → 预处理 → 反渗透处理 → 杀菌 → 精过滤 → 纯净水

图 10 - 4　反渗透法生产纯净水的工艺流程

（2）工艺要点

① 原水与处理：反渗透处理装置对进水水质有严格要求，因此应把好预处理关。除进行多介质过滤、活性炭吸附外，还要注意水质多项指标。随时控制在许可范围之内，以避免反渗透膜的损害。如水中余氯不应大于 $0.1mg/kg$，可以加入 $NaHSO_3$ 来调节控制；水中钙离子与硫酸根离子的浓度积偏高则应添加六偏磷酸钠；浑浊度污染指数高则应加强微滤；此外水的温度、pH 等也应控制在工艺要求的范围内。

② 反渗透处理：反渗透处理装置的核心部件是反渗透元件中装有用选择性材料制成的膜，即反渗透膜上密布极为细小的孔，其孔径约有十几个纳米。工作时，对待加工水加压，使水分子在压力下透膜而过，而起到分离提纯水质的作用。使这种"浓水"（待加工水）逆向渗透成为纯水的处理方式因此而称为反渗透工艺，反渗透膜按其材料不同有聚酰胺膜、醋酸纤维膜、聚砜膜、复合膜等。其结构又有中空式、卷式等类型，目前应用较多的是复合膜等。其优点是脱盐率高（可达98%以上），应用性好。有关反渗透的原理等

参见第三章水处理。

③ 杀菌：反渗透处理后的水还需经灭菌处理，灭菌方法有紫外线杀菌、臭氧杀菌两种，紫外线杀菌是利用 $250 \sim 260nm$ 波长的紫外线能强烈破坏微生物 DNA 的机理，通过大功率紫外线发射汞灯照射来达到灭菌效果；臭氧杀菌器则是通过生产臭氧，利用臭氧的强氧化性达到杀灭细菌的目的。国内目前纯水生产中以紫外线杀菌的方式较多。

④ 精滤：通常杀菌后的水还需用 $0.22\mu m$ 的微滤装置除去水中残存的菌体等杂质，即制成纯净水。

反渗透生产工艺运行成本较低，技术也已成熟，应注意的是，最好选用脱盐率较高的反渗透复合膜，以确保产品水纯度，但目前国产复合膜尚待完善，对进口产品仍依赖过大，在生产操作、日常维护上需求较高，产品水质随原水水质的波动变化较大。因此，在设计时应充分掌握原水水质的四季变化状况，确定合理有效的处理方案。

（三）关键技术

纯净水的制备主要由预处理、脱盐和后处理三大部分组成。预处理包括澄清、砂滤、脱气、膜过滤、活性炭吸附等；脱盐工序包括电渗析、反渗透、离子交换等；后处理工序包括紫外线杀菌、臭氧杀菌、超过滤、微孔过滤等。

（1）预处理　纯净水生产中最首要的就是过滤，过滤材料不同，过滤结果也不同。细砂、无烟煤常在结合混凝、石灰软化和水消毒的综合水处理中用作初步过滤材料。原水基本满足软饮料用水要求的，可采用砂滤棒过滤器；为除去水中的色和味，可用活性炭过滤器；要达到精滤效果，可采用微孔滤膜过滤器。在过滤的概念中甚至可以将近年来发展起来的超滤和反渗透列入。

（2）脱盐　纯净水生产中最重要步骤就是脱盐，在常用的脱盐各方法中，反渗透膜去除杂质是最全面的。原水通过反渗透膜时，仅纯水透过膜，水中的无机离子、有机物、热原、微生物以及微粒子都被截留而浓缩于膜前，因此反渗透装置是制造纯水的理想选择。

（3）后处理　经脱盐处理后的水还需经灭菌处理，灭菌方法有紫外线杀菌、臭氧杀菌两种，最后采用微滤装置除去水中残存的菌体等杂质，即制成纯净水。

几种水处理工艺除水中杂质能力的比较见表 10 – 1。

表 10 – 1　　　　　　　　　　**各种水处理工艺去除水中杂质的能力**

工艺	凝聚粗过滤	卷绕式过滤器	活性炭大孔树脂吸附	电渗析	反渗透	紫外线杀菌	膜过滤	超过滤	蒸馏	脱气
悬浮物质	很好	很好								
胶体	好		一般	好	很好		好	很好	很好	
微粒	好		一般		很好		很好	很好	很好	
低分子质量溶解性有机物	一般		好		好		一般			
高分子质量溶解性有机物	好	一般	好	一般	很好		很好			

续表

工艺	凝聚粗过滤	卷绕式过滤器	活性炭大孔树脂吸附	电渗析	反渗透	紫外线杀菌	膜过滤	超过滤	蒸馏	脱气
溶解性无机物				很好	很好				很好	
微生物			一般			好	很好	好	很好	
细菌			一般			很好	很好	很好	很好	
热源						好		好	很好	
气体										很好

（四）典型设备

饮用纯净水生产中最常见设备即反渗透水处理设备，GB/T 19249—2003《反渗透水处理设备》规定了反渗透水处理设备的分类与型号、要求、试验方法、检验规则、标志、包装、运输及贮存。该标准适用于以含盐量低于 10 000mg/L 的水为原水，采用反渗透技术生产渗透水的水处理设备。以下为反渗透水处理设备分类与型号、性能指标、使用条件及性能测试介绍。

1. 反渗透水处理设备分类与型号

（1）分类　反渗透水处理设备按日产水量 m^3/d（均以 24h，25℃水温计）分三类，即小型设备、中型设备和大型设备，日产水量分别为 ≤100m^3/d、100～1000m^3/d 及 ≥1000m^3/d。

（2）型号　产品型号以反渗透的英文字头 RO 和膜的型式代号、设备的规格代号、反渗透的级数组合而成。反渗透膜的型式代号（用汉语拼音字头表示）：J-卷式膜，B-板式膜，Z-中空膜，G-管式膜；设备的规格代号（以设备的类别代号的英文字头表示）：S-小型设备，M-中型设备，L-大型设备；反渗透的级数代号（以阿拉伯数字表示）：1-级反渗透，2-二级反渗透，3-三级反渗透。型号示例：RO-JS1 即表示：用卷式反渗透膜构成的一级小型反渗透水处理设备。图 10-5 所示为反渗透机组。

2. 反渗透水处理设备性能指标

（1）脱盐率　设备的脱盐率≥95%（用户有特殊要求的除外）。

（2）原水回收率　小型设备原水回收率≥30%；中型设备原水回收率≥50%；大型设备原水回收率≥70%。

3. 设备的使用条件

（1）为保护设备正常运行，设备的进水应满足如下要求：

① 淤塞指数 SDI 15 <5；

② 游离余氯：聚酰胺复合膜 <0.1mg/L；乙酸纤维素膜 0.2～1.0mg/L；

③ 浊度 <1.0 NTU；

④ 根据原水水质，正确设计预处理工艺，选用符合国家及行业标准的预处理设备、管路和阀

图 10-5　反渗透机组

门，原水水质指标的测定按照相应的国家标准和行业标准进行；

⑤ 根据反渗透膜元件要求合理控制进水的 pH、铁离子、微生物、难溶盐等参数。

（2）操作温度、操作压力

① 操作温度：温度为影响产水量的主要指标，通常复合膜适用 4~45℃；乙酸纤维素膜适用 4~35℃。

② 操作压力：根据工艺要求，操作压力一般不大于 3.5MPa。

4．设备性能测试

（1）脱盐率的测定　根据需要，设备脱盐率可采用下列两种方法之一进行测定。

① 重量法（仲裁法）：按 GB 5750—2006 规定的溶解性总固体检测方法测量原水和渗透水含盐量，然后按公式（10–1）计算，保留三位有效数字：

$$R = \frac{C_f - C_p}{C_f} \tag{10-1}$$

式中　R——脱盐率,%

$\quad C_f$——原水含盐量，mg/L

$\quad C_p$——渗透水含盐量，mg/L

② 电导率测定法：是用电导率仪分别测定原水电导率和渗透水电导率，然后按公式（10–2）计算，保留三位有效数字：

$$R = \frac{C_1 - C_2}{C_1} \tag{10-2}$$

式中　R——脱盐率,%

$\quad C_1$——原水电导率，$\mu s/cm$

$\quad C_2$——渗透水电导率，$\mu s/cm$.

（2）原水回收率的测定　可用渗透水流量、原水流量、浓缩水流量按式（10–3）或式（10–4）进行计算，保留三位有效数字：

$$Y = \frac{Q_p}{Q_f} \tag{10-3}$$

或
$$Y = \frac{Q_p}{Q_p + Q_r} \tag{10-4}$$

式中　Y——原水回收率,%

$\quad Q_p$——渗透水流量，m^3/h

$\quad Q_f$——原水流量，m^3/h

$\quad Q_r$——浓缩水流量，m^3/h

（五）常见问题及对策

饮用纯净水生产中经常出现的问题主要与反渗透装置及桶装饮用水的质量控制这两个方面相关。

1．反渗透装置常出现的问题及对策

（1）排水问题　为了获得纯度高的水，在使用反渗透膜等膜处理原水时，必须同时排除原水量一半左右的杂质已被浓缩的水，但这种杂质浓度高的水仍保持一定的纯度，可以用于饮料以外的用途，例如洗涤、冷却用水等，因此反渗透装置的排水不应浪费，应装配再利用的系统。

（2）杂菌污染　反渗透装置单位时间的水处理量相对较少，需要长时间运行，以贮备一定量的纯水供需要时使用。纯水在贮藏过程中容易引起杂菌污染，因此，在使用或装瓶前需要经过空心纤维超滤膜装置、紫外线和臭氧杀菌装置进行除菌和消毒处理。工业化生产的纯水制造系统可以设置消毒设备，以防止杂菌污染。

（3）设备使用周期　反渗透装置投资费用高，而且在使用 2~3 年后劣化，性能变差，去杂质能力降低，需要定期更换。

2．桶装饮用水的质量控制对策

由于桶装水的包装形式、服务对象及其饮用方式均与其他饮料有着明显的区别，因此其质量控制也具有其显著的特点。

桶装饮用水的质量控制从其流通途径看与厂家的生产，分销商的仓储、运输，用户的使用有关；从其生产过程看与水处理方式、空桶及盖的质量及消毒、车间环境及工人卫生有关。

（1）空桶的清洗、消毒　纯净水和矿泉水标准规定的菌数总数分别为 ≤20cfu/mL、≤50cfu/mL。有的厂家产品超过标准规定上限的倍数达 75~800 倍。个别厂家的产品中可检出大肠菌群、霉菌及酵母菌，而标准规定霉菌、酵母菌、大肠菌群不得检出。造成产品微生物指标不合格的原因很多，主要有生产工艺、生产设备、环境卫生、人员卫生、包装容器以及生产管理等环节，而目前普遍使用的大桶装饮用水的回收桶是造成产品微生物不合格的主要原因之一。

桶装水的空桶需要循环使用，空桶的清洗、消毒一般首先应预洗，清除外表面的污迹、泥灰等污染物，然后用碱液冲洗去除油污，消毒处理一般采用 $2 \times 10^{-4} ~ 3 \times 10^{-4} g/mL$ 的 ClO_2 溶液浸泡或者冲洗 1min 左右。特别需要指出的是，由于有些用户的使用环境较差或空桶积压时间过长，导致空桶中细菌、藻类的繁殖，这是因为在光和热的作用下，藻类利用矿泉水中含有的大量生物所需的矿物元素繁殖生长，从而使水的色度增大，发生了"水生绿藻"作用。蓝绿水藻腐烂后产生甲基或二甲基乙硫醇等物质，使水体发出恶臭。藻类按一般方式难以杀灭，须采用 0.02% 硫酸铜溶液浸泡 20~24h 以上，然后用机械方式刷洗干净，再进行常规消毒处理。

（2）根据《瓶（桶）装饮用纯净水的卫生标准》（GB 17324—2003）的要求，饮用水灌装车间的洁净度应达到 1000 级。一个完备的空气洁净系统对于保证桶装水质量十分重要。

（3）合理确定产品的保质期　由于目前国家尚未制定五加仑桶装水的质量标准，各个厂家均以自己的标准指导生产，保质期从 2 个月到 1 年不等。根据实际生产销售情况，五加仑桶装水从生产到饮用结束不超过 2 个月，故桶装水的保质期在 3 个月为宜。由于目前的饮水机均不具备杀菌功能，桶装水一经开封使用，不可避免会产生二次污染，因此应向用户说明产品开封后在 2 周左右饮完。

二、饮用矿物质水

（一）饮用矿物质水的定义

饮用矿物质水是指以符合 GB 5749—2006《生活饮用水卫生标准》的要求的水为水源，采用适当的加工方法，有目的地加入一定量的矿物质而制成的制品。

（二）饮用矿物质水生产工艺

饮用矿物质水能补充天然矿泉水的欠缺，不受地区、规模限制，充分满足人们的需求。生产饮用矿物质水的方法主要有直接溶化法与二氧化碳浸蚀法两种。

1. 直接溶化法

直接溶化法是20世纪40年代以前流行的方法，即在天然水中添加碳酸氢钠、氯化钙、氯化镁等（还可再充以二氧化碳）。其基本工艺流程如图10-6所示。

原水 → 氯杀菌 → 脱氯 → 调配 → 过滤 → 紫外线杀菌 → 灌装 → 封口

图10-6 直接溶化法生产饮用矿物质水工艺流程

原水以优质水为好，也可以使用井水和自来水，先用氯杀菌，脱氯用活性炭，送至调配罐，按预定成分加入一些无机盐类，严格控制用量，浓度符合要求，并应稳定。过滤宜先粗滤，再进行精滤，所得滤液存入中间罐中，装瓶前进行紫外线杀菌。灌装的容器必须干净，无菌。杀好菌的矿泉水装入已洗净消毒的瓶中，经压盖、冷却、包装而得产品。杀菌也可用热交换器杀菌。

充气饮用矿物质水的做法是配料后，将水冷到3~5℃，充入二氧化碳，再精密过滤，冷杀菌，装瓶。

直接溶化法生产的矿泉水质量上有其不足之处，引入了大量酸性阴离子，如氯离子、硝酸根等，这些离子形成的盐在营养学上属于中性化合物，所以制成品"碱性"比较低，饮用后不能很好起到调节人体酸碱平衡的作用。而且直接溶化法难以制成钙、镁含量高的矿泉水。

2. 二氧化碳浸蚀法

是在二氧化碳压力下，将碳酸锶、碳酸钙、碳酸镁、碳酸锂等难溶碱土碳酸盐溶于水中，再经冷杀菌后灌装。在二氧化碳的作用下难溶的无机盐转化为碳酸氢盐而溶于水中，制得的矿泉水阴离子、碳酸氢根占绝对优势，因此属于营养学意义上的"碱性饮料"。

矿物质可采用石灰石、白云石、文石等碱土碳酸盐矿石粉末，含有二氧化碳的原料水与矿物质反应，使水含有矿物质，其主要化学反应为：

$$CaCO_3 + H_2CO_3 \rightarrow Ca(HCO_3)_2$$
$$MgCO_3 + H_2CO_3 \rightarrow Mg(HCO_3)_2$$

原水中碳酸氢钙、碳酸氢镁等成分含量达到要求后，再直接加入少量可溶性成分，然后过滤、杀菌、灌装、封口即为成品。

矿物质水的杀菌方法也包括无菌过滤、氯化、臭氧化、紫外线照射、超声波处理、热杀菌等。

二氧化碳浸蚀法既然能解决主成分钙镁碳酸盐的溶解问题，其他成分的溶解就很容易解决了，所以从原则上讲，可以制成一切类型的矿泉水。

短期内，人类不可能再增加饮用水资源，但可以改善和提高饮用水质量。随着人口的不断增长和人们生活水平的提高，在未来很长的一段时间内，包装饮用水在饮料领域的地位将更加重要。

（三）关键技术

饮用矿物质水生产关键在于水处理及矿物质添加，尤其是矿物质添加过程，所添加的矿物质必须安全且稳定，并要严格控制用量，浓度符合要求。

本章小结

　　本章介绍了包装饮用水分类，重点介绍了饮用天然矿泉水的特点、基本工艺、关键技术、典型设备以及天然矿泉水认定，同时介绍了饮用纯净水与饮用矿物质水的基本工艺与关键技术。

思考题

　　1. 天然矿泉水的概念。
　　2. 如何进行饮用天然矿泉水的开发利用和评定？
　　3. 试说明饮用天然矿泉水生产基本工艺与关键技术。
　　4. 结合不同原水特点，设计饮用纯净水生产工艺。
　　5. 简述人工矿泉水的生产方法。
　　6. 简述饮用矿物质水生产关键技术。

扩展阅读资料

　　［英］多萝西·西尼尔，［美］尼古拉·迪格著. 瓶装水技术［M］. 王向农，周奇展译. 北京：化学工业出版社，2007.

第十一章 其他饮料

第一节 谷物饮料

学习目标

1. 了解谷物类饮料、特殊用途饮料所包含的种类及产品生产趋势。
2. 掌握谷物饮料加工的关键技术及特殊用途饮料的加工特点。

一、概　　述

谷物饮料是近几年才逐渐走进饮料行业视野的新成员。谷物饮料可以用多种谷物杂粮作为原料，如大米、小米、黑米、玉米、薏米、燕麦等，制作时可以生产单一品种饮料，也可以采用几种原料复合调配或添加其他的水果蔬菜等制作复合饮料，既可制作成未发酵的调配型谷物饮料，也可制作成发酵型谷物饮料。按照最新的饮料通则，谷物饮料归属于植物饮料类，作为饮料大家族中的新品类，通过现代工艺做成可直接饮用的产品，不仅能够充分保留谷物中对人体健康有益的营养成分，而且口感更好，饮用更方便，吸收更容易。

我国的传统饮食习俗是以植物性食品为主，其中谷类食品是中国居民传统膳食的主体，是人体能量的主要来源，也是最为经济的能量食物，同时谷物还能提供人体蛋白质和半纤维素、纤维素、无机盐、维生素等聚合物及种皮、胚芽中的油脂和其他功能性成分，如高级醇碳水化合物、蛋白质、膳食纤维及 B 族维生素。根据《中国居民膳食指南 (2007)》，谷类食物中碳水化合物一般占总量的 75% ~ 80% 、蛋白质占 8% ~ 10% 、脂肪占 1% 左右，还含有丰富的矿物质、B 族维生素及膳食纤维等。以谷类为主，就是为了保持我国膳食的良好传统，避免高能量、高脂肪和低碳水化合物膳食的弊端。人们应保持每天适量的谷类食物摄入，一般成年人每天摄入量以 250 ~ 400g 为宜，并且要注意粗细搭配，经常吃一些粗粮、杂粮和全谷类食物，建议每天摄入量为 50 ~ 100g。

但是随着经济发展，生活改善，人们倾向于食用更多的动物性食物，而谷类食物的摄入逐渐减少，谷类食物作为膳食主体的地位在逐渐下降。根据 2002 年中国居民营养与健康状况调查的结果，1982 年以来的 20 年间，人均谷类食物的摄入量下降了 108g。从能量的食物来源看，2002 年全国平均有 58% 的能量来源于谷类，其中城市为 49% 、农村为 62% ，城市居民明显低于 55% ~ 65% 的合理范围。与 1992 年相比，谷类食物提供能量的比例减少了 9 个百分点，特别是大城市居民只有 41% 能量来源于谷类；而来源于动物性食物的能量比例则增加了 3 个百分点，达到 13% ，其中城市为 18% 、农村为 11% 。这种膳食结构提供的能量和脂肪过高，而膳食纤维过低，不利于一些慢性病的预防与控制。

谷物饮料的诞生，使得人们重新认识了谷物这一传统食品，彻底改变了谷物在人们心目中"老土"的形象，谷物饮料作为植物饮料类的一个新品种，符合饮料的发展趋势和消费趋势。目前，国内一些企业已开发了这类产品，如惠尔康集团上市的谷粒谷力，维维集团推出谷动力－燕麦浓浆等。从近年来饮料行业趋于天然、健康的发展趋势来看，以健康和营养为主要诉求的谷物类饮料市场前景逐渐被一些企业所看中，而且谷物食品被不少现代人看作是解决居民膳食营养失衡的途径。谷物类饮料采用玉米、黄豆、芝麻、杏仁等绿色食品为原料，可增加人们粗食纤维的吸收量，调整饮食结构，使得谷物饮料蕴藏着巨大的潜力和商机。谷物饮料是饮料行业发展的新机遇，复合型谷物类饮料的开发是未来饮料发展的趋势之一，也是解决现代快节奏生活中城市居民膳食营养失衡的途径之一。

二、谷物饮料的基本工艺流程

（一）普通调配型谷物饮料的工艺流程

普通调配型谷物饮料的工艺流程见图 11-1。

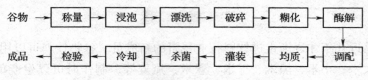

图 11-1　普通调配型谷物饮料的工艺流程

（二）发酵型谷物饮料的工艺流程

发酵型谷物饮料的工艺流程见图 11-2。

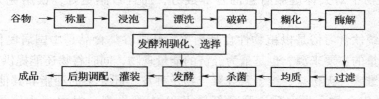

图 11-2　发酵型谷物饮料的工艺流程

三、谷物饮料生产的关键技术

（一）原料选择、浸泡、漂洗

选择颗粒饱满、无虫蛀、无霉斑的原料，并除去原料中的沙子等杂质。挑选后，采用清水浸泡，使原料适量吸水润胀，便于磨浆、粉碎及焙烤等后续操作的顺利实施。浸泡用水可根据原料的情况，从几倍到几十倍不等。对于某些原料，如薏米仁，由于其质地坚硬，常采用稀碱液浸泡，不仅有利于软化其组织，降低磨浆或焙烤膨化时的能耗，同时能有效除去由低分子链脂肪酸所产生的不良气味。浸泡时采用 0.1~0.5mol/L 氢氧化钠溶液，用水量为薏米质量的 3~5 倍，浸泡时间约 6h。浸泡后用流动水冲洗，充分去除残留碱液。

在某些谷物饮料的生产过程中，为增加成品的烘烤香味，可采用焙烤处理。将漂洗干净的原料先进行沥水处理，然后根据原料的情况，设置适当的烘烤温度和时间进行焙烤处理，如将沥去水分的玉米平铺在烤盘中，铺成两粒玉米粒厚度，入箱焙烤，温度控制在170℃，当有少量玉米发生爆裂时，每隔 5min 左右搅拌一次，直至玉米全部烤成焦褐色的半发泡状，而大米可采用 190℃进行焙炒，小米则只需文火炒香即可。焙炒时必须注意不能太糊，以免给成品带来苦味等不良口感，并影响产品外观。

（二）破碎

为了促进原料中可溶性物质的溶出，使原料适合酶解的工艺要求，需要对原料进行破碎处理。谷物的破碎可以采用磨浆或粉碎的方式。磨浆时加入一定量的水，用磨浆机将谷物磨成细浆。粉碎则采用相应的粉碎机进行，粉碎大都控制在使原料过 40 目以上的筛。可以根据产品要求对谷物进行 3~5 次重复粉碎，以获得较细的谷物颗粒。焙烤玉米的破碎不宜过碎，一般用破碎机破碎至 1/2~1/3 粒即可。

（三）糊化

谷物的主要成分是糖类，而淀粉在谷物的糖中占很大比例，如大米中淀粉含量占到总糖含量的 75%。淀粉在常温下不溶于水，但是当温度达到 53℃ 以上时，淀粉的物理性质发生明显变化。将淀粉与水加热到一定温度，使淀粉粒溶胀、分裂、体积膨胀、黏度急剧上升，变成均匀黏稠糊状物的过程，称为淀粉的糊化。糊化过程由于水分子的作用，使淀粉分子的微晶束结构崩溃解体，易于酶解。影响淀粉糊化的因素有以下几点。

1. 颗粒大小与直链淀粉含量

破坏分子间的氢键需要外能，分子间结合力大，排列紧密者，拆开微晶束所需的外能就大，因此糊化温度就高。由此可见，不同种类的淀粉，其糊化温度不会相同，一般来说，小颗粒淀粉内部结构紧密，糊化温度比大颗粒高，直链淀粉分子间结合力较强，因此直链淀粉含量高的淀粉比直链淀粉含量低的淀粉难糊化。所以可从糊化温度上初步鉴别淀粉的种类。

2. 食品中的含水量

水作为一种增塑剂，可影响淀粉分子的迁移，决定淀粉分子链间的聚合速率。随着水分含量的增加，淀粉糊化温度提高，糊化热焓变化明显，且不同淀粉完全糊化所需的水分含量也不同。

3. 添加物

高浓度糖能降低淀粉的糊化程度，脂类物质能与淀粉形成复合物降低糊化程度，提高糊化温度。食盐有时会使糊化温度提高，有时会使糊化温度降低。

4. 酸度

在 pH 4~7 的范围内酸度对糊化的影响不明显，当 pH 大于 10.0，降低酸度会使糊化加速。生产中，常采用 80~100℃ 时加热 15min 进行糊化处理。

（四）酶解

谷物糊化后，必须经过液化，使糊化液中的直链淀粉分子被剪切成低聚糖和糊精等物质，而在生产某些谷物饮料尤其是发酵型谷物饮料时，为使淀粉能被微生物利用，还需要进一步将糊精转化为葡萄糖。

1. 液化

液化是用淀粉酶水解淀粉，使其分子质量变小、黏度急骤下降，成为液体糊精的过程。淀粉颗粒的结晶性结构对于酶作用的抵抗力强。例如，细菌 α-淀粉酶水解淀粉颗粒和水解糊化淀粉的速度比约为 1:20000。由于这种原因，不能使液化酶直接作用于淀粉，需要先加热淀粉乳液使淀粉颗粒吸水膨胀、物化，破坏其结晶结构。淀粉乳液液化是酶法工艺的首要步骤。目前，国内学者主要利用双酶法（即 α-淀粉酶液化处理之后再进行糖化酶处理）处理原料米汁。

淀粉乳液糊化后，黏度提高，流动性变差，难搅拌，传热速率受到严重影响，直至难以获得均匀的糊化结果，特别是在较高浓度和大量物料的情况下，操作更有困难。α-淀粉酶对于糊化的淀粉具有很强的催化水解作用，能很快水解到糊精和低聚糖范围大小的分子，黏度急速降低，流动性增高。工业生产中，将α-淀粉酶先混入淀粉乳液中，加热，淀粉糊化后立即液化。虽然淀粉乳液浓度高达40%，液化后的流动性高，便于操作。

液化的另一个重要目的是为下一步的糖化创造有利条件。糖化的过程就是利用淀粉酶或酸的催化作用，使淀粉分解为低分子糖（如低聚糖、葡萄糖等）的过程。糖化使用的葡萄糖酶和麦芽糖酶都属于外酶，水解作用从底物分子的非还原末端进行。在液化过程中，淀粉分子被水解到糊精和低聚糖范围，底物分子数量增多，尾端基增多，糖化酶作用的机会增多，有利于糖化反应。

（1）液化酶　液化通常使用α-淀粉酶，它水解淀粉及水解产物分子中的α-1，4糖苷键，使分子断裂，黏度降低。α-淀粉酶属于内酶，水解从分子内部进行，不能水解支淀粉的α-1，6糖苷键，但是能跨过此键继续水解。

α-淀粉酶制剂的主要来源为细菌，尤其是枯草杆菌，如我国使用的BF-7658，国外使用的Tenase、Ban等。细菌α-淀粉酶的制备首先采用深层培养，然后通过澄清等后续工序，所得酶液可直接用于淀粉酶解，或浓缩到一定浓度得液体酶制剂，也可喷雾干燥或沉淀，干燥的粉末状固体酶制剂。液体酶制剂成本较低，使用方便，应用较为普遍。此类酶制剂的适合作用pH在6.0～7.0，在30%～40%淀粉乳中应用，液化温度为85～90℃，Ca^{2+}有提高热稳定性的作用，在液化操作中需要加入$CaCl_2$调节钙离子浓度到0.01mol/L。用NaCl调节钠离子到0.02mol/L的浓度，也有提高热稳定性的效果，并有助于杂质的凝聚，改善过滤性质。

液化酶的用量随酶制剂活力的高低而定，活力高则用量低。当前的酶制剂工业化生产水平表明，活力较高的液体酶制剂用量为每吨淀粉1kg。品质高的液化酶制剂要求没有蛋白酶混杂，因为蛋白酶能水解蛋白质成氨基酸，与糖起美拉德反应产生有色物质，影响产品质量。

（2）液化程度　在液化过程中，淀粉糊化、水解成较小的分子，应达到何种程度，这需要考虑不同的因素。黏度应降低到足够的程度，便于操作。葡萄糖酶属于外酶，水解只能由底物分子的非还原性末端开始，底物分子越多，水解生成葡萄糖的机会越多。但是，葡萄糖酶先与底物分子生成络合结构，过大或过小都不适宜。根据生产实践，淀粉在酶液化工序中水解到葡萄糖值15～20范围合适。水解超过这种程度、不利于糖化酶生成络合结构，影响催化效率，糖化液的最终葡萄糖值较低。

（3）淀粉液化在谷物饮料生产中的应用　采用耐高温α-淀粉酶制剂进行液化，主要原因是这种酶制剂水解淀粉的能力较强，不仅耐高温，而且又不依赖钙离子、作用pH范围等特点。将谷物浆液的pH调至6.2±0.2后加入α-淀粉酶制剂，其用量为100U/g，同时加入0.2%～0.25% $CaCl_2$作为酶活性剂，在70～90℃下作用30～60min，再将浆液加热至沸腾进行灭酶。

2. 糖化

在液化工序中，淀粉经过α-淀粉酶水解成糊精和低聚糖等较小分子产物，糖化是利用葡萄糖酶将这些产物进一步水解成葡萄糖。纯淀粉通过完全水解，因有水解增重的关系，每 100.00 份淀粉能生成 111.11 份葡萄糖。从生产葡萄糖的要求，希望能达到淀粉完全水解的程度，但现在工业生产技术还没有达到这种水平。工业上常用"葡萄糖值"表示淀粉的水解程度或糖化程度。糖化液中总还原性糖以葡萄糖计算，占干物质的百分率称为葡萄糖值。葡萄糖的实际含量稍低于葡萄糖值，因为还有少量的还原性低聚糖存在。随着糖化程度的增高，二者的差别减小。

糖化操作比较简单，将淀粉液化液引入糖化桶中，调节到适当的温度和 pH，混入需要量的糖化酶制剂，保持 2 ~ 3d 达到最高的葡萄糖值，即得糖化液。糖化桶具有夹层，用来通冷水或热水调节和保持温度，并具有搅拌器。保持适当的搅拌，避免发生局部温度不均匀现象。

糖化的温度和 pH 取决于所用糖化酶制剂的性质。曲霉制备的酶制剂一般用 60℃，pH4.0 ~ 4.5，根霉制备的酶制剂用 55℃，pH5.0。根据酶的性质选用较高的温度，因为糖化速度较快，感染杂菌的危险性较小。选用较低的 pH，因为糖化液的着色浅，易于脱色。加入糖化酶之前要注意先将温度和 pH 调好，避免酶与不适当的温度和 pH 接触，活力受影响。在糖化反应的过程中，pH 会略有降低，可以调节 pH，也可以将开始的 pH 稍微调高一些。与液化酶不同，糖化酶不需要钙离子。糖化酶制剂的用量取决于其活力的高低，活力高则用量少。具体来说，在生产谷物饮料时，将液化好的浆液冷却至 50℃，调节 pH 至 5.0，加入糖化酶制剂（如 β - 淀粉酶），其用量为 80 ~ 100U/g，作用时间为 30min 以上，糖化结束后将浆液煮沸灭酶。

（五）调配

不管是普通调配型谷物饮料还是发酵型谷物饮料都需要进行调配。调配时，常加入一定量白砂糖、柠檬酸以调节其口感。除此之外，由于谷物乳液是一个复杂的体系，需要添加适宜的稳定剂，来维持这个体系的稳定状态。常用的稳定剂有 CMC - Na、阿拉伯胶、黄原胶、琼脂等，为改善稳定剂效果，常采用两种或两种以上的稳定剂复配使用，如黄原胶与琼脂按照 1∶1 的比例用于嫩玉米饮料的生产。

（六）均质

均质是谷物饮料生产的必需工序，是改善饮料稳定性的重要手段。一般将配制好的混合浆预热到 45 ~ 55℃，然后利用均质机在 15 ~ 30MPa 压力下进行均质处理，也可以用胶体磨进行处理。根据需要可以进行两次均质处理，第二次均质的压力一般要比第一次高一些。如第一次压力 20MPa，第二次可提高到 30MPa。

（七）发酵剂及发酵

对于发酵型谷物饮料，发酵是特有工序，也是重要工序，适宜的发酵剂和合理的发酵条件是生产优质谷物饮料的保证。

1. 发酵剂的选择

选择合理的菌种与驯化条件，经过传代驯化，得到产酸能力强，发酵时间短的发酵剂。通过实验测得菌种的最佳发酵温度后，进行恒温保存，直到发酵品质达到设定值。

谷物饮料中常采用的菌种有：嗜热链球菌和保加利亚乳杆菌（1∶1）。

2. 发酵剂的制作常见质量问题

对于乳酸菌发酵剂而言，最常见的是产酸不足，此称为慢发酵剂，即 1.0mL 培养物接种于10mL无抗菌素灭菌脱脂乳中，37℃ 4h 培养，不能产生0.7%滴定酸度。其可能的原因是：污染噬菌体，可完全抑制乳酸菌产酸；发酵剂自发的活力丧失；培养温度不正确（如嗜中温的乳酸菌在高温下培养）；传代次数少活力未恢复；制备用乳中含有抗菌素及消毒剂、清洗剂。

3. 发酵条件

接种量一般为3%～10%。发酵温度视菌种而已，若为嗜热链球菌和保加利亚乳杆菌（1:1）发酵温度为42±1℃，发酵时间6～8h，再于4℃下存放一段时间使其后熟，最终酸度达到0.8%～1.0%。

（八）灌装、杀菌

根据调配饮料和发酵饮料的不同性质，可以将均质后的饮料或产品前体按照不同方式进行目的性杀菌，杀菌参数一般为120℃下恒温杀菌15min，并立即灌装、封口，最后经过冷却即为成品。

四、谷物饮料加工的典型设备

我国谷物饮料生产使用设备种类和型式很多，但是机械化、自动化程度相差悬殊。中小企业多使用国产设备，大型企业多使用进口设备。关于各种设备的详细构造均有专门书籍和资料介绍。本书仅介绍谷物饮料加工过程中应用的典型设备。

（一）谷物粉碎设备

谷物粉碎设备一般采用冲击式粉碎机或气流粉碎机。冲击式粉碎机工作的主要原理是：以锤片、齿爪在高速回转运动时产生的冲击力来粉碎谷物；图11-3为冲击式破碎机，物料通过漏斗进入粉碎室后受到高速回转的六只活动锤冲击，经齿圈和物料相互撞击而粉碎，粉碎细度通过更换筛网而获得。

图11-4为小型气流粉碎机，常见的有闭路循环式和扁平式两种，其工作原理如图11-5所示，是用压缩空气产生的高速气流对谷物进行冲击，使谷物颗粒相互之间发生强烈的碰撞和摩擦作用，以达到细碎目的。

图11-3 冲击式谷物粉碎机

图11-4 小型气流粉碎机外形图

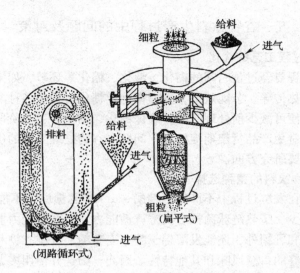

细粒 给料 进气

排料 给料 进气

粗粒

（扁平式）

进气

（闭路循环式）

图 11 - 5　气流粉碎机的工作原理图

谷物粉碎设备主要作用是将颗粒状的物料磨成粉末状的谷物粉体，以利谷物能与其他原料充分混合均匀，从而更有效地吸收其他成分。针对某些需要保持高的营养成分和芳香味的谷物粉碎，可以利用冷冻与粉碎两种技术相结合，使谷物原料在冻结状态下进行粉碎制成干粉。

（二）淀粉糊化、糖化设备

淀粉糊化、糖化设备可分为：间歇式糊化、糖化设备，包括糖化锅、糊化锅；链带式连续糊化、糖化设备，这种连续处理设备的特点是能适应多种物料的糊化与糖化处理，但是清洗较为困难，占地面积也较大。

近几年国内相关专业技术人员对淀粉糊化、糖化设备进行了一系列改进，首先采用高效弥勒板夹套换热技术，应用科学的蒸汽湍流原理，努力实现最大限度的热传导、节能效果，同时采取全自动化温度控制技术，确保糖化、糊化各工艺阶段的升温速度和保温时间的准确性。其次，选用国际先进的悬挂式调速系统，采用变频、自控搅拌方式，保证糊化、糖化过程中的醪液的均匀混合，最大限度地发挥糊化、糖化过程中各种酶的最佳生物活性和转化、催化效果，从而在源头上保证了谷物饮料的最佳质量和最高出品率。

（三）调配设备

调配设备多为带搅拌器和容量刻度标尺的不锈钢容器，搅拌方式多为倾斜式或腰部式，可避免因振动致使灰尘和油垢等杂质掉进浆体中。配料设备有大有小，型号品牌也多种多样，一般采用单浆槽式混合机，配料时，可将物料在料槽中充分混合均匀后，再自动倒出物料。

（四）其他设备

在生产谷物饮料的整个过程中，还需要用到其他一些常规设备，如原料漂洗设备、均质设备、杀菌设备、发酵设备及灌装设备等，这些设备也属于其他类型饮料生产设备范畴，在此不予介绍。

五、谷物饮料生产过程中的问题及对策

（一）谷物处理过程工艺的优化

由于谷物处理过程要经过长时间的糊化、液化、糖化等环节，如果能够将工艺进行优化，最大限度地增强热传导、节能效果，发挥糊化、糖化过程中各种酶类的最佳生物活性和转化、催化效果，便可减少前处理时间，确保糖化、糊化各工艺阶段的升温速度和保温时间的准确性，同时避免产品货架期淀粉老化问题。谷物处理工艺的优化是今后谷物饮料产品开发过程中的主要研究方向。

（二）发酵型谷物饮料的菌种选择

保加利亚乳杆菌在发酵过程中不产生蔗糖酶、α-半乳糖酶，不能分解利用蔗糖、水苏糖和棉子糖，产酸少。嗜热链球菌虽有发酵蔗糖能力，但产酸能力弱，而嗜酸乳杆菌除能发酵果糖、葡萄糖和乳糖外，还能发酵棉子糖、麦芽糖、纤维二糖和蜜子糖等。菌种在很大程度上决定了最终的口感风味和其他特性。因此，筛选并使用多菌种混合发酵生产谷物发酵饮料，是提升发酵型谷物饮料品质的关键所在，同时可以有效拓展发酵型谷物饮料的发展空间。

（三）复配稳定剂

稳定剂多种多样，在某种程度上可以起到改善谷物饮料产品的稳定性、口感以及色泽等作用，但是要达到预期目的，必须根据不同的原料、发酵菌种以及最终产品的要求来选择适宜的种类并适量添加。根据各种亲水胶体的性能及产品的具体要求，按照各种胶体的特点加以复配，以最低的成本生产出一种具有特定性能的产品，即为复配稳定剂，必要时可以复配一定的乳化剂。复配稳定剂通常要比单一的稳定剂更加经济，性能更好。在很多情况下，单一的稳定剂不可能达到某种特定的性能，只能通过多种胶体的复配来达到。

谷物饮料如同果汁饮料、茶饮料、植物蛋白饮料一样，是服务"三农"、带动农产品深加工的重要途径。复合型谷物饮料的开发是未来饮料发展的趋势之一，是解决现代快节奏生活中城市居民膳食营养失衡的途径之一。因此在现有的生产力水平上，特别是在"食尚复谷"热潮的推动下，中国饮料工业协会鼓励发展谷物饮料，满足更多消费者对健康营养饮料的需求，并且提升现有复合谷物饮料灌装设备的制造水平和能力，实现复合谷物饮料产能的迅速提高以及品种的多样化。谷物类饮料的标准已经完成正在审批中，希望通过一系列标准的出台，引导这一行业的健康发展，同时也希望相关企业以相关的国家标准和行业标准为依托，将谷物饮料行业做大做强。

六、谷物饮料产品加工案例

（一）小米南瓜饮料

1. 原料配方

基料：小米乳（料水比1:6）和南瓜汁（料水比1:5）之比为1:2。

辅料：蔗糖6%、柠檬酸0.25%、XGM 0.15%、羧甲基纤维素（CMC）0.15%、蔗糖酯0.08%、单甘酯0.08%。

2. 生产工艺流程

小米南瓜饮料生产工艺流程见图11-6。

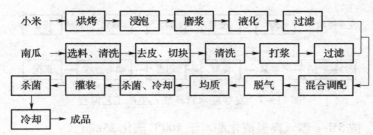

图 11 - 6   小米南瓜饮料工艺流程

3. 技术要点

（1）小米乳液的制备

① 烘烤：适当烘烤增香，易被消费者接受。烘烤温度为 120 ~ 140℃，时间 15 ~ 20min，具体视小米干燥程度而定。

② 浸泡与磨浆：浸泡时添加 0.5% 碳酸氢钠，料水比为 1:3，常温浸泡 0.5 ~ 1.5h，至颗粒松软磨浆，磨浆时料水比为 1:6。

③ 液化：按 5U/g 加入高温液化酶。于 100℃ 液化 25min。

④ 过滤：液化后的小米乳液通过离心过滤机（1500 ~ 2000r/min）除去大颗粒，制得小米乳液备用。

（2）南瓜汁的制备

① 选料、清洗：要求剔除霉烂、青头等部分，将南瓜放到清水中反复搓洗，除去表面泥沙等杂物。

② 打浆：打浆时料水比 1:5，滤布过滤。

③ 混合调配：先将小米乳液、南瓜汁、稳定剂、乳化剂在配料罐中混合均匀，再加入糖、酸等配料。

④ 脱气：浆体利用真空脱气机进行脱气，温度为 45℃，真空度为 92kPa。

⑤ 均质：将上述经过脱气的混合料送入均质机中进行均质处理，压力为 20MPa。

⑥ 杀菌、冷却：采用高温短时杀菌，即温度 95℃保持 30s 处理，压力为 20MPa。

⑦ 二次杀菌、冷却：采用常压沸水杀菌法，即 100℃保持 5 ~ 10min，杀菌后迅速冷却至 30℃左右，经过冷却后即成为成品饮料。

（二）发芽糙米营养酸乳

1. 原料配方

基料：发芽糙米 12%，脱脂乳粉 7%。

辅料：蔗糖 2%，牛初乳粉 0.3%，AD 钙粉 0.05%，葡萄糖酸锌 0.05%，卡拉胶 0.03%，CMC - Na 0.1%，海藻酸钠 0.17%，单甘酯 0.05%。

2. 生产工艺流程

发芽糙米营养酸奶生产工艺流程见图 11 -7。

3. 技术要点

（1）去杂   除去原料中的沙子及其他杂物。

（2）浸泡与磨浆   浸泡时添加 0.5% 碳酸氢钠，料水比为 1:4，常温浸泡 1.0 ~ 1.5h，至颗粒松软磨浆，磨浆时料水比为 1:6。

图 11-7 发芽糙米营养酸乳生产工艺流程

（3）液化 按 5U/g 加入高温液化酶。于 100℃ 液化 25min。

（4）糖化 糖化酶添加量 0.5%，酶解温度 65℃，酶解时间 5h。

（5）调配 先将糙米乳液、脱脂奶粉、其他辅料、稳定剂、乳化剂在配料罐中混合均匀，再加入糖、酸等配料。

（6）过滤 糖化液通过离心过滤机（2000～2500r/min）除去大颗粒，制得乳液备用。

（7）均质 将上述经过脱气的混合料送入均质机中进行均质处理，压力为 20MPa。

（8）发酵 直投式发酵剂 0.04U/kg，较佳发酵温度为 42℃，发酵时间为 12h。

（三）焙烤型玉米饮料

1. 原料配方

基料：水 92.5%，玉米 5%。

辅料：蔗糖 7%，甜蜜素 0.04%，食盐 0.1%，味精 0.08%，甘草 0.1%，怀菊花 0.1%，决明子 0.08%，香兰素 0.04%，玉米香精 0.15%。

2. 工艺流程

焙烤型玉米饮料生产工艺流程见图 11-8。

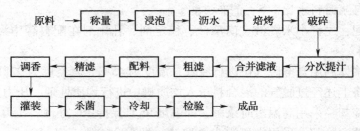

图 11-8 焙烤型玉米饮料工艺流程

3. 技术要点

（1）原料浸泡 玉米称量后，洗涤干净并用清水浸泡，使原料适量吸收水润胀，以利于焙烤时膨化，浸泡时间 2～3h，沥干水分等待焙烤，将怀菊花、甘草等清洗干净备用。

（2）焙烤加工 将沥去水分的玉米平铺在烤盘中，铺 2 粒玉米粒厚度，入箱焙烤，温度控制在 170℃，当有少量玉米发生爆裂时，每隔 5min 左右搅拌 1 次，直至玉米全部烤成焦褐色的半发泡；决明子沥干水分后，入烘箱在 170℃ 烤 15min 左右，烘烤至决明子呈现咖啡味、用手指捻压酥碎即可。

（3）破碎 将焙烤好的玉米用破碎机适当破碎至 1/2～1/3 粒即可，不可过碎。

（4）提取、过滤 将破碎后的玉米和怀菊花，甘草和决明子一并倒入提取罐内加水，通蒸汽加热，浸汁 3 次。首次加原料重 10 倍水，加热至沸腾，粗滤 1 次，留下残渣，再加入 6 倍水，同样煮沸，粗滤，末次加入 6 倍水，煮沸过滤。合并 3 次滤液，定容至原料重 20 倍。

（5）配料 将上述提取汁合并精滤，装入配料锅内，而后定量称取白糖、甜味剂、调味料等加适量水溶解过滤后倒入配料罐中，搅拌均匀，迅速升温至 95～100℃停汽。最后加入柠檬酸溶液和香精溶液，拌匀，即可送去灌装。

（6）洗罐、灌装 将易拉罐及罐盖先用热水冲洗，而后用蒸汽熏蒸消毒，趁热进行真空灌装，真空度为 0.03MPa。

（7）杀菌、冷却 采用高温短时杀菌，即温度 95℃保持 30s 处理，压力为 20MPa。

第二节　特殊用途饮料

特殊用途饮料（beverages for special uses）是指调整饮料中营养的成分和含量，或加入具有特定功能成分的适应某些特殊人群需要的饮料，又称特需饮料。本章重点介绍运动饮料、营养素饮料和保健饮料。

一、运动饮料

GB 15266—2009《运动饮料》将运动饮料定义为：营养素及其含量能适应运动员或体力活动人群的生理特点，能为机体补充水分、电解质和能量，可被迅速吸收的饮料。由于人们的健康意识和消费能力不断提高，对运动饮料的消费量也不断增加，运动饮料将成为继碳酸饮料、包装饮用水、茶饮料、果汁及果汁饮料之后的新一代热点饮品。

运动饮料的研制大约起始于 20 世纪 20 年代，到 1965 年美国肾脏和电解质研制中心的罗伯特·凯特博士为佛罗里达大学橄榄球队研制的运动饮料引起了人们的重视，被称为"Gatorade"饮料。后来世界各国都相继开展了运动饮料的研制和应用。20 世纪国际上将这类饮料正式称为运动饮料，也称为第五代饮料，其主要成分是含有糖和电解质，旨在校正体液容量、调节体内电解质和酸碱平衡、及时补充能量、改善体温、调节体内代谢过程等。1996 年美国运动医学院（ACSM，American College of Sports Medicine）出版了一本《运动和体液补充》详细地总结了有关运动消耗和体液补偿方面的内容；我国最早研制和生产运动饮料的是广东健力宝集团公司，于 20 世纪 80 年代中期开始研制，生产以"健力宝"为商品名称的系列运动饮料，在 1984 年洛杉矶奥运会上提供给我国运动员饮用，由于效果显著，具有"东方魔水"之美称，并取得了几年后最高销售收入 40 多亿元的可观业绩。20 世纪 90 年代出现了"红牛"维生素保健型饮料、"澳的利"葡萄糖饮料，2000 年后"三得利"、"佳得乐"等在上海热销。2003 年非典疫情爆发后，人们的保健意识空前浓厚，运动饮料出现了一个飞速增长期，出现了以乐百氏的"脉动"、娃哈哈的"激活"、农夫的"尖叫"、雀巢的"舒缓"、统一"体能"、康师傅的"劲跑"、汇源的"他＋她"为代表的运动饮料。运动饮料在我国的历史虽短，但其市场必将逐步成熟。

据统计，在全球总计超过 3000 亿升的软饮料市场中，运动饮料还仅仅是一个新产品，但它对市场的冲击力超过碳酸饮料和瓶装水，且品种在不断丰富。实事上，运动饮料是所有软饮料中增长最快的。据统计，在 1999—2002 年间，运动饮料销售增长了 16%，近年来运动饮料全球市场增长显著，年平均增幅7%。美国2002年运动饮料消费量比1997年增长了62.73%。2004年全球运动饮料的产量为82亿升。目前，美国、日本和西欧位于世界运动饮料市场前3位，占全球运动饮料市场份额75%以上。在年人均运动饮料的消费量上，日本为世界排名第一，美国紧随其后，都在10升以上。中国则不到2升。现在只有部分运动饮料为部分运动员所认识，他们在应用中得到了增强能力和加速恢复的益处。但是全民健身的人群还没有真正认识和应用。所以说运动饮料在我国有广阔的发展前景，对全民的健康将产生不可估量的影响。2007年的统计结果显示，我国有28.2%的人（约3.7亿人）参加健身运动，如此庞大的人群为运动饮料营造了一个潜力巨大的市场，使运动饮料在我国具有无限的生命力。

（一）运动员的营养

运动员首先应安排适合锻炼需要的平衡膳食，其次是在饮料中对于一些易损失的营养素进行补充。膳食中含有人体所需要的蛋白质、脂肪、糖类、无机盐、维生素等营养素和水分。国外生产的许多运动员饮料还添加某些"生力物质"，如胶原、麦芽油、天冬氨酸、蛋白质等。我国也有一些运动饮料产品采用人参、田七、灵芝、五味子、麦冬等中草药进行配制。

据调查资料介绍，我国运动员的热能需要量多数为14630~18392kJ/d。运动员热能消耗量的大小取决于运动的强度和持续时间。热能的摄入量应与消耗适应。成年人热能支出和摄入平衡时，体重保持恒定；儿童、青少年的热能摄入量应大于消耗量，以满足生长和发育的需要。

1. 运动与碳水化合物

人体内碳水化合物储备是影响耐力的重要因素。长时间剧烈运动时，肌糖原和肝糖原都可能被消耗而出现低血糖情况，此时会发生眩晕、头昏、眼前发黑、恶心等症状。由于体内糖类储备量限度为400g（相当于6688kJ），应尽量使消耗不要达到这个限度。糖类是能量代谢中可以直接利用的"零钱"，而脂肪却相当于"银行中的存款"，只有在必要时才从库中取出。因此，大量运动之前或运动之中供给适当的糖类是有益的，可以预防低血糖的发生并提高耐力。

添加到运动员饮料中的糖类物质一般为葡萄糖、蔗糖等。但葡萄糖极易被人体吸收，会引起反应性低血糖，不宜添加过量。在运动前或运动中若大量摄入糖类物质时，虽然可以增加血糖水平，但因短时间内大量的糖进入体内，会刺激胰岛素的分泌，反而会引起暂时性低血糖反应。同时，高浓度的糖液还刺激咽部黏膜，大量的糖在胃内产生很大的渗透压，致使胃大量吸水，血糖黏滞度增加，血压降低，不利于胃的排空，不适者还会发生恶心和胃痛的现象。选用低聚糖较适合（可由淀粉部分降低而得），一般选用由7~8个葡萄糖组成的低聚糖。这种糖渗透性小，人体吸收利用速率适中，比较适合于作为运动员赛前和赛中饮用。

2. 运动与蛋白质

体育运动是否增加蛋白质的需要量，意见尚不一致。运动员在加大运动量期间出现大量出汗、热能及其他营养水平下降等情况时，应增加蛋白质的补充量。蛋白质补充不仅要考虑数量，还要注意质量。为了满足运动员身体生长发育以及体力恢复的需要，通过饮料补充一定量的必需氨基酸是有必要的，人体对氨基酸的吸收，不会影响胃的排空，补充的氨基酸的量少，也不会引起体液 pH 的改变，而且由于氨基酸属两性电解质能增加血液的缓冲性。

3. 运动与脂肪

适量的、低强度的需氧运动对脂肪代谢有良好的作用，可使脂肪利用率提高，脂蛋白酶活性增加，脂肪贮存量减少。高脂肪的饮食可使活动量小的人血脂升高，但运动量大的人，其饮食中脂肪量稍多一些是无害的。脂肪食物的发热量约为总热量的 25% ~35% 。

4. 运动与水

水是生命活动中的重要物质，人体的 1/3 由水组成，各种代谢过程的正常功能也取决于水的"内环境"的完整性。水损耗达体重的 5% 时为中等程度的脱水，体温升高，心跳加速，注意力下降，活动能力减少 20% ~30% ；脱水达 7% 时即为严重脱水，可能导致意识模糊，昏迷甚至死亡。

在热环境下运动时，代谢产热和环境热的联合作用，使体热大大地增加。为了防止机体过热，人体依靠大量排汗散热的调节来维持体温的稳定。运动中的排汗率和排汗量与许多因素有关，运动强度、密度和持续时间是主要因素。运动强度越大，排汗率越高。

此外，气温、湿度、运动员的训练水平和对热适应等情况也会影响排汗量。据有关资料介绍，在气温 27~31℃ 的条件下，进行 4h 长跑训练，运动员的出汗量可达 4.5 升；在气温 37.7℃，相对湿度大于 80% 的环境下进行一场 90min 的足球比赛，运动员的出汗量将超过 6.4 升，即汗液丢失量达到体重的 6% ~10% 。研究表明，当汗液丢失量达到体重的 5% 时，运动员的最大吸氧量和肌肉工作能力将下降 10% ~30% ，所以在赛前和赛中运动员均应合理地补充一定量的水分，使体液恢复正常。

5. 运动与无机盐

无机盐是构成机体组织和维持正常生理功能所必需的物质。人体由于激烈运动或高温作业而大量排汗时，会破坏机体内环境的平衡，而造成细胞内正常渗透压的严重偏离及中枢神经的不可逆变化。如体内的水消耗为体重的 5% 时，活动就会受到明显限制。由于大量出汗，失去了大量的无机盐，致使体内电解质失去平衡，此时如果单纯地补充水分，不但达不到补水的目的，而且会越喝越渴，甚至会出现头晕、昏迷、体温上升、肌肉痉挛等所谓"水中毒"症状。在运动中因出汗，无机盐随同汗液排出，引起体液（包括血液、细胞间液、细胞内液）组成发生变化，人的血液 pH 介于 7.35 ~7.45，呈弱碱性、正常状态下变动范围很小。当体液 pH 稍有变动时，人的生理活动也会发生变化。人体体液酸碱度所以能维持相当恒定，是由于有一定具有缓冲作用的物质，因而可以增强耐缺氧活动能力。如果体内碱性物质储备不足，比赛时乳酸大量生成，体内酸性代谢产物不能及时得到调节，运动员就容易疲劳。所以，在赛前应尽量选择一些碱性食品，在运动过程中补充水的同时补充因出汗所损失的无机盐，以保持体内电解质的平衡，这是运动饮料的基本功能。钠、钾能使体液保持平衡、防止肌肉疲劳、脉率过高、呼吸浅频及出现低血压状态等作用；钙、磷为人体重要无机盐，对维持血液中细胞活力、神经刺激的感受性、肌肉收缩作用和血液的凝固等有重要作用；镁是一种重要的碱性电解质，能中和运动中产生的酸。

6. 运动与维生素

维生素是人体所必需的有机化合物。维生素 B_1 参与糖代谢，如果多摄入与运动量成正比的糖质，则维生素 B_1 的消耗量就会增加。此外，它还与肌肉活动、神经系统活动有关。如果每日服用 $10 \sim 20mg$ 维生素 B_1，可缩短反应时间。

维生素 B_2 与维生素 B_1 一样，也参与糖代谢。有人还发现服用维生素 B_2 后，可提高跑步速度和缩短恢复时间，减少血液中二氧化碳、乳酸和焦性葡萄糖的蓄积。

维生素 C 与运动有关，机体活动时，维生素 C 的消耗增加，其需要量与运动强度成正比。运动员平均每天需要量为 $130 \sim 140mg$，比赛期每天为 $150 \sim 200mg$。据研究报道，运动员在比赛前服用 $200mg$ 维生素 C 可提高比赛成绩，服用 $30 \sim 40min$ 后比赛效果最显著。如果在饮食中经常有充足的水果、蔬菜，维生素的营养状况必然良好，就不需要再补充了，在重大比赛前，可以考虑在集中训练初期和比赛前数日内，使体内维生素保持饱和状态是适宜的。

维生素 A 与人体的视觉功能有着密切的关系，缺少维生素 A 常常会导致"夜盲症"的发生。因此，对于要求视觉敏锐的击剑、射击等运动员必须确保维生素 A 的摄入量符合要求。

7. 其他抗疲劳物质

天冬氨酸盐（钾盐或镁盐）可补充非必需氨基酸，有预防疲劳和促进恢复体力的作用，其有效率达 80% 以上。另外，一些碱性盐类对于保持体内电解质平衡和维持肌肉收缩有关酶的正常功能的发挥有密切关系。研究结果表明，摄入磷酸氢钠等碱性盐类，有明显提高运动能力的作用。

（二）运动饮料的特点

不是所有的饮料都能够称为运动饮料，一般来说，目前市场上的运动饮料具有以下几个特点：

1. 适量的糖分

糖又称为碳水化合物，是运动饮料的重要成分，是运动饮料供给热量的主体。其中葡萄糖和果糖为单糖，可以直接为人体吸收；蔗糖与麦芽糖等双糖和多糖，需在唾液淀粉酶、胰淀粉酶或肠内其他消化酶的作用转变为单糖后才被小肠吸收；低聚麦芽糖在低浓度条件下不会限制胃排空率，且在小肠中逐步水解吸收，吸收速度较葡萄糖慢；果糖吸收后供能迅速，较少引起胰岛素分泌，也不抑制脂肪酸的动员。

在运动时如因大量消耗糖分而没有补充，肌肉就会乏力，运动能力也随之下降；另一方面因大脑 90% 以上的供能来自血糖，血糖的下降将会使大脑对运动的调节能力减弱，并产生疲劳感。因此科学配方的运动饮料中必须含有一定量的糖才能达到补充能量的作用。目前运动饮料中关于碳水化合物的流行补充方法就是：采用多种类，多组成的糖类搭配使用，以达到运动中持续提供能量的目的。

2. 适量的电解质

在人体内，钠、钾、镁、钙、氯等电解质具有维持细胞内外液的容量和渗透压，维持体液的酸碱平衡，保持神经肌肉的兴奋性，参与体温调节等生理作用。

运动引起的出汗导致钾、钠等电解质大量丢失，从而引起身体乏力，甚至出现肌肉痉挛，导致运动能力下降，而饮料中的钠、钾、钙、镁等离子，不仅有助于补充汗液中丢失的成分，还有助于水在血管中的停留，使机体得到更充足的水分。同时钠、钾、钙、镁作为碱性金属离子，还具有一定的缓冲酸性代谢产物的作用，以缓冲血液，降低血液酸度。

3．低渗透压

人体体液的渗透压范围为 280～320 毫升当量/升，要使饮料中的水及其他营养成分尽快通过胃，并充分被吸收，饮料的渗透压与身体体液渗透压相比要处于相对等渗或者低渗的状态下。因此作为合格的运动饮料，既要求有效成分浓度达到国家标准，同时饮料的渗透压还不能过高，以利于吸收。

4．碳酸气、咖啡因、酒精

碳酸气又称为二氧化碳，会引起胃部的胀气和不适，并通过对咽喉的刺激，造成饮用困难。因此虽然目前国家标准中明确的表明了运动饮料分为充气运动饮料和不充气运动饮料两种，但是目前以健力宝为代表的充气型运动饮料逐渐的淡出市场，而以佳得乐为代表的主流运动饮料中都不再添加碳酸气。

在运动过程中人体经常处于失水状态，而咖啡因有利尿作用，会加重脱水现象，降低血容量，增加心脏负担，反而会影响运动能力。每年国际奥委会公布的禁用物质名单上，多次都将其列为违禁药品。

酒精和咖啡因一样，对中枢神经系统都有刺激作用，能够在一定程度上提高人体的兴奋性，且酒精能够降低人体的反应时间和运动灵敏性，给肝脏带来负担不利于运动后的恢复，因此也一直列在国际奥委会公布的禁用物质名单上。

5．其他功能性成分及添加剂

肽类、蛋白、牛磺酸、支链氨基酸、肌酸、微量元素、乌梅提取物、人参提取物等，作为能够提高体能，促进身体恢复的功效成分来说都已经被国内外文献多次报道过，但是所有功能成分的添加必须严格执行国家相关产品开发标准；运动饮料一般不使用合成甜味剂和合成色素，具有天然风味，运动中和运动后均可饮用。

（三）运动饮料的分类及开发认定

1．运动饮料分类

不同的运动饮料有不同的功能，适合于不同人群的需要。一般来说，运动饮料分为两类：

（1）休闲运动饮料 可分为大众运动饮料和健身运动饮料两类。大众运动饮料是一类在市场上消费群体最大的运动饮料，它一般适用于追求运动饮料时尚人群饮用，这些人有的并不参加运动，有的人只是参加一般性的娱乐活动，市场上曾经热销的脉动、激活、体饮、第五季、怡冠等都属于此类；健身运动饮料是一类从事长跑、健身操、力量训练、网球、羽毛球、乒乓球、游泳等正规健身娱乐运动的人群使用的运动饮料，因为这一人群的运动量较大，在营养物质种类的补充量和其他抗疲劳物质的添加上就有了进一步的要求。目前在健身俱乐部中广泛使用的健身饮、舒跑、运动美人就是这一类运动饮料的代表。

此类产品以休闲和健康定位，适当调低强化的电解质，强化消费者熟悉的多种维生素和膳食纤维，其配方中的风味、口感设计与补充营养素设计同样重要。营养素补充的科学依据是产品本身对消费者所给予信任的根本，而风味设计是产品吸引消费者的手段。

（2）专业运动饮料 一类专门为从事特殊的专业工作人员或者专业训练的运动员而开发的饮料。因为运动员训练目的在于提高运动成绩，所以他们在运动量或者工作强度上都是艰苦而又巨大的，他们对营养素的需求量更高，在补充的时间上更加严格。由于项目与项目之间是有差别的，因此针对不同的运动项目，所使用的运动饮料也是有差别的。目前这类专业运动饮料有高能固体饮料（运动前、中、后型）、伟特糖、高镁耐冲剂、军用固体运动饮料、快速糖原补剂等。其中数佳得乐的历史最久，在国际市场上所占的比例最大。

专业运动饮料需要满足专业运动员的基本营养需求，而且有助于其竞技能力的提高，以强化电解质、添加"生力物质"（如 L - 肉毒碱、牛磺酸、酪蛋白等）、在不违禁的前提下增加中草药成分成为主流。

2. 运动饮料的质量要求

在 GB 15266—2009《运动饮料》中明确规定了运动饮料的要求，主要有：

（1）产品在感官上具有应有的色泽、滋味，不得有异味、臭味，无正常视力可见外来杂质。

（2）理化指标要符合表 11 - 1 的规定。

表 11 - 1　　　　　　　　　　　运动饮料的理化指标要求

项　　目	指　　标
可溶性固形物（20℃时折光计法）/%	3.0 ~ 8.0
钠/（mg/L）	50 ~ 1200
钾/（mg/L）	50 ~ 250

同时要求运动饮料中不得添加世界反兴奋剂机构（WADA）最新版规定的禁用物质。

3. 运动饮料的开发程序

研制运动饮料和一般销售的饮料不同，它不但要求色、香、味好，还要使运动员在比赛中保持最佳竞技状态，减低疲劳程度。因此，设计的产品是否合理，能否满足运动员的特殊需要，还需要进行一系列生理生化指标的测定，方能给以评价。

运动饮料产品开发程序如图 11 - 9 所示：

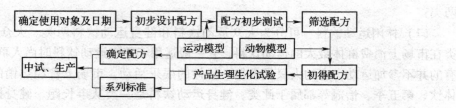

图 11 - 9　运动饮料产品开发程序

（四）我国发展运动饮料存在的问题及对策

我国 20 世纪 80 年代以后对运动饮料的研究深度和广度不断加大，主要体现在研制运动饮料的原料及添加的功能成分种类不断增多，但目前市面上销售的运动饮料产品基本上是一些单纯添加糖类、维生素、矿物质的普通运动饮料。

1. 我国发展运动饮料存在的问题

（1）解渴和消除疲劳的速度不够理想，能够迅速补充水分、电解质和肌糖原，防止脱水和减缓疲劳，适合运动时饮用的等渗型运动饮料较少。

（2）所补充的电解质由于某些元素相互间的干扰和排斥作用不易被人体吸收。

（3）针对性不强，不能满足各类专项运动员在促进身体健康和提高竞技能力方面的要求。

（4）一些运动饮料的适口性不好，有令人不愉快的风味、口感不佳。

2. 我国发展运动饮料的对策

（1）要开展以优质果蔬作为运动饮料基料的研究。果蔬原料不仅具有天然的令人愉快的风味，刺激人的食欲，促进运动员积极补液，而且还是营养丰富的天然碱性物质，能满足运动员在运动中的营养需求。

（2）要开展对我国丰富的药食两用资源在运动饮料中应用的研究，如蚕蛹蛋白、虫草、金银花等，并继续对功能性成分在运动饮料中添加量及功效之间关系进行研究，不断开发具有全面功效、品种多样的运动饮料。

（3）要将运动饮料的目标顾客进行细分，研制适合运动前、运动中及运动后不同阶段、不同血糖指数、不同高低渗透压的运动饮料。

二、营养素饮料

营养素饮料是一种添加适量的食品营养强化剂，以补充某些人群所需营养素的饮料。该饮料采用多种维生素、矿物质、氨基酸、膳食纤维等作为强化剂，其中维生素多以复配的形式应用，单品的应用较少。此类饮料品种很多，除与一般的饮料功能类似外，还有消除疲劳的作用。

近几年来，饮料产业发展迅速，市场流行潮流更新加快，从过去简单的碳酸饮料发展到多种产品的竞争。纯净水、果汁饮料、茶饮料轮流在市场各领风骚。产品竞争已从单纯的口味变化转向口感、方便、安全、营养等方面综合竞争。各种营养素在饮料中的应用已初见端倪，强化营养在消费者的观念逐渐加强，如应用微胶囊技术提高维生素 C 和 β – 胡萝卜素的水溶性，改变其在油溶性配料体系中稳定性较差的状况。

（一）新型营养素介绍

我国营养素在食品中的应用过去一直以乳粉等乳制品为主，近几年来随着生活水平的提高和食品行业竞争的加剧，各种营养素在食品中的应用逐渐多了起来。我国准许在食品里添加的营养素以氨基酸、维生素、矿物质为主。一些新型营养强化剂也在液体饮料中得到了应用，如低聚糖、谷氨酰胺、肽类等。现分别介绍如下。

1. 低聚糖

低聚糖应用到饮料后能达到清凉，排毒并及时补充因运动而需要的能量，加快体内维生素的合成。

2. 谷氨酰胺

谷氨酰胺是肌肉和血浆中最为丰富的氨基酸，它为白细胞快速提供能量，同时也是合成核苷的重要原料。外源性补充谷氨酰胺浓度，可以预防长时间运动后免疫功能的损害。

3. 大豆多肽

经生物工程水解并通过超滤精制后获得的大豆低聚肽，其氨基酸组成几乎与大豆蛋白质一样，必需氨基酸比例平衡。大豆多肽具备易于消化吸收的功能，同时其抗还原性低，可双向调节血糖，加之有降低血压，抑制胆固醇等作用，因此在运动营养方面，大豆多肽具有增强肌肉运动力，加速肌红细胞恢复，抗氧化，迅速供能，加速运动人群肌肉疲劳恢复的功能。利用大豆肽对血糖的双向调节作用，可生产适合运动人群需求的饮料或固体饮品，解决长时间运动后出现的低血糖问题；并可以将大豆肽抗氧化的特性运用到运动食品中，从而有效加速消除疲劳。

4．其他多肽

清蛋白多肽可以补充大豆肽的蛋氨酸不足，并有效维持运动者的体液平衡，帮助改善氧的代谢；胶原蛋白肽则对于经常从事越野及游泳的运动人群而言，是一个很好的皮肤保持因子，它能够有效抑制酪氨酸的活性，减少皮肤色素沉着，保持皮肤水分，增加皮肤和肌腱的弹性；乳清肽则可有效帮助中老年人群预防骨质疏松。

5．牛初乳

牛初乳中含多种营养物质、免疫球蛋白和各种细胞因子，其对免疫功能的作用日益受到重视。

6．功能性油脂

功能性油脂是指一类具有特殊生理功能的油脂，是为人类营养所需要，并对人体的健康有促进作用的一类脂溶性物质。主要有亚油酸、亚麻酸、花生四烯酸、二十碳五烯酸（EPA）和二十二碳六烯酸（DHA）以及卵磷脂、脑磷脂、肌醇磷脂等。此外，一些新的结构脂质、脂肪改性产品和脂肪替代品也可归入其中。其作用随着产品组成成分的不同发挥着不同的作用，主要有免疫调节、改善心血管疾病及干预某些炎症发生、发展的作用。

（二）营养素饮料的分类及认定

各种营养素在饮料中的应用的增多会给饮料产业带来新的变化，给生产厂家带来新的机遇和挑战。营养素在饮料应用后能赋予饮料新的概念，根据加入营养素种类及强化手段的不同，可把营养素饮料分成不同种类，如强化微量元素饮料、维生素复合饮料等。

对营养素饮料的一般认定方法：

（1）作为食品，由通常使用的原材料或成分构成，无毒、无害。符合特殊的营养要求。

（2）产品的营养功能必须明确、具体，而且经过科学验证是肯定的。同时，该产品以通常形态和方法摄取，其功能不能取代人体正常的膳食摄入和对各类必需营养素的需要。

（3）营养素饮料通常是针对需要调整某方面机体功能的特定人群而研制生产的，但不以治疗为目的，不能取代药物对病人的治疗作用。作为营养素产品的一种，应标注其调节功能。

（三）饮料中添加营养素须注意的问题

1．口味的变化

在饮料中引起口味变化的主要是矿物质的添加和甜味剂的选择。矿物质引起的变化取决于使用量的选择。使用的矿物质比例最好是每日建议摄取量的 15% ~ 25% ，而不是该量的 50% ~ 70% ，因为太高就会增加难以掩盖的怪味，口感很差。

2．色泽的改变

因为很多营养素本身带有颜色，在不同的饮料配方设计时都要考虑。若添加了对光敏感的营养素后，在包装时应选用棕色瓶等包装物。

3．储藏期内蛋白质的变化

在加入肽类和氨基酸后会使饮料的蛋白含量提高。在调酸后会使饮料的 pH 发生变化。在储藏期内，饮料的蛋白质很容易变性发生沉淀。配方时要充分考虑。

4. 营养素的损失

在饮料中加入营养素后，要考虑生产过程和储藏期内的损失，尤其是维生素的添加。因为各种维生素对加热、光照、酸碱都敏感，都会有不同程度的损失。设计配方时要把损失量考虑入内。

三、保 健 饮 料

保健饮料，是指通过调整饮料中天然营养素的成分和含量比例，以适应某些特殊人群营养需要的饮品。随着环境保护和营养保健观念的不断深入人心，纯天然、富营养、少色素、无添加剂的保健饮料正成为人们新的追求。在我国饮料市场里，保健饮料尚未"做大"，其所占市场份额比重甚小。与世界市场相比，别说发达国家，即使是发展中国家人均消费水平也超过了我国。比如果类饮料，发达国家与我国人均消费之比是 10∶1。我国是水果生产大国，如果能提高消费者的果类饮料消费水平，其潜在市场很大。

（一）主要果蔬的药用作用与食疗作用

目前在世界先进国家，蛋白质和脂肪的过剩摄入，以及钙、铁、锌等微量矿物质和维生素等的代谢成分的不足，成为营养与健康关系中的两大问题，成人病不断增加，在此情况下诞生了保健饮料。

应该说，保健饮料（Health drink）的种类很多，前几章中介绍的果蔬汁饮料和蛋白质饮料，矿泉水等在某种意义上说都是保健饮料，很多水果原料，例如山楂、沙棘、酸枣、枣、乌梅、龙眼、木瓜、罗汉果、桑葚等都是食药两用原料，用于加工蛋白质饮料的杏仁等也是食药两用品。其他如猕猴桃、杏、西瓜等都含有营养保健成分，具有一定的药用效果和疗效作用。主要果蔬的药用或食疗作用参见表 11－2。

表 11－2　　　　　主要果蔬的药用或食疗作用

名称	化学成分	性味	保健作用
苹果	钾盐、锌盐、果胶、糖、酸、多酚	甘、凉	补中益气、降血压血脂、益智
梨	糖、酸、多酚	甘、寒	润肺、助消化、消炎、化痰
山楂	山楂酸、黄酮类、内酯	甘、酸、温	消食化淤、止痛、降胆固醇
枣	维生素C、糖、酸、维生素E		养脾气、补津液、清除自由基
柿子	糖、钙、磷、维生素C	甘、酸、涩	补虚劳、健脾胃、润肠道、祛痰止咳、解酒
柑橘	维生素C、果酸、橘皮苷	甘、酸、温	润肺止咳、化痰健脾、顺气
酸枣	维生素C	味酸、性平	消积食、饱胀、开胃健脾
乌梅	苹果酸、三萜	酸、涩、温	敛肺涩肠、生津止渴、驱蛔止痢
番石榴	维生素C、糖、酸	甘、涩、平	收敛止泻、消炎止血
罗汉果	S－S糖苷	甘、凉	清肠润肺、止咳
刺梨	维生素C、维生素P	酸、涩、平	治疗维生素缺乏综合征、消食健脾、收敛止泻
猕猴桃	维生素C、生物碱	甘、酸、寒	调中理气、生津润燥、清热、健胃
树莓	维生素C、糖、酸	甘、酸、温	补肝肾、缩小便
桑葚	糖、单宁、丁二酸、钙	甘、酸、凉	滋补肝肾、养血祛风、抗氧化
银杏叶	黄酮	甘、苦、平	降血脂、降血压、清除自由基

续表

名称	化学成分	性味	保健作用
板栗	淀粉、糖、蛋白质、维生素 C	甘、涩、无毒	养胃健脾、补肾活筋、止血
核桃	不饱和脂肪酸、蛋白质、固醇、维生素 E	甘、温	提高免疫力、补血、补肾
杏仁	不饱和脂肪酸、蛋白质、固醇、维生素 E	苦、温	提高免疫力、补血、补肾
松仁	不饱和脂肪酸、棕榈碱、蛋白质	甘、温	润肺滑肠
南瓜子	不饱和脂肪酸、蛋白质	甘、温	驱虫
莲子	棉子糖、固醇、淀粉	甘、涩、平	健脾止泻、养心益肾
胡萝卜	β-胡萝卜素	甘辛、微温	消炎、清除自由基、治干眼病和皮肤干燥
番茄	类胡萝卜素（以番茄红素为主）	甘酸、平	清热解毒、清除自由基
芦笋	天冬酰胺、谷胱甘肽、皂苷、硒	苦甘、微温	润肺止咳、治肺热、抗癌
韭菜	钙、铁、胡萝卜素	温、辛甘	温肾阳、强腰膝、预防肠癌
南瓜	维生素 C、维生素 A、磷、钙	甘、温	补中益气、消炎止痛、解毒杀菌、预防糖尿病
藕	单宁、天冬酰胺	甘平、涩	止血、祛瘀补肺、解酒毒
竹笋	胡萝卜素、氨基酸、B 族维生素	甘、微寒	清热消痰、利膈爽胃、益气力
姜	姜辣素、姜醇、姜烯	辛、温	活血祛寒、消水肿、健胃止呕
大蒜	大蒜氨酸、大蒜素、碘	辛、温	健胃、止痢、止咳、杀菌、驱虫

用于乳饮料制造的乳制品含有各种生理活性成分，例如非蛋白体氮化合物的牛磺酸、乳清酸肉碱（维生素 Br）。碳水化合物的唾液酸、低聚乳糖 NANA（N-乙酰神经氨酸）、糖巨肽（GMP）。脂肪有效的成分有磷脂、神经节苷脂、脑苷脂以及蛋白质的免疫系蛋白质、酶类、乳铁传递蛋白和生长因子等。

（二）保健饮料的分类及特点

1. 保健饮料的分类

目前市场上的保健饮料按照加工原料不同大致可以分为五类：山野果型饮料、液汁型饮料、树叶型饮料、花料型饮料和菌藻类饮料。

（1）山野果型饮料　是保健饮料中较为流行的一种类型，主要用山楂、乌梅、枇杷、石榴、沙棘、酸枣、猕猴桃等野生山果为原料加工制成，由于野山果取自纯自然果实，所以污染较少，营养丰富。如今，山野果型饮料在比较稳定的市场状态下，种类和特色均有较大的增加，陆续发展成包含了果汁、果肉和果仁汁在内的全系列山野果饮料，并在饮料成分的配比上，开始注重其健康价值，因而受到消费者欢迎。

（2）液汁型饮料　用白桦液、枫树液、竹子液等植物液体制成，采用专用榨汁机取汁、高压过滤，然后装罐而成，其特点是清凉可口。如白桦液含 17 种氨基酸、15 种矿物质和多种糖分及维生素，不但是美味的饮料，而且对关节炎、风湿症、肝肾病、浮肿、痔疮等具有一定疗效。

（3）树叶型饮料　用松叶、枸杞叶、桑叶、枣叶、柿叶等压汁而制成，清凉解毒，富有营养，对某些疾病有辅助疗效。如柿叶保健饮料常喝能生津止渴、清热解毒、降低血压，对冠心病、高血压、脑动脉栓塞、糖尿病等均有防治作用。

（4）花料型饮料 用菊花、桂花、玫瑰花、茶花、槐花、金银花等各种花料制成。如今鲜花的疗效早已被人们所认识，只是鲜花不易保存及识别，而以鲜花为原料制成的花料型保健饮料，正巧弥补了其不足之处。

（5）菌藻类饮料 以食用菌、藻类、益生菌或以其代谢产物为原料，与调味剂配制而成的饮料。如活性乳酸菌饮料。

另外保健饮料按照其功效作用不同也可分成众多不同的类别，如增强免疫力保健饮料、辅助降血脂保健饮料、辅助改善记忆保健饮料、调节肠道菌群保健饮料、缓解体力疲劳保健饮料、抗氧化保健饮料、辅助降血糖保健饮料及增加骨密度保健饮料等。

2. 保健饮料的特点

人的生理状况有三种表现形式，即健康状态、疾病状态及介于两者之间的亚健康（病前）状态，健康的人食用一般食品即可满足要求，患病的人要服用药物治疗才行，而处于亚健康状态的人食用保健食品（包括保健饮料）作用于人体的第三状态，促进机体向健康状态转化。

保健饮料应当具有以下特点：

（1）保健饮料是饮料的一种特殊类型，具有饮料的基本特征，即营养性，提供人体所需要的营养；感官性，提供色、香、味、形、质等以满足人们不同的嗜好和要求；安全性，必须符合食品卫生要求，必须对人体不产生急性、亚急性或慢性危害，而药品则允许有一定程度的毒副作用。

（2）保健饮料是食品而不是药品，药品是用来治疗疾病的，而保健饮料不以治疗疾病为目的，不追求临床治疗效果，也不能宣传治疗作用。保健饮料重在调节机体内环境平衡与生理节律，增强机体的防御功能，达到保健康复的目的。

（3）保健饮料应具功能性，即具有调节机体功能，这是保健饮料与一般饮料的区别。它至少应具有调节人体机能作用的某一种功能，如免疫调节功能、延缓衰老功能、改善记忆功能、促进生长发育功能、抗疲劳功能、减肥功能等。其功能必须经必要的动物和/或人群功能试验，证明其功能明确、可靠。

（4）保健饮料适于特定人群食用，一般需按产品说明规定的人群食用，这是保健饮料与一般饮料另一个重要不同。一般饮料提供给人们维持生命活动所需要的各种营养素，男女老幼皆不可少。而保健饮料由于具有调节人体的某一个或几个功能作用，因而只有某个或几个功能失调的人群饮用才有保健作用，对该项功能良好的人饮用这种保健饮料就没有必要，甚至饮用后会产生不良作用。例如延缓衰老保健饮料适宜中老年人饮用，儿童不宜饮用；减肥饮料适宜肥胖人饮用，消瘦人群不宜饮用。

（5）保健食品组成应有功效成分或产生功能作用的原料，安全、有功能，而无"适应证"、"禁忌证"和毒副反应，不需要在医生督导下食用，不以治病为目的。

（三）我国保健饮料发展现状及未来发展方向

国家相关部门通过对近五年批准注册的保健饮料进行了分析，分析结果表明我国保健饮料发展现状如下：

（1）剂型种类丰富，但主要以茶剂、冲剂（颗粒剂）、酒剂为主。

（2）功能分布上不均衡，涉及功能较多，但65%的产品集中在增强免疫力（免疫调节）和缓解体力疲劳（抗疲劳）两种功能上；保健功能为对胃黏膜有辅助保护功能（作用）、祛痤疮、抗突变、促进泌乳的注册产品数量极少。这种现象可能是由几个因素造成的：

① 基础研究的深度不够：例如，关于免疫调节、抗疲劳的科学研究较多，其中许多理论已相当经典和成熟，并为人们广泛接受，所以开发这类功能的保健饮料在理论指导上具有先天优势；而保护胃黏膜、祛痤疮、抗突变等功能在作用机理、评价原则等方面还存在争议，基础研究也相对薄弱，所以影响了类似产品的开发。

② 适宜人群的范围大小不同：增强免疫力、缓解疲劳体现了当代人追求健康、活力的生活理念，拥有广泛的适宜人群，较之那些适宜人群范围窄的功能，更有利于申请人追求利润和市场份额。

③ 功能验证试验的难易程度及审批部门对受理功能项目的调整也会在一定程度上影响申请人对申报功能的选择。

（3）无论从原料使用频次，还是在配方类型上，均表明中药材原料在我国保健饮料原料构成上占有绝对的优势。

在六大类保健食品原料中，中药材原料品种数量最多、使用频次最高、所占比例最大。原料品种达到 135 种，使用频次为 1270 个次，占全部原料使用频次总和的 64%。紧随其后的普通食品原料和营养物质原料，使用频次所占比例仅为 17.94% 和 15.44%。中药材与普通食品配伍的产品约占全部注册产品的 44%；其次为全部以中药材为原料的产品。这些数据不仅表明以中药材为原料的保健饮料在中国保健饮料中占有的重要地位和中国保健饮料独具的东方特色，也提示传统的中医药养生保健理论依然是指导中国保健饮料研发最具影响力的基础理论，其次为现代营养科学基础理论。

（4）功效/标志性成分的种类丰富，但功效/标志性成分的数量分布却极不平衡，绝大多数产品的功效/标志性成分都集中在总皂苷、总黄酮、粗多糖指标上。这三种成分的产品数量总和约占全部保健饮料的 88%。中药材原料成分复杂，作用机理不清，很多成分的检测困难，而这三种成分功效明确、检测简便易行、原料分布广泛，客观上造成了目前这种状况。从而提示保健饮料功效成分理论及检测水平有待进一步提高。

我国保健食品原料资源丰富，药食两用的特有资源以及近年来发展的功能性食品原料，如麦芽低聚糖、功能性大豆蛋白、肌酸、膳食纤维等均达到了国际同类产品的水平，并有一些产品出口到欧美和日本，为保健饮料的开发提供了一定的物质基础；其次，富贵病的频繁化、人口的老龄化、生活节奏的加快、工作压力的加大使得消费者日常生活中更加关注自我的健康饮食。再次，众所周知，中国有着博大精深的饮食文化，"食药同源"、"凡膳皆药"的理论贯穿于老百姓的日常生活之中，并发挥着重要的养生保健作用，因此，虽然目前保健饮料产量和其他饮料相比产量较少，但是来自各方面对市场的推动，使得保健饮料市场充满生机。

本章小结

本章较为详细地论述了谷物饮料的生产现状、主要技术方法，并结合运动饮料、营养素饮料等特殊用途饮料的发展趋势对相关饮料的种类和产品特点等方面进行了相关分析。随着城市化进程的加快和居民消费水平的提高，饮料尤其是谷物饮料和特殊用途饮料的总产量逐年快速增长，在技术和市场上都有了迅猛的发展，目前市场上各种谷物饮料及特殊用途饮料层出不断，有的昙花一现，有的花开不败，究其原因，只有满足以下特点才可以长盛不衰：具有稳定的原料来源：稳定的原料来源是保证产品质量和数量的重要因素。具有良好的保健功能：具有丰富的生物活性物质；具有稳定的利于功能物质发挥作用的配方。具有合理的价格：市场决定价格，价格决定市场占有率，只有合理的为大多数人接受的价格才能立于不败之地。具有固定的消费群体：消费群体是产品面向的对象，要合理定位，保证消费群体数量的稳定性，稳中有升才能保证产品的流通活力。具有独特的销售方式：好的产品要有好的销售渠道，才能在竞争中稳定地占有国内外的市场。

综上所述，中国的谷物饮料和特殊用途饮料品种日趋丰富，任何一种新品种饮料的诞生，都将赋予饮料行业新的机遇与挑战，我们希望在优秀成果转化的同时，通过培养龙头企业的方式，带动更多的企业进入到这一领域，从而引导整个行业的发展和壮大。

思考题

1. 简述谷物饮料加工的基本工艺流程及关键控制技术。
2. 简述运动饮料的开发程序。
3. 简述饮料中添加营养素应注意的问题。
4. 说明开发保健饮料的目的和意义。

拓展阅读文献

［1］唐传核. 植物功能性食品［M］. 北京：化学工业出版社，2004.

［2］《保健食品注册管理办法（试行）》. 2005 年 7 月 1 日实施. 国家食品药品监督管理局颁布.

［3］《卫生部关于调整保健功能受理和审批范围的通知》（卫法监发〔2000〕20 号）. 2001 年 1 月实施. 卫生部颁布.

［4］李勇. 现代软饮料生产技术［M］. 北京：化学工业出版社，2005.

［5］杨桂馥. 软饮料工业手册［M］. 北京：中国农业科学技术出版社，2006.

第十二章 饮料包装

学习目标

1. 了解饮料包装的目的、作用和分类，以及饮料包装的发展趋势。
2. 熟悉常用的包装材料和各种包装材料的应用范围及其特点。
3. 掌握各种包装材料的检验和应用方法、包装材料的回收方式及处理方法。

第一节 饮料包装的作用与要求

一、包装的作用

饮料包装是指用合适的材料、容器、工艺、装潢、结构设计等手段将饮料包裹和装饰。饮料包装的设计和装潢水平直接影响到商品本身的市场竞争能力乃至品牌、企业形象，更影响到饮料的品质、保存期等。包装在饮料中的目的及其主要作用可归纳为以下四个方面。

（一）保护食品

作为饮料的包装最重要的作用就是保护食品，饮料在储运、销售、消费等流通过程中常会受到各种不利条件及环境因素的破坏和影响，采用科学合理的包装可使饮料免受或者减少这些破坏和影响，从而达到保护它的目的。对饮料产生破坏的因素大致有两类：一类是自然因素，包括光线、氧气、水及水蒸气、温度、微生物、昆虫、尘埃等，可以使食品变色、氧化、变味、腐败和污染；另一类是人为因素，包括冲击、跌落、振动等，可使其内装物变形、破损和变质等。因此，食品包装工作者应首先根据饮料的产品定位，分析其产品特性及其在流通过程中可能发生的变质及其影响因素，选择适合的包装材料、容器及技术方法进行恰当的包装，保证其在一定保质期内的质量。

（二）方便储运

饮料的包装能为其生产、流通、消费等环节提供诸多方便。能够方便厂家及运输部门搬运装卸，仓储部门方便保管、商店陈列销售；也能够方便消费者的携带、取用和消费。同时，现代的饮料包装还注重其包装形态的展示方便、自动售货方便及消费时的开启和定量取用的方便。饮料没有包装就不能储运和销售。

（三）促进销售

饮料的包装是提高其竞争能力、促进销售的重要手段。精美的包装能够在心理上征服购买者，增加其购买欲望，促进产品销售。在超级市场中，包装更是充当着无声推销员的角色。随着市场竞争已经由饮料内在质量、价格、成本的竞争转向更高层次的品牌形象的竞争，饮料的包装形象将直接反映一个品牌和一个企业的形象。现代的包装设计已经成为企业营销战略的重要组成部分。企业竞争的最终目的是使自己的产品能够被广大消费者所接受，而产品的包装包含了企业名称、企业标志、商标、品牌特色以及产品性能、成分容量等商品说明信息，因而包装形象能够比其他广告宣传媒体更直接、更生动、更广泛地面对消费者。消费者在决定其购买动机时能够从包装上得到更直观精确的品牌和企业形象。饮料作为商品所具有的普遍和日常消费性特点，使得其通过包装来传达和树立企业品牌形象更显得重要。

（四）提高商品价值

饮料的包装是其生产的延续，饮料通过包装才能免受各种损害，避免其降低或失去其原有的价值。因此，投入包装的价值不但在其出手时得到补偿，而且能增加其价值。食品包装的增值作用不仅仅体现在直接增加其价值，而且更体现在通过包装塑造名牌所体现的品牌价值这种无形而巨大的增值方式。当代市场经济倡导名牌战略。品牌本身虽然不具有商品属性，但是可以被拍卖，通过赋予它的价格而取得商品形式；而品牌转化为商品的过程，也可能给企业带来巨大的直接或潜在的经济效益。如果适当运用包装增值策略，将会取得事半功倍的效果。

二、包装的分类

（一）按包装的功能分类

单纯按照包装的功能可分为防水包装、防潮包装、防震包装、防霉包装、防尘包装、防辐射包装、隔热包装、充气包装、防盗包装和无菌包装等多种形式。

按照包装的功能和包装的目的可以分为个体包装、内包装和外包装三种。其中，个体包装是指将饮料按份包装，主要是为了保护内容物；内包装是指产品的内部包装，主要是保护产品不受水、湿气、光线、热、物理冲击等因素的影响；外包装是指产品的外部包装，多采用将产品放入箱、袋、桶、罐等容器内，或不用容器而直接捆扎、打印等方式。

（二）按产品形态分类

饮料产品一般可以分为液体（流体、黏稠体）、半固体（凝胶状）和固体（粉体、颗粒、成型体、不规则体），因此其包装也可以分为液体包装和固体包装。

（三）按包装方式分类

按包装方式可分为真空包装、充气包装、脱氧包装、防潮包装和收缩包装。

（四）按流通状态分类

按流通状态可以分为冷藏包装、冷冻包装、杀菌包装。

（五）按照流通过程中的作用分类

按流通过程中的作用可分为运输包装和销售包装。其中，前者是以运输为目的的包装，它具有保护产品、便于运输、加速交接等作用；后者是以销售为主要目的，与产品一起到达消费者手中，并具有保护、美化、宣传和促进销售作用的包装。

三、包装材料和容器的要求

（一）具有优良的安全性

对人体无毒、无害，不得含有危害人体健康的成分、化学性质稳定，不与饮料发生作用而影响其品质。

（二）具有良好的保护性

对被包装的饮料有很好的保护作用，包括阻隔性，主要是防湿和阻气性；透湿性、遮光性、防止紫外线照射性及保香性、防霉性等。

（三）具有良好的加工性

能适合工业化生产，具有良好的密封性、机械性、耐寒性、耐热性和抗拉强度、耐压强度等。

（四）具有优良的经济性和资源性

包装材料资源丰富，价格低廉，加工便捷并能满足和提高食品包装效果。

（五）具有消费使用的方便性

质量轻、易开启、便于携带、饮用方便。

（六）能符合包装容器设计要求

饮料包装还应符合包装容器设计的一般要求。包装容器的设计应遵循"科学、安全、卫生、经济、实用、美观"的基本原则，从而达到保护商品、便利流通、促进销售、方便消费的目的。

四、包装容器及其材料

包装容器按材料可以分为：木制容器、纸板容器、布帛容器、金属容器、玻璃容器和塑料容器等。饮料包装容器主要有：玻璃瓶、金属罐、聚酯瓶等塑料瓶、无菌纸盒、复合塑料袋等。

（一）纸包装材料

纸包装材料的原料来源丰富，价格相对低廉；纸容器质量比较轻，可任意折叠，具有一定刚性和抗压强度，有良好的弹性和一定的缓冲性能；纸容器加工成型性能相对较好，结构多样，具有良好的印刷适应性，色彩表现力较强；污染相对较少，易于回收或再生。但纸包装材料的阻隔性能较差，耐水性差，强度低，尤其抗湿强度更差。通过纸包装材料与其他包装材料的复合或组合使用可在一定程度上改善纸包装材料的应用特性。

（二）塑料包装材料

塑料包装材料质量轻，透明性好，强度以及韧性好，结实耐用；阻隔性较好，耐水、耐油；而且化学稳定性优良，耐腐蚀；成型加工性好，易热封和复合；包装的适应性强，可以代替许多天然的材料和传统材料。但塑料包装材料耐热性能较差；废弃物不容易分解或处理，容易造成环境污染。

（三）金属包装材料

金属包装材料有镀锡薄钢板、镀铬薄钢板、铝合金薄板等多种，它们的主要优点包括：具有特别优良的阻隔性能，可以阻气，隔光，尤其是紫外光，此外还有良好的保香性能；机械强度优良，能够经受碰撞、振动和堆叠，便于运输和贮存，能够扩大商品的销售范围；加工适应性强，能满足现代加工技术的要求；导热性好，且能耐受温度的剧烈变化，这使得罐装饮料既能够方便高温杀菌，又能于冰箱低温放置，可以迅速变凉，方便饮用；使用方便，金属包装不易破损，携带方便。特别是现在很多饮料用罐与易开盖结合，使用更加方便；印刷装潢美观，由于金属容器一般具有金属光泽，配上色彩艳丽的图文印刷，能够增添商品的美观性。

金属包装材料的主要缺点表现为化学稳定性差，在酸、碱、盐及潮湿条件下，易于锈蚀，耐腐蚀性低，需镀层或涂料层加以保护；材料价格较高，不经济。

（四）玻璃包装材料

玻璃包装材料阻隔性能优良，不透气，不透湿，能够加色料改善遮光性；化学稳定性优良，耐酸、耐碱、耐腐蚀，无毒、无异味，不污染内装物，长期储存，风味不变；而且光洁透明，易于造型，具有特殊美化商品的效果；可以回收重复利用、再生、不会造成公害，降低成本。但玻璃包装材料容器自重与容量之比较大，即重容比大，耐冲击强度低，易破损，运输成本高，能耗较大。

根据对内容物特性、形状和容量等的适应性，玻璃瓶和金属罐、纸容器和塑料容器的使用特性见表 12 – 1。

表 12 – 1　　　　　　　　　　　四类包装容器的使用特点

使用特性	玻璃瓶	金属罐	纸容器	塑料容器
耐酸碱	好	不好	较好	好
遮光性	较好	好	好	不好
透光性	好	不好	不好	较好
密封性	好	好	不好	不好
耐压性	好	好	不好	不好
耐热性	较好	好	不好	较好
隔绝性	好	好	不好	不好
化学稳定性	好	较好	较好	较好
外形美观性	好	不好	不好	好
保存性	好	好	不好	不好
形状	不受限制	多为圆筒形	多为砖型 少量圆筒型	硬质不受限制 软质多为薄膜袋

第二节　玻璃瓶包装

玻璃瓶是最古老的食品包装容器，其特有的特性使其在新包装材料相继出现的今天仍不被其他材料完全代替，仍在世界各国得到广泛使用。在饮料包装中玻璃瓶仍占有举足轻重的地位。

一、玻璃瓶的特点

玻璃瓶是在普通硅酸盐玻璃原料（SiO_2，Na_2O，CaO）中加入澄清剂、消色剂或着色剂等，经过高温熔制（1400℃左右）成型、退火、表面处理、检验而成的。自从 1884 年牛乳瓶诞生以来，玻璃瓶成为液体食品包装容器已有 100 多年历史。在我国饮料生产中，广泛采用玻璃瓶。

（一）优点

1. 透明性好

尽管玻璃瓶有琥珀、青、墨绿等多种色调，但多数饮料用瓶是无色透明的，可透视内部以观察灌装量、内容物色调、果肉的大小和分散状态，以及饮料是否分层、沉淀等。便于消费者选择，放心饮用。

2. 化学稳定性良好

容器材料受到饮料腐蚀而溶出的问题直接关系食品的安全性，因此很多国家极为重视。用玻璃瓶作果蔬汁或其他饮料包装容器时，几乎没有来自容器材料的溶出物。与其他容器相比，玻璃瓶具有良好化学稳定性和耐久性，这是玻璃瓶优越于其他材料容器之处。

3. 密封性好

无论是加压的碳酸饮料还是真空的杀菌饮料，玻璃瓶都能保证完全的密封。与部分塑料和纸容器不同，玻璃容器不具通气性，因此可以防止外界空气对饮料的影响，例如维生素 C 减少、风味劣化等。

4. 耐压性强

玻璃瓶的强度与玻璃化学成分之间的关系微不足道，但玻璃瓶表面的状况与其抗拉特性密切相关。玻璃表面擦伤或碰伤，即使极其轻微的损伤，强度也会有较大程度降低，但对于碳酸饮料，一般压入的气体压力是能承受的。

5. 形状多样化

根据饮料种类、有无气体、杀菌与否，可以将玻璃瓶设计成适合销售的各种形状，可以自由选择其容量和密封形式。

6. 使用范围广泛

玻璃瓶使用范围较广，对内容物的适应性好。

（二）缺点

1. 质重与质脆

玻璃瓶单位容积的容器质量较金属罐和塑料容器大；质脆易导致破损。目前，碳酸饮料瓶装线速度超过 1200 瓶/min，在这样的速度下，瓶子破损已成严重问题，从而导致玻璃瓶实际包装费用和管理费用较其他容器高。为此，近年来针对玻璃瓶的缺点，开发了诸如轻量化的成型、涂料以及强化技术，使制瓶技术有了进一步发展。

2. 透光性引起内容物劣化

对于大多数无色透明的玻璃瓶来说由于其透光性，对于光敏感性饮料，在长时间的保藏过程中会引起饮料品质的劣变，如色素氧化褪色、维生素减少等。所以选用不能透过紫外线，可视光线透过率低的有色玻璃瓶。虽然内容物可视度有所降低，但能提高容器的遮光性，保持内容物的质量。

近年来开发了玻璃瓶的遮光技术，一种无色的、厚度为 2mm 的紫外线隔断玻璃瓶，可以隔断 350nm 以下波长的紫外线，被推荐用于盛装含有维生素 C 的饮料。

二、玻璃瓶的种类与规格

（一）玻璃瓶的种类

玻璃瓶的种类繁多，可根据使用情况、制造方法、用途等来分类。

1. 按瓶颈大小分

可分为小口瓶（或细颈瓶）、中口瓶和广口瓶。

小口瓶瓶口内径小于20mm，用金属冠形盖或塑料盖密封。用于碳酸饮料和啤酒的小包装。

中口瓶瓶口内径为20~30mm，形体粗矮，如牛乳瓶。

广口瓶瓶口直径大于30mm，颈部和肩部较短，颈肩平，多为罐形或杯形，密封形式除易开盖外多用旋开盖。用于水果和蔬菜罐头等的包装。

2. 按瓶口形状分

可分为螺旋型（与旋开盖旋配）、间歇螺旋型（与卡口盖配用）以及冠型（用冠形盖压封）。

3. 按是否回收使用分

可以分为一次性瓶和回收使用瓶。

4. 按容量大小分

有小容量瓶（150mL以下）、中容量瓶（150~500mL）和大容量瓶（500mL以上）。

（二）玻璃瓶的规格

1. 玻璃瓶各部位的名称

玻璃瓶形式多种，常见玻璃瓶见图12-1。但不管瓶子形式如何，其基本构成是一样的。玻璃瓶一般是由瓶口、瓶颈、瓶肩、瓶身和瓶底组成（图12-2）。

瓶口：又称口部，图中瓶口与瓶颈接缝线以上的部分瓶口顶部为密封口，又称口边。瓶口外侧往往做出螺纹或环状的凸起，与瓶盖配合可以将瓶子密封起来。

瓶颈：即颈部，为瓶颈基点（瓶子直径开变大处）以上，瓶口以下的部分。

瓶肩：是指由颈部基点至与瓶身直线相连接的弯曲部分。

瓶身：指容纳盛装液体的圆柱部分。

瓶底：为瓶底与瓶身接缝线以下的部位，一般瓶底均为上凸形状的。

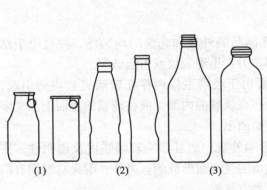

图12-1 常见饮料瓶型

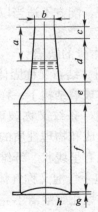

图12-2 瓶子各部位名称

a—灌装顶隙 b—瓶口内径 c—瓶口 d—瓶颈
e—瓶肩 f—瓶身 g—瓶底 h—瓶底凹穴

2. 玻璃瓶的基本要求

瓶底一般为球状上凸形状，可以将瓶底与传送链板接触的冲击降低到最低限度。瓶罐底部往往有商标制造厂、模具代号以及制造年限。设计玻璃瓶时要考虑与形状、制造工艺、强度和销售有关的问题，其要点为：按要求确定容器的形状和尺寸，同时保证预留容量以适应饮料加热杀菌时的热膨胀和便于灌装；保证瓶口与瓶盖的配合性；保证瓶体的稳固性，主要考虑瓶的重心高低和支承面的直径大小。

各种玻璃容器的容量、质量、高度、直径、宽度和厚度均有系列标准和规格公差。我国常用玻璃瓶容量有 200，250，350 和 640mL 4 种规格。

3．玻璃瓶的发展趋向

针对饮料瓶机械强度低、易破损和盛装单位物品的质量大等主要弱点，今后饮料瓶生产将主要考虑增加强度及实现轻量化等，以保持玻璃瓶作为传统饮料包装的地位，预计玻璃包装仍将占整个包装材料的 30% 以上。

现有的玻璃瓶增强措施有物理强化、化学强化、表面涂层及加塑料套等方法。前两种方法都可通过物理淬火或化学离子交换的手段，在玻璃表面产生均匀的压力层，使瓶强度得到提高；而表面涂层法，主要是利用无机或有机涂料喷涂在玻璃表面以消除微裂纹，减小擦伤，提高强度；塑料套的方法是将发泡聚苯乙烯膜包在瓶子上，起到增强保护的作用。

值得一提的是薄壁轻量瓶技术，该项技术是近代玻璃瓶罐生产的重大改革。轻量瓶不仅可以减少瓶子的用料，节约原料和材料，降低运输费用，而且可以提高成型机的速度，增加产量，降低成本。轻量瓶较普通瓶轻 15% ~40%，且可以像新型包装材料那样实行一次性使用。目前我国生产的传统的回收饮料瓶，瓶重为国外轻量瓶的一倍以上，而国外在 20 世纪 70 年代就已推广和实现了瓶罐轻量化。因此，饮料瓶生产的轻量化仍是这种传统包装材料发展的必然趋势。

三、玻璃瓶的常见缺陷及质量检验方法

（一）玻璃瓶的常见缺陷

饮料瓶的缺陷可分两大类，玻璃本身的缺陷和瓶子生产缺陷，前者是由于原料加工、配合料的制备、配方不适当以及在熔化过程中产生的；后者是在供料成型、退火等加工过程中产生的。

1．玻璃本身的缺陷

（1）结石　结石又称固体夹杂物，能破坏制品的外观和光学的均匀性，并且由于结石本身与主体玻璃结构不一样，往往产生局部应力，出现裂纹或引起破裂。

（2）条纹　条纹又称玻璃态夹杂物。主要由于玻璃主体内存在玻璃夹杂物而引起，表现出化学组成和物理性质的不均匀，它或分布在玻璃的内部，或在玻璃的表面上。大多呈条纹状，也有呈线状、纤维状，有时似疙瘩而凸出。

（3）气泡　气泡又称气体夹杂物，不仅影响外观，而且影响玻璃强度及透明性。主要由配合料在熔化时澄清不完全、残留没有逸出的气泡而形成的。另外，耐火材料固有的气泡也会进入玻璃液，操作不当时也会引入外界空气泡。

玻璃体缺陷可用各种物理化学检测手段进行检测，工厂实际生产中，凭经验用肉眼观察，也是一种有效的鉴别方法。

2．生产过程产生的缺陷

即使是合格的玻璃液，在成型以后的各工序中也会有生产缺陷。属于生产缺陷的有裂纹、厚薄不均、变形、冷斑、皱纹等。

（1）裂纹　裂纹是饮料瓶较普遍的缺点，有的裂纹很细不易发现。裂纹产生的部位

常在瓶口、瓶颈和肩部。原因主要是由于玻璃本身不均匀的结构应力产生，也有由于瓶子在成型过程中与冷、湿物体接触而产生的情况。

（2）厚薄不均　表现在饮料瓶上玻璃分布不一致，厚薄不均。当玻璃料滴湿度不均匀或模型温度不均匀时，玻璃料冷热处的黏度不同，吹制时便产生厚薄不均。

（3）变形　饮料瓶从成型模中出来后，局部未充分定型，发生下塌或变形，如瓶罐拉肩、瓶罐口颈变歪等。

（4）不饱满　饮料瓶吹制的不饱满往往会产生缺口，瘪肩和花纹不清晰等缺点。产生原因一般是由于料滴温度太低，使口径、瓶肩和花纹不易吹足或制瓶机压缩空气压力不够。

（5）皱纹　饮料瓶表面有时会有折痕或成片的很细的皱纹，其产生原因是由于料滴过冷、料滴过粗，这样料滴在入模型时，首先在模壁上发生或多或少的接触和堆积而产生皱纹。

上述生产过程产生的缺陷都将影响玻璃瓶的强度，影响正常使用。

（二）玻璃瓶的质量检验方法

对于饮料瓶形形色色的缺陷，目前国外已用自动检验线进行检测，但国内仍然以人工为主，靠肉眼鉴别后剔除不合格产品。近年来有人采用计算机视觉的原理和方法对玻璃瓶口图像进行了边缘检测、边界链码生成、边界形状特征提取和裂纹判断研究，提出了判断玻璃瓶口无裂纹的边界特征判断法，正确率可达98%。也有人采用玻璃瓶质量检测仪检测、识别玻璃瓶上的各类微小瑕疵，包括瓶口、瓶底、瓶身上的气泡、杂质、结石、裂纹、刻痕、擦伤等典型缺陷。该法检测速度快，精度高，瑕疵检出率可达99%以上。图12-3为玻璃瓶质量检测仪。

图12-3　玻璃瓶质量检测仪

各种饮料瓶都有一定的国家标准。根据国家标准，玻璃瓶罐的检验项目应包括以下内容：

（1）容量和质量检验；

（2）瓶口（包括平行度）、瓶身（包括圆度、垂直度）、尺寸公差、厚度、合缝线的检验；

（3）热稳定性、化学稳定性、内压力的检验；

（4）瓶罐退火程度和裂纹、气泡、色泽等的检验。

四、玻 璃 瓶 盖

饮料瓶盖随瓶型不同而异，但基本作用与要求一样，应使饮料瓶完全密封，保证气密性和密封性，瓶内饮料受到应有的保护。此外，从消费者角度考虑，饮用时应易于开启，易于发现曾被开启过的痕迹，以保证饮料的安全性。近来，随着大型瓶的增加，对饮料瓶盖还要求开启后能再密封。

目前用于饮料的玻璃瓶盖主要有皇冠盖、螺旋盖和光口瓶盖（胜利盖）等。

（一）皇冠盖（王冠盖）

皇冠盖是以镀锌游离钢或马口铁为素材制成的盖，生产效率高，因而价格便宜，是最大众化的一种盖。

皇冠盖是 1892 年由英国 William Painter 所设计的，盖压紧后形如锯齿，盖在瓶上犹如皇冠。当时的皇冠盖既无涂料，又无印刷，皇冠的褶数不确定，有 20 个和 22 个的。现在皇冠盖的标准褶数为 21 个（见图 12-4），盖内有衬垫，与瓶口接触紧密，形成密封。目前，普遍用做小口瓶的密封盖，开盖迅速、方便。

皇冠盖材料为普通马口铁板，冲压成形后黏接或胶注衬垫。衬垫材料一般以天然橡胶为主，也可使用塑料材料，目前广泛使用聚氯乙烯等塑料衬垫。这些材料必须无毒、无异味、无异臭，其浸泡液不应有着色、不快臭味及荧光等现象。衬垫应平整无缺陷，与瓶盖黏接牢固，同时具有一定的弹性和韧性，保证密封。瓶盖应具有良好的耐腐蚀性，瓶盖漆膜有良好的耐磨性。

图 12-4　皇冠盖

皇冠盖广泛应用于各种饮料瓶的密封，不论是一次性瓶，还是回收使用瓶以及充气、非充气饮料用瓶都可使用。皇冠盖具有很好的耐压密封性，但不具备再密封性，易开性差。目前，皇冠盖材料除马口铁，还有铝和发泡塑料等。

（二）螺旋盖

螺旋盖用于螺旋口的瓶子，与瓶子螺旋相配合，盖内圆周有衬垫，瓶口上沿必须平整才能保证密封。

螺旋盖可用马口铁、铝和塑料等材料制造，根据瓶型和用途决定。衬垫有嵌入衬垫、滴塑衬垫和模塑衬垫 3 种。滴塑衬垫材料呈流态注入瓶盖中，用一定工艺使盖内圆周均匀分布，固化后形成衬垫。模塑衬垫材料用模具压制，成形为所需形状，衬垫用一定方式置入盖中。螺旋盖分为普通螺旋盖、扭断螺旋盖和止旋螺旋盖。

1. 普通螺旋盖

螺旋盖有深螺纹、浅螺纹和一般螺纹 3 种连续螺旋盖，也有间接螺纹盖。盖子密封性决定于内衬的弹性、容器封合面平整度等因素，同时决定于拧紧程度或所加力矩。旋盖机拧紧扭矩要适当，既要保证密封也要便于开启。

2. 扭断螺旋盖

在螺旋盖的下部有间断刻线，将盖分为两个部分。扭断刻线就可开启，下部留在瓶口，留下开启的痕迹，不能复原，因此这种盖又称防盗盖。被扭断的残盖又成普通螺旋盖仍可进行再密封，因此这种盖具有防盗性和再密封性。扭断螺旋盖一般适用于瓶口直径为18～38mm 的瓶子。

3. 止旋螺纹盖

这种盖用于具有螺纹的小口瓶和广口瓶，利用盖翻边的突缘与瓶口螺纹的止旋线锁紧，又称突缘盖、卡口盖和旋开盖。玻璃瓶口止旋线有一螺旋角，在整个螺程中是逐步变化的，到底部变得平直，封合面到该平直止旋线的距离是很有限的。因为盖上有 4 个突缘，玻璃瓶口相应有 4 个间断螺纹线，开盖时，扭转不到四分之一圈就可方便拧下盖子，因此俗称四旋瓶盖。当然，根据要求也可制成三旋瓶盖或六旋瓶盖。

止旋盖用马口铁等材料制造，盖子内侧封合面有聚氯乙烯的密封胶，拧紧盖后就可密封，再密封性好，可以反复使用。

第三节 金属包装

一、制罐材料

（一）镀锡薄钢板

镀锡薄钢板（tinplate）是低碳薄钢板表面镀锡而制成的产品，简称镀锡板，俗称马口铁，大量用于制造包装食品的各种容器，也可为由其他材料制成的容器配制容器盖或底，目前全球共有约 150 条生产线年产量约 2000 万吨。

1. 镀锡板的结构

镀锡薄钢板是一种两面镀有纯锡的薄钢板，其结构如图 12 - 5 所示，它是由钢基板、锡铁合金层、锡层、氧化膜和油膜构成，共有九层，中心层为钢基板，两面对称涂布，依次为锡铁合金层、锡层、氧化膜、油膜。

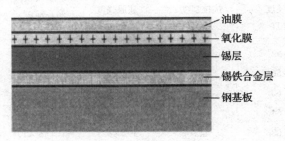

油膜
氧化膜
锡层
锡铁合金层
钢基板

图 12 - 5 镀锡板的结构

2. 镀锡板的主要技术规格

镀锡板的主要技术规格包括镀锡板的尺寸、厚度、镀锡量和调质度等。

（1）镀锡板的尺寸和厚度规格 为方便生产和使用，镀锡板长、宽尺寸已规范，板宽系列为 775、800、850、875、900、950、1000、1025、1050mm，板长一般与板宽差在200mm 内可任意选用。一些国家的产品采用英制，使用较多的是 20in（1in = 2.54cm）× 28in 的镀锡板。

镀锡板厚度及厚度偏差对制罐加工和质量以及容器的使用性能有重要的影响，如板厚偏差大，制罐困难，卷边、接缝质量不易保证会发生罐泄漏；板较厚罐头热杀菌时，罐盖强度大使热膨胀圈不能起作用；板较薄则强度差，刚性小，杀菌冷却时罐易凹陷，搬运时也易发生瘪罐甚至破裂。我国规定板厚系列为 0.2、0.23、0.25、0.28mm 四种，且板厚偏差一般不超过 0.015mm，同一张板厚度偏差不超过 0.01mm。

国际上镀锡板厚度采用质量/基准箱法表示，即规定 112 张 20in × 14in 或 56 张 20in × 28in 的镀锡板为一基准箱，根据一基准箱镀锡板的质量大小表示板厚。质量/基准箱质量与镀锡板厚度成正相关关系。

（2）镀锡板的镀锡量　镀锡量的大小表示镀锡层的厚度，是选用镀锡板的重要参数。镀锡量以单位面积上所镀锡的质量表示（g/m^2）。另一种表示法是以一基准箱镀锡板上镀锡总量（lb）乘 100 后所得的数字为镀锡量的标号，如 1lb/1 基准箱的镀锡量标为 #100（相当于 $11.2g/m^2$），标号越大表示镀锡层厚。对两面镀锡量不等的镀锡板，用两组数分别表示两面的镀锡量，如 #100/#25 即 $11.2/2.8g/m^2$。

3．镀锡板的主要性能指标

镀锡板的主要性能指标有机械力学性能、耐腐蚀性等，是衡量镀锡板是否符合生产标准和使用要求的重要依据。

（1）镀锡板的机械力学性能　在工业上，为了便于表示镀锡板的机械力学性能，采用调质度作为表示镀锡板综合机械力学性能的指标，来满足成型加工和使用性能工艺性的要求。镀锡板调质度是以其表面洛氏硬度值 HR30T 来表示，按 HR30T 值的大小分为几个等级，分别以 T50、T52……符号表示。镀锡板调质度等级由低到高，其强度和硬度越高，而其相应的塑性韧性越低。不同调质度的镀锡板的使用场合、加工方法不同。实际生产中可根据包装用途和成型加工的方法参考镀锡板调质度等级来选择合适的镀锡板。表 12 - 2 所示为镀锡板调质度等级与机械性能的关系及实际应用。

表 12 - 2　　　　　　　　　镀锡板的力学性能

硬度符号	洛氏硬度 HR30T	抗拉强度 /MPa	屈服强度 /MPa	延伸率/%	用途
T50	46 ~ 52	324	245 ~ 314	25 ~ 29	喷雾、封盖
T52	50 ~ 56	343	284 ~ 335	22 ~ 28	环、栓
T57	54 ~ 60	382	314 ~ 369	22 ~ 26	罐身、罐盖
T61	58 ~ 64	414	355 ~ 414	18 ~ 22	罐身、罐盖
T65	62 ~ 68	442	392 ~ 427	14 ~ 17	罐身、罐盖
T70	68 ~ 73	520	490 ~ 510	11	刚性容器

影响镀锡板机械力学性能的因素很多，如钢基板化学成分、钢基板冶炼、轧制方法及质量，制板加工的退火处理及平整加工工艺和质量等。镀锡板的钢基板按成分不同分为 D、L、MR、MC 型等几种，其中 L、MR 型杂质含量少、强度不高、塑性好，制成的镀锡板调质度低，MC 型钢基板含磷较高、强度高、塑性低，制成的镀锡板调质度高。

（2）镀锡板的耐腐蚀性　镀锡薄板必须能够承受食品介质的侵蚀，这就要求镀锡板具有一定的抗腐蚀性能。由于镀锡板是由钢基板、锡铁合金层、锡层、氧化膜和油膜构成，每一结构层的耐腐蚀性都与镀锡板的耐腐蚀性直接相关，所以通过以酸浸时滞值、铁溶出值、合金－锡电偶试验值和锡晶粒度四项指标来综合评价镀锡板的抗腐蚀性能。

酸浸时滞值（PLV——pickle lag value）是评价钢基板耐腐蚀性的指标，是指钢基板浸入盐酸之时起至溶解反应速度恒定时所需要的时间（s）。酸浸时滞值越小，表示钢基板的耐腐蚀性越好，一般情况下，钢基板的酸浸时滞值不超过10s。

铁溶出值（ISV——iron solvation value）是反映镀锡前钢基板和镀锡层两者综合耐腐蚀性的指标，是指将一定面积的镀锡板在模拟酸性液中保持一定温度和时间后，测其铁的溶出量。铁溶出值越小表示锡层连续性好，镀锡板耐腐性好。一般镀锡板要求铁溶出值≤$1\mu g/cm^2$。

合金－锡电偶试验值（ATC——alloy tin couple test）是反映锡铁合金层的质量也即表示合金层连续性的一项指标，是将镀锡薄板的锡铁合金层与纯锡同时浸入一模拟食品条件的溶液中构成电化学电偶，在恒温下（26℃）持续20h后测定它们之间的偶合电流，所测得的电流与（合金层）试样面积之比就是ATC值。ATC值越小，表示锡铁合金层连续性好，镀锡板的耐腐蚀性好。一般镀锡板的ATC值为$0.05\mu A/cm^2$最好，最大值不超过$0.12\mu A/cm^2$。

锡晶粒度（TCS——tin crystal size）是表明锡的阳极性的一项指标，是指镀锡薄板表面锡晶粒大小的等级，要求锡的晶粒度不低于评级标准9级。

（二）镀铬薄钢板（TFS——tin free steel）

镀铬薄钢板是低碳薄钢板表面镀铬而制成的产品，也称无锡薄板。

1. 镀铬板的结构

镀铬板采用的原板和镀锡板一样，都是低碳结构的薄钢板，其基本结构也与镀锡板相似，由钢基板、金属铬层、水合氧化铬层和油膜构成（图12－5），但是镀铬层很薄，一般$<1.3\mu m$。

2. 镀铬板的性能和使用

（1）镀铬板的机械性能　镀铬板的机械性能与镀锡板相差不大，其综合机械性能也以调质度表示，各等级调质度镀铬板的相应表面硬度见表12－3。

表12－3　　　　　　　　　　镀铬板的调质度及相应的表面硬度

调质度	HR30T	调质度	HR30T	调质度	HR30T
T－1	46～52	T－4－CA	58～64	DR－9	73～79
T－2	50～56	T－5－CA	62～68	KR－10	77～83
T－2.5	52～58	T－6－CA	67～73		
T－3	54～60	DR－8	70～76		

（2）镀铬板的使用性能　镀铬板镀层附着力强、印刷性好、无毒、耐硫化性好；加工成型性及机械强度也与镀锡板大致相同；镀铬板也有较好的耐腐蚀性，但比镀锡板稍差，通常施加涂料后使用；成本比镀锡板低10%，但外观光泽不如镀锡板；不能焊接，所以通常采用电阻焊接或黏合接；镀层薄且韧性差，制罐也容易破裂，因此不宜用于冲拔罐，可用于深冲罐。

（三）覆膜铁（Laminated Steel、Coated Steel）

覆膜铁是一种在冷轧薄钢板/镀铬板两面覆盖多层极耐蚀的聚酯复合薄膜的新型材料。

由于其兼有塑料薄膜和金属板材的双重特点，因此覆膜铁具有外观光洁、润滑、装饰性好；耐磨性强、抗锈蚀；化学稳定性强、耐腐蚀、耐老化、成形性好、可深冲等优点。这种新型材料的缺点是无法在现有的三片罐罐身焊机上进行焊接，因为其内外表层的薄膜均为良好的绝缘膜。

这种罐的主要优点是质轻（355mL 容积空罐重 25g）、强度大，可以作为不充气的饮料罐、更可用于充气饮料罐。另外，由于这种空罐在制造中不使用内涂料、没有固化成膜工艺，因此，在使用过程中，高分子单体残留物迁移至所装的含水分食品中的量比过去任何一种空罐都少。再者，这种罐在生产过程中，其废弃物的排放量、对清水的消耗量均为最少。所以，从生产或使用两方面看，其均属优质环保罐。

目前，这种覆膜铁的市场价格高于同类镀锡板 20% ~25%，空罐价格高出 10% ~15%。

（四）铝合金薄板

作为食品密封容器的铝合金薄板，与其他钢铁薄板相比，不论是技术或经济方面，都各有千秋，难以相互取代，其主要特点为：铝的相对密度为 2.7，仅约为铁的 1/3，其成形性比铁好，最利于制成薄壁（最薄处可达 0.1mm）和轻质充气罐（355mL 罐仅重 12g）；铝导热性好，利于杀菌及冷却；有良好的加工性，做成易开盖，其开启性常优于镀锡薄板易开盖；对不少食品、饮料的耐蚀性较好；能集中回收，重新制铝合金薄板，节约大量能源和资源。

铝合金薄板主要用于盛装带气饮料容器，如啤酒、碳酸饮料等。

（五）涂料铁

涂料铁是表面涂有涂料层的薄钢板的统称，通常是指内涂料。不论是镀锡板、镀铬板还是铝合金薄板在制罐前进行相应的内涂料，可改善板材的性能，达到增加防蚀能力、防止内容物退色和铁离子溶出等目的。

由于内涂料是直接与饮料接触的，所以必须具备的条件为：涂料成膜后无毒、无味，不影响内容物的风味和色泽；涂料成膜后能有效地防止内容物对罐壁的腐蚀；涂料成膜后附着力良好，具有要求的硬度，耐冲性和耐焊接热等，适应制罐的工艺要求；制成罐头经热杀菌后，涂膜不变色，不软化，不脱落；涂布施工方便，操作简单，烘干后形成良好的涂膜；涂料及所用溶剂价格便宜并具有良好的涂料贮藏稳定性。

目前用于罐头的主要涂料有环氧酚醛涂料、环氧氨基涂料、有机溶胶涂料、乙烯基涂料、聚酯涂料、丙烯酸涂料和环氧酯涂料。

二、金属罐种类

金属罐按罐体结构可分为三片罐和二片罐。三片罐指由罐身、罐盖和罐底三部分制成的空罐，称卫生罐，按中缝连接的方法不同又可分为锡焊罐、电阻焊接罐和黏结罐三种。二片罐是指由二片铁皮制成的空罐，其罐身和罐底是有一片铁加工而成没有罐身接缝，按罐体加工方法不同分为冲压罐和冲拔压薄罐，冲压罐的特点是罐高不大于直径，罐身、罐底铁皮厚度相同；冲拔压薄罐的特点是罐高大于直径、罐身铁皮薄、罐底铁皮厚。金属罐的底盖均采用二重卷边卷封。

目前，饮料罐均采用易开方式。易开罐按开启方式可以分为拉环式（开罐时拉出拉环）和按钮式（开罐时按压拉环）两种。

三、罐　盖

金属罐的罐盖主要有普通罐盖和易拉盖两种。

（一）普通罐盖

罐底盖是经切板、冲盖、圆边、注胶和干燥而成的。罐盖冲有膨胀圈，以在密封后加热杀菌过程中，罐内压升高时罐盖膨胀，冷却后又复原，从而防止罐头卷边部分产生歪扭。罐底盖边缘内侧涂布氨水胶、溶剂胶等材料的封口胶，以保证卷封后容器的密封性。不同罐型的罐有其相应规格的罐盖，主要尺寸包括内径、盖边和盖肩距离以及盖边厚度等。

普通罐盖材料一般与罐身相同，多采用镀锡薄板。

（二）易拉盖

易拉盖的特点是在开启部分有冲线（刻线），拉开冲线部分即可方便开启。根据开启方式的不同，易拉盖可分为拉环式和按钮式。易拉盖绝大多数用于碳酸饮料、啤酒和其他饮料。

易拉盖材料一般使用铝合金，要求纯度高的材料，但铝合金的易拉盖与铁皮罐头结合在一起时容易产生双金属腐蚀，对酸度大的内容物更为严重，为此可用马口铁代替铝合金制盖，也可在铝合金与罐身接触部分涂布涂料。

第四节　纸　包　装

纸是一种传统而又应用最为广泛的包装材料。在包装工业中，纸容器占有非常重要的地位。当前，世界主要有三大集团生产纸基复合包装材料和包装设备，即瑞典的利乐包装国际有限公司（Tetra – Pak）、美国的艾克塞罗公司（Ex – Cello – Co）和德国的纸塑包装公司（PKL）。在我国，纸包装材料占包装材料总量的 40% 左右，某些发达国家甚至达到 40% ~ 50%。近些年来，随着人们对环保、健康意识的增强，对包装的要求也越来越高。纸包装适应绿色包装的发展需要，也解决了包装废弃物对环境污染的问题。纸包装也充分体现了现代包装理念的个性化、无菌化、功能化、绿色化的要求。从发展趋势看，纸包装的用量会越来越大。据业内专家预测，2011 年到 2015 年将达到 3600 万吨。

纸容器原来是作为牛乳容器开发的，近 20 年来，纸容器多用于果蔬饮料、乳品及清凉饮料的包装。比较常见的有利乐砖、屋顶包、康美盒等。纸复合容器在瓶装水和碳酸饮料中还没有使用。

一、纸容器的特点与种类

（一）纸容器的特点

纸容器的主要优点包括：成本低，较经济；质量轻；有利于物流；无金属溶出等现象的发生；废弃物可回收利用，无白色污染；瞬间高温灭菌技术，无需防腐剂；纸作为饮料包装的主要材料，有些内面与聚乙烯复合，更多的是纸塑铝三层复合，使之具有一定的密封性、防潮性及防水性；具有良好的包装印刷适应性，能制成外表美观的商品。

纸容器存在的主要不足表现为：耐压性和密封精度不及玻璃瓶和金属罐；不能进行加热杀菌；预成形纸盒在保存过程中会因聚乙烯氧化而降低热封性能；因折痕和纸纤维硬化

失去弹性变得不平整，给灌装成型机造成供料困难。

（二）纸容器的种类

纸容器如图 12－6 所示，种类很多，根据纸容器的材质和形状，纸容器可以分复合纸盒、纸杯、组合罐等。

图 12－6　纸容器

复合纸盒是聚乙烯复合纸容器，纸盒无菌包装，全球每年消耗 1000 多亿个。

纸杯由纸和塑料复合材料制成，广泛用于冷冻食品、快餐食品的包装，特别是聚乙烯－纸－聚乙烯所制的纸杯、纸盒等多用于冰淇淋的包装。

组合罐也就是复合纸罐，是一种新型三片罐，罐身材料由聚丙烯、铝箔和硬质纸板组成，用平绕法或螺旋卷绕法成形。罐身多采用复合纸板制造，内壁有树脂涂层，底盖采用塑料或马口铁制造，罐盖与罐身也采用二重卷边密封。由于塑料薄膜耐热性差，杀菌温度受到限制，因此组合罐使用 127℃ 的热空气杀菌。在此干热条件下要杀灭细菌芽孢是困难的，因此组合罐仅限于果汁等低 pH 的酸性饮料的包装。主要用于干性食品的包装。此外，还有以硬化纸板制成的大桶，用于包装干燥粉末食品、谷类等。

组合罐封罐速度高达 500 罐／min，组合罐本身仍属纸容器，密封性比金属罐差，不适合高压釜杀菌，仅限于无菌包装或热灌装。

二、饮料常用纸容器

（一）复合纸盒

1999 年我国颁布了《液体食品复合软包装材料的行业标准》QB/T 3531—1999，该标准适用于以原纸、LDPE、铝箔为原料经挤压复合而成的专供于无菌包装的纸基复合软包装材料。产品按质量分为 A、B、C 三个等级。内层 PE 的卫生要求必须符合《食品包装用聚乙烯成型品卫生标准》（GB 9687—1988）和《食品包装用聚乙烯树脂卫生标准》（GB 9691—1988）的规定。

1. 复合纸盒的分类与结构

用于饮料工业的典型复合纸包装是康美盒、利乐包和屋顶包。

（1）康美盒　康美纸盒如图 12－7 所示，由七层组成，由里及外分别为 PE 层、黏结层、铝箔层、PE 层、纸层、PE 层和印刷层，其中 PE 层起保护作用，阻挡水分；黏结层起黏合作用；铝箔起阻隔作用，隔光、隔氧、隔汽；纸层主要起支撑作用。

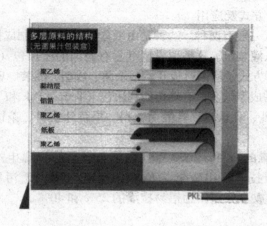

图 12 - 7 康美纸盒结构示意图

康美盒不采取满装方式，纸盒内部有顶隙，在灌装某些产品时可以充氮或注入蒸汽。康美盒纵向密封不用塑料封条，纸盒四角坚挺，底部平稳，容量有 200，250，500 和 1000mL。康美盒可以进行无菌包装，也可采用非无菌包装。灌装量由槽内探测器和气动进料阀控制。

康美盒盖子如图 12 - 8 所示有简易盖、旋盖和杠杆盖等多种形式。

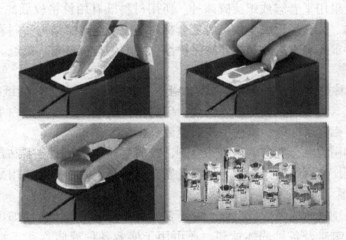

图 12 - 8 康美盒盖子类型

（2）利乐包 利乐包结构与康美盒相似，也由 PE、铝箔和纸构成。利乐包分为四角包（Tetra - Pak）和砖型盒（Tetra - Brik），都是采用无菌包装的纸盒容器。包装材料为卷筒纸板，经过双氧水杀菌后成型为筒状，纵向密封。加热杀菌、灌装，横向封口和折叠而成，满量灌装。当纸盒两个横向封口成垂直位置时，即成四角纸盒。

（3）屋顶包 这种屋顶形长方体纸盒具有支撑结构，强度好、耐冲力，也容易堆积，保存性好。灌装口有三种形式：铝箔片、吸管孔、利用冲孔部分或全部开口，可根据用途选择，纸盒容量为 180 ~ 1000mL，共 8 种规格。屋顶包用途很广，根据开口形式，可分别用于盛装牛乳、乳饮料、乳酸菌饮料、果蔬汁饮料（碳酸类饮料除外），还可用于盛装奶油、布丁等半固形物。

2．复合纸盒的使用方式及应用

复合纸盒的成型方式一般有两种。一种是由纸盒成型机预先制成折叠式扁纸盒，使用时再展开成型．杀菌后进入灌装机。这类预成型纸盒有德国的屋顶包（Bloc - Pak）和康美盒（Combibloc）等。另一种方式是从原料板开始，杀菌、成型、灌装、密封，均在一台罐装机内完成，这类纸盒统称后成型纸盒，有瑞典的利乐包（Tetra - Pak 和 Tetra - Brik）等。

复合纸盒多用于牛乳、乳饮料、乳酸菌饮料、果蔬汁饮料、茶饮料的包装。

（二）纸易拉罐

纸易拉罐是复合纸罐的一种。2000 年我国第一条纸易拉罐生产线研制成功并投产。纸易拉罐成形属环保型技术，用废纸为原料，反复使用，无污染，原材料利用率达100%。纸易拉罐造价和成本分别仅为铝易拉罐的 25% 和 40%。

1．纸易拉罐的特点

纸易拉罐的特点为：纸为主体原料，回收罐容易处理；防水、防潮、隔热，保护性能优良；无毒、无臭，安全可靠；可承受一定正压或负压，可用于真空或充氮包装；造型结构多样，印刷性能好，陈列效果好；质量轻、仅为铁罐的 30%，流通运输容易，节约费用；使用方便，价格较低。

2．纸易拉罐的材料与结构

纸易拉罐与其他复合纸罐一样由罐身、罐底和罐盖组成。

罐身，一般采用平卷罐或螺旋罐两种。所用材料既有用价格较低的全纸板（内涂料）制成搭接式结构，又有采用成本较高的复合材料制成平卷多层结构和斜卷结构。

内衬层，要求具有卫生性和内容物保护性，常用的有塑料布、蜡纸、半透明纸、防锈纸、玻璃纸等。

中间层，也称加强层，要提供高强度和刚性，常用含 50% ~70% 废纸的再生牛皮纸板。

外层商标纸，要求具有较好的外观性、印刷性和阻隔性，常用漂白牛皮纸、白色牛皮纸复合商标纸、铝箔商标纸、褐色牛皮纸复合商标纸等。

黏合剂，常用的黏合剂有树脂型黏合剂、橡胶型黏合剂和混合型黏合剂等。

罐底和罐盖，常用纸板、金属、塑料及复合材料等。罐盖自然采用易拉盖形式。

3．应用范围

纸罐在食品领域的应用十分广泛。它不仅可用干粉末状固体食品如可可粉、茶叶、砂糖、盐、麦片、咖啡及各种固体饮料，还可用于盛装各种液体食品，如果汁、酒、矿泉水、牛奶等，饮料包装中也得以应用，如在美国约有 85% 浓缩橘汁采用此包装，日本则有 50% 以上的饮料采用铝质易拉盖的复合纸罐包装。纸易拉罐也可用于专用包装技术如真空包装，如浓缩汁的"湿"真空包装。压力包装，如含气饮料包装。

三、纸容器的使用及保管注意事项

纸容器根据其使用方法和保管状态而具有不同的物理性质，成为生产率降低、原料纸板损耗增加、密封不良等的原因，因此要加强管理。主要是纸的含水量，为了利于经济性操作，含水量控制在 5% ~6% 是理想的。特别是预成型纸盒，要求严格的保管条件，使用前应在室温为 21 ~27℃ 条件下仓储 10 ~14d，达到规定含水量后再使用。

预成型纸盒在保存过程中会因聚乙烯氧化而降低热封性能，或因折痕和纸纤维硬化失去弹性变得不平整，给灌装成型机造成供料困难。因此，要经常进行合理的库存管理，使纸盒尽快使用，做到先进货先使用，最迟要在 1 年以内用完。

四、纸容器废弃物的处理

回收的纸基饮料包装可做成纸板，具有防水、防火和良好的绝缘性能，可用作地板砖、展览板等；利乐公司还与家具生产厂家合作，用它生产家具；在美国和加拿大，纸盒和塑料混合后可生产塑料木材，用于制作庭院家具和篱笆桩等。

五、纸包装的性能特点创新

随着科学技术不断地进步，纸与纸容器正向多功能方向发展。纸包装具有了多种功能：脱水、防湿、杀菌、保鲜、感温、可食、可视、阻燃、增韧、耐水、耐油、耐酸、除臭等。对于饮料包装来说，可重点应用其杀菌、感温、增韧等特殊功能。

（一）杀菌

在纸浆中注入杀菌或防腐原料，使纸包装具有防止细菌侵入和延缓食品变质的作用。有资料显示，将香兰素添加到大豆分离蛋白膜中，既可以为食品增香，又可以有效抑制微生物在食品和膜表面的生长、繁殖或直接将其杀灭，可达到抑制细菌、延长食品货架期的目的。

（二）感温

在纸浆中加入可随温度变化而改变颜色的人造纤维，根据包装纸的颜色变化指示环境温度，根据食品包装袋颜色的变化有效地保存食品。

（三）增韧

瑞典已研制成功一种比铸铁还要硬许多的新型纸张——纳米纸。这种纳米纸韧性很强，也很硬，但它却是生物材料——纤维素制成的。它既具有纤维素、纤维的强度，又有增强纳米的韧性。

第五节　塑　料　包　装

世界塑料制品总产量中的 25% 用于包装，而在四大包装材料中，塑料包装材料占包装材料总用量的 25% 左右，这两个数据充分说明塑料包装材料的重要性。

一、塑料包装材料

塑料是以树脂为主要成分，再加入一些用来改善其性能的各种添加剂，在一定温度和压力下塑造成一定形状，并在常温下能保持既定形状的高分子材料。

塑料的原材料成本低廉、来源丰富、性能优良，近 50 年来，塑料材料发展迅速，在食品包装领域中所占的比重越来越大，饮料包装也是如此，近 20 年来，大量塑料瓶装饮料的出现，使市场上饮料包装种类异彩纷呈，主要有塑料瓶、塑料袋、塑料杯、箱中袋及塑料复合罐等。随着人们对环保意识的提高和科技的进步，生物塑料是发展的新方向。

（一）塑料包装材料的性能

塑料包装材料最大的特点是可以通过人工的方法方便地调节材料性能，以满足各种不同的需要，如防潮、隔氧、蔽光、保香等功效；还可以制成复合薄膜及多层塑料瓶，质轻，不易破损，有利运输及携带；塑料包装材料透明、光洁及平滑的特点，易于印刷、造型、装潢，可以改善商品外观，提高了商品陈列性能。作为食品容器的塑料包装材料必须满足的要求见表12-4。

表 12 - 4 塑料包装材料应具备的性能

要点	内容	应具备的性能
安全性能	对人体无毒害，具有一定的化学稳定性	材料中不得含有危及人体健康的成分，不能与盛装物品发生作用而影响其质量
保护性能	保护内装物，防止变质，保证质量	机械强度好，阻气、防潮、耐水、耐腐蚀、耐热、耐寒、遮光、保香、无味、无臭等
加工性能	易包装，易填充，易封合，适应机械化自动包装机与操作	耐压，强度高，质量轻，不易变形破损，热合性好，防止静电
商品性能	造型、色彩美观，能产生陈列效果，提高商品价值和购买欲	资源丰富、成本低，透明度好，表面光泽，适于印刷，不易污染，便于携带和装卸
方便使用性能	便于开启和提取内容物，便于再封闭	开启性能好，不易变形、破损

（二）用于饮料包装的塑料种类及特点

具有表12-4性能的塑料都可用于食品包装，但用量最大的是价格低廉的聚烯烃。常用的塑料种类有：聚乙烯、聚氯乙烯、聚丙烯、聚酯、聚偏二氯乙烯及聚碳酸酯。制造硬质塑料瓶的材料有：聚氯乙烯、聚乙烯、聚丙烯和聚酯等。目前，用于饮料包装的主要几种塑料的结构式和相应单体见表12-5。

表 12 - 5 结构式和相应单体

名称	符号	结构式	单体
聚乙烯	PE	$\left[H_2C-CH_2 \right]_n$	$H_2C=CH_2$
聚氯乙烯	PVC	$\left[H_2C-\underset{Cl}{CH} \right]_n$	$H_2C=\underset{H}{C}-Cl$
聚丙烯	PP	$\left[H_2C-\underset{CH_3}{CH} \right]_n$	$H_2C=\underset{H}{C}-CH_3$
聚酯	PET	$\left[\underset{O}{C}-\bigcirc-\underset{O}{C}-OCH_2CH_2O \right]_n$	$HO-CH_2CH_2OH +$ $HOOC-\bigcirc-COOH$
聚偏二氯乙烯	PVDC	$\left[H_2C-\underset{Cl}{\overset{Cl}{C}} \right]_n$	$H_2C=CCl_2$

1. 聚乙烯（PE）

PE是世界上产量最大的合成树脂，也是制造瓶子用得最广泛的塑料包装材料。约占塑料包装材料的30%。

（1）聚乙烯的特点与分类 聚乙烯基本上是直链化合物，其主要优点是：柔韧性好，质量轻，加工成型方便，薄壁瓶透明度好，厚壁瓶为半透明，具有低的水蒸气透过率，最重要的是 PE 树脂无毒，添加剂剂量极少，卫生、安全性好。缺点主要是：隔气性差，不适合用于包装对氧气敏感的产品；保香性能不好；耐油性差；耐高温性差，不能用于高温杀菌食品的包装。

聚乙烯产品大致可分为低密度聚乙烯（LDPE）、中密度聚乙烯（MDPR）和高密度聚乙烯（HDPE）。密度是衡量结晶度的尺度，如果密度高，结晶度高，聚乙烯的水蒸气渗透率和油脂渗透率随之降低。

LDPE 透明度较好，柔软、伸长率大，抗冲击性与耐低温性较 HDPE 优；HDPE 的结晶度较高，为 80% ~90%，允许较高的使用温度，其硬度、气密性、机械强度、耐化学药品性能都较好，不过，HDPE 的保香性差。

（2）聚乙烯的应用 利用 PE 热封性能好的特点，生产的各种复合材料制成的容器，可盛装柠檬汁、果汁等天然果汁类食品；其中 LDPE 用作制造柔软、透明的瓶子，制作薄膜产品；HDPE 用于制造刚性好、渗透率低的薄壁瓶子；为了改善聚乙烯的保香性能，利用它具有热封性能好的特点，将其作为复合薄膜的内层材料进行两层、三层的复合，已大量应用于饮料包装，如美国采用玻璃纸/黏合剂/PE 的复合瓶专盛柠檬汁。

2. 聚氯乙烯（PVC）

聚氯乙烯简称氯乙烯，是由无色液态氯乙烯单体（VCM）在压力容器中聚合而成。聚氯乙烯树脂可以通过配制获得各种性能，制成满足特殊需要的材料。

（1）聚氯乙烯的特点和种类 PVC 在包装工业中被称为多用途聚合物，它具有良好的透明性和阻隔性，隔气、隔湿、隔氧，保香性能好；着色能力强，适应所有塑料成型加工；聚氯乙烯是一种经济、韧性好、透明的易加工材料，但必须防止加工中过热。在 138℃时，聚氯乙烯开始分解，分解的产物具有很大的腐蚀性。除非使用稳定剂，否则暴露在热和紫外光的环境中会发黄。

PVC 分为硬质 PVC 和软质 PVC。硬质 PVC 制品增塑剂一般少于 5%，软制品中增塑剂多达 20% 以上。硬质 PVC 因不含或很少含有增塑剂，其成品无增塑剂的异味，而机械强度优良，质轻，化学性质稳定，对水气及一般气体的隔绝性相当好，所以制成的 PVC 容器广泛用于饮料包装。

（2）聚氯乙烯的应用 PVC 塑料大致可分为硬制品、软制品和糊状制品 3 类。用注拉吹法生产的 PVC 瓶无缝线，瓶壁薄厚均匀，可用于盛装含二氧化碳的饮料，如"可口可乐"及汽水等，二氧化碳的含量可达 4~6g/L；采用挤出吹塑法生产的 PVC 瓶只适用于盛装果汁和矿泉水。

（3）聚氯乙烯的安全性 PVC 材料的安全性一直是人们关注的问题。PVC 本身无毒，但其中的残留单体氯乙烯有麻醉、致畸和致癌作用，包装制品中要求制品中残留单体氯乙烯 <1mg/kg，即 1kg PVC 树脂只允许含 1mg 氯乙烯单体，用这种 PVC 树脂生产的瓶子包装饮料后，在食品中测不出氯乙烯单体。

3. 聚丙烯（PP）

聚丙烯是由丙烯聚合而成。聚丙烯的相对密度为 0.9~0.91，是聚氯乙烯的 60% 左右。PP 是最轻的塑料品种之一。

（1）聚丙烯的特点 所有聚丙烯薄膜均是高结晶的结构，卫生安全性高于 PE，渗透

性为聚乙烯的 1/4 ~ 1/2，透明度高、光洁、耐高温性，加工性好，阻隔性好但阻气性较差，机械力学性能较好，

聚丙烯的最大缺点是低温脆性。聚丙烯本身在 -18℃ 时完全脆化，为了提高耐冲击性能，常将聚丙烯与聚乙烯或其他材料共混，挤成 PP 多层瓶取代 PVC 瓶。

PP 还有带静电的缺点。为解决这个问题，一般在薄膜上涂布防静电剂或者将防静电剂混炼于薄膜中。在薄膜上涂布气密性好的聚偏二氯乙烯类树脂，可提高 PP 的抗氧化性。

（2）聚丙烯的应用　PP 广泛用于制备纤维、成型制品，但主要是制备塑料薄膜。薄膜分为双向拉伸聚丙烯薄膜（OPP）和未拉伸聚丙烯薄膜。OPP 是向纵横方向拉伸，使分子定向，所以机械强度、耐寒性、光泽性都有提高，可与玻璃纸相媲美。

目前，具有气密性、易热合性的聚丙烯的涂布薄膜及与其他薄膜、玻璃纸、纸、铝箔等复合的复合材料已大量生产。如聚丙烯可与铝箔、纸等制成复合材料用于饮料包装。此外，PP 还用来制造螺旋瓶盖。

4. 聚酯（PET 或 PETP）

1946 年英国 ICI 公司首先申请 PET 的专利并工业化生产，商品名为 Terylene。聚酯是聚对苯二甲酸乙二酯的简称，俗称涤纶。实际上聚酯还是一大类主链含酯基的聚合物总称。最早的产品是苯二甲酸酐、甘油、干性油或其脂肪酸制成的醇酸树脂，它至今仍是涂料的主要品种。这种需要不饱和单体交联的聚酯常被称不饱和聚酯，在塑料工业中常标为聚酯。

（1）聚酯的特点　PET 是一种结晶性好，无色透明，极为坚韧的材料；有玻璃的外观，无臭、无味，相对密度为 1.340（非晶态）；气密性良好，25μm 薄膜透氧率为 2.9cm^3/（m^2 · h · atm），二氧化碳透过率为 1.3cm^3/（m^2 · h · atm），氮为 0.56cm^3/（m^2 · h · atm）；具高抗拉强度，耐高低温性能优越，化学稳定性好，卫生安全。

PET 的膨胀系数小，成型收缩率低，仅为 0.2%，是聚烯烃的 1/10，较 PVC 和尼龙小，故制品的尺寸稳定。机械强度堪称最佳。其抗张强度与铝相似，薄膜强度为聚乙烯的 9 倍，为聚碳酸酯和尼龙的 3 倍；冲击强度是一般薄膜的 3 ~ 5 倍，而其薄膜又有防潮和保香性能。聚酯以强度、韧性和透明度著称。灌满的 2L 瓶，从 2m 高处跌落到水泥地面，完好率高于 97%。PET 瓶与 PVC 瓶性能比较，抗拉强度、跌落强度和透氧率均优于 PVC 瓶。

聚酯薄膜价格较贵，热封困难，易带静电，所以极少单独使用，大多是用 PVDC 等热封性较好的树脂涂布或制成复合薄膜。

（2）聚酯的应用　由于聚酯具有上述优点，已成为主要包装材料。近年来，我国 PET 瓶生产发展迅速，广泛应用于各种茶饮料、果汁等需要热灌装的饮料，现在也用于可口可乐的包装。

聚酯复合薄膜品种很多，主要是 PET/PE 复合材料，用于食品、液体、药品和咖啡等软包装。此外还有：PET/纸/PE、PET/Al/Po（聚烯烃）、PET/EVA（乙烯乙酸乙烯酯）、PET/纸/Al/Po 等。

5. 聚偏二氯乙烯（PVDC）

1939 年美国 DOW 化学公司发现了偏二氯乙烯与氯乙烯共聚物有良好的性能，次年投产，商品名称"Saran"，常译作"莎纶"。日本于 1945 年开始生产，并以"库拉纶"的

商标投入市场，用于包装日本特有的鱼肉香肠。

PVDC 性质与氯乙烯性质接近，所以共聚物性质类似于聚氯乙烯，但由于 PVDC 多一个氯原子，所以破坏了聚氯乙烯分子的对称性，而起到内增塑作用，可提高可塑性、流动性，减少增塑剂用量，所得制品的韧性、冲击强度和透明度均有所改善。

（1）PVDC 的特点　PVDC 的优点是：柔软而具有极低的透气、透水性能，可防止异味透过；保鲜、保香性能好，适于长期保存食品；耐酸、碱、化学药品及耐油脂性能优良；具有良好的热收缩性，适合做密封包装；是较好的热收缩包装材料，这种薄膜在50℃以上收缩，在100℃时有20%～60%的收缩率，只要在热水中浸泡5s即可收紧包好。

PVDC 的缺点是太柔软，操作性能不良；结晶性强，易开裂穿孔，耐老化性差；其单体有毒性。因此，用做食用包装时要严格检查质量。

（2）PVDC 的应用　PVDC 是一种高阻隔性包装材料，由于价格较高，应用不广，主要用做涂布材料或制造复合材料。PVDC 常与纸、铝箔及其他塑料薄膜制成复合材料或PVDC 涂布材料。采用溶剂黏合法可得到良好的结合：这些复合材料具有优良的防潮、隔氧、密封性能，也易于热封，适宜包装含水食品。

玻璃纸涂以 PVDC 后，在日本称为 K 型玻璃纸（KT）。KT 再与 PE 复合的薄膜，称"FOP"，常用于包装橘汁。此外涂布在尼龙上再与 PE 复合，涂布在聚酯上再与 PE 复合都是用于包装饮料的材料。美国 Milprint Inc. 生产的涂 PVDC 玻璃纸/聚乙烯挤出复合层/聚乙烯薄膜复合材料，用于包装冰冻含气饮料。

6. 聚碳酸酯（PC）

聚碳酸酯是指有碳酸酯结构的树脂总称。1959 年前联邦德国 Bayer 公司正式投产，商品名为 Makroton。美国、日本、前苏联都相继推出产品，我国沈阳、大连均有生产，不过由于价格较贵在包装材料方面只是初露头角。

PC 是无色透明、光洁美观的塑料，无毒、无异味，机械力学性能好，尤其是低温耐冲击性能，阻止紫外线透过性能及防潮、保香性能好，透气透湿率低，耐温范围广。PC最大缺点即是产生应力开裂。

PC 的外观很像有机玻璃，3.2mm 厚的片材透光率可达89%，折射率为1.5869，适于做光学材料。由于 PC 耐温范围广，在 -180℃下不脆裂，在130℃环境下可长期使用，所以是一种理想的食品包装材料。利用 PC 耐冲击性能、容易成型的特点，制成瓶、罐及各种形状的容器，用于包装饮料、酒类、牛乳等流体物质。

为了克服 PC 易产生应力开裂的缺点，生产中除了选用高纯度原料，严格控制各种加工条件外，采用内应力小的树脂改性，如少量的聚烯烃、尼龙、聚酯等熔融共混，可显著改进其抗应力、开裂性、抗水性。

7. 聚酰胺（PA）

聚酰胺俗称尼龙，是美国杜邦（DuPont）公司最先开发用于纤维的树脂，于 1939 年实现工业化。20 世纪 50 年代开始开发和生产注塑制品，以取代金属满足下游工业制品轻量化、降低成本的要求。

PA 具有良好的综合性能，包括力学性能、耐热性、耐磨损性、耐化学药品性和自润滑性，且摩擦系数低，有一定的阻燃性，易于加工，适于用玻璃纤维和其他填料填充增强改性，提高性能和扩大应用范围。

PA 薄膜制品大量用于食品包装。常使用 PA 与 PE、PVDC、PP 或铝箔等复合，提高防潮阻湿和热封性能，可用于罐头、食品和饮料的包装，也可用于畜肉类制品的高温蒸煮包装和深度冷冻包装。

8. 生物塑料

随着人们对环保的意识提高，对那些难以降解严重污染了环境的各类塑料制品开始说"不"，而发展可生物降解的"生物塑料"，即生态友好塑料则成大势所趋，是塑料产业今后的发展方向。

2002 年，爱尔兰对塑料袋收税；2008 年，我国全面推行"限塑令"；2010 年，法国、意大利全面停止使用塑料袋。一些国际化大企业纷纷应用生物塑料：麦当劳和可口可乐公司使用生物塑料的塑料杯；美国野生燕麦公司、沃尔玛、雀巢等公司使用生物塑料包装。

生物塑料的种类如下：

（1）微生物生产型　使用遗传基因重组技术，在微生物体内积蓄、提取，制造生物降解塑料。细菌生产 PHB 或 PHA 等之外，乳酸细菌发酵生产乳酸制成聚乳酸交酯（poly-lactides），适用于包装材料（生物塑料）的生产。

（2）化学合成型　转用石油化学领域的技术由石油或植物的原料采用化学合成制造，这是现在的主流。

（3）天然高分子利用型　淀粉等天然高分子或将这些与脂肪族聚酯等化学合成高分子混合制造。

目前主要生物降解塑料的种类见表 12 - 6。

表 12 - 6　　　　　　　　　　　主要生物降解塑料的种类

分类	原料	成分	主要制造厂家
微生物生产型	植物	聚羟基丁酸酯（PHB）	三菱瓦斯化学（日本）
	植物	聚乳酸（PLA）	卡吉尔·道聚合物（美国）、三井化学（日本）
化学合成型	石油	聚丁烯琥珀酸酯（PBS）	昭和高分子、三菱瓦斯化学（日本）、杜邦（美国）、伊斯曼化学（美国）、巴斯夫（德国）
		聚己内酯（PCL）	大赛路路化学（日本）、联合碳（美国）
		聚乙烯琥珀酸酯（PES）	日本触媒（日本）
		聚乙烯醇（PVA）	可乐丽、日本合成化学工业（日本）、大赛路路化学（日本）
天然高分子利用型	植物	改性淀粉	日本玉米淀粉（日本）
		醋酸纤维素（PCA）	大赛路路化学（日本）、日本触媒（日本）
		淀粉 + 壳聚糖 + 纤维素	大赛路路化学（日本）

（三）复合材料的种类及特点

单层塑料薄膜往往不能完全满足保护商品、美化商品和适应加工等的要求，所以根据需要，人们开发了复合材料，克服单一材料的缺点。目前，复合材料在食品包装中已占主要地位。

复合时通常外层材料应当是熔点较高，耐热性能好，不易划伤、磨毛，印刷性能好，光学性能好的材料，故常采用铝箔、玻璃纸、聚碳酸酯、尼龙、聚酯、聚丙烯等材料。内层材料应当具有热封性、黏合性好、无味、无毒、耐油、耐水、耐化学药品等性能，如聚丙烯、聚乙烯、聚偏二氯乙烯等热塑性材料。

1. 复合材料的种类

复合材料的种类通常按复合层数分，常见的有：双层复合，如玻璃纸/聚乙烯、纸/聚乙烯、聚酯/聚乙烯、尼龙/聚偏二氯乙烯等；三层复合，如拉伸聚丙烯/聚乙烯/未拉伸聚丙烯、聚酯/聚偏二氯乙烯/聚乙烯、玻璃纸/铝箔/聚乙烯、蜡/纸/聚乙烯等；四层复合，如玻璃纸/聚乙烯/拉伸聚乙烯/聚乙烯、纸/铝箔/纸/聚乙烯、拉伸聚酯/聚乙烯/纸/聚乙烯等；五层复合，如聚偏二氯乙烯/玻璃纸/聚乙烯/铝箔/聚乙烯。

2. 复合材料的特点

从包装工业的角度来看，以塑料为主体的复合材料具有以下特点：

（1）加强了对商品保护性能　可根据需要进行复合制造具有高度防潮、隔氧、保香、蔽光、耐腐蚀、高强度的包装材料，其气密性、防潮性可长期不变，可使商品货架期延长数十倍，达两年以上。

欧洲采用无菌包装橘子汁等高酸性饮料时，就同牛乳一样在最内层使用离子型树脂，以提高内层塑料薄膜的耐酸蚀性，例如：PE/纸板/PE/铝箔/离子型树脂/PE 结构的包材，常用于无菌包装高酸性果汁饮料。

（2）机械包装适应性　复合材料可制成刚性理想的软包装和容器，使其适合立式成型充填机械，取得较好的封口性如热封性、易黏合性，增加封口牢度。

多层塑料瓶可用于盛装酒、饮料、油之类的液体。运输时可不用缓冲材料或纸隔板之类的材料。

（3）商品性强　采用复合材料包装（薄膜或容器），可将不透明塑料薄膜的厚度减薄，提高透明度、光泽及平滑程度，也易于制造防滑薄膜，提高白度。复合材料适于印刷、造型、装潢，可增加花色品种，提高商品陈列性能，便于消费者识别、挑选。

（4）有利于材料充分利用，资源广泛，降低能耗和成本。

二、塑　料　瓶

2009 年我国塑料消费总量超过 6000 万吨，约占世界消费总量的 1/4，是世界第一大塑料消费国。同时，我国人均消费量也首次超过了世界平均水平。2009 年，世界人均塑料消费量为 40kg，我国人均达到了 46kg。饮料包装中塑料包装占到 30%。传统的碳酸饮料包装是玻璃瓶及金属罐，2005 年塑料容器包装已经占到碳酸饮料包装的 40%。

1. 塑料瓶分类

塑料瓶按材料分类可分为 PET 瓶、HDPE 瓶、PVC 瓶等。

按用途分为可充气瓶和不可充气瓶。可充气瓶主要用于碳酸饮料；不可充气瓶用于水、茶饮料、果蔬汁等饮料的包装。

按耐温性可分为普通瓶、中温瓶和耐温瓶，普通瓶耐受温度不超过 75℃，中温瓶耐受温度不超过 95℃，耐温瓶耐受温度可超过 100℃。

2. 塑料瓶的成型方法

塑料瓶成型方法一般有吹塑成型、注吹成型和拉伸吹塑成型三种。

吹塑成型是最广泛使用的方法。目前，中小规模生产企业大多采用二步法，但吹塑成型法存在缝脊线处的强度、壁厚不均，瓶坯毛边材料损失大等的问题。

注吹成型是由注射成型和吹团成型组合一体的成型技术。注吹成型瓶的尺寸受到限制，不能成型小口瓶（内径小于15mm）以及瓶口内径与外径比为1:4、瓶口内径与高比大于1:8的瓶。但瓶型设计没有吹塑成型广且模具费用高。

拉伸吹塑成型又称为双轴取向拉伸吹塑成型，是中空吹塑成型方法中的一种。它是将挤出或塑料注射成型的型坯，经冷却，再加热，然后用机械的方法及压缩空气，使型坯沿纵向及横向进行吹胀拉伸、冷却定型的方法。拉伸吹塑瓶透明性好、强度高。广泛使用的聚酯瓶大部分是用拉伸吹塑法制造的。根据型坯制造的工艺不同，拉伸吹塑分为注射拉伸吹塑及挤出拉伸吹塑两类。注射拉伸吹塑主要用于成型0220L、形状为圆形或椭圆形的容器，例如饮料瓶、纯净水瓶等。

三、塑料袋

塑料袋都是由塑料膜加工而成的，塑料薄膜有单一膜、复合膜和蒸镀膜。塑料膜的成型方法有层压法、共挤法和吹塑法等。

作为饮料包装的塑料袋主要有聚乙烯薄膜袋、复合薄膜袋和桶装袋。聚乙烯薄膜袋较早用于饮料包装，但由于这种包装透气性大、强度差等原因，目前已经很少使用了。复合薄膜袋主要是三层袋，即由聚酯/铝箔/聚烯烃复合而成，具有同金属罐相近的性能，也称杀菌袋，在日本、西欧等国也作包装饮料、果汁等。桶装袋也是由聚酯/铝箔/聚烯烃成型的复合袋，但容积很大，在200L左右，一般放入铁桶中，装入浓缩果汁等，袋与桶紧贴为一体进行运输和流通，铁桶保护复合袋及其内容物。这是作为饮料加工原料的浓缩果汁、果浆最常用包装形式。

四、塑料杯

制造塑料杯的材料有聚苯乙烯（PS）、耐冲击性聚苯乙烯（HIPS）、聚氯乙烯和聚丙烯等。

成型方法有注射成型和热成型两种。热成型又分真空成型和压空成型。用聚丙烯、铝箔、聚丙烯制成的复合塑料杯可以进行高压杀菌。

目前塑料杯成型机与灌装生产线直接配套，使用的是聚苯乙烯树脂材料，容量为65mL，成型后立即进行无菌罐装和密封，用于乳酸菌饮料生产，生产能力为7200个/h。

第六节 外 包 装

外包装顾名思义是商品最外部的包装，又称运输包装，多是若干个商品集中的包装。饮料外包装与其他商品一样是多个饮料集中的包装，在外包装上须按GB 7718—2011《预包装食品标签通则》规定标示相应的信息。

一、饮料外包装的作用

饮料外包装的作用很多，主要有：

（1）保护作用 保护饮料在流通中的安全，避免搬运过程中的脱落、运输过程中的振动或冲击、保管中由于承受物重所造成的破损；避免异物的混入和污染；防湿、防水、防锈、遮光，防止因为化学或细菌的污染而出现的腐烂变质；防霉变、防虫害。这是外包装的首要作用。

（2）方便流通 将产品整理成为适合搬动、运输的单元，便于运输、搬动或保管。

（3）提高工效 形状规整大小适宜的外包装有利于提高生产、搬运、销售、输配送、保管等效率。

二、饮料常用外包装

外包装种类很多，分类方法也多种，根据包装物的物性，外包装可以分为刚性包装和软性包装，饮料用外包装多用刚性外包装。按外包装材料进行分类，分为纸质包装、木制包装、金属包装、塑料包装、纤维制品包装和复合材料包装。

纸制包装，它是以纸与纸板为原料制成的包装。包括纸箱、纸盒、纸袋、纸管、纸桶等。饮料用外包装主要为瓦楞纸箱。

金属包装，是指以黑铁皮、白铁皮、马口铁、铝箔、铝合金等制成的各种包装。主要用作大包装浓缩果汁等产品的外包装。

塑料包装是指以人工合成树脂为主要原料的高分子材料制成的包装。主要的塑料包装材料有聚乙烯（PE）、聚氯乙烯（PVC）、聚丙烯（PP）、聚苯乙烯（PS）、聚酯（PET）等。塑料包装主要有：全塑箱、钙塑箱、塑料桶、塑料盒等。主要用作内包装可以回收的饮料的外包装，如瓶装汽水。

木制包装，它是以木材、木材制品和人造板材（如胶合板、纤维板等）制成的包装。主要有：木箱、木桶、胶合板箱、纤维板箱和桶、木制托盘等。也有作为饮料的外包装使用。

第七节 包装材料的回收与环境保护

目前，全世界每年产生的垃圾为450亿吨，我国每年工业固态废弃物约为6亿吨，城市垃圾1亿吨，包装废弃物据不完全推算为1600万吨左右，占城市所有废弃物体积的25%，重量的15%。正是严酷的事实向世人敲响了警钟，它有力地说明了治理环境污染对于人们赖以生存的地球是何等的重要，同时也说明为了维护生态资源的平衡和社会资源的储备，包装废弃物的回收再利用确实迫在眉睫。

一、包装废弃物回收与环保相关标准与法令

（一）包装废弃物回收处理要求

1996年6月，《中国环境保护白皮书》指出：我国政府将在"九五"期间实施《中国跨世纪绿色工程计划》，为创造绿色产品，绿色包装指明了方向，使企业有规可循，有章可依。

首先要对包装废弃物回收处理进行经济核算及评估，应结合经济效益与社会效益两方面来评判它的运作价值，看是否值得对某类废弃物进行某种方式的处理。一旦确定处理方

案就要针对不同类型的包装废弃物选择最佳的处理方法，本着既不产生污染，又能取得经济价值和社会效益的原则进行操作。

回收要有一定的规模，达到一定的指标（回收率）。要求回收过程中分类筛选，处理时要足够清洁，节约能源；处理后产品要含杂质少、有量化指标。这样做可使下一步再生产品的应用范围更为广泛。对于那些回收、清理困难，处理费用高、回收价值极低的材料，可以经燃烧后变成热能；或以科学的堆埋方式使其早日降解，营养土地。回收及处理应设专门的公司及企业，要设专门的监察部门。

随着人们消费水平的提高，工业化、城市化进程不断加快，生活日趋多样化，包装越来越成为人类生活不可分割的一部分：然而商品繁荣的同时，包装废弃物也大量增加，造成十分严重的污染，严重制约了经济的发展。

（二）包装废弃物回收与环保相关标准与法令

在 20 世纪中期，许多国家认识到环境问题的重要性，开始重视环境污染治理工作，各国政府相继颁布和实施了环境保护法律、法规及多种许可证制度，用法律、行政的手段来加强环境的保护。联合国 1972 年在瑞典斯德哥尔摩召开了第一次人类环境大会，通过了《人类环境宣言》、《人类环境行为计划》等文件，成立了联合国环境规划署（UNEP）。每年的 6 月 5 日为"世界环境日"；1980 年联合国环境规划署和自然保护同盟起草了《世界自然资源保护大纲》。1983 年联合国大会和 UNEP 授权布伦特兰夫人组成"世界环境与发展委员会"。1987 年出版了《我们共同的未来：从一个地球到一个世界》，提出了可持续发展的观点。在 1992 年，联合国在巴西里约热内卢召开环境与发展大会，183 个国家和 70 多个国际组织出席会议，通过了《21 世纪议程》、《里约热内卢宣言》、《联合国气候变化公约》、《生物多样性公约》等文件。部分亚洲国家和地区制定的部分相关法规见表 12－7。

我国"十一五"规划指出，以循环经济的理念来指导绿色包装材料的开发，加强包装材料废弃物的回收处理和综合利用，到 2010 年纸的回收率要达到 50%（2005 年为 38%，1900 万吨），废纸的再生率达 60%（2005 年为 50%，2000 万吨），铝制容器回收率达 90%（2005 年为 80%），聚酯瓶回收率达 60%（2005 年为 50%），塑料袋回收率达 10%（2005 年为 0%）。

表 12－7   亚洲国家和地区制定的法规

国别/地区	法规内容
中国	第八届全国人大常委会第十六次会议于 1995 年 10 月 30 日通过《中华人民共和国固体废物污染环境防治法》并于 1996 年 4 月 1 日起实施，2004 年进行了修订 财政部和国家税务局在联合发出的《关于企业所得税若干优惠政策的通知》中，明确规定企业利用"三废"为主要原料生产的产品，可在五年内减征或免征所得税
中国台湾	1988 年修改《废弃物处理法》，规定回收饮料用 PET 瓶和发泡聚苯乙烯一次性餐具；1992 年规定 PET 瓶回收率达到 60%，禁止使用一次性餐具、生鲜食品包装盘、快餐面容器等
韩国	1992 年环境厅制定《关于制止产生包装废弃物的商品包装方法及包装材质标准的协定》，1993 年 1 月 1 日执行
日本	1991 年发布《促进再生资源利用法》、《处理和清扫废弃物法》、《促进配备处理工业废弃物专用设备的法律》；1993 年发布《再生资源法》

我国目前尚无类似的"绿点"组织，也没有形成系统的绿色体系，但政府对包装方面的重视正在加强，国家质量技术监督局已把 ISO14000 系列标准 ISO14001、ISO14004、ISO14010、ISO14011、ISO14012 等同采用。由国家环境保护总局、国家技术监督局、国家商检局等 19 个部门和单位发起，经国务院办公厅批准，成立中国环境管理体系认证指导委员会、中国环境管理体系认证机构认可委员会、中国认证人员国家注册委员会环境管理专业委员会。他们工作的开展，对中国的环境保护事业的发展将起到积极的推动作用。

二、包装材料的回收与再利用的现状

目前回收处理包装废弃物是应对全球资源日益缺乏和治理全球性环境污染的重要措施，实际上世界上没有垃圾，只有资源，只有放错了地方的资源，能回收再生的就应该回收再生。主动处理废弃物的做法是要从垃圾的源头动手，首先避免它的再出现，从根本上解决垃圾的污染。这正如德国目前为垃圾处理所规定的一个严格程序："避免—收集—分析—利用—焚烧—堆放"。

纸、塑料、金属、玻璃是最常用的包装材料。其中的纸包装废弃物在适当条件下 7d 内可腐烂，一般情况下，几年内分解，而塑料废弃物却能存在 200 ~ 400 年。据美国盖洛普舆论研究所调查研究，在破坏环境的垃圾中，塑料占 72%，玻璃占 8%，钢占 5%，铝占 4%，纸占 4%，其他占 1%，不明物占 6%。目前塑料废弃物除了极少数被回收利用外，绝大部分被焚烧、掩埋处理，有的则被倒入江河湖海，以及随意丢弃。大量的废弃塑料随垃圾就地掩埋，滞留于土壤中，会破坏土壤的透气性能、降低土壤的蓄水能力，影响农作物对水分、养料的吸收，导致农作物减产。倒入江海湖泊中的塑料废弃物，一旦被海洋生物误食后，将造成海洋生物的大量死亡。用焚烧法处理，也会造成空气的"二次污染"，危害着人类的健康。因而在众多的废弃物中，塑料已成为环境保护专家所关注的焦点，引起许多国家的重视。

拿美国废物处理公司来说，仅纸的回收率就达到 60% 左右，其中纸盒类的回收每年达 4000 万吨，占各种废弃物重量的 70% ~ 80%。他们利用回收的纸再做成各种纸制品，其中有高档纸、打印纸、纸板等。1993 年克林顿曾发布过总统令，要求各联邦机构和军队购买使用回收再造纸张，而且其在打印和书写纸中的比例不得低于 20%。还可将回收纸做成模塑纸浆，制成各种现代包装的容器、盒子等，所以美国每年回收废纸加工，就节约了 10 多个亿美元。日本在纸的回收上更胜一筹，20 世纪 90 年代高达 80%，有效地解决了他们国家资源缺乏和环境污染的问题。

在塑料包装的回收上，美国采取经过前处理降解成原始单体的方法，用于再合成新的树脂。如美国同意回收处理的 PET 可与新的 PET 树脂同样使用，这就大大促进了 PET 的回收产业，同时，节约了原材料。

德国在废弃物回收处理上运行优良，尤其在玻璃瓶的回收上更有特色，每年的回收量达百万吨。在大街上到处都可以看到公共回收桶，干净，整洁，带有绿点标志，人们自觉地回收玻璃，大大刺激了玻璃回收产业的发展，节约了资源。

随着国民经济的增长和包装业的迅速发展，2010 年，我国包装产品的产量大幅提升，纸包装制品达到 3000 万吨，塑料包装制品 707 万吨，玻璃包装制品 772 万吨，金属包装制品 385 万吨，由此可见包装废弃物的产生量也将会进一步上升；然而就目前的估算，我国可利用而未利用的固体废弃物价值就达 400 亿元左右，这无疑是一项开发潜力很大的资源。对此，我国环保部门已做了针对性的部署，在今后 5 年中，国家将投入近千亿元人民币进行固体废弃物的处理，使它在城市的存量控制在 1.2 亿吨，无害化处理综合利用达 60%。

以上数据充分显示包装废弃物的回收再造可以带来不可估量的经济效益和社会效益，在降低生产成本，减少污染的同时，还维护了生态平衡。总之，回收再利用包装废弃物具有巨大的经济效益，将成为各国解决包装废弃物问题最有效的途径。

三、包装材料的回收与再利用方法

1. 玻璃瓶的回收利用

由于玻璃瓶包装具有阻隔性强、透明度高等优点，广泛用作啤酒、饮料、调味品和化妆品等的包装容器。这是一个新旧瓶共存的特殊市场，并以旧瓶居多。玻璃瓶包装的回收利用能创造很多社会效益：节约能源，减少玻璃废弃物填埋，减少玻璃原料矿的开采，降低玻璃熔炼过程的废气排放。目前玻璃容器工业在制造过程中约使用 20% 的碎玻璃，以促进融熔以及与沙子、石灰石和碱等原料的混合。碎玻璃中 75% 来自玻璃容器的生产过程，25% 来自消费后的回收。

废弃旧玻璃的回收处理与再利用主要有三种：循环复用、回炉熔融再造及直接再加工。

（1）循环复用　也称玻璃瓶包装回收复用，是指回收后，仍作为包装容器利用，可分为同物包装利用和更物包装利用两种形式。目前，玻璃瓶包装的原型复用主要用于包装价值低而使用量大的商品，如啤酒、白酒、汽水、酱油、食醋及部分罐头等。而用于包装价值高的白酒、药品（医用）、化妆品时几乎不进行回收复用。回收利用方式主要是将回收的玻璃瓶进行初步清理分类→水洗→洗涤剂洗→水洗→121℃烘干→消毒→再用。

循环复用方法省却了制造新瓶时所消耗的石英原料费用和避免了产生大量废气，是值得提倡的。但其有一个较大的缺点，就是消耗大量的水和能源，尤其是用于饮料包装的回收瓶其安全性必须保证。

（2）回炉熔融再造　是指将回收到的各种玻璃瓶包装制品用于同类或相近包装瓶的再制造，这实质上是一种为玻璃瓶制造提供半成品原料的回收利用。一般操作分三个阶段，首先将回收的玻璃瓶进行初步清理、清洗、按色彩分类等预处理；然后，回炉熔融，与原始制造程序相同；最后，通过吹制、吸附等不同工艺方式制造各种玻璃包装瓶。

回收炉再生是一种适宜于各种难以进行复用或无法复用（如破碎的瓶子）的回收利用方法。该法比循环复用方法耗能更多。

（3）直接再加工　是指旧材料不必回炉即可直接通过加工转换为可应用的材料。这种处理方法多用于建筑业，制成建筑材料或一些小型的工艺装饰品。处理方法如下：先将回收的碎旧玻璃经过清洗、分类、干燥等预前处理，然后采用机械的方法将它们粉碎成小颗粒，或研磨加工成小玻璃球，可直接与建筑材料成分共同搅拌混合，制成整体建筑预制板；或者用于建筑材料的表面，使其具有美丽的光学效果；还可以直接研磨成各种造型，然后黏合成工艺美术品或小的装饰品。

2. 金属包装制品的回收利用

金属包装制品多用于两大类，一类是现代饮料的易拉罐、罐头盒、点心盒或一些油漆、油脂、蜡一类的铁罐，再一类就是大型不锈钢储罐或盛装罐及装工业用油或民用食用油的铁桶等。它们的应用范围是有限的，但一般没有代替品。由于我国人口众多，在建筑，工业上用金属的量相当之大，而我国又是资源缺乏国，所以金属的回收是重要而有意义的。我国铝制易拉罐回收率在90%以上，马口铁制品回收率在75%左右，钢桶回收利用更高一些。

废弃金属包装制品的回收处理方法主要有循环复用及回炉再造两种。

（1）回收复用　是将各种不同规格，不同用途的储罐钢桶先翻修整理，然后洗涤，烘干，喷漆再用。食品的内包装一般不使用这种回收包装。

（2）回炉再造　指将回收到的废旧空罐、铁盒等分别进行前期处理，即除漆等，铝罐进行去铁，然后打包送到冶炼炉里重熔铸锭，轧制成铝材或钢材。

3．纸包装的回收利用

废弃包装纸被回收后，主要用于生产再生纸和各种用途的纸板及纸浆模塑制品。其工艺程序大致归纳为：废纸的初步清理与分类筛选→废纸的碎解（包括初级净化）→废纸的脱墨（包括去热熔物）→油墨的清洗与分离。

废纸经过这几个程序处理后，它已经成为用于重新造纸的浆液，其白度可达到83%，在后面的造纸过程中，根据采用的工艺不同，设备不同可以形成不同的产品。实践证明废纸经过反复利用后浆强度基本保持恒定，这进一步说明废纸的再生利用极有价值。

4．包装塑料的回收利用

近年来，塑料以其自身的优越性，质轻、价廉，来源丰富强度好，物理性能优良等在包装领域发展迅速。然而由于塑料在回收处理上确有难度，由此带来了许多严重的社会问题及污染问题。据统计，2008年全行业塑料包装材料主要产品产量达到1261.07万吨，这些材料使用之后大部分都成为垃圾。因此研究开发塑料包装废弃物的回收处理与再生技术，特别具有重大的意义。

塑料包装废弃物的处理方法很多，首先是回收再利用，其次是焚烧获取能量或重获原料，第三是实行填埋。

（1）回收再利用　是一种最积极的促进材料再循环使用的方式，也是保护资源、保护生态环境的最有效回收处理方法。此种方法又可分为回收循环复用，机械处理再生利用，化学处理回收再生。

①回收循环复用：是不再有加工处理的过程，而是通过清洁后直接重复再用。这种方法主要是针对一些硬质、光滑、干净、易清洗的较大容器，如托盘、周转箱、大包装盒，及大容量的饮料瓶、盛装液体的桶等。这些容器经过技术处理，卫生检测合格后才能使用。

②机械处理再生利用：包括直接再生和改性再生两大类。

直接再生主要是指废旧塑料，经前处理破碎后直接塑化，再进行成型加工或造粒，有些情况需添加一定量的新树脂、加入适当的配合剂，以改善其性能。改性再生的目的是为了提高再生料的基本力学性能，以满足再生专用制品质量的需要。改性的方法主要为两类：一类是物理改性，即通过混炼工艺制备复合和多元共聚物；另一类为化学改性，即通过化学交联、接枝、嵌段等手段来改变材料性能。对塑料包装废弃物的化学改性，就是通过化学反应的手段对材料进行改性，使其在分子结构上发生变化，从而获得更优良的特殊性能。

总之，通过相应处理可以获得性能不同的再生塑料，用于加工如塑料编织袋、防水涂料、防火装饰板等的各种再制品。

（2）焚烧法　是一种最简单最方便的处理废弃塑料及垃圾的方法。它是将不能用于回收的混杂塑料及与其他垃圾的混合物作为燃料，将其置于焚烧炉中焚化，然后充分利用由于燃烧而产生的热量。

此法最大的特点是将确实成为废物的东西转化成为能源。其发热量与其他燃料油相当，可达 5234～6987kJ/t，且远远高于纸类、木材等。同时具有明显的减容效果。燃烧后，其质量可减少约85%，体积可减少约95%，残渣体积小，密度大，填埋时占地极小也很方便，同时又稳定，又易于解体溶于土壤之中。

焚烧法的工艺十分简单，不需要任何的前处理，垃圾运送到就可直接入炉，节省了人力资源，既获得了高价值的能源，又有效地保护了生态环境，所以此法备受人们重视。不足之处是：建设的一次性投资大，费用高；有些塑料在焚烧过程中不可避免地产生二次污染等有害物质，如 SO_2，HCl，HCN 等，剩余灰烬中残存有重金属及有害物质，它们都会对生态环境和人体健康造成危害。故在采用焚烧法的同时一定要配建一套对废气与残渣的环保处理系统，以达到符合国际标准的排放。此外，因为焚烧及配套设备较庞大，加之它要连续焚烧，必须有源源不断的垃圾储备，以达到大规模的处理量。所以它的场地要占很大面积，而且要方便运输。

目前，丹麦等一些发达国家所设计制造的全套焚烧设备、技术已达到了很高的水平，燃烧很充分，无臭，无烟，无酮类等有害物，不造成对社会环境的二次污染。

（3）填埋法　是一种最消极又简单的处理废弃塑料的方法，是将废弃包装塑料填埋于郊区的荒地或凹地里，使其自行消亡。但是作为普通塑料要好几百年才会分解消失，所以此种处理方法是最不理想的。

四、包装材料回收与环保措施

要减少包装材料造成的环境污染，最理想的方法是使用绿色包装，避免污染物的产生。绿色包装（Green Package）又可以称为无公害包装和环境友好包装（Environmental Friendly Package），指对生态环境和人类健康无害，能重复使用和再生，符合可持续发展的包装。它的理念有两个方面的含义：一个是保护环境，另一个就是节约资源。其中保护环境是核心，节约资源与保护环境又密切相关，因为节约资源可减少废弃物，其实也就是从源头上对环境的保护。

国外许多饮料制造企业也正在积极研究开发绿色饮料包装，如百事公司开发的由柳枝稷、松树皮和玉米壳等生物原料制成的"绿色"饮料瓶——纯植物原料完全可循环的PET塑料瓶。

透析我国的资源情况，不难看出我国是一个资源短缺的国家。并且，我国在包装废弃物回收处理方面还未形成规模，也没有进入产业化、科技化阶段，但是已开始加以重视，有奋起力追的趋势。考虑到目前中国的大部分企业都是消费式的生产方式，中国人的生活方式也由于生活水平的提高，在追求消费水平时却忽视了节约和回收的意识。对此，我国有关部门的确应尽早拿出相关的措施部署，立即付之行动。其一，要成立在国家环保总局监督下的回收处理公司，要购置先进设备，培训技术力量，使全国形成一个网络，回收、处理、再生一条龙服务。其二，要对人们加大在环保意识和珍惜资源方面的宣传，使人们认识到目前人类生活的地球所面临的环境与资源的危机，形成人们的自觉行为。其三，借鉴西方发达国家的成功经验，实行绿色环境，设置公共回收装置，并立法来加以保证。其四，要建立健全绿色包装法律体系及其运行机制，一方面环保部门、包装行业主管部门和物资部门，应根据国家有关政策和法律法规，各司其职，互相配合，做好发展我国绿色包装和包装废弃物处理的各项工作，另一方面要完善绿色包装法律制度，以法律法规促进绿色包装的发展。

第八节　饮料包装的新动向

一、饮料包装现状

我国的饮料工业正进入一个快速发展的时期。2009 年全国饮料工业完成产量过 8000 万吨，比上年同期增长 26.05%。饮料工业已成为我国国民经济的重要产业。近年来，我国饮料包装工业技术装备水平有了质的飞跃。国内已引进国际先进水平的两片式易拉罐生产线、灌装线；PET 瓶、利乐包、康美包等一次性软包装生产线；各种规格、型号的玻璃瓶，聚酯瓶灌装线；浓缩果汁、纯净水生产线、高压杀菌设备以及其他各种饮料生产设备。饮料机械制造国产化步伐大大加快，易拉罐、塑料瓶，复合软包装材料的选择均已基本立足于国内，饮料包装生产的快速发展正在不断满足日益增长的市场需求。

目前我国饮料包装按使用材料分主要有玻璃瓶、聚酯（PET）瓶、金属（易拉）罐、纸塑复合包装等包装形式。玻璃是一种历史悠久的包装材料，玻璃瓶也是我国传统的饮料包装容器，目前约占有 30% 的比例；PET 瓶发展势头很猛，目前也约占有 30% 的比例；PET 瓶包装已成为当今饮料包装的一种趋势，从世界各饮料大国的市场份额来看，在碳酸饮料、果汁饮料、茶饮料和瓶装水四大饮料中，PET 瓶装所占的份额超过了 70%。目前，我国也正处于 PET 饮料包装的高速发展阶段，包装用聚酯瓶的需求量每年以两位数增长。国内碳酸饮料包装中 PET 瓶的应用比例占 57.4%。金属罐在饮料包装中以两片铝质易拉罐为主体，所占比例近 20%，而三片易拉罐约占 10% 的份额，主要用于果蔬汁的包装；纸塑复合包装的份额也在 10% 左右，多用于果蔬汁和清凉饮料。

二、饮料包装发展动态

目前饮料包装的最近发展动态及研究成果体现在以下方面。

（一）玻璃瓶

玻璃瓶的轻量化。玻璃瓶最大缺点是机械性能差、易破碎和自重大。玻璃容器的轻量化就是在保证一定强度的条件下，降低玻璃瓶的重容比，目的是提高其绿色性与经济性。重容比是评价相同容积的玻璃瓶罐质量的尺度，据用途不同，轻量瓶的重容比一般在 0.15~0.8，轻量瓶重容比小，瓶壁相对薄，重量轻。轻量瓶的壁厚平均为 2~2.5mm。

降低玻璃包装容器重容比主要是靠减小壁厚。但是，在薄壁状态下要保持较高的耐压强度是非常困难的，必须从设计到生产全过程的各个环节入手，通过玻璃成分改性、合理的结构设计、正确的工艺安排、有效的生产工艺指标控制、有效的表面处理等强化处理措施达到壁厚小、强度高的目的。

在欧美日等发达国家，轻量瓶已是玻璃瓶罐的主导产品。德国 Obedand 公司生产的玻璃瓶罐，80% 是轻量化的一次性用瓶。原料成分的精确控制、熔制全过程的精密控制、小口压吹技术（NNPB）、瓶罐的冷热端喷涂、在线检测等先进技术，是实现瓶罐轻量化的根本保证。一些国家正在开发新型瓶罐表面增强技术，试图进一步减轻瓶罐重量。例如，德国海叶公司在瓶壁表面涂覆薄层有机树脂，生产出只有 295g 的 1 升浓缩果汁瓶，可以防止玻璃瓶被擦伤，从而可提高瓶罐压力强度 20%。目前流行的塑料薄膜套标，也有利于玻璃瓶罐的轻量化。

今后动向为不断提高玻璃材料品质，改进制瓶技术，增强玻璃瓶机械强度，试制薄壁化、轻量化、安全化的新型玻璃容器。

（二）金属罐

就目前的饮料包装市场来说，金属罐仍然是被广泛使用的饮料包装材料，分两片罐和三片罐。两片罐以铝合金板材为主，多用于碳酸饮料的包装；而三片罐以镀锡薄钢板（马口铁）为主，多用于不含碳酸气的饮料包装。

我国金属包装空罐技术已接近国际水平，为节约金属材料，目前要大力推广使用超薄马口铁罐，罐身采用加强圈加固。铝罐在饮料包装中主要是两片易拉罐，多用于含气饮料。在研究新材料新包装的同时还要努力提高产品质量，解决饮料罐目前存在的漏罐、易开盖拉环易破损等质量问题。

（三）塑料容器

塑料容器中的用量最大的是 PET 瓶，近年来，它的生产在不断增长。PET 瓶的制造商主要有美国的 C. M. 公司，我国的柯浦公司以及日本的日精树脂工业公司等。瓶型规格也由 1 升瓶，1.5 升瓶发展为 2 升以上的大规格瓶型。PET 瓶在美国饮料容器中占有的比重也越来越大。至今，美国的百事可乐与可口可乐两大公司生产的二氧化碳饮料容器中有 80% 为 PET 塑料瓶，2 升规格的饮料瓶中也有 50% 以上为 PET 瓶。

PET 包装的主要缺点是容易造成气体的渗透，尤其是充气饮料，氧气的渗入和二氧化碳的流失，对风味和口感的影响都是较明显的，聚酯类物质的化学性质比玻璃要活泼，因此很可能会吸附饮料中的一些风味物质，影响口感；PET 瓶冲洗、灌装和运输过程中很容易受到划伤和裂伤，这些问题已经得到重视，正在开展塑料包装隔绝性等的研究。此外，目前 PET 瓶子并没有完全解决杀菌的问题，因此限制了它的应用范围，提高 PET 瓶的耐热性也是重点研究内容之一。

美国弗吉尼亚州 Winchester 的 Clariant Additive 公司推出 2 个提高 PET 瓶对氧和二氧化碳耐久隔绝性的母料新产品。商品名为 CESA – absorb，其中所含符合组分在运输和加工时保持稳定，避免了其他同类产品需要采用氮气氛围保护的方法。

CESA – absorb OCAOO50134 – ZN 是多种功能母料，内含具有被动（passive）隔绝性的尼龙聚合物，制止 PET 瓶中碳酸类饮料和啤酒中的 CO_2 逸散，而母料配方中的主动活性（active）组分启动尼龙氧化反应，从而吸收氧和阻止 PET 瓶内易丢失组分损失。

（四）纸质容器发展动态

纸制容器多用于酒类（清酒、葡萄酒、果露酒等）、清凉饮料（果汁、咖啡等）、乳制品、调味料（沙司、醋、番茄汁、调香料等）的包装。规格自 1 升、2 升乃至 4 ~ 20 升多种规格。美、日等国家庭牛乳消费量大，往往采用 2 加仑（约 7.6 升）、3 加仑（约 11.4 升）带放料阀的大桶形纸容器盛放牛乳，贮藏冷库内，随时由放料阀取出饮用。目前在饮料容器方面，纸制容器所占比率虽尚不及玻璃瓶与金属罐，但它具有其他材料不可比拟的特点，正在迅速发展中。据报道，全球每年消耗纸盒无菌包装达 1000 多亿个，发达国家纸盒包装饮料人均年消费量为几十包，而我国人均年消费量才 1 包多，在乳类、茶饮料、蔬菜汁、葡萄酒、中药等领域，我国砖型纸盒包装的市场发展空间十分广阔。

另外，复合纸杯在国外已经应用于果汁包装，如澳大利亚研制的具有高屏蔽性能的果汁纸杯，已经商业化应用，果汁的货架期可以达到 18 个月。这种长货架期纸杯克服了原有纸杯屏蔽性能差、产品保存期短的不足，作为绿色包装将在果汁包装中有着极大的发展空间。

（五）新型饮料（包装）容器

在 21 世纪，饮料包装不仅仅局限于保护产品、方便贮运、促进销售等功能，方便消费者使用、同时又要求能满足消费的心理需求，即更人性化的包装。这也就是现代饮料包装的发展趋势之一。

日前，苏格兰斯特莱斯克莱德大学的研究人员研制成功一种可提醒消费者食物何时开始变质的食品包装袋，当食物开始变质或超过保质期但没有放进冰箱冷藏后，包装袋将改变自身的颜色，以达到警示消费者的目的。这种包装袋还有保险的作用，它可以为食物提供特殊的保存环境，以延长食物的保存时间，价格也十分便宜。

更多的包装设计趋向于迎合消费者的使用习惯，以及在特殊场合下的包装制品。2011 年 2 月，利乐公司在迪拜海湾食品展（Gulfood）上推出了三种新盖，据悉，三款新盖分别是：采用人类工程学设计理念，适合随身携带饮用的 DreamCap；令塑料用量和成本最小化，尤其适合于大尺寸的包装开口的 LightCap；以及一步即可轻松开启，并拥有显眼的防揭封口的 HeliCap。

斯米诺伏特加饮料酒瓶包裹一层水果纹理薄膜，打开包装时感觉就像在剥开水果一样。并且瓶子外皮的纹理如同水果的果皮，在开瓶时带来剥水果的逼真感，似乎拿在手中的不是饮料，而是一个水果，让消费者爱不释手。

近年来，国内外一些企业开发出了许多构思独特的新一代饮料包装容器。这些新一代的饮品包装，材料易得，利用率高，产品便于储存，更加人性化，受到消费者青睐。

1. 可自动加热的钢罐

带有易拉顶盖，内装即饮咖啡等，可凉饮，也可热饮。容量 1 升或 2 升的圆形、方形、矩形聚酯瓶，可用来灌装冷饮，便于在饮用前加入乳、糖、柠檬酸等其他配料。

2. 加压铝罐

可用来灌装浓缩果汁，饮用时，将其注入一杯热水中，便成为即饮热咖啡、热果汁或热茶等。

3. 即冲饮一次性聚丙烯杯

杯中装有各种饮料的全部配料，外加一袋水，将这一袋水注入杯中，即可饮用。

4. 杯口带滤器的塑料杯

其滤器是在杯口上的塑料框架蒙上多孔纸或无纺聚丙烯。若要饮用热咖啡，可拧开热封袋，将磨碎的咖啡倒进滤器，再冲热水，就可成为一杯热咖啡。

5. 低成本钢罐

用轻型镀锡铁皮制造，铁皮厚度从原来的 0.27mm 改为 0.22mm。重量减轻 30%，坚固性大大优于铝罐，长途运输不易损坏，生产成本仅为铝罐的一半。

6. 轧制卷边的三片金属罐

该罐带有透明窗口，可显示内装物，铝箔熔接密封，并以螺盖代替了注压塑料盖。

本章小结

饮料是当今食品工业的大宗产品，是食品工业产品的主要组成部分之一，因此对食品工业的发展具有举足轻重的作用。本章介绍了饮料包装的目的、作用和要求，对饮料包装进行了分类，提出了对饮料包装材料和容器的基本要求；并详细讲述了用于饮料包装的玻璃、金属、纸和塑料包装材料的优缺点，容器分类和应用范围；明确了外包装的定义、分类、包装材料应达到的特点要求和外包装的注意事项。环保是对食品工业的重要要求，饮料包装同样要符合环境保护的要求，本章介绍了绿色包装的定义、标准和法令，绿色包装材料的要求和种类，并详细介绍了包装材料的回收和再利用方法；最后，本章介绍了饮料包装的发展动态。

思考题

1. 说明包装材料的种类及其特点。
2. 说明绿色包装的定义及其要求。
3. 请以浑浊型果汁、澄清型果汁或固体饮料为例，提出一种或几种可行的包装材料，说明对包装材料的要求，以及包装材料的回收方法。

拓展阅读文献

［1］刘士伟. 食品包装技术［M］. 北京：化学工业出版社，2008.

［2］李代明. 食品包装学［M］. 北京：中国计量出版社，2008.

第十三章　饮料安全生产管理和环境保护

学习目标

1. 了解饮料生产过程中的安全生产管理技术。
2. 掌握饮料安全性指标的主要内容，熟悉安全性指标评价的方法。
3. 了解饮料生产中的 GMP、HACCP 和 ISO22000 的基本内容及相互关系，熟悉的GMP、HACCP 技术要点。
4. 了解饮料生产节水与环境保护的概念与意义，饮料企业节水的主要途径。
5. 了解饮料厂"三废"的特点及治理三废的措施。

第一节　饮料安全生产管理技术

"民以食为天"，饮食是人类社会生存发展的第一需要，饮料是极为大宗的食品，是家家户户每日的主要饮品，饮料的安全涉及千家万户，关系到人民的身体健康和生命安全，关系到经济的健康发展和社会的稳定。保证饮料的安全是全体饮料业人士的职责。保证饮料的安全必须从饮料的安全生产开始，而严格的饮料生产管理是饮料安全生产的保证。

饮料安全生产包含从饮料生产企业建立到产品的生产原料、销售、消费等各个环节和实施食品安全管理体系的专项技术要求，包括人力资源、前提方案、关键过程控制、检验、产品追溯与撤回等。

一、饮料安全概述

饮料生产和其他食品一样，随着新资源的不断开发，品种的不断增加，生产规模的扩大，加工、储存、运输等环节的增多，消费方式的多样化，人类食物链变得更为复杂。食品中诸多不安全因素可能存在于食物链的各个环节，可以概括为生物性危害、化学性危害和物理性危害。

1. 生物性安全危害

生物性危害主要是指生物（尤其是微生物）自身及其代谢过程、代谢产物对食品形成污染，对人体造成危害。在饮料加工、储存、运输、销售，直到饮用的整个过程中，每个环节都有可能受到这些生物的污染，危害人体健康。所以，生物性危害是影响饮料安全的重要因素。

（1）细菌性危害　是指细菌及其毒素产生的危害，细菌性危害涉及面广，影响最大，问题最多。控制饮料的细菌性危害是目前饮料安全问题的主要内容。

（2）真菌性危害　主要包括霉菌及其毒素对饮料造成的危害。致病性霉菌产生的毒素通常致病性更强，并伴有致畸性、致癌性，是引起食物中毒的一种严重生物危害。

（3）病毒危害　病毒具有专一性、寄生性，虽然不能在食品中繁殖，但是食品为病毒提供了很好的生存条件，因而可在食品中残存很长时间。

微生物的污染既造成生物性危害，也严重影响产品自身的品质。

污染饮料制品的微生物主要有革兰氏阴性菌、醋酸菌、乳酸菌、酵母菌、平酸菌等。当果汁、不含汽饮料等污染了霉菌后就可能出现絮状或球状悬浮物。如被酵母菌所污染，则酵母菌在发酵食品中的糖分时就会产生大量的二氧化碳，使容器膨胀或爆裂。另外，酵母菌还会使果汁的色泽发生变化。如丝状菌族可使果汁变成白色、绿色或棕色。

革兰阴性细菌在碳酸饮料中出现得较少，在非碳酸饮料中有时是造成事故的原因。该细菌多是由工厂的空气中带入，因而主要应从控制工厂的卫生条件入手来防止污染。有时即使使用了消毒剂也未能使其减少，则可能是菌株产生了一定的抵抗性，这就需要改变消毒方法或更进一步降低饮料的 pH。

醋酸菌是不形成芽孢的细菌，其形态以近似于球菌形态的短杆菌为主。一般细菌在酸性条件下不繁殖，生成有机酸的细菌可在 pH 为 4.3 以下时繁殖，其主体是醋酸菌和乳酸菌。醋酸菌增殖时多在液面成膜，幼龄细胞呈革兰阴性，老龄细胞呈可变性，因而染色只能用来作为鉴定的参考因素。由于醋酸菌增殖而生成挥发性酸臭。感官上辨别挥发性酸臭类似于一种顶香成分，和纯醋酸的嗅感不同。

多数乳酸菌在 pH 小于 3.5 时不能生长发育，因而它并不是清凉饮料的重要污染菌。异型乳酸发酵型的明串珠菌属的乳酸菌是饮料变质的原因菌之一。

平酸菌是造成平盖酸败的原因，久已为人所知的菌是嗜热脂肪芽孢杆菌和凝结芽孢杆菌。近来发现，由于 *Desulfotomaculum nigrificans* 类缘菌也可以产生平盖酸败。这些菌的适宜生长温度是 55～60℃。

酵母菌是清凉饮料污染的微生物主体。酵母菌在比较低的 pH 环境中可能生长发育，而使用果汁和乳等为饮料原料时，由于提供了良好的氮源和磷源，更有利于酵母菌的增殖，酵母菌能够在糖浆中生长，一旦糖浆受到酵母菌污染，酵母菌（特别是耐高渗透压的酵母菌）就会迅速生长繁殖，导致饮料变质。严重的酵母菌污染使糖浆产生发酵现象，例如，酸度升高并产生二氧化碳。酵母菌可以通过空气传播，所以，环境、设备、容器乃至操作人员卫生差等，都可能成为酵母菌污染的来源。

霉菌也会污染果汁，在众多的霉菌中，由青霉菌污染造成的品质降低的情况较多。霉菌的生长主要取决于氧，只要有低浓度的二氧化碳存在，就可以起到抑制作用。正常的碳酸饮料所含的氧不足以维持霉菌的生长，可是霉菌能在果汁糖浆以及未充气的饮料中生长，使饮料产生霉味，也可能使饮料产生絮状物或沉淀。暴露在空气中的设备，特别是糖浆罐、糖浆机、喷嘴和混合头等，如不清洗干净，将给霉菌生长、繁殖提供有利条件。

病毒是一类无细胞结构的微生物，个体极小，只有在电子显微镜下才能看到。它主要是由蛋白质和核酸组成，自身没有完整的酶系，不能进行独立的代谢活动和自我繁殖。只能在活细胞内专性寄生。靠宿主细胞的代谢系统协同复制核酸，合成蛋白质，然后组合成新的病毒。病毒在人工培养基上或在食品中不能生长繁殖，因而不会造成食品腐败变质。但食品为病毒的存活提供了好的条件，是病毒生存与传播的载体。一旦食用了被特定病毒污染的食品，病毒即可在人体细胞中繁殖，形成大量的新病毒，对细胞产生破坏作用，导致食源性病毒疾病。

2. 化学性危害

化学性危害是指食品中毒物或食品受污染物而引起的危害。所谓毒物是指小剂量就可干扰和破坏生物体的动态平衡，甚至导致生物体死亡的化学物质。毒物是通过改变生物体内的生物化学过程引起机体伤害甚至导致器官性病变的损伤。如有机磷酯类农药残留能抑制胆碱酯酶的活性，使生物体乙酰胆碱超常积累，因而导致生物体的极度兴奋而死亡。

饮料的化学性危害按其来源一般可分为天然毒素、外来有毒有害化学物质、食品加工时产生的化学危害以及金属危害四种。

（1）天然毒素　天然毒素是指生物体本身含有的某种毒物。自然界中含天然毒物的生物很多，按其来源可分为动物毒素、植物毒素、微生物毒素（包括细菌毒素、真菌毒素）。但一般与饮料有关的天然毒素多为植物毒素，因为水果、蔬菜是果蔬饮料的重要原材料，豆类是植物蛋白饮料的主要原材料。下面主要介绍一下来自豆类、蔬菜和水果的天然毒素。

①豆类中的有害毒素：豆乳饮料的原材料大豆的籽粒中含有对人体健康有害的化学物质，如淀粉酶抑制剂、胰蛋白酶抑制因子、大豆凝集素、大豆皂苷及棉子糖、水苏糖等低聚糖类。淀粉抑制因子和胰蛋白酶抑制因子可抑制淀粉酶和蛋白酶的活性，大豆凝集素能使红细胞凝集，大豆皂苷有溶血作用，低聚糖则会引起胀气。在饮料加工过程中，如果加热温度和时间不够，不能彻底破坏这些有害物质，会引起食物中毒。

大豆凝集素属蛋白类，大豆皂苷属于糖类，它们均不耐热，加热即可使它们被破坏或变性。胰蛋白酶抑制因子也属于蛋白类，热处理可使其失活。酶蛋白抑制因子在热处理温度超过90℃时，活性丧失很快。100℃下处理20min，胰蛋白酶抑制因子活力丧失达90%以上；120℃下处理30s也可以达到同样的效果。棉子糖和水苏糖是水溶性碳水化合物，在浸泡和脱皮工序可部分去除。在分离除去豆渣时，渣中会带走少量。但其他加工工序对其没有影响，因此主要部分仍存在于豆乳中。

②蔬菜：胡萝卜汁是一种常见的蔬菜饮料。胡萝卜是十字花科蔬菜的一种，它含有芥子油苷。芥子油苷是一种阻止机体生长发育和致甲状腺肿大的毒素。硫化葡萄糖苷本身无毒，水解后在芥子酶的作用下裂解为异硫氰酸盐和恶唑烷硫酮等有毒物质，它们可以干扰甲状腺素的合成，抑制甲状腺功能。采用高温（40~150℃）可以破坏菜籽饼中的芥子酶活性而预防芥子油苷的中毒。

③水果：果仁如桃、杏、枇杷、苹果等的种子含有氰苷。杏仁核桃仁中的苦杏仁苷含量约3%相当于含有0.17%的氢氰酸，食入果仁后，苦杏仁苷在口腔食道中遇水，经核仁本身所含有的苦杏仁酶的作用，水解产生氢氰酸，后者被吸收后，可造成人体呼吸不能正常进行，陷入窒息状态。苦杏仁苷的致死量约为1g，小儿食6粒，成人食10粒苦杏仁就可以引起中毒。中毒潜伏期为0.5~5h，其症状为口苦涩、流涎、头痛、恶心、呕吐、心悸、脉频等，重者昏迷，继而意识丧失，可因呼吸中枢麻痹或心跳停止而死亡。

（2）外来有毒有害化学物质　外来有毒有害化学物质主要来自两方面：一是直接加入的化学物质，即为了改善饮料品质、色、香、味以及防腐剂和加工工艺需要加入的食品添加剂；二是间接移入的化学物质，主要包括从原材料、辅料中移入的化学用品（如清洁剂、润滑油）以及从设备、容器、包装材料中移入的化学物质。

①食品添加剂：在饮料中的食品添加剂主要包括：甜味剂、酸味剂、防腐剂、增稠剂、乳化剂以及一些香精香料和人工合成色素等。在标准规定下使用食品添加剂，安全性是可以保证的，但如果不严格按使用规定使用食品添加剂就会造成对人体的慢性毒害，包括致畸、致突变、致癌等危害。

②农药残留物：农药残留物是指农药使用后残存于生物体、食品（农副产品）和环境中的微量农药原体、有毒代谢物、降解物和杂质的总称。当农药残留的数量（残留量）超过规定的最大残留限量（MRL）时，就会通过食物链对人体造成化学危害。

许多饮料是以水果蔬菜等农作物为原材料的，这就存在果蔬饮料中有农药的残留导致农用化学性危害的隐患。

（3）食品加工时产生的化学危害　部分食品在加工过程中会发生一些化学危害，其中饮料加工过程中涉及的有毒物质是亚硝胺。亚硝胺化合物是一种潜在的致癌物质，在食品中天然含量甚微，但是蔬菜中亚硝酸盐含量较多，许多蔬菜能从土壤中富集硝酸盐，如胡萝卜，在合适的条件下，大肠杆菌、副大肠杆菌，产气杆菌都会促进硝酸盐转化为亚硝酸盐，进而在食品加工过程中导致亚硝胺的生成。此外，某些物质单独存在时并不产生危害，但如在适宜的条件下共存时则会发生反应而生成有害物质，如咖啡因、苯甲酸钠在饮料中共用时有可能生成"苯甲酸钠咖啡因"。

（4）金属危害　自然界中的金属元素有些是生物体必需的（如硒、锌、铜、铁、锰、铬等），但必需的金属元素超过机体所需的量，将会产生毒害作用。也有不少金属对生物体具有显著的毒性。如铅、镉、汞、铬、锡、镍、铜、锌、钡、镝、铊、铍、铝、砷等，其中最引人关注的是铅、镉、汞、砷，这些元素对人体有明显的毒害作用，被称为有害金属。它们在环境中不被微生物分解，相反可通过动植物的摄取而富集或者转变成具有高毒性的有机金属化合物，受到有害金属污染的食物资源可引起食物的金属化学危害。

3. 物理性安全危害

物理性危害通常是指在饮料产品生产过程中外来的物体或异物，包括在产品消费过程中可能使人致病或导致伤害的任何非正常物理物质。物理性危害可能在食品生产的任何环节进入食品。危害性外来物大多是由原材料、包装材料以及在加工过程中由于设备，操作人员等原因带来的，如玻璃渣、金属碎片、石头、塑料、木屑等。

二、保障饮料安全的措施

保障饮料安全的措施同其他食品一样概括地说也需要从两大方面抓，一是抓环境保护，全民行动，人人有责，保护环境减少污染，二是建立食品安全控制系统，在建立完善食品安全法律法规的基础上加强食品安全生产的管理。

食品安全控制系统主要包括：

（1）食品卫生的法律、法规、标准体系　制定相应的食品卫生的法律、法规。为保障食品卫生安全，中华人民共和国卫生部依据《中华人民共和国食品安全法》，制定了几十个配套规章，涉及食品及食品原料、食品包装材料和容器、食品卫生监督处罚、餐饮业和学生集体用餐等各方面的管理。近些年，还颁布实施了《食品卫生许可证管理办法》、《餐饮业和集体用餐配送单位卫生规范》、《健康相关产品国家卫生监督抽检规定》等法规和规范。在加大食品生产经营阶段的立法力度的同时，中国也加强了农产品种植、养殖阶段，以及环境保护对农产品安全影响等方面的立法，颁布实施了《中华人民共和国农业法》、《中华人民共和国农产品质量安全法》、《中华人民共和国畜牧法》、《中华人民共和国渔业法》、《中华人民共和国动物防疫法》，以及《农药管理条例》、《兽药管理条例》、《饲料和饲料添加剂管理条例》、《农业转基因生物安全管理条例》、《生猪屠宰管理条例》、《植物检疫条例》、《中华人民共和国进出境动植物检疫法》、《中华人民共和国环境保护法》、《中华人民共和国海洋环境保护法》、《中华人民共和国水污染防治法》、《中华人民共和国大气污染防治法》、《中华人民共和国固体废弃物污染环境防治法》等。

制定修改完善食品相关卫生标准，如《食品添加剂使用标准》、《食品营养强化剂使用卫生标准》及各类食品卫生标准等。

（2）食品卫生监督管理体系。

（3）原料生产、运输的食品安全管理，如良好农业卫生规范（GAP）等。

（4）产品生产、运输、销售过程食品安全管理体系　这是食品企业和从事食品加工人员的重点，也是保证食品安全的重要环节。目前我国已经建立了许多相应的规范，如良好卫生规范（GHP）、良好生产规范（GMP）、卫生标准操作规范（SSOP）及危害分析与关键控制点系统（HACCP）、实施食品质量安全市场准入制度等。

（5）危险性分析和其他相应的食品安全研究　食品安全性研究是一项持续长久的工作，研究的内容多，如食品的危险性分析研究、国务院批准实施了《国家食品药品安全"十一五"规划》，提出了加强食品安全监测、提升食品安全检验检测水平、完善食品安全相关标准、构建食品安全信息体系、提高食品安全科技支撑能力、加强食品安全突发事件和重大事故应急体系建设、建立食品安全评估评价体系、完善食品安全诚信体系、继续开展食品安全专项整治、完善食品安全相关认证、加强进出口食品安全管理、开展食品安全宣传教育和培训等重要任务。

三、饮料安全生产管理

饮料安全生产管理技术包含许多内容，整个管理体系有许多相关的规范、标准，如前面提到的 GMP、GHP、SSOP、HACCP 等，以及 2008 年 9 月 11 日发布并实施的《食品安全管理体系—饮料生产企业的要求》、2008 年 9 月 10 日发布并实施的 GB/T 27305—2008《食品安全管理体系—果汁和蔬菜汁生产企业的要求》等，都是饮料安全生产的保障性技术。

SSOP 是企业为了使其所加工的食品符合卫生要求而制定的食品加工过程中如何具体实施清洗、消毒和卫生保持的作业指导文件；GMP 要求食品企业应具备合理的生产过程、良好的生产设备、正确的生产知识、完善的质量控制和严格的管理体系；HACCP 体系强调在食品加工的全过程中，对各种危害因素进行系统和全面的分析，然后确定关键控制点，进而确定控制、检测、纠正方案，是目前食品行业有效预防食品质量与安全事故最先进的管理方案。

（一）饮料生产中的良好操作规范（GMP）

1．GMP 的概念与分类

（1）GMP 的概念　GMP 最早用于药业工业，是英文 Good Manufacturing Practice 的缩写，中文的意思是"良好作业规范"，是一种特别注重生产过程中产品质量与卫生安全的自主性管理制度。它要求饮料企业从生产用原料、人员、设施设备、生产过程、包装运输、质量控制等方面按国家有关法规达到卫生质量要求，形成的是一套可操作的作业规范，帮助企业改善企业卫生环境，及时发现生产过程中存在的问题，加以改善。简要地说，GMP 要求食品生产企业应具备良好的生产设备，合理的生产过程，完善的质量管理和严格的检测系统，确保最终产品的质量符合法规要求。

良好操作规范（GMP）是政府强制性的食品生产、贮存卫生法规，GMP 所规定的内容，是食品加工企业必须达到的最基本的条件。

（2）GMP 的分类　从 GMP 适用范围看，现行的 GMP 可分为三类：① 具有国际性质的 GMP，这一类 GMP 包括 WHO 制定的 GMP、北欧七国自由贸易联盟制定的 PIC – GMP 及其东南亚国家联盟制定的 GMP 等。② 国家权力机构颁布的 GMP：例如中华人民共和国卫生部及其随后的国家食品药品监督管理局、美国 FDA、英国卫生和社会保险、日本厚生省等政府机关制定的 GMP。③ 工业组织制定的 GMP：例如美国制药工业联合会制定的、标准不低于美国政府制定的 GMP，甚至还包括公司自己制定的 GMP，如中国医药工业公司制定的 GMP 实施指南。

从制度的性质看，GMP 又可分为两大类：① 将 GMP 作为法典规定，例如美国、中国和日本的 GMP。② 将 GMP 作为建议性的规定，例如联合国的 GMP。

（3）GMP 的发展简介　良好操作规范（GMP）是政府强制性的食品生产、贮存卫生法规。20 世纪 70 年代初期，美国 FDA 为了加强、改善对食品的监管，根据美国《食品药物化妆品法》第 402（a）的规定，凡在不卫生的条件下生产、包装或贮存的食品或不符合生产食品条件下生产的食品视为不卫生、不安全的，因此制定了食品生产的现行《良好操作规范》（21 CFR　part 110）。这一法规适用于一切食品的加工生产和贮存，随之 FDA 相继制定了各类食品的操作规范，如：21 CFR part 106 适用于婴儿食品的营养品质控制，21 CFR part 113 适用于低酸罐头食品加工企业，21 CFR part 114 适用于酸化食品加工企业，21 CFR part 129 适用于瓶装饮料。

在加拿大，卫生部（HPB）按照《食品和药物法》制定了《食品良好制造法规》（GMRF）。CAC 制定了《食品卫生通则》［CAC/RCP1 –1969 Rev. 3（1997）］及一些食品生产的卫生实施法规。

根据国际食品贸易的要求，我国于 1984 年由原国家商检局首先制定了类似 GMP 的卫生法规《出口食品厂、库最低卫生要求》，对出口食品生产企业提出了强制性的卫生规范。到 20 世纪 90 年代初，在"安全食品工程研究"中，对八种出口食品制订了 GMP。

根据食品贸易全球化的发展以及对食品安全卫生要求的提高，《出口食品厂、库最低卫生要求》已经不能适应形势的要求，经过修改，于 1994 年 11 月发布了《出口食品厂、库卫生要求》。在此基础上，又陆续发布了《出口畜禽肉及其制品加工企业注册卫生规范》、《出口饮料加工企业注册卫生规范》、《出口肠衣加工企业注册卫生规范》等 9 个专业卫生规范。1988 年以来，我国颁布了 20 多个强制性国标 GMP，其中 1 个是通用 GMP，其余是专用 GMP。

2. 饮料 GMP 的基本内容与要素

我国食品良好操作规范《食品企业通用卫生规范》（GB 14881—1994）主要对食品企业在原料采购、加工过程、运输、贮存、工厂设计与设施等七大方面规定了基本卫生要求及管理准则，这七个要素是：① 原材料采购、运输的卫生要求；② 工厂设计与设施的卫生要求；③ 工厂的卫生管理；④ 生产过程的卫生要求；⑤ 卫生和质量检验的管理；⑥ 成品贮存、运输的卫生要求；⑦ 个人卫生与健康的要求。各个食品行业（或企业）根据《食品企业通用卫生规范》（GB 14881—1994）的要求结合本行业（或企业）的实际，制定相应的 GMP，饮料行业也制定了《饮料厂卫生规范》（GB 12695—2003），其主要内容如下：

（1）GMP 的基本内容　饮料 GMP 是对食品生产过程中的各个环节、各个方面实施全面质量控制的具体技术要求。世界各国 GMP 的管理内容基本相似，包括硬件和软件两部分。硬件是食品企业的厂房、设备、卫生设施等方面的技术要求，而软件是指可靠的生产工艺、规范的生产行为、完善的管理组织和严格的管理制度等。GMP 的基本内容主要包括：

① 环境卫生控制：老鼠、苍蝇、蚊子、蟑螂和粉尘可以携带和传播大量的致病菌，因此，它们是厂区环境中威胁食品安全卫生的主要危害因素，应最大限度地消除和减少这些危害因素。

② 厂房的设计要求：科学合理的厂房设计对减少食品生产环境中微生物的进入、繁殖、传播，防止或降低产品和原料之间的交叉污染至关重要。对选址、总体布局、厂房设计、厂房布局、一般生产区、洁净区应根据相关国家标准的要求执行。

③ 生产工具、设备的要求：食品生产厂选择工具、设备时，不仅要考虑生产性能和价格，还必须考虑能否保证食品的安全性，例如设备是否易于清洗消毒，与食品直接接触的工具及设备材料不与食品发生理化反应。另外，应建立设备档案及零部件管理制度。

④ 加工过程的要求：主要包括对生产工艺规程与岗位操作规程、工艺卫生与人员卫生、生产过程管理、卷标与识标管理等要求。食品的加工、包装或贮存必须在卫生的条件下生产。加工过程中的原辅料必须符合食品标准，加工过程要求严格控制，研究关键控制点，对关键工序的监控必须有记录，制订检验项目、检验标准、抽样及检测方法，防止出现交叉污染。食品包装材料不能造成对食品的污染，更不能混入到产品中。加工产品应在适宜条件下贮藏。

⑤ 厂房设备的清洗消毒：车间地面和墙裙应定期清洁，车间的空气进行消毒杀菌。加工设备和工具定时进行清洗、消毒。

⑥ 产品的贮存与销售：定期对贮存食品仓库进行清洁，库内产品要堆放整齐，批次清楚，堆垛与地面的距离应符合要求。食品的运输车、船必须保持良好的清洁卫生状况，并有相应的温湿度要求。

⑦ 人员的要求：包括对有关人员学历、专业、能力的要求，以及人员培训、健康、个人卫生的要求。

⑧ 文件：所有的 GMP 程序、文件都应有文件档案，并且记录执行过程中的维持情况。

（2）GMP 的要素　食品 GMP 的要素包括降低食品生产过程中人为的错误、防止食品在生产过程中遭到污染或品质劣变和建立健全的自主性品质保证体系三大要素。食品 GMP 的管理要素包括人员、原料、设备和方法。人员是指要由适合的人员来生产与管理，原料是指要选用良好的原材料，设备是指要采用合适的厂房和机器设备，而方法是指要采用适当的工艺来生产食品。

① 降低食品生产过程中人为的错误：为将人为差错、混淆控制到最低限度，必须采取有效措施，例如：足够的仓库容量，与生产规模、品种、规格相适应的厂房面积，厂房布局合理、生产操作不相妨碍。

② 防止食品在生产过程中遭到污染或品质劣变：主要为防止异物、有毒、有害物质及微生物对食品造成污染，要求洁净区空气净化、密封、内表面的光滑；要求所用物料安全卫生，如工艺用水、消毒剂、杀虫剂管理；要求人员的清洁卫生等。

③ 建立健全的自主性品质保证体系：为了保证质量管理体系的高效运行，对食品生产实行全过程质量监控和管理，要严格执行机构与人员素质的规定；物料供货商的评估、采购、物料贮运、生产过程、成品贮运、销售、售后服务、检验等生产全过程的品质管制；实行如培训、建立文件系统、定期对生产和质量进行全面检查等事前管理体制。

（二）饮料生产中的 HACCP

危害分析与关键控制点（Hazard Analysis And Critical Control Point，HACCP）系统是20 世纪 70 年代发展起来的最重要的食品安全质量管理系统，强调预防为主，将食品质量管理的重点从依靠终产品检验来判定其卫生与安全程度的传统方法向生产管理因素转移。通过生产过程危害分析，确定容易发生食品安全问题的环节和关键控制点，建立相应的预防措施，将不合格的产品消灭在生产过程中，减少了产品在生产线终端被拒绝或丢弃的数量，降低了生产和销售不安全产品的风险。由于该系统是保证产品安全性最为有效的方法，近年来在发达国家已广泛应用于食品生产和管理。

1. HACCP 原理简介

① 原理一：进行危害分析并确定预防措施。

危害分析是建立 HACCP 体系的基础，在制定 HACCP 计划的过程中，最重要的就是确定所有涉及食品安全性的显著危害，并针对这些危害采取相应的预防措施，对其加以控制。实际操作中可利用危害分析表，分析并确定潜在危害。

② 原理二：确定关键控制点（CCP）。

即确定能够实施控制且可以通过正确的控制措施达到预防危害、消除危害或将危害降低到可接受水平的 CCP，例如，加热、冷藏、特定的消毒程序等。应该注意的是虽然对每个显著危害都必须加以控制，但每个引入或产生显著危害的点、步骤或工序未必都是CCP，CCP 的确定可以借助于 CCP 决策树。

③ 原理三：确定关键限值（CL）。

即指出与 CCP 相应的预防措施必须满足的要求，例如温度的高低、时间的长短、pH的范围以及盐浓度等。CL 是确保食品安全的界限，每个 CCP 都必须有一个或多个 CL 值，一旦操作中偏离了 CL 值，必须采取相应的纠正措施才能确保食品的安全性。

④ 原理四：建立监控程序。

即通过一系列有计划的观察和测定（如温度、时间、pH、水分等）CCP 是否在控制范围内，同时准确记录监控结果，以便用于将来核实或鉴定之用。使监控人员明确其职责是控制所有 CCP 的重要环节。负责监控的人员必须报告并记录没有满足 CCP 要求的过程或产品，并且立即采取纠正措施。凡是与 CCP 有关的记录和文件都应该有监控员的签名。

⑤ 原理五：建立纠正措施。

如果监控结果表明加工过程失控，应立即采取适当的纠正措施，减少或消除失控所导致的潜在危害，使加工过程重新处于控制之中。纠正措施应该在制定 HACCP 计划时预先确定，其内容包括：决定是否销毁失控状态下生产的食品；纠正或消除导致失控的原因；保留纠正措施的执行记录。

⑥ 原理六：建立验证 HACCP 体系的程序。

要确保食品的安全性关键：① 确认整个 HACCP 计划的全面性和有效性；② 验证各个 CCP 是否都按照 HACCP 计划严格执行的；③ 验证 HACCP 体系是否处于正常、有效的运行状态。这三项内容构成了 HACCP 的验证程序。

⑦ 原理七：建立有效的记录保存管理体系

需要保存的记录包括：HACCP 计划的目的和范围；产品描述和识别；加工流程图；危害分析；HACCP 审核表；确定关键限值的依据；对关键限值的验证；监控记录，包括关键限值的偏离；纠正措施；验证活动的记录；校验记录；清洁记录；产品的标识与可追溯性；害虫控制；培训记录；对经认可的供应商的记录；产品回收记录；审核记录；对HACCP 体系的修改、复审材料和记录。

在实际应用中，记录为加工过程的调整、防止 CCP 失控提供了一种有效的监控手段，因此，记录是 HACCP 计划成功实施的重要组成部分。

2. 饮料生产过程的危害分析

危害分析是建立 HACCP 体系的基础，在建立 HACCP 计划的过程中，最重要的就是确定所有涉及食品安全性的显著危害，并针对这些危害采取相应的预防措施，对其加以控制。

危害（Hazard）是指食品中产生的潜在的有健康危害的生物、化学或物理因子或状态。危害这个术语，当与 HACCP 相关时，仅限于安全方面。危害分析（Hazard analysis）是指收集信息和评估危害及导致其存在的条件的过程，以便决定哪些对食品安全有显著意义，从而应被引入 HACCP 计划中。危害分析一般分为两个阶段，即危害识别和危害评估。

① 危害识别：对照工艺流程图从原料接收到成品完成的每个环节进行危害识别，列出所有可能的潜在危害。在危害识别阶段，不必考虑其是不是显著危害。所列出的潜在危害越全越好。在饮料生产中涉及的危害有生物性危害包括细菌性危害和病毒性危害；化学性危害包括自然毒素、食品添加剂过量以及农药残留等；物理性危害包括金属碎片，石头等。

② 危害评估：确定潜在危害后，就可进入危害评估阶段。在危害评估时，并不是将所有的潜在危害都列出来，而是要将具有显著性的危害挑选出来。通常生物危害对群体具有最大的危害性，而物理危害只是影响个体而不是群体。

任何食品的加工操作过程中都不可避免地存在一些具体危害，即使生产同类产品的企业，由于原料、配方、工艺设备、加工方法、加工日期和储存条件以及操作人员的生产经验和知识水平等不同，各个企业在生产加工过程中存在的危害也是不尽相同的。因此，危害分析要针对实际情况进行。

3. 饮料生产企业 HACCP 计划的建立与实施

HACCP 计划在不同的国家有不同的模式，即使在同一国家，不同的管理部门对不同的食品生产推行的 HACCP 计划也不尽相同。HACCP 计划是由食品企业自己制定的。由于产品特性不同，加工条件、生产工艺、人员素质等也有差异，因此其 HACCP 计划也不相同。在制定 HACCP 计划过程中可以参照常规的基本实施步骤：

组建 HACCP 实施小组→产品描述→确定产品用途及销售对象→绘制生产流程图→确认生产流程图→进行危害分析→确定 HACCP 关键控制点→确定关键限值→建立监控程序→建立纠偏措施→建立验证程序→建立记录管理程序。

HACCP 的实施步骤包括预备步骤和实施阶段。

（1）预备步骤　组建 HACCP 小组、搜集资料的过程。

① 组建 HACCP 实施小组：组成 HACCP 实施小组是建立本企业 HACCP 计划的重要步骤。该小组应有具有不同专业的人员组成，例如生产管理、质量管理、卫生控制、设备维

修、化验人员等。实施 HACCP 计划应是全员参加的，因此 HACCP 小组还应该有生产操作人员参加。小组人员必须具备足够的对工序的操作知识，从而能够在生产线上实际发生问题的具体环节，并一同讨论，尤其是在流程图上没有反映出来的时候。高层、中层管理人员通常是理想的研究小组成员，最好的小组是小型的，由 1~6 名成员组成。HACCP 研究要求收集、核对和评估技术数据，有这样一个小组就能极大地提高有关数据的质量，从而提高决策的质量。

② 产品描述：这一阶段，HACCP 小组必须正确地说明产品的性能、用途以及使用方法，其中包括相关的安全信息，如组分、物理、化学结构、加工方式（如热处理、冷冻）、包装、保质期、贮存条件和装运方式等。

饮料生产企业应按照标准相应条款的要求进行产品描述。

a. 原辅料、直接接触食品的包装材料的名称、类别、成分及其生物、化学和物理特性；

b. 原辅料、直接接触食品的包装材料的产地，以及生产、包装、储藏、运输和交付方式；

c. 原辅料、直接接触食品的包装材料接收要求、接收方式和使用方式；

d. 产品的名称、类别、成分及其生物、化学、物理特性；

e. 产品的加工方式；

f. 产品的包装、储藏、运输和交付方式；

g. 产品的销售方式和标识；

h. 其他必要的信息。

③ 确定产品用途及销售对象：产品的预期用途应以消费者为基础，因为这将直接影响下一步的危害分析结果。首先要考虑的是该饮料是否专门针对那些特殊群体，他们可能易于生病或者受到伤害，如老人、婴儿等；还要了解消费者将如何使用该产品，会出现哪些错误的使用方法，这样使用会带来什么样的后果。表 13-1 中列出了苹果汁的预期用途。

表 13-1　　　　　　　　　　　　苹果汁的预期用途

产品名称	浓缩苹果汁
重要产品特性	水分活度 0.97，pH3.6~4.5，无防腐剂，添加维生素 C、有机酸
用途	即时饮用
包装	四面体多层纸板密闭包装
货架寿命	室温（20℃）保存 10 个月
销售地点	通过零售、宾馆、餐馆、学校销售给普通人群，包括婴儿、老人、病人以及免疫缺陷的体质较弱人群
标签说明	开口后冷藏保存；无安全要求
特殊的分销控制	运输/冷藏温度范围在 5~20℃，适当的贮存控制

④ 绘制生产流程图：生产流程图简单明了地描绘了从原料到终产品的整个过程的详细情况。因此生产流程图是 HACCP 计划的基本组成部分，有助于 HACCP 小组了解生产过程，进行危害分析。生产流程图主要包括以下几个部分：

a. 所有原材料、产品包装的详细资料，包括配方的组成、必要的贮存条件及微生物、化学和物理数据。

b. 生产过程中一切活动的详细资料，包括生产中可能被耽搁的加工步骤。

c. 整个生产过程中的温度－时间图，这对分析微生物危害尤为重要，因为它直接影响我们对产品中致病微生物繁殖情况的评估结果。

d. 设备类型和设计特点。是否存在导致产品堆积或难以清洗的死角。

e. 返工或者再循环产品的详细情况。

f. 环境卫生。

g. 人员路线。

h. 交叉污染路线。

i. 低风险隔离区。

j. 卫生习惯。

k. 销售条件、消费者使用说明。

⑤ 确认生产流程图：流程图的精确性对危害分析的准确性和完整性是非常关键的。在流程图中列出的步骤必须在加工现场被确认。如果某一步骤被疏忽将有可能导致遗漏显著的安全危害。HACCP 小组必须通过现场观察操作，确定他们制定的流程图与实际生产是否相一致。HACCP 小组还考虑所有的加工工序及流程不同造成的差异。通过这种深入调查，可以使每个小组成员对产品的加工过程有全面的了解。

（2）实施阶段

① 进行危害分析（HA）：HACCP 小组成员对加工过程中的每一步骤进行危害分析，确定是何种危害，找出危害的来源并提出预防措施。

a. 建立危害分析工作单：进行危害分析的记录方式有多种，可由 HACCP 小组讨论分析危害后记录备案。美国 FDA 推荐了一份表格"危害分析工作单"是一份较为适用的危害分析记录表格，见表 13－2。可以通过填写这份工作单进行危害分析，确定关键控制点。

表 13－2　　　　　　　　　　　　危害分析工作单

产品描述：＿＿＿＿＿＿＿

工厂名称：＿＿＿＿＿＿＿　　　　　　　　　　　　　　销售和贮存方法：＿＿＿＿＿＿＿

工厂地址：＿＿＿＿＿＿＿　　　　　　　　　　　　　　预期用途和消费者：＿＿＿＿＿＿＿

配料加工步骤	确定在这步中引入的、增加的或需要控制的潜在危害	潜在的食品安全危害是显著的吗？（是/否）	判断依据	应用什么措施来防止显著危害	这步是关键控制点吗？（是/否）
	生物的/化学的/物理的				
	生物的/化学的/物理的				
	生物的/化学的/物理的				
	生物的/化学的/物理的				
	生物的/化学的/物理的				

b. 确定潜在危害：对表中的第二纵列中的每一流程的步骤进行分析，确定在这步操作中引入的或可能增加的生物的、化学的或物理的潜在危害。

c. 分析潜在危害是否是显著危害：根据以上的确定的潜在危害，分析其是否是显著危害填入表的第三纵列，因为 HACCP 预防的终点是显著性危害，一旦显著危害发生，会给消费者造成不可接受的健康风险。

d. 判断是否潜在危害的依据：这里需强调的是，判定一个危害是否为显著危害，有两个判据：一是有理由认为它极有可能发生，二是它一旦发生就可能对消费者导致不可接受的健康风险。

e. 显著危害的预防措施：对确定此步骤的显著危害采取什么预防措施填入第五纵列中。

② 确定关键控制点（CCP）：确定关键控制点要求应用关键控制点判断树（如图13 – 1所示）。流程图中的各个工艺步骤应使用判断树按次序进行判断，当对某一特定的工序步骤的危害及控制措施已进行判断后，则需对下一步工艺步骤的危害及控制措施进行判断直至流程图中的所有工艺步骤都应用了判断树。

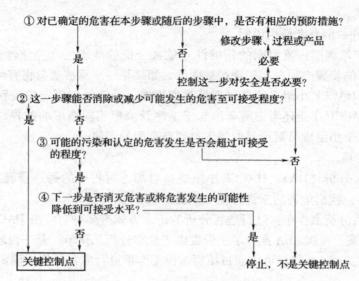

图 13 – 1　关键控制点判断树

③ 确定关键限值：关键限值（CL）是确保食品安全的界限，每个CCP必须有一个或多个CL，包括确定CCP的关键限值、制定与CCP有关的预防性措施必须达到的标准、建立操作限值（OL）等内容。

④ 建立监控程序：为确保加工始终符合关键限值，对关键控制点（CCP）实行监控是必需的。因此需要建立关键控制点（CCP）的监控程序。监控是指执行计划好的一系列观察和测量，从而评价一个关键控制点是否受到控制，并作出准确的记录以备将来验证时使用。包括监控什么、怎样监控及监控频率和力度的掌握、负责人的确定等方面的内容。

⑤ 建立纠偏措施

a. 纠偏措施是针对关键限值发生偏离时采取的步骤和方法。

当关键限值发生偏离时，应当采取预先制定好的文件性的纠正程序。这些措施应列出恢复控制的程序和对受到影响的产品的处理方式。

b. 纠偏措施应考虑以下两个方面：

更正和消除产生问题的原因，以便关键控制点能重新恢复控制，并避免偏离再次发生；隔离、评价以及确定有问题产品的处理方法。例如对问题产品进行隔离和保存并做安全评估、转移到另一条不认为此偏离是至关重要的生产线上、重新加工、退回原料、销毁产品等。

c. 记录纠偏行动，包括产品确认（如产品处理，留置产品的数量）、偏离的描述、采取的纠偏行动包括对受影响产品的最终处理、采取纠偏行动人员的姓名、必要的评估结果。

⑥ 建立验证程序（HACCP 计划的确认和验证）：为确保加工始终符合关键限值，对关键控制点（CCP）实行监控是必需的。因此需要建立关键控制点（CCP）的监控程序。监控是指执行计划好的一系列观察和测量，从而评价一个关键控制点是否受到控制，并作出准确的记录以备将来验证时使用。包括监控什么、怎样监控及监控频率和力度的掌握、负责人的确定等方面的内容。

监控就是为了评估关键控制点（CCP）是否处于控制之中，对被控制参数所作的有计划的连续的观察或测量活动。

⑦ 建立记录管理程序：记录是为了证明体系按计划的要求有效地运行，证明实际操作符合相关法律法规要求。所有与 HACCP 体系相关的文件和活动都必须加以记录和控制。

至少要保存四种记录：产品描述记录、监控记录、纠偏记录、验证活动记录。

记录内容的组成：记录名称及日期、所用的材料及设备、进行的操作、关键的标准或限值、纠偏行动、实际数据、操作人员签名、审核人员签名。

记录内容要和实际操作相符。

4. HACCP 在饮料生产中的应用实例

实例 A：HACCP 在果蔬汁饮料产品中的应用。

无菌包装果蔬汁生产的工艺流程，见图 13-2。

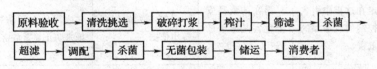

图 13-2　无菌包装果蔬汁生产工艺流程

（1）HACCP 的危害分析（HA）　微生物污染是果汁加工中的主要污染. 不同的水果产地有不同的微生物菌群，原料最初的微生物污染主要有酵母菌、白霉、黑霉及耐热菌（如嗜热脂环芽孢杆菌），腐烂的水果还有可能引起棒曲霉毒素超标。如果在加工过程中清洗不够或杀菌效果不好会直接造成产品的微生物污染；如果灌装时无菌环境被破坏或者包装物杀菌不好，也有可能造成二次污染。这两种污染都会导致产品产气涨包，腐败变质。

果汁生产中的化学危害主要有农药残留（有机磷类）、重金属超标（铜、铅、砷）、及添加剂使用过量，此外，果实清洗所用清洁剂、CIP 清洁剂（硫酸、氢氧化钠）、包装材料灭菌用消毒剂的残留也是造成化学危害的因素。

果汁生产中的物理危害主要指异物（如沙粒），一般可以通过水送槽的沉降池过滤出去。

（2）关键控制点（CCPs）

① 原料验收：由于水果原料来自田间，且目前国内加工品种的采收质量普遍不高，

再加上采收后果品积压等原因，微生物极易大量繁殖，所以原料是生产危害的主要环节之一；主要控制指标有腐败率≤3%，微生物的酵母菌≤20000 个/g，霉菌 2000 个/g。

② 加强清洗：在清洗水中加入 0.02% 的柠檬酸可除去大部分的铜离子，良好的清洗可减少微生物总数，同时，向清洗液中加入表面活性剂也可提高清洗效果，特别是可以减少农药残留。

③ 超滤：超滤可以除去大分子物质及微生物，避免果汁产品的后浑浊并能达到冷杀菌的目的。

④ 调配：调配用水的水质、果汁酸度或 pH 的调整会影响对微生物的杀灭效果，高酸度环境有利于果汁的储藏。

⑤ 杀菌：杀菌温度应根据果汁的 pH 及浑浊程度来设定，对澄清型果汁 95℃/38s 可杀死绝大多数微生物，为保证杀菌效果，必须经常观察测定仪表的准确度和灵敏度。若指示仪表失真，将会造成不可估量的损失。

⑥ 灌装：这是生产危害的又一重要环节，无菌灌装环境被破坏及消毒不彻底的包装材料均可导致二次污染；包材消毒剂的残留也会直接产生危害。

无菌包装果蔬汁生产危害分析工作单见表 13 - 3。无菌包装果蔬汁生产 HACCP 计划表见表 13 - 4。

表 13 - 3　　　　　　　　无菌包装果蔬汁生产危害分析工作单

工厂名称：××食品厂　　　　产品名称：果蔬汁
工厂地址：××省×市×区　　储存和销售方法：常温保质期 18 个月
预期用途：开瓶后直接饮用

(1)	(2)	(3)	(4)	(5)	(6)
配料/加工步骤	确定在这步中引入的、控制的或增加的潜在危害	潜在的食品安全危害是显著的吗？（是/否）	对第 3 列的判断提出依据	应用什么预防措施来防止显著危害？	这步是关键控制点吗？（是/否）
原料验收	生物危害：致病菌、寄生虫	是	原料表面存在致病菌和寄生虫	清洗、超高温瞬时灭菌	是
	化学危害：农药残留、重金属、霉菌毒素	是	果蔬饮料生长过程中使用农药超标、土壤和水中的铅、砷、铜超标、果腐烂	原料供应商提供检测报告	是
喷淋清洗	生物危害：致病菌、寄生虫	是	冲洗水及冲洗管道污染	SSOP 控制	否
	化学危害：农药、消毒剂残留	是	清洗水氯离子浓度过高、原料中农药残留	SSOP 控制	否
	物理危害：金属、玻璃碎片	是	可能存在金属及玻璃碎片	拣选、榨汁、离心分离	是

续表

配料/加工步骤	确定在这步中引入的、控制的或增加的潜在危害	潜在的食品安全危害是显著的吗？（是/否）	对第3列的判断提出依据	应用什么预防措施来防止显著危害？	这步是关键控制点吗？（是/否）
拣选	生物危害：致病菌、寄生虫	是	操作者和环境污染	SSOP控制	否
	化学危害：霉菌毒素	是	腐烂果挑出不彻底	认真拣选	否
	物理危害：金属、玻璃碎片	是	原料中可能存在金属及玻璃碎片	榨汁、离心分离	否
榨汁	生物危害：致病菌	是	榨汁设备受污染	SSOP控制	否
离心分离	生物危害：致病菌	是	离心设备受污染	SSOP控制	否
原汁贮存	生物危害：致病菌生长	是	冷冻状态抑制了致病菌的生长	SSOP控制	否
调配	生物危害：致病菌污染	是	果汁调配中被来自空气、水和配料中的致病菌污染	超高温瞬时灭菌	是
	化学危害：食品添加剂、清洗液残留	是	超量使用添加剂和清洗液残留	SSOP控制	是
	物理危害：原辅料的沙粒等杂质	是	若不过滤、沙粒等杂质不能消除	双联过滤器过滤	是
均质	生物危害：致病菌	是	均质设备受污染	SSOP控制	否
脱气	生物危害：致病菌	是	脱气设备受污染	SSOP控制	否
超高温瞬时灭菌	生物危害：致病菌	是	若没采用适当的灭菌温度和时间，致病菌不能被杀死	在规定温度和时间内彻底灭菌	是
灌装	生物危害：致病菌	是	若灌装温度不够，包装材料可能存在的致病菌未被杀死	控制灌装温度	是
倒瓶杀菌	生物危害：致病菌	是	若不倒瓶杀菌，瓶盖和瓶颈残存的致病菌杀菌不彻底	控制倒瓶时间或输送速度	否
喷淋冷却	生物危害：致病菌	是	喷淋冷却设备受污染	SSOP控制	否
贮藏运输	生物危害：致病菌	是	被污染、贮运条件不适合导致繁殖	SSOP控制	否

表 13 - 4　　　　　　　　　　　　　无菌包装果蔬汁生产 HACCP 计划表

(1)	(2)	(3)	监控				(8)	(9)	(10)
关键控制点 CCP	显著危害	对于每个预防措施的关键限值	(4) 对象	(5) 方法	(6) 频率	(7) 人员	纠偏行动	记录	验证
原料验收	农药残留、重金属	农残检查合格证明 砷（以 As 计）≤0.2mg/kg 铅（以 Pb 计）≤0.3mg/kg 铜（以 Cu 计）≤5.0mg/kg	供应商提供原料检测报告单	审阅供应商原料检测报告单	每批	原辅料验收员	若不符合要求拒收	原料验收记录供应商原料检测报告单或保证书	每批审核一次记录
调配	原辅料砂粒等杂质、硬质物	消除 100 目以上的砂粒等硬质物	200 目双联过滤器	检查滤布是否完好	每批	调配员	若有破损更换滤布	调配操作记录单	每批审核一次记录
超高温瞬时灭菌	致病菌	杀菌温度≥120℃ 杀菌时间 3～5s	杀菌温度杀菌时间	观察自动记录仪表	每隔 30min	灭菌操作员	若偏离，设备自动回流重新灭菌，同时调节蒸汽阀温度	超高温瞬时灭菌记录	每批审核一次记录，每年由计量部门校准自动记录仪一次并检修
灌装	致病菌	灌装温度达到 85℃以上，灌装容量≥245mL	灌装温度	观察灌装显示温度	每隔 30min	灌装操作员	若偏离，设备会自动回流重新灌装	灌装记录表	每批审核一次记录，每年由计量部门校准自动记录仪一次并检修

签字：　　　　　　　　　　　　　　　　　　　　　　　　　　　　日期：

实例 B：HACCP 在碳酸饮料产品生产中的应用。

碳酸饮料生产工艺流程见图 13 - 3。

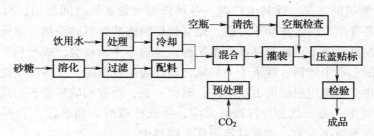

图 13 - 3 碳酸饮料生产工艺流程

（1）碳酸饮料的危害分析 碳酸饮料出现的问题较为复杂，主要质量问题有：二氧化碳含量低，口感不明显；有固形物杂质；有沉淀物生成，包括絮状物的产生和不正常的浑浊现象；生成黏性物质；风味异常变化，出现霉味、腐臭和产生异味等；变色、包括褐变和褪色；过分起泡和不断冒泡等。与质量有关的因素也是多方面的，包括物理、化学及微生物等方面的原因。危害分析主要从以下几个方面着手进行。

① 原辅料的质量：碳酸饮料常用的原辅料包括：饮用水、果汁、甜味剂、酸味剂、防腐剂、着色剂、香精及二氧化碳等。这些原辅料的质量与碳酸饮料产生浑浊、沉淀现象有着密切的关系。

② 甜味剂：碳酸饮料常用的甜味剂有砂糖、葡萄糖、果葡糖浆及各种甜味剂。其中砂糖用量最多、最广。质量较差的砂糖，因含有微量的淀粉、蛋白质、多糖类及皂苷等物质，会与胶质及鞣酸等物质作用产生沉淀。

③ 水：水在碳酸饮料中约占 90%。因此，水质的好坏直接影响碳酸饮料的质量。加工用水如果没有经过必要的水处理，或者水处理装置失去作用未及时更换，均会使水中杂质含量较高，甚至发生微生物污染，从而导致产品出现絮状物、浑浊和沉淀。当水中含有过量的矿物质时，如大量的二价以上离子，会与柠檬酸作用生成不溶性的沉淀物。

④ 其他原辅料：当着色剂、香精用量过多或自身质量较差时，也会使产品出现浑浊或沉淀现象。这是因为水溶性香精存放时间过久后，其中的萜类氧化物会聚成膜，使饮料出现不规则的小块沉淀，尤其是乳化香精，如其超过保质期后，水相和油相就会分离，饮料中就会有白色块状物出现。此外碳酸饮料常用的防腐剂为苯甲酸，若使用时与柠檬酸同时加入，就会与柠檬酸作用生成难溶于水的结晶体而出现沉淀。在功能性碳酸饮料生产中，若所提取的有效成分未将杂质除尽，时间一久就会发生氧化，凝聚而形成沉淀。

（2）生产工艺

① 糖浆的制备：原料糖如果潮湿、结块，则会引起产品微生物的超标及配料过程中计量的不准确性，同时糖中所含杂质也会影响饮料的感官品质，导致产品变质。在糖浆的制备过程中，糖等物质溶化后不过滤或者过滤不彻底，则易造成絮状物出现。配制的糖浆贮藏时间过长，也会使饮料因发生微生物污染而产生浑浊、沉淀。

② 瓶子的清洗：灌装饮料用的瓶子若清洗不彻底，瓶子残留汽水的干涸物、瓶内壁附有杂质或洗瓶时洗液未冲洗干净，碱液与饮料接触同样会产生浑浊与沉淀。

在压盖时。瓶盖的塑料纯度不符合卫生质量要求。有过多的增塑剂渗出。或瓶盖及橡胶垫上附有杂质也会造成上述不良现象。

③ 设备及管道的清洗：饮料生产时，各种管道及设备长时间使用，而不进行有效的清洗杀毒，或者管道与设备布局不合理，则直接影响碳酸饮料的质量、需要特别注意的是各种管道内壁在显微镜下可以看到凹凸不平面，这些不平面就会形成死角，杂质在死角内冲洗不掉，再加上水中的钙、镁离子与二氧化碳反应生成沉淀，这些沉淀往往附着于管道内壁的各个死角，很难用机械的方法清洗，时间一长，沉淀的碳酸盐若与酸度调节剂接触（如柠檬酸），其中一部分就会与柠檬酸反应，生成柠檬酸钙而悬浮在饮料中，开始时是很小的颗粒，逐渐凝结变大，成絮状物漂浮于饮料中。

④ 操作卫生：碳酸饮料的生产旺季正值气温高、湿度大，恰是微生物繁殖的时期。微生物主要通过空气、原辅料、操作人员、生产设备及包装容器等途径而污染饮料，使饮料生产出现浑浊及沉淀，甚至引起变质。因此，在危害分析时这一点必须引起足够的重视。同时操作人员在原辅料的配备及加工以至成品包装过程中，都可人为地受到微生物的污染。

（3）关键控制点（CCP）的确定　根据关键控制点的确定原则，结合以上的危害分析，在碳酸饮料生产中，应该设立以下几个关键点：原辅料质量控制点；操作工艺控制点；卫生管理控制点。

① 主要原辅料的质量控制：产品质量取决于原辅料的优劣。采购的原辅料必须向销售方索取检验合格证，同时自己也应该检验，不符合规定的拒绝入库和使用。选用的原料应符合相关质量和卫生标准。

饮料厂要根据自己的生产工艺定点采购糖源，为保持糖的干燥，需将糖储存在适宜的场所。对达不到质量要求的糖需要进行净化处理。砂糖的净化处理可采用热溶法处理，温度为 $65 \sim 75℃$，处理时间为 $15 \sim 20min$。这样既可使糖充分溶解，又可起到杀菌作用，同时可保持饮料具有良好风味。

对于透明性果汁碳酸饮料，使用的果汁要经过澄清处理；特别是当果汁储存时间超过3 个月时，在使用时要进行巴氏杀菌处理，温度 $85 \sim 90℃$，时间为 $25 \sim 30s$。

对于达不到饮料标准的生产用水，要进行净化处理。使用深井水的，要用砂滤棒过滤，经树脂交换及紫外杀菌的方法处理；使用自来水的，要采用脱氟，砂棒过滤及紫外杀菌的方法净化，或采用超滤的方法处理。

纯度不高的二氧化碳会带有异味，从而影响产品的品质。采购二氧化碳时需要其纯度高、质量高，不会使成品饮料产生不良味道、不良气味和出现外观缺陷。检验人员要对进厂的每一批二氧化碳的纯度、气味进行检验。二氧化碳处理操作人员在二氧化碳处理过程中，要保证 $KMnO_4$ 溶液强度的有效性，要根据 $KMnO_4$ 溶液的颜色变化情况及时更换新的。活性炭的容器定期进行蒸汽消毒，干燥材料芯定期更换。

着色剂，防腐剂，酸味剂等需要各自在 $60 \sim 80℃$ 的水中先溶解，并配制一定浓度的溶液（着色剂 $1\% \sim 10\%$，防腐剂 $20\% \sim 30\%$，酸度计 50%），过滤后备用。

使用香精时，除嗅闻香气外，还要进行加香试验，确定最佳使用量。在购买乳化香精时要认准生产日期，观察其是否有分离或者浮油现象及做离心试验。

② 严格按工艺要求进行操作：工艺是组织生产的基础，其规定的各项技术参数，实

际上就是为了保证关键控制点能有效地提高产品质量而定的。

加强配料间管理。提高操作人员的素质，严格遵守配料程序，配料时，除对原料进行预处理外，还要正确按原辅料加入顺序操作。例如：先加入苯甲酸钠，然后再加入柠檬酸。每加入一种原料，均应缓慢搅拌 3~5min 后，再加入另一种原料，使配料均匀，以保证产品质量。

加强对空瓶的清洗。目前碳酸饮料的包装，多用回收的玻璃瓶，故需要加强洗瓶工序的卫生管理，严守洗瓶的操作规程和制度。

用机械洗瓶时，应当选用比较先进的洗瓶设备（如浸冲式洗瓶机）；用半机械或手工洗瓶时，要严格按照粗洗→45℃浸泡（30min）→NaOH 浸泡（2%~3.5% 的浓度，45℃，3~5min）→NaOH 浸泡（2%~3.5% 的浓度，60℃）→NaOH 浸洗（1%~1.5% 的浓度，30~40℃）→温水冲洗（30℃）→无菌水冲洗的程序进行，以便清除附着在旧瓶上的油污、商标以及其他杂质，起到消毒的作用。

加强灌装生产线产品控制。包装材料不卫生、碳酸化水平不够、混合比不合适、灌装高度或者内容物含量不够、密封状况不好、字印不良，均会影响产品质量。因此灌装前的包装材料均需用含有 $1\mu L/L$ 氯的冲洗液冲洗，以有效地达到消毒的目的；混比后的饮料检验其糖度；封盖后的产品检验其二氧化碳含量、内容物含量、封口状况、字印状况、感官以及微生物指标。

③ 加强卫生管理：在碳酸饮料生产中，要严格按其生产工艺规范的要求，做好生产场地、工具、设备及操作人员的清洗消毒工作。

（三）饮料生产中的卫生操作标准程序（SSOP）

SSOP（Sanitation Standard Operation Procedure）是食品加工企业为了保证达到 GMP 所规定的要求，为了保证所生产加工的食品符合卫生要求而制定的指导食品生产加工过程中如何实施清洗、消毒和卫生保持的作业指导文件。饮料作为食品中的一大类在生产中同样要遵循 SSOP。SSOP 至少应包括以下八个方面：

① 食品接触或与食品接触物表面接触的水（冰）的安全。

② 与食品接触的表面（包括设备、手套、工作服）的清洁度。

③ 防止发生交叉污染。包括食品与不洁物、食品与包装材料、人流与物流、高清洁度区域食品与低清洁度区域食品、生食与熟食之间的交叉污染。

④ 手的清洗与消毒设施以及卫生间设施的维护与卫生保持。

⑤ 防止食品被污染物污染。

⑥ 有毒化学物质的标记、贮存和使用。

⑦ 雇员的健康与卫生控制。

⑧ 虫害的防治。

（四）ISO22000 与饮料安全性质量控制

1. ISO22000 的简介

2005 年 9 月 1 日，国际标准化组织（ISO）正式发布了 ISO22000：2005《食品安全管理体系——对食物链中任何组织的要求》通用国际标准，简称 ISO22000。它是基于 HACCP（食品危害分析关键控制点体系）原理开发的一个国际性标准，是对各国现行的食品安全管理标准和法规的整合，目的是让食物链中的各类组织执行食品安全管理体系，确保组织将其终产品交付到食品链下一段时，已通过控制将其中确定的危害消除和降低到可接受水平。ISO22000 适用于食品链内的各类组织，从饲料生产者、初级生产者到食品制造者、运输和仓贮经营者，直至零售分包商和餐饮经营者，以及与其关联的组织，如设备、包装材料、清洁剂、添加剂和辅料的生产者。

2. ISO22000 与 GMP、SSOP、HACCP 的关系

（1）GMP、SSOP 与 HACCP 的关系

① GMP 与 SSOP 的关系：GMP 是政府食品卫生主管部门以法规形式发布的强制性要求。SSOP 没有 GMP 的强制性，是企业内部的管理性文件。

GMP 的规定是原则性的，包括硬件和软件两个方面，是相关食品加工企业必须达到的基本条件。SSOP 的规定是具体的，是指导卫生操作和卫生管理的具体实施。制定 SSOP 的依据是 GMP，GMP 是 SSOP 的法律基础。使企业达到 GMP 的要求，生产出安全卫生的食品是制定和执行 SSOP 的最终目的。

② SSOP 与 HACCP 的关系：SSOP 与 HACCP 有相同之处，即它们都需要监测、纠正和记录保存。但它们之间仍存有很多差别。首先 HACCP 计划中需要监测、纠正和记录保存的关键控制点（CCP）是一个可以控制的加工步骤，其作用是预防、消除某个食品安全危害或将其降低到可接受水平；而 SSOP 是企业为了维持卫生状况而制定的程序，一般与整个加工设施或某个区域有关，不仅仅限于某个特定的加工步骤或关键控制点。其次，HACCP 计划是建立在危害分析基础之上的，书面 HACCP 计划不但规定了具体加工过程中的各个关键控制点，而且还具体描述了各个 CCP 的关键限值、监测方法、纠正措施、验证程序和记录保存方法，以确保 CCP 得到有效控制；而 SSOP 以 GMP 法规的要求为基础，通过书面 SSOP 程序来描述卫生问题、控制和监测要求，以确保企业卫生状况达到 GMP 的要求。

需注意的是，HACCP 计划和 SSOP 程序之间的差别不一定十分明显，有时也将安全方面的卫生控制纳入 HACCP 计划中。需特别提醒的是，如将某项卫生监测纳入 SSOP 中实施效果更好的话，就不应将其纳入 HACCP 计划中而使 HACCP 计划复杂化，并因此加重 HACCP 计划的负担，分散对 CCP 控制的注意力。实施 SSOP 的目的之一就是简化 HAC-CP 计划，突出 CCP 监控过程。

通常，当已识别的危害与产品本身或某个单独的加工步骤有关时，一般由 HACCP 计划来控制；当识别的危害只与环境或人员有关时，一般由 SSOP 来控制，但这并不是降低其重要性，只是因为 SSOP 更加合适。有时同一个危害可能由 HACCP 计划和 SSOP 共同控制，如 HACCP 计划控制病菌的杀灭，SSOP 控制病菌的再污染等。

③ GMP、SSOP 与 HACCP 的关系

GMP、SSOP 是制定和实施 HACCP 计划的前提和基础。也就是说。如果企业达不到 GMP 法规的要求，或没有制定有效的、具有可操作性的 SSOP，或没有有效地实施 SSOP，则实施 HACCP 计划将成为一句空话。GMP、SSOP 和 HACCP 的关系，可用图 13－4 来表示。

图 13－4　GMP、SSOP 与 HACCP 的关系

从图中可以看出，GMP、SSOP 是整个体系的基础，HACCP 建立在 GMP、SSOP 的基础之上。

（2）ISO22000 与 HACCP 的关系　HACCP 原理奠定了保障食品安全性最可靠的科学基础，但在生产管理实践中发现它也存在着一些不足和缺陷。即强调在管理中进行事前危害分析，引入数据和对关键过程进行监控的同时，忽视了它应置身于一个完善的、系统的和严密的管理体系中才能更好地发挥作用。以 HACCP 原理为基础而制订的 ISO22000 食品安全管理体系标准正是为了弥补以上的不足，是对 HACCP 原理的丰富和完善。所以可以说 ISO22000 是 HACCP 原理在食品安全管理问题上由原理向体系标准的升级，更有利于企业在食品安全上进行管理。

ISO22000 标准为食品企业提供了一个系统化的食品安全管理体系框架。ISO22000 标准在整合了 HACCP 原理和国际食品法典委员会（CAC）制定的 HACCP 实施步骤的基础上，明确提出了建立前提方案（即 GMP）的要求。ISO 22000 与 HACCP 之间的关系可用表格（表 13－5）来直观的说明。

表 13－5　　　　　　　　　　　HACCP 与 ISO22000 的对照表

HACCP	HACCP 事实步骤		ISO22000
	建立 HACCP 小组	步骤1	食品安全小组
	产品描述	步骤2	产品特性 过程步骤和控制措施的描述
	识别预期用途	步骤3	预期用途
	制定流程 流畅的现场确认	步骤4 步骤5	流程图
原理1 进行危害分析	列出与各步骤有关的所有潜在危害，进行危害分析，并对识别的危害考虑控制的措施	步骤6	危害分析 危害识别和可接受水平的确定 危害评估 控制措施的选择和评价
原理2 确定关键控制点（CCPS）	确定关键控制点	步骤7	关键控制点（CCPS）的确定
原理3 建立关键极限	建立每个关键控制点的关键极限	步骤8	关键控制点的关键极限的确定
原理4 建立关键控制点（CCPS）的监控系统	建立每个关键控制点的监控系统	步骤9	关键控制点的监控系统
原理5 建立纠正措施，以便当监控表明某个特定关键控制点（CCP）失控时采用	建立纠偏行动	步骤10	监视结果超出关键极限时采取的措施
原理6 建立验证程序，以确定 HACCP 体系运行的有效性	建立验证程序	步骤11	验证的策划 控制措施组合的确认
原理7 建立有关上述原理及其在应用中的所有程序和记录的文件系统	建立文件和记录保持文件	步骤12	文件要求 预备信息的更新、规定前提方案和 HACCP 计划文件的更新

3. 饮料生产中 ISO22000 的应用

（1）饮料的 ISO22000 体系建立　　总要求规定了组织应该按照本准则的要求建立有效的饮料安全管理体系，形成文件，加以实施和保持，并进行更新。同时要求组织应确定食品安全管理体系的范围，该范围应规定饮料安全管理体系中所涉及的饮料类别、加工地和生产场地。组织在考虑饮料产品特性、产品预期用途、流程图、加工步骤和控制措施的基础上进行危害识别及评价。对某一特定的拥有薯条生产线的组织来说，本准则仅覆盖其中的若干生产线，而不覆盖其他的生产线。

本标准要求饮料安全管理文件包括的内容有：形成文件的饮料安全方针及目标；标准要求形成文件的程序和记录；为确保食品安全管理体系有效建立、实施和更新所需要的文件。在本准则中，要求形成文件的程序如下：文件控制、记录控制、操作性前提方案、处置不合格产品、纠正措施、纠正、潜在不安全产品的处置、召回、内部审核。

（2）饮料 ISO22000 体系应用中前提方案的确定、实施与保持　　前提方案是针对运行的性质和规模而规定的程序或指导书；用以改善和保持运行条件，从而有效地控制食品安全和为控制食品安全危害引入产品和产品加工环境，控制危害在产品和产品加工环境中污染或扩散的可能性。因此，组织首先应确定设计其提前方案的使用法规、指南、相关准则和相关方的要求，根据这些要求结合饮料产品的性质、食品安全方面的需求制定相应的方案；同时，组织需要识别前提方案需求的变化，保持其持续有效性和适宜性。

前提方案分两类：一是基础设施和维护方案；另一类是操作性提前方案。提前方案包括或构成了控制措施，因此建立提前方案旨在确保预防、消除食品安全危害及将其降低到适宜水平。具体的措施有，控制饮料安全危害通过工作环境进入饮料产品的可能性；控制饮料产品的物理、化学和生物性污染；控制饮料产品和产品加工环境的食品安全危害水平。

（3）饮料 ISO22000 体系中危害分析的实施、HACCP 计划　　危害分析是建立 HACCP 体系的基础，在 HACCP 计划中，最重要的就是确定所有涉及食品安全性的显著危害，并针对这些危害采取相应的预防措施，对其加以控制。具体内容参见本节中的"饮料生产中的 HACCP"。

4. ISO 22000 在饮料产品中的应用实例

以 ISO 22000：2005 在冬枣醋饮料生产企业的应用为例介绍。

（1）食品安全小组的建立　　食品安全小组组员选择是否适宜直接决定企业食品安全管理体系建立的水平和成败，小组成员应优先选择有食品专业背景的人员，应包括熟悉原料、加工工艺、质量卫生控制、设备、储运、检验的人员。

（2）原料描述　　冬枣醋饮料的生产原料一般包括冬枣、大米、蜂蜜、低聚异麦芽糖（又称双歧促进因子）等，应对原料逐一进行描述，尤其冬枣、大米来源地不同，农药残留及重金属含量不同，原料描述的详略程度应足以实施对原料的危害分析。

（3）产品描述　　产品名称：冬枣醋饮料；主要产品特性：总酸（以乙酸计）$\geqslant 0.30 g/mL$、可溶性固形物含量（20℃折光计法）$\geqslant 8.0\%$、菌落总数$\leqslant 100 cfu/mL$、大肠菌群$\leqslant 3 MPN/100 mL$；包装：食品用小玻璃瓶；预期消费者：开瓶饮用，适于大众消费；保质期/贮存条件：常温存放 18 个月；标签说明：贮存方法密封、阴凉处；分销方式：批发、零售。

（4）工艺流程见图 13 - 5。

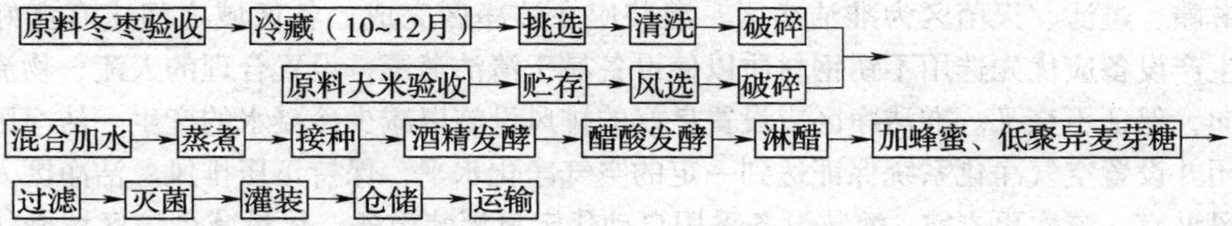

原料冬枣验收 → 冷藏（10~12月）→ 挑选 → 清洗 → 破碎 ┐

原料大米验收 → 贮存 → 风选 → 破碎 ┘

混合加水 → 蒸煮 → 接种 → 酒精发酵 → 醋酸发酵 → 淋醋 → 加蜂蜜、低聚异麦芽糖 →

过滤 → 灭菌 → 灌装 → 仓储 → 运输

图 13 - 5　冬枣醋饮料生产工艺流程

（5）危害分析

① 冬枣验收。

a. 生物性危害：腐烂冬枣携带的有害微生物、害虫、虫卵。产生的原因主要有冬枣收获及贮存不当造成冬枣腐烂变质，微生物滋生，冬枣生长期防虫不及时造成害虫寄生。通过挑选工艺科控制该危害。

b. 化学性危害：农药残留、重金属超标。产生原因主要有农药使用不合理，我国冬枣主产区易发生枣尺蠖、枣粘虫、日本龟蜡蚧等害虫，种植户主要通过喷洒有机磷、菊酯类农药等来控制，使用农药品种、浓度、喷洒时间不当易造成农药残留超标；冬枣种植土壤环境和灌溉水受污染造成重金属超标。

c. 物理性危害：砂石杂草等杂质。

② 大米验收。

主要为化学性危害：农药残留、重金属超标，黄曲霉毒素 B_1 超标。产生原因主要有农药使用不合理，水稻种植土壤环境和灌溉水受污染造成重金属超标，稻谷贮存不当易受黄曲霉污染产生代谢产物黄曲霉毒素 B_1。

③ 冬枣冷藏。

主要为生物性危害：腐烂、微生物增殖。目前多数生产企业均在冬枣采摘后大量收购贮存，贮存温度控制不当易造成果实变成浆果甚至腐烂，微生物增殖污染正常果实，造成危害。冬枣贮存推荐使用气调冷藏库，控制温度、湿度、含氧量、二氧化碳量。

④ 蒸煮。

主要为微生物危害：杂菌等残留。蒸煮时间、温度不够会造成杂菌等残留并在发酵过程中大量繁殖，影响发酵质量。

⑤ 灭菌。

主要控制生物性危害：UHT 灭菌温度不够会造成产品中致病菌的残留，影响产品贮存的安全性。

⑥ 灌装。

主要控制生物性危害：灌装间环境卫生、设备卫生、人员卫生不佳易造成微生物的污染，通过前提方案（PRPs）和操作性前提方案（OPRP）加以严格控制。

（6）前提方案（PRPs）和操作性前提方案（OPRP）

① 冬枣醋饮料生产企业应参照 GB 8954—1988《食醋厂卫生规范》和 GB 12695—2003《饮料企业良好生产规范》来制订前提方案。企业应具备密闭性较好的生产车间和与生产能力匹配的冷藏库，生产车间应有严格的一般作业区、准洁净区和洁净区的划分。原料冬枣验收处、原料库、成品库、冷库、清洗粉碎区为一般作业区，蒸煮、接种、发

酵、淋醋、过滤、灭菌区为准洁净区，灌装应在洁净区完成，各区域之间应有良好的隔离。生产设备应优先选用不锈钢材质以使设备易于清洁消毒，设置合理的人流、物流、水流走向，保证不交叉。准洁净区应设置良好的排风设施以减少冷凝水的产生。洁净区应相对密闭并设置空气净化系统保证达到一定的空气净化水平，保持正压排风。洁净区入口应设置风淋室、二次更衣室，灌装设备采用自动化定量灌装设备，尽量减少该区域操作人员数量降低污染。洁净区物流设置物品传递窗，设单独外包装间进行外包装。

② 冬枣醋饮料生产企业应在危害分析的基础上制订完善的操作性前提方案（OPRP），不应直接套用卫生标准操作程序（SSOP）。传统的 SSOP 是为实现良好操作规范（GMP）要求而编制的操作程序，不依赖危害分析，不强调特别针对某种产品，因此不能以 SSOP 来替代操作性前提方案（OPRP）。操作性前提方案（OPRP）应包括需控制的危害、控制措施、监视程序、职责和权限、监视的记录等。

（7）HACCP 计划　HACCP 计划见表 13 - 6。

表 13 - 6　　　　　　　　　　　　冬枣醋饮料生产 HACCP 计划表

关键控制点	显著危害	关键限值	监控				纠偏行为	验证	记录
			对象	方法	频率	人员			
冬枣验收	化学性危害：农药残留、重金属超标	1. 建立基地 2. 农药残留、重金属合格证明	1. 来源地证明 2. 合格证明	核对	每批	验收人员	无证明拒收	每年产品送检农药残留、重金属	1. 证明 2. 产品送检报告
大米验收	农药残留、重金属、黄曲霉毒素 B_1 超标	农药残留、重金属、黄曲霉毒素 B_1 合格证明	合格证明	核对	每批	验收人员	无证明拒收	每年产品送检农药残留、重金属、黄曲霉毒素 B_1	1. 证明 2. 产品送检报告
冬枣冷藏	腐烂、微生物增殖	温度 - 3 ~ 1℃ 湿度90% ~ 95% O_2 5% CO_2 1%	温度、湿度 O_2/ CO_2 含量	观测	每天两次	保管员	调整控制参数，及时出货	品管复核库房记录	库房记录
蒸煮	杂菌残留	蒸煮时间、温度	时间、温度	观测	5min 测温一次	蒸煮人员	提高温度，延长时间	品管复核温度记录，现场巡查	蒸煮温度记录
灭菌	致病菌残留	灭菌温度133 ~ 137℃	灭菌温度	观测	5min 观测一次温度	灭菌人员	提高温度，回流再杀菌	品管复核温度记录，现场巡查	灭菌温度记录

（8）体系的运行

① 基地管理控制：基地管理水平决定了冬枣原料的质量安全，本文以冬枣基地的农药残留、重金属控制展开介绍。

② 培训：对基地果农进行培训，采取讲课的方式向果农宣传违禁农药的危害性以及如何正确使用农药，同时发给果农相关宣传材料。宣传资料包括：农业部第 199 号公告《禁止使用的农药》、四部委联合发表禁止高毒农药使用相关事宜的公告（第 632 号）、公司协同植保站编写的"枣园病虫害综合防治历"、公司协同植保站编写的"农药指南"、有关农药使用的相关法律法规等资料。

a. 农残普查

i 四、七、九月，每个月对农残普查区域果农的农药使用情况进行调查，情况调查方法包括：对农民喷洒农药和周边作物用药进行调查，编写普查报告并列出果农实际使用农药清单。

ii 四月份采集土壤进行农药残留、重金属检测：对主要收购区域内具有代表性的自然村随机采土壤样；采样方法为：在具有代表性的自然村选取 3~5 个果园，并在每个果园采取五点取样，即在果园的四角和中心的耕作层（0~10cm）各均匀取 0.2kg 土壤样本，按照区域做混合样进行检测。同时，对果树前茬作物、周边作物的用药情况进行调查。

iii 七月份对主要收购区域内具有代表性的自然村进行随机采样（土壤、枣），进行农药残留、重金属检测；采样方法为：在每个乡镇中具有代表性的自然村选取 3~5 个果园，在果园的四角和中心各选取一棵果树，注意从上部、下部、内侧、外侧、阳面、阴面均匀采摘 0.1kg 原料果样品；土壤取样方法同上。

iv 九月初对主要收购区域内所采枣作为一个混合样，进行农药残留、重金属检测。采样方法为：在每个镇中具有代表性的自然村选取 3~5 个果园，在果园的四角和中心各选区一棵果树，注意从上部、下部、内侧、外侧、阳面、阴面均匀采摘 0.1kg 原料果样品；土壤取样方法同上。同时，对果树的施肥情况进行调查。

v 分析和评估：对样品农药残留、重金属的检测结果进行汇总，根据普查结果对各个区域的农残进行分析和评价，最后确定合格收购区域，在合格收购区选择原料供应商，经过对供应商的资金能力、运输能力、采购能力、诚信度等进行调查评审，确定合格供应商，并签订采购合同。

b. 验证：冬枣醋饮料生产企业建立了食品安全管理体系后还应得到严格的执行，执行的结果是否满足预期的策划应通过验证活动来证明。在实施具体的验证活动中，应按照 P（策划）D（实施）C（检查）A（改进）过程的方法来加以实施。首先应对验证的活动进行策划，保证验证的职责、方法、频次、内容得到规定；然后按照策划实施验证活动；第三对每项验证活动的结果进行评价，最终还应对整个验证活动的结果进行分析以实现对体系的更新和改进。以 ISO22000：2005 为依据建立的食品安全管理体系应是一个动态的管理体系，而不应一成不变，因此企业在体系运行中还应重视体系的更新和改进，通过沟通、管理评审、内部审核、验证、确认、纠正措施等来持续改进体系的有效性，保证食品安全。

四、饮料产品安全要求

饮料产品与其他食品一样安全性是首要的。为保证饮料产品的安全性，我国制定了相关卫生标准，主要有：《含乳饮料卫生标准》、《碳酸饮料卫生标准》、《植物蛋白饮料卫生标准》、《固体饮料卫生标准》、《果蔬汁饮料卫生标准》、《桶装水卫生标准及茶饮料卫生标准》等。各类饮料必须符合这些相应的卫生标准。

（一）碳酸饮料卫生标准

碳酸饮料的卫生要求应符合 GB 2759.2—2003《碳酸饮料卫生标准》中的规定，主要卫生指标有：

1. 理化指标

应符合表 13 – 7 中的规定。

表 13 – 7　　　　　　　　　　碳酸饮料理化指标

项目		指标
总砷（以 As 计）/（mg/L）	≤	0.2
铅（Pb）/（mg/L）	≤	0.3
铜（Cu）/（mg/L）	≤	5

2. 微生物指标

应该符合表 13 – 8 规定。

表 13 – 8　　　　　　　　　　碳酸饮料微生物指标

项目		指标
菌落总数/（cfu/mL）	≤	100
大肠菌群/（MPN/100mL）	≤	6
霉菌/（cfu/mL）	≤	10
酵母菌/（cfu/mL）	≤	10
致病菌（沙门氏菌、志贺氏菌、金黄色葡萄球菌）		不得检出

（二）含乳饮料卫生标准

配制型含乳饮料的卫生要求应符合 GB 11673—2003《含乳饮料卫生标准》的规定，主要指标见表 13 – 9。

表 13 – 9　　　　　　含乳饮料卫生标准要求的理化、微生物指标

项目		指标
蛋白质/（g/100mL）	≥	1.0
脂肪（仅适用于以鲜奶为原料）/（g/100mL）	≥	1.0
总砷（以 As 计）/（mg/L）	≤	0.2
铅（Pb）/（mg/L）	≤	0.05
铜（Cu）/（mg/L）	≤	5.0

续表

项目		指标
菌落总数/（cfu/mL）	≤	10000
大肠菌群/（MPN/100mL）	≤	40
霉菌/（cfu/mL）	≤	10
酵母菌/（cfu/mL）	≤	10
致病菌（沙门氏菌、志贺氏菌、金黄色葡萄球菌）		不得检出

发酵型含乳饮料和乳酸菌饮料应符合 GB 16321—2003 的规定，主要指标见表 13 – 10 理化指标及表 13 – 11 微生物指标。

表 13 – 10　　　　　　　　　发酵型含乳饮料和乳酸菌饮料理化指标

项目		指标
蛋白质/（g/100mL）	≥	0.7
总砷（以 As 计）/（mg/L）	≤	0.2
铅（Pb）/（mg/L）	≤	0.05
铜（Cu）/（mg/L）	≤	5.0
脲酶试验		阴性

表 13 – 11　　　　　　　　　发酵型含乳饮料和乳酸菌饮料微生物指标

项目			指标	
			未杀菌乳酸菌饮料	杀菌乳酸菌饮料
乳酸菌/（cfu/mL）	出厂	≤	1×10^6	—
	销售		有活菌检出	—
菌落总数/（cfu/mL）		≤	—	100
霉菌/（cfu/mL）		≤	30	30
酵母菌/（cfu/mL）		≤	50	50
大肠菌群/（MPN/100mL）		≤	3	
致病菌（沙门氏菌、志贺氏菌、金黄色葡萄球菌）			不得检出	

（三）植物蛋白饮料卫生标准

GB 16322—2003《植物蛋白饮料卫生标准》中规定植物蛋白饮料的主要卫生指标有：

1. 理化指标

应要求符合表 13 – 12 中的规定。

2. 微生物指标

以罐头加工工艺生产的罐装植物蛋白饮料应符合商业无菌的要求。

其他包装的植物蛋白饮料微生物指标应符合表 13 – 13 规定。

表 13 – 12   植物蛋白饮料理化指标

项目		指标
总砷（以 As 计）/（mg/L）	≤	0.2
铅（Pb）/（mg/L）	≤	0.3
铜（Cu）/（mg/L）	≤	5.0
蛋白质/（mg/100L）	≥	0.5
氰化物[a]（以 HCN 计）/（mg/L）	≤	0.05
脲酶试验[b]		阴性

注：a 仅限于以杏仁等为原料的饮料。
      b 仅限于以大豆为原料的饮料。

表 13 – 13   植物蛋白饮料微生物指标

项目		指标
菌落总数/（cfu/mL）	≤	100
大肠菌群/（MPN/100mL）	≤	3
霉菌与酵母菌/（cfu/mL）	≤	20
致病菌（沙门氏菌、志贺氏菌、金黄色葡萄球菌）		不得检出

（四）固体饮料卫生标准

GB 7101—2003《固体饮料卫生标准》中规定固体饮料的主要卫生指标有：

1. 理化指标

应要求符合表 13 – 14 中的规定。

表 13 – 14   固体饮料理化指标

项目		指标	
		蛋白型	普通型
蛋白质/（g/100g）	≥	4.0	—
水分/（g/100g）	≤	5.0	
总砷（以 As 计）/（mg/kg）	≤	0.5	
铅（Pb）/（mg/kg）	≤	1.0	
铜（Cu）/（mg/kg）	≤	5	

2. 微生物指标

应该符合表 13 – 15 规定。

（五）果蔬汁饮料卫生标准

GB 19297—2003《果蔬汁饮料卫生标准》中规定果蔬汁饮料的主要卫生指标有：

1. 理化指标

果蔬汁饮料的理化指标应要求符合表 13 – 16 中的规定。

表 13 – 15　　　　　　　　　　　　　　固体饮料微生物指标

项目		指标	
		蛋白型	普通型
菌落总数/（cfu/g）	≤	30000	1000
大肠菌群/（MPN/100g）	≤	90	40
霉菌/（cfu/g）	≤	50	
致病菌（沙门氏菌、志贺氏菌、金黄色葡萄球菌）		不得检出	

表 13 – 16　　　　　　　　　　　　　　果蔬汁饮料理化指标

项目		指标
总砷（以 As 计）/（mg/L）	≤	0.2
铅（Pb）/（mg/L）	≤	0.05
铜（Cu）/（mg/L）	≤	5
锌（Zn）ᵃ/（mg/L）	≤	5
铁（Fe）ᵃ/（mg/L）	≤	15
锡（Sn）ᵃ/（mg/L）	≤	200
锌、铜、铁总和/（mg/L）	≤	20
二氧化硫残留量（SO₂）/（mg/kg）	≤	10
展青霉素ᵇ/（ug/L）	≤	50

注：a 仅适用于金属罐装。

　　b 仅适用于苹果汁、山楂汁。

2. 微生物指标

以罐头加工工艺生产的罐装果蔬汁饮料应符合商业无菌的要求。

其他包装的果蔬汁饮料微生物指标应符合表 13 – 17 规定。

表 13 – 17　　　　　　　　　　　　　　果蔬汁饮料微生物指标

项目		指标	
		蛋白型	普通型
菌落总数/（cfu/mL）	≤	500	100
大肠菌群/（MPN/100mL）	≤	30	3
霉菌/（cfu/mL）	≤	20	20
酵母菌/（cfu/mL）	≤	20	20
致病菌（沙门氏菌、志贺氏菌、金黄色葡萄球菌）		不得检出	

（六）瓶（桶）装饮用纯净水卫生标准

GB 17324—2003《瓶（桶）装饮用纯净水卫生标准》中规定的主要卫生指标有：

1. 理化指标

瓶（桶）装饮用纯净水的理化指标应符合表 13 – 18 的规定。

表 13 – 18　　　　　　　　　瓶（桶）装饮用纯净水理化指标

项目		指标
pH		5. 0 ~ 7. 0
电导率（25℃ ±1℃）/（μS/cm）	≤	10
高锰酸钾消耗量（以 O_2 计）/（mg/L）	≤	1.0
氯化物（以 Cl^- 计）/（mg/L）	≤	6.0
亚硝酸盐（以 NO_2^- 计）/（mg/L）	≤	0.002
四氯甲烷/（mg/L）	≤	0.001
铅（Pb）/（mg/L）	≤	0.01
总砷（以 As 计）/（mg/L）	≤	0.01
铜（Cu）/（mg/L）	≤	1.0
氰化物[a]/（mg/L）	≤	0.002
挥发酚类（以苯酚计）[a]/（mg/L）	≤	0.002
三氯甲烷/（mg/L）	≤	0.02
游离氯（以 Cl^- 计）/（mg/L）	≤	0.005

注：a 仅限于蒸馏水。

2. 微生物指标

瓶（桶）装饮用纯净水的微生物指标应符合表 13 – 19 的规定。

表 13 – 19　　　　　　　　　微生物指标

项目		指标
菌落总数/（cfu/mL）	≤	20
大肠菌群/（MPN/100mL）	≤	3
霉菌和酵母/（cfu/mL）	≤	不得检出
致病菌（沙门氏菌、志贺氏菌、金黄色葡萄球菌）		不得检出

（七）瓶（桶）装饮用水卫生标准

GB 19298—2003《瓶（桶）装饮用水卫生标准》的主要卫生指标有：

1. 理化指标

瓶（桶）装饮用纯净水的理化指标应符合表 13 – 20 的规定。

表 13 – 20　　　　　　　　　瓶（桶）装饮用纯净水理化指标

项目		指标
亚硝酸盐（以 NO_2^- 计）/（mg/L）	≤	0.005
含氧量（以 O_2 计）/（mg/L）	≤	2
铅（Pb）/（mg/L）	≤	0.01
总砷（以 As 计）/（mg/L）	≤	0.05
铜（Cu）/（mg/L）	≤	1.0

续表

项目		指标
余氯/（mg/L）	≤	0.05
挥发酚类（以苯酚计）/（mg/L）	≤	0.002
三氯甲烷/（mg/L）	≤	0.02
总 α 放射性（Bq/L）	≤	0.1
总 β 放射性（Bq/L）	≤	1

2. 微生物指标

瓶（桶）装饮用水的微生物指标应符合表 13 - 21 的规定。

表 13 - 21 微生物指标

项目		指标
菌落总数/（cfu/mL）	≤	50
大肠菌群/（MPN/100mL）	≤	3
霉菌（cfu/mL）	≤	10
酵母菌/（cfu/mL）	≤	10
致病菌（沙门氏菌、志贺氏菌、金黄色葡萄球菌）		不得检出

（八）饮用天然矿泉水

GB 8537—2008《饮用天然矿泉水》中规定了相应的安全性指标，主要为限量指标、污染物指标与微生物指标，其要求见表 13 - 22、表 13 - 23 和表 13 - 24。

表 13 - 22 天然矿泉水限量指标

项目		要求
硒/（mg/L）	<	0.05
锑/（mg/L）	<	0.005
砷/（mg/L）	<	0.01
铜/（mg/L）	<	1
钡/（mg/L）	<	0.7
镉/（mg/L）	<	0.003
铬/（mg/L）	<	0.05
铅/（mg/L）	<	0.01
汞/（mg/L）	<	0.001
锰/（mg/L）	<	0.4
镍/（mg/L）	<	0.02
银/（mg/L）	<	0.05
溴酸盐/（mg/L）	<	0.01
硼酸盐/（mg/L）	<	5

表 13 - 23　　　　　　　　　　　　天然矿泉水污染物指标

项目		要求
挥发酚（以苯酚计）/（mg/L）	<	0.002
氰化物（以 CN^- 计）/（mg/L）	<	0.010
阴离子合成洗涤剂/（mg/L）	<	0.3
矿物油/（mg/L）	<	0.05
亚硝酸盐/（以 NO_2^- 计）/（mg/L）	<	0.1
总 β 放射性/（Bq/L）	<	1.50

表 13 - 24　　　　　　　　　　　　天然矿泉水微生物指标

项目	要求
大肠菌群/（MPN/100mL）	0
粪链球菌/（CFU/250mL）	0
铜绿假单胞菌/（CFU/250mL）	0
产气荚膜梭菌/（CFU/50mL）	0

注：（1）取样 1×250mL（产气荚膜梭菌取样 1×50mL）进行第一次检验，符合表5要求，报告为合格。

（2）检测结果大于等于1并小于2时，应按表6采取 n 个样品进行第二次检验。

（3）检测结果大于等于2时，报告为"不合格"。

（九）茶饮料卫生标准

GB 19296—2003《茶饮料卫生标准》中规定的主要卫生指标有：

1. 卫生理化指标

应符合表 13 - 25 的规定。

表 13 - 25　　　　　　　　　　　　卫生理化指标

项目		指标
总砷（以 As 计）/（mg/L）	≤	0.2
铅（Pb）/（mg/L）	≤	0.3
铜（Cu）/（mg/L）	≤	5

2. 微生物指标

以罐头加工工艺生产的罐装茶饮料应符合商业无菌的要求。

碳酸型及其他包装茶饮料微生物指标应符合表 13 - 26 规定。

表 13 - 26　　　　　　　　　　　　微生物指标

项目		指标
菌落总数/（cfu/mL）	≤	100
大肠菌群/（MPN/100mL）	≤	6
霉菌/（cfu/mL）	≤	10
酵母菌/（cfu/mL）	≤	10
致病菌（沙门氏菌、志贺氏菌、金黄色葡萄球菌）		不得检出

五、饮料产品安全性指标的检测方法

为便于检查和评价食品（饮料）的安全性，我国制定了卫生、安全性指标的检测方法。

（一）微生物检测

饮料的微生物指标主要为菌落总数，大肠菌群、致病菌（沙门氏菌、志贺氏菌、金黄色葡萄球菌）三项，有的产品如碳酸饮料、含乳饮料、固体饮料、果汁饮料和瓶（桶）装饮用纯净水还增加了霉菌、酵母菌等微生物指标。饮料中这些微生物的检测按相关的标准进行。主要微生物的检测标准见表 13 - 27。

表 13 - 27   主要微生物的检测标准

微生物名称	检测标准
菌落总数	GB 4789.2—2010《食品安全国家标准　食品微生物学检验　菌落总数测定》
大肠菌群	GB 4789.3—2010《食品安全国家标准　食品微生物学检验　大肠菌群计数》
沙门氏菌	GB 4789.4—2010《食品安全国家标准　食品微生物学检验　沙门氏菌检验》
志贺氏菌	GB/T 4789.5—2003《食品卫生微生物学检验　志贺氏菌检验》
金黄色葡萄球菌	GB 4789.10—2010《食品微生物学检验　金黄色葡萄球菌检验》
致泻大肠埃希氏菌酵母菌	GB - T 4789.6—2003《食品卫生微生物学检验　致泻大肠埃希氏菌检验》
溶血性链球菌	GB - T 4789.11—2003《食品卫生微生物学检验　溶血性链球菌检验》
霉菌和酵母菌	GB 4789.15—2010《食品安全国家标准　食品微生物学检验　霉菌和酵母计数》
乳酸菌	GB 4789.35—2010《食品安全国家标准　食品微生物学检验　乳酸菌检验》

（二）重金属检测

饮料的重金属指标主要为总砷（以 As 计）、铅（Pb）和铜（Cu）三项，其次还有一些特定的指标，如金属罐装的果蔬汁饮料还制定了（Zn）[a]、铁（Fe）[a]、锡（Sn）[a] 指标等。主要重金属检测的标准见表 13 - 28。

表 13 - 28   主要重金属检测的标准

检测项目名称	检测标准
总砷（以 As 计）总砷和无机砷	GB/T 5009.11—2003《食品中总砷及无机砷的测定》
铅（Pb）	GB 5009.12—2010《食品安全国家标准　食品中铅的测定》
铜（Cu）	GB/T 5009.13—2003《食品中铜的测定》
锌（Zn）	GB/T 5009.14—2003《食品中锌的测定》
铁（Fe）、镁（Mg）、锰（Mn）	GB/T 5009.90—2003《食品中铁、镁、锰的测定》
锡（Sn）	GB/T 5009.16—2003《食品中锡的测定》
总汞和有机汞	GB/T 5009.17—2003《食品中总汞及有机汞的测定》

（三）添加剂及其他安全性指标的检测

瓶（桶）装饮用纯净水卫生指标规定了氯化物（以 Cl 计）、亚硝酸盐（以 NO_2 计）、四氯甲烷、氰化物、挥发酚类（以苯酚计）、三氯甲烷；果蔬汁饮料卫生指标规定了二氧化硫残留量（SO_2）等含量要求。以大豆为原料的植物蛋白饮料及发酵性含乳饮料还需要进行脲酶试验、苯甲酸试验。这些添加剂及其他安全性指标的检测标准见表 13 – 29。

表 13 – 29　　　　　主要添加剂及其他安全性指标的检测标准

检测项目名称	检测标准
苯甲酸	GB/T 5009.29—2003《食品中山梨酸、苯甲酸的测定》
亚硝酸盐（以 NO_2^- 计）	GB 5009.33—2010《食品中亚硝酸盐与硝酸盐的测定》
氯化物（以 Cl^- 计）	
四氯甲烷、三氯甲烷	GB/T 5750—2006《生活饮用水标准检验方法》
氰化物	
挥发性酚	
SO_2	GB/T 5009.34—2003《食品中亚硫酸盐的测定》
咖啡因	GB/T 5009.139—2003《饮料中咖啡因的测定》
环己基氨基磺酸钠	GB/T 5009.97—2003《食品中环己基氨基磺酸钠的测定》
乙酰磺胺酸钾	GB/T 5009.140—2003《饮料中乙酰磺胺酸钾的测定》
糖精钠	GB/T 5009.28—2003《食品中糖精钠的测定》

第二节　饮料生产工厂的环境保护

一、环境保护的基本概念

1. 环境的概念

《中华人民共和国环境保护法》中指出环境是指影响人类生存和发展的各种天然的和经过人工改造的自然因素的总体，包括大气、水、海洋、土地、矿藏、森林、草原、野生生物、自然遗迹、人文遗迹、自然保护区、风景名胜区、城市和乡村等。

环境是人类和生物赖以生存和发展的所有要素及条件的综合。人类与其他生物一样，通过新陈代谢与周围环境不断地进行物质和能量的交换。人类的自然环境是由生物圈所构成并保持着动态平衡的物质世界。人类是环境的产物，又是环境的改造者。要把生产观点和生态观点结合起来，控制环境污染，保护和改善环境质量，把高效的"人类 – 环境"系统调控到最优化的运行状态。要求人类明智地管理地球。

2. 环境污染的定义

由于人类活动的干扰，使环境的组成或状态发生了变化，对人类健康或社会经济福利造成了危害，或破坏了生态平衡，就称为环境污染。

3. 环境保护的含义

环境保护是指人类为解决现实的或潜在的环境问题，协调人类与环境的关系，保障经济社会的持续发展而采取的各种行动的总称。它需要采取法律的、行政的、经济的、科学技术的措施，通过合理的利用自然资源，防止环境污染和破坏等来体现。

环境保护涉及人类活动与生态平衡、经济发展与环境质量、资源的利用和再生、污染物排放与环境容量、生产工艺与污染治理、废物回收与处理、人工处理与自然净化等一系列的综合协调的问题。

4. 环境保护法

为保护和改善生活环境与生态环境，防治污染和其他公害，保障人体健康，促进社会主义现代化建设的发展，1989 年 12 月 26 日第七届全国人民代表大会常务委员会第十一次会议通过《中华人民共和国环境保护法》。

保护和改善环境采取的措施主要包括以下几个方面。

（1）产生环境污染和其他公害的单位，必须把环境保护工作纳入计划，建立环境保护责任制度；采取有效措施，有效防治在生产建设或其他活动中产生的废气、废水、废渣、粉尘、恶臭气体、放射性物质以及噪声、振动、电磁波辐射等对环境的污染和危害。

（2）新建工业企业和现有工业企业的技术改造，应当采取资源利用率高、污染物排放量少的设备和工艺，采用经济合理的废弃物综合利用技术和污染物处理技术。

（3）建设项目中防治污染的设施，必须与主体工程同时设计、同时施工、同时投产使用。防治污染的设施必须经原审批环境影响报告书的环境保护行政主管部门验收合格后，该建设项目方可投入生产或者使用。

防治污染的设施不得擅自拆除或者闲置，确有必要拆除或者闲置的，必须征得所在地的环境保护行政主管部门同意。

（4）排放污染物的企业事业单位，必须依照国务院环境保护行政主管部门的规定申报登记。

（5）排放污染物超过国家或者地方规定的污染物排放标准的企业事业单位，依照国家规定缴纳超标准排污费，并负责治理。水污染防治法另有规定的，依照水污染防治法的规定执行。

征收的超标准排污费必须用于污染的防治，不得挪作他用，具体使用办法由国务院规定。

（6）对造成环境严重污染的企业事业单位，限期治理。

中央或者省、自治区、直辖市人民政府直接管辖的企业事业单位的限期治理，由省、自治区、直辖市人民政府决定。市、县或者市、县以下人民政府管辖的企业事业单位限期治理，由市、县人民政府决定。被限期治理的企业事业单位必须如期完成治理任务。

（7）禁止引进不符合我国环境保护规定要求的技术和设备。

（8）因发生事故或者其他突然性事件，造成或者可能造成污染事故的单位，必须立即采取措施处理，及时通报可能受到污染危害的单位和居民，并向当地环境保护行政主管部门和有关部门报告，接受调查处理。

可能发生重大污染事故的企业事业单位，应当采取措施，加强防范。

（9）县级以上地方人民政府环境保护行政主管部门，在环境受到严重污染威胁居民生命财产安全时，必须立即向当地人民政府报告，由人民政府采取有效措施，解除或者减轻危害。

一切单位和个人都有保护环境的义务，并有权对污染和破坏环境的单位和个人进行检举和控告。

对于污染和破坏环境的单位和个人都将按我国环境保护法规定的相关条款承担法律责任，受到法律制裁。

二、饮料制造厂"三废"的现状和特点

1. 饮料制造厂"三废"现状

"三废"指废水、废气和废渣。饮料厂的主要污染有生产污水、生活污水、生产废弃物、锅炉烟尘、煤灰渣及噪声等。

（1）废水　饮料厂废水的来源主要有生产污水和生活污水两大部分，其中生产污水来源于果蔬原料的洗涤、加工过程中的废水，容器、设备及管道的清洗等。

① 原料清洗：果蔬原料中带来的杂物，如沙石、叶、皮、尘土等都会使污水含有一定的悬浮物和各种污染物。

② 生产加工：原料、辅料中很多成分在加工过程中不能被全部利用，未利用部分进入污水，使污水含有大量的有机物、悬浮物等。

③ 空罐、玻璃瓶及容器洗涤水。

④ 设备、管线和地面的清洗：在生产过程中，设备上、管线内不可避免地黏附有各种物料，部分加工物料或废弃物会掉落到地面上，在进行设备、管线及地面冲洗时，会随清洗用水进入排水通道，形成污水。

目前饮料厂多采用 CIP 清洗，清洗用酸碱液的残留物也进入排水通道形成污水，使废水含有酸碱。

（2）废渣　饮料厂废渣主要为生产废弃物和炉灰渣，生产废弃物主要是指果蔬汁加工时的果蔬废渣及生产中的包装材料废弃物；锅炉烟尘、煤灰渣产生于燃煤锅炉。饮料厂使用燃煤锅炉时都配设烟气除尘装置，使排除的烟气含尘量符合排放标准。使用燃油锅炉时，其直接排放的烟气中空气污染物低于《大气污染综合排放标准》。有些以新鲜果蔬为原料进行生产的工厂，果蔬渣要进行综合利用。

（3）噪声　饮料企业机械噪声来源于空气压缩机、真空泵、水泵、制冷压缩机以及鼓风机、引风机等。

2. 饮料制造厂"三废"特点

饮料生产过程产生的三废主要是废水，饮料厂产生的污水量及污水水质与饮料的生产品种、工艺设备及管理操作水平有关。就生产品种而言，植物蛋白饮料、浓缩果汁及果浆生产中产生的污水量较大，污水浓度也较高；碳酸饮料、茶饮料产生的污水量及污水浓度相对较低。采用先进的工艺设备，不但可以降低单位产品耗水量，而且可以有效地降低污水浓度。管理操作水平的高低也影响到污水量和污水浓度的排放。

从饮料厂废水来源可以知道饮料生产废水中主要污染物有：

（1）漂浮在废水中固体物质，如菜叶、果皮、果屑；

（2）悬浮在废水中的物质有少量蛋白质、淀粉、胶体物质等；

（3）溶解在废水中的酸、碱、盐、糖类等；

（4）原料夹带的泥砂及其他有机物等。

三、饮料生产节约用水与环境保护

（一）节约用水与环境保护简述

节约用水是指通过行政、技术、经济等管理手段加强用水管理，调整用水结构，改进用水方式，科学、合理、有计划、有重点的用水，提高水的利用率，避免水资源的浪费。

我国可利用的淡水资源总量为 $2.8 \times 10^{13} \mathrm{m}^3$，但人均只有 $2200 \mathrm{m}^3$，仅为世界平均水平的 1/4，是全球 13 个人均水资源最贫乏的国家之一。加上时空分布不均，污染严重，水资源短缺已经并将在相当长的一个时期内成为我国经济发展和社会进步的重要制约因素，如何节水、管水，合理使用水资源已迫在眉睫。饮料行业作为水资源消耗大户，水在企业的发展中具有非常重要的地位，搞好节水和水资源保护将是我们工作中永恒的主题。

（二）饮料行业节约用水与环境保护

1. 饮料行业节水与环保现状

饮料行业耗水量相对较大，生产废水中的 COD 是主要污染源。但除浓缩果蔬汁（浆）外，生产其他饮料品种的水耗、COD 产生量都比较低。而且饮料企业都建设有企业的污水处理站，能够实现达标排放。饮料行业目前执行的主要水污染物（COD）的国家标准和地方标准排放限值，见表 13-30。

表 13-30　　　　主要水污染物（COD）的国家标准和地方标准排放限值　单位：mg/L

标准编号	标准名称	一级限值		二级限值	三级限值
GB 20425—2006	皂素工业水污染物排放标准	100		150	500
DB 22/356—2008（天津）	污水综合排放标准	50		60	500
DB 11/37—2005（北京）	水污染物排放标准	排入地表水 一级（A）限值15 一级（B）限值50 二级限值60 三级限值100		—	排入城镇污水处理站500
DB 44/26—2001（广东）	水污染物排放限值（第一时段）	100		130	500
	水污染物排放限值（第二时段）	90		110	500
DB 37/599—2006（山东）	山东省南水北调沿线水污染物综合排放标准	重点保护区限值60	一般保护区限值100	—	—
DB 37/656—2006（山东）	山东省小清河流域水污染物综合排放标准（第一时段）	重点保护区限值100	一般保护区限值120	—	—

续表

标准编号	标准名称	一级限值		二级限值	三级限值
DB 37/656—2006（山东）	山东省小清河流域水污染物综合排放标准（第二时段）	重点保护区限值 80	一般保护区限值 100	—	—
DB 37/676—2007（山东）	山东省半岛流域水污染物综合排放标准（第一时段）	100		120	—
	山东省半岛流域水污染物综合排放标准（第二时段）	60		100	—
DB 21/1627—2008（辽宁）	污水综合排放标准	直接排放 50		—	排入城镇污水处理站 450
DB61/224—2006（陕西）	渭河水系（陕西段）污水综合排放标准	80		135	500
DB 61/421—2008（陕西）	浓缩果汁加工业水污染物排放标准（现有企业）	直接排放 100		排入城镇污水处理站 300	—
	浓缩果汁加工业水污染物排放标准（新建改建企业）	直接排放 80		排入城镇污水处理站 150	—

2. 饮料行业节水与环保措施

饮料行业节水的途径很多，除了采取行政、经济手段、健全法规、加强管理外，更加科学地使用水，依靠科学技术提高水资源重复利用率是关键，为此在中国饮料工业协会的组织下进行一系列节水节能环保管理活动，制定了相应的节水措施，并于2006—2009 年间通过调查大量行业数据，组织制定了 QB/T 2931—2008《饮料制造取水定额》。2008 年还颁布施行了《中国包装饮用水行业自律公约》，2010 年颁布实施了 QB/T 4069—2010《饮料制造综合能耗限额》。目前正在制定审批《饮料制造污水综合排放标准》。

清洁生产是我国饮料行业落实环境保护社会责任的重要措施之一，清洁生产是指降低水耗、能耗、物耗，减少污染物产生量和排放量，2010 年由中国饮料工业协会牵头制定《清洁生产标准　饮料制造业（碳酸饮料）》和《清洁生产标准　饮料制造业（果汁和蔬菜汁类）》两项国家环境保护标准，将有效推动饮料行业清洁生产的实施。

废弃物综合利用是循环经济中的另一部分，也是饮料行业落实环境保护社会责任的又一重点。中国饮料行业在为实现"十二五"末的 2015 年，主要饮料品类生产中的单位产品污水 COD 产生量比 2010 年平均降低 10% 左右，企业污水排放必须小于国家和地方规定的污染物排放标准；2015 年的废渣综合利用率提高到 90% 的明确目标而努力。

四、饮料厂环境保护的措施

1. 废水的处理

（1）污水排放标准　饮料厂污水属国家规定的第二类污物，需经处理达到国家规定的《污水综合排放标准》后才能排放或达到地区污水处理站的接管标准后才能排放。

《第二类污染物最高允许排放浓度（mg/L）》规定了 56 种污染物的排放浓度，饮料厂的污水污染物主要是悬浮物（SS）、五日生化需氧量（BOD_5）和化学需氧量（COD_{cr}），其排放标准分别为 150、100 和 300mg/L。

（2）污水排放的控制方法

① 提高水的循环使用率，饮料厂冷却水的水质一般很少变化，可以循环使用，但需定时定量加氯消毒，以控制杂菌繁殖。

② 积极采用新的工艺和设备，减少废水排放量，减轻污染物浓度。

③ 降低瓶装饮料破损率，在洗、装瓶过程中瓶子破损会造成饮料流失，增加废水污染负荷。

④ 尽可能减少洗涤水和冲洗水用量。

⑤ 雨水分流，清污分流，减少污水处理量。

（3）污水处理方法　饮料废水属于食品有机废水，生化性好，采用生化处理是迄今为止最为经济可行的方法。生化处理的方法多种多样，根据微生物呼吸过程的需氧要求，主要分为好氧处理和厌氧处理两大类，常用的有氧化塘法、活性污泥法、生物膜法，以及采用厌氧滤池、厌氧流化床、上流式厌氧污泥床反应器等方法。此外，兼氧处理是近年来发展起来的生物处理技术，由于饮料废水浓度有限，一般只采用好氧或兼氧处理即可，厌氧处理只有遇到高浓度废水时才有可能使用。

好氧处理方法中，活性污泥法和生物膜法依靠悬浮或载体表面的微生物，将有机物氧化分解，从而去除污水中可生物降解的物质。通过污泥的吸附和氧化作用，去除率可达 90% ~ 95%。厌氧处理则利用厌氧微生物的代谢过程，将有机物分解转化，产生有用的沼气。兼氧处理一般不供氧，微生物在溶解氧 0 ~ 0.3mg/L 左右的缺氧条件下进行生物反应，提高脱氮、除磷效果。厌氧和兼氧处理的后段一般都增加好氧处理，发挥各自优势，以提高有机物去除率。

2. 噪声的治理

当制冷压缩机、空气压缩机、水泵、真空泵、鼓风机、引风机等设备的噪声超过 85dB（A）或超过厂内各类地点噪声限制值时，应该采取有效措施，消噪达标。厂区内各类地点噪声限制值见表 13 – 31。

表 13 – 31　　　　　　　　厂区内各类地点噪声限制值

序号	地点类别	噪声限制值/dB（A）
1	生产车间及作业场所（工人每天连续接触噪声 8h）	90
2	高噪声车间的值班室、观察室、无电话室	75
3	精密装配线或精密加工地点，计算机房（正常工作状态）	70

续表

序号	地点类别	噪声限制值/dB（A）
4	车间所属办公室、实验室、设计室（室内背景噪声级）	70
5	主控制室、集中控制室、通讯室、电话总机室，消防值班室（室内背景噪声级）	60
6	厂部所属办公室、会议室，设计室、中心实验室（室内背景噪声级）	60
7	医务室、教室、哺乳室、托儿所、工人值班宿舍（室内背景噪声级）	55

噪声治理方法：

（1）从生产工艺及设备选型上进行噪声控制

① 革新工艺技术，采用低噪声的新工艺；

② 选用噪声较低、振动小的设备；采取机械化、自动化及密闭措施。

（2）采用隔声、消声和吸声措施

① 隔声措施：将噪声超标的设备如空气压缩机、水泵、真空泵等放置于单独的隔声间，与生产加工车间分隔、密闭，以减少对加工车间的噪声干扰。

② 消声措施：对于通风机等进出口管道及各类排气放空装置可采用消声控制，使之容许气体通过，但能阻碍声能传播，降低空气动力性噪音。

③ 吸音措施：噪声超标空气压缩机、水泵房、制冷压缩机房等可采用吸音措施。其设计降音量在 3～10dB（A）。

对吸声降噪量要求较高和面积较小的站、房宜对围护结构内面用吸声处理，必要时作吸声顶处理。

本章小结

本章以现代食品安全质量管理体系为框架，介绍了饮料生产中的安全生产管理技术与饮料生产工厂的环境保护等内容。在饮料生产质量控制体系中着重介绍了 GMP、HACCP 等食品生产质量管理体系的原理和方法，并结合生产实际介绍了常见饮料加工过程中的卫生要求和质量控制，说明节水与环境保护的概念与意义，以及饮料企业节水的主要途径。最后对饮料生产中的"三废"处理情况做了简单介绍。

思考题

1. 饮料安全包括哪些内容？

2. 饮料的不安全因素有哪些？

3. 如何保障饮料的安全性？

4. 饮料安全生产管理技术主要包含哪些内容？

5. 饮料 GMP 的基本内容与要素。

6. 饮料生产中的 HACCP 包含的内容与作用？

7. ISO22000 的概念及其与 GMP、SSOP、HACCP 的关系。

8. 饮料产品的安全按性指标及其检测方法。

9. 饮料生产节水与环境保护的概念与意义。

10. 什么是节约用水？试分析饮料厂节水意义与主要途径。

11. 饮料厂"三废"的特点及治理三废的措施。

拓展阅读资料

［1］王蕊，高翔. 食品安全与质量管理. 北京：中国计量出版社，2009.

［2］宫智勇，刘建学，黄和. 食品质量与安全管理. 郑州：郑州大学出版社，2011.

［3］李在聊，邓峰. 食品安全管理体系与质量环境管理体系整合实务. 北京：中国轻工业出版社，2008.

附　录

一、温度换算表

0~96℃						0~95℃					
℃		℉	℃		℉	℃		℉	℃		℉
-17.8	0	32	-5.56	22	71.6	6.67	44	111.2	18.9	66	150.8
-17.2	1	33.8	-5.00	23	73.4	7.22	45	113.0	19.4	67	152.6
-16.7	2	35.6	-4.44	24	75.2	7.78	46	114.8	20.0	68	154.4
-16.1	3	37.4	-3.89	25	77.0	8.33	47	116.6	20.6	69	156.2
-15.6	4	39.2	-3.33	26	78.8	8.89	48	118.4	21.1	70	158.0
-15.0	5	41.0	-2.78	27	80.6	9.44	49	120.2	21.7	71	159.8
-14.4	6	42.8	-2.22	28	82.4	10.0	50	122.0	22.2	72	161.6
-13.9	7	44.6	-1.67	29	84.2	10.6	51	123.8	22.8	73	163.4
-13.3	8	46.4	-1.11	30	86.0	11.1	52	125.6	23.3	74	165.2
-12.8	9	48.2	-0.56	31	87.8	11.7	53	127.4	23.9	75	167.0
-12.2	10	50.0	0	32	89.6	12.2	54	129.2	24.4	76	168.8
-11.7	11	51.8	0.56	33	91.4	12.8	55	131.0	25.0	77	170.6
-11.1	12	53.6	1.11	34	93.2	13.3	56	132.8	25.6	78	172.4
-10.6	13	55.4	1.67	35	95.0	13.9	57	134.6	26.1	79	174.2
-10.0	14	57.2	2.22	36	96.8	14.4	58	136.4	6.7	80	176.0
-9.44	15	59.0	2.78	37	98.6	15.0	59	138.2	27.2	81	177.8
-8.89	16	60.8	3.33	38	100.4	15.6	60	140.0	27.8	82	179.6
-8.33	17	62.6	3.89	39	102.2	16.1	61	141.8	28.3	83	181.4
-7.78	18	64.4	4.44	40	104.0	16.7	62	143.6	28.9	84	183.2
-7.22	19	66.2	5.00	41	105.8	17.2	63	145.4	29.4	85	185.0
-6.67	20	68.0	5.56	42	107.6	17.8	64	147.2	30.0	86	186.8
-6.11	21	69.8	6.11	43	109.4	18.3	65	149.0	30.6	87	188.6

97~1000℃						97~1000℃					
℃		℉	℃		℉	℃		℉	℃		℉
31.1	88	190.4	35.6	96	204.8	54	130	266	99	210	410
31.7	89	192.2	36.1	97	206.6	60	140	284	100	212	414
32.2	90	194.0	36.7	98	208.4	66	150	302	104	220	428
32.8	91	195.8	37.2	99	210.2	71	160	320	110	230	446
33.3	92	197.6	37.8	100	212.0	77	170	338	116	240	464
33.9	93	199.4	38	100	212	82	180	356	121	250	482
34.4	94	201.2	43	110	230	88	190	374	127	260	500
35.0	95	203.0	49	120	248	93	200	392	132	270	518

续表

97～1000℃						97～1000℃					
℃		℉	℃		℉	℃		℉	℃		℉
138	280	536	243	470	878	349	660	1220	454	850	1562
143	290	554	249	480	896	354	670	1238	460	860	1580
149	300	572	254	490	914	360	680	1256	466	870	1598
154	310	590	260	500	932	366	690	1274	471	880	1616
160	320	608	266	510	950	371	700	1292	477	890	1634
166	330	626	271	520	968	377	710	1310	482	900	1652
171	340	644	277	530	986	382	720	1328	488	910	1670
177	350	662	282	540	1004	388	730	1346	493	920	1688
182	360	680	288	550	1022	393	740	1364	499	930	1706
188	370	698	293	560	1040	399	750	1382	504	940	1724
193	380	716	299	570	1058	404	760	1400	510	950	1742
199	390	734	304	580	1076	410	770	1418	516	960	1760
204	400	752	310	590	1094	416	780	1436	521	970	1778
210	410	770	316	600	1112	421	790	1454	527	980	1796
216	420	788	321	610	1130	427	800	1472	532	990	1814
221	430	806	327	620	1148	432	810	1490	538	1000	1832
227	440	824	332	630	1166	438	820	1508			
232	450	842	338	640	1184	443	830	1526			
238	460	860	343	650	1202	449	840	1544			

注：如把中间列出的值换算为华氏，则读 F 的数值，如要换算为摄氏，则读 C 的数值。例如：华氏 50°，则对正中间列出的值 50 的 C 为摄氏 10°。

换算式　$F = 32 + \dfrac{9}{5}C$，$C = \dfrac{5}{9}(F - 32)$

二、水蒸气压强与温度的关系

温度/℃	压强/mmHg	温度/℃	压强/mmHg	温度/℃	压强/mmHg	温度/℃	压强/mmHg
−20	0.927	−4	3.368	12	10.457	28	28.101
−19	1.015	−3	3.644	13	11.162	29	29.783
−18	1.116	−2	3.941	14	11.908	30	31.548
−17	1.207	−1	4.263	15	12.699	31	33.406
−16	1.308	0	4.600	16	13.536	32	35.359
−15	1.400	1	4.940	17	14.421	33	37.441
−14	1.549	2	5.302	18	15.357	34	39.565
−13	1.680	3	5.687	19	16.346	35	41.827
−12	1.831	4	6.097	20	17.391	36	44.201
−11	1.982	5	6.534	21	18.495	37	46.691
−10	2.093	6	6.998	22	19.659	38	49.302
−9	2.267	7	7.492	23	20.888	39	52.039
−8	2.455	8	8.017	24	22.184	40	54.906
−7	2.658	9	8.574	25	23.550	41	57.910
−6	2.876	10	9.165	26	24.988	42	61.055
−5	3.113	11	9.762	27	26.505	43	64.346

续表

温度/℃	压强/mmHg	温度/℃	压强/mmHg	温度/℃	压强/mmHg	温度/℃	压强/mmHg
44	67.790	59	142.015	74	276.624	89	505.705
45	71.391	60	148.791	75	288.517	90	525.397
46	75.158	61	155.889	76	300.838	91	545.715
47	79.093	62	163.170	77	313.600	92	566.690
48	83.204	63	170.791	78	326.811	93	588.333
49	87.499	64	178.714	79	340.488	94	610.661
50	91.982	65	186.945	80	354.643	95	633.692
51	96.661	66	195.496	81	369.287	96	657.443
52	101.543	67	204.376	82	384.435	97	681.931
53	106.636	68	213.596	83	400.101	98	707.174
54	111.945	69	223.165	84	416.298	99	733.191
55	117.478	70	233.093	85	433.041	100	760.000
56	123.244	71	243.393	86	350.301		
57	129.251	72	254.073	87	468.175		
58	135.505	73	267.147	88	486.638		

三、压力与温度对照表

压力 /（lb/in²）	温度 ℉	温度 ℃	压力 /（lb/in²）	温度 ℉	温度 ℃	压力 /（lb/in²）	温度 ℉	温度 ℃
1	215.0	101.7	8	234.8	112.7	15	249.7	120.9
2	218.5	103.6	9	237.1	113.9	16	251.6	122.0
3	221.5	105.3	10	239.4	115.2	17	253.5	123.1
4	224.4	106.9	11	241.6	116.4	18	255.3	124.1
5	227.2	108.4	12	243.7	117.6	19	257.1	125.1
6	229.8	109.9	13	245.8	118.8	20	258.8	126.0
7	232.4	111.3	14	247.8	119.9			

四、压力单位换算表

帕［斯卡］（Pa）	巴（Bar）	公斤力/米²（kgf/m²）	托（Torr）（mmHg）	水银柱高（inHg）	磅力/英寸²（lbf/in²）	标准大气压（atm）
1	10^{-5}	0.102	7.501×10^{-3}	2.953×10^{-4}	1.450×10^{-4}	9.869×10^{-6}
10^5	1	1.02×10^{-4}	750.1	29.53	14.50	0.987
9.807	9.807×10^{-5}	1	7.356×10^{-2}	2.896×10^{-3}	1.422×10^{-3}	9.678×10^{-5}
133.3	1.333×10^{-3}	13.59	1	3.937×10^{-2}	1.934×10^{-2}	1.316×10^{-3}
3.386×10^3	3.386×10^{-2}	3.453×10^2	25.4	1	0.491	3.342×10^{-2}
6.895×10^3	6.895×10^{-2}	7.031×10^2	51.7	2.036	1	6.806×10^{-2}
1.013×10^5	1.013	1.033×10^4	760	29.921	14.696	1

五、流量单位换算表

升/秒（L/s）	米³/时（m³/h）	米³/秒（m³/s）	加仑/分（gal/min）	加仑（美）/分 gal（美）/min	英尺³/时（ft³/h）	英尺³/秒（ft³/s）
1	3.6	0.001	13.199	15.8503	127.13	0.03531
0.2778	1	0.2778×10^{-3}	3.6663	4.4029	35.315	0.9810×10^{-2}
1000	3600	1	13199	15850	127133	353147
0.075766	0.27276	0.75766×10^{-4}	1	1.2009	9.6323	0.2676×10^{-2}
0.06309	0.2271	0.046309	0.8327	1	8.0208	0.2228×10^{-2}
0.7866×10^{-2}	0.02832	0.7866×10^{-5}	0.1038	0.1247	1	0.2778×10^{-3}
28.3153	101.941	0.02832	373.741	448.831	3.600	1

六、白利糖度—波美度换算表

白利糖度		波美度	白利糖度		波美度
1.79	1	0.56	57.13	31	17.11
3.57	2	1.12	59.07	32	17.65
5.38	3	1.68	61.00	33	18.19
7.17	4	2.24	62.93	34	18.73
8.97	5	2.79	64.93	35	19.28
10.78	6	3.35	66.89	36	19.81
12.57	7	3.91	68.89	37	20.35
14.38	8	4.46	70.91	38	20.89
16.19	9	5.02	72.93	39	21.43
18.00	10	5.57	74.96	40	21.97
19.82	11	6.13	77.00	41	22.50
21.65	12	6.68	79.04	42	23.04
23.47	13	7.24	81.10	43	23.57
25.30	14	7.79	83.16	44	24.10
27.12	15	8.34	85.28	45	24.63
28.96	16	8.89	87.45	46	25.17
30.80	17	9.45	89.58	47	25.70
32.65	18	10.00	91.73	48	26.23
34.49	19	10.55		49	26.75
36.32	20	11.10		50	27.28
38.18	21	11.65		51	27.81
40.06	22	12.20		52	28.33
41.93	23	12.74		53	28.86
43.82	24	13.29		54	29.38
45.70	25	13.84		55	29.90
47.61	26	14.39		56	30.42
49.49	27	14.93		57	30.94
51.38	28	15.48		58	31.46
53.30	29	16.02		59	31.97
55.20	30	16.57		60	32.49

续表

白利糖度		波美度	白利糖度		波美度
	61	33.00		76	40.53
	62	33.51		77	41.01
	63	34.02		78	41.50
	64	34.53		79	41.99
	65	35.04		80	42.47
	66	35.55		81	42.95
	67	36.05		82	43.43
	68	36.55		83	43.91
	69	37.06		84	44.38
	70	37.56		85	44.86
	71	38.06		86	45.33
	72	38.55		87	45.80
	73	39.05		88	46.27
	74	39.54		89	46.73
	75	40.03		90	47.20

七、蔗糖糖液的白利糖度、相对密度、波美度的比较

白利糖度或蔗糖重量(%)	相对密度(20°/20℃)	相对密度(20°/4℃)	波美度	白利糖度或蔗糖重量(%)	相对密度(20°/20℃)	相对密度(20°/4℃)	波美度
0.0	1.00000	0.998234	0.00	5.0	1.01965	1.017854	2.79
0.2	1.00078	0.999010	0.11	5.2	1.02045	1.018652	2.91
0.4	1.00155	0.999786	0.22	5.4	1.02125	1.019451	3.02
0.6	1.00233	1.000563	0.34	5.6	1.02206	1.020251	3.13
0.8	1.00311	1.001342	0.45	5.8	1.02286	1.021053	3.24
1.0	1.00389	1.002120	0.56	6.0	1.02366	1.021855	3.35
1.2	1.00467	1.002897	0.67	6.2	1.02447	1.022659	3.46
1.4	1.00545	1.003675	0.79	6.4	1.02527	1.023463	3.57
1.6	1.00623	1.004453	0.90	6.6	1.02608	1.024270	3.69
1.8	1.00701	1.005234	1.01	6.8	1.02689	1.025077	3.80
2.0	1.00779	1.006015	1.12	7.0	1.02770	1.025885	3.91
2.2	1.00858	1.006796	1.23	7.2	1.02851	1.026694	4.02
2.4	1.00936	1.007580	1.34	7.4	1.02932	1.027504	4.13
2.6	1.01015	1.008363	1.46	7.6	1.03013	1.028316	4.24
2.8	1.01093	1.009148	1.57	7.8	1.03095	1.029128	4.35
3.0	1.01172	1.009934	1.68	8.0	1.03176	1.029942	4.46
3.2	1.01251	1.010721	1.79	8.2	1.03258	1.030757	4.58
3.4	1.01330	1.011510	1.90	8.4	1.03340	1.031573	4.69
3.6	1.01409	1.012298	2.02	8.6	1.03422	1.032391	4.80
3.8	1.01488	1.013089	2.13	8.8	1.03504	1.033209	4.91
4.0	1.01567	1.013881	2.24	9.0	1.03586	1.034029	5.02
4.2	1.01647	1.014673	2.35	6.2	1.03668	1.034850	5.13
4.4	1.01726	1.015467	2.46	9.4	1.03750	1.035671	5.24
4.6	1.01806	1.016261	2.57	9.6	1.03833	1.036494	5.35
4.8	1.01886	1.017058	2.68	9.8	1.03915	1.037318	5.46

续表

白利糖度或蔗糖重量(%)	相对密度(20°/20℃)	相对密度(20°/4℃)	波美度	白利糖度或蔗糖重量(%)	相对密度(20°/20℃)	相对密度(20°/4℃)	波美度
10.0	1.03998	1.038143	5.57	18.0	1.07404	1.072147	10.00
10.2	1.04081	1.038970	5.68	18.2	1.07462	1.073023	10.11
10.4	1.04164	1.039797	5.80	18.4	1.07580	1.073900	10.22
10.9	1.04247	1.040626	5.91	18.6	1.07668	1.074777	10.33
10.8	1.04330	1.041456	6.02	18.8	1.07756	1.075657	10.44
11.0	1.04413	1.042288	6.13	19.0	1.07844	1.076537	10.55
11.2	1.04497	1.043121	6.24	19.2	1.07932	1.077419	10.66
11.4	1.04580	1.043954	6.35	19.4	1.08021	1.078302	10.77
11.6	1.04664	1.044788	6.46	19.6	1.08110	1.079177	10.88
11.8	1.04747	1.045625	6.57	19.8	1.08198	1.080072	10.99
12.0	1.04831	1.046462	6.68	20.0	1.08287	1.080959	11.10
12.2	1.04915	1.047300	6.79	20.2	1.08376	1.081848	11.21
12.4	1.04999	1.048140	6.90	20.4	1.08415	1.082737	11.32
12.6	1.05084	1.048980	7.02	20.6	1.08554	1.083628	11.43
12.8	1.05168	1.049822	7.13	20.8	1.08644	1.084520	11.54
13.0	1.05252	1.050665	7.24	21.0	1.08733	1.085414	11.65
13.2	1.05337	1.051510	7.35	21.2	1.08823	1.086309	11.76
13.4	1.05422	1.052356	7.46	21.4	1.08913	1.087205	11.87
13.6	1.05506	1.053202	7.57	21.6	1.09003	1.088101	11.98
13.8	1.05591	1.054000	7.68	21.8	1.09093	1.089000	12.09
14.0	1.05677	1.054900	7.79	22.0	1.09183	1.089900	12.20
14.2	1.05762	1.055751	7.90	22.2	1.09273	1.090802	12.31
14.4	1.05847	1.056602	8.01	22.4	1.09364	1.091704	12.42
14.6	1.05933	1.057455	8.12	22.6	1.09454	1.092607	12.52
14.8	1.06018	1.058310	8.23	22.8	1.09545	1.093513	12.63
15.0	1.06104	1.059165	8.34	23.0	1.09636	1.094420	12.74
15.2	1.06190	1.060022	8.45	23.2	1.09727	1.095328	12.85
15.4	1.06276	1.060880	8.56	23.4	1.09818	1.096236	12.96
15.6	1.06362	1.061738	8.67	23.6	1.09909	1.097147	13.07
15.8	1.06448	1.062598	8.78	23.8	1.00000	1.098058	13.18
16.0	1.06534	1.063460	8.89	24.0	1.10092	1.098971	13.29
16.2	1.06621	1.064324	9.00	24.2	1.10183	1.099886	13.40
16.4	1.06707	1.065188	9.11	24.4	1.10275	1.100802	13.51
16.6	1.06794	1.066054	9.22	24.6	1.10367	1.101718	13.62
16.8	1.06881	1.066921	9.33	24.8	1.10459	1.102637	13.73
17.0	1.06968	1.067789	9.45	25.0	1.10551	1.103557	13.84
17.2	1.07055	1.068658	9.56	25.2	1.10643	1.104478	13.95
17.4	1.07142	1.069529	9.67	25.4	1.10736	1.105400	14.06
17.6	1.07229	1.060400	9.78	25.6	1.10828	1.106324	14.17
17.8	1.07317	1.071273	9.89	25.8	1.10921	1.107248	14.28

续表

白利糖度或 蔗糖重量（%）	相对密度 （20°/20℃）	相对密度 （20°/4℃）	波美度	白利糖度或 蔗糖重量（%）	相对密度 （20°/20℃）	相对密度 （20°/4℃）	波美度
26.0	1.11014	1.108175	14.39	34.0	1.14837	1.146345	18.73
26.2	1.11106	1.109103	14.49	34.2	1.14936	1.147328	18.84
26.4	1.11200	1.110033	14.60	34.4	1.15034	1.148313	18.95
26.6	1.11293	1.110963	14.71	34.6	1.15133	1.149298	19.06
26.8	1.11386	1.111895	14.82	34.8	1.15232	1.150286	19.17
27.0	1.11480	1.112828	14.93	35.0	1.15331	1.151275	19.28
27.2	1.11573	1.113763	15.04	35.2	1.15430	1.152265	19.38
27.4	1.11667	1.114697	15.15	35.4	1.15530	1.153256	19.49
27.6	1.11761	1.115635	15.26	35.6	1.15629	1.154249	19.60
27.8	1.11855	1.116572	15.37	35.8	1.15729	1.155242	19.71
28.0	1.11949	1.117512	15.48	36.0	1.15828	1.156238	19.81
28.2	1.12043	1.118453	15.59	36.2	1.15928	1.157235	19.92
28.4	1.12138	1.119395	15.69	36.4	1.16028	1.158233	20.03
28.6	1.12232	1.120339	15.80	36.6	1.16128	1.159233	20.14
28.8	1.12327	1.121284	15.91	36.8	1.16228	1.160233	20.25
29.0	1.12422	1.122231	16.02	37.0	1.16329	1.161236	20.35
29.2	1.12517	1.123179	16.13	37.2	1.16430	1.162240	20.46
29.4	1.12612	1.124128	16.24	37.4	1.16530	1.163245	20.57
29.6	1.12707	1.125079	16.35	37.6	1.16631	1.164252	20.68
29.8	1.12802	1.126030	16.46	37.8	1.16732	1.165259	20.78
30.0	1.12898	1.126984	16.57	38.0	1.16833	1.166269	20.89
30.2	1.12993	1.127939	16.67	38.2	1.16934	1.167281	21.00
30.4	1.13089	1.128896	16.78	38.4	1.17036	1.168293	21.11
30.6	1.13185	1.129853	16.89	38.6	1.17138	1.169307	21.21
30.8	1.13281	1.130812	16.00	38.8	2.17239	1.170322	21.32
31.0	1.13378	1.131773	17.11	39.0	1.17341	1.171340	21.43
31.2	1.13474	1.132735	17.22	39.2	1.17443	1.172359	21.54
31.4	1.13570	1.133698	17.33	39.4	1.17545	1.173379	21.64
31.6	1.13667	1.134663	17.43	39.6	1.17648	1.174400	21.75
31.8	1.13764	1.135628	17.54	39.8	1.17750	1.175423	21.86
32.0	1.13861	1.136596	17.65	40.0	1.17853	1.176447	21.97
32.2	1.13958	1.137565	17.76	40.2	1.17956	1.177473	22.07
32.4	1.14055	1.138534	17.87	40.4	1.18058	1.178501	22.18
32.6	1.14152	1.189506	17.98	40.6	1.18162	1.179527	22.29
32.8	1.14250	1.140479	18.08	40.8	1.18265	1.180560	22.39
33.0	1.14347	1.141453	18.19	41.0	1.18368	1.181592	22.50
33.2	1.14445	1.142429	18.30	41.2	1.18472	1.182625	22.61
33.4	1.14543	1.143405	18.41	41.4	1.18575	1.183660	22.72
33.6	1.14641	1.144384	18.52	41.6	1.18679	1.184696	22.82
33.8	1.14739	1.145363	18.63	41.8	1.18783	1.185734	22.93

续表

白利糖度或蔗糖重量（%）	相对密度（20°/20℃）	相对密度（20°/4℃）	波美度	白利糖度或蔗糖重量（%）	相对密度（20°/20℃）	相对密度（20°/4℃）	波美度
42.0	1.18887	1.186773	23.04	50.0	1.23174	1.229567	27.28
42.2	1.18992	1.187814	23.14	50.2	1.23284	1.230668	27.39
42.4	1.19096	1.188856	23.25	50.4	1.23395	1.231770	27.49
42.6	1.19201	1.189901	23.36	50.6	1.23506	1.232874	27.60
42.8	1.19305	1.190946	23.46	50.8	1.23616	1.233979	27.70
43.0	1.19410	1.191993	23.57	51.0	1.23727	1.235085	27.81
43.2	1.19515	1.193041	23.68	51.2	1.23838	1.236194	27.91
43.4	1.19620	1.194090	23.78	51.4	1.23949	1.237303	28.02
43.6	1.19726	1.195141	23.89	51.6	1.24060	1.238414	28.12
43.8	1.19831	1.196193	24.00	51.8	1.24172	1.239527	28.23
44.0	1.19936	1.197247	24.10	52.0	1.24284	1.240641	28.33
44.2	1.20042	1.198303	24.21	52.2	1.24395	1.241757	28.44
44.4	1.20148	1.199360	24.32	52.4	1.24507	1.242873	28.54
44.6	1.20254	1.200420	24.42	52.6	1.24619	1.243992	28.65
44.8	1.20360	1.201480	24.53	52.8	1.24731	1.245113	28.75
45.0	1.20467	1.202540	24.63	53.0	1.24844	1.246234	28.86
45.2	1.20573	1.203603	24.74	53.2	1.24956	1.247358	28.96
45.4	1.20680	1.204663	24.85	53.4	1.25069	1.248482	29.06
45.6	1.20787	1.205733	24.95	53.6	1.25182	1.249609	29.17
45.8	1.20894	1.206801	25.06	53.8	1.25295	1.250737	29.27
46.0	1.21001	1.207870	25.17	54.0	1.25408	1.251866	29.38
46.2	1.21108	1.208940	25.27	54.2	1.25521	1.252997	29.48
46.4	1.21215	1.210013	25.38	54.4	1.25635	1.254129	29.59
46.6	1.21323	1.211086	25.48	54.6	1.25748	1.255264	29.69
46.8	1.21431	1.212162	25.59	54.8	1.25862	1.256400	29.80
47.0	1.21538	1.213238	25.70	55.0	1.25976	1.257535	29.90
47.2	1.21646	1.214317	25.80	55.2	1.26090	1.258674	30.00
47.4	1.21755	1.215395	25.91	55.4	1.26204	1.259815	30.11
47.6	1.21863	1.216476	26.01	55.6	1.26319	1.260955	30.21
47.8	1.21971	1.217559	26.12	55.8	1.26433	1.262099	30.32
48.0	1.22080	1.218643	26.23	56.0	1.26548	1.263243	30.42
48.2	1.22189	1.219729	26.33	56.2	1.26663	1.264390	30.52
48.4	1.22298	1.220815	26.44	56.4	1.26778	1.265537	30.63
48.6	1.22406	1.221904	26.54	56.6	1.26893	1.266686	30.73
48.8	1.22516	1.222995	26.65	56.8	1.27008	1.267837	30.83
49.0	1.22625	1.224086	26.75	57.0	1.27123	1.268989	30.94
49.2	1.22735	1.225180	26.86	57.2	1.27239	1.270143	31.04
49.4	1.22844	1.226274	26.96	57.4	1.27355	1.271299	31.15
49.6	1.22954	1.227371	27.07	57.6	1.27471	1.272455	31.25
49.8	1.23064	1.228469	27.18	57.8	1.27587	1.273614	31.35

续表

白利糖度或蔗糖重量（%）	相对密度（20°/20℃）	相对密度（20°/4℃）	波美度	白利糖度或蔗糖重量（%）	相对密度（20°/20℃）	相对密度（20°/4℃）	波美度
58.0	1.27703	1.274774	31.46	66.0	1.32476	1.322425	35.55
58.2	1.27819	1.275936	31.56	66.2	1.32599	1.323648	35.65
58.4	1.27936	1.277098	31.66	66.4	1.32722	1.324872	35.75
58.6	1.28052	1.278262	31.76	66.6	1.32844	1.326097	35.85
58.8	1.28169	1.279428	31.87	66.8	1.32967	1.327325	35.95
59.0	1.28286	1.280595	31.97	67.0	1.33090	1.328554	36.05
59.2	1.28404	1.281764	32.07	67.2	1.33214	1.329785	36.15
59.4	1.28520	1.282935	32.18	67.4	1.33337	1.331017	36.25
59.6	1.28638	1.294107	32.28	67.6	1.33460	1.332250	36.35
59.8	1.28755	1.285281	32.38	67.8	1.33584	1.333485	36.45
60.0	1.28873	1.286456	32.49	68.0	1.33708	1.334722	36.55
60.2	1.28991	1.287633	32.59	68.2	1.33832	1.335961	36.66
60.4	1.29109	1.288811	32.69	68.4	1.33957	1.337200	36.76
60.6	1.29227	1.289991	32.79	68.6	1.34081	1.338441	36.86
60.8	1.29346	1.291172	32.90	68.8	1.34205	1.339681	36.96
61.0	1.29464	1.292354	33.00	69.0	1.34330	1.340938	37.06
61.2	1.29583	1.293539	33.10	69.2	1.34455	1.342174	37.16
61.4	1.29701	1.294725	33.20	69.4	1.34580	1.343421	37.28
61.6	1.29820	1.295911	33.31	69.6	1.34705	1.344671	37.36
61.8	1.29940	1.297100	33.41	69.8	1.34830	1.345922	37.46
62.0	1.30059	1.298291	33.51	70.0	1.34956	1.347174	37.56
62.2	1.30178	1.299483	33.61	70.2	1.35081	1.348427	37.66
62.4	1.30298	1.300677	33.72	70.4	1.35204	1.349682	37.76
62.6	1.30418	1.301871	33.82	70.6	1.35333	1.350939	37.86
62.8	1.30537	1.303068	33.92	70.8	1.35458	1.352197	37.96
63.0	1.30657	1.304267	34.02	71.0	1.35585	1.353456	38.06
63.2	1.30778	1.305467	34.12	71.2	1.35711	1.354717	38.16
63.4	1.30898	1.306669	34.23	71.4	1.35838	1.355980	38.26
63.6	1.31019	1.307872	34.33	71.6	1.35964	1.357245	38.35
63.8	1.31139	1.309077	34.43	71.8	1.36091	1.358511	38.45
64.0	1.31260	1.310282	34.53	72.0	1.36218	1.359778	38.55
64.2	1.31381	1.311489	34.63	72.2	1.36346	1.361047	38.65
64.4	1.31502	1.312699	34.74	72.4	1.36473	1.362317	38.75
64.6	1.31623	1.313909	34.84	72.6	1.36600	1.363590	38.85
64.8	1.31745	1.315121	34.94	72.8	1.36728	1.364864	38.95
65.0	1.31866	1.316334	35.04	73.0	1.36856	1.366139	39.05
65.2	1.31988	1.317549	35.14	73.2	1.36983	1.367415	39.15
65.4	1.32110	1.318766	35.24	73.4	1.37111	1.368693	39.25
65.6	1.32232	1.319983	35.34	73.6	1.37240	1.369973	39.35
65.8	1.32354	1.321203	35.45	73.8	1.37368	1.371254	39.44

续表

白利糖度或蔗糖重量(%)	相对密度 (20°/20℃)	相对密度 (20°/4℃)	波美度	白利糖度或蔗糖重量(%)	相对密度 (20°/20℃)	相对密度 (20°/4℃)	波美度
74.0	1.37496	1.372536	39.54	82.0	1.42759	1.425072	43.43
74.2	1.37625	1.373820	39.64	82.2	1.42894	1.426416	43.53
74.4	1.37754	1.375105	39.74	82.4	1.43029	1.427761	43.62
74.6	1.37883	1.376382	39.84	82.6	1.43164	1.429109	43.72
74.8	1.38012	1.377680	39.94	82.8	1.43298	1.430457	43.81
75.0	1.38141	1.378971	40.03	83.0	1.43434	1.431807	43.91
75.2	1.38270	1.380262	40.13	83.2	1.43569	1.433158	44.00
75.4	1.38400	1.381555	40.23	83.4	1.43705	1.434511	44.10
75.6	1.38530	1.382851	40.33	83.6	1.43841	1.435866	44.19
75.8	1.38660	1.384148	40.43	83.8	1.43976	1.437222	44.29
76.0	1.38790	1.385446	40.53	84.0	1.44112	1.438579	44.38
76.2	1.38920	1.386745	40.62	84.2	1.44249	1.435938	44.48
76.4	1.39050	1.388045	40.72	84.4	1.44385	1.441299	44.57
76.6	1.39180	1.389347	40.82	84.6	1.44521	1.442661	44.67
76.8	1.39311	1.390651	40.92	84.8	1.44658	1.444024	44.76
77.0	1.39442	1.391956	41.01	85.0	1.44794	1.445388	44.86
77.2	1.39573	1.393263	41.11	85.2	1.44931	1.446754	44.95
77.4	1.39704	1.394571	41.21	85.4	1.45068	1.448121	45.05
77.6	1.39835	1.395881	41.31	85.6	1.45205	1.449491	45.14
77.8	1.39966	1.397192	41.40	85.8	1.45343	1.450860	45.24
78.0	1.40098	1.398505	41.50	86.0	1.45480	1.452232	45.33
78.2	1.40230	1.399819	41.60	86.2	1.45618	1.453605	45.42
78.4	1.40361	1.401134	41.70	86.4	1.45755	1.454980	45.52
78.6	1.40493	1.402452	41.79	86.6	1.45893	1.456357	45.61
78.8	1.40625	1.403771	41.89	86.8	1.46031	1.457735	45.71
79.0	1.40758	1.405091	41.99	87.0	1.46170	1.459114	45.80
79.2	1.40890	1.406412	42.08	87.2	1.46308	1.460495	45.89
79.4	1.41023	1.407735	42.18	87.4	1.46446	1.461877	45.99
79.6	1.41155	1.409061	42.28	87.9	1.46585	1.463260	46.08
79.8	1.42288	1.400387	42.37	87.8	1.46724	1.464645	46.17
80.0	1.41421	1.411715	42.47	88.0	1.46862	1.466032	46.27
80.2	1.41554	1.413044	42.57	88.2	1.47002	1.467420	46.36
80.4	1.41688	1.414374	42.66	88.4	1.47141	1.468810	46.45
80.6	1.41821	1.415706	42.76	88.6	1.47280	1.470200	46.55
80.8	1.41955	1.417039	42.85	88.8	1.47420	1.471592	46.64
81.0	1.42088	1.418374	42.95	89.0	1.47559	1.472986	46.73
81.2	1.42222	1.419711	43.05	89.2	1.47699	1.474381	46.83
81.4	1.42356	1.421049	43.14	89.4	1.47839	1.475779	46.92
81.6	1.42490	1.422390	43.24	89.6	1.47979	1.477176	47.01
81.8	1.42625	1.423730	43.33	89.8	1.48119	1.478575	47.11

续表

白利糖度或蔗糖重量（%）	相对密度（20°/20℃）	相对密度（20°/4℃）	波美度	白利糖度或蔗糖重量（%）	相对密度（20°/20℃）	相对密度（20°/4℃）	波美度
90.0	1.48259	1.479976	47.20	95.0	1.51814	1.515455	49.49
90.2	1.48400	1.481378	47.29	95.2	1.51958	1.516893	49.58
90.4	1.48540	1.482782	47.38	95.4	1.52102	1.518332	49.67
90.6	1.48681	1.484187	47.48	95.6	1.52246	1.519771	49.76
90.8	1.48822	1.485593	47.57	95.8	1.52390	1.521212	49.85
91.0	1.48963	1.487002	47.66	96.0	1.52535	1.522656	49.94
91.2	1.49104	1.488411	47.75	96.2	1.52680	1.524100	50.03
91.4	1.49246	1.489823	47.84	96.4	1.52824	1.525546	50.12
91.6	1.49387	1.491234	47.94	96.6	1.52969	1.526933	50.21
91.8	1.49529	1.492647	48.03	96.8	1.53114	1.528441	50.30
92.0	1.49671	1.494063	48.12	97.0	1.53260	1.529891	50.39
92.2	1.49812	1.495479	48.21	97.2	1.53405	1.531342	50.48
92.4	1.49954	1.496897	48.30	97.4	1.53551	1.532794	50.57
92.6	1.50097	1.498316	48.40	97.6	1.53696	1.534248	50.66
92.8	1.50239	1.499736	48.49	97.8	1.53842	1.535704	50.75
93.0	1.50381	1.501158	48.58	98.0	1.53988	1.537161	50.84
93.2	1.50524	1.502582	48.67	98.2	1.54134	1.538618	50.93
93.4	1.50667	1.504006	48.76	98.4	1.54280	1.540076	51.02
93.6	1.50810	1.505432	48.85	98.6	1.54426	1.541536	51.10
93.8	1.50952	1.506859	48.94	98.8	1.54573	1.542998	51.19
94.0	1.51096	1.508289	49.03	99.0	1.54719	1.544462	51.28
94.2	1.51239	1.509720	49.12	99.2	1.54866	1.545926	51.37
94.4	1.51382	1.511151	49.22	99.4	1.55013	1.547392	51.46
94.6	1.51526	1.512585	49.31	99.6	1.55160	1.548861	51.55
94.8	1.51670	1.514019	49.40	99.8	1.55307	1.550379	51.64
				100.0	1.55454	1.551800	51.73

八、蔗糖和蔗糖溶液的比热容

单位：kJ/（kg·K）

温度/℃	水	糖溶液									结晶
		10	20	30	40	50	60	70	80	90	
0	4.187	3.93	3.68	3.43	3.18	2.93	2.68	2.43	2.18	1.93	1.164
10	4.187	3.93	3.68	3.48	3.22	2.97	2.72	2.47	2.22	2.01	1.202
20	4.191	3.93	3.73	3.48	3.22	3.01	2.79	2.55	2.30	2.05	1.235
30	4.195	3.98	3.73	3.52	3.27	3.06	2.81	2.60	2.34	2.14	1.269
40	4.199	3.98	3.73	3.52	3.31	3.10	2.85	2.64	2.43	2.22	1.306
50	4.204	3.98	3.77	3.56	3.35	3.14	2.89	2.68	2.47	2.26	1.340
60	4.212	3.98	3.77	3.56	3.35	3.14	2.97	2.76	2.55	2.34	1.361
70	4.216	3.98	3.81	3.60	3.39	3.18	3.01	2.81	2.60	2.39	1.411
80	4.224	3.98	3.81	3.60	3.43	3.22	3.06	2.85	2.68	2.47	1.444
90	4.233	4.02	3.81	3.64	3.48	3.23	3.10	2.89	2.72	2.55	1.478
100	4.241	4.02	3.85	3.64	3.48	3.31	3.14	2.97	2.78	2.60	1.516

九、蔗糖溶液黏度表

单位：10^{-3}Pa·s

蔗糖的含量/°Bx	温度/℃								
	0	10	20	30	40	50	60	70	80
20	3.782	2.642	1.945	1.493	1.184	0.97	0.81	0.68	0.59
21	3.977	2.768	2.031	1.555	1.231	1.00	0.84	0.71	0.61
22	4.187	2.904	2.124	1.622	1.281	1.04	0.87	0.73	0.63
23	4.415	3.050	2.224	1.692	1.333	1.09	0.90	0.76	0.65
24	4.661	3.208	2.331	1.769	1.390	1.13	0.93	0.79	0.67
25	4.931	3.380	2.447	1.852	1.451	1.17	0.97	0.82	0.70
26	5.223	3.565	2.573	1.941	1.516	1.22	1.01	0.85	0.72
27	5.542	3.767	2.708	2.037	1.587	1.28	1.05	0.88	0.75
28	5.889	3.986	2.855	2.140	1.663	1.34	1.10	0.92	0.78
29	6.271	4.225	3.015	2.251	1.744	1.40	1.14	0.96	0.81
30	6.692	4.487	3.187	2.373	1.833	1.47	1.20	1.00	0.85
31	7.148	4.772	3.376	2.504	1.927	1.54	1.25	1.04	0.88
32	7.653	5.084	3.581	2.645	2.029	1.61	1.31	1.09	0.92
33	8.214	5.428	3.806	2.799	2.141	1.69	1.37	1.14	0.96
34	8.841	5.808	4.052	2.967	2.260	1.78	1.44	1.19	1.00
35	9.543	6.230	4.323	3.150	2.390	1.87	1.51	1.25	1.05
36	10.31	6.693	4.621	3.353	2.532	1.98	1.59	1.31	1.10
37	11.19	7.212	4.950	3.573	2.687	2.09	1.67	1.37	1.15
38	12.17	7.791	5.315	3.815	2.856	2.21	1.76	1.44	1.20
39	13.27	8.436	5.718	4.082	3.039	2.35	1.86	1.52	1.26
40	14.55	9.166	6.167	4.375	3.241	2.49	1.97	1.60	1.32
41	16.00	9.992	6.671	4.701	3.461	2.65	2.08	1.68	1.39
42	17.67	10.93	7.234	5.063	3.706	2.82	2.21	1.77	1.46
43	19.58	11.98	7.867	5.467	3.977	3.01	2.35	1.88	1.54
44	21.76	13.18	8.579	5.917	4.277	3.22	2.50	1.99	1.63
45	24.29	14.55	9.383	6.421	4.611	3.46	2.66	2.11	1.71
46	27.22	16.11	10.30	6.988	4.983	3.71	2.85	2.25	1.82
47	30.60	17.91	11.33	7.628	5.400	4.00	3.05	2.40	1.93
48	34.56	19.98	12.51	8.350	5.868	4.32	3.28	2.56	2.05
49	39.22	22.39	13.37	9.171	6.395	4.68	3.53	2.74	2.19
50	44.74	25.21	15.43	10.11	6.991	5.07	3.81	2.94	2.34
51	51.29	28.48	17.24	11.18	7.669	5.52	4.12	3.17	2.50
52	59.11	32.34	19.34	12.41	8.439	6.03	4.47	3.42	2.69
53	68.51	36.91	21.79	13.84	9.321	6.61	4.87	3.70	2.89
54	79.92	42.38	24.68	15.49	10.34	7.27	5.30	4.01	3.12
55	93.86	48.90	28.07	17.42	11.50	8.02	5.81	4.36	3.37
56	111.0	56.79	32.12	19.68	12.86	8.88	6.38	4.76	3.66
57	132.3	66.39	36.95	22.35	14.44	9.88	7.04	5.20	3.98
58	159.0	78.15	42.78	25.51	16.29	11.1	7.80	5.72	4.34

续表

蔗糖的含量/°Bx	温度/℃								
	0	10	20	30	40	50	60	70	80
59	192.5	92.70	49.84	29.28	18.46	12.4	8.65	6.30	4.75
60	235.7	110.9	58.49	33.82	21.04	14.0	9.66	6.98	5.20
61	291.6	133.8	69.16	39.32	24.11	15.8	10.9	7.75	5.74
62	364.6	163.0	82.42	46.02	27.80	17.9	12.2	8.63	6.35
63	461.6	200.4	99.08	54.27	32.26	20.5	13.8	9.68	7.05
64	591.5	249.0	120.1	64.48	37.69	23.7	15.7	10.9	7.87
65	767.7	313.1	147.2	77.29	44.36	27.5	17.9	12.4	8.81
66	1013	398.5	182.0	93.45	52.61	32.1	20.6	14.1	9.93
67	1355	513.7	227.8	114.1	62.94	37.7	23.9	16.1	11.3
68	1846	672.1	288.5	140.7	75.97	44.7	27.9	18.4	12.8
69	2561	892.5	370.1	175.6	92.58	53.3	32.9	21.4	14.7
70	3628	1206	481.6	221.6	114.0	64.4	39.0	25.0	16.8
71	5253	1658	636.3	283.4	142.0	78.4	46.6	29.4	19.5
72	7792	2329	854.9	367.6	178.9	96.5	56.1	34.9	22.8
73	11876	3340	1170	484.3	228.5	121	68.4	41.7	26.9
74	18639	4906	1631	648.5	296.0	152	84.1	50.3	32.0
75	30207	7402	2328	884.8	389.5	193	105	61.4	38.3

十、糖液温度引起的容积变化率

单位:%

温度/℃	糖分/%						
	0	5	10	15	20	25	30
0	0.9980	0.9976	0.9969	0.9954	0.9958	0.9954	0.9949
5	0.9982	0.9978	0.9974	0.9970	0.9966	0.9963	0.9960
10	0.9985	0.9983	0.9981	0.9978	0.9976	0.9974	0.9972
15	0.9991	0.9990	0.9989	0.9988	0.9987	0.9986	0.9985
20	1.0000	1.0000	1.0000	1.0000	1.0000	1.0000	1.0000
25	1.0012	1.0012	1.0013	1.0014	1.0014	1.0015	1.0016
30	1.0026	1.0026	1.0027	1.0029	1.0030	1.0032	1.0033
35	1.0042	1.0043	1.0044	1.0046	10048	1.0050	1.0052
40	1.0060	1.0061	1.0063	1.0065	1.0068	1.0070	1.0072
45	1.0080	1.0081	1.0084	1.0086	1.0089	1.0091	1.0094
50	1.0102	1.0104	1.0106	1.0109	1.0112	1.0115	1.0117
55	1.0126	1.0128	1.0131	1.0134	1.0137	1.0139	1.0141
60	1.0152	1.0155	1.0158	1.0161	1.0163	1.0165	1.0167
65	1.0179	1.0184	1.0186	1.0189	1.0191	1.0194	1.0196
70	1.0209	1.0213	1.0215	1.0218	1.0218	1.0221	1.0223
75	1.0241	1.0243	1.0244	1.0247	1.0248	1.0250	1.0251
80	1.0274	1.0273	1.0275	1.0277	1.0279	1.0280	1.0281

续表

温度/℃ ＼ 糖分/%	0	5	10	15	20	25	30
85	1.0308	1.0307	1.0309	1.0309	1.0312	1.0312	1.0312
90	1.0342	1.0342	1.0344	1.0344	1.0347	1.0346	1.0345
95	1.0376	1.0379	1.0380	1.0380	1.0382	1.0381	1.0379
100	1.0411	1.0417	1.0418	1.0417	1.0417	1.0415	1.0413

温度/℃ ＼ 糖分/%	35	40	50	60	70	75
0	0.9945	0.9941	0.9934	0.9929	0.9926	0.9927
5	0.9957	0.9954	0.9949	0.9946	0.9944	0.9945
10	0.9970	0.9969	0.9966	0.9963	0.9962	0.9965
15	0.9984	0.9984	0.9982	0.9981	0.9981	0.9982
20	1.0000	1.0000	1.0000	1.0000	1.0000	1.0000
25	1.0017	1.0018	1.0018	1.0019	1.0020	1.0019
30	1.0035	1.0036	1.0038	1.0039	1.0040	1.0038
35	1.0054	1.0056	1.0058	1.0060	1.0061	1.0058
40	1.0074	1.0076	1.0079	1.0081	1.0082	1.0078
45	1.0096	1.0098	1.0000	1.0102	1.0103	1.0099
50	1.0119	1.0120	1.0123	1.0125	1.0125	1.0121
55	1.0143	1.0144	1.0147	1.0148	1.0148	1.0143
60	1.0168	1.0169	1.0171	1.0172	1.0171	1.0166
65	1.0196	1.0200	1.0199	1.0198	1.0189	1.0190
70	1.0224	1.0227	1.0226	1.0223	1.0215	1.0214
75	1.0552	1.0254	1.0252	1.0250	1.0241	1.0238
80	1.0281	1.0283	1.0280	1.0277	1.0268	1.0263
85	1.0312	1.0312	1.0310	1.0305	1.0294	1.0289
90	1.0344	1.0343	1.0340	1.0334	1.0322	1.0316
95	1.0377	1.0375	1.0371	1.0363	1.0351	1.0343
100	1.0412	1.0409	1.0403	1.0393	1.0380	1.0370

十一、蔗糖溶于 20℃ 水时所增加的容积

溶于100mL 中的蔗糖（g）	所得溶液			溶于100mL 中的蔗糖（g）	所得溶液		
	蔗糖重量 白利糖度	相对密度 （20°/4℃）	增加容积 （mL）		蔗糖重量 白利糖度	相对密度 （20°/4℃）	增加容积 （mL）
5	4.7699	1.01694	3.078	40	28.6075	1.12037	24.801
10	9.1055	1.03446	6.165	45	31.0723	1.13212	27.922
15	13.0635	1.05093	9.259	50	33.3726	1.14327	31.048
20	16.6912	1.06645	12.357	55	35.5243	1.15387	34.177
25	20.0283	1.08109	15.461	60	37.5414	1.16396	37.310
30	23.1083	1.09491	18.570	65	39.4361	1.17356	40.447
35	25.9599	1.10799	21.683	70	41.2193	1.18273	43.587

续表

溶于 100mL 中的蔗糖（g）	所得溶液			溶于 100mL 中的蔗糖（g）	所得溶液		
	蔗糖重量 白利糖度	相对密度 （20°/4℃）	增加容积 （mL）		蔗糖重量 白利糖度	相对密度 （20°/4℃）	增加容积 （mL）
75	42.9004	1.19147	46.729	1.60	61.5803	1.29579	100.513
80	44.4881	1.19983	49.874	1.70	63.0042	1.30429	106.873
90	47.4125	1.21546	56.174	1.80	64.3263	1.31225	113.239
100	50.0442	1.22981	62.483	190	65.5572	1.31972	119.609
110	52.4250	1.24301	68.802	200	66.7059	1.32675	125.984
120	54.5893	1.25520	75.130	210	67.7805	1.33337	132.362
130	56.5752	1.26649	81.465	220	68.7880	1.33961	138.744
1.40	58.3763	1.27696	87.808	230	69.7343	1.34551	145.129
1.50	60.0424	1.28671	94.157	240	70.6249	1.35110	151.517

十二、20℃糖液的相对密度

白利糖度或 蔗糖重量 （%）	0.0	0.1	0.2	0.3	0.4	0.5	0.6	0.7	0.8	0.9
0	1.0000	1.0004	1.0008	1.0012	1.0016	1.0019	1.0023	1.0027	1.0031	1.0035
1	1.0030	1.0043	1.0047	1.0051	1.0055	1.0058	1.0062	1.0066	1.0070	1.0074
2	1.0078	1.0082	1.0086	1.0090	1.0094	1.0098	1.0102	1.0106	1.0109	1.0113
3	1.0117	1.0121	1.0125	1.0129	1.0133	1.0137	1.0141	1.0145	1.0149	1.0153
4	1.0157	1.0161	1.0165	1.0169	1.0173	1.0177	1.0181	1.0185	1.0189	1.0193
5	1.0197	1.0201	1.0205	1.0209	1.0213	1.0217	1.0221	1.0225	1.0229	1.0233
6	1.0237	1.0241	1.0245	1.0249	1.0253	1.0257	1.0261	1.0265	1.0269	1.0273
7	1.0277	1.0281	1.0285	1.0289	1.0294	1.0298	1.0302	1.0306	1.0310	1.0314
8	1.0318	1.0322	1.0326	1.0330	1.0334	1.0338	1.0343	1.0347	1.0351	1.0355
9	1.0359	1.0363	1.0367	1.0371	1.0375	1.0380	1.0384	1.0388	1.0392	1.0396
10	1.0400	1.0404	1.0409	1.0413	1.0417	1.0421	1.0425	1.0429	1.0433	1.0438
11	1.0442	1.0446	1.0450	1.0454	1.0459	1.0463	1.0467	1.0471	1.0475	1.0480
12	1.0484	1.0488	1.0492	1.0496	1.0501	1.0505	1.0509	1.0513	1.0517	1.0522
13	1.0526	1.0530	1.0534	1.0539	1.0543	1.0547	1.0551	1.0556	1.0560	1.0564
14	1.0568	1.0573	1.0577	1.0581	1.0585	1.0589	1.0594	1.0598	1.0603	1.0607
15	1.0611	1.0615	1.0620	1.0624	1.0628	1.0633	1.0637	1.0641	1.0646	1.0650
16	1.0654	1.0659	1.0663	1.0667	1.0672	1.0676	1.0680	1.0685	1.0689	1.0693
17	1.0698	1.0702	1.0706	1.0711	1.0715	1.0719	1.0724	1.0728	1.0733	1.0737
18	1.0741	1.0746	1.0750	1.0755	1.0759	1.0763	1.0768	1.0772	1.0777	1.0781
19	1.0785	1.0790	1.0794	1.0799	1.0803	1.0807	1.0812	1.0816	1.0821	1.0825
20	1.0830	1.0834	1.0839	1.0843	1.0848	1.0852	1.0856	1.0861	1.0865	1.0870
21	1.0874	1.0879	1.0883	1.0888	1.0892	1.0897	1.0901	1.0905	1.0910	1.0915
22	1.0919	1.0924	1.0928	1.0933	1.0937	1.0942	1.0946	1.0951	1.0956	1.0960
23	1.0965	1.0969	1.0974	1.0978	1.0983	1.0987	1.0992	1.0997	1.1001	1.1006

续表

白利糖度或蔗糖重量（%）	0.0	0.1	0.2	0.3	0.4	0.5	0.6	0.7	0.8	0.9
24	1.1010	1.0015	1.1020	1.1024	1.1029	1.1033	1.1038	1.1043	1.1047	1.1052
25	1.1056	1.1061	1.1066	1.1070	1.1075	1.1079	1.1084	1.1089	1.1093	1.1098
26	1.1103	1.1107	1.1112	1.1117	1.1121	1.1126	1.1131	1.1135	1.1140	1.1145
27	1.1149	1.1154	1.1159	1.1163	1.1168	1.1173	1.1178	1.1182	1.1187	1.1192
28	1.1196	1.1201	1.1206	1.1210	1.1215	1.1220	1.1225	1.1229	1.1234	1.1239
29	1.1244	1.1248	1.1253	1.1258	1.1263	1.1267	1.1272	1.1277	1.1282	1.1287
30	1.1291	1.1296	1.1301	1.1306	1.1311	1.1315	1.1320	1.1325	1.1330	1.1334
31	1.1339	1.1344	1.1349	1.1354	1.1359	1.1363	1.1368	1.1373	1.1378	1.1383
32	1.1388	1.1393	1.1397	1.1402	1.1407	1.1412	1.1417	1.1422	1.1427	1.1432
33	1.1436	1.1441	1.1446	1.1451	1.1456	1.1461	1.1466	1.1471	1.1476	1.1481
34	1.1486	1.1490	1.1495	1.1500	1.1505	1.1510	1.1515	1.1520	1.1525	1.1530
35	1.1535	1.1540	1.1545	1.1550	1.1555	1.1560	1.1565	1.1570	1.1575	1.1580
36	1.1585	1.1590	1.1595	1.1600	1.1605	1.1610	1.1615	1.1620	1.1625	1.1630
37	1.1635	1.1840	1.1645	1.1650	1.1655	1.1660	1.1665	1.1670	1.1675	1.1680
38	1.1685	1.1690	1.1696	1.1701	1.1706	1.1711	1.1716	1.1721	1.1726	1.1731
39	1.1735	1.1741	1.1746	1.1752	1.1757	1.1762	1.1767	1.1772	1.1777	1.1782
40	1.1787	1.1793	1.1798	1.1803	1.1808	1.1813	1.1818	1.1824	1.1829	1.1834
41	1.1839	1.1844	1.1849	1.1855	1.1860	1.1865	1.1870	1.1875	1.1881	1.1886
42	1.1891	1.1896	1.1901	1.1907	1.1912	1.1917	1.1922	1.1928	1.1933	1.1938
43	1.1943	1.1949	1.1954	1.1959	1.1964	1.1970	1.1975	1.1980	1.1985	1.1991
44	1.1996	1.2001	1.2007	1.2012	1.2017	1.2023	1.2028	1.2033	1.2039	1.2044

十三、蔗糖计（20℃为标准）读数的温度修正表

温度（℃）	测定糖分（%）													
	0	5	10	15	20	25	30	35	40	45	50	55	60	70
	减													
0	0.40	0.49	0.65	0.77	0.89	0.99	1.08	1.16	1.24	1.31	1.37	1.41	1.44	1.49
5	0.36	0.47	0.56	0.65	0.73	0.80	0.86	0.91	0.97	1.01	1.05	1.08	1.10	1.14
10	0.32	0.38	0.43	0.48	0.52	0.57	0.60	0.64	0.67	0.70	0.75	0.74	0.75	0.77
11	0.31	0.35	0.40	0.44	0.48	0.51	0.55	0.58	0.60	0.63	0.65	0.66	0.68	0.70
12	0.29	0.32	0.36	0.40	0.43	0.46	0.50	0.52	0.54	0.56	0.58	0.59	0.60	0.62
13	0.26	0.29	0.32	0.35	0.38	0.41	0.44	0.48	0.48	0.49	0.51	0.52	0.53	0.55
14	0.24	0.26	0.29	0.31	0.34	0.36	0.38	0.40	0.41	0.44	0.44	0.45	0.46	0.47
15	0.20	0.22	0.24	0.26	0.28	0.30	0.32	0.33	0.34	0.36	0.36	0.37	0.38	0.39
16	0.17	0.18	0.20	0.22	0.23	0.25	0.26	0.27	0.28	0.28	0.29	0.30	0.31	0.32
17	0.13	0.14	0.15	0.16	0.18	0.19	0.20	0.20	0.21	0.21	0.22	0.23	0.23	0.24
18	0.09	0.10	0.10	0.11	0.12	0.13	0.13	0.14	0.14	0.14	0.15	0.15	0.15	0.16
19	0.05	0.05	0.05	0.06	0.06	0.06	0.07	0.07	0.07	0.07	0.08	0.08	0.08	0.08
17.5	0.11	0.12	0.12	0.14	0.15	0.16	0.16	0.17	0.17	0.18	0.18	0.19	0.19	0.20
15.56（60℉）	0.18	0.20	0.22	0.24	0.26	0.28	0.29	0.30	0.30	0.32	0.33	0.33	0.34	0.34

续表

温度（℃）	测定糖分（%）													
	0	5	10	15	20	25	30	35	40	45	50	55	60	70
	加													
21	0.04	0.05	0.06	0.06	0.06	0.07	0.07	0.07	0.07	0.08	0.08	0.08	0.08	0.09
22	0.10	0.10	0.11	0.12	0.12	0.13	0.14	0.14	0.15	0.15	0.16	0.16	0.16	0.16
23	0.16	0.16	0.17	0.17	0.19	0.20	0.21	0.21	0.22	0.23	0.24	0.24	0.24	0.24
24	0.21	0.22	0.23	0.24	0.26	0.27	0.28	0.29	0.30	0.31	0.32	0.32	0.32	0.32
25	0.27	0.28	0.30	0.31	0.32	0.34	0.35	0.36	0.38	0.38	0.39	0.39	0.40	0.39
26	0.33	0.34	0.36	0.37	0.40	0.40	0.42	0.44	0.46	0.47	0.47	0.48	0.48	0.48
27	0.40	0.41	0.42	0.44	0.46	0.48	0.50	0.52	0.54	0.54	0.55	0.56	0.56	0.56
28	0.46	0.47	0.49	0.51	0.54	0.56	0.58	0.60	0.61	0.62	0.63	0.64	0.64	0.64
29	0.54	0.55	0.56	0.59	0.61	0.63	0.66	0.68	0.70	0.70	0.71	0.72	0.72	0.72
30	0.61	0.62	0.63	0.66	0.68	0.71	0.73	0.76	0.78	0.78	0.79	0.80	0.80	0.81
35	0.99	1.01	1.02	1.06	1.10	1.13	1.16	1.18	1.20	1.21	1.22	1.22	1.23	1.22
40	1.42	1.45	1.47	1.51	1.54	1.57	1.60	1.62	1.64	1.65	1.65	1.65	1.66	1.65
45	1.91	1.94	1.96	2.00	2.03	2.05	2.07	2.09	2.10	2.10	2.10	2.10	2.10	2.08
50	2.46	2.48	2.50	2.53	2.56	2.57	2.58	2.59	2.59	2.58	2.58	2.57	2.56	2.52
55	2.05	3.07	3.09	3.12	3.12	3.12	3.12	3.11	3.10	3.08	3.07	3.05	3.03	2.97
60	3.69	3.72	3.73	3.73	3.72	3.70	3.67	3.65	3.62	3.60	3.57	3.64	3.50	3.43
27.5	0.43	0.44	0.46	0.48	0.50	0.52	0.54	0.56	0.58	0.58	0.59	0.60	0.60	0.60

十四、糖浆制备速算表

1	2	3	4	5	6	7
		制糖浆1L所需		对1L水		
白利糖度 /%	相对密度	蔗糖量/g	水量/mL	蔗糖添加量/g	制成的糖液量 /mL	°Bé（15℃）
50	1.230	614.8	614.8	1000	1626.5	27.7
51	1.235	629.9	605.2	1040.8	1652.3	28.2
52	1.241	645.1	595.5	1093.3	1679.3	28.8
53	1.246	660.5	585.7	1127.7	1707.4	29.3
54	1.252	676.0	575.9	1173.8	1736.4	29.8
55	1.257	691.6	565.9	1222.1	1767.1	30.4
56	1.263	707.4	555.8	1272.8	1799.2	30.9
57	1.269	723.3	545.5	1325.5	1832.5	31.4
58	1.275	739.4	535.4	1381.0	1867.7	31.9
59	1.281	755.5	525.1	1438.3	1904.4	32.5
60	1.286	771.9	514.5	1500.3	1943.6	33.0
61	1.292	788.3	504.0	1564.1	1984.1	33.5
62	1.298	804.9	493.4	1631.3	2026.7	34.0
63	1.304	821.7	483.6	1699.1	2069.4	34.5
64	1.310	838.6	471.7	1777.8	2120.0	35.1
65	1.316	855.5	460.7	1857.1	2170.6	35.6

注：例：要调制180L白利糖度55°的糖浆，需要多少砂糖和水？

　　第3栏 0.692×180＝124.56kg 砂糖。

　　第4栏 0.566×180＝101.88L 水。

十五、柠檬酸水溶液的相对密度（15℃）

柠檬酸浓度/%	波美度	相对密度	g/L	lb/gal
2	1.1	1.0074	20.15	0.1681
4	2.2	1.0149	40.60	0.3388
6	3.2	1.0227	61.36	0.5121
8	4.3	1.0309	82.47	0.6883
10	5.5	1.0392	103.9	0.8673
12	6.5	1.0470	125.6	1.049
14	7.6	1.0549	147.7	1.232
16	8.9	1.0632	170.1	1.420
18	9.7	1.0718	192.9	1.610
20	10.8	1.0805	216.1	1.803
22	11.8	1.0889	239.6	1.999
24	12.8	1.0972	263.3	2.198
26	13.9	1.1060	287.6	2.400
28	15.0	1.1152	312.3	2.606
30	16.0	1.1244	337.3	2.815
32	17.1	1.1332	362.6	3.026
34	18.1	1.1422	388.3	3.241
36	19.1	1.1515	414.5	3.460
38	20.1	1.1612	441.3	3.682
40	21.2	1.1709	468.4	3.909
42	22.3	1.1814	496.2	4.141
44	23.1	1.1899	523.6	4.369
46	24.2	1.1998	551.9	4.606
48	25.2	1.2103	580.9	4.848
50	26.2	1.2204	610.2	5.092
52	27.2	1.2307	610.0	5.341
54	28.2	1.2410	670.1	5.593
56	29.1	1.2514	700.8	5.848
58	30.2	1.2627	732.4	6.112
60	31.2	1.2738	764.3	6.378
62	32.2	1.2849	796.0	6.648
64	33.1	1.2960	829.4	6.922
66	34.1	1.3071	862.7	7.169

十六、酒石酸水溶液的相对密度（15℃）

酒石酸浓度/%	波美度	相对密度	g/L	lb/gal
1	0.6	1.0015	10.05	0.08383
2	1.3	1.0090	20.18	0.1684
4	2.6	1.0179	40.72	0.3398
6	3.9	1.0273	61.64	0.5144
8	5.2	1.0371	82.97	0.6924

续表

酒石酸浓度/%	波美度	相对密度	g/L	lb/gal
10	6.5	1.0469	104.7	0.08737
12	7.8	1.0565	126.8	1.058
14	9.0	1.0661	149.3	1.246
16	10.3	1.0761	172.2	1.437
18	11.5	1.0865	195.6	1.632
20	12.8	1.0969	219.4	1.831
22	14.0	1.1072	243.6	2.033
24	15.2	1.1172	268.2	2.238
26	16.5	1.1282	293.3	2.448
28	17.7	1.1393	319.0	2.662
30	19.0	1.1505	345.2	2.880
32	20.2	1.1615	371.7	3.102
34	21.3	1.1726	398.7	3.327
36	22.5	1.1840	426.2	3.557
38	23.8	1.1959	454.4	3.793
40	25.0	1.2078	483.1	4.032
42	26.1	1.2198	512.3	4.275
44	27.3	1.2317	541.9	4.523
46	28.5	1.2441	572.3	4.776
48	29.6	1.2568	603.3	5.034
50	30.8	1.2696	634.8	5.298
52	32.0	1.2820	667.1	5.567
54	33.1	1.2961	699.9	5.841
56	34.3	1.3093	733.2	6.119

十七、磷酸水溶液的相对密度（15℃）

磷酸浓度/%	波美度	相对密度	g/L	lb/gal
1	0.6	1.0038	10.04	0.0838
2	1.3	1.0092	20.18	0.1684
4	2.8	1.0200	40.80	0.3405
6	4.3	1.0309	61.85	0.5162
8	5.8	1.0420	86.36	0.6957
10	7.3	1.0532	105.3	0.8789
12	8.8	1.0647	127.8	1.066
14	10.3	1.0764	150.7	1.258
16	11.8	1.0884	174.1	1.453
18	13.3	1.1008	198.1	1.654
20	14.8	1.1134	222.7	1.858
22	16.3	1.1263	247.8	2.068
24	17.8	1.1395	273.5	2.282
26	19.2	1.1529	299.8	2.501
28	20.7	1.1665	326.6	2.726

续表

磷酸浓度/%	波美度	相对密度	g/L	lb/gal
30	22.2	1.1805	354.2	2.955
35	25.8	1.2160	425.6	3.552
40	29:4	1.2540	501.6	4.186
45	30.2	1.2930	581.9	4.856
50	30.4	1.3350	667.5	5.570
55	39.9	1.3790	758.5	6.329
60	43.3	1.4260	855.6	7.140
65	46.7	1.4750	958.8	8.001
70	50.0	1.5260	1068.0	8.914
75	53.2	1.5790	1184.0	9.883
80	56.2	1.6330	1306.0	10.900
85	59.2	1.6890	1436.0	11.980

十八、含果糖42%的葡萄糖果糖液糖换算表

浓度 (%)	相对密度 (20℃，空气)	表现浓度 (砂糖比重计%)	折射率 (20℃)	浓度 (%)	相对密度 (20℃，空气)	表现浓度 (砂糖比重计%)	折射率 (20℃)
10	1.0398	9.97	1.34771	55	1.2570	54.49	1.42879
12	1.0481	11.96	1.35079	56	1.2625	55.46	1.43091
14	1.0566	13.95	1.35391	57	1.2681	56.43	1.43304
16	1.0651	15.94	1.35708	58	1.2737	57.40	1.43519
18	1.0738	17.93	1.36029	59	1.2793	58.36	1.43735
20	1.0827	19.93	1.36355	60	1.2849	59.33	1.43952
22	1.0916	21.92	1.36685	61	1.2906	60.30	1.44172
24	1.1007	23.91	1.37020	62	1.2963	61.26	1.44393
26	1.1098	25.90	1.37361	63	1.3021	62.22	1.44615
28	1.1192	27.90	1.37706	64	1.3079	63.18	1.44839
30	1.1286	29.88	1.38055	65	1.3137	64.14	1.45065
32	1.1382	31.87	1.38410	66	1.3195	65.10	1.45293
34	1.1479	33.86	1.38771	67	1.3254	66.06	1.45522
36	1.1577	35.84	1.39136	68	1.3313	67.01	1.45752
38	1.1676	37.82	1.39506	69	1.3372	67.97	1.45985
40	1.1777	39.79	1.39882	70	1.3432	68.92	1.46219
42	1.1878	41.77	1.40263	71	1.3492	69.87	1.46455
44	1.1981	43.73	1.40650	72	1.3552	70.82	1.46692
46	1.2086	45.70	1.41042	73	1.3613	71.77	1.46932
48	1.2191	47.66	1.41440	74	1.3673	72.72	1.47173
50	1.2298	49.62	1.41844	75	1.3735	73.67	1.47416
51	1.2351	50.59	1.42048	76	1.3797	74.61	1.47539
52	1.2406	51.57	1.42254				
53	1.2460	52.54	1.42461				
54	1.2515	53.52	1.42669				

十九、含果糖55%的果糖葡萄糖液糖换算表

浓度 （%）	相对密度 （20℃，空气）	表现浓度 （砂糖比重计%）	折射率 （20℃）	浓度 （%）	相对密度 （20℃，空气）	表现浓度 （砂糖比重计%）	折射率 （20℃）
10	1.0400	10.01	1.3477	58	1.2743	57.50	1.4351
12	1.0483	12.00	1.3508	59	1.2800	58.48	1.4373
14	1.0568	13.99	1.3539	60	1.2857	59.45	1.4394
16	1.0654	15.98	1.3570	61	1.2914	60.42	1.4416
18	1.0741	17.98	1.3603	62	1.2972	61.39	1.4438
20	1.0829	19.97	1.3635	63	1.3030	62.36	1.4460
22	1.0918	21.96	1.3668	64	1.3088	63.33	1.4483
24	1.1009	23.95	1.3702	65	1.3147	64.30	1.4505
26	1.1101	25.94	1.3736	66	1.3206	65.27	1.4528
28	1.1194	27.93	1.3770	67	1.3265	66.23	1.4550
30	1.1288	29.92	1.3805	68	1.3325	67.20	1.4573
32	1.1384	31.91	1.3841	69	1.3385	68.16	1.4596
34	1.1481	33.89	1.3877	70	1.3445	69.12	1.4620
36	1.1579	35.87	1.3913	71	1.3506	70.09	1.4643
38	1.1678	37.85	1.3951	72	1.3567	71.05	1.4666
40	1.1779	39.83	1.3988	73	1.3628	72.01	1.4690
42	1.1881	41.81	1.4026	74	1.3690	72.97	1.4714
44	1.1984	43.78	1.4065	75	1.3752	73.93	1.4738
46	1.2089	45.75	1.4104	76	1.3814	74.88	1.4762
48	1.2194	47.72	1.4144	77	1.3877	75.84	1.4786
50	1.2302	49.68	1.4184	78	1.3940	76.80	1.4810
51	1.2356	50.66	1.4205	79	1.4004	77.75	1.4836
52	1.2410	51.64	1.4225	80	1.4067	78.71	1.4861
53	1.2465	52.62	1.4246	81	1.4131	79.66	1.4886
54	1.2520	53.60	1.4267	82	1.4196	80.61	1.4911
55	1.2575	54.58	1.4280	83	1.4261	81.56	1.4937
56	1.2631	55.55	1.4309	84	1.4326	82.51	1.4962
57	1.2687	56.53	1.4330	85	1.4391	83.46	1.4988

二十、碳酸气吸收系数表

温度 /℃	压力/MPa																	
	0.00	0.01	0.02	0.03	0.04	0.05	0.06	0.07	0.08	0.09	0.10	0.11	0.12	0.13	0.14	0.15	0.16	0.17
0	1.71	1.88	2.05	2.22	2.39	2.56	2.73	2.90	3.07	3.23	3.40	3.57	3.74	3.91	4.08	4.25	4.42	4.59
1	1.65	1.81	1.97	2.13	2.30	2.46	2.62	2.78	2.95	3.11	3.27	3.43	3.60	3.76	3.92	4.08	4.25	4.41
2	1.58	1.74	1.90	2.05	2.21	2.37	2.52	2.68	2.83	2.99	3.15	3.30	3.46	3.62	3.77	3.93	4.09	4.24
3	1.53	1.68	1.83	1.98	2.13	2.28	2.43	2.58	2.73	2.88	3.03	3.18	3.34	3.49	3.64	3.79	3.94	4.09
4	1.47	1.62	1.76	1.91	2.05	2.20	2.35	2.49	2.64	2.78	2.93	3.07	3.22	3.36	3.51	3.65	3.80	3.94
5	1.42	1.56	1.71	1.85	1.99	2.13	2.27	2.41	2.55	2.69	2.83	2.97	3.11	3.25	3.39	3.53	3.67	3.81

续表

温度/℃	压力/MPa																	
	0.00	0.01	0.02	0.03	0.04	0.05	0.06	0.07	0.08	0.09	0.10	0.11	0.12	0.13	0.14	0.15	0.16	0.17
6	1.38	1.51	1.65	1.78	1.92	2.06	2.19	2.33	2.46	2.60	2.74	2.87	3.01	3.14	3.28	3.42	3.55	3.69
7	1.33	1.46	1.59	1.73	1.86	1.99	2.12	2.25	2.38	2.51	2.64	2.78	2.91	3.04	3.17	3.30	3.43	3.56
8	1.28	1.41	1.54	1.66	1.79	1.91	2.04	2.17	2.29	2.42	2.55	2.67	2.80	2.93	3.05	3.18	3.31	3.43
9	1.24	1.36	1.48	1.60	1.73	1.85	1.97	2.09	2.21	2.34	2.46	2.58	2.70	2.82	2.95	3.07	3.19	3.31
10	1.19	1.31	1.43	1.55	1.67	1.78	1.90	2.02	2.14	2.25	2.37	2.49	2.61	2.73	2.84	2.96	3.08	3.20
11	1.15	1.27	1.38	1.50	1.61	1.72	1.84	1.95	2.07	2.18	2.29	2.41	2.52	2.63	2.75	2.86	2.98	3.09
12	1.12	1.23	1.34	1.45	1.56	1.67	1.78	1.89	2.00	2.11	2.22	2.33	2.44	2.55	2.66	2.77	2.88	2.99
13	1.08	1.19	1.30	1.40	1.51	1.62	1.72	1.83	1.94	2.05	2.15	2.26	2.37	2.47	2.58	2.69	2.79	2.90
14	1.05	1.15	1.26	1.36	1.46	1.57	1.67	1.78	1.88	1.98	2.09	2.19	2.29	2.40	2.50	2.60	2.71	2.81
15	0.02	1.12	1.22	1.32	1.42	1.52	1.62	1.72	1.82	1.92	2.02	2.13	2.23	2.33	2.43	2.53	2.63	2.73
16	0.98	1.08	1.18	1.28	1.37	1.47	1.57	1.67	1.76	1.86	1.96	2.05	2.15	2.25	2.35	2.44	2.54	2.64
17	0.96	1.05	1.14	1.24	1.33	1.43	1.52	1.62	1.71	1.81	1.90	1.99	2.09	2.18	2.28	2.37	2.47	2.56
18	0.93	1.02	1.11	1.20	1.29	1.39	1.48	1.57	1.66	1.75	1.84	1.94	2.03	2.12	2.21	2.30	2.39	2.49
19	0.90	0.99	1.08	1.17	1.26	1.35	1.44	1.53	1.61	1.70	1.79	1.88	1.97	2.06	2.15	2.24	2.33	2.42
20	0.88	0.96	1.05	1.14	1.22	1.31	1.40	1.48	1.57	1.66	1.74	1.83	1.92	2.00	2.09	2.18	2.26	2.35
21	0.85	0.94	1.02	1.11	1.19	1.28	1.36	1.44	1.53	1.61	1.70	1.78	1.87	1.95	2.03	2.12	2.20	2.29
22	0.83	0.91	0.99	1.07	1.16	1.24	1.32	1.40	1.48	1.57	1.65	1.73	1.81	1.89	1.97	2.06	2.14	2.22
23	0.80	0.88	0.96	1.04	1.12	1.20	1.28	1.36	1.44	1.52	1.60	1.68	1.76	1.84	1.91	1.99	2.07	2.15
24	0.78	0.86	0.94	1.01	1.09	1.17	1.24	1.32	1.40	1.47	1.55	1.63	1.71	1.78	1.86	1.94	2.01	2.09
25	0.76	0.83	0.91	0.93	1.06	1.13	1.21	1.28	1.36	1.43	1.51	1.58	1.66	1.73	1.81	1.88	1.96	2.03

温度/℃	压力/MPa																	
	0.18	0.19	0.20	0.21	0.22	0.23	0.24	0.25	0.26	0.27	0.28	0.29	0.30	0.31	0.32	0.33	0.34	0.35
0	4.76	4.93	5.09	5.26	5.43	5.60	5.77	5.94	6.11	6.28	6.45	6.62	6.79	6.95	7.12	7.20	7.45	7.63
1	4.57	4.73	4.90	5.06	5.22	5.38	5.54	5.71	5.87	6.03	6.19	6.36	6.52	6.68	6.84	7.01	7.17	7.33
2	4.40	4.55	4.71	4.87	5.02	5.18	5.34	5.49	5.65	5.81	5.96	6.12	6.27	6.43	6.59	6.74	6.90	7.06
3	4.24	4.39	4.54	4.69	4.84	4.99	5.14	5.29	5.45	5.60	5.75	5.90	6.05	6.20	6.35	6.50	6.65	6.80
4	4.09	4.24	4.38	4.53	4.67	4.82	4.96	5.11	5.35	5.40	5.54	5.69	5.83	5.98	6.13	6.27	6.42	6.56
5	3.95	4.09	4.23	4.38	4.52	4.66	4.80	4.94	5.08	5.22	5.33	5.50	5.64	5.78	5.92	6.06	6.20	6.34
6	3.82	3.96	4.10	4.23	4.37	4.50	4.64	4.77	4.91	5.06	5.18	5.32	5.45	5.59	5.73	5.86	6.00	6.13
7	3.70	3.83	3.96	4.09	4.22	4.35	4.48	4.62	4.75	4.88	5.01	5.14	5.27	5.40	5.53	5.67	5.80	5.93
8	3.56	3.69	3.81	3.91	4.07	4.19	4.32	4.45	4.57	4.70	4.82	4.95	5.08	5.20	5.33	5.48	5.58	5.71
9	3.43	3.56	3.68	3.80	3.92	4.05	4.17	4.29	4.41	4.53	4.66	4.78	4.90	5.02	5.14	5.27	5.39	5.51
10	3.32	3.43	3.55	3.67	3.79	3.90	4.02	4.14	4.26	4.38	4.49	4.61	4.73	4.85	4.97	5.08	5.20	5.32
11	3.20	3.32	3.43	3.55	3.66	3.77	3.89	4.00	4.12	4.23	4.34	4.46	4.57	4.68	4.80	4.91	5.03	5.14
12	3.10	3.21	3.32	3.43	3.54	3.65	3.76	3.87	3.98	4.09	4.20	4.31	4.42	4.53	4.64	4.76	4.87	4.98
13	2.01	3.11	3.22	3.33	3.43	3.54	3.65	3.76	3.86	3.97	4.08	4.18	4.29	4.40	4.50	4.61	4.72	4.82
14	2.92	3.02	3.12	3.23	3.33	3.43	3.54	3.64	3.74	3.85	3.95	4.06	4.16	4.26	4.37	4.47	4.57	4.68
15	2.83	2.93	3.03	3.13	3.23	3.33	3.43	3.53	3.63	3.78	3.84	3.94	4.04	4.14	4.24	4.34	4.44	6.54

续表

温度/℃	压力/MPa																	
	0.18	0.19	0.20	0.21	0.22	0.23	0.24	0.25	0.26	0.27	0.28	0.29	0.30	0.31	0.32	0.33	0.34	0.35
16	2.73	2.83	2.93	3.03	3.12	3.22	3.32	3.42	3.51	3.61	3.71	3.80	3.90	4.00	4.10	4.19	4.29	4.39
17	2.65	2.75	2.84	2.94	3.03	3.13	3.22	3.31	3.41	3.50	3.60	3.69	3.79	3.88	3.98	4.07	4.16	4.26
18	2.58	2.67	2.76	2.85	2.94	3.03	3.13	3.22	3.31	3.40	3.49	3.58	3.68	3.77	3.86	3.95	4.04	4.18
19	2.50	2.59	2.68	2.77	2.86	2.95	3.04	3.13	3.22	3.31	3.39	3.48	3.57	3.66	3.75	3.84	3.98	4.02
20	2.44	2.52	2.61	2.70	2.78	2.87	2.96	3.04	3.13	3.22	3.30	3.39	3.48	3.56	3.65	3.74	3.82	3.91
21	2.37	2.46	2.54	2.62	2.71	2.79	2.88	2.96	3.05	3.13	3.21	3.30	3.38	3.47	3.55	3.64	3.72	3.80
22	2.30	2.38	2.47	2.55	2.63	2.71	2.79	2.87	2.96	3.04	3.12	3.20	3.28	3.37	3.45	3.53	3.61	3.69
23	2.23	2.31	2.39	2.47	2.55	2.63	2.71	2.79	2.87	2.95	3.03	3.11	3.18	3.26	3.34	3.42	3.50	2.58
24	2.17	2.25	2.32	2.40	2.48	2.55	2.63	2.71	2.79	2.86	2.94	3.02	3.09	3.17	3.25	3.32	3.40	3.48
25	2.11	2.18	2.26	2.33	2.41	2.48	2.56	2.63	2.71	2.78	2.86	2.93	3.01	3.08	3.16	3.23	3.31	3.38

温度/℃	压力/MPa														
	0.36	0.37	0.38	0.39	0.40	0.41	0.42	0.43	0.44	0.45	0.46	0.47	0.48	0.49	0.50
0	7.80	7.97	8.14	8.31	8.48	8.64	8.81	8.98	9.15	9.32	9.49	9.66	9.83	10.00	10.17
1	7.49	7.66	7.82	7.98	8.14	8.31	8.47	8.63	8.79	8.96	9.12	9.28	9.44	9.61	9.77
2	7.21	7.37	7.52	7.68	7.84	7.99	8.15	8.31	7.46	8.62	8.78	8.93	9.09	9.24	9.40
3	6.95	7.10	7.25	7.40	7.56	7.71	7.86	8.01	8.16	8.31	8.46	8.61	8.76	8.91	9.06
4	6.71	6.85	7.00	7.14	7.29	7.43	7.58	7.72	7.87	8.02	8.16	8.31	8.45	8.60	8.74
5	6.48	6.62	6.76	6.91	7.06	7.19	7.33	7.47	7.61	7.75	7.89	8.03	8.17	8.31	8.45
6	6.27	6.41	6.54	6.68	6.81	6.96	7.09	7.22	7.36	7.49	7.63	7.76	7.90	8.04	8.17
7	6.06	6.19	6.32	6.45	6.59	6.72	6.85	6.98	7.11	7.24	7.37	7.51	7.64	7.77	7.90
8	5.84	5.96	6.09	6.22	6.34	6.47	6.60	6.72	6.85	6.98	7.10	7.23	7.36	7.48	7.61
9	5.63	5.75	5.88	6.00	6.12	6.34	6.36	6.49	6.61	6.73	6.85	6.98	7.10	7.22	7.34
10	5.44	5.55	5.67	5.79	5.91	6.03	6.14	6.26	6.38	6.50	6.61	6.73	6.85	6.97	7.09
11	5.25	5.37	5.48	5.60	5.71	5.82	5.94	6.05	6.17	6.28	6.39	6.51	6.62	6.73	6.85
12	5.09	5.20	5.31	5.42	5.53	5.64	5.75	5.86	5.97	6.08	6.19	6.30	6.41	6.52	6.63
13	4.93	5.04	5.14	5.25	5.36	5.47	5.57	5.68	5.79	5.89	6.00	6.11	6.21	6.32	6.43
14	4.78	4.88	4.99	5.09	5.20	5.30	5.40	5.51	5.61	5.71	5.82	5.92	6.02	6.13	6.23
15	4.64	4.74	4.84	4.94	5.04	5.14	5.24	5.34	5.44	5.54	5.65	5.75	5.85	5.95	6.05
16	4.48	4.58	4.68	4.78	4.87	4.97	5.07	5.17	5.26	5.36	5.46	5.55	5.65	5.75	5.85
17	4.35	4.45	4.54	4.64	4.73	4.82	4.92	5.01	5.11	5.20	5.30	5.39	5.49	5.58	5.67
18	4.23	4.32	4.41	4.50	4.59	4.68	4.77	4.87	4.96	5.06	5.14	5.23	5.32	5.42	5.51
19	4.11	4.20	4.28	4.37	4.46	4.55	4.64	4.73	4.82	4.91	5.00	5.09	5.18	5.26	5.35
20	4.00	4.08	4.17	4.26	4.34	4.43	4.52	4.60	4.69	4.78	4.86	4.95	5.04	5.12	5.21
21	3.89	3.97	4.06	4.14	4.23	4.31	4.39	4.48	4.56	4.65	4.73	4.82	4.90	4.98	5.07
22	3.77	3.86	3.94	4.02	4.10	4.18	4.27	4.35	4.43	4.51	4.59	4.67	4.76	4.84	4.92
23	3.66	3.74	3.82	3.90	3.98	4.06	4.14	4.22	4.30	4.37	4.45	4.53	4.61	4.69	4.77
24	3.56	3.63	3.71	3.79	3.86	3.94	4.02	4.10	4.17	4.25	4.33	4.40	4.48	4.58	4.64
25	3.46	3.53	3.61	3.68	3.76	3.83	3.91	3.98	4.06	4.13	4.20	4.28	4.35	4.43	4.50

二十一、碳酸饮料因温度上升而压力增加数值

温度/℃ ＼ 气压/MPa ＼ 碳酸气量/倍	3.0	4.0	5.0	6.0	7.0	8.0
4.5	0.11	0.18	0.25	0.31	0.38	0.45
10.0	0.16	0.27	0.31	0.40	0.49	0.58
15.6	0.21	0.30	0.40	0.51	0.59	0.71
21.1	0.25	0.38	0.49	0.59	0.74	0.85
26.7	0.31	0.45	0.59	0.73	0.86 *	1.00 *
32.2	0.38	0.54	0.70	0.85 *	1.02 *	1.18 *
38.0	0.45	0.63	0.80 *	0.98 *	1.16 *	1.35 *
43.0	0.52	0.72	0.94 *	1.12 *	1.32 *	1.52 *

注：* 从皇冠盖漏气的危险压力。

二十二、340g 罐装碳酸饮料温度与压力的关系

碳酸气量/倍(10℃) ＼ 罐内压力/MPa ＼ 温度/℃	10	21	32	43	49	54	60
2.0	0.08	0.13	0.20	0.26	0.29	0.33	0.35
2.5	0.14	0.20	0.26	0.35	0.39	0.43	0.47
3.0	0.17	0.25	0.34	0.44	0.49	0.54	0.59
3.5	0.21	0.31	0.42	0.53	0.59	0.64	0.71
4.0	0.25	0.37	0.49	0.62	0.68	0.75	0.84
4.5	0.28	0.42	0.56	0.71	0.76	0.84	0.94

二十三、海拔高度与罐内真空度的关系

海拔高度/m	气压/mmHg	真空度降低/mmHg	海拔高度/m	气压/mmHg	真空度降低/mmHg
0	760	0	2000	596.26	163.74
100	751.03	8.97	3000	525.87	234.13
200	742.15	17.85	4000	462.40	297.60
300	733.35	26.65	5000	405.33	354.67
400	724.64	35.36	6000	354.11	405.84
500	716.01	43.99	7000	308.50	451.48
600	707.47	52.83	8000	267.79	492.21
700	699.01	60.99	9000	231.62	528.38
800	690.63	69.37	10000	199.60	560.40
900	682.33	77.67	11000	171.34	586.60
1000	674.11	85.89	12000	149.64	610.36

注：1mmHg = 133.322Pa。

二十四、果蔬汁浓缩时原料汁需要量

干物质含量/%	生产100kg浓缩物时需要原料汁的质量/kg												
浓缩物汁液	10	15	20	25	28	29	30	31	32	33	34	35	36
3.0	333	500	666	833	933	966	1000	1033	1016	1100	1133	1166	1200
4.0	250	375	500	625	700	725	750	775	800	825	850	875	900
4.5	222	333	444	555	622	644	666	688	711	733	755	777	800
5.0	181	300	400	500	560	580	600	620	640	660	680	700	720
5.5	166	272	363	454	509	527	545	563	531	600	618	636	654
6.0	153	250	333	416	466	483	500	517	534	550	567	583	600
6.5	142	230	307	384	430	446	461	476	492	567	523	538	554
7.0	125	214	286	357	400	414	428	443	457	471	485	500	514
8.0	111	187	250	312	356	362	375	387	400	412	425	437	450
9.0	—	166	222	277	311	322	333	344	355	366	377	388	400
10.0	—	150	200	250	280	290	300	310	320	330	340	356	360
11.0	—	136	182	227	254	263	272	282	291	300	309	318	327
12.0	—	125	166	208	233	241	250	258	266	275	283	291	300
13.0	—	115	154	192	215	223	231	238	246	254	261	269	277
14.0	—	107	143	178	200	207	214	221	228	235	243	250	257
15.0	—	—	133	166	186	193	200	206	213	220	226	233	240

干物质含量/%	生产100kg浓缩物时需要原料汁的质量/kg											
浓缩物汁液	37	38	39	40	41	42	45	50	55	60	65	70
3.0	1233	1266	1300	1333	1366	1400	1500	1666	1833	2000	2166	2333
4.0	925	950	975	1000	1025	1050	1125	1250	1375	1500	1625	1750
4.5	822	844	866	888	911	933	1010	1111	1222	1333	1444	1555
5.0	740	760	780	800	820	840	900	1000	1100	1200	1300	1400
5.5	672	690	709	727	745	763	818	909	1000	1090	1181	1272
6.0	616	633	650	666	683	700	750	833	916	1000	1083	1166
6.5	569	584	600	615	630	646	692	769	846	923	1000	1076
7.0	528	542	557	571	585	600	643	714	785	857	928	1000
8.0	462	475	487	500	512	525	562	625	687	750	812	875
9.0	411	422	433	444	455	466	500	555	611	666	722	777
10.0	370	386	390	400	410	420	450	500	550	600	650	700
11.0	336	345	354	363	372	382	409	454	500	545	591	636
12.0	308	316	325	333	341	350	375	416	458	500	541	580
13.0	284	292	300	307	315	323	346	384	423	461	500	538
14.0	264	271	278	285	293	300	321	357	393	428	464	500
15.0	246	253	260	266	273	280	300	333	366	400	433	466

注：例如生产100kg干物质含量为40%的番茄酱时，干物质含量为6%的番茄汁需要量多少？从干物质含量6%的横行和干物质含量为40%的纵行交点处，可以读出干物质含量为6%的番茄汁需要量为666kg。

二十五、水的硬度表

水的硬度分类

总硬度	0°~4°	4°~8°	8°~16°	16°~30°	>30°
水的性质	很软水	软水	中等硬水	硬水	很硬水

水中硬度为1德国度的化合物含量（mg/L）

序号	化合物名称	化合物含量	序号	化合物名称	化合物含量
1	CaO	10.00	8	MgO	7.19
2	Ca	7.14	9	$MgCO_3$	15.00
3	$CaCl_2$	19.17	10	$MgCl_2$	16.98
4	$CaCO_3$	17.85	11	$MgSO_4$	21.47
5	$CaSO_4$	24.28	12	$Mg(HCO_3)_2$	26.10
6	$Ca(HCO_3)_2$	28.90	13	$BaCl_2$	37.14
7	Mg	4.34	14	$BaCO_3$	35.20

钙、镁等离子浓度折算成硬度的系数表

离子名称	系数		离子名称	系数	
	折合成毫克当量/升	折合成德国硬度		折合成毫克当量/升	折合成德国硬度
钙（Ca^{2+} mg/L）	0.0499	0.1399	锰（Mn^{2+} mg/L）	0.0364	0.1021
镁（Mg^{2+} mg/L）	0.0822	0.2305	锶（Sr^{2+} mg/L）	0.0228	0.639
铁（Fe^{2+} mg/L）	0.0358	0.1004	锌（Zn^{2+} mg/L）	0.0306	0.0858

注：将水中测得的各种离子浓度值（mg/L），乘以系数后相加即为总硬度。

VII－D 　　　　　　　　　　**水的各种硬度单位及换算**

（1）德国度：1度相当于1.1水中含有10mgCaO。

（2）英国度：1度相当于0.71水中含有10mgCaO$_3$。

（3）法国度：1度相当于1.1水中含有10mgCaCO$_3$。

（4）美国度：1度相当于1.1水中含有1mgCaCO$_3$。

硬度	毫克当量/升	德国度	法国度	英国度	美国度
毫克当量/升	1	2.804	5.005	2.511	50.045
德国度	0.35663	1	1.7848	1.2521	17.847
法国度	1.9982	0.5603	1	0.7015	10
英国度	0.28483	0.7987	1.4285	1	14.285
美国度	0.01898	0.0560	0.1	0.0702	1

参 考 文 献

1. 叶敏. 饮料加工技术 [M]. 北京：化学工业出版社，2008.

2. GB 10789—2007. 饮料通则 [S]. 北京：中国标准出版社，2007.

3. 张瑞菊，王林山. 软饮料加工技术 [M]. 北京：中国轻工业出版社，2007.

4. 李应彪，孙丰伟. 高新技术在食品工业中的应用 [J]. 轻工机械，2001.

5. 叶新民，袁仲. 高新技术在茶饮料生产中的运用 [J]. 安徽农学通报，2005，11 (3).

6. 高福成. 现代食品工程高新技术 [M]. 北京：中国轻工业出版社，2007.

7. 李东升，曾凡坤. 食品高新技术 [M]. 北京：中国计量出版社，2007.

8. 陈少洲，陈芳. 膜分离技术与食品加工 [M]. 北京：化学工业出版社，2005.

9. 张镜澄. 超临界流体萃取 [M]. 北京：化学工业出版社，2000.

10. 许学勤. 食品工厂与机械设备 [M]. 北京：中国轻工业出版社，2008.

11. 徐怀德，王云阳. 食品杀菌新技术 [M]. 北京：科学技术文献出版社，2005.

12. 尹军锋. 茶饮料加工中的灭菌技术 [J]. 中国茶业，2006，28 (3).

13. 艾志录，张欣. 软饮料工艺学 [M]. 北京：中国农业出版社，1996.

14. 刘静波. 饮料加工技术 [M]. 吉林：吉林科学技术出版社，2007.

15. 邹积岩，吴为民. 脉冲电场食品处理技术 [J]. 高电压技术，2000，26 (6).

16. 田呈瑞，徐建国. 软饮料工艺学 [M]. 北京：中国计量出版社，2005.

17. 蒲彪，胡小松. 饮料工艺学 [M]. 北京：中国农业大学出版社，2009.

18. 杨桂馥. 软饮料工业手册 [M]. 北京：中国轻工业出版社，2002.

19. 郝利平. 食品添加剂（第二版）[M]. 北京：中国农业大学出版社，2009.

20. 仇农学. 现代果汁加工技术与设备 [M]. 北京：化学工业出版社，2006.

21. 李里特. 食品原料学 [M]. 北京：中国农业出版社，2001.

22. 蒋和体. 软饮料工艺学 [M]. 重庆：西南师范大学出版社，2008.

23. 章建浩. 食品包装技术 [M]. 北京：中国轻工业出版社，2000.

24. 武军. 绿色包装 [M]. 北京：中国轻工业出版社，2000.

25. 高德. 实用食品包装技术 [M]. 北京：化学工业出版社，2004.

26. 陈黎敏. 食品包装技术与应用 [M]. 北京：化学工业出版社，2002.

27. 陈黎敏. 饮料包装 [M]. 北京：化学工业出版社，2004.

28. 高愿军，熊卫东. 食品包装 [M]. 北京：化学工业出版社，2005.

29. 张露. 食品包装 [M]. 北京：化学工业出版社，2007.

30. 吴国华. 食品用包装及容器检测 [M]. 北京：化学工业出版社，2006.

31. 中国罐头工业协会科技工作委员会. 马口铁食品三片罐工艺技术 [M]. 北京：中国轻工业出版社，2008.

32. 陈世洲，刘景艳. 强化玻璃容器的研制 [J]. 质量控制，1998 (5)：32~34.

33. 林明山. 全球啤酒饮料包装容器发展趋势 [J]. 包装世界, 1999 (6)：12~13.

34. 丛福滋. PET 瓶无菌冷灌装技术发展研究 [J]. 农业科技与装备, 2010 (1)：53~55.

35. 刘国信. 塑料包装材料的回收和再生利用 [J]. 甘肃石油和化工, 2006 (3)：39~42.

36. 中国包装联合会国际合作部. 全球包装市场统计及未来趋势报告 [R]. 2009.

37. 彭国勋. 包装设计制造技术及标准应用大全 [M]. 北京：印刷工业出版社, 2007.

38. GB/T 22316—2008. 电镀锡钢板耐腐蚀性试验方法 [S]. 北京：中国标准出版社, 2008.

39. GB 7718—2011. 预包装食品标签通则 [S]. 北京：中国标准出版社, 2011.

40. [英] 多萝西·西尼尔, [美] 尼古拉·迪格著. 瓶装水技术 [M]. 王向农, 周奇展译. 北京：化学工业出版社, 2007.

41. 中国饮料工业协会. 饮料制作工 [M]. 北京：中国轻工业出版社, 2010.

42. 李勇. 现代饮料生产技术 [M]. 北京：化学工业出版社, 2006.

43. 秦钰慧. 饮用水卫生与处理技术 [M]. 北京：化学工业出版社, 2002.

44. 田呈瑞, 徐建国. 饮料工艺学 [M]. 北京：中国计量出版社, 2005.

45. 刘铁钢, 赵志新, 赵凤兰. 饮料质量检验 [M]. 北京：中国计量出版社, 2006.

46. 高愿军. 软饮料工艺 [M]. 北京：中国轻工业出版社, 2002.

47. 谷兆祺. 中国水资源、水利、水处理与防洪全书 [M]. 北京：中国环境科学出版社, 1999.

48. 余军, 洪琛. PET 热灌装饮料生产线水处理设备定型分析以及循环回收系统的应用经验 [J]. 饮料工业, 2010, 13 (8).

49. 孙玉梅. 包装车间节水措施点滴 [J]. 啤酒科技, 2004, (10).

50. 鲍其鼐. 节约工业用水的新动向—节水、回用与再生 [J]. 上海化工, 2006, 31 (2).

51. 胡昌禄. 精制车间节水与冷凝真空系统 [J]. 发酵科技通讯, 2010, 39 (2).

52. 张东生. 膜分离技术在食品工业节水和环保领域中的应用 [J]. 食品工业科技, 2004, (11).

53. 王新海. 企业生产用水节水潜力分析 [J]. 地下水, 2010, 32 (1).

54. 祁鲁梁, 高红. 浅谈发展工业节水技术提高用水效率 [J]. 中国水利, 2005, (13).

55. 杨海琴. 浅谈企业节约用水的科学管理 [J]. 企业之窗, 2010, 32 (1).

56. 赵世焜. 试论企业节约用水的途径 [J]. 企业与经济管理, 2007, 36.

57. 张水华, 徐树来, 王永华. 食品感官分析与实验 [M]. 北京：化学工业出版社, 2006.

58. 徐怀德, 殷金莲, 孙卉. 鲤鱼酶解发酵制饮料的技术研究 [J]. 农业工程学报, 2006, 22 (11)：257~260.

59. 何光华, 尤玉如, 储小军. 乳清蛋白肽苦味修饰及其发酵饮料的研究 [J]. 中国乳品工业，2008，36（11）：29～32.

60．范国枝，胡明秀．水溶性壳聚糖在果汁澄清中的应用研究［J］．食品科技，2005，31（6）：70～72.

61．游曼洁，赵力超，黄卉．荔枝浊汁加工工艺及其稳定性研究［J］．食品科技，2008，34（3）：51～54.

62．李小华，阮美娟．榛子蛋白饮料稳定性研究［J］．广州食品工业科技，2003，19（3）：29～31.

63．张少颖，王向东，于有伟．微波预处理原料对苹果汁褐变的影响［J］．农业工程学报，2010，26（5）：347～351.

64．郑仕宏，周文化．刺梨果汁榨汁工艺中护色的研究［J］．经济林研究，2005，23（2）：30～32.

65．徐怀德，仇农学．苹果贮藏与加工［M］．北京：化学工业出版，2007.

66．黄建蓉，郭祀远，蔡妙颜．食品微波杀菌新技术的研究进展［J］．食品与发酵工业，24（4）.

67．郑领英，王学松．膜技术［M］．北京：化学工业出版社，2000.

68．仇农学，陈颖．臭氧溶解特性及对耐热菌非热杀菌的研究［J］．农业工程学报，2004，20（4）：157～159.

69．高以炬，叶凌碧．膜分离技术基础［M］．北京：科学出版社，1989.

70．Koseoglu. S. S., J. T. Lawhon, E. W. Lusas. Sterile orange juice（or concentrate）with improved flavor by commercial membrane technology［J］. Food Technology, 1990, 44（12）：90～97.

71．Paulson, D. J., R. L. Wilson, D. D. Spatz. Reverse osmosis and ultrafiltration applied to the processing of fruit juices［J］. ACS Symposium Series 1985, 281：325～344.

72．Merlo. C. A., W. W. Rose, L. D. Pederson. Hyperfiltration of tomato juice：Pilot plant scale high temperature testing［J］. Journal of Food Science, 1986, 51（2）403～407.

73．Venkataraman K., Silverberg. P. K., Eiles. M. T.. Ceramic membrane Application in juice clarification – a case study［A］. In：A paper presented at the 2nd Intl. Conf. of North Amercia Membrane Society［C］. Syracuse, 1988.

74．顾宁一．在线清洗装置—CIP［J］．酒—饮料技术装备，2004，（4）.

75．慕清，戴远敬．全自动 CIP 系统设计要点浅析［J］．包装与食品机械，2005，（04）.

76．赵德义，徐爱遐，董娟娥．大枣对杜仲风味修饰与功效增强作用的研究［J］．西北植物学报，2004，24（7）：1312～1314.

77．张嘉，李多伟，倪晓峰．仙人掌原汁护色工艺研究［J］．西北农林科技大学学报（自然科学版），2006，34（3）：131～134.

78．叶兴乾．果品蔬菜加工工艺学［M］．北京：中国农业大学出版社，2002.

79．马海乐．食品机械与设备［M］．北京：中国农业大学出版社，2003.

80．张国治．软饮料加工机械［M］．北京：化学工业出版社，2006.

81. 邓舜扬. 新型饮料生产工艺与配方 [M]. 北京：中国轻工业出版社，2000.

82. 赵宝丰. 蛋白饮料制品 470 例 [M]. 北京：科学技术文献出版社，2003.

83. 杨世祥. 软饮料工艺学 [M]. 北京：中国商业出版社，1998.

84. 朱蓓薇. 饮料生产工艺与设备选用手册 [M]. 北京：化学工业出版社，2003.

85. 侯建平. 饮料生产技术 [M]. 北京：科学出版社，2004.

86. 夏文水. 食品工艺学 [M]. 北京：中国轻工业出版社，2009.

87. 丁耐克. 食品风味化学 [M]. 北京：中国轻工业出版社，1996，358.

88. 马红彦，王登良，曹潘荣. 加工工艺对绿茶饮料的影响初探 [J]. 广东茶叶，2002，(06)：15~17.

89. 刘勤晋. 茶饮料生产标准化与品质控制 [J]. 饮料工业，2000，3 (6)：34~39.

90. 梅立. 绿茶鲜汁加工工艺参数的研究 [D]. 合肥：安徽农业大学，2006.

91. GB/T 21733—2008. 茶饮料 [S]. 北京：中国标准出版社，2008.

92. GB 19296—2003. 茶饮料卫生标准 [S]. 北京：中国标准出版社，2003.

93. 骆锐，邵宛芳，吴红. 茶饮料沉淀的成因与澄清技术的应用 [J]. 中国农学通报，2005，21 (12)：95~98.

94. 孙静. 茶饮料生产工艺和生产中常见问题的解决措施研究 [J]. 甘肃农业，2007 (12)：93~94.

95. 张圣新，刘海华. 微波提取设备在设计中的应用 [J]. 医药工程设计，2000，27 (1)：4~6.

96. 王英，崔政伟. 连续动态逆流提取的现状和发展 [J]. 包装与食品机械，2009，27 (1)：49~53.

97. 王刻铭. 我国茶饮料产业竞争力研究—基于钻石理论的分析 [D]. 湖南：湖南农业大学，2008.

98. 杨桂馥，罗瑜. 现代饮料生产技术 [M]. 天津：天津科学技术出版社，1998.

99. 李基洪. 软饮料生产工艺与配方 3000 例 [M]. 广东：广州科技出版社，2004.

100. 夏小明，彭振山. 当代食品生产技术丛书—饮料 [M]. 北京：化学工业出版社，2001.

101. 高海生，崔蕊静，蔺毅峰. 软饮料工艺学 [M]. 北京：中国农业科技出版社，2000.

102. 夏晓明，卢其斌. 饮料工艺学 [M]. 湘潭：湘潭大学出版社，1989.

103. 赵晋府，张林，阮美娟. 饮料生产技术问答 [M]. 北京：中国轻工业出版社，1995.

104. 蔺毅峰. 固体饮料加工工艺与配方 [M]. 北京：科学技术文献出版社，2000.

105. 李基洪. 饮料生产设备的使用与维修 [M]. 北京：机械工业出版社，1990.

106. 陈敏恒. 化工原理 [M]. 北京：化学工业出版社，1985.

107. 王志魁. 化工原理 [M]. 北京：化学工业出版社，1998.

108. 李国兴. 食品机械学 [M]. 成都：四川教育出版社，1991.

109. 蒋迪清、唐伟强. 食品通用机械与设备 [M]. 广州：华南理工大学出版社，1996.

110. 肖旭霖. 食品加工机械与设备［M］. 北京：中国轻工业出版社，2000.

111. 无锡轻工业学院、天津轻工业学院. 食品工厂机械与设备［M］. 北京：中国轻工业出版社，1981.

112. 陈国荣. 果味型固体饮料的加工［J］. 四川食品工业科技，1989，(1).

113. 彭永成. 速溶咖啡［J］. 食品工业科技，1980，(3).

114. 王龙云. 微胶囊技术在固体饮料生产中的应用［J］. 软饮料工业，1987，(2).

115. 莫慧平. 饮料生产技术［M］. 北京：中国轻工业出版社，2006.

116. CCGF120.7—2010. 固体饮料产品质量监督抽查实施规范［S］. 北京：国家质量监督检验检疫总局，2010.

117. 陈中，芮汉明. 软饮料生产工艺学［M］. 广州：华南理工大学出版社，1998.

118. 牟德华. 新版饮料配方［M］. 北京：中国轻工业出版社，2002.

119. 苏世彦. 我国碳酸饮料面临的挑战和发展新思路［J］. 软饮料工业，1994，(4)：1～3.

120. 杨敬钢. 碳酸饮料市场竞争态势与企业进入策略研究［J］. 武汉大学，2003.

121. 李晋萍. 清汁类碳酸饮料浑浊沉淀原因研究［J］. 太原科技，2009，(10)：68～69.

122. 陈秀芬，刘爱萍. 对碳酸饮料中发生浑浊与沉淀问题的探讨［J］. 食品研究与开发，2001，22(4)：61～62.

123. 田呈瑞，徐建国. 饮料工艺学［M］. 北京：中国计量出版社，2005.

124. 蒲彪，胡小松. 软饮料工艺学（第二版）［M］. 北京：中国农业大学出版社，2010.

125. 蒋和体，吴永娴. 软饮料工艺学［M］. 北京：中国农业科学技术出版社，2006.

126. 王晔，赵海珍，吴西昆. 焙烤型谷物饮料－玉米茶的研制［J］. 饮料工业，1999，2(3)：35～37.

127. 隋春光，张丽萍，李大鹏. 谷物乳酸发酵饮料的研究现状［A］. 见：中国农业工程学会学术年会论文集［C］. 北京：2007.

128. 隋春光. 谷物乳酸发酵饮料生产工艺的研究进展［J］. 农产品加工，2008，2：61～63.

129. 刘桂君，文华安. 中国保健饮料的发展［J］. 饮料工业，2006，9(4)：1～3.

130. 孙程，陈晓倩，左曙辉，阎秋生. 营养素在饮料中的应用［A］. 见：第八届中国国际食品添加剂和配料展览会暨第十四届全国食品添加剂生产应用技术展示会学术论文集［C］. 2004.

131. 赵亚利. 食品饮料新宠——谷物饮料［J］. 农产品加工，2009，1：16～17.

132. 赵洪静，徐琨. 中国保健（功能）饮料分析［J］. 中国食品学报，2008，8(4)：106～112.

133. 徐玉娟，张惠娜，张友胜，唐道邦，张岩. 运动饮料发展现状及趋势［J］. 饮料工业，2006：9(7)：3～6.

134. Moira Hilliam. Gobal Functional Drinks［J］. The World of Food Ingredient，2004

（4/5）：57~59.

135. Drewnowski A, Fulgoni Ⅲ V. Nutrient profilingof foods：creating a nutrient – rich food index ［J］. Nutr Rev, 2008, 66：23~39.

136. Canadean. Beverages consumption ［J］. Soft Drinks International, 2006 （3）：32~34.

137. 夏延斌，钱和. 食品加工中的安全控制 ［M］. 北京：中国轻工业出版社，2008.

138. 尤如玉. 食品安全质量控制 ［M］. 北京：中国轻工业出版社，2008.

139. 李怀林. 食品安全控制体系通用教材 ［M］. 北京：中国标准出版社，2002.

140. 钱和. HACCP 原理与实施 ［M］. 北京：中国轻工业出版社，2003.

141. 贾英民. 食品安全控制技术 ［M］. 北京：中国农业出版社，2006.

142. 周小理. 食品安全与品质控制原理及应用 ［M］. 上海：上海交通大学出版社，2007.

143. 邵长富，赵晋府. 软饮料工艺学 ［M］. 北京：中国轻工业出版社，2003.

144. 秦智伟，马文. 软饮料工艺学 ［M］. 哈尔滨：黑龙江科技出版社，1999.

145. 吴永宁. 现代食品安全科学 ［M］. 北京：化学工业出版社，2003.

146. 唐受印，戴友芝，刘忠义. 食品工业废水处理 ［M］. 北京：化学工业出版社，2001.

147. 刘天齐. 三废处理工程技术手册废水卷 ［M］. 北京：冶金工业出版社，1998.

148. 李广超. 大气污染控制技术 ［M］. 北京：化学工业出版社，2002.

149. 李秀金. 固体废物工程 ［M］. 北京：中国环境科学出版社，2003.

150. 何品晶，邵立明. 固体废物管理 ［M］. 北京：高等教育出版社，2004.

151. 杨国清. 固体废物处理工程 ［M］. 北京：科学出版社，2000.

152. 胡贻椿，岳田利，袁亚宏，高振鹏. 果汁中脂环酸芽孢杆菌 （Alicyclobacillus spp.）的危害及其控制 ［M］. 食品科学，2008 （29）：364~368.

153. 陈颖. 臭氧对耐酸耐热菌杀灭作用的研究 ［D］. 西安：陕西师范大学，2004.

154. 谢宝林. 茶园农药残留控制浅谈 ［J］. 广西植保，2007 （20）：35~36.

155. 王运浩，江用文，成浩. 食品农药残留与分析控制技术展望 ［J］. 现代科学仪器，2003 （1）：8~12.

156. 宋卫华，党润海. HACCP 在碳酸饮料中的应用 ［J］. 饮料工业，2010, 13 （13）：34~37.

157. 苗爱清，伍锡岳，庞式. 茶饮料沉淀的成因及解决措施. 广东农业科学，2001，（3）：13~16.